普通高等教育“十二五”规划建设教材

动物寄生虫病学

秦建华　张龙现　主编

中国农业大学出版社
·北京·

内 容 简 介

本书共设3篇，共13章。第一篇为总论，主要讲述寄生虫与宿主、寄生虫分类与命名、寄生虫病流行病学、寄生虫免疫学、分子寄生虫学等内容；第二篇为各论，分别介绍主要养殖动物（各种家畜、家禽、宠物及蜂、蚕和鱼类体内外）的各类寄生虫病的病原形态、生活史、流行病学、致病作用与临床症状、病理变化、诊断与防治措施。第三篇介绍常用药物，主要介绍常用抗寄生虫药物，最后则以简表形式列出了各种家畜、家禽、宠物及蜂、蚕和鱼类体内外的主要寄生虫与寄生虫病。

图书在版编目(CIP)数据

动物寄生虫病学/秦建华，张龙现主编. —北京：中国农业大学出版社，2013.7(2022.8重印)
ISBN 978-7-5655-0688-8

Ⅰ.①动…　Ⅱ.①秦…②张…　Ⅲ.①动物疾病-寄生虫病　Ⅳ.①S855.9

中国版本图书馆CIP数据核字(2013)第080665号

书　名　动物寄生虫病学
作　者　秦建华　张龙现　主编

策划编辑　张　程　潘晓丽　　**责任编辑**　田树君
封面设计　郑　川　　**责任校对**　王晓凤　陈　莹
出版发行　中国农业大学出版社
社　址　北京市海淀区圆明园西路2号　　**邮政编码**　100093
电　话　发行部 010-62818525，8625　　读者服务部 010-62732336
编辑部 010-62732617，2618　　出 版 部 010-62733440
网　址　http://www.cau.edu.cn/caup　　**e-mail** cbsszs@cau.edu.cn
经　销　新华书店
印　刷　北京溢漾印刷有限公司
版　次　2013年7月第1版　2022年8月第3次印刷
规　格　185 mm×260 mm　16开本　27.5印张　677千字
定　价　68.00元

图书如有质量问题本社发行部负责调换

主　编　秦建华　张龙现

副主编　包永占　李宏梅　王承民

编写人员（以单位首字母为序）

安徽农业大学　李培英
安徽科技学院　顾有方
北京农学院　李秋明
佛山科学技术学院　张浩吉
吉林农业大学　赵　权
河南农业大学　张龙现　菅复春
河北农业大学　包永占　陈福星　景　翠　秦建华　赵月兰
左玉柱
河北工程大学　黄占欣
河北北方学院　崔　平
河北省畜牧兽医研究所　张　勤
黑龙江八一农垦大学　王春仁
内蒙古民族大学　康桂英　赵永军
山东农业大学　李宏梅
山西农业大学　刘学英　高文伟
四川农业大学　杨光友
中国科学院动物研究所　何宏轩　王承民

主　审　何宏轩　张　勤

前　言

本教材作为面向4年制动物医学专业主干课程“动物寄生虫病学”的教材，是在总结以往相关教材的优点和不足的基础上，结合目前动物寄生虫病的流行特点和本学科的最新研究与发展动态，由多所高校及相关科研单位的有关专家编写而成。编写的总原则是“创新、科学和实用”，做到既反映本学科的现有成就和发展趋势，又把握本科层次学生应掌握的专业知识和业务技能，使本教材的知识体系、深度、广度适合现阶段本科生教学的需要。

全书共3篇13章，插图近200幅，并在最后附有各种养殖动物的主要寄生虫病简表。第一篇总论，主要介绍寄生虫与宿主、寄生虫分类与命名、寄生虫病流行病学、寄生虫免疫学、寄生虫病诊断与防治措施；第二篇各论，分别介绍主要养殖动物（各种家畜、家禽、宠物及蜂、蚕和鱼类体内外）的各类寄生虫病的病原形态、生活史、流行病学、致病作用与临床症状病理变化、诊断与防治措施。第三篇介绍常用抗寄生虫药物，最后则以简表形式列出了各种家畜、家禽、宠物及蜂、蚕和鱼类体内外的主要寄生虫与寄生虫病。

本教材具有以下特点：

第一，内容翔实，覆盖面广。我国幅员辽阔，动物资源丰富，故动物寄生虫病的种类较多，但也呈现出明显的地区差异。为了保证本教材在全国各地都适用，在内容选择上力求全面、翔实。以危害严重的全国性分布的动物寄生虫病为重点，同时又兼顾局部分布的地方性动物寄生虫病，为不同地区的院校授课内容提供了可选择的内容。编写立足较成熟的理论和技术，并简要介绍能体现发展趋势和方向的新理论和前沿技术。针对养殖业发展的现状和未来的趋势，重点介绍猪、家禽、反刍兽、马属动物和伴侣动物正在流行的寄生虫病，尤其是人畜共患的寄生虫病，注重环境卫生和公共卫生意识，并充分反映20世纪90年代以来国内外兽医寄生虫学领域的新成就，使教学内容直接服务于生产和社会需要。

第二，技术应用得当，适用面宽。针对4年制动物医学专业的培养目标，密切联系生产实际，基础理论与实践应用结合紧密，特别是在动物寄生虫病诊断过程中，既包含病原学诊断等许多基本诊断方法，又结合目前动物寄生虫病的流行特点和本学科的最新研究与发展动态，增加了部分生化和分子生物学技术。因此，本教材在确保满足本科教学的同时，还可作为基层兽医工作者、动物疫病检测与预报人员以及从事兽医寄生虫病学方面研究的科研人员和研究生等的实用参考书。在内容的编排上注重学科的系统性和生产的实践性，全书分总论、各论、药物3篇。注重启发性和理论联系实际的原则，文字精练，深入浅出，图文并茂。

第三，图文并茂，可读性强。本教材在详细叙述虫体虫卵形态的同时，配有大量虫体、虫卵形态的清晰图片。虫体、虫卵形象直观，便于学生使用。

本教材编写分工是：秦建华、张龙现、李秋明、王春仁编写第一章、第四章和第十一章的第一、第二节；李宏梅、陈福星、杨光友编写第二章、第十一章第三节、第十二章的第一、第二节；李培英、包永占、王承民编写第八章第一节、第九章的第三节；赵权、菅复春编写第七章的第二、第三节；顾有方、康桂英编写第六章、第七章的第一节、第九章的第一、第二节；秦建华、刘学英、崔平编写第三章、第十二章第四节；黄占欣、高文伟、赵永军、张浩吉编写第八章第二、第三节、第十章；包永占、赵月兰、左玉柱编写第五章、第十二章第三、第五节；包永占、景翠编写第三篇；秦建华、张龙现、包永占、李宏梅、王承民等对全书进行编排和统稿。

本教材在编写过程中，得到了国内预防兽医学领域中许多专家、学者的鼓励和大力支持，老一辈兽医寄生虫病学专家的热情指导与帮助，对本书的如期完成发挥了重要作用，在此表示衷心感谢！

编写过程中，由于时间仓促和编者水平有限，错误和遗漏之处在所难免，恳请广大读者批评指正。

编 者

2013 年 2 月

目　录

第一篇　总　论

第二篇　各　论

各论(一)　动物蠕虫病

第一篇

总　论

第一章

创意

第一章
寄生生活与动物寄生虫病

本章学习目的与要求：通过本章的学习，要求深刻理解与掌握：寄生生活的概念；动物寄生虫病学的概念。要求一般了解掌握：寄生生活的起源；动物寄生虫病学的地位和任务；寄生虫病对畜牧业和人类健康的危害。

第一节　寄生虫与动物寄生虫病学

一、寄生生活

自然界中生物种类繁多，其生活方式及生物间相互关系十分复杂，其中两种生物生活在一起的现象较为常见。这种关系是生物在长期进化过程中形成的，我们将其称为共生生活(symbiosis)。根据共生双方相互间的利害关系不同，又分为3种类型：互利共生(mutualism)、片利共生(共栖，commensalism)和寄生(parasitism)。互利共生指的是共生生活的双方互相利用，彼此受益，缺一不可的关系，如牛瘤胃内的纤毛虫以植物纤维为食，供给自己营养，同时纤毛虫对植物纤维的分解又有利于反刍兽的消化。片利共生指的是共生生活的双方中的一方受益，另一方不受益也不受害的关系，又称为共栖，如人与其口腔内生活的齿龈阿米巴原虫(*Entamoeba gingivalis*)，人在吃食物过程中为齿龈阿米巴原虫提供了营养，但该原虫并不侵入人的口腔组织，也不造成伤害。而对人类来说，其存在与否都没有关系。寄生，即寄生生活，其是一种一方得益，一方受害的伙伴关系，在这个关系中，一方暂时或永久地寄生在另一方的体内或体表，以其组织或体液作为自己的营养，并给其造成不同程度的危害，甚至是死亡。在寄生生活中，得到利益的是寄生物(parasite)，受到损害的是宿主(hosts)。寄生物包括寄生植物和寄生动物，寄生动物也就是我们常说的寄生虫(parasite)。

应该说，上述3种生活类型是人为的划分，实际上并没有严格的界限。因为有许多寄生物在大多数情况下处于共栖状态，没有致病性，只有在它们的数量异常增多时，或当宿主的抵抗力下降时，这种寄生物才由共栖状态转化为致病状态。

二、动物寄生虫病学的概念及研究范围

动物寄生虫病学是研究寄生于动物的各种寄生虫及其引起疾病的一门科学。本学科包括寄生虫学和寄生虫病学两部分内容，前者研究寄生虫的种类、形态结构、生理、发育史、地理分布及其在动物分类学上的位置；后者研究寄生虫对家畜的致病作用，疾病的流行病学、临床表

现、病理剖检变化、免疫、诊断、治疗和防制措施等。因此,动物寄生虫病学是以多学科为基础的一门综合性学科。在学习本课程之前应具备生物学、解剖学、生态学、流行病学、免疫学、病理学、临床诊断学及药理学等方面的知识。通常又把动物寄生虫病学分成动物蠕虫病学、动物节肢动物病学和动物原虫病学三个学科。

第二节 动物寄生虫病学的地位和任务

动物疾病大体可以分为普通病、传染病和寄生虫病 3 大类。人类对这 3 大疾病的认识和研究是与社会进步和科技发展密切相关的。在个体农业经济的历史时期,家畜以役用为主,分散饲养,兽医工作以治疗内外科疾病为主;随着畜牧业商品经济的发展,畜禽及其产品的输入和输出的增加,造成畜禽传染病的传播和流行,于是,防治畜禽传染病的传播和流行成为主要研究课题;随着兽医科研水平的不断提高,主要的烈性畜禽传染病被逐渐控制和消灭,曾被掩盖一时的寄生虫病的危害就显现出来,并逐渐成为重点防治对象;由于社会生产力发展的突飞猛进,畜牧业商品生产的机械化和工业化的发展,又显露出另外一些疾病,如营养性疾病、代谢性疾病、遗传性疾病、中毒性疾病等。所以,从当前的动物疾病来看,增加的多,控制和消灭的少,兽医的防治和科研工作任务显得更加繁重。现在对动物寄生虫病的危害性虽已开始有所认识,但远未被放在重要的位置,因而寄生虫仍然严重地危害着畜禽的健康,阻碍着畜牧业的发展,使畜牧业遭受巨大的经济损失。这种现象与当前人民生活的改善,以及畜产品及其加工制品的需求日益增长极不适应。因此,为适应畜牧业生产快速发展的需要,加强对动物寄生虫病的防控已成为畜牧业生产的重要任务。

动物寄生虫病学是兽医学的重要组成部分,是动物医学专业学生必修的主干课程之一,本学科的基本任务是直接为保证畜牧生产发展和人类健康服务。一方面是对危害严重的动物寄生虫病,开展调查研究和诊断工作,制订和实施防治措施,使其尽早得到控制和消灭,保护畜禽免受寄生虫的侵袭,发挥正常的生产性能,提高畜牧业的经济效益;另一方面是与人医、环境保护工作者等一起,共同与严重威胁人民健康的人兽共患寄生虫病作斗争,保护人民免遭人兽共患寄生虫病的感染,提高人民的健康水平。

第三节 寄生虫病对畜牧业和人类健康的危害

一、寄生虫病给畜牧业造成的经济损失

1. 引起畜禽的大批死亡

动物寄生虫病中,有些可在某些地区广泛流行,引起畜禽急性发病和死亡,如骆驼、马和牛的伊氏锥虫病,牛、马、羊的梨形虫病,鸡、兔球虫病,猪弓形虫病,禽住白细胞虫病等;有些多呈慢性型的疾病,在强度感染情况下也可引起大批发病和死亡,如牛、羊肝片吸虫病,猪姜片吸虫病,牛、羊阔盘吸虫病和东毕吸虫病,禽棘口吸虫病和绦虫病,猪、鸡蛔虫病,牛、羊、猪肺线虫病,牛、羊消化道线虫病,猪、牛、羊、兔螨病等。

2. 降低畜禽的生产性能

动物寄生虫病中,多数表现为慢性病程,甚至不表现临床症状,但可明显地降低畜禽的生

产性能。如猪感染蛔虫和棘头虫后，可使增重减少30%；牛患肝片形吸虫病，能使奶牛产乳量下降25%～40%，肉牛增重减少12%；牛患皮蝇幼虫病，使产乳量下降10%～25%，皮革损失10%～15%；羊混合感染多种蠕虫可使产毛量下降20%～40%，增重减少10%～25%，而螨病可使羊毛损失50%～100%，集约化猪场由猪疥螨病所造成的经济损失可达其产值的10%。

3. 影响畜禽生长、发育和繁殖

幼龄畜禽最易遭寄生虫感染，感染后生长发育受阻；种畜感染寄生虫后，由于营养不良，常使母畜发情异常，影响配种率和受胎率，妊娠家畜易流产和早产，分娩后仔畜生命力弱、母畜乳汁分泌不足，造成幼畜成活率下降，公畜配种能力降低；有些寄生虫还侵害畜禽生殖系统，直接影响繁殖能力，如牛胎毛滴虫病等。

4. 畜产品的废弃

按兽医卫生检验的要求，有些寄生虫病的肉品及脏器不能充分利用，甚至完全废弃，造成的直接经济损失和畜禽饲养期间因浪费人力、物力、饲料而造成的经济损失是非常严重的，特别是流行猪囊尾蚴病、牛囊尾蚴病、旋毛虫病、棘球蚴病和住肉孢子虫病等的省（区）。

二、人兽共患寄生虫病对人类健康的威胁

人兽共患寄生虫病是危害人类健康的大敌之一，它对公共卫生构成了严重威胁，有时甚至构成严重的社会问题。据调查我国人兽共患寄生虫病有90多种。世界卫生组织专家委员会公布的重要人兽共患寄生虫病为69种，其中最重要的有23种，我国存在的分别是59种和21种。在这21种最重要人兽共患寄生虫病中，弓形虫病、枝睾吸虫病、姜片形吸虫病、并殖吸虫病、日本分体吸虫病、棘球蚴病、牛带绦虫病、猪带绦虫病和囊尾蚴病、旋毛虫病在我国分布较广，流行较严重，对人民身体健康威胁最大，甚至引起死亡。

综上所述，防治动物寄生虫病，不但在畜禽保健上，而且在人类保健和公共卫生事业上，都具有极其重要的意义。

本章小结

（1）互利共生、共栖、寄生这3个概念是人为的划分，实际上并没有严格的界限。

（2）寄生生活是动物进化的结果，营寄生生活的动物会给宿主带来不同程度的危害，甚至造成死亡；寄生虫病给畜牧业和人类健康带来的损失是巨大的。

（3）动物寄生虫病学是研究寄生于动物的各种寄生虫及其引起疾病的一门科学。本学科包括寄生虫学和寄生虫病学两部分内容。

复习思考题

1. 试述互利共生、共栖、寄生生活、动物寄生虫病学的概念。
2. 寄生虫病对畜牧业和人类健康的危害有哪些？
3. 学习动物寄生虫病学的任务是什么？

第二章
寄生虫与宿主

本章学习目的与要求：通过本章的学习，要求深刻理解与熟练掌握：寄生虫与宿主的概念；寄生虫与宿主的类型；寄生虫发育的一般规律；寄生虫生活史类型。要求一般了解掌握：寄生生活的建立条件；寄生虫对寄生生活的适应；寄生虫与宿主的相互影响；寄生虫的分类与命名规则。

第一节　寄生虫与宿主的类型

一、寄生虫的概念和类型

寄生虫是暂时或永久地在宿主体内或体表营寄生生活的动物。

由于寄生虫-宿主关系的历史过程的长短和相互间适应程度的不同，以及特定的生态环境的差别等因素，使这种关系呈现多样性，从而也使寄生虫显示为不同的类型。

专性寄生虫(stenoxenousparasite)：只寄生于一种特定宿主的寄生虫，称为该种宿主的专性寄生虫，其宿主称为该种寄生虫的专性宿主。如马尖尾线虫(*Oxyuris equi*)只寄生于马属动物，马尖尾线虫即为马属动物的专性寄生虫，而马属动物则为马尖尾线虫的专性宿主。这种情况表明专性寄生虫同其宿主之间都具有严格的特异性。

多宿主寄生虫(polyxenous parasite)：能寄生于许多种宿主的寄生虫。如日本分体吸虫(*Schistosome japonicum*)能寄生于人和牛、猪、犬、羊、猫等 40 多种哺乳动物。

固需寄生虫(obligatory parasite)：指必须过寄生生活的寄生虫。如吸虫、绦虫和大多数寄生性线虫。

兼性寄生虫(facultative parasite)：指既可以过寄生生活，又可以过自由生活的寄生虫。如有些伤口蝇蛆(绿蝇、丽蝇、金蝇等的幼虫)可以生活在动物尸体上过腐生生活，也可以寄生于活体动物的伤口中。

暂时性寄生虫(temporary parasite)：只在宿主体表作短暂寄生的寄生虫。如蚊子、臭虫等，它们只在吸血时侵袭宿主，吸完血后即离去。

定期性寄生虫：又称周期性寄生虫，指一生中只在一定的发育阶段寄生于宿主的寄生虫。如牛皮蝇、羊狂蝇等，它们的幼虫(即蝇蛆)寄生于宿主体内，而成虫则过自由生活。

永久性寄生虫(permanent parasite)：指终生不离开宿主的寄生虫。如旋毛虫(*Trichinella spiralis*)，它们总是随着一个宿主的肌肉直接经口转入另一个宿主体内，从无间隔。

内寄生虫(endoparasite)：指寄生于宿主内部组织器官中的寄生虫。如蛔虫等。

外寄生虫(ectoparasite):指寄生于宿主体表的寄生虫。如虱、硬蜱、蚊、臭虫、疥螨、痒螨等。

机会致病寄生虫(opportunistic parasite):指在免疫功能正常的宿主体内呈隐性感染状态,而当宿主免疫功能低下时,才大量繁殖,引起发病的寄生虫。如卡氏肺孢子虫(*Pneumocystis carinii*)等。

假寄生虫:某些本来是过自立生活的动物,偶尔主动侵入或被动地随食物带入宿主体内,这种动物就称为假寄生虫。如粉螨科的某些螨类,正常情况下生活在谷物、糖、乳制品中,有时误入人的肠、泌尿道和呼吸道,引起相应部位发生炎症。也有些假寄生虫对宿主不引起危害,但可被误诊为寄生虫。

迷路寄生虫:指寄生于正常宿主的非正常寄生部位的寄生虫。

超寄生虫:寄生于寄生虫的寄生虫。例如,疟原虫在蚊子体内,绦虫幼虫在跳蚤体内。

二、宿主的概念和类型

凡是体内或体表有寄生虫暂时或长期寄居的动物称为宿主。

有些寄生虫的发育过程很复杂,不同的发育阶段寄生于不同的宿主,例如,幼虫和成虫阶段(指性成熟阶段的虫体,也就是能产生虫卵或幼虫的虫体)分别寄生于不同的宿主;有的甚至需要3个宿主,并且都是固定不变的,这样就出现了不同类型的宿主。因此按照宿主在寄生虫生活史中所起的作用可以将宿主区分为不同的类型。

终末宿主(final host):寄生虫的成虫或有性繁殖阶段所寄生的宿主。

中间宿主(intermediate host):寄生虫的幼虫或无性繁殖阶段所寄生的宿主。具有两个中间宿主时,便依其发育阶段的先后分别称为第一、第二中间宿主。第二中间宿主又称为补充宿主。

保虫宿主(reservoir host):在多宿主寄生虫的宿主中,防治上处于次要地位的宿主称为保虫宿主。如日本分体吸虫可寄生于人、耕牛及其他多种动物,从防治人体日本分体吸虫病的角度讲,耕牛及其他动物宿主都是保虫宿主;而从防治耕牛日本分体吸虫病的角度讲,则其他动物宿主为其保虫宿主。因此,保虫宿主只是一种相对概念,常不反映寄生虫与宿主关系的实质。

贮藏宿主(paratenie host):寄生虫的感染性幼虫在侵入一个非适宜宿主体内后,不进行发育,也不繁殖,或仅稍有发育,但仍保持对正常宿主的感染能力,这种非适宜宿主就称为贮藏宿主。贮藏宿主并非寄生虫发育过程中所必需的宿主,仅起贮藏、累积作用。如寄生于鸟禽类的比翼线虫(*Syngamus*),当其虫卵在自然界发育为感染性虫卵或幼虫后,既可直接感染鸟禽类,也可以被蚯蚓、某些昆虫或软体动物吞食而暂时贮存在这些动物体内,以后随同蚯蚓、昆虫或软体动物被啄食而感染鸟禽类,这些动物就是比翼线虫的贮藏宿主。贮藏宿主也称为传递宿主。

通过宿主:有的寄生虫的幼虫可以侵入一个非适宜宿主体内,经过一个时期的发育后终因环境不适而死亡,该非专性宿主就称为通过宿主。如鸟类毛毕属(*Trichobilharzia*)血吸虫的尾蚴侵入人的皮肤,引起人的尾蚴性皮炎;羊仰口线虫(*Bunostomum trigoncephalum*)的感染性幼虫侵入人的皮肤而引起皮肤爬行疹;人为这些寄生虫的通过宿主。

带虫者:指体内有寄生虫寄生,但没有临床症状的宿主。

媒介(vector):指在脊椎动物宿主之间传播寄生虫病的低等动物,通常指的是传播血液原虫的吸血节肢动物。如硬蜱是传播梨形虫的媒介,蚊子是传播疟原虫的媒介。

第二节 寄生虫的生活史

一、寄生虫生活史的概念

寄生虫的生活史又称发育史,是指寄生虫完成一代的生长、发育和繁殖的全部过程。寄生虫在发育过程中,其形态、生理、生化、代谢等发生一系列的变化,但寄生虫生活史的完成并不是一帆风顺的,必须具备一系列条件,这些条件受到生态平衡机制的制约和调节。

①寄生虫必须有其适宜的宿主,甚至是特异性的宿主。这是生活史建立的前提。

②虫体必须发育到感染性阶段(或叫侵袭性阶段),才具有感染宿主的能力。

③寄生虫必须有与宿主接触的机会。

④寄生虫必须有适宜的感染途径。

⑤寄生虫进入宿主体后,往往有一定的移行路径,才能最终到达其寄生部位。

⑥寄生虫必须战胜宿主的抵抗力。

现以猪蛔虫为例,说明其生活史完成所需的条件:猪蛔虫的感染必须有猪的存在;虫卵必须在外界适宜的温度和湿度下,发育到感染性虫卵阶段;猪必须通过粪便或土壤接触到这些感染性虫卵;感染性虫卵经口进入猪体内;卵内幼虫释出后,通过血液循环,经肝、心、肺脏,再移行到会咽,被吞咽后进入小肠,发育为成虫,最终完成其生活史。

二、寄生虫生活史的类型

寄生虫的种类繁多,生活史也极其复杂,依据是否需要中间宿主,可大致分为以下两种类型:

1. 直接发育型

寄生虫完成生活史不需要中间宿主,虫卵或幼虫在外界发育到感染期后直接感染动物或人。此类寄生虫称为土源性寄生虫,如蛔虫、牛羊消化道线虫等。

2. 间接发育型

寄生虫完成生活史需要中间宿主,幼虫在中间宿主体内发育到感染性阶段后感染动物或人。此类寄生虫称为生物源性寄生虫,如旋毛虫、猪带绦虫等。

三、寄生虫对寄生生活的适应

由自由生活演化为寄生生活,这是生活方式的一个很大变化,虫体的结构、发育、营养、繁殖等都会发生很大的变化,以适应其寄生生活。寄生虫对寄生生活的适应是生物长期演化的结果,根据寄生虫种类的不同,其适应的程度和表现形式有所不同。主要体现在下述几个方面。

(一)在形态构造上的适应

1. 形态上的变化

如跳蚤具有两侧扁平的身体和发达善于跳跃的腿,这种身体形态使其适合于在宿主体表毛发间活动;蚊子有适于吸血的刺吸式口器;线虫、绦虫的线状或带状体形,使其适于肠道的寄生环境。有一种棘头虫,其虫卵具有丝状体,使其易缠结于中间宿主采食的藻类上,而造成对中间宿主的感染。

2. 附着器官的发展

寄生虫为了能保留在宿主体内或体表,逐渐产生和发展了一些特殊的附着器官。如吸虫和绦虫的吸盘、小钩、小棘;线虫的唇、齿板、叶冠、口囊;棘头虫具倒钩的吻突;蝇蛆的口钩、小刺等。

3. 运动器官的丧失

由于生活环境的安定和营养物质的易于获得,寄生虫不需要经过跋涉来逃避敌害和获取食物,这就导致了运动器官的退化消失。这种变化普遍存在于内寄生虫,如吸虫仅在毛蚴和尾蚴阶段为了寻找宿主而具有运动器官,其余各发育阶段都没有运动器官;圆叶目绦虫和线虫各发育阶段都没有运动器官。永久性外寄生虫也有许多运动器官退化的实例,如属于双翅目昆虫的羊虱蝇便失去了双翅而加强了足和爪,使其更加适应于在动物体表的寄生生活。

(二)在生理机能上的适应

1. 营养关系的变化

主要表现在消化器官的简单化,甚至完全消失。如吸虫仅有一根食道连接两根盲肠管,通常无肛门,不同种类其简单程度又各自不同。而绦虫和棘头虫全然无消化器官,仅依靠体表直接从宿主体吸取营养,营养物质的吸收主要靠具有微毛的皮层来进行。

有胞口与胞咽的原虫,如结肠小袋纤毛虫,从胞口摄取营养。有伪足的原虫,如阿米巴原虫,可吞食营养物质形成食物泡进行体内消化和吸收。

2. 生殖能力的加强

由于寄生生活的不确定性,使得大多数寄生虫都具有发达的生殖器官和强大的繁殖能力。

雌雄同体使寄生虫解决了寻找配偶的问题。例如,绦虫雌雄同体,每一节片内都具有独立的生殖器官;吸虫也是雌雄同体,两性生殖器官占据了虫体大部分体积;另一条增加繁殖潜能的路线是产生大量的虫卵。如人蛔虫体长 30～35 cm,每天产卵 20 万个以上,一条雌虫体内含有大约 2 700 万个虫卵。班氏吴策丝虫可产生几百万个微丝蚴进入宿主的血液、还有常见的微小膜壳绦虫在宿主体内每天产生 25 万个虫卵。在一年多的时间内,一条绦虫可以产生十几亿的虫卵。

3. 对体内和体外环境抵抗力的增强

蠕虫体表一般都有一层较厚的角质膜,具有抵抗宿主消化液消化的作用;线虫的感染性幼虫有一层外鞘膜,绝大多数蠕虫的虫卵和原虫的卵囊都具有特质的壁,能抵抗不良的外界环境。

4. 生理行为有助于寄生虫的传播

鸭的一种多形棘头虫,不仅由于幼虫的橘黄色,而且感染能改变了中间宿主——端足目昆虫的行为,使之具有趋光性,在接近水表面的位置游动,易于被鸭捕食。

矛形歧腔吸虫的囊蚴寄居在蚂蚁的脑部,能使蚂蚁向草叶的顶端运动,在那里被草食动物食入的可能性大为增加。

5. 寄生虫代谢机能的适应

氧在寄生虫一些物质的合成如卵壳合成中起重要作用。寄生虫依靠扩散进行氧的吸收。虫体内的氧靠体液扩散，有的寄生虫可借助血红蛋白、铁卟啉等化合物将氧扩散到虫体各部。

二氧化碳对寄生虫起着重要作用，如线虫虫卵的激活、吸虫囊蚴脱囊、线虫卵和幼虫的孵化和脱鞘等都需要二氧化碳的参与。

寄生虫合成蛋白质所需的氨基酸来源于分解食物或分解宿主组织，也可直接摄取宿主游离氨基酸。合成核酸的碱基、嘌呤需从宿主获取，嘧啶则可由自身合成，脂类主要来源于宿主，寄生虫可能只有加长脂肪链的功能。某些寄生虫因缺乏某些消化酶，因此还必须从消化道中获取。

寄生虫的代谢主要有能量代谢和合成代谢两类。大多数寄生虫的能量来源从糖酵解中获取。尤其是从以乳酸作为唯一产物的同乳酸酵解中获取，如血液和组织寄生虫。部分能量则从固定二氧化碳中获得，如肠道寄生虫所处环境条件特征是二氧化碳张力高。目前，已发现部分寄生虫能通过某些代谢途径来固定二氧化碳用于生物合成与重要功能有关的物质，也参与能量合成。

第三节 寄生虫与宿主间的相互关系

寄生虫与宿主的关系，包括寄生虫对宿主的损害和宿主对寄生虫的影响两个方面。

一、寄生虫对宿主的危害作用

寄生虫侵入宿主、移行、定居、发育、繁殖等过程，对宿主细胞、组织、器官甚至系统造成结构、形态和功能等的严重损害。这种损害作用是多方面的，也是极其复杂的，归纳起来主要有以下几个方面。

(一) 夺取宿主的营养

营养关系是寄生虫与宿主关系中最本质的关系。寄生虫在侵入宿主后，无论是幼虫期，还是成虫期，都从宿主取得营养，供其生长、发育和繁殖。寄生虫从宿主获得营养的方式随种类不同而异，有以下几种：

1. 直接摄取宿主肠道中的营养物质

如绦虫缺乏消化系统，成虫寄生在宿主肠道内，浸没在宿主半消化的食物中，通过皮层直接吸收各种营养物质，如氨基酸、糖类、脂肪酸、甘油、维生素、核苷、嘌呤和嘧啶等。有的寄生虫，如蛔虫等则直接以宿主肠腔内的半消化食物为食。

2. 吸取宿主的血液

有许多种寄生虫吸食宿主的血液。如钩虫、捻转血矛线虫、蜱、蚊等都是直接吸取宿主的血液为食的。一条犬钩虫所吸食的血液，连同从虫口溢出的血液加在一起，24 h 可达 0.36 mL，最多可达 0.7 mL。

3. 消化、吞食宿主的组织细胞

如绵羊夏伯特线虫将宿主的大肠黏膜纳入口囊并吞食宿主的组织；寄生于马盲肠、结肠内的普通圆线虫除吸血外，也吞食肠黏膜组织碎片；鹗形科吸虫将宿主肠绒毛紧握在附着器间，使绒毛充血，继之血管破裂，它们先把血液吸食，然后分泌消化酶将绒毛溶解，再将其作为食物吸入体内。

由于寄生虫生长迅速，繁殖力极强，这就必然消耗较多的营养物质，当虫体的数量较多时，就会导致宿主的营养不良、贫血、消瘦、生长迟缓与发育受阻。

(二)机械性损伤

1. 固着

寄生虫利用吸盘、小钩、小棘、口囊、吻突等器官，固着于寄生部位，对宿主造成损伤，甚至引起出血和炎症。

2. 移行

寄生虫从进入宿主至寄生部位的过程称为移行。寄生虫在移行过程中形成虫道，破坏了所经过器官或组织的完整性，对其造成严重损伤，如有些寄生虫的幼虫在钻入宿主时，引起侵入处的皮肤、黏膜的损伤；再如蛔虫引起的蛔虫性肺炎，肝片形吸虫童虫引起的肝脏出血和虫道，多头绦虫的六钩蚴损伤脑组织而引起的脑炎。

3. 压迫

某些寄生虫体积较大，压迫宿主的器官，造成组织萎缩和功能障碍，如寄生于动物和人的棘球蚴直径可达 5～10 cm，压迫肝脏和肺脏，引起肝、肺的机能障碍。还有些寄生虫虽然体积不大，但由于寄生在宿主的重要器官，也可因压迫而引起严重疾病，如囊尾蚴寄生于人或动物的脑和眼部等。

4. 阻塞

寄生于消化道、呼吸道、实质器官和腺体的寄生虫，常因大量寄生而引起阻塞，如猪蛔虫引起的肠阻塞和胆道阻塞等。

5. 破坏

在宿主组织细胞内寄生的原虫，在繁殖中大量破坏组织细胞而引起严重疾病，如梨形虫破坏红细胞和球虫破坏肠道、胆管等处上皮细胞，螨在皮肤内穿凿隧道等。

(三)毒素和免疫损伤

寄生虫生活期间排出的代谢产物、排泄物和分泌物，虫体、虫卵死亡崩解时的产物对宿主都是有害的，这些物质可能引起组织损害、组织改变或免疫病理反应。如蜱用于防止宿主血液凝固的抗凝血物质；寄生于胆管系统的华支睾吸虫，其分泌物、代谢产物可引起胆管上皮增生，附近肝实质萎缩，胆管局限性扩张，管壁增厚，进一步发展可致上皮瘤样增生。血吸虫虫卵分泌的可溶性抗原与宿主抗体结合形成抗原抗体复合物引起肾小球基底膜损伤；所形成的虫卵肉芽肿则是血吸虫病的病理基础。犬患恶丝虫病时，常发生肾小球基底膜增厚和部分内皮细胞的增生，临床症状为蛋白尿。研究者认为这是Ⅱ型超敏反应。

(四)引入其他病原体

一些寄生虫侵袭或侵入宿主时，往往引起其他继发感染，主要表现是：

1. 接种病原

某些昆虫叮咬动物时，将病原微生物注入其体内，这亦是昆虫的传播媒介作用，如某些蚊虫传播日本乙型脑炎，某些蚤传播鼠疫杆菌，某些蜱传播脑炎、布鲁氏菌病和炭疽杆菌病等。

2. 携带病原

某些蠕虫在感染宿主时，将病原微生物或其他寄生虫携带到宿主体内，如猪毛尾线虫携带副伤寒杆菌，鸡异刺线虫携带火鸡组织滴虫等。

3. 协同作用

某些寄生虫的侵入可以激活宿主体内处于潜伏状态的病原微生物和条件性致病菌，如仔猪感染食道口线虫后，可激活副伤寒杆菌；还可为病原微生物的侵入打开门户，如移行期的猪蛔虫幼虫，为猪霉形体进入猪肺脏创造了条件而发生气喘病；亦可降低宿主抵抗力，促进传染病的发生，如犬感染蛔虫、钩虫和绦虫时，比健康犬更易发生犬瘟热，鸡球虫病时更易发生鸡马立克氏病。

二、宿主对寄生虫的影响

宿主对寄生虫的影响是多方面的，目的是力图阻止寄生虫的寄生，这种影响往往与宿主的年龄、性别、体质、饲养管理等因素有关。

1. 遗传因素的影响

表现为某些动物对某些寄生虫种类的先天不感受性。如马一般不感染脑包虫；牛羊不得猪肾虫病。

2. 年龄因素的影响

表现为不同年龄的个体对寄生虫的易感性有差异。一般来说幼龄动物对寄生虫易感，原因可能是免疫功能低下，对外界环境抵抗力弱的结果。

3. 机体组织屏障的影响

宿主机体的皮肤黏膜、血脑屏障以及胎盘等可有效地阻止一些寄生虫的侵入。如一般寄生虫难以通过皮肤、胎盘感染宿主。

4. 宿主体质及饲养管理情况的影响

宿主体质健壮，营养合理，饲养管理条件优良，对寄生虫的抵抗力就强，抗病能力就高。如猪饲料中缺乏维生素及矿物质时，3～5 月龄的仔猪易感染猪蛔虫。

5. 宿主免疫作用的影响

主要表现在两个方面：一是在寄生虫侵入、移行、寄生部位，发生局部组织抗损伤作用，免疫活性细胞浸润，释放酶类活性物质，杀灭侵入、寄生的虫体，最后组织增生或钙化。二是寄生虫可刺激宿主体网状内皮系统发生全身性免疫反应，抑制虫体的生长、发育和繁殖，通过上述免疫作用，宿主对寄生虫的生活史进行阻断和破坏。

三、寄生虫与宿主相互作用的结果

寄生虫对宿主的影响是对宿主的损害，同时宿主对寄生虫的反应是产生不同程度的免疫力并设法将其清除。相互之间的作用，一般贯穿于从寄生虫侵入宿主、移行、寄生到排出的全部过程中，其结果一般可归纳为三类。

1. 完全清除

宿主清除了体内的寄生虫，临诊症状消失，而且对再感染具有一定时间的抵抗力。

2. 带虫免疫

宿主自身或经过治疗清除了大部或者未能完全清除寄生虫，感染处于低水平状态，但对再感染具有相对的抵抗力，并且寄生关系可维持相当长时间，此时宿主不表现症状。这种现象在寄生虫的感染中极为普遍。

3. 机体发病

宿主不能阻止寄生虫的生长或繁殖，当寄生虫数量或致病性达到一定强度时，宿主即可表现出临诊症状和病理变化而发病。

总之，寄生虫与宿主的关系异常复杂，任何一个因素均不是孤立的，也不宜过分强调，他们之间关系的维持是综合因素促成的结果。

第四节 寄生虫的分类与命名

一、寄生虫的分类

寄生虫分类是为了弄清各种寄生虫的亲缘关系，以及它在分类系统中的位置。目前寄生虫分类以形态学、解剖学为主要基础。这样的分类不可能反映一个物种的真正面貌，更不能说明寄生虫之间亲缘关系，因为形态结构仅仅是物种演化过程中遗留下来的痕迹。现在对一部分寄生虫的分类除以形态学为主要基础外，已进入生态学、发生学、生理、生化、分子生物学、免疫以及超微结构等方面的工作，并取得了一些进展，但尚不完善。所有动物均属于动物界，寄生虫亦不例外。

寄生虫的分类最基本单位是种(species)。相互关系密切的种同属一个属(genus)，相互关系密切的属同属一个科(family)，依此类推，建立起目(order)、纲(class)、门(phylum)等各分类阶元，在各阶元之间还有“中间”阶元，如亚门(subphylum)、亚纲(subclass)、亚目(suborder)、业科(subfamily)、亚属(subgenus)、亚种(subspecies)或变种(variety)等。

与动物医学有关的寄生虫主要隶属于扁形动物门的吸虫纲、绦虫纲；线形动物门的线虫纲；棘头动物门的棘头虫纲；节肢动物门的蛛形纲、昆虫纲；环节动物门的蛭纲；还有原生动物亚界的原生动物门等。

为了表述方便，习惯上将吸虫纲、绦虫纲、线虫纲、棘头虫纲的寄生虫统称为蠕虫；昆虫纲和蛛形纲的寄生虫通常称为节肢昆虫；原生动物门的寄生虫称为原虫。由其所致的寄生虫病则分别称为动物蠕虫病、动物节肢昆虫病、动物原虫病。

二、寄生虫的命名

1. 寄生虫的命名

国际公认的生物命名规则为林奈(Carolus Linnaeus)创造的双名制法。用此方法为寄生虫规定的名称称为寄生虫的学名，即科学名。学名由两个不同的拉丁文或拉丁化文字单词组成，属名在前，种名在后。第一个单词是寄生虫的属名，第一个字母要大写；第二个单词是寄生虫的种名，全部字母小写，排印时要用斜体，以示区别于其他文字。例如，日本分体吸虫的学名是“*Schistosoma japonicum*”。其中“*Schistosoma*”表示分体属，第一个字母要大写；“*japonicum*”表示日本种，全部字母小写。

2. 寄生虫病的命名

原则上以引起疾病的寄生虫属名定为病名，如阔盘属的吸虫所引起的寄生虫病称为阔盘吸虫病。在某属寄生虫只引起一种动物发病时，通常在病名前冠以动物种名，如鸭鸟蛇线虫病。但在习惯上也有突破这一原则的情况，如牛羊消化道线虫病，就是若干个属的线虫所引起寄生虫病的统称。

本章小结

(1)关于寄生虫类型的划分不是绝对的，具体到某一种寄生虫，可能属于其中的多种类型。

(2)寄生虫的发育往往要经历不同的宿主，成虫寄生的宿主叫终末宿主，幼虫寄生的宿主称为中间宿主。

(3)寄生虫的生活史表现为不同的发育阶段，需要不同的生活条件。

(4)寄生虫的感染需要一定的条件才能实现。

(5)寄生虫对宿主的危害表现在夺取宿主的营养、机械性损伤、毒素和免疫损伤、引入其他病原体 4 个方面。

(6)宿主对寄生虫的影响是多方面的，这种影响往往与宿主的年龄、性别、体质、饲养管理等因素有关。

(7)寄生虫的命名规则遵循林奈创造的双名制命名法。

复习思考题

1. 试述寄生虫、宿主、终末宿主、中间宿主、土源性寄生虫、生物源性寄生虫的概念。
2. 寄生虫与宿主的类型有哪些？举例说明。
3. 简述寄生虫发育的基本过程。
4. 比较寄生虫的直接发育与间接发育有何不同。
5. 寄生虫对宿主有哪些主要的影响？
6. 简述宿主对寄生虫的作用及其意义。
7. 寄生虫对寄生生活的适应体现在哪几个方面？

第三章
寄生虫病的流行病学

本章学习目的与要求：通过本章内容的学习，要求掌握寄生虫病流行病学的概念。搞清流行病学的内容：感染源、感染途径、易感动物。了解寄生虫病的流行过程和流行特点，认识影响寄生虫病流行的因素。并且掌握人兽共患寄生虫病的概念，了解人兽共患寄生虫病的危害，认识影响人兽共患寄生虫病流行的因素，掌握人兽共患寄生虫病的防治措施。

动物寄生虫病的流行病学是研究动物群体的某些寄生虫病的发病原因和条件、传播途径、发生发展规律、流行过程及其转归的科学。动物寄生虫病的流行病学研究着重于群体寄生虫病的研究，同时也包括个体寄生虫病的上述诸方面的研究，因为个体的疾病在一定条件下可能发展为群体的疾病。从上述定义可见，寄生虫病的流行病学涉及面广，概括地说包括寄生虫、宿主及相关外界环境因素和社会因素的总和。环境因素又有生物性和非生物性两方面，不同寄生虫同这两方面的关系各有侧重。

第一节 寄生虫病的流行规律

一、流行过程

寄生虫病流行过程是指寄生虫完成生活史，从已寄居的宿主传播到新宿主的过程。寄生虫病传播、流行的基础是寄生虫的感染链和促进其发生和发展的环境条件。所谓寄生虫的感染链是由感染源、感染途径和易感动物宿主及其适宜的外界环境等基本环节构成的。寄生虫病的流行过程始于带有感染源的动物宿主个体向外界排出寄生虫新生后代，经过在适宜的外界环境中发育达到感染阶段，通过感染途径侵入新的易感动物宿主。通过感染链在畜禽个体或群体间进行传播，从而构成寄生虫病的散发、地方性流行或大流行。在寄生虫感染链的循环往复中由于不断获得新的动物宿主，寄生虫得以维持其种族的延续。如果切断感染链中的任何环节，寄生虫的繁衍会受到严重打击，甚至遭到毁灭。寄生虫病的传播、流行也随之被控制或阻断。

1. 感染来源

感染来源是指携带有寄生虫（原虫、蠕虫、蜘蛛昆虫等）的患病动物、带虫者（动物和人）或被寄生虫感染的中间宿主、补充宿主、贮藏宿主、保虫宿主和传播媒介。

2. 感染途径

感染途径是指寄生虫感染宿主的门户。广义地讲，是指寄生虫从侵入易感宿主到定居的全部过程。

(1)寄生虫的侵入方式和感染阶段　寄生虫侵入宿主的方式有3种：一是终末宿主吞食寄生虫感染期的虫卵、幼虫、卵囊或其中间宿主；二是中间宿主或生物媒介在摄食宿主血液或组织时感染寄生虫，再经它们传播给新宿主；三是感染性幼虫主动寻找并侵入宿主体内。

寄生虫的感染阶段，或称感染期。寄生虫在其生活史的各个发育阶段中并非任何一个阶段都能使宿主发生感染，只在某一特定阶段才能感染畜禽或人，我们把寄生虫生活史中对脊椎动物宿主有感染能力的阶段叫做寄生虫的感染阶段，或者说寄生虫侵入动物或人体，并在其体内能继续发育或繁殖的阶段叫做感染阶段。寄生虫只有到达感染阶段，才能感染动物。感染阶段有感染性虫卵、感染性幼虫和感染性卵囊(孢子化卵囊)3种形式。而一种寄生虫只以其中一种固定形式感染宿主。如华支睾吸虫的感染阶段是囊蚴，终末宿主只有食入含活囊蚴的淡水鱼才被感染，其他阶段即使进入动物体，也不能存活和引起感染。

(2)常见的感染途径　寄生虫的感染途径可概括为以下几种。

①经口感染：在外界环境或中间宿主体内发育到感染阶段的寄生虫，污染了水、土和饲料，经由宿主采食、饮水等进入体内而感染。

②经皮肤感染：有两种感染方式。一种是感染期幼虫从宿主皮肤钻入而感染，如日本分体吸虫、仰口线虫、皮蝇幼虫、钩虫、类圆线虫等的感染性幼虫都是直接从皮肤钻入寄主体内的。另一种是生物媒介即吸血的节肢动物叮咬宿主皮肤而造成的感染。

③接触感染：患病或带虫动物与健康动物的皮肤或黏膜直接或间接接触而发生感染，如蜱、螨、虱等既可由皮肤的直接接触感染，也可通过饲喂器具、挽具、鞍具等间接接触感染。马媾疫、牛胎毛滴虫等可以通过交配经黏膜接触传播。

④经胎盘感染：不太普遍。有些寄生虫或幼虫在母体内移行时，通过胎盘进入胎儿体内引起感染，如弓形虫、犊新蛔虫、日本血吸虫等。

⑤自体感染：有时，某些寄生虫产生的虫卵或幼虫并不排出宿主体外或不脱离宿主，即可使原宿主再次感染，这种感染方式称为自体感染。例如，猪带绦虫患者呕吐时由于肠管逆蠕动，使孕卵节片进入胃中，卵中的六钩蚴脱壳逸出又回到肠道而再次感染宿主。马尖尾线虫的卵可在宿主肛门口孵化出幼虫，后者再爬入肛门引起感染。

⑥医源感染：指由被污染的医疗器械或人工授精器械引起的寄生虫感染。如采血用的注射器污染后可间接感染血液寄生虫，如锥虫、梨形虫等。人工授精器械污染后可间接感染牛胎毛滴虫、马媾疫锥虫等生殖道寄生虫。

⑦经天然孔感染：如羊狂蝇幼虫从鼻孔或其他天然孔(包括眼结膜囊)侵入，吸吮线虫经眼结膜侵入。还有随尘土飞扬的感染性蛔虫卵、感染性蛲虫卵等被吸入易感动物的鼻腔，又被咽下而引起感染。

上述感染途径中较常见的是经口感染、经皮肤感染、接触感染、胎盘感染，其他几种较少发生。有些寄生虫只限于一种感染途径，而另一些寄生虫则有多种感染途径。如钩虫即可经皮肤感染，也可经口感染。

(3)寄生虫的移行与定居　移行是寄生虫从侵入点到所趋嗜器官、组织的过程。有些寄生虫在移行时沿着固定的路线，最终准确无误地到达寄生部位定居下来。其机理尚不清楚。

3. 易感宿主

易感宿主主要是指对某种寄生虫缺乏免疫力或免疫力低下而处于易感状态的家畜、家禽和野生动物。寄生虫一般只能在一种或若干种动物体内生存，这是寄生虫与宿主在长期进化过程中形成的特异性的寄生关系。某种动物对其特定的寄生虫具有易感性，或有些寄生虫对宿主有专一性。寄生虫只有感染属于其宿主专一性范围内的动物，才有可能引起疾病，如马蛔虫不寄生于牛，牛新蛔虫不寄生于马，猪蛔虫也只寄生于猪。有些多宿主寄生虫如肝片吸虫可寄生于多种动物，既可寄生于牛、羊等反刍兽，也可寄生于单蹄兽，还可寄生于猪、兔、啮齿动物和人。

二、流行特点

寄生虫病的发生发展规律决定了寄生虫病的流行有它自身的特点，因此了解寄生虫病的流行特点是十分重要的。其流行特点包括：

1. 地方性

寄生虫病可以在人群中、动物群中或人与动物之间传播和流行，属于疫病。其地理分布常呈明显的区域性或地方性，人们称之为地方病或风土性病。寄生虫病分布的地方性是由一些因素决定的。例如，中间寄主、媒介生物等分布的区域性，群众的生活习惯和方式，不同的气候条件等。寄生虫的发育类型也决定了寄生虫病的分布。一般规律是，直接发育型生活史的土源性寄生虫其地理分布较广，而间接发育型生活史的生物源性寄生虫的地理分布受到严格限制。引起地区性流行的寄生虫病，在蠕虫病方面主要有肝片吸虫病、莫尼茨绦虫病、捻转血矛线虫病、肺线虫病、日本分体吸虫病、东毕吸虫病和胰吸虫病等。在原虫病方面主要有猪的弓形虫，家兔、鸡的球虫病，牛、马的梨形虫病和锥虫病等。

2. 季节性

寄生虫病的传播往往有明显的季节性，亦称为季节动态。这是因为：首先，多数寄生虫要在外界环境中完成一定的发育阶段，寄生虫发育到感染阶段需要一定的气候条件，因此，气温、降雨量等自然条件的季节性变化，使寄生虫的体外发育也具有了季节性。其次，中间宿主、贮藏宿主和传播媒介的活动有季节性，使得生物源性寄生虫病呈现季节性。最后，人群的生产方式和生活习惯、农田耕作制度、家畜的饲养方式有季节性变换等，这些因素都使得动物感染和发病的时间随之出现季节性。一般来说，多是夏季感染，细别之又有许多不同的情形，这就是所谓的季节动态。

3. 慢性、隐性

广泛散播的寄生虫病多呈慢性经过，或许呈轻微或缺少临床症状。一般感染率高而发病率低，致使畜禽死亡或极度消瘦，或仅仅引起繁殖率下降、肉蛋奶等畜产品的数量和质量降低、动物的抵抗力下降的隐性经过。影响寄生虫感染发病的因素很多，其中最主要的是感染强度，即整个宿主种群感染寄生虫的平均数量。当宿主感染寄生虫后，只有原虫和少数其他寄生虫（如螨）可通过繁殖增加数量，多数寄生虫不再增加数量，只是继续其个体发育。因此，许多宿主只呈现带虫现象。

4. 多寄生性

一些寄生虫的宿主谱很广，而其宿主特异性相对地要弱得多，表现为多宿主适应性，即能在多种宿主种群寄生而分布广泛，例如，旋毛虫，已发现有犬、猪、牛、羊等家畜，熊、虎等野生动物计 150 多种哺乳动物自然感染，亦感染人。又如，日本血吸虫，除人外，已有 40 多种家畜和野生兽类易感。动物体内同时有两种以上寄生虫感染的多寄生现象较为常见，它们之间常常会出现制约或促进、增加或减少其致病作用，从而影响临诊表现。

5. 职业性

基层专业人员如牧民、饲养管理人员、兽医卫生人员、屠宰及畜产品加工、销售人员、军犬训练人员等因其接触畜禽寄生虫病感染源的机会多，他们的不当操作会增加他们本身感染人畜共患寄生虫病的机会，如棘球蚴病被称为牧民的“癌症”。而且由于他们的消毒隔离措施执行不严格，可能会通过携带作用给病原体传入畜（禽）群提供便利条件。

6. 自然疫源性

有些寄生虫病即使没有人类和家畜的参与，也可以通过野生脊椎动物保虫宿主或传播媒介感染动物造成流行，而且长期在自然界循环，这些寄生虫病称为自然疫源性寄生虫病，存在自然疫源性疾病的地区称为自然疫源地。家畜寄生虫中，有些虫种在家畜以外的野生脊椎动物寄生，这些动物为保虫宿主或储藏宿主，有些分布在尚未开发的原始森林或荒漠地区，其体内的寄生虫在野生动物之间互相传播，无需人的参与。人畜只有进入这些地区时才有可能感染。例如杜氏利什曼原虫引起的荒漠型黑热病。这种地区称为原发性自然疫源地。有些保虫寄主分布在人畜生产生活区，其体内的寄生虫除在动物之间传播外，还可以在人畜之间传播，这种地区称次发性疫源地。保虫宿主和贮藏宿主在流行病学上起着重要作用，尤其是野生动物种群往往被忽视而又难以施治，传播媒介也不容忽视。当确定了某一种疫源地范围和内容后，就能集中精力控制和消灭该地区的疾病，防止其向周边地区蔓延。

三、影响流行过程的因素

对寄生虫而言，宿主是其最直接的环境因素，但寄生虫病流行病学所指的环境，重点是除终末宿主以外的外界环境，包括传播媒介、贮藏宿主和中间宿主。要搞清影响寄生虫病流行的因素，首先以寄生虫和与其相关动物的生物学和生态学因素为起点，分类研究寄生虫、各类宿主、媒介动物等对寄生虫病流行的影响。但任何疫病的传播和流行，不是单纯的生物之间的联系，还要受到自然因素和社会因素的影响和制约，不同寄生虫和这些因素关系的密切程度各有不同。

（一）寄生虫的生物学特性

1. 寄生虫的成熟时间

寄生虫的成熟时间是指寄生虫幼虫感染宿主到它们成熟排卵所需要的时间。这对于季节性发生的蠕虫病尤为重要。排卵时间可以经过诊断方法测知，据此可以推知最初的感染时间及其移行过程的时间，对确定驱虫时间和制定防治措施极为有用。

2. 寄生虫成虫的寿命

寄生虫在宿主体内的寿命决定了该寄生虫向外界散布病原体的期限，长寿的寄生虫会长期向自然界散布病原体，如猪带绦虫在人体内寿命可达 25 年以上，一人患病就可能使许多猪感染囊尾蚴病。绵羊的莫尼茨绦虫寿命只有 2～6 个月，一般为 3 个月，而绵羊感染又有季节性，主要是夏季，因此，绵羊患病就可能出现间断期。掌握这些知识对防治措施的制定有重要的参考价值。

3. 寄生虫在外界的生存期限

寄生虫在外界的生存期限主要包括寄生虫以何种形式和哪个发育阶段排出宿主体外；它

们在外界环境所需要的条件(如温度、湿度、阳光、酸碱度以及越冬情况等)及耐受性；一般条件和特殊条件下发育到感染阶段所需要的时间；寄生虫的感染途径以及在自然界的存活、发育和保持感染能力的期限等内容。例如，猪蛔虫卵在外界可保持活力长达5年，因此对于污染严重，卫生状况不良的猪场，蛔虫病具有顽固、难以消除的特点。这就是蛔虫病的流行病学特征，在制定防治方案时应注意这一点。

4. 寄生虫的病原性

寄生虫侵入宿主体内，宿主可呈现显性感染或潜伏感染等各种感染状态。病原体具有多种特性，但在流行病学上有重要意义的是其感染性、病原性、抗原性及免疫原性等。这些特性因其抗原构造、免疫原性等方面的不同，往往发生变化，特别是蠕虫，其变化显得更为复杂。寄生虫一般可引起宿主产生带虫免疫，对再感染具有相对的抵抗力。有时会发生排斥而引起自愈现象。多见的是寄生虫病原体之间相互作用，通过重复或混合感染使病情加重，甚至诱发其他疾病，既可为某些传染病侵入打开门户，还往往促使并发的其他疾病病程加快，病情恶化。

(二)中间宿主、保虫宿主、贮藏宿主与传播媒介的生物学和生态学特性

一般需要中间宿主参与其生活史的寄生虫，其引起疾病的发生或流行与其中间宿主的生长、发育和出没相对应。一般需要贮藏宿主参与其生活史的寄生虫，其引起疾病的发生和流行与它们和病原体接触的可能性以及和畜禽遭遇的机会有关。一些借吸血节肢动物为传播媒介的寄生虫病，其发生和流行随着相关吸血节肢动物的滋生地、习性、活动规律和活跃程度而呈现明显的季节性。因此，需要了解中间宿主、贮藏宿主和传播媒介的分布、密度、习性、栖息地、滋生地、每年的出没时间和越冬地点以及有无天敌等，从而也就可以推断出宿主的感染机会、感染的大体时间和某种寄生虫病发病的季节性和地方性，这都与疾病的发生、流行和防治密切相关。

(三)易感动物的内在因素和外来因素

易感动物宿主的条件如何，对寄生虫的侵入、生活和繁殖有很大的影响，而且感染寄生虫之后，左右着寄生虫病的转归及寄生虫的命运。影响易感动物的因素分为内在因素和外来因素。

1. 内在因素

易感动物群的范围、分布、生活习性以及与寄生虫和各类宿主接触的机会，决定了与其相关的寄生虫的分布。当寄生虫处于寄生状态时，易感动物(畜禽)是寄生虫的直接外界环境，对寄生虫有着连续的、重要的影响。易感动物(畜禽)的营养状况、种类、年龄、性别等的不同对疾病的耐受力有所不同，表现为不同程度的临床症状、病理变化及免疫特点。全价饲料饲养畜禽，可增强其体质增加对寄生虫的抵抗力，如营养不良且缺乏维生素的仔猪容易感染蛔虫病。一般患病者由于制造免疫球蛋白的需要，对于蛋白质的需要量较高，这就给营养不良的动物造成更多的亏损，由此可见营养不良是疾病流行的重要因素。动物的种类不同，常表现出很大的差异。不同的动物种类对同一种寄生虫的易感性有显著差异，如寄生于马的尖尾线虫牛不感染。即使同种动物，因个体抵抗力不同，有的易感且发病较重，有的则感染较轻。年龄不同对寄生虫病的易感性也有很大的差别，一般幼龄动物的免疫力低于成年动物，愈是幼龄动物，愈易感染，且发病也重，如猪蛔虫，仔猪普遍易感而且发病严重，6月龄以上的猪则较少感染，各种球虫也是幼龄动物易感。性别也是不可忽视的因素，如牛胎毛滴虫病，公牛感染后往往没有明显的临床症状，而母牛症状明显。

2. 外来因素

畜禽的饲养管理条件、引种、运输和防疫保健措施等外来因素也对寄生虫病发病率有很大影响。不合理的饲养、缺乏运动、圈舍温度失宜、湿度过大、通风换气不良、畜群密度过高、粪便堆积、舍内光照不合理、使役不当、过度疲劳等,都会降低畜禽的抵抗力,提高宿主对寄生虫的易感性,而有利于寄生虫的生存和传播。特别是畜(禽)群之间距离的大小,畜(禽)群内部饲养的数量和密度适当与否,影响寄生虫病的扩散,冬季羊群处于过于狭小的圈舍内,由于接触频率增大,一旦发生螨病会迅速传播全群。饲养方式对宿主条件也有重要影响,如放牧饲养比舍饲的增加了寄生虫的感染机会;分群轮牧的牛、羊比混合放牧的减少了寄生虫的感染机会;早晚放牧于露水草地或在雨后低洼地放牧的牛、羊增加寄生虫的感染机会;家畜的运输可能给当地引进或输出新病;应用虫苗进行免疫预防,能明显地增加宿主对寄生虫感染的抵抗力,减少寄生虫病的发生。

(四)社会因素

社会因素又称人为环境因素,如社会制度,经济状况,人类的行为与习惯、科学文化素养,法律法规的制定与执行,对寄生虫病的流行有很大的影响。人类的不科学的、盲目的活动、不良生活习惯,往往会促进人畜寄生虫病的发生和蔓延,例如人的粪便管理不当时容易造成猪、牛囊尾蚴病的流行;肉品的检验和管理制度不严格时,容易造成人绦虫病和狗绦虫病的流行,随之可能引起家畜囊虫病、多头蚴病和棘球蚴病的流行。牧民、饲养管理人员、兽医卫生人员、屠宰及畜产品加工、销售人员等,因其接触畜禽寄生虫病感染源的机会多,他们的不当行为不仅会增加人体感染人畜共患寄生虫病的机会,而且还会给病原体进入畜(禽)群提供了条件。

(五)自然因素

自然界是寄生虫的间接外界环境,通过影响宿主间接地影响寄生虫。当寄生虫处于自由生活状态时,自然界又是它们的直接外界环境。自然界的状况及各种环境因素关系着自宿主体排出的寄生虫能否继续发育,完成宿主交替,延续寄生虫种属的存在,这些必然对于寄生虫病的存在、分布、发生和发展产生不同的影响。有些环境可适于某些寄生虫的生存,而另一些环境条件则可抑制其生命活动,甚至将其杀死。自然因素主要包括地理、气候、土壤和生物区系等。

1. 地理条件

大多数寄生虫的分布与自然地理环境的特征有关,故其分布因地理条件不同而各异。南方的一些寄生虫,如家畜的伊氏锥虫,人、畜的日本分体吸虫,人、猪的姜片吸虫和猪肾虫等在北方不多见。这其中又有不同的情况:猪肾虫是由于虫卵和幼虫在外界的发育需要较高的温度和湿度,北方地区一般缺乏此种条件而不能造成流行。日本血吸虫在我国主要在南方流行与其中间宿主——钉螺只在南方分布直接相关。当某些野生动物是感染源时,自然因素的影响尤其显著,这些动物生活在一定的地理环境(如森林、沼泽、荒野等),他们所传播的疾病常局限于这些环境,往往能形成自然疫源地,如在某些地区,特别是灌木丛生的濒河滩,草坨为蜱类滋生地,往往可形成梨形虫病的疫源地。

2. 气候条件

气候条件主要包括温度、湿度、日照、降雨量等。恶劣的或异常的气候本身就可作为疾病的病因而起作用,并成为机会感染的刺激因素,对宿主起直接作用。当然气候条件与纬度、海拔等地理条件也有密切关系。寄生虫、传播媒介、中间宿主各有其所需的最适气候条件，气候条件的剧烈变化影响着它们的发育与生存，进而影响到寄生虫病的分布和流行，而呈现季节性和地方性，如鸡的住白细胞虫病多在夏末秋初流行，这主要是因为其传播媒介在此季节滋生、活动。

(1)温度、湿度　温度、湿度等条件除直接或间接地影响到寄生虫的地理分布外，对于那些遍布世界的某些虫种，还使它们在不同地区出现不同的流行情况。各种圆线虫(如马的圆线虫，反刍兽的毛圆线虫和犬钩虫等)，其各期幼虫的行为最易受温、湿度变化的影响。湿度对于钩虫的幼虫发育非常重要，所以在干燥和缺雨的地区就很少甚至没有。温度的影响也很大，钩虫的感染性幼虫不吃食物，能量来源于它们体内贮藏的营养物质，温度和湿度的变化迫使幼虫活动频繁，它们沿垂直方向移动，作接触物体的动作，由此加快了能量的消耗，缩短了它们的寿命，有时在死亡之前，已因能量耗尽而失去钻穿宿主皮肤的能力。温度对球虫卵囊的影响也很大，卵囊孢子化的最适温度是 27℃，偏低或偏高均影响其孢子化率，从而感染强度也随之下降。干燥的环境对处于任何发育阶段的寄生虫都有致死作用，一般寄生虫的虫卵和幼虫对直射阳光和干燥的抵抗力很弱，猪肾虫的虫卵在 32～40℃ 的干燥环境中处于阳光直射下，经 1～3 h 死亡，其幼虫在完全干燥环境中仅能存活 35 min。捻转血矛线虫的虫卵在 4℃ 以下即停止发育，1℃ 以下则死亡，其第一期、第二期幼虫在干燥环境和 30℃ 以上的温度影响下死亡。

(2)日照　日照也是关系重大的。有人报道，钩虫的幼虫在日光直射的土壤上，寿命平均只有 5 d，在淡阴影下为 6 周，在深阴影下为 8 周。吸虫的尾蚴从螺体内大量排出的时间主要在温暖季节到来之际。螨病主要发生在冬、春季节，是因为冬春阳光照射不足，家畜被毛较密，在圈舍潮湿、卫生状况不良的条件下，最适合螨的发育繁殖，而夏季皮肤表面常受阳光照射，经常处于干燥状态，因此一般不会发病。

(3)降雨量　在同一地区，随着年降雨量和温度的变化，寄生虫病的流行情况也有很大的差异。如多雨年份，椎实螺数量剧增，降雨还是刺激毛蚴孵化的重要条件，毛蚴孵出后钻入螺体内发育成尾蚴。雨后水涨，尾蚴广泛地在草叶上形成囊蚴，伴随着也出现了肝片吸虫病的普遍暴发。在这种情况下，平时的带虫者起了重要的散播作用。干旱年份则由于螺类减少，牛、羊肝片吸虫的感染率也随之下降。而牛皮蝇、马胃蝇的蛹期是在土壤中度过的，潮湿对它们很不利，经多雨季节，马感染率降低，甚至绝迹。

3. 土壤

土壤的物理、化学性质与寄生虫有密切关系。幼虫的生活力在很大程度上与土壤的结构有关，一般疏松的沙质土壤比致密的黏质土壤更适于寄生虫幼虫的生活，致密而不易透水的黏土中常常没有钩虫。有腐殖质的浅表层土壤比深层土壤更适于寄生虫的生活，绦虫的重要中间宿主之一——甲螨，就喜居于这类土壤中。有人报道，把含钩虫卵的粪便埋入结构疏松的土壤中 90 cm，之后它们的幼虫还可以移行到表面上来，如果是纯粹的黏土，其移行深度不超过 15 cm。水和土壤的酸碱度对虫卵和幼虫的发育也有影响，但一般寄生虫的适应性较宽，所以在一般情况下不起显著的作用，如犬钩虫卵的发育以 pH 6～7 为最适宜，但能适应于 pH 4.6～9.4 范围。

4. 动、植物区系

动、植物区系是指在历史发展过程中形成而在现代生态条件下存在的许多动、植物类型的总体。动、植物区系直接影响寄生虫的分布，那些需要中间宿主和传播媒介的虫种，如需要昆虫、蜱类、贝类及其他动物作为中间宿主或需要节肢动物作为传播媒介的寄生虫，必定依赖于这些动物的分布，缺少它们，寄生虫就中断了继续发育的可能而无法生存。那些没有中间宿主和传播媒介的寄生虫，也常与家畜以外的其他动、植物保持着各式各样的关系。蜱的分布常和植被的状况密切相关，如硬蜱多散布于潮湿的森林地带，血蜱（盲蜱）多在平原山麓草原，革蜱（矩头蜱）常在半沙漠地带等。由于蜱种的分布不同，又造成了梨形虫病之分布的差异，如牛巴贝斯虫（*B. bovis*）以硬蜱为媒介，马巴贝斯虫（*B. equi*）以革蜱为媒介等。山林中的野兽常成为许多种家畜寄生虫的感染来源，如牛羊和多种野生反刍动物有共同的寄生虫，所以一个地方的野生反刍动物区系必然影响到家养反刍动物寄生虫病的散布和流行。多头绦虫（*Taenia muliceps*）和细粒棘球绦虫（*Echinococcus granulosus*）的成虫寄生于犬、狐和豺等野生肉食动物，因此，当地野生肉食动物的种群组成及其数量势必与家畜的多头蚴病（*Coenurus cerebralis*）和棘球蚴病有所关联。

动物的迁移无疑也是影响寄生虫分布的重要因素。动物的迁移引起动物区系的变化，从而引起寄生虫的分布变化。

生物学因素、社会因素和自然因素常常相互作用，共同影响寄生虫病的流行。由于生物学因素一般是相对稳定的，而社会因素往往是可变的。因此，社会稳定、经济发展、科技进步和法律法规的健全对控制寄生虫病的流行有关键作用。在诊断群体寄生虫病和制定群体寄生虫病的防治措施时，调查分析有关流行病学资料是十分必要的，它有助于对寄生虫病的正确诊断，有助于有的放矢地制定和采取措施，达到控制寄生虫病的目的。

第二节　人兽共患寄生虫病

一、基本概念与分类

（一）人兽共患寄生虫病的基本概念

人兽共患病（zoonosis）概念早在100多年前由德国病理学家 Ruldoir Virchow（1821—1902）首先提出，之后经过长时间的争论，在1959年，世界卫生组织（WHO）和粮农组织（FAO）专家委员会对人兽共患病下的定义是："在脊椎动物与人之间自然传播的疾病和感染。"人兽共患病是最常见的也是最危险的一类人畜疾病。

人兽共患寄生虫病（parasitic zoonosis）是指在脊椎动物与人之间自然传播的寄生虫病及寄生虫感染。即由寄生虫引起的人兽共患病。有相当一部分寄生虫拥有脊椎动物，特别是哺乳动物宿主，其中包括人的时候，就构成人兽共患寄生虫病。本病涉及的宿主动物范围广，除人和家畜外，还包括野生动物、水生动物和节肢动物等。引起人兽共患病的寄生虫包括寄生性原虫、蠕虫，也包括能钻人或进入宿主皮肤或体内寄生的节肢动物，至于仅在宿主体表吸血或寄居的则不包括在内。邓定华等（1987）初步调查统计我国的人兽共患病共196种，其中人兽共患寄生虫病91种，其中较常见的约30种，占有重要地位。

人兽共患寄生虫病在人畜之间蔓延流行，给畜牧业生产造成危害和经济损失，威胁与危害人畜健康，构成对公共卫生的严重威胁，有时甚至引起严重的社会安全问题，例如，日本血吸虫病既严重危害耕牛等家畜的健康，造成大批死亡，影响农牧业生产的发展，又是人体的严重寄生虫病，这类寄生虫病的防治在公共卫生上具有重要意义。关于人兽共患寄生虫病的严重程度，从目前我国人兽共患寄生虫病中提出几种，可作如下顺序排列：日本血吸虫病、猪囊虫病、棘球蚴病、旋毛虫病、弓形虫病、隐孢子虫病和肉孢子虫病等。由于我国幅员辽阔，这些人兽共患寄生虫病的传播流行，有的可以是全国性的，但大多数呈地区性流行，不同地区或省域有其各自重要的人兽共患寄生虫病，可能有些不在以上之例。例如，日本血吸虫病在南方湖滩地区严重流行，在北方则不存在；棘球蚴病在我国分布很广，但以西北牧区更为严重。这些人兽共患寄生虫病的流行趋势都是受流行因素制约的。

(二)人兽共患寄生虫病的分类

人兽共患寄生虫病的分类方法有多种，主要有3种：

1. 按照寄生虫的生物学属性划分

(1)病原为吸虫的人兽共患寄生虫病　如华支睾吸虫病、姜片吸虫病、分体吸虫病、片肝片吸虫病、并殖吸虫病、后睾吸虫病、歧腔吸虫病、棘口吸虫病、异形吸虫病等，约19种。

(2)病原为绦虫的人兽共患寄生虫病　如棘球蚴病、裂头绦虫病、膜壳绦虫病、猪绦虫/囊虫病、牛绦虫/囊虫病、脑包虫病、犬复孔绦虫病、细颈囊尾蚴病、微小膜壳绦虫等，约15种。

(3)病原为线虫的人兽共患寄生虫病　如旋毛虫病、钩虫病、弓首蛔虫病、膨结线虫病、毛细线虫病、麦地那龙线虫病、犬恶丝虫病、马来丝虫病、吸吮线虫病、颚口线虫病、粪类圆线虫病等，约27种。

(4)病原为原虫的人兽共患寄生虫病　如贾第鞭毛虫病、隐孢子虫病、利什曼原虫病、住肉孢子虫病、弓形虫病、等孢球虫病等，约17种。

(5)病原为节肢动物的人兽共患寄生虫病　如羊狂蝇蛆病、疥螨病、蠕形螨病、舌形虫等，约14种。

(6)其他寄生虫病原引起的人兽共患寄生虫病　如棘头虫病等。

2. 按病原体的发育史划分

(1)直接传播性人兽共患病(direct zoonoses)　完成生活史只需一个宿主。病原体通过直接接触、互相残杀或机械因素直接传播给易感脊椎动物或人，传播过程中病原体不发育、繁殖，如旋毛虫、疥螨病、蠕形螨病等。

(2)周生性人兽共患病(又称为循环传播性人兽共患病)(cycle-zoonoses)　病原体需两个或两个以上脊椎动物宿主才能完成生活史，如猪带绦虫病、牛带绦虫病、棘球蚴病、脑多头蚴病。

(3)后生性人兽共患病(又称为媒介传播性人兽共患病)(meta-zoonoses)　需脊椎动物或无脊椎动物共同参与才能完成生活史，病原体在传播媒介体内发育、繁殖或既发育又繁殖，然后传播给脊椎动物或人。如梨形虫病、华支睾吸虫病、疟疾、丝虫病等。

(4)腐生性人兽共患病(又称为腐物传播性人兽共患病或污染性人兽共患病)(sapro-zoonoses)　需脊椎动物宿主和一个与病原体发育或储集的非动物性滋生、积聚才能完成生活史。如水、食物、土壤、植物等，宿主的感染来源于被污染的非动物环境。如钩虫病、粪类圆线虫病等。

3. 按照流行病学特点划分

(1)从野生动物保虫宿主直接传播给人　如旋毛虫病。

(2)从野生动物经家畜传播给人　如北极地区的棘球蚴病。

(3)从家畜保虫宿主直接传给人　如利什曼原虫病、棘球蚴病和日本分体吸虫病。

(4)没有宿主特异性　保虫宿主可以是野生动物、家畜或人。如日本分体吸虫病。

(5)从人传播给家畜　如冈比亚锥虫病和利什曼原虫病。

(6)从人经家畜传播给野生动物　如日本分体吸虫病。

(7)从人传播给野生动物　如阿米巴原虫病和南美的猴疟。

(8)人和家畜都是不可缺少的宿主　如猪带绦虫和牛带绦虫病。

二、影响人兽共患寄生虫病流行的因素

人兽共患病能够流行不止,其原因是很复杂的。人兽共患寄生虫病的流行也具有传染源、传播途径、人和易感动物3个基本环节,缺一不可。但从人和畜这两类宿主之间的传播来说,人的因素更为重要。

(一)生态学因素

由于人口的增长和生活条件不断改善的需要,人类的活动地域越来越大,人类将利用尚未开发的地区和自然资源,兴办电厂,建造水坝,修建穿越未开发地区的铁路、公路,架设管线,开垦、灌溉和耕种新的土地等都会使人类进入未适应的生态系统。在这些地区常常存在自然疫源地,有些现代城镇和都市已扩展到原来无人居住的存在自然疫源地的地区,使人类与这些自然疫源的接触增多。最近已发现以这种方式感染的巴贝斯虫、猴疟原虫、锥虫和利什曼原虫病例。在某些人群居住地区或附近地区,有精心栽培的森林带,其条件非常适合某些人兽共患寄生虫病的存在。由于这些地区禁止打猎,又补充饲料和人工饲养,因此野生动物的密度有时保持在很高的水平上,导致以野生动物为贮藏宿主的一些人兽共患寄生虫病的发生。现已在这种环境中发现旋毛虫病、弓形虫病和蝇蛆病等的自然疫源地。

(二)人为因素

1. 风俗习惯方面

肯尼亚西北部的图加纳牧民是世界上细粒棘球蚴感染最普遍的人群。因为按照宗教习俗,死人要给鬣狗和狗群吃掉,所以人类感染有助于传染链得以持续,图加纳人充当了棘球蚴感染的保虫宿主。

2. 饮食习惯方面

云南一些地区的居民和民族有吃生猪肉、生牛肉的习惯,致使这些地区流行猪带绦虫病、牛带绦虫病、旋毛虫病、肉孢子虫病等。因而吃生肉引起寄生虫感染是云南人体寄生虫病的一个特点,也是云南重要的人兽共患寄生虫病发生的原因。另外,有吃生水生植物习惯的地区,人容易感染布氏姜片吸虫病。有吃生鱼片习惯的地区,人容易感染裂头蚴病。

3. 工作习惯方面

黎巴嫩的制鞋工人和修鞋工人由于习惯用嘴唇沾湿缝线及将鞋钉含在口中,尤其是当地仍有在犬粪煎液(其中蛋白酶软化兽皮)中捶打兽皮的制革方法,因而容易感染棘球蚴病。

4. 旅行、探险、国际交流、野外考察等活动方面

现代的一些生活、娱乐、工作方式容易使人与多种动物接触,增加了接触人兽共患寄生虫的机会。随着国际国内交往、旅游、探险、野外考察、频繁的城乡和国际间的物资贸易,各种畜禽以及珍禽异兽的引入、输出,可能导致人兽共患寄生虫病的扩大流行,原来没有发病的地方,

可能出现一些新的人兽共患寄生虫病，甚至容易将人兽共患寄生虫病扩散到世界各地。

5. 肉食品加工方式方面

目前某些肉类加工减少腌制、熏制及热处理，这有助于保留食品的营养价值，但也增加了病原存活的机会。

6. 人类认识水平的局限性

人类对自然界的认识是没有止境的，由于人类对生命科学认识水平的局限性，亦可能还有一些未被认识的人兽共患寄生虫病，或有一些新的人兽共患寄生虫病不断出现，例如人的首例隐孢子虫病于1976年才见报道，而这种原虫病在家畜中的流行很广。

(三)动物种群

随着人类生活水平的不断提高，养殖的家畜、观赏动物、伴侣动物和野生动物种群逐步扩大，尤其观赏动物和伴侣动物的数量在我国处在快速上升阶段。这既给人们的生活增添了乐趣，又给人类健康带来了威胁；即使宠物市场出现了前所未有的商机，也给人兽共患寄生虫病的防治带来了严峻挑战。犬、猫、鱼、鸟等进入百姓家庭，增加了人兽共患寄生虫病传播的机会，如弓形虫病、弓蛔虫病、棘球蚴病、隐孢子虫病等的发病率呈上升趋势。

(四)环境污染

环境污染对寄生虫的存活和传播有重要的影响，这里主要是指粪便污染水源、土壤、植被和蔬菜等。如裂头绦虫的卵在污水中发现，其中间宿主也生活在受污染的水中，于是可传播给人。美国威斯康星州密尔沃基市由于小球隐孢子虫的卵囊污染饮水造成近40万人感染，近百人死亡。欧洲牛囊尾蚴病的增多可能与污水排放灌溉牧场有关。土壤污染主要由于用含有各种蠕虫卵、幼虫、原虫包囊的粪便施肥引起，在用未经发酵的粪便或未充分处理的污泥作为农作物肥料的地区尤为重要，特别是这些作物被用来生食时，更易造成寄生虫对人的感染。

三、人兽共患寄生虫病防治措施

人兽共患寄生虫病不仅给畜牧业生产和人畜健康造成严重危害，而且造成人类生命和物质财富的巨大损失。因此，人兽共患病的防治应是一个在世界范围内引起广泛重视的大事。其预防和控制规划必须尽可能动员整个国家和国际的力量来设计和完成。人兽共患寄生虫病的防治应根据流行情况和流行规律，制定相应的法规和监督管理制度，从影响流行的3个环节入手，因地制宜，以防为主，综合防治。具体措施有：

1. 加强公众教育、改变不良生活习惯

首先对于专业人员要加强培训，普遍提高包括基层人员在内的各类畜牧、兽医和医学从业人员的专业技术和技能。同时加强公众教育，提高人们对人兽共患寄生虫病危害性的认识，增强公共卫生意识。其次，消除影响人兽共患寄生虫病感染和流行的因素，如改变不良的风俗习惯、饮食习惯和肉食品加工方式等，同时要加强肉品卫生检验，防止带病原体的肉品进入市场。还要避免各种环境污染，尤其是人和动物粪便的污染。

2. 药物治疗

长期以来，无论对人或兽的寄生虫病防治都以药物驱虫为主，并取得了显著成效。过去的10年，驱虫药类已成为动物药品市场中增长最快的药品之一，约占世界动物药品销售额的1/4。至今，药物驱虫仍然在治疗和控制寄生虫病中发挥着重要作用，是控制传染源的一项重要措施，如日本血吸虫病、绦虫病、旋毛虫病等均有有效的防治药物。

3. 消灭中间宿主、贮藏宿主和传播媒介

在人兽共患寄生虫病的中间宿主中，螺蛳是许多人兽共患吸虫病的中间宿主。蜱、螨、蚊、蝇是血液人兽共患寄生虫病的传播媒介。用药物杀灭这些中间宿主和传播媒介或破坏其滋生地，来消灭或减少其数量是非常重要的。在贮藏宿主中较重要的有各种啮齿动物、野兔及野生肉食兽等，最大限度地消灭鼠类就可以截断许多人兽共患病的传播链而减少其发生。对于贮藏宿主中的野生动物部分，由于传统的靠消灭它们来中断传染链的方法与恢复生态平衡，保护野生动物的做法相悖，应尽量避免人畜与野生动物的接触，减少感染与发病。

4. 免疫预防(immunoprophylaxis)

应用疫苗接种的方法诱导宿主产生特异性免疫，以预防和控制寄生虫病已被国内外科学家认为是最安全的防治措施，也是人们多年来共同追求的目标。目前，能够商业应用的寄生虫疫苗尚不多见，但有多种虫苗正在研制或进入中试。如猪囊虫的基因工程重组苗、日本分体吸虫基因工程重组苗、旋毛虫的灭活苗、弓形虫的减毒苗等均已进入动物临床试验阶段。如果家畜的此类疾病通过免疫接种得到控制，那么人的感染也就会大为减少。

5. 综合性兽医卫生措施

消毒、检疫、隔离、封锁、淘汰等兽医卫生措施对于防制任何人兽共患病都是普遍适用、必不可少的。当畜禽疫病流行时，综合性措施的实施可以使疫病局限于一定范围之内，然后通过定期的检验检疫，检出阳性病畜加以淘汰，使患病畜群逐渐净化，以免扩散于其他无病畜群和传染于人。

6. 建立疫病防治体系和国际间的情报交流合作

建立科学、完善、有效的动物疫病防治体系，必将减少可能发生的人兽共患病疫情。对动物疫情的监测是人兽共患病防治的第一道防线，动物感染率曲线的升高，预示动物传播至人类的可能性增大，及时对疫情反馈信息进行处理、确诊、分析和实地调查，提高疫情预警预报系统运行的精确度，为有效地防控危害严重的动物疫病提供技术支持和保障。在很多人兽共患寄生虫病的防治上，国际合作和互通情报也是很重要的，每个国家都应有一个世界兽疫流行情况的监测系统，当发现引入畜禽的产地国以及邻国发生疫情时，即应采取相应的措施，严防疫病的传入。尤其要对在国际交往频繁、旅游事业发达的今天，更容易通过人兽，特别是媒介动物等传入本国的新的人兽共患寄生虫病予以重视。

本章小结

(1)寄生虫病的流行病学是研究动物群体的某种寄生虫病的发病原因和条件、传播途径、发生规律、流行过程及其转归的科学。概括地说包括寄生虫、宿主及相关环境因素的总和。

(2)寄生虫病传播、流行的基础是寄生虫的感染链和促进其发生和发展的环境条件。所谓寄生虫的感染链是由感染源、感染途径和易感动物及其适宜的外界环境几个基本环节构成的。寄生虫病的流行过程始于带有感染源的个体向外界排出病原体。后者污染水、土和饲料，在适宜的外界环境中发育达到感染阶段，或在中间宿主或媒介生物体内发育到感染阶段，经口、皮肤、接触、胎盘等不同感染途径侵入新的易感动物体内，寄生虫通过上述 3 个环节在畜群中传播。引起的寄生虫病呈地方性、季节性流行，或散发；病程多呈慢性、隐性经过；有些寄生虫感染呈多宿主性；有些寄生虫病具有自然疫源性。影响流行过程的因素有寄生虫、中间宿主、贮藏宿主或传播媒介、易感动物等生物因素和社会因素、自然因素等。

(3)人兽共患寄生虫病是指在脊椎动物与人之间自然传播的寄生虫病及寄生虫感染。人兽共患寄生虫病的分类方式有多种。影响人兽共患寄生虫病流行的因素有生态学因素、人的因素、动物种群、环境污染等。人兽共患寄生虫病的防治措施主要有：加强公众教育，改变不良生活习惯，药物治疗，免疫预防，控制和消灭中间宿主和传播媒介，综合性兽医卫生措施，建立疫病防治体系和国际间的情报交流合作。

复习思考题

1. 名词解释

感染阶段　寄生虫的移行　土源性寄生虫　生物源性寄生虫　原发性自然疫源地　次发性自然疫源地　人兽共患寄生虫病。

2. 寄生虫流行有哪 3 个环节？

3. 寄生虫的主要感染来源有哪些？

4. 寄生虫病的感染途径有哪些？举例说明。

5. 寄生虫病的流行特点有哪些？

6. 影响寄生虫病流行的因素有哪些？

7. 影响人兽共患寄生虫病流行的因素有哪些？

8. 试述人兽共患寄生虫病的防治措施。

第四章
寄生虫免疫学

本章学习目的与要求：通过本章的学习，要求掌握寄生虫免疫的类型，寄生虫免疫的特点，寄生虫免疫学诊断原理和应用；要求一般了解寄生虫抗原的特性，寄生虫免疫逃避机制，寄生虫免疫预防的方法。

免疫是机体识别和清除非自身的物质，从而保持机体内外环境平衡的生理学反应。宿主对寄生虫的免疫反应，主要表现为免疫系统识别和清除寄生虫，包括非特异性免疫和特异性免疫。对寄生虫免疫的研究包括两个方面，一方面可从免疫学方面了解宿主和寄生虫之间相互作用及其发生、发展规律；另一方面可推动寄生虫病的免疫诊断、免疫病理、血清流行病学和免疫预防等方面研究。

第一节　寄生虫抗原特性

由于寄生虫组织结构和生活史的复杂性，加之虫体发生过程中表现出的遗传差异，以及有些寄生虫为适应环境变化产生的变异等多种原因，寄生虫的抗原十分复杂。

一、寄生虫抗原的特性

1. 抗原免疫原性弱

与病毒、细菌等抗原一样，寄生虫抗原也能刺激机体产生免疫应答，产生免疫球蛋白，如IgG、IgA、IgM等，但其免疫原性一般较弱。

2. 抗原的复杂性和多源性

大多数寄生虫是一个多细胞结构的个体，并且都有复杂的生活史，因此寄生虫抗原比较复杂，种类繁多。其化学成分可以是蛋白质或多肽、糖蛋白、糖脂或多糖。就来源而言，有体抗原和代谢抗原。虫体体表、排泄分泌物或虫体寄生的细胞表面表达的抗原均可与宿主免疫系统直接接触，属于免疫学上的重要抗原。

3. 抗原具有属、种、株、期的特异性

寄生虫生活史中不同发育阶段既具有共同抗原，又具有各个发育阶段的特异性抗原，即期特异性抗原。共同抗原还可见于不同科、属、种、株的寄生虫之间，这种特点反映在免疫诊断方面，经常产生交叉反应。目前普遍认为抗原的特异性比较重要，特异性抗原在寄生虫病的免疫诊断和免疫预防等方面具有重要意义。

二、寄生虫抗原的分类

(一)根据抗原的功能分类

根据寄生虫抗原在抗感染方面的功能,可将其分为两大类:

1. 功能性抗原

能刺激机体产生保护性免疫反应的抗原,称为功能性抗原(functional antigen)或保护性抗原(protective antigen)。利用这些功能性抗原制成疫苗免疫动物,可使动物得到保护。

2. 非功能性抗原

不能刺激机体产生保护性免疫反应的抗原称为非功能性抗原(non-functional antigen)或非保护性抗原(non-protective antigen)。一些非功能性抗原产生的抗体在寄生虫的检测和诊断中具有重要价值。

(二)根据抗原的来源分类

1. 体抗原

体抗原(domain antigen)也称结构抗原(structural antigen)是指由寄生虫虫体结构成分组成的抗原,又称为内抗原(endoantigen)。这类抗原虽也能刺激机体产生抗体,但特异性不高。常被不同种或不同属的寄生虫所共有。例如猪蛔虫和犬弓首蛔虫就有许多共同的体抗原。

2. 排泄分泌抗原

排泄(excretion)分泌(secretion)抗原(ES antigen)又称代谢抗原,是指寄生虫生理活动所产生的分泌排泄产物,又称为外抗原(exoantigen)。这类抗原大多数是酶,常有生物学特征,由它产生的相应抗体有很高的特异性,可以区别同一种虫体的不同株,甚至同一寄生虫的不同发育阶段。如捻转血矛线虫 ES 抗原具有双重的免疫学功能,即既是检测抗原,同时也是制备免疫原的理想材料。

此外,寄生虫抗原按发育阶段可分为不同期的抗原;按化学成分可分为蛋白、多糖、糖蛋白、糖脂抗原等。

第二节　寄生虫的免疫类型

抗寄生虫免疫包括非特异性免疫(non-specific immunity)和特异性免疫(specific immunity)。非特异性免疫又称先天性免疫,是宿主在进化过程中形成的,具有遗传和种的特征。特异性免疫又称获得性免疫,是宿主的免疫系统对寄生虫特异性抗原的识别,是免疫活性细胞与寄生虫抗原相互作用的全过程,其结果导致宿主产生体液免疫、细胞免疫以及记忆反应。

一、非特异性免疫

非特异性免疫是动物在长期的进化过程中逐渐建立起来的天然防御能力,受遗传因素的控制,具有相对稳定性。它对各种寄生虫的感染均具有一定程度的抵抗力,但没有特异性,一般也不强烈。非特异性免疫,包括种的免疫、年龄免疫和个体差异。种的免疫最常见,如马不感染脑多头蚴,牛不感染鸡蛔虫等;年龄免疫的最好例证是鸡球虫,它主要感染 15～50 日龄的雏鸡,而成年鸡不易感;在一个畜群中,某种寄生虫只能感染其中部分动物,很少使所有动物感染，这种个体差异也属先天免疫之类。

宿主对寄生虫感染的非特异性免疫是复杂的，是由多因子交互作用构成的一种免疫网络。动物对寄生虫的非特异性免疫机能主要表现在以下几个方面：

1. 皮肤和黏膜的天然屏障作用

皮肤表面的角质层是防止某些寄生虫侵入的天然屏障。许多寄生虫可以通过皮肤上的伤口感染，但不能通过健康皮肤。很多寄生虫通过胃肠道进入宿主体内。除了胃肠道壁的机械性作用外，胃肠道内的环境，如 pH、酶等对机体也起到一定程度的保护作用。如果某种寄生虫能耐受胃肠道环境，就可能造成感染。

2. 补体系统的杀伤作用

补体系统由 20 余种理化性质不同的血清蛋白组成。补体系统在正常情况下，以非活性状态的前体分子存在于血清中。当因某种因素被激活后，或经过经典途径，或通过旁路途径发生一系列连锁反应参与机体的防御功能。作为动物体内抵御病原体感染的第一防线，补体参与宿主非特异性免疫防御机制，并协同效应细胞起作用，是一个重要的非特异性的天然免疫系统，在动物体内对防御病原体感染起重要作用。

3. 吞噬细胞的吞噬作用

动物血液中的粒细胞、肝、脾、肺、结缔组织、神经组织以及淋巴结中的巨噬细胞，它们构成机体免疫的第二道防线，对机体起保护作用。这些细胞的作用，既表现为对寄生虫的吞噬、消化、杀伤作用，又可在处理寄生虫的抗原过程中参与特异性的免疫感应阶段；其本身受到基因的调控，又受各种非特异性因素和特异性因素的影响，从而构成完整免疫作用中的一个重要组成部分。

4. 嗜酸性粒细胞的抗感染作用

多数寄生虫感染伴有外周血液及局部组织内嗜酸性粒细胞增多现象，其中以组织内寄生的血吸虫、肺吸虫、丝虫、旋毛虫、猪囊虫和包虫感染以及内脏幼虫移行症较为明显。嗜酸性粒细胞属非特异性免疫成分，但常作为一种效应细胞与特异性抗体和/或其他非特异性成分一起，对入侵的寄生虫起杀伤作用。

二、特异性免疫

特异性免疫也称后天性免疫，宿主感染寄生虫后所表现的特异性免疫有下列几种类型：

1. 消除性免疫

消除性免疫(sterilizing immunity)是指动物感染某种寄生虫并获得对该寄生虫的免疫力以后，临床症状消失，虫体完全被清除，并对寄生虫再感染具有长期的特异性抵抗力。如大鼠感染路氏锥虫(*Trypanosoma lewisi*)后，只出现短时间的虫血症，接着虫体完全被消灭，出现持久的特异性免疫。这种寄生虫免疫现象比较少见。

2. 非消除性免疫

非消除性免疫(non-sterilizing immunity)也称带虫免疫(premunition)，宿主体内有一定数量寄生虫时，宿主对同种寄生虫的再感染具有一定的免疫力；如果宿主体内没有了虫体，也就没有了免疫。

3. 缺乏有效的获得性免疫

少数寄生虫虫种感染宿主后，宿主缺乏有效的获得性免疫，如人体感染杜氏利什曼原虫时，虫体在巨噬细胞内繁殖和传播。很少出现自愈，只有用药物治愈后，获得性免疫才明显出现。

宿主对寄生虫的免疫常常是特异性免疫在非特异性免疫的协同下起作用。由于寄生虫的生活史比较复杂，在宿主体内常常要经过不同的发育阶段，大多数寄生虫所引起的免疫反应是复合性的，即细胞免疫和体液免疫共同发挥作用，只是有的以细胞免疫为主，有的以体液免疫为主。

第三节 寄生虫免疫逃避

寄生虫能在具有特异性免疫力的宿主体内生存，甚至可以繁殖，不为宿主所消灭，这种现象称为免疫逃避(immune evasion)。应该说这是由于寄生虫在长期进化过程中完成了对宿主及环境变化的适应，而使之成功生存下来的过程。寄生虫免疫逃避机制有下面 5 种方式。

一、寄生虫抗原的改变

1. 抗原变异

所谓的抗原变异是指特定发育阶段寄生虫改变其表面抗原血清型，使得已经存在的抗体无法对其识别。寄生虫的不同发育阶段，一般都具有其特异抗原；即使在同一发育阶段，有些寄生虫抗原亦可产生变化。例如，伊氏锥虫在宿主体内一般 3 d 就发生一次变异，锥虫感染动物后 1 个月就发生 9 次变异，总是与宿主特异抗体合成形成时间差，使宿主的免疫应答跟不上这种改变而避开宿主的免疫作用，不受已经存在的抗体的作用，能在宿主体内长时间地存活下去，这是寄生虫最有效的免疫逃避机制。

2. 分子模拟与伪装

有些寄生虫体表能表达与宿主组织抗原相似的成分，称为分子模拟(molecular mimicry)。有些寄生虫能将宿主的抗原分子镶嵌在虫体体表，或用宿主抗原包被，称为抗原伪装(antigen disguise)。曼氏血吸虫能将宿主的红细胞抗原和组织相容性抗原吸附到自己表面膜上以隐蔽虫体抗原。囊尾蚴也以同样方式吸附组织相容性抗原，从而使自己的抗原隐蔽起来。这种由于寄生虫的一种抗原与其宿主的一种抗原相类似，使宿主不能辨识出该寄生虫抗原为异物，因而不能针对它产生相应的抗体现象，有的研究者称其为“抗原隐蔽”。

3. 表膜抗原脱落与更新

多数原虫和蠕虫具有脱落和更新表面抗原的能力，以逃避宿主的特异性免疫应答。如血吸虫成虫当受到特异性抗体作用时，迅速脱去部分表皮，然后修复；皮肤中的童虫也能脱去表面抗原而保持其形态完整；尾蚴在钻入皮肤时能脱去其表皮的多糖蛋白质。除此之外，很多的线虫，在宿主体内的移行过程中都要经过正常的蜕皮过程后才能发育为成虫，每次蜕皮后的虫体抗原性均有所变化，这也是寄生虫逃避免疫攻击的一种方式。

二、可溶性抗原的产生

研究发现循环系统中或非寄生性组织中有寄生虫可溶性抗原的存在，有利于寄生虫数量的增加。过量可溶性寄生虫抗原的释放，可通过称为免疫分散的过程而损害宿主应答。恶性疟原虫的可溶性抗原与循环抗体结合犹如一种“烟幕”将抗体引离虫体。许多共有的表面抗原是借“GPI 锚”潜入寄生虫膜中可溶性分子，如利氏曼原虫的脂磷酸聚糖、布氏锥虫的可变表面糖蛋白都是经磷脂酸肌醇结合至虫体表面。这些可溶性抗原会阻碍宿主免疫系统对寄生虫的杀灭作用,使寄生虫逃避宿主的保护性免疫反应。

三、组织学隔离

1. 免疫局限部位的寄生虫

胎儿、眼组织、小脑组织、睾丸、胸腺等通过其特殊的生理结构与免疫系统相对隔离,不存在免疫反应,被称为免疫局限部位。寄生在这些部位的寄生虫通常不受免疫作用。例如,寄生在小鼠脑部的弓首蛔虫的幼虫;寄生在人眼中的丝虫等。

2. 细胞内寄生虫

正常情况下,免疫球蛋白定位在细胞外,这样抗体介导的免疫不能作用到细胞内的寄生虫,这使寄生在细胞内的寄生虫受到一定程度的保护。有些原虫(如弓形虫、泰勒虫、利什曼原虫、巴贝斯虫等)寄生在宿主的免疫细胞和红细胞中,宿主的细胞膜就成为虫体免受免疫效应分子攻击的天然屏障。

3. 被宿主包囊包裹的寄生虫

如旋毛虫、囊尾蚴、棘球蚴,尽管它们的囊液有很强的抗原性,但由于有厚的囊壁包裹,机体的免疫系统无法作用于包囊内,所以囊内的寄生虫可以保持存活。

四、抑制宿主的免疫应答

寄生虫能释放某些因子直接抑制宿主的免疫应答,有以下几种表现。

1. 特异性B细胞克隆的耗竭

一些寄生虫感染往往诱发宿主产生高Ig血症,提示多克隆B细胞激活,大量抗体产生,但却无明显的保护作用。B细胞的许多亚型受刺激而分裂,产生特异性的IgG和自身抗体,白细胞介素(interleukin-2,IL-2)的分泌和受体表达遭到抑制,T细胞对正常信号耐受,使免疫系统耗竭,不能产生针对侵入者的有用反应。因此,至感染晚期,虽有抗原刺激,B细胞亦不能分泌抗体,说明多克隆B细胞的激活导致了能与抗原反应的特异性B细胞的耗竭,抑制宿主的免疫应答,甚至出现继发性免疫缺陷。如锥虫分泌的某种物质能明显抑制宿主抗体和细胞介导的免疫反应。

2. 抑制性T细胞(suppressor T cell,Ts)的激活

Ts激活可抑制免疫活性细胞的分化和增殖。动物实验证实,感染利什曼原虫、锥虫和血吸虫小鼠有特异性Ts的激活,产生免疫抑制。

3. 虫源性淋巴细胞素毒性因子

有些寄生虫的分泌排泄物中某种成分具有直接的淋巴细胞毒性作用,或可抑制淋巴细胞激活,如感染旋毛虫幼虫小鼠血清、肝片吸虫的排泄分泌物(ES)均可使淋巴细胞凝集被杀伤;克氏锥虫分泌的蛋白酶可直接分解附着于虫体表面的抗体,使结晶的片段脱落无法激活补体;寄生虫释放的这些淋巴细胞毒性因子也是产生免疫逃避的重要机制。

4. 封闭抗体的产生

有些寄生虫抗原诱导的抗体可结合在虫体表面,不仅对宿主不产生保护作用,反而阻断保护性抗体与之结合,这类抗体称为封闭抗体,已证实在曼氏血吸虫、丝虫和旋毛虫感染宿主中

存在封闭抗体,这也用于解释曼氏血吸虫感染流行区人群,尤其是低龄儿童虽有高滴度抗体水平,但对再感染却无保护能力。

许多寄生虫在感染哺乳动物期间或感染后一段时间内对宿主有免疫抑制作用,宿主免疫抑制后不但能使寄生虫在宿主体内长期存活,成为带虫者,同时还能造成对其他疾病的易感。寄生虫的多重感染不仅可增加它们对宿主的免疫抑制作用,而且互相增加对宿主的敏感性。

五、代谢抑制

有些寄生虫在生活史的潜在期能保持静息状态,此时寄生虫代谢水平降低,减少刺激宿主免疫系统的功能抗原的产生,降低宿主对寄生虫的免疫反应,从而逃避宿主免疫系统对寄生虫的损伤,如寄生在细胞内的刚第弓形虫、枯氏锥虫、许多线虫的受阻幼虫、长期持续的蝇蛆病的第三期幼虫都存在代谢抑制现象。这些处于代谢抑制的寄生虫在适宜的条件下能大量繁殖,重新感染宿主。

第四节　寄生虫免疫预防的方法

寄生虫免疫预防是寄生虫病防治的重要措施之一,然而,由于寄生虫的形态结构和生活史比细菌和病毒要复杂得多,其功能性抗原的制备和批量生产相对比较困难,抗寄生虫的疫苗较之细菌和病毒更难获得,因此寄生虫感染中的免疫预防相对落后,但是,通过科学工作者的不断努力,也取得了很大的进展。目前对寄生虫感染免疫预防的方法主要有以下几种。

一、低剂量虫体感染

人为地低剂量感染寄生虫,使宿主对进一步感染可产生有效的抵抗力。这一技术已应用于牛的巴贝斯虫病和禽的球虫病。这一技术的改良方法是:在感染的危险紧迫期,加入亚治疗剂量的抗寄生虫药,使宿主体内的寄生虫不足以引起疾病,但能刺激机体产生对再感染的抵抗力。其主要缺点是:它不能防止寄生虫对环境的污染,不能根除寄生虫感染。

二、灭活的寄生虫和寄生虫粗提物免疫

通过接种死的、整体的或颗粒性寄生虫或寄生虫粗提物,来诱导机体产生获得性抵抗力。如猪囊虫全虫匀浆灭活苗,这种疫苗虽然能产生免疫反应,但保护性常常是微不足道,并且迅速下降。研究表明:只有激发阻碍寄生虫生命功能的反应、或改变寄生虫的结构或极大地改变寄生虫生存环境的抗原才能产生抵抗性反应,这样的抗原多为代谢性抗原而非体抗原。

三、活虫苗免疫

通过人工感染、致弱或筛选的方法,使寄生虫自然株变为强毒、弱毒或无致病力的且保留保护性免疫原性的虫株,用此虫株免疫宿主,使其产生免疫保护力。

1. 强毒苗

控制感染的寄生虫数量,使宿主感染一定数量的寄生虫,达到既能预防再感染,又不至于引起宿主发病,即使宿主处于带虫免疫状态。如目前市场上销售的鸡球虫苗 Coccivac 和 Immucox。

2. 弱毒苗

采用生物的弱毒选育或物理、化学方法使寄生虫致病力减弱，但仍具有免疫活性的活虫苗。如鸡球虫弱毒苗，已在生产上应用。目前刚第弓形虫、枯氏锥虫、牛羊的网尾线虫的弱毒苗的研制已取得了成功。

四、提纯抗原免疫

从寄生虫匀浆中提取出来的、能引起宿主产生保护性免疫的物质称为提纯抗原。这些物质大多数是寄生虫的分泌或排泄物，也可从宿主体液或寄生虫培养液中提取。因此可从发病动物体内直接提取抗原或从寄生虫人工培养液中提取有效抗原作为制苗的成分。如牛的巴贝斯虫苗和犬的巴贝斯虫苗已分别在澳大利亚和欧洲广泛应用。这种抗原的主要缺点是难以批量生产和标准化。

五、基因工程苗免疫

基因工程苗或重组抗原苗是利用基因重组技术在表达载体内合成大量的蛋白质(重组抗原)，再经过对重组蛋白质的处理而制备成的疫苗。如血吸虫重组基因工程苗(重组 GST 谷胱甘肽-S-转移酶)，保护效果在 50%以上；国内研制出的猪囊虫病基因工程苗，完全保护率达 55.5%。1994 年，澳大利亚使用了世界上第一种可预防体外寄生虫的基因工程疫苗，用来预防牛的微小牛蜱病。

六、核酸疫苗免疫

核酸疫苗也叫 DNA 疫苗，是将一段编码蛋白质的基因克隆到真核表达载体中，直接注入动物体内表达目的蛋白质，从而致敏机体免疫系统。核酸疫苗的免疫机制被认为是同时激活细胞免疫和体液免疫，极大地发挥了机体免疫功能。目前，DNA 疫苗按作用机制可分为免疫激活性 DNA 疫苗和自杀 DNA 苗两种。与一些基因工程疫苗相比，核酸疫苗已显示出免疫时间长，免疫应答完全，制作简单等优点，被称为第三代疫苗。近年来，寄生虫核酸疫苗研究范围已涉及吸虫、绦虫、线虫及原虫的多个虫种，寄生虫核酸疫苗的问世将在寄生虫免疫防制中发挥巨大的作用。

七、异源性虫苗免疫

利用致病力弱、与强致病力有共同保护性抗原的异源虫株来免疫宿主，使机体对强致病力寄生虫产生免疫保护力，这种寄生虫叫异源性虫苗。如泰氏锥虫制备的虫体苗接种动物后可使动物产生抗伊氏锥虫的能力；旋毛虫抗原接种小鼠后能诱导抗日本血吸虫感染的免疫效应。

八、其他免疫方法

1. 化学合成苗免疫

通过化学反应合成一些有免疫保护作用的小分子抗原来制苗，这类抗原目前主要采用全自动化学合成仪进行合成。有合成肽苗和合成多糖苗，如疟原虫合成肽苗。

2. 组织细胞苗免疫

利用细胞工程技术对寄生虫具有免疫原性的某些细胞进行培养建立细胞系，将培养的细胞灭活后制苗。在我国已研究成功的有猪囊尾蚴细胞灭活油乳剂苗，免疫猪的保护率可达99%以上。

3. 抗独特型抗体疫苗免疫

抗原刺激机体产生第一抗体(Ab_1)，在第一抗体免疫球蛋白的高变区存在有一组特殊表位，称为独特型(id)。它可刺激机体产生第二抗体(Ab_2)称为抗独特型抗体。用抗独特型抗体(Ab_2)代替抗原而制备的疫苗称为抗独特型抗体疫苗。如弓形虫、日本血吸虫的抗独特型抗体疫苗。

4. 非特异性免疫

即给宿主接种与寄生虫抗原无关的物质，增强宿主的非特异性免疫里，从而达到预防寄生虫感染的目的。

第五节 寄生虫免疫学诊断原理和应用

免疫学诊断是根据寄生虫感染的免疫机理而建立起来的一种较为先进的诊断方法。寄生虫病的免疫诊断，主要是应用已知的抗原检测患者(畜)血液中或其他体液中相应的抗体。目前，用于寄生虫病免疫诊断的方法已不下数十种之多，其中有些方法已在某些寄生虫病的生前诊断及流行病学调查中得到较为广泛的应用。现将对人畜危害较大的寄生虫病的常用免疫诊断方法简单概述如下。

一、环卵沉淀试验

环卵沉淀试验(COPT)是国内外公认的用以诊断血吸虫病的有效血清学方法之一。现在该法已趋向完善，不但提高了它的诊断效果，而且使该法更适合于现场推广应用。其基本原理是血吸虫卵内的毛蚴抗原(分泌物)透过卵壳微孔与血吸虫病患者血清中的相应抗体结合，在虫卵周围形成特异的沉淀物(透明泡沫或指状)，为阳性反应；反之为阴性反应。其为基本消灭和消灭血吸虫病地区首先考虑应用的血清免疫学诊断方法。

二、沉淀试验

宿主感染寄生虫后，其血清中即含有特异性抗体，此抗体与病原体的抗原相结合而产生沉淀，可由此测定家畜体内是否存在抗体以判定家畜是否感染某种寄生虫。

1. 活体沉淀试验

活体沉淀试验是寄生虫病所特有的免疫诊断方法。其是将寄生虫的活幼虫或虫卵放于被检血清内，如果在幼虫或虫卵周围或某一部位形成沉淀，则表示被检者血清内已含有抗体或被检者已受该寄生虫感染。目前，采用这一原理进行寄生虫病诊断的方法有血吸虫病环卵沉淀试验、尾蚴膜反应、肺吸虫后尾蚴膜反应和蛔虫、旋毛虫环幼沉淀试验等。

2. 琼脂扩散沉淀试验(AGF)

免疫扩散沉淀试验的原理是当可溶性抗原与其相应的抗体在溶液或凝胶中彼此接触时所产生的抗原抗体复合物，可成为肉眼可见的不溶性沉淀物。可据此进行抗原、抗体的定性及定量分析。曾被介绍可以用免疫扩散沉淀试验作诊断的寄生虫病有马媾疫、伊氏锥虫病、巴贝斯虫病、冠尾线虫病、旋毛虫病、片形吸虫病、血吸虫病等。

三、凝集试验

凝集反应是原生动物等颗粒抗原或表面覆盖抗原的颗粒状物质(如聚苯乙烯胶乳、碳素等),与相应抗体在电解质存在下的成团作用而引起的。

1. 直接凝集试验(DA)

直接凝集反应是颗粒性抗原与凝集素直接结合而产生的凝集现象。在寄生虫病直接凝集试验中,所用抗原多为微小原生动物活的虫体,所以也称活抗原凝集试验。活抗原凝集试验在马、牛伊氏锥虫病,牛胎儿毛滴虫病和弓形虫病中曾有应用。

2. 间接凝集试验(IFA)

IFA是将可溶性抗原吸附于某些载体表面,在电解质存在条件下,这些吸附抗原的载体颗粒与相应抗体发生凝集反应。由于是抗原与相应抗体的结合使载体颗粒发生凝集,故称为间接凝集,又称为被动凝集。曾介绍用间接凝集试验作诊断的寄生虫病有弓形虫病、旋毛虫病、猪囊虫病、血吸虫病、疟疾、锥虫病、肺吸虫病、东毕吸虫病、华支睾吸虫病、棘球蚴病和蛔虫幼虫内脏移行症等。

四、酶联免疫吸附试验

酶联免疫吸附试验(ELISA)的基本原理是通过化学的或免疫学的方法,将酶与抗原或抗体结合起来,使其保持免疫学和生物化学的特性,然后与抗原或抗体反应,形成酶标记免疫复合物。结合在免疫复合物上的酶在遇到相应的底物时,催化其水解、氧化或还原等反应,使生成有色物质、从而示踪被检测的免疫活性物质。酶降解底物的量与显色速率和强度呈正相关,由此即可知反应样本中被检测的抗原、抗体的量,从而既可定性地、也可定量地检测抗原或抗体。根据检测要求,试验可分为多种类型,常用的有用于检测抗体的间接法;检测IgM的双夹心法;检测抗原的抗体夹心法;以固相抗体检测抗原的竞争抑制法等。目前,该法已广泛用于旋毛虫病、猪囊虫病、血吸虫病、疟疾等多种寄生虫病的免疫学诊断。

五、间接荧光抗体试验

间接荧光抗体试验(IFAT)是将已知或未知抗原固定在载玻片上,滴加待测血清或已知特异性抗体,使之发生抗原抗体反应,再滴加荧光素标记的特异性抗抗体(标记二抗),形成带荧光素的抗原—抗体—抗抗体复合物,在荧光显微镜下观察;由于显微镜高压汞灯光源的紫外光或蓝—紫外光的照射,将标本中复合物的荧光素激发出荧光。荧光的出现就表示特异性抗体或抗原的存在。间接免疫荧光抗体试验已成功地用于马巴贝斯虫和驽巴贝斯虫感染的鉴别诊断。

六、补体结合试验

补体结合试验(CFT)的原理是抗原与患畜血清中的抗体形成的抗原抗体复合物能吸收补体,而使随之加入的红细胞和溶血素因缺乏补体而不溶血。因此,可以根据溶血与否,来达到诊断某种疾病的目的。目前,该项血清学技术已用于巴贝斯虫病、伊氏锥虫病的诊断。

免疫学诊断方法具有简便、快速、敏感、特异等优点,但也会出现假阳性、假阴性等,应用时须加以克服。

本章小结

(1)寄生虫的抗原十分复杂。寄生虫抗原具有免疫原性弱、抗原具复杂性和多源性、抗原具有属、种、株、期的特异性等特性。

(2)寄生虫抗原根据功能分类可分为功能性抗原、非功能性抗原两大类；根据抗原的来源可分为体抗原、排泄分泌抗原两大类；此外，寄生虫抗原按发育阶段可分为不同期的抗原；按化学成分可分为蛋白、多糖、糖蛋白、糖脂抗原等。

(3)抗寄生虫免疫包括非特异性免疫和特异性免疫，动物对寄生虫的非特异性免疫机能主要表现在皮肤和黏膜的天然屏障作用、补体系统的杀伤作用、吞噬细胞的吞噬作用与嗜酸性粒细胞的抗感染作用四个方面；宿主感染寄生虫后所表现的特异性免疫有消除性免疫、非消除性免疫、缺乏有效的获得性免疫三种类型。

(4)寄生虫免疫逃避机制方式有寄生虫抗原的改变，包括抗原变异、分子模拟与伪装、表膜抗原脱落与更新；可溶性抗原的产生；组织学隔离；抑制宿主的免疫应答；代谢抑制五个方面。

(5)寄生虫感染免疫预防的方法主要有低剂量虫体感染；灭活的寄生虫和寄生虫粗提物免疫；活虫苗免疫；提纯抗原免疫；基因工程苗免疫；核酸疫苗免疫；异源性虫苗免疫；其他免疫方法如化学合成苗免疫、组织细胞苗免疫、抗独特型抗体疫苗免疫、非特异性免疫等。

(6)对人畜危害较大的寄生虫病的常用免疫诊断方法有环卵沉淀试验；沉淀试验；凝集试验，包括直接凝集试验、间接凝集试验；酶联免疫吸附试验；间接荧光抗体试验；补体结合试验等。

复习思考题

1. 试述寄生虫免疫的概念和类型。
2. 试述获得性免疫的效应机制。
3. 免疫逃避对寄生虫病的发生有何作用?
4. 免疫有哪些实际应用？有何意义?

第五章
分子寄生虫学

本章学习目的与要求：通过本章的学习，要求掌握分子寄生虫学概念；要求一般了解分子寄生虫学应用范围和前景。

第一节　分子寄生虫学概念

寄生虫学是一门古老、经典的以形态学研究为主的学科。随着分子生物学技术快速发展和广泛应用，分子寄生虫学（molecular parasitology）已成为现代寄生虫学最重要的学科分支之一和前沿领域。所谓分子寄生虫学就是运用分子生物学的理论与技术，从分子和基因水平认识寄生现象，探讨寄生虫入侵宿主的分子机制，寻找抗寄生虫药物的分子靶标，分离和鉴定诊断用特异性抗原分子和疫苗候选抗原分子，以阐明寄生虫病的发生、发展以及解决寄生虫病的诊断、治疗和预防问题的一门新兴学科。

分子寄生虫学发展也与生物化学、遗传学和免疫学等生命科学的前沿学科密切相关。随着寄生虫基因组计划的实施，分子寄生虫学所涵盖学科内容也随之扩大，分子寄生虫学几乎成为现代寄生虫学的代名词。分子寄生虫学不但促进了寄生虫学本身的发展，同时为生命科学的发展做出了贡献。如从寄生虫发现的基本生命现象或规律包括转录剪接、膜蛋白的脂质体锚定（lipid anchors of membrane proteins）、RNA 编辑（RNA editing）和抗药性表达调控机理等。秀丽杆线虫（*Caenorhabditis elegans*）基因组序列的测定及基因组和蛋白质组学的研究也在很大程度上带动了整个生命科学的发展。分子寄生虫学的发展及其所取得的成果再次引发了人们对寄生虫和寄生现象的研究兴趣，并逐渐接受了这样一种观点，即原虫和蠕虫是研究诸如基因调控、分子发育、细胞与细胞之间相互关系、分子进化和生化途经等基本生物学现象的理想模型。寄生虫学研究能继续为生命科学和生物医药研究领域提供新的视角。

第二节　分子寄生虫学应用范围和前景

分子寄生虫学的研究内容十分广泛，涉及寄生虫基因结构、基因表达和调控、染色体和基因定位、寄生虫多肽的分离和鉴定、单克隆抗体、抗寄生虫药物的分子设计、疫苗研究、分子诊断和分子分类学等方面。在此就分子寄生虫学的应用范围和前景做介绍。

一、寄生虫的分子分类研究

在20世纪60年代以前,寄生虫的分类主要依据形态学、流行病学、生活史、宿主与地理分布、生理和生化等方面的特征,也有少量应用细胞学特征。随着现代科学技术的发展,人们意识到传统的依赖寄生虫形态、生活史和其他生物学特性已经不能完全解决寄生虫虫种、株鉴定的问题。目前,应用分子生物学技术,研究不同种类的寄生虫在基因或蛋白质水平的差异,进行寄生虫的虫种鉴定、虫株变异和系统发育研究已经得到广泛应用。

分子分类方法以虫体蛋白质、核酸为材料,运用同工酶电泳技术、随机扩增多态性DNA(RAPD)、限制性片段长度多态性(RFLP)、PCR-RFLP、扩增片段长度多态性(AFLP)、微卫星DNA技术和PCR-SSCP(单链构象多态性)等技术进行分类鉴定,上述技术的采用使寄生虫的分类进入了崭新的以分子信息为基础的新时代。如有学者研究发现鸡的7种艾美耳球虫的乳酸脱氢酶(LH)和磷酸葡萄糖异构酶(GPI)的酶谱存在显著差异,可以作为分类的依据。刘群等(1998)分析了鸡的4种球虫和多个虫株之间的RAPD多态性,认为RAPD技术可以用于同宿主艾美耳球虫虫种的分类鉴定,并且可以作为球虫株间变异的分子标记方法及球虫株间关系距离的检测手段。

二、寄生虫病疫苗研究

寄生虫病疫苗研究一直是分子寄生虫学研究的重点内容。由于寄生虫是单细胞或多细胞生物,抗原成分复杂,大量培养和制备虫体也存在工艺上的困难,影响了寄生虫病的传统疫苗,如弱毒虫苗、灭活虫苗和分泌抗原苗等的研究和应用。而新型抗寄生虫疫苗如抗独特型疫苗、重组抗原疫苗和DNA疫苗都依赖于分子生物学的技术和方法。

重组抗原疫苗是通过克隆保护性抗原基因,在体外进行重组表达,纯化其表达产物辅以佐剂制成免疫制剂(虫苗)。如疟原虫的MSP-1,曼氏血吸虫的重组28 ku GST、IrV-5、TPI。保护性抗原的筛选、分离和鉴定是重组抗原疫苗研制的基础和关键。已知的寄生虫保护性抗原多数属虫体膜抗原,主要是通过免疫印迹(Western blot)等方法发现或识别的。常用的技术路线是,构建寄生虫某一发育阶段的cDNA文库,用特异性的探针如免疫血清筛选表达文库,对获得的阳性克隆再克隆,并进行重组表达和免疫原性鉴定。寄生虫基因组计划的实施,为寄生虫病疫苗候选抗原的筛选提供了新的对策和途经。目前,在基因数据库中已储存有大量的各种寄生虫表达序列标签(expression sequences tags,EST),通过对EST序列信息的分析如同源性分析等,能识别发现新的寄生虫抗原基因。

DNA疫苗是将含有编码某种抗原蛋白的基因序列克隆到合适的质粒载体上,直接导入体内,通过宿主细胞的转录系统合成抗原蛋白,诱导宿主产生对该抗原蛋白的免疫应答,达到免疫的目的。如日本血吸虫的26 ku GST和32 ku抗原基因插入真核细胞载体制备的DNA疫苗。

三、寄生虫病的诊断研究

1. 免疫学诊断

在寄生虫病免疫学诊断中,诊断抗原往往来源于从虫体提取的天然抗原(一般为混合成分)。对于一些能进行体外培养的寄生虫(如弓形虫、巴贝斯虫、泰勒虫等),可通过培养的虫体制备诊断抗原，但混合抗原的特异性可能较低，尤其不能区分种原相近的虫体。随着寄生虫分子生物学研究的不断开展，寄生虫种特异抗原的基因不断被分离和克隆，以基因工程方法制备的重组抗原在寄生虫学研究领域逐渐开始被应用。基因工程重组抗原的应用很大程度地提高了免疫学诊断的特异性和可靠性。目前，基因重组抗原多采用大肠埃希菌表达系统，其操作程序简单，费用低，蛋白质容易提纯，但表达蛋白质多形成包涵体，从包涵体提取的蛋白质都是变性蛋白质，所取得的结果往往不能反映对病原的真实免疫反应。近来，利用蚕细胞和酵母细胞表达寄生虫抗原的方法逐渐成熟，利用这两种系统制备的抗原不论在结构上还是在纯度方面都优于大肠埃希菌表达的抗原。随着各种寄生虫特异性抗原基因的克隆，重组蛋白质抗原将逐渐取代天然抗原用于寄生虫病的诊断。

2. 分子诊断

分子诊断也称为基因诊断，是分子寄生虫学最具应用价值的内容之一。寄生虫病的经典诊断技术主要依靠显微镜进行形态学检查，如粪便的虫卵检查，该法对形态特征相近的病原往往无法做出鉴别诊断，且敏感性不高、劳动强度较大。分子诊断是运用分子生物学的方法对虫体 DNA 样品中的特异性 DNA 片段进行检测。目前，在寄生虫病诊断中广泛应用的分子诊断技术包括特异性 PCR 技术、DNA 探针技术、限制性片段长度多态性(RFLP)和随机扩增多态性 DNA(RAPD)等。

PCR(polymerase chain reaction，聚合酶链反应)是一种选择性体外扩增 DNA 技术。其原理类似 DNA 的天然复制过程，是以单链 DNA 为模板，4 种 dNTP 为底物，2 个引物(与待扩增的 DNA 片段两侧互补)，在酶的作用下经高温变性、低温退火和中温延伸若干个循环，进行互补链的延伸，使 DNA 成对数级增加。该技术具有特异、敏感、快速、简便等优点。建立 PCR 诊断方法的关键是确定扩增的目标(靶)序列，用于检测寄生虫的靶序列主要有三类，一是单拷贝特异性基因，如疟原虫的 MSP2、GLUP 基因和弓形虫的 SAG2 等。这些基因为该虫种所特有，一般不存在交叉扩增的问题。二是种内多拷贝基因或重复序列，如弓形虫的 *B1* 基因，在一个基因组内复制 35 次以上，是检测弓形虫感染的首选基因。三是核糖体 DNA(rDNA)，rDNA 基因在生物进化过程中发生变异的几率较小，是基因组序列中较稳定的部分之一。此外，rDNA 往往以多拷贝形式存在，是进行 PCR 扩增较理想的靶序列。然而，很多生物的 rDNA 序列存在属间保守问题，有时会造成非特异性扩增。但 rDNA 基因序列之间的间隔序列(spacer)在不同种生物之间差异很大，是进行 PCR 扩增的更为理想的靶序列。目前，PCR 技术、以 PCR 技术为基础的随机扩增多态性 DNA(RAPD)、限制性片段长度多态性(RFLP)已广泛应用于寄生虫病的诊断和流行病学调查及虫株的分析，包括疟原虫、利什曼原虫、弓形虫、锥虫、隐孢子虫、贾第鞭毛虫、巴贝斯虫、阿米巴虫、毛滴虫、丝虫、旋毛虫寄生虫感染的诊断。

DNA 探针是指用同位素或生物素等标记的特异性 DNA 片段。DNA 探针技术是以 DNA 的两个互补链的变性与复性反应为基础，通过标记的探针与样品的分子杂交来诊断。该技术已用于锥虫、旋毛虫和血吸虫等的鉴定和所致疾病的诊断。DNA 探针具有特异性强、可靠性和重复性好，在适宜条件下可长时间保存等优点。

四、寄生虫的基因组和蛋白质组学研究

基因组(genome)是指生物体内或细胞内全套的遗传物质。随着生物医学领域分子生物学技术的发展和人类基因组计划的实施，自 20 世纪 90 年代开始，寄生虫基因组计划开始启

动。基因发现、基因作图、基因的功能分析或称功能基因组学和生物信息学研究等是寄生虫基因组计划的主要内容。其中基因序列测定和新基因的发现是其首要任务。2002年，恶性疟原虫和冈比亚按蚊基因组全序列草图分别完成，并在《Nature》和《Science》杂志上同时公开发表，这是疟疾研究乃至寄生虫学发展历史上又一里程碑式的事件。目前已经完成测序的寄生虫基因组还有马来丝虫、克氏锥虫（*Trypanosoma cruzi*）、微小隐孢子虫的基因组全序列。此外对利什曼原虫、弓形虫、贾第虫、阿米巴虫、血吸虫、边缘边虫、鸡艾美耳球虫、犬新孢子虫、小泰勒虫、人蛔虫、捻转血矛线虫、牛巴贝斯虫及旋毛虫的基因组测序工作也已经取得很大的进展。

蛋白质组（proteome）是基因组所编码全部蛋白质的总称。蛋白质组学的研究内容是蛋白质的细胞（或组织）表达谱、蛋白质翻译后修饰、结构蛋白质组学、蛋白质在胞内分布与定位、蛋白质与蛋白质、蛋白质与其他分子的相互作用等。蛋白质组学研究技术的诞生，将基因序列与基因产物的功能分析联系到一起。与此同时，寄生虫基因组研究获得的大量的寄生虫基因序列数据，包括少量的全基因组序列和大量的表达序列标签，这些序列信息又为寄生虫蛋白质组学研究奠定了基础。

寄生虫功能基因组学和蛋白质组学主要研究技术包括转基因技术、RNA干扰（RNA interference，RNAi）技术、芯片技术、双向电泳、新型质谱技术、数据库设置与检索系统等。开展寄生虫基因组学和蛋白质组学研究的主要目的是提高对寄生虫的分子生物学认识，发现新的候选疫苗分子和药物靶标，促进寄生虫病防治新技术或手段的发展，为人们“解码”生物界既普遍又独特的寄生现象提供了最终的解决方案或途经，为人类彻底战胜寄生虫病展示出诱人的前景。

本章小结

（1）分子寄生虫学是运用分子生物学的理论与技术，从分子和基因水平认识寄生现象，探讨寄生虫入侵宿主的分子机制，寻找抗寄生虫药物的分子靶标，分离和鉴定诊断用特异性抗原分子和疫苗候选抗原分子，以阐明寄生虫病的发生、发展以及解决寄生虫病的诊断、治疗和预防问题的一门新兴学科。

（2）分子寄生虫学的应用范围体现在寄生虫的分子分类研究；寄生虫病疫苗研究；寄生虫病的诊断研究；寄生虫的基因组和蛋白质组学研究4个方面。

复习思考题

1. 试述分子寄生虫学概念。
2. 分子寄生虫学应用范围有哪些？举例说明。

第六章
寄生虫病的诊断与防治

本章学习目的与要求：通过本章的学习，要求深刻理解与掌握寄生虫病的诊断和防治原则；深刻理解与掌握寄生虫病的诊断和防治方法。

第一节　寄生虫病诊断要领

寄生虫病的诊断应是在流行病学资料调查研究的基础上，通过实验室检查，查出虫卵、幼虫或成虫，必要时可进行寄生虫学剖检，建立死亡后诊断。具体诊断要领如下：

一、临床诊断

仔细观察临床症状，分析病因。对于具有典型症状的疾病基本可以诊断，对于某些外寄生虫病可发现病原体而建立诊断，如皮蝇蛆病；对于非典型疾病，可获得有关临床资料，为下一步采取其他诊断方法提供依据。

二、流行病学调查

全面了解患病动物的生活环境、活动情况、发病季节、流行情况、传播者的活动规律等。详细地了解和分析流行病学材料可为寄生虫病的诊断提供重要依据。

三、实验室诊断

实验室诊断是寄生虫病诊断中必不可少的手段，可为确诊提供重要依据。一般在流行病学调查和临床检查基础上进行。包括病原学诊断、免疫学诊断和其他实验室常规检查。其中在各种病料中，查出病原体（虫卵、幼虫和成虫），这是诊断寄生虫病的重要手段。包括粪、尿、血液、骨髓、脑脊液以及发病部位的分泌物和相关病变组织的检查。必要时可采取动物接种试验，然后从实验动物体内查虫体或病变而建立诊断。

1. 病原学诊断

这是诊断寄生虫病的重要方法。根据寄生虫生活史的特点，从动物的血液、组织液、排泄物、分泌物或活体组织中检查寄生虫的某一发育期。不同的寄生虫病采取不同的检验方法。主要有粪便检查、皮肤及其刮下物检查、血液检查、尿液检查、生殖器官分泌物检查、肛门周围刮取物检查、痰及鼻液检查和淋巴穿刺物检查等。必要时可进行实验动物接种，然后再对其进行病原学检查。

2. 分子生物学诊断

近年来，随着分子生物学的飞速发展和学科间的交叉渗透，许多分子生物学技术已经用于寄生虫的诊断和流行病学调查。同时，此技术为探索寄生虫的系统进化过程及亚种和虫种鉴别、虫株的标准化，提供了新的可靠的手段。

目前，已用于寄生虫学上的分子生物学技术主要有核型分析、DNA 限制性内切酶酶切图谱分析、限制性 DNA 片段长度多态性分析、DNA 探针技术、DNA 聚合酶链式反应(PCR)、核酸序列分析等。

3. 免疫学诊断

免疫学诊断是利用免疫反应的原理，在体外进行抗原或抗体检测的一种诊断方法。寄生虫感染动物体后，在整个生长、发育、繁殖到死亡的寄生过程中，其产生的分泌物、排泄物和虫体死亡的崩解产物在宿主体内均起着抗原的作用，诱导动物产生免疫应答。因此，可以利用免疫学诊断来诊断寄生虫病。但由于寄生虫结构复杂，生活史不同阶段有各不相同的阶段特异性抗原，加上一些寄生虫表膜抗原不断发生异常，因此，寄生虫病的免疫诊断就不如病原诊断可靠。然而，对于一些只有解剖动物或检查活组织才能发现病原的寄生虫来讲，如猪囊尾蚴病、棘球蚴病、旋毛虫病、住肉孢子虫病等，免疫学诊断仍是较有效的方法。此外，在寄生虫病的流行病学调查中，免疫学方法也有着其他方法不可替代的优越性。已用于寄生虫诊断的免疫学方法有环卵沉淀反应、尾蚴膜反应和放射免疫酶测定等。近几年国内外发展起来的高新技术，如单克隆抗体、酶联免疫吸附反应、免疫印迹技术等，为寄生虫的诊断或寄生虫分类提供了新途径，具有广阔的应用前景。

四、剖检诊断

这是确诊寄生虫感染最可靠确实的方法。它可以确定寄生虫种类、感染强度；还可以明确寄生虫对宿主危害的严重程度，尤其适合于对群体寄生虫病的诊断。

五、治疗性诊断

有些患病动物的粪、尿及其他病料中没有虫体、虫卵或数量少，难以用现有的检查方法查出，流行病学材料及临床症状又不能确诊时，可采用针对某些寄生虫的特效驱虫药进行驱虫试验，然后观察疾病是否好转。若临床症状渐轻或消失；或患畜体内虫体排出，进行检查鉴定，从而达到确诊目的。适用于绦虫病、线虫病、胃蝇蛆病等胃肠道寄生虫病。

第二节　寄生虫病的防治原则

由于寄生虫种类繁多，各有不同的生物学特性。而宿主的饲养管理、地区的分布不同，因此预防动物寄生虫病是一项很复杂的工作。然而不管情况如何千变万化，最主要是贯彻“预防为主，防重于治”的方针。又因为各种寄生虫病的流行都必须具备感染来源、适宜的传播途径和易感动物三个环节，因此在制定预防措施时应以切断寄生虫病流行的 3 个环节为基本原则。

一、控制和消灭感染来源

一方面，对患病动物及时治疗，驱除体内或体表的虫体，既可以达到治疗的目的，又可以减少病原体向自然界扩散,从而起到控制感染源的作用。治疗中的原则是"标本兼治,扶正祛邪",即采用特效药物和对症治疗相结合的原则。当动物出现明显临床症状时要及时使用特效药进行驱虫,必要时辅以对症疗法。

另一方面,根据各种寄生虫的生长发育的规律,有计划地定期预防性驱虫,而不论其发病与否。对一些蠕虫病的驱虫,最好能采取"成熟前驱虫",即趁一种蠕虫在宿主体内尚未发育成熟的时候,用药驱除之。这样做既可减轻患病动物的损害,又能把寄生虫消灭在成熟之前,从而防止宿主排出病原污染环境。对某些原虫病应查明带虫动物,隔离治疗,防止病原扩散,或采取长期给药预防的办法,如对鸡球虫病,卡氏住白细胞虫病,连续用药,能预防此病。

对带虫者或保虫宿主也要采取有效的防治措施。

二、切断传播途径

动物感染寄生虫病多数是由于采食、相互接触或经吸血昆虫叮咬而引起。为了减少和消除感染机会,要经常搞好动物厩舍及环境卫生,特别要注意对粪便的无害化处理,杀灭蚊、蝇,保护水源,改良牧地或池塘等。对牧地采用科学有效的轮牧方式,合理使用。

对生物源性寄生虫病,消灭中间宿主和传播媒介可以阻止寄生虫的发育,是阻断这类寄生虫感染途径的重要方法。但寄生虫的中间宿主和媒介是较难控制的,可以利用它们的习性,设法回避或加以控制。

三、保护易感动物

加强动物饲养管理、增强动物体质,提高抗病能力,对于某些寄生虫病可在必要时用杀虫药进行预防注射或喷洒杀虫剂防止吸血昆虫叮咬。亦可使用某些寄生虫虫苗来免疫动物而达到预防寄生虫病的目的。

第三节 寄生虫病的控制措施

一、卫生措施

卫生措施包括环境卫生、饲养卫生及健全的卫生检验制度。环境卫生有两方面的内容:一是尽可能地减少宿主与感染源接触的机会,例如,逐日清除粪便,打扫厩舍,便可以减少宿主与寄生虫虫卵或幼虫的接触机会,也减少了虫卵或幼虫污染饲料或饮水的机会;二是设法杀灭外界环境中的病原体,例如,粪便堆积发酵,利用生物热杀灭虫卵或幼虫;也包括清除各种寄生虫的中间宿主或媒介等。饲养卫生主要包括安全放牧与饮食卫生两方面的内容,安全放牧可采取轮牧与分群饲养的办法,避免寄生虫的感染;而饮食卫生要做到经常保持饲草、饲料的卫生,畜禽应选择在高燥处放牧;饮水最好用自来水、井水或流动的河水,并保持水源清洁,防止"病从口入"。具体包括:从流行区运来的牧草须经高温或日晒处理后,才能喂舍饲的动物。禁止猪到池塘自由采食水生植物,水生植物要经过无害化处理后喂猪。禁止以生的或半生的鱼虾、蝌蚪以及贝类饲喂动物,勿用猪、羊屠宰废弃物喂犬,家畜内脏等废弃物必须经过无害化处理后方可做饲料。对于人兽共患的寄生虫病,特别要注意个人卫生,做到不吃生的或半生的猪肉或牛肉等,驱虫后排出的粪便尤应严格处理。健全的卫生检验制度是保障人畜不感染或少感染寄生虫病的前提,一些寄生虫是通过患病动物的组织器官传播的,如猪囊虫、牛囊虫、棘球蚴、多头蚴、旋毛虫、住肉孢子虫、弓形虫等,同时屠宰场的污物中含有大量的虫卵、虫体、卵囊等。因此,屠宰场废弃的脏器、组织,排出的污物等都是污染的重要因素。故应建立健全肉品检验制度,做到逢宰必检,检出的有虫肉尸应按规定处理;对废弃的脏器、动物尸体要严格按规定处理,不得随意抛弃;对屠宰场排出的污水也应进行处理,不得随意排放。特别是绦虫幼虫或含有绦虫幼虫的脏器不能生喂犬、猫等肉食动物。

二、营养措施

在全价饲养的条件下,动物能获得必需的氨基酸、维生素和矿物质,保证动物机体营养状态良好,以获得较强的抵抗力,可防止寄生虫的侵入或阻止侵入后继续发育,甚至将其包埋或致死,使感染维持在最低水平,使机体与寄生虫之间处于暂时的相对平衡状态,制止寄生虫病的发生。

三、药物控制

药物控制是目前控制寄生虫病的主要途径,驱虫是药物控制的主要方法。驱虫一方面可减轻患病动物的损伤,另一方面又能防止外界环境的污染。驱虫时,应注意以下事项:

(1)首先要选择驱虫的时间,这是根据寄生虫的生活史、药物性能、流行病学资料来确定。一般要赶在虫体成熟产卵前驱虫,可防止性成熟的成虫排出虫卵或幼虫对外界环境的污染;或采取一年两次驱虫的措施。春季驱虫在放牧前进行,目的在于防止污染牧场;秋季驱虫在转入舍饲后进行,目的在于将动物已经感染的寄生虫驱除,有利于保护畜禽安全过冬;此外,冬季可冻死虫卵,减少牧场污染。

(2)要注意药物的选择,原则是要高效、低毒、广谱、价廉、使用方便,具体治疗中应严格掌握用药剂量,投药后详细观察动物表现,如若出现严重副作用,应及时解救,治疗过程中还应当对患病动物进行精心护理,安静休息,给以足够的恢复时间。

(3)驱虫应在专门的、有隔离条件的场所进行,动物驱虫后应有一定的隔离时间,直至被驱除的病原体排完为止,并把驱虫后的排泄物集中进行无害化处理。

(4)要保证驱虫的安全,即大群驱虫前,应先进行小规模试验,确定安全、有效后再全面铺开,尤其对未曾使用过的药物更应先做试验。

(5)最后应对驱虫药的药效进行评定,驱虫后,除观察动物的精神、营养、粪便等方面的改善情况外,可以在给药后 1 个月左右抽查一定数量的动物,根据其体内虫体或虫卵的减少情况,对驱虫效果作出全面评价,总结经验,找出问题,以供今后驱虫参考。

四、生物控制

寄生虫生物控制就是采用寄生虫的某些自然天敌来对寄生虫及其侵袭病进行防治的一种生物技术(biological control,BC)。从应用这个角度上说,家畜寄生虫的生物控制可定义为人们设计的生态方法将寄生虫种群降低到亚临床水平或用天然拮抗物使寄生虫种群保持在无害水平。实际上,生物控制对动物体内寄生虫寄生阶段是没有直接作用的,但寄生阶段可以间接地受到其中间宿主、媒介物或自由生活阶段生物控制的调节。采用生物控制方法,目的就是把寄生虫种群密度降低到不发病程度或在经济阈值以下。

Debaeh 和 Rosen(1991)认为就目前现阶段而言,在寄生虫病害控制中,既可以单独使用生物控制方法;也可以将其和其他非化学药物方法或有限化学药物方法结合起来使用。因而他们将 BC 分为三类:①完全生物控制:即完全采用生物控制技术,将寄生虫感染控制在经济损害水平之下。②主要生物控制:即生物控制技术与化学药物处理相结合对寄生虫感染进行防治,使化学药物的使用降低 75%以上。③部分生物控制:在这种模式里,生物控制虽不能将寄生虫感染降低到经济损害水平之下,但它可以使化学药物的使用降低 50%~75%。

家畜寄生虫的天然拮抗物已有几百种,主要有细菌、真菌、寄生虫、蚯蚓和金龟子等。但目前对真菌的研究比较多,并已证实 D. flagrans 是各种家畜(猪、马、牛、羊等)寄生虫有效的生物控制剂。在未来的研究中需要根据现有的经验筛选更多的拮抗物作为生物控制剂。考虑到不同寄生虫流行病学的复杂性,我们最好能够筛选出最有效和最广谱的生物控制剂,不仅对感染性幼虫有效,而且对抵抗性较强的感染性虫卵也能发挥作用。

生物防治对于畜牧业的可持续发展、保护环境、维护生态平衡、发展无污染的绿色畜牧产品,具有极为重要的意义。但是,在兽医寄生虫病防治方面,仅有少数成功的例证,而且主要是在一些昆虫性害虫及寄生性线虫上。其主要原因:一是我们还缺乏关于复杂自然生态系统的知识及对寄生虫自然天敌的了解。二是大部分的有关企业公司对寄生虫的生物控制还持怀疑态度,对研制开发 BC 产品尚不感兴趣。考虑到将来由于抗药性问题的不断涌现和研制新药成本的增加及人们对化药残留导致的公共卫生及环境污染问题的日益关注,生物控制技术会有长足的发展。

五、免疫控制

疫苗是预防传染性疾病流行和最大限度降低其危害性的有力武器,它是 20 世纪人类最重要的发明之一。目前试验的寄生虫病疫苗的类型主要有弱毒苗、分泌抗原苗、基因工程苗、化学合成苗、核酸疫苗。然而,对抗病免疫机制、保护性抗原的确定及免疫增强剂(佐剂)筛选等均为疫苗学研究的基础。

20 世纪 80 年代以前,人们对寄生虫病的免疫预防多持谨慎甚至否定态度,认为依靠寄生虫药物完全可以控制寄生虫病的危害。然而近年来发现经典的抗寄生虫药对寄生虫病的治疗作用不断减弱,甚至完全无效。很多寄生虫病如血吸虫病、疟疾、弓形虫病、各种蠕虫病没有通过药物治疗得到有效控制。其原因是多方面的,除了上述抗药性问题以外,其药物价格和费用也很难为使用者接受。另外,人们认识到在动物产品(肉、蛋、奶)中残留的药物直接危害人体健康,是一个不容忽视的社会问题。

寄生虫病的免疫预防尚不普遍。蠕虫病中,牛肺线虫的致弱苗使用历史较长;牛血吸虫病的致弱苗尚处于试用阶段。原虫病中,鸡球虫有强毒苗和致弱苗;兔球虫个别虫种的早熟减毒苗;牛泰勒原虫和巴贝斯原虫也都有致弱虫苗的应用及裂殖体胶冻细胞苗的接种;近几年也有几种基因工程苗进入临床应用或中试,如微小牛蜱、细粒棘球绦虫、鸡球虫等的基因工程重组苗。目前,能够商业应用的防治人兽共患寄生虫病虫苗尚没有,但有多种虫苗正在进入中试或正在研制。如猪囊虫的基因工程重组苗、日本分体吸虫基因工程重组苗、旋毛虫的灭活苗、弓形虫的减毒苗等均已进入动物临床试验阶段。如果家畜的此类疾病通过免疫接种得到控制,因此人的感染也就大为减少。

当前寄生虫病疫苗研究存在的一些问题主要表现在以下几个方面：①盲目性大。在没有了解抗虫保护性免疫机制的情况下，盲目地开展免疫试验。不清楚应该制备以体液免疫为主的虫苗还是以细胞免疫为主的虫苗。②虫体抗原特性不清，没有很特异的目标抗原。很多免疫研究还在使用含有宿主成分的混合抗原进行免疫。③缺乏先进的免疫学和疫苗学研究技术和理论。例如，很多基因工程重组蛋白质都是从包涵体中提取，所免疫的蛋白质多为变性蛋白质。疫苗成分中缺乏必要的结构功能基团。免疫的结果是抗体效价很高，但免疫保护性却很低。④借鉴国外的研究手段没有选择性。这一点在基因工程疫(虫)苗的研究方面尤为突出。很多研究人员还片面地认为基因工程重组疫苗(尤其重组 DNA 质粒)是疫苗的唯一发展方向，任何一种抗原都一定进行基因免疫试验。寄生虫的生物学特性较细菌和病毒复杂很多，这就给疫苗研究带来了很大的困难。在这方面还需要加强对寄生虫生物学和免疫学的基础研究，只有在此基础上才能取得抗寄生虫病疫苗研究的突破。

总之，寄生虫的发育史复杂，必须针对其发育史和流行病学中的各个关键性环节，采取综合措施才能收到防治之效。单一驱虫和杀虫的做法常不能奏效，有时甚至是有害的，在经济上是浪费的，如很多驱虫药的失效和抗药虫株的出现便足以说明这一点。对于涉及面广的重要寄生虫病，如人兽共患的棘球蚴病、猪囊虫病、旋毛虫病和日本分体吸虫病等，必须有各级行政组织的参与，制定防制的总体方案和相应法令，由各级行政组织依法实施，并加强管理、监督、宣传教育和组织协调，才能收到切实的效果。有些国家还对重要寄生虫病颁布法律，如新西兰有棘球蚴病防治条例；OIE 法定报告疾病名录中，棘球蚴、牛边虫病、牛巴贝斯虫病、牛囊尾蚴病、牛泰勒虫病、牛毛滴虫病、牛布氏锥虫病；马媾疫、马巴贝斯虫病、马螨病、猪囊尾蚴、旋毛虫病等被列为 B 类疾病；我国法定的一、二、三类动物疫病病种名录中，弓形虫病、棘球蚴病、牛梨形虫病、牛锥虫病、日本血吸虫病、旋毛虫病、猪囊尾蚴病、马巴贝斯虫病、伊氏锥虫病、鸡球虫病、兔球虫病等被列为二类疫病，尚有其他 7 个病被列为三类疾病。

对于防制寄生虫病，消毒、检疫、隔离、封锁、淘汰等兽医卫生措施都是必不可少的。当疫病流行时，综合性措施的实施可以使疫病局限于一定范围之内，然后通过定期的检验检出阳性病畜加以淘汰，使患病畜群逐渐净化，以免扩散于其他无病畜群和传染于人。

本章小结

(1)寄生虫病的诊断方法包括临床诊断；流行病学调查；实验室诊断，如病原学诊断、分子生物学诊断、免疫学诊断；剖检诊断；治疗性诊断等方法，具体诊断过程中应采取综合措施。

(2)在制定寄生虫病的预防措施时应以切断寄生虫病流行的 3 个环节为基本原则。

(3)寄生虫病的控制措施包括卫生措施、营养措施、药物控制、生物控制、免疫控制 5 个方面。

复习思考题

1. 诊断寄生虫病为什么要采取综合措施？
2. 诊断寄生虫病的综合方法有哪些主要方面？在诊断中各自有何地位？

3. 防治寄生虫病为什么要采取综合性防治措施？包括哪些方面？
4. 驱虫在防治寄生虫病中起什么作用？
5. 消灭感染源在防治寄生虫病中有何意义？
6. 寄生虫病治疗过程中应注意哪些事项？
7. 怎样保护动物，提高其抵抗力？

第二篇

各论

各论(一)　动物蠕虫病

蠕虫(helminth 或 vermes)属于软体的多细胞的三胚层动物,借肌肉的伸缩作蠕动,故称蠕虫。身体呈叶片状、带状或线状,两侧对称。寄生性蠕虫多寄生于宿主的内部组织器官内,所以又称为“脏虫”;也有寄生于宿主体表的,如寄生于鱼体表的单殖吸虫。蠕虫生活史有许多发育阶段,在动物体内寄生的蠕虫中,有的是以成虫寄生,有的是以幼虫寄生,有的则两者同时寄生。由蠕虫引起动物的疾病称为动物蠕虫病。

动物蠕虫学(animal helminthology)是研究寄生动物各种蠕虫的形态、生活史、生理、免疫、流行情况、地理分布及所引起疾病的病因、病理变化、临床症状、诊断方法、综合防治措施等方面的科学。

一、蠕虫的分类

(一)按动物分类系统分

寄生于动物的蠕虫种类多,分布广,依据动物学分类系统,它们分别隶属于下列3个门。

1. 扁形动物门(Platyhelminthes)

虫体多呈叶状或带状,两侧对称。缺体腔,消化道退化或缺乏,排泄系统具有细胞。大多数种类为雌雄同体,营自由生活或寄生生活。成虫寄生于脊椎动物体内。主要有二纲。

吸虫纲(Trematoda):虫体不分节,多呈叶状,消化系统简单。除分体科吸虫外,大多数为雌雄同体,生活史复杂,营寄生生活。

绦虫纲(Cestoda):虫体分节,多呈带状,无消化系统。雌雄同体,生活史复杂,营寄生生活。

2. 线形动物门(Nemothelminthes)

虫体圆柱形,线状,左右对称,不分节。具假体腔、有消化系统。雌雄异体,生活史简单或复杂,营自由生活或寄生生活。成虫寄生于脊椎动物体内。只有线虫纲。

尾感器亚纲(Secernentea):有尾感器;头端有乳突状结构,头感器呈孔形,多位于唇部;全乳突付缺。具尾翼膜或尾伞。

无尾感器亚纲(Adenophorea):无尾感器;头端有毛状或乳突状结构;头感器呈环形,螺旋形,袋形或孔形,多在唇后;一般有体乳突。尾翼膜或尾伞付缺。

3. 棘头动物门(Acanthocephales)

虫体圆筒形,两侧对称,不分节。具吻突,上有数列小棘。具假体腔,无消化系统。雌雄异体,生活史复杂,营寄生生活。

(二)按是否需要中间宿主分

蠕虫从虫卵、幼虫至成虫的发育过程中,包括多个发育阶段,需要不同的外界条件,根据发育过程中是否需要中间宿主,可将蠕虫分为两大类。

1. 土源性蠕虫

这类蠕虫在发育过程中不需要中间宿主,其虫卵或幼虫直接在外界发育成感染性阶段,通过食入被污染的食物或经皮肤感染宿主。绝大多数线虫属于土源性蠕虫。

2. 生物源性蠕虫

这类蠕虫在发育过程中需要中间宿主,然后才感染动物。所有吸虫,棘头虫,大多数绦虫和少数线虫属于生物源性蠕虫。

二、蠕虫病的特点

蠕虫病一般不像传染病那样发病猛烈，常取慢性发展过程，通常具有以下特点。

1. 感染率高，发病率低

家畜、家禽，特别是放牧的畜、禽往往都感染蠕虫，只是感染的虫数和种类不同而已。但多数畜、禽由于感染的虫体数量不多或是感染时间较长，或是由于抵抗力较强等，而使动物呈不显症状的带虫者，只有少数动物在短时间内大量食入感染性虫卵或幼虫才会发病和死亡。

2. 通常混合感染，大多缺乏特异性症状

在通常情况下，动物只感染一种寄生虫的情况很少，大多为数种不同的蠕虫同时寄生。患病动物多出现贫血、消瘦、腹泻、水肿和幼畜生长发育受阻等一般症状，而无特异性症状。只有个别疾病有相应症状，如脑多头蚴寄生于羊一侧大脑，会出现回旋运动；鸡患球虫病时会排出血便等。

3. 慢性消耗性疾病，对幼龄动物危害严重

蠕虫侵入宿主后，一般不会发生数量的增加，即宿主感染一个感染性虫卵或幼虫后，在其体内最多只能发育成一个成虫，而且在其体内发育的时间也较长，宿主往往要反复不断地感染，随着感染虫数的增加和虫体的逐渐发育长大，才会慢慢出现临床症状。因此，蠕虫病一般发病缓慢，多呈慢性经过，当感染虫数不多或宿主体质增强时，往往不显症状而成为带虫者。但是虫体在生长、发育和繁殖过程中，不断吸收宿主大量营养物质，加上虫体的机械性刺激和毒素作用，而阻碍畜禽的生长发育，降低饲料利用率，影响生产性能，使畜产品的质量下降等，从而造成巨大的经济损失。由于动物对蠕虫的抵抗力随年龄的增长而加强，因此一般幼龄动物对蠕虫更易感染，而且感染后发病也较重。如猪蛔虫主要危害 6 月龄以内的猪，成年猪常为带虫者；莫尼茨绦虫主要危害羔羊和犊牛，成年牛、羊一般无症状；鸡球虫主要危害 15～50 日龄的雏鸡，成年鸡多为带虫者而很少有临床症状。

4. 具有明显的季节性，多呈地方流行性

寄生蠕虫在生长发育过程中，其虫卵或幼虫离开宿主后，在外界环境中的生长、发育、存活和传播都要求一定的温度、湿度、雨水、光照和中间宿主等。而这些条件都随着季节的变化而变化，这就导致了蠕虫病具有明显季节性的特点。如夏季，温度、湿度、雨水、光照等条件均适合肝片吸虫卵和中间宿主椎实螺的发育，因此，形成囊蚴的数量也就多，这时牛、羊在放牧时就很容易被感染，而北方的冬季，冰天雪地，不适合肝片吸虫卵和中间宿主椎实螺的发育，牛、羊就不能感染肝片吸虫。另外，由于不同地理位置，其气候条件也不同，而使一些寄生蠕虫病呈地方流行性。如日本血吸虫病主要分布于长江流域的 13 个省市，其他地区就没有此病，这是由于其他地区没有其发育所必需的中间宿主——钉螺。

蠕虫病的诊断除根据临床症状和流行病学分析外，仍以在动物粪便或寄生部位检出虫卵、幼虫、成虫等病原体为主。免疫学及分子生物学诊断技术也可作辅助诊断工具，用于疾病的诊断。

由于蠕虫种类繁多，每种寄生蠕虫的生活史又不尽相同，其发育所需要的外界条件、中间宿主及传染途径和感染来源也不尽相同。因此，蠕虫病的防治是一项十分复杂的工作，对其防治绝不是简单的驱虫和预防，而应采取综合性防治措施。

第七章
吸 虫 病

本章学习目的与要求：通过本章的学习，要求深刻理解与掌握吸虫的形态结构和吸虫的生活史；掌握片形吸虫病、日本分体吸虫病、歧腔吸虫病、华支睾吸虫病、前殖科吸虫病的的生活史、流行病学以及诊断与防治方法。要求一般了解姜片吸虫病、前后盘吸虫病和东毕吸虫病等的生活史、流行病学以及诊断与防治方法。

第一节　吸虫的形态、分类和生活史

一、吸虫的形态

吸虫是扁形动物门吸虫纲的动物，包括单殖吸虫、盾殖吸虫和复殖吸虫三大类。寄生于畜禽的吸虫以复殖吸虫为主，可寄生于肠道、结膜囊、肠系膜静脉、肾和输尿管、输卵管及皮下部位。

（一）外部形态

复殖吸虫具有扁形动物所有的主要特征。虫体多背腹扁平，呈叶状、舌状；有的似圆形或圆柱状；只有血吸虫为线状。虫体随种类不同，大小在 0.3～75.0 mm。体色一般为乳白色、淡红色或棕色，体表光滑或有小棘、小刺等。通常有两个杯状吸盘，围绕口孔的为口吸盘（oral sucker），腹面的腹吸盘（ventral sucker）位置不定，在后端则称为后吸盘，个别虫体无腹吸盘。生殖孔（genital pore）通常位于腹吸盘的前缘或后缘处。排泄孔位于虫体的末后端。复殖吸虫通常区分为 7 种基本体形。

（1）双盘类（distome）　双盘类为最常见的类型，虫体前端有一个口吸盘和虫体腹面某处但不是后端有一腹吸盘。如肝片形吸虫（*Fasciola hepatica*）等。

（2）对盘类（amphistome）　对盘类为大而多肌肉的吸虫，有一个虫体前面的口吸盘和一个位于虫体后端的腹吸盘（posterior sucker）。如鹿前后吸虫（*Paramphistomum cervi*）等。

（3）单盘类（monostome）　单盘类只有一个口吸盘或全无。如多变环腔吸虫等。

（4）腹盘类（gasterostome）　腹盘类口位于虫体腹面中部，肠呈囊袋状。如多形牛首吸虫（*bucephalus polymorphus*）等。

（5）分体类（schisotome）　分体类体细长，雌雄异体，雄虫通常将雌虫抱在腹面的抱雌沟（gynecophoric canal）内。如日本分体吸虫（*Schistosoma japonicum*）等。

（6）全盘类（holostome）　全盘类体分前后两部，体前半部含有口、腹两个吸盘，有时并有黏附器（adhesive organ）；体后半部含有生殖腺。如优美异幻吸虫（*Apatemon gracilis*）等。

(7)棘口类(echinostome) 棘口类基本上是两盘类型,但具头冠(head crown)和头棘,腹吸盘与口吸盘相距甚近。如卷棘口吸虫(*Echinostoma revolutum*)等。

(二)体壁

复殖吸虫无表皮(epidermis),体壁是由皮层和肌层所组成,又称皮肌囊。无体腔,囊内含有大量的网状组织——实质(parenchyma),各系统的器官位居其中。皮层(tegument)从外向内包括3层:外质膜(external plasma membrane)、基质(matrix)和基质膜(basal plasma membrane)。皮层借助一些通道与深埋肌层下的皮层细胞(tegument cell)相连。外质膜为单位膜,上有微绒毛(microvilli),外质膜的外面被有颗粒层外衣,成分为酸性黏多糖或糖蛋白,具有抗宿主消化酶及保护虫体的作用。基质内含有线粒体和分泌小体。分泌小体的崩解产物可能提供或部分提供酸性黏多糖,可形成新的外质膜,以代替因宿主抗体损伤的部分。皮层还有体棘和感觉器,体棘是由结晶蛋白所组成的,位于基质膜之上,感觉器为一种小囊,位于基质中,向外伸出纤毛,向内与神经末梢连接,因此,皮层亦有感觉功能。基质膜之下是由胶原纤维组成的基层(basement layer),肌肉可附着其上。基层下的肌肉层较发达,由3层构成:外层是环肌,中层是斜肌,内层为纵肌,是虫体伸缩活动的组织。此外还有联系背腹两面的背腹肌和使吸盘产生吸着作用的吸盘肌,基质与基质膜下的皮层细胞之间有细胞质相连。皮层细胞很大,有许多胞质通道与基质相通。细胞内有一个胞核,有的细胞内有发达的内质网、核糖体、吞噬体、线粒体和高尔基复合体,胞质内还有许多分泌小体。皮层有分泌与排泄的功能,可进行氧气和二氧化碳交换,还具有吸收营养的功能,其营养物质以葡萄糖为主,亦可吸收氨基酸(图7-1)。在结构上,体壁可随虫种、环境条件、发育阶段的不同而有差别,也可出现更新。结构的差别与更新通常也有生理功能上的意义。

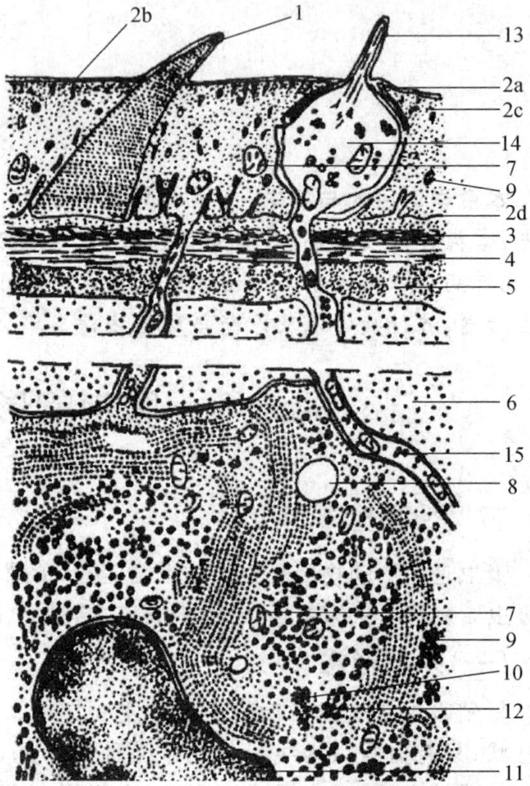

图7-1 吸虫成虫体壁结构

1. 体棘 2. 角质层 2a. 颗粒层 2b. 外质膜 2c. 基质 2d. 基质膜 3. 基层 4. 环肌 5. 纵肌 6. 实质细胞 7. 线粒体 8. 脂滴 9. 分泌小体 10. 高尔基体 11. 细胞核 12. 内质网 13. 感觉纤毛 14. 感觉囊 15. 神经突

(三)内部构造

1. 消化系统

一般包括口、前咽(prepharynx)、咽(pharynx)、食道及肠管几部分。口除少数在腹面外,通常在虫体的前端口吸盘的中央。前咽短小或缺。无前咽时,口后即为咽,呈球形,肌质构造,咽后接食道,也有咽亦退化。食道下分两条肠管,位于虫体的两侧,向后延伸到体后部,有的食道已退化在体后部。食道的两侧常常有腺体，各有小管通过虫体前端。肠管常分为左右两条盲管称为盲肠(caecum)。绝大多数吸虫的两条肠管不分枝，但有的肠管分枝，如肝片形吸虫；有的左右两条后端合成一条如血吸虫；有的末端连接成环状如嗜气管吸虫(*Tracheophilus cymbius*)，无肛门；有些种类的肠非常退化，如部分异形科的吸虫，有逐渐过渡到以体表吸收营养为主的情况。吸虫的营养物质包括宿主的上皮细胞、黏液、肝分泌物(胆汁)、消化管的内含物及血液等。大多数吸虫的体壁也具有吸收营养的作用。经利用后的食物残渣，经口孔逆向吐出(图 7-2)。

2. 生殖系统

生殖系统发达，除分体吸虫外，皆雌雄同体。

(1)雄性生殖系统　包括睾丸(testes)、输出管(vas efferent)、输精管(vas deferens)、贮精囊(seminal vesicle)、射精管(ejaculatory duct)、前列腺、雄茎(cirrus)、雄茎囊(cirrus pouch)和生殖孔(genital pore)等(图 7-3)。雄性生殖器官比雌性生殖器官发育早。睾丸的数目、形态、大小和位置随吸虫的种类而不同。通常有两个睾丸，圆形、椭圆形或分叶，左右排列或前后排列在腹吸盘下方或虫体的后半部。每个睾丸有一条输出管，两条输出管合为一条输精管，输精

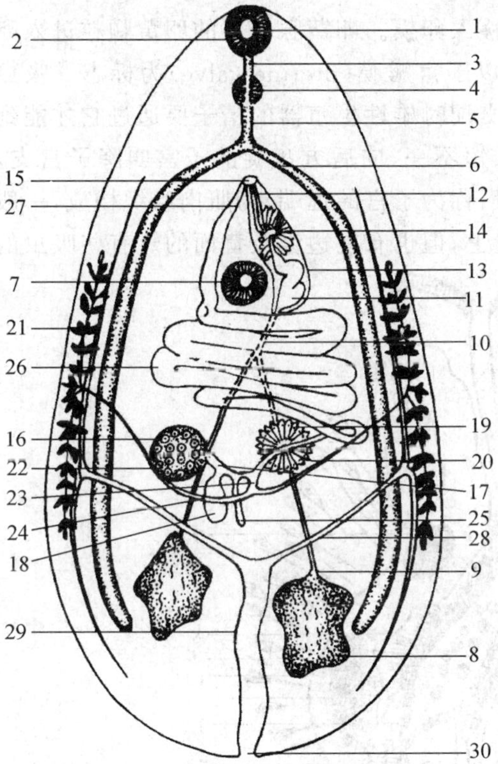

图 7-2　复殖吸虫成虫的形态

1. 口　2. 口吸盘　3. 前咽　4. 咽　5. 食道　6. 盲肠　7. 腹吸盘　8. 睾丸　9. 输出管　10. 输精管　11. 储精管　12. 雄茎　13. 雄茎囊　14. 前列腺　15. 生殖孔　16. 卵巢　17. 输卵管　18. 受精囊　19. 梅氏腺　20. 卵模　21. 卵黄腺　22. 卵黄管　23. 卵黄囊　24. 卵黄总管　25. 劳氏管　26. 子宫　27. 子宫颈　28. 排泄管　29. 排泄囊　30. 排泄孔

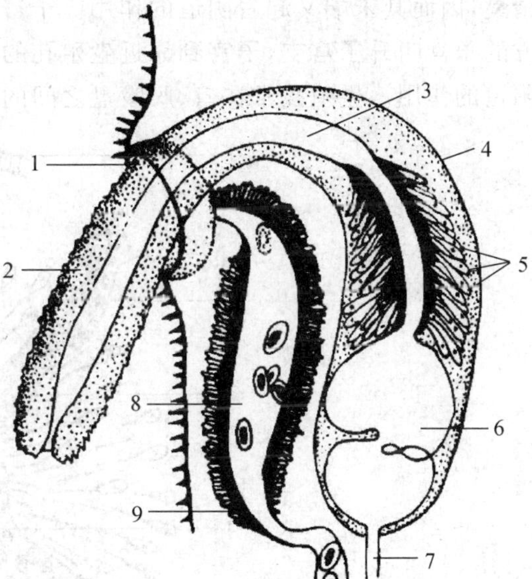

图 7-3　腹殖吸虫雄性生殖器官的末端构造

1. 生殖腔　2. 雄茎　3. 射精管　4. 雄茎囊　5. 前列腺　6. 贮精囊　7. 输精管　8. 子宫颈　9. 子宫颈腺　10. 子宫

管远端可以膨大及弯曲成为贮精囊。通入射精管,其末端为雄茎,开口于生殖孔开口。贮精囊和雄茎之间有前列腺。上述的贮精囊、射精管、前列腺和雄茎可以一起被包围在雄茎囊内。贮精囊被包在雄茎囊内时,称为内贮精囊,在雄茎囊外时称为外贮精囊。交配时,雄茎可以伸出生殖孔外,与雌性生殖器官相交接。

(2)雌性生殖系统　包括卵巢(ovary)、输卵管(ovidcut)、卵模(ootype)、受精囊(seminal receptacle)、梅氏腺(Mehlis's gland)、卵黄腺(vitelline glands)、子宫(uterus)及生殖孔(genital pore)等(图 7-4)。卵巢一个,其形态、大小及位置常因种而异,常偏于虫体的一侧。由卵巢发出的管,称为输卵管,管的远端与受精囊及卵黄总管(common vitelline duct)相接。(输卵管与受精囊相接的汇合处有一小管称为劳氏管。劳氏管(Laurer′s canal))一端接着受精囊或输卵管,另一端向背面开口或成为盲管。有人认为劳氏管是一个退化的阴道。卵黄总管是由左右两条卵黄管(vitelline duct)汇合而成。汇合处可能膨大形成卵黄囊。卵黄腺的位置与形状亦因种而异,但一般多在虫体两侧。由许多卵黄滤泡组成。卵黄总管与输卵管汇合处的囊腔即卵模,其周围由一群单细胞腺——梅氏腺包围着,成熟的卵细胞由于卵巢的收缩作用而移向输卵管,与受精囊中的精子相遇受精,受精卵向前移入卵模。卵黄腺分泌的卵黄颗粒进入卵模与梅氏腺的分泌物相结合形成卵壳。子宫起始处以子宫瓣膜(uterine valve)为标志。吸虫的子宫很发达,不仅有贮存和输送虫卵的作用,因在交配时雄性生殖器的精子要通过它才能到达受精囊,因而其末端又起着阴道的作用。子宫的长短不一,向后方盘旋的子宫叫降子宫支,向前方的子宫叫升子宫支,子宫到靠近生殖孔的一段,称为子宫的远端,为肌肉组织构成,一般具有阴道的作用。生殖孔常在口、腹吸盘之间的位置上,但也有在边缘及背面的。有些吸虫的生殖

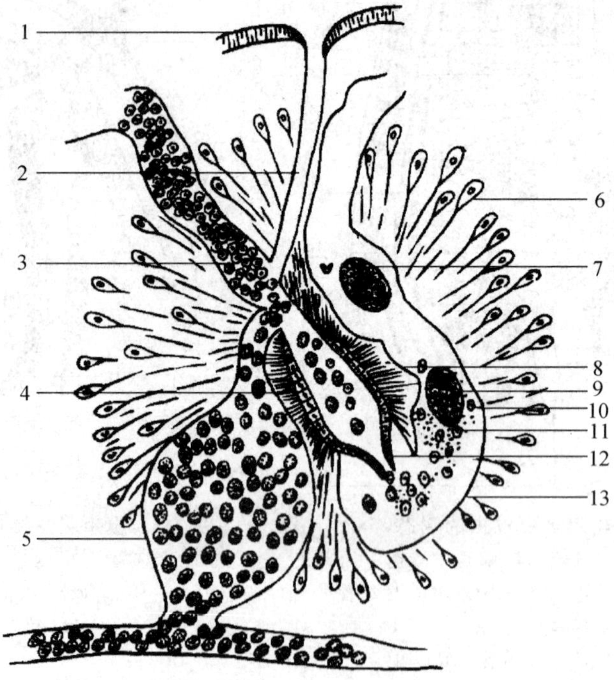

图 7-4　腹殖吸虫雌性生殖器官之一部分

1. 外角皮　2. 劳氏管　3. 输卵管　4. 梅氏腺分泌物(厚壁)　5. 卵黄总管　6. 梅氏腺细胞
7. 卵　8. 卵模　9. 卵黄细胞　10. 卵的形成　11. 腺分泌物　12. 子宫瓣　13. 子宫

孔在口的一边，另一些在腹吸盘的后面，少数在虫体后端或靠近后端。接近生殖孔处多形成阴道，阴道与阴茎多数开口于一个共同的生殖窦或生殖腔，再经生殖孔通向体外。

3．排泄系统

排泄系统由焰细胞(flame cell)、毛细管、集合管、排泄总管、排泄囊和排泄孔等部分组成(图 7-5)。焰细胞布满虫体的各部分，位于毛细管的末端，为凹形细胞，在凹处有一撮纤毛似火焰颤动，故而得名(图 7-6)。焰细胞的数目与排列，在分类上具有重要意义。焰细胞收集的排泄物，经毛细管、集合管集中到排泄囊，最后由末端的排泄孔排出体外，排泄液含有氨、尿素和尿酸。复殖吸虫的排泄孔只有一个，位于虫体的后端。在吸虫的各幼虫期都有一对靠近虫体后端的排泄孔；尾蚴的后端有两个排泄孔，但在尾部生出后两个孔合而为一，排泄孔的括约肌司孔的开闭。排泄囊形状不一，呈圆形、管形、"Y"形和"V"形等。

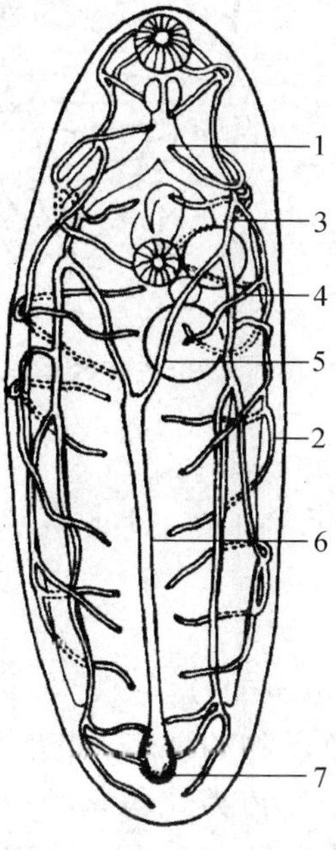

图 7-5　腹殖吸虫排泄系统(仿秦建华)

1. 焰细胞　2. 毛细胞　3. 前集合管
4. 后集合管　5. 排泄总管
6. 排泄囊　7. 排泄孔

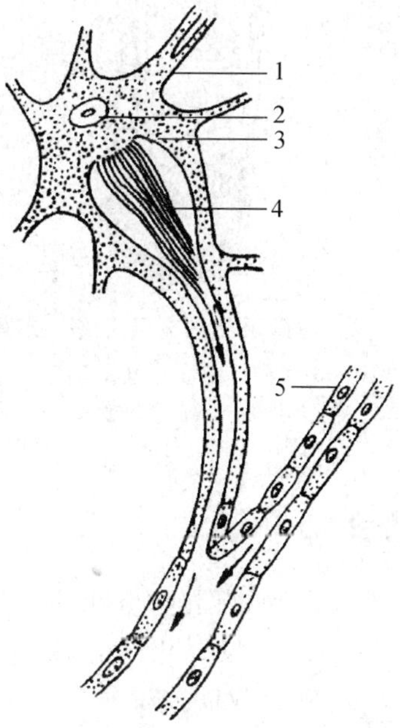

图 7-6　焰细胞的结构(仿秦建华)

1. 胞突　2. 胞核　3. 胞质
4. 纤毛　5. 毛细胞

4．淋巴系统

淋巴系统是在单盘类及对盘类等吸虫中有类似淋巴系统的构造。由体侧 2～4 对纵管及其附属部分组成(图 7-7)。纵管一方面和肠管有复杂的联系，另一方面又和口、腹吸盘及淋巴窦相接。由于虫体的伸缩，淋巴液不断地被输送到各器官去，管内淋巴液中有浮游的实质细胞。淋巴系统可能具有营养物质的输送功能。有的吸虫没有淋巴系统，没有明确淋巴系统的吸虫，实质间充满液体，到处流通，代替了部分或全部淋巴系统的作用。

5．神经系统

在咽两侧各有一个神经节，相当于神经中枢，彼此有背索相连。从两个神经节各发出前后3 对神经干，分布于背、腹和侧面，即背神经干、腹神经干、侧神经干。向后延伸的神经干，在几个不同的水平上皆有神经环相连。神经感觉末梢由前后神经干发出到达口吸盘、咽、腹吸盘等器官。在皮层中有许多感觉器。有些吸虫的自由生活期幼虫，如毛蚴和尾蚴常具有眼点(eye spot)，具感觉器官的功能(图 7-8)。

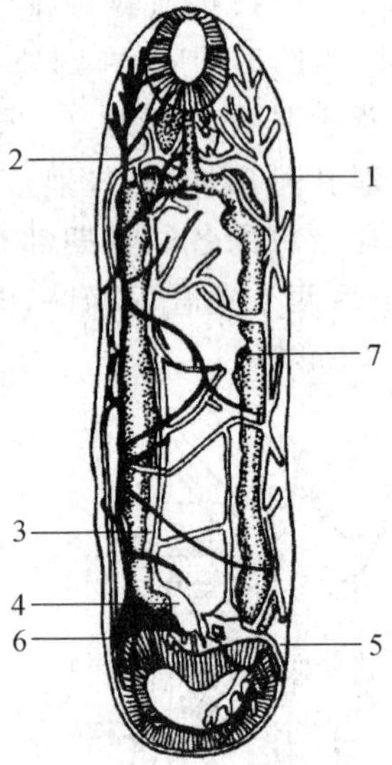

图 7-7 殖盘吸虫的淋巴系统(仿秦建华)

1. 背淋巴管 2. 腹淋巴管 3. 中淋巴管 4. 后中淋巴窦 5. 后淋巴窦 6. 后腹淋巴窦 7. 盲肠

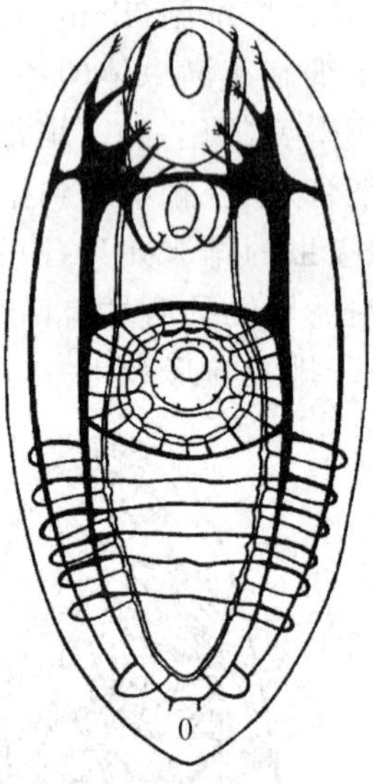

图 7-8 吸虫的神经系统(仿秦建华)

二、吸虫的分类

吸虫属于扁形动物门(Platyhelminthes)，吸虫纲(Trematoda)，习惯上，纲下分为 3 个目：单殖目(Monogenea)，发育史是直接的，寄生于鱼类或两栖动物的体表，多为体外寄生虫；盾腹目，发育史是直接的，或需要交换宿主，多寄生在软体动物和鱼类及龟鳖类；复殖目(Digenea)发育史需要更换宿主，寄生于家畜和人体的各种吸虫均属本目。有的分类学家将此 3 个目提升为亚纲。与动物医学关系密切的为复殖目，其分类如下：

1. 片形科(Fasciolidae)

大型虫体，扁平叶状，具有皮棘。口、腹吸盘紧靠。有咽，食道短，肠管多分枝或简单。卵巢分枝，位于睾丸之前。睾丸前后排列，分叶或分枝。雄茎及雄茎囊发达。生殖孔居体中线上，开口于腹吸盘前。卵黄腺充满体两侧，汇合于睾丸之后，延伸至体中央。受精囊不明显或无。子宫位于睾丸前。

片形属(*Fasciola*)

姜片属(*Fasciolopsis*)

2. 歧腔科(Dicrocoeliidae)

中、小型虫体，体呈扁平叶形、矛形、纺锤形或圆筒形。两个吸盘接近。睾丸离腹吸盘近，平行或斜位排列，在卵巢前方。雄茎囊发达，位于腹吸盘之前。生殖孔开口在肠分叉附近。卵黄腺位于肠管中部两侧。子宫由许多上、下行的子宫圈组成，几乎充满生殖腺后的大部分空间，内含大量小型、深褐色卵。

歧腔属(*Dicrocoelium*)

阔盘属(*Eurytrema*)

3. 前殖科(Prosthogonimidae)

小型虫体,前端稍尖,后端钝圆。具有皮棘。口吸盘和咽发育良好,有食道,肠支简单,不抵达后端。复吸盘位于体前半部。睾丸左右对称排列,在腹吸盘之后。卵巢位于睾丸之间前方。生殖孔在口吸盘附近。卵黄腺呈葡萄状,位于体两侧。子宫盘曲于体后部,雄茎和前列腺不发达。

前殖属 (*Prosthogonimus*)

4. 并殖科(Paragonimidae)

中型虫体,近卵圆形,肥厚。具有皮棘。口吸盘在亚前端腹面,腹吸盘位于中部,生殖孔在腹吸盘后缘。肠管弯曲,抵达体后端。睾丸分枝,位于体后半部。子宫高度盘曲,卵巢分叶,在睾丸前与子宫相对,卵黄腺发达呈网状。

并殖属(*Paragonimidae*)

5. 后睾科(Opisthorchiidae)

中、小型虫体,虫体扁平,前部较窄,透明。口、腹吸盘不发达,相距较近。生殖孔开口于腹吸盘前。具有咽和食道,肠支抵达体后端。睾丸呈球形或分枝、分叶,斜列或纵列后部。卵巢在睾丸前。子宫有许多弯曲,位于卵巢与生殖孔之间,很少延伸至卵巢之后。

支睾属(*Clonorchis*)

后睾属 (*Opisthorchis*)

微口属 (*Microtrema*)

对体属 (*Amphimerus*)

次睾属 (*Metorchis*)

6. 棘口科(Echinostomatidae)

中、小型虫体,呈长叶形,体表有棘,体前有头冠,上有头棘。口吸盘较小,腹吸盘发达,位于口吸盘的近处。生殖孔开口于腹吸盘之前。具有咽、食道和肠支。睾丸前后排列或斜列,在虫体中后部。卵巢在睾丸前。偏于右侧,缺受精囊。卵黄腺分布于腹吸盘后的体两侧。子宫长或短,含有虫卵,位于卵巢与腹吸盘之间。

棘口属(*Echinostoma*)

棘隙属 (*Echinochasmus*)

棘缘属 (*Echinoparyphium*)

低颈属 (*Hypoderaeum*)

直缘属 (*Euparyphium*)

7. 前后盘科(Paramphistomatidae)

虫体肥厚,呈圆锥形、梨形或圆柱状。活体时为白色,粉红色或深红色。体表光滑。前吸盘有时有一对突出袋(posterior pockets),后吸盘位于体后端,肌肉发达。有时具有大的腹袋。缺咽,有食道,肠支简单。生殖孔开口于腹面中央前 1/3 处。睾丸分叶,位于卵巢之前。卵巢位于体后部,后睾的后缘。卵黄腺发达,位于体两侧。子宫弯曲沿睾丸背面上升,或呈“S”状弯曲上升。

前后盘属(*Paramphistomum*)

殖盘属(*Cotylophoron*)

腹袋属(*Gastrothylax*)

平腹属(*Homalogaster*)

8. 双士科(Hasstilesiidae)

虫体极小。口、腹吸盘几乎相等。具咽和食道,肠支抵达体后端。睾丸斜列于体后部。生殖孔位于亚中央或亚边缘。卵巢在睾丸的侧方。子宫位于体前部。卵黄腺位于体前半部两侧。

双士属(*Hasstilesia*)

9. 枭形科(Strigeidae)

虫体分前体、后体两部分,前部扁平或呈杯状,有吸盘,后部为圆柱状,含有生殖器官。腹吸盘不发达或付缺。在腹吸盘后具有一特殊的黏着器(adhesive organ)。有口吸盘、咽,食道短,肠管简单,抵达体后端。生殖孔开口于体后端的凹陷处或交合伞(bursa copulatrix)内。睾丸前后排列于体后部,卵巢通常在睾丸之前。缺雄茎囊。子宫内含有大的虫卵。卵黄腺为颗粒状,分布于前、后两体,或局限于后体。

异幻属(*Apatemon*)

10. 双穴科(Diplostomatidae)

虫体通常分为两个部分。前体呈叶片状、匙形或萼状。有或无腹吸盘。在其前侧方有耳状突起。黏着器粗大,其下有密集的腺体。后体常呈圆柱状,具口吸盘和咽。食道短。肠支末端到达或靠近体后端。睾丸前后排列或并列于体后部。卵巢在睾丸之前。卵黄腺呈颗粒状,分布于前、后体部。叉尾型尾蚴,囊蚴在鱼类及两栖类寄生;成虫寄生于鸟类和哺乳动物。

翼形属(*Alaria*)

双穴吸虫属(*Diplostomum*)

茎双穴吸虫属(*Posthodiplstomum*)

11. 背孔科(Notocotylidae)

小型虫体,腹吸盘付缺。虫体腹面有 3 或 5 行纵列的腹腺。体表前侧方被有细刺。缺咽,食道短,肠支简单,延伸至体末端。生殖孔开口于口吸盘的直后。雄茎囊发达,细长。睾丸并列,位于体末端肠支的外侧。卵巢位于两睾丸之间,或前或后。卵黄腺占据体后部的侧方,睾丸之前。子宫环褶横贯于肠管之间,从睾丸延伸至雄茎囊的后方。虫卵两端各具有一细长的极丝。

槽盘属 (*Ogmocotyle*)

背孔属 (*Notocotylus*)

同口属 (*Paramonostomum*)

下殖属 (*Catatropis*)

12. 异形科(Heterophyidae)

小型虫体,一般不超过 2 mm。体后部宽于前部,体表被鳞棘。腹吸盘发育不良或付缺。有口吸盘和咽,食道长,肠支几乎达体后端。生殖孔开口于腹吸盘附近,经常被包于生殖吸盘内。睾丸呈卵圆形或稍分叶,并列或前后排列,位于体后部。贮精囊发达。缺雄茎囊。卵巢为卵圆形或稍分叶,位于睾丸之前的中央或偏右。卵黄腺位于体后的两侧。弯曲的子宫位于体后半部,内含少数虫卵。

异形属（*Heterophyes*）

后殖属（*Metagonimus*）

13. 环肠科（Cyclocoelidae）

大、中型虫体，背腹扁平。口吸盘付缺，也常没有腹吸盘。口孔在体前端，咽发达，肠支在后部联合，简单或有盲囊。生殖孔开口于口之后近处。睾丸完整或分叶，斜列于虫体后部两肠管之间。卵巢不分叶，居于两睾丸之间，或在其前方。卵黄腺分布于体两侧。

嗜气管属（*Tracheophilus*）

盲腔属（*Typhlocoelum*）

环肠属（*Cyclocoelum*）

嗜眼属（*Ophthalmophagus*）

14. 分体科（Schistosomatidae）

雌雄异体，一般雌虫较雄虫细，有些种的雌虫，特别在交配期间，被雄虫抱在"抱雌沟"（gynaecophoric canal）内。二吸盘不发达，或紧靠或付缺。缺咽。肠支在体后部联合成单管，抵达体后端。生殖孔开口于腹吸盘之后。睾丸形成 4 个或 4 个以上的叶，居于肠联合之前或后；有的睾丸数量很多，呈颗粒状。卵巢伸长、致密，位于肠联合之前。卵黄腺占据卵巢后部。虫卵壳薄，无卵盖，有的有侧棘或端棘，内有毛蚴，寄生于宿主的血管中。

毛毕属（*Trichobilharzia*）

东毕属（*Orientobilharzia*）

分体属（*Schistosoma*）

三、吸虫的生活史

寄生于畜禽体内的复殖吸虫的生活史比较复杂，在发育过程中均需要中间宿主。中间宿主的种类和数目因不同吸虫而异。有的只需一个中间宿丰，有的需要两个或两个以上中间宿主。第一中间宿主为淡水螺或陆地螺，第二中间宿主多为鱼、蛙、螺或昆虫等。发育过程经由虫卵、毛蚴、胞蚴、雷蚴、尾蚴、囊蚴和成虫各期。

1. 虫卵

多呈椭圆形或卵圆形，除分体科外都有卵盖，颜色为灰白色、淡黄色至棕色。卵在子宫成熟后排出体外。有的虫卵在产出时，仅含胚细胞和卵黄细胞；有的已有毛蚴，有的卵在子宫内已孵化；有的必须被中间宿主吞食后才孵化，但多数虫卵需在宿主体外孵化。

2. 毛蚴

外形似等边三角形，外被有纤毛，运动活泼。前部宽，有头腺，一对眼点。消化道、神经和排泄系统开始分化。当卵在水中发育时，毛蚴从卵盖破壳而出，遇到适宜的中间宿主，即利用其头腺钻入螺体，脱去纤毛，发育为胞蚴。

3. 胞蚴

呈包囊状，营无性繁殖，内含胚细胞、胚团及简单的排泄器。逐渐发育，在体内生成雷蚴。

4. 雷蚴

呈包囊状，营无性繁殖，有咽和一个袋状的盲肠，还有胚细胞和排泄器，有的雷蚴后方有一个产孔。有的吸虫只有一代雷蚴，有的有母雷蚴和子雷蚴两期。雷蚴发育为尾蚴，成熟后逸出螺体，游于水中。

5. 尾蚴

由体部和尾部构成。不同种类吸虫尾蚴形态不完全一致。尾蚴能在水中活跃地运动。体表具棘，有1～2个吸盘。消化道包括口、咽、食道和肠管，还有排泄器、神经元、分泌腺和未分化的原始的生殖器官。尾蚴可在某些物体上形成囊蚴而感染终末宿主；或直接经皮肤钻入终末宿主体内，脱去尾部，移行到寄生部位，发育为成虫。但有些吸虫尾蚴需进入第二中间宿主体内发育为囊蚴，才能感染终末宿主。

6. 囊蚴

由尾蚴脱去尾部，形成包囊发育而成，呈圆形或卵圆形。有的生殖系统只有简单的生殖原基细胞，有的则有完整的生殖器官。囊蚴都通过其附着物或补充宿主进入终末宿主的消化道内，囊壁被消化液溶解，幼虫破囊而出，移行至寄生部位发育为成虫。

第二节 人兽共患吸虫病

一、片形吸虫病(肝蛭病)

片形吸虫病(Fasciolosis)又称肝蛭病，是由片形科(Fasciolidae)片形属(*Fasciola*)的肝片形吸虫(*Fasciola hepatica*)和大片形吸虫(*F. gigantica*)寄生在人和牛、羊等动物的肝脏胆管所引起的疾病，以患者/畜慢性肝炎、胆管炎或肝硬化，并发生全身性中毒现象和营养代谢紊乱等为主的寄生虫病。该病危害严重，患病的动物生产能力降低，肉奶品质和产量下降，尤其可引起幼畜和绵羊的大批死亡，对畜牧业造成重大的经济损失，也威胁着人类的健康。

(一)病原形态

(1)肝片形吸虫　新鲜肝片吸虫虫体棕褐色或淡红色，固定后灰白色。虫体为背腹扁平、两侧对称的叶片状，前端有一圆锥状突起——头椎，其后宽、平，形成肩部，向后逐渐变窄。大小(20～35) mm×(5～13) mm。也有记录为(21～41) mm×(9～14) mm。体表被有小棘，棘尖锐利。头椎的前端有圆形口吸盘，直径为1 mm，腹吸盘较口吸盘大，位于其稍后方。生殖孔位于腹吸盘前方、肠管分叉后方。消化系统由口吸盘底部的口孔开始，下接咽，食道短，两支盲肠在肩部水平向左右分开，向后达虫体末端。每支盲肠又有许多分支，外侧分支特别发达。体后端中央有纵行的排泄管。生殖系统：生殖器官发达，雌雄同体。雄性生殖器官：二个分支状睾丸前后排列，占据虫体后部2/3～3/4，分界不明显。每个睾丸各有一个输出管，二条输出管汇合成一条输精管进入雄茎囊，囊内有贮精囊和射精管，其末端为雄茎，通过生殖孔伸出体外，在贮精囊和雄茎之间有前列腺。雌性生殖器官：一个鹿角状分支的卵巢位于腹吸盘后方的右侧，经输卵管与卵模相通。卵模位于睾丸前方的纵中线上，其周围为梅氏腺。卵黄腺发达，呈褐色颗粒状分布于虫体两侧，自肩部到末端；左右卵黄腺通过卵黄管汇合成卵黄总管到卵黄囊与卵模相通。子宫自卵模发出，盘曲于卵模与腹吸盘之间，开口于生殖孔；子宫内充满黄褐色虫卵。劳氏管不发达。无受精囊。

虫卵呈长卵圆形。大小为(100～158) μm×(70～90) μm。淡黄褐色。前端窄，有一不明显的卵盖，后端较钝。卵壳薄而透明，分两层。卵内充满卵黄细胞和一个胚细胞(图7-9)。

(2)大片形吸虫　大片形吸虫体型较大,长达 25～75 mm,宽 5～12 mm,肩部不明显,虫体的两侧比较平行,前后的宽度变化较小,虫体后端钝圆。腹吸盘较大。肠管的内侧分支比较多,并有明显的小枝(图 7-9)。卵较前种大,呈黄褐色,长卵圆形,大小为(150～190) μm×(75～90) μm。

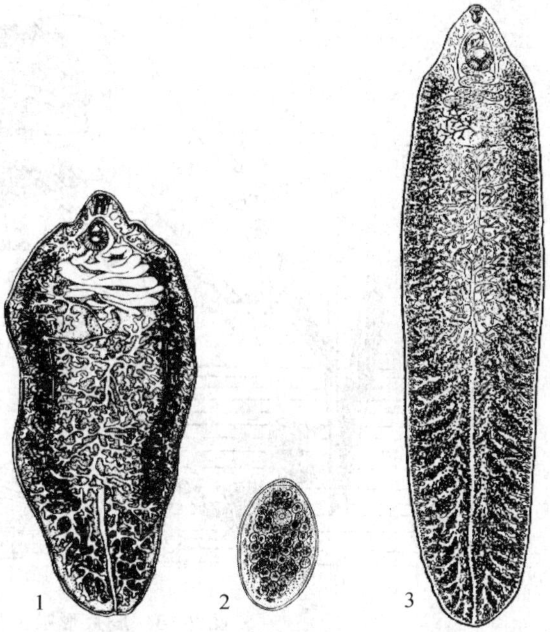

图 7-9　片形吸虫的成虫和虫卵

1. 肝片形吸虫　2. 肝片吸虫虫卵　3. 大片形吸虫

(二)生活史

肝片吸虫的终末宿主主要为人和反刍动物,猪、兔、马属动物及一些野生动物亦可寄生,但较少见。中间宿主为椎实螺科的淡水螺。我国已证实有 6 种,即小土蜗(最多见)、截口土蜗、椭圆萝卜螺、耳萝卜螺、狭萝卜螺和青海萝卜螺。成虫在终末宿主的肝胆管内受精后产卵,随胆汁入肠,经粪便排到外界,入水,在适宜温度、酸碱度和足够的氧气条件下,经 2～3 周发育成毛蚴,遇光后毛蚴顶破卵盖而出,靠纤毛摆动游于水中,遇到适宜的中间宿主即钻入其体内。毛蚴在外界环境中,通常只能生存 6～36 h,如遇不到适宜的中间宿主则渐次死亡。毛蚴在螺体内,经无性繁殖,发育为胞蚴、母雷蚴、子雷蚴和尾蚴几个阶段,最后尾蚴逸出螺体,这一过程需 35～50 d。侵入螺体内的一个毛蚴经无性繁殖可以发育形成数百个甚至上千个尾蚴。尾蚴在水中游动,在水中或附着在水生植物上脱掉尾部,形成囊蚴。终末宿主饮水或吃草时,连同囊蚴一起吞食而遭感染。囊蚴在十二指肠脱囊,一部分童虫穿过肠壁,到达腹腔,由肝包膜钻入到肝脏,经移行到达胆管。另一部分童虫钻入肠黏膜,经肠系膜静脉进入肝脏(图 7-10)。牛、羊自吞食囊蚴到发育为成虫(粪便内查到虫卵)需 2～4 个月,潜伏期 10～12 周。成虫的寄生期限,最短为 17～18 周,长的可达 3～5 年。成虫可在人体存活 12 年。

(三)流行病学

片形吸虫病是呈世界性分布的人兽共患寄生虫病。是我国分布最广泛、危害最严重的寄生虫病之一。其宿主范围广泛,可寄生于数十种哺乳动物,多见于反刍动物,兔也可被寄生,特别是以青饲料为主的兔发病率和死亡率均高,可造成严重的危害。野生动物如大象也有肝片吸虫的病例报道。统计 1970—1990 年间,欧洲、拉丁美洲、南非和亚洲 42 个国家和地区的人体感染肝片形吸虫的报告,以法国、葡萄牙、西班牙等地区为主。食用野生的水芹是法国人感染的主要来源。拉丁美洲报告的病例主要来自古巴和秘鲁。非洲报告来自埃及。亚洲的病例较少。我国 18 个省、市、自治区有本病的报道。

片形吸虫病呈地方性流行,多发生在低洼、潮湿和多沼泽的放牧地区。牛、羊最易感染,绵羊是最主要的终末宿主。舍饲的牛、羊也可因采食从低洼、潮湿地割来的牧草而受感染。多雨年份,能促进本病的流行。感染途径主要是饮用被该虫囊蚴污染的生水或生食了被该虫囊蚴附着的水生植物所致。患畜和带虫者不断地向外界排出大量虫卵,污染环境,成为本病的感

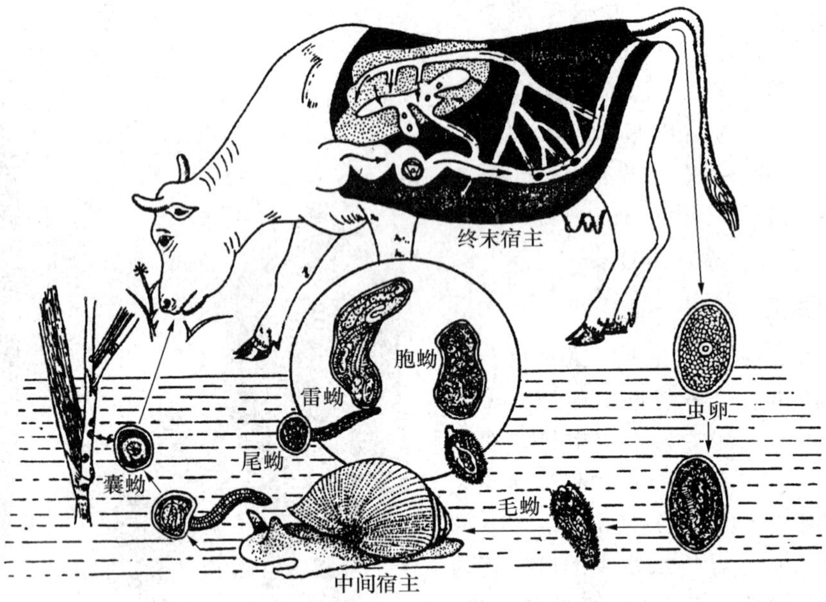

图 7-10 肝片形吸虫的生活史(仿张西臣)

染源。

该病的流行与外界自然条件关系密切。虫卵在低于 12℃时便停止发育,但对高温和干燥敏感,40～50℃时,几分钟死亡,在干燥的环境中迅速死亡。虫卵在潮湿的环境中可生存 8 个月以上。虫卵对低温的抵抗力较强。在冰箱中(2～4℃)放置水里 17 个月仍有 60%以上的孵化率,但结冰后很快死亡。因此虫卵在结冰的冬季是不能越冬存活的。囊蚴对外界环境的抵抗力较强,在潮湿的环境中可生存 3～5 个月,但其对干燥和阳光直射敏感。椎实螺类在气候温和、雨量充足的季节进行繁殖,晚春、夏、秋季繁殖旺盛。这时的条件对虫卵的孵化、毛蚴的发育和在螺体内的增殖及尾蚴在牧草上的发育也很适宜。因此,该病主要流行于春末、夏、秋季节。南方的温暖季节较长,感染季节也长,有时冬季也可发生感染。

(四)致病作用与症状

片形吸虫病临床症状的表现取决于虫体寄生的数量、毒素作用的强弱以及动物机体的状况。一般来说,牛体寄生有 250 条成虫,羊体内有 50 条成虫时,就会表现出明显的临床症状,但幼畜即使轻度感染,也可能表现出症状。家畜中以绵羊对片形吸虫最敏感,山羊、牛和骆驼次之,对幼畜的危害特别严重,可以引起大批死亡。

根据症状的快慢,片形吸虫病的症状可分为急性和慢性两种类型。

1. 羊

急性型主要发生于夏末和秋季,且多发于绵羊,是由于短时间内随草吃进大量囊蚴(2 000 个以上)所致。童虫在体内移行时造成“虫道”。引起移行路线上各组织器官的严重损伤和出血,尤其肝脏受损严重,引起急性肝炎。患羊食欲大减或废绝,精神沉郁,可视黏膜苍白,红细胞数和血红蛋白显著降低,体温升高,偶尔有腹泻,通常在出现症状后 3～5 d 内死亡。

慢性型较常见,多见于冬末春初季节,在吞食中等量(200～500 个)囊蚴后 4～5 个月时发病,即成虫引起的症状。片形吸虫以宿主的血液、胆汁和细胞为食,每条成虫每天可使宿主失血 0.5 mL,其毒素具有溶血作用。毒素侵害血管时,使管壁通透性增高,血液中的液体成分增多更易于渗出,从而发生稀血症和水肿。因此患羊表现逐渐消瘦、贫血,食欲不振,被毛粗乱,易脱落,眼睑、颌下及胸下水肿,腹水增多,扣诊肝脏的浊音界扩大。母羊乳汁稀薄、妊娠羊往往流产。后期终因恶性病质而死亡。有的可拖延至次年天气转暖,饲料改善后逐渐恢复。

2. 牛

多呈慢性经过,犊牛症状明显,成年牛一般不明显。如果感染严重,营养状况欠佳,也可能引起死亡。除了上述羊的症状以外,往往表现前胃弛缓、腹泻、周期性瘤胃鼓胀。严重感染者亦可引起死亡。

3. 人

人体肝片形吸虫病主要造成肝、胆损害,临床表现为急性期(肝脏期)和慢性期(胆管期),急性期主要造成肝肿大,血中嗜酸性粒细胞增高。4 个月后,虫体进入胆管,上述症状消退,转入慢性期,以胆管炎症和增生为主要临床表现。在急性期一般表现为高热与腹痛,多数病人都有胃肠症状,如呕吐、胀气、腹泻、便秘等,也可有肝、脾肿大。虫体进入胆管后病变逐渐转为慢性,上述症状随之消失。此时主要表现有血浆蛋白改变,出现低白蛋白血症与高免疫球蛋白血症。晚期血红蛋白减少,出现贫血,此外,成虫可能引起阻塞性黄疸。

本虫的人体异位寄生见于皮下、腹壁肌肉、腹膜、脑、肺、眼、膀胱等,以皮下组织较为多。人体除了偶然吞食本虫囊蚴感染肝片吸虫外,在有生食牛、羊的肝、肠习惯的地区,虫体可在咽喉部寄生,称为咽部肝片形吸虫病。

(五)病理变化

片形吸虫病的急性病理变化包括肠壁和肝组织的严重损伤、出血、出现肝肿大。其他器官也因幼虫移行出现浆膜和组织损伤、出血,"虫道"内有童虫。黏膜苍白,血液稀薄,血中嗜酸性粒细胞大增。慢性感染,由于虫体的刺激和代谢物的毒素作用,引起慢性胆管炎、慢性肝炎和贫血现象。肝脏肿大,胆管如绳索一样增粗,常凸出于肝脏表面,胆管壁发炎、粗糙,常在粗大变硬的胆管内发现有磷酸(钙、镁)盐等的沉积,肝实质变硬。

(六)诊断

(1)家畜肝片吸虫病的诊断　要根据临床症状、流行病学资料、粪便检查及死后剖检等进行综合判定。粪便检查多采用反复水洗沉淀法和尼龙筛兜集卵法来检查虫卵。牛的 EPG 达 100～200 个、羊 300～600 个时应考虑驱虫。死后剖检诊断可见典型病理变化,结合肝实质内查到童虫或胆管、胆囊内查到成虫可确诊。急性病例时,可在腹腔和肝实质等处发现童虫。慢性病例可在胆管内检获多量成虫。

(2)人肝片吸虫病的诊断　来自疫区,有生食水生植物的历史,根据流行病学资料和临床症状可初诊;经皮肤穿刺活检,超声引导下的胆囊抽吸活检找虫卵,粪便中查到虫卵等可确诊。

(3)免疫学诊断　肝片吸虫病的免疫学诊断研究较多,并取得了较大进展,对本病的早期诊断、及早治疗、减少死亡和经济损失颇为重要。可用的方法有皮内试验、间接血凝、血清凝集反应、琼扩、对流免疫电泳、ELISA 等,其中以 ELISA 最优,其特异性强,敏感性高,重复性好,可比粪检法提早 2～3 周作出诊断,阳性符合率达 85%以上。该法不仅能诊断急性、慢性片形吸虫病,而且还能诊断轻微感染的患者,可用于成群家畜片形吸虫病的普查。在急性病例时,由于童虫损伤实质细胞,使谷氨酸脱氢酶(GDH)升高;慢性病例时,成虫损伤胆管上皮细胞,使γ-谷氨酰转肽酶(γ-GT)升高,持续时间可长达9个月之久。因而也可用血浆酶含量检测法作为诊断该病的一个指标。

(七)治疗

应在早期诊断的基础上及时治疗患病家畜,方能取得较好的效果。驱除片形吸虫病的药物较多,早期药物如四氯化碳、六氯乙烷等因其毒性大多已被淘汰,六氯对二甲苯、硫双二氯酚等因其用量过大,推广应用亦受到限制。目前常用的药物如下,各地可根据具体情况加以选用。

(1)硝氯酚(niclofolan,Bayer 9015) 只对成虫有效。粉剂:牛按每千克体重3～4 mg,羊按每千克体重4～5 mg一次口服。针剂:牛按每千克体重0.5～1.0 mg,羊按每千克体重0.75～1.0 mg,深部肌肉注射。

(2)丙硫咪唑(albendazole,Zetal,抗蠕敏) 牛按每千克体重10 mg,羊按每千克体重15 mg,一次口服,对成虫有良效,但对童虫效果较差。因该药有一定的致畸作用,对怀孕的母畜慎用。

(3)溴酚磷(bromofenofos,蛭得净) 牛按每千克体重12 mg,羊按每千克体重16 mg,一次口服,对成虫和童虫均有良好的驱杀效果,因此,可用于治疗急性病例。

(4)三氯苯唑(triclabendazole Fasinex,肝蛭净) 牛用10%的混悬液或含900 mg的丸剂,按每千克体重10 mg,经口投服,羊用5%的混悬液或含250 mg的丸剂,按每千克体重12 mg,经口投服。该药对成虫、幼虫和童虫均有高效驱杀作用,亦可用于治疗急性病例。患畜治疗后14 d其肉才能食用,乳10 d后才能食用。

(5)碘硝酚腈(nitroxynil) 牛按每千克体重10 mg,羊按每千克体重15 mg皮下注射;或牛按每千克体重20 mg,羊按每千克体重30 mg一次口服。该药对成虫和童虫均有较好的驱杀作用,但在畜体内残留时间较长,用药1个月后肉、乳才能食用。

(6)五氯柳胺(oxyclozanide) 驱成虫有高效;剂量按每千克体重15 mg,口服。

(7) 碘醚柳胺(rafoxanide, ranide)驱除成虫和6～12周的未成熟肝片吸虫都有效,按每千克体重5～15 mg,口服。牛、羊泌乳期禁用。为彻底消除未成熟虫体。用药3周后最好再重复用药一次。牛、羊的休药期60 d。

(8)双乙酰胺苯氧醚(diamphenethide) 用于治疗急性肝片吸虫病,剂量按每千克体重7.5 mg,口服。对1～6周龄肝片吸虫幼虫有高效,但随虫龄的增长,药效也随之降低。对10周龄以上的虫体作用较差,可间隔8周后再用药一次,或与碘醚柳胺等驱成虫药并用。羊的休药期为7 d。

(9)硫双二氯酚(别丁,bithilnolum) 对驱除成虫有效,但使用后有较强的泻下作用;剂量:羊按每千克体重80～100 mg,口服;牛按每千克体重40～60 mg分两次口服,隔天一次。北京鸭较其他品种鸭敏感,马属动物较敏感,慎用。使用剂量超过治疗量时,可出现食欲减退、精神沉郁、腹泻等副作用。

(八)预防

①驱虫灭源:包括对病畜的及时治疗性驱虫和定期预防性驱虫。预防性定期驱虫,驱虫的时间和次数可根据流行区的具体情况而定。针对急性病例,可在夏、秋季选用肝蛭净等对童虫效果好的药物。针对慢性病例,北方全年可进行两次驱虫,第一次在冬末初春,由舍饲转为放

牧之前进行，第二次在秋末冬初，由放牧转为舍饲之前进行。大面积的预防驱虫，应统一时间和地点，对于驱虫后的家畜粪便可应用堆积发酵法杀死其中的病原，以免污染环境。利用这种方法在1～2周内，不仅可以杀死片形吸虫卵，而且对其他寄生蠕虫卵和幼虫亦可杀灭。南方终年放牧，每年可进行3次驱虫。

②管粪灭卵：注意环境卫生，圈舍定期清扫和消毒，粪便堆积发酵、生物热处理，杀灭虫卵，防止病原散布。

③防止感染：注意动物饮水和饲草卫生，防止吃入囊蚴感染。不要在低洼、潮湿、多囊蚴的地方放牧；在牧区有条件的地方，实行划地轮牧，可将牧地划为4块，每月1块（3—11月份），这样间隔3个月方能轮牧一次（从片形吸虫卵发育到囊蚴一般需55～75 d），就可以大大降低牛、羊感染的机会；保持牛、羊的饮水和饲草卫生，不饮用停滞不流的沟渠、池塘有椎实螺及囊蚴滋生的水（应灭螺后饮用），最好饮用井水或质量好的流水，将低洼潮湿的牧草割后晒干再喂牛、羊等。

④管水灭螺，消灭中间宿主：应从每年的3—5月份，气候转暖，螺类开始活动起开始灭螺。a. 化学法，每升水2.5 mg五氯酚钠或1/5 000油茶子饼或1/5 000硫酸铜入水。或在草地上小范围的死水内用生石灰等。b. 生物法，大量养殖水禽，用以消灭螺类（但应注意防止禽吸虫病的流行，因为禽的许多吸虫的中间宿主也是螺类）。c. 物理法，兴修水利，改变不合理沟渠；填平、改造低洼地等，使螺无适宜的生存环境。

⑤加强饲养管理，在冬春季节补充精饲料，合理使役，提高机体抗病力。

⑥对人来说，预防本病的关键是注意饮食卫生，接触生的水生植物后洗手，不生食不洁水生媒介植物及被其污染的食物和水，不生食或半生食牛、羊等动物的肝或内脏。

二、姜片吸虫病

姜片吸虫病是由片形科（Fasciolidae）姜片属（*Fasciolopdsis*）的布氏姜片吸虫（*Fasciolopsis buski*）寄生于人、猪小肠内引起的一种人兽共患吸虫病。是寄生人体小肠中的一种大型吸虫，也是人类最早认识的寄生虫之一。早在1 600多年前我国东晋时就有记载。祖国医书中早有“肉虫”，“赤虫”等记述。姜片虫病的流行常常与种植水生植物和养猪业有密切关系。本虫病主要流行于亚洲，故又称亚洲大型肠吸虫。

（一）病原形态

姜片吸虫新鲜时为肉红色，肥厚，是吸虫类中最大的一种，形似斜切的姜片，故称姜片吸虫。姜片吸虫雌雄同体，肥厚不透明，呈肉红色，背腹扁平，前端稍尖，后端钝圆，大小为（20～75）mm×（8～20）mm，厚为0.5～3 mm。体表有细皮棘。有口、腹吸盘各一，口吸盘直径约0.5 mm，腹吸盘较口吸盘大4～5倍，呈漏斗状，肌肉发达，肉眼可见。两吸盘相距很近。咽和食管短；肠支在腹吸盘前分叉，呈波浪状弯曲，向后延至体末端；睾丸两个，高度分支如珊瑚状，前后排列于虫体后半部的大半。阴茎袋为长袋状，内含贮精囊、射精管、前列腺和阴茎。卵巢位于体中部稍前方，分三瓣，每瓣再分支。无受精囊，有劳氏管。子宫盘曲在腹吸盘和卵巢之间。卵黄腺较发达，分布于虫体两侧。两性生殖系统均开口于腹吸盘前缘的生殖腔（图7-11）。

虫卵为卵圆形，两端钝圆，棕黄色或淡黄色，大小（130～150）μm×（85～97）μm，其卵盖小而不明显，卵壳薄，卵黄细胞30～50个，致密而相互重叠。卵细胞常在卵盖的一端或稍偏于一边(图 7-11)。

(二)生活史

姜片吸虫的中间宿主是扁卷螺,终宿主是人和猪或野猪。国内查见感染姜片虫幼虫期的扁卷螺类有:大脐圆扁螺(*Hippeutis umbilicalis*)、尖口圈扁螺(*H. cantori*)、半球多脉扁螺(*Polypylis hemisphaerula*)及凸旋螺(*Gyraulus convexiusculus*)等。以菱角、荸荠、茭白、水浮莲、浮萍等水生植物为传播媒介。

成虫寄生于终宿主人、猪、犬、野兔的小肠,以十二指肠最多;虫卵随终末宿主的粪便排出,在水中适宜的温度(27～32℃)下经 3～7 周孵化为毛蚴。毛蚴遇中间宿主扁卷螺即钻入其体内,经胞蚴、母雷蚴、子雷蚴等阶段,成为尾蚴。尾蚴自螺体逸出,吸附在水生植物如红菱、菱白、浮萍等表面上形成囊蚴。宿主食入囊蚴后,在消化液和胆汁作用下,后尾蚴逸出并附于十二指肠或空肠上段的黏膜上吸取营养,经 1～3 个月发育为成虫。在猪体观察,感染后 5～7 个月内产卵量最多,1 d 约可产 25 000 个卵,9 个月后排卵数渐减少。由毛蚴侵入螺体至尾蚴逸出,在水生植物上形成囊蚴,平均需要 50 d。囊蚴进入猪体内发育至成虫,共需 3 个月(图 7-12)。虫体在猪体内的寿命为 9～13 个月。在人体内的寿命可达 4 年以上。

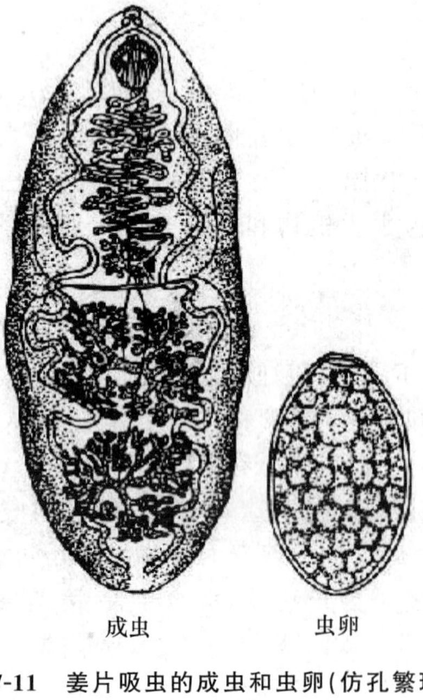

图 7-11　姜片吸虫的成虫和虫卵(仿孔繁瑶)

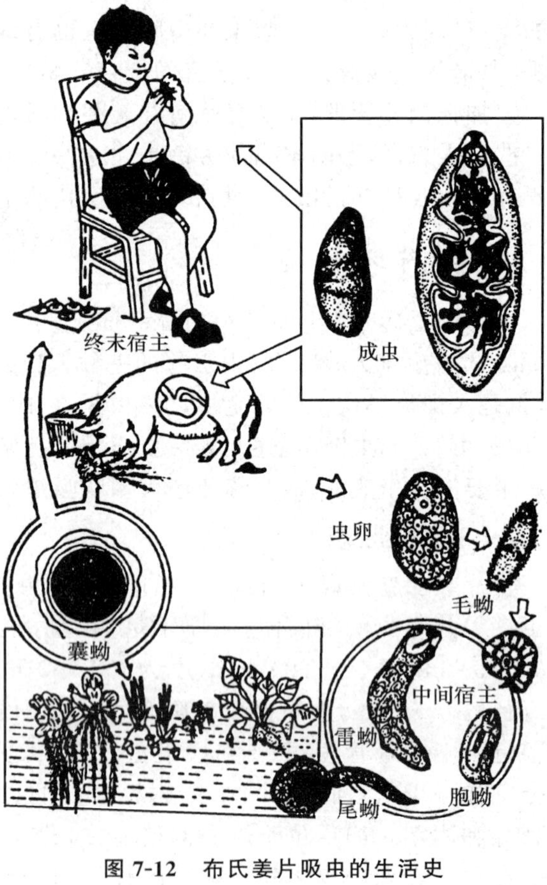

图 7-12　布氏姜片吸虫的生活史

(三)流行病学

姜片吸虫寄生于人和猪的小肠内,偶见于犬和野兔。

本病主要流行于亚洲的印度、孟加拉、缅甸、越南、老挝、泰国、印度尼西亚、马来西亚、菲律宾、日本和中国。在我国主要分布于长江流域和华南地区，如江苏、浙江、福建、安徽、江西、云南、上海、湖北、湖南、广东、贵州、四川、重庆、海南和台湾等地。长江以北的山东、河南、河北、陕西和甘肃等地也有发生。

据我国一些地区的调查，姜片虫病主要流行于种植菱角及其他可供生食的水生植物、地势低洼、水源丰富的地区，猪姜片虫病也流行于种植和以水生青饲料喂猪的地区。多见于东南沿海的平原水网地区、湖泊区及江河沿岸的冲积平原和三角洲地带，以及内陆的平原及盆地。人体姜片虫病一般以青少年为多见，但在严重流行区各年龄组的感染率均很高，生食菱角、茭白等水生植物易于感染。猪感染姜片虫较普遍，是最重要的保虫宿主。将猪舍或厕所建在种植水生植物的塘边、河旁，或用粪便施肥，都可造成粪内虫卵入水的机会。另一方面，这种水体含有机物多，有利于扁卷螺类的滋生繁殖。这样就构成了姜片虫完成生活史所需的全部条件。实验证实姜片虫尾蚴可在水面上成囊，如自然水体中存在此种情况，则饮用生水可能引起感染。

人、猪感染姜片虫有季节性，因虫卵在水中的发育及幼虫期在扁卷螺体内的发育繁殖均与温度有密切关系。一般夏、秋季是感染的主要季节；而南方早一些、长一些，北方迟一些、短一些。江浙一带水生植物上囊蚴以8—10月份为多，而此时正是菱角等水生果品成熟的季节。姜片虫囊蚴具有一定抵抗力。实验证明，28～30℃时，囊蚴在湿纸上可活10 d以上，5℃可活1年。囊蚴不耐高热，在沸水中活1 min，或阳光下曝晒1 d即死亡。对干燥的抵抗力也很弱。

随着饲料商品化生产以及饲养管理方法的改善，不再直接采用新鲜的水生植物喂猪，因而许多地区猪的感染率明显下降。

（四）致病作用和症状

成虫寄生在小肠，严重感染时可扩展到胃和大肠，虫体数目可多达数千条，通常仅数条至数十条。致病作用主要有机械损伤，机械堵塞，夺取营养及毒素作用四个方面。姜片吸虫以强大的口吸盘和腹吸盘紧紧吸住肠黏膜，使吸着部位发生机械性损伤，引起肠炎，肠黏膜脱落，出血，水肿，甚至发生脓肿。有时，受损的黏膜发生坏死、脱落，形成溃疡。炎症部位可见细胞浸润，肠黏膜上皮细胞的黏液膜分泌增加。若感染虫数较多，虫体覆盖肠黏膜，影响宿主消化与吸收功能，导致营养不良和消化功能紊乱。感染强度高时可能对肠道造成机械性阻塞，甚至引起肠破裂或肠套叠而死亡。由于虫体大，虫体吸取大量养料，使宿主呈现贫血、消瘦和营养不良现象。虫体代谢产物被动物吸收后，可使动物发生贫血和水肿。此外，虫体代谢产物和分泌物还可引起变态反应和嗜酸性粒细胞增多。

姜片吸虫多侵害幼猪，导致幼猪发育不良，被毛稀疏无光泽；精神沉郁，流涎，眼结膜苍白、呆滞。食欲减退，消化不良，但有时有饥饿感。有下痢症状。粪便稀薄，混有黏液。严重时表现为腹痛，水泻，浮肿、腹水等症状。患病母猪泌乳量减少。人的症状主要表现为上腹部或右肋下隐痛，间常有消化不良性腹泻，上腹部肠鸣音亢进，多数伴有精神委靡、倦怠无力等症状。儿童患者可出现颜面浮肿、苍白，多数儿童可有不同程度的发育障碍，智力减退，甚至因衰竭致死。

（五）诊断

因姜片虫卵大，容易识别，检查粪便中虫卵是确诊姜片虫感染的主要方法。各种虫卵浓缩法可提高检出率。但诊断为姜片虫病还需考虑寄生的虫数和临床表现，前者可用计卵法得到粗略的印象。但轻度感染的病例往往漏检。姜片吸虫卵与肝片形吸虫卵和棘口类吸虫卵的形态十分相似,注意鉴别:姜片吸虫虫卵形状更为椭圆,卵盖更小,卵盖对端明显增厚;壳薄,常见为单层。

用免疫学方法对早期感染或大面积普查,有较好的辅助诊断价值。ELISA 法敏感性好,优于粪检法。对流免疫电泳与病原学检查无明显差异。

(六)治疗

(1)硫双二氯酚(bitin,别丁) 剂量为每千克体重 60～100 mg,混在少量精料中喂服。

(2)吡喹酮(praziquantel) 按每千克体重 30～50 mg,一次口服。

(3)硝硫氰胺(amosconate,7505) 按每千克体重 10 mg,一次口服。

(七)预防

①开展健康教育:不生吃未经洗净浸烫或煮熟的菱角、荸荠等水生植物,不喝河塘内生水,不要放猪到池塘边自由采食水生植物,不用被囊蚴污染的青饲料喂猪,或加热、青贮发酵或煮熟后再喂猪。

②加强粪便管理:人粪和猪粪同样加以重视管理,以免人畜相互传播。粪便无害化,防止人、猪粪便通过各种途径污染水体。

③在流行区开展人和猪的姜片虫病普查普治工作。对养猪场应加强饲养管理,每天清除猪舍粪尿。在春秋两季进行预防性驱虫。在疫区要进行定期灭螺。对扁卷螺滋生的水源可用 1∶5 000 的硫酸铜溶液或 0.1%的石灰水等灭螺。

三、日本分体吸虫病(血吸虫病)

血吸虫病(schistosomosis)是由分体科(Schistosomatidae)分体属(*Schistosoma*)的日本分体吸虫(*S. japonicum*)寄生在终宿主人、牛、羊、猪、马、兔、犬、猫等动物和 20 多种野生哺乳动物及啮齿类动物的肝内门静脉和肠系膜小静脉内引起的一种危害严重的地方流行性人兽共患吸虫病。本病广泛流行于我国长江流域以南的 13 个省市自治区,对人畜危害极大,是重要的人兽共患病之一。

(一)病原形态

成虫:雌雄异体。雄虫乳白色,虫体扁平,长 12～20 mm,前端有发达的口吸盘和腹吸盘,腹吸盘以下,虫体向两侧延展,并略向腹面卷曲,形成抱雌沟,故外观呈圆筒状。雌虫前细后粗,形似线虫,体长 20～25 mm,腹吸盘大于口吸盘,由于肠管充满消化或半消化的血液,故雌虫呈黑褐色,常居留于抱雌沟内,与雄虫合抱。消化系统有口、食道、肠管。肠管在腹吸盘前背侧分为两支,向后延伸到虫体后端 1/3 处汇合成盲管。成虫摄食血液,肠管内充满被消化的血红蛋白,呈黑色。肠内容物可经口排放到宿主的血液循环内。生殖系统在雄虫由睾丸、贮精囊、生殖孔组成。睾丸为椭圆形,一般为 7 个,呈单行排列,位于腹吸盘背侧。生殖孔开口于腹吸盘下方。雌虫生殖系统由卵巢、卵黄腺、卵模、梅氏腺、子宫等组成。卵巢位于虫体中部,长椭圆形。输卵管出自卵巢后端,绕过卵巢而向前。虫体后端几乎为卵黄腺所充满,卵黄管向前延长,与输卵管汇合成卵模,并为梅氏腺所围绕。卵模与子宫相接,子宫开口于腹吸盘的下方,内含虫卵 50～300 个(图 7-13)。

(1)虫卵 成熟虫卵大小平均 89 μm×67 μm,椭圆形,淡黄色,卵壳厚薄均匀,无卵盖,卵壳一侧有一小刺,表面常附有宿主组织残留物,卵壳下面有薄的胚膜。成熟虫卵内含有一毛

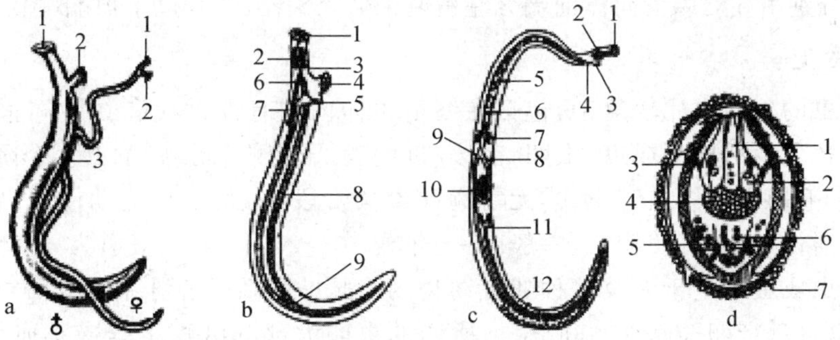

图 7-13 日本分体吸虫成虫和虫卵

a. 雌雄虫合抱 1. 口吸盘 2. 腹吸盘 3. 抱雌沟 b. 雄虫 1. 口吸盘 2. 食道 3. 腺体 4. 腹吸盘 5. 生殖孔 6. 肠管 7. 睾丸 8. 肠管 9. 合一的肠管 c. 雌虫 1. 口吸盘 2. 肠管 3. 腹吸盘 4. 生殖孔 5、6. 虫卵与子宫 7. 梅氏体 8. 输卵管 9. 卵黄管 10. 卵巢 11. 肠管合并处 12. 卵黄腺 d. 虫卵 1. 头腺 2. 穿刺腺 3. 神经突 4. 神经元 5. 焰细胞 6. 胚细胞 7. 卵模

蚴，毛蚴与卵壳之间常有大小不等圆形或长圆形油滴状的头腺分泌物(图 7-13)。电镜观察，卵壳表面呈网状纤维基质及细颗粒状微棘；卵壳切面可见囊样微管道，贯通卵内外，毛蚴分泌的可溶性抗原可经卵壳的囊状微管道释出卵外。在粪便内，大多数虫卵含有毛蚴即为成熟卵，而未成熟和萎缩性虫卵占少数。

(2)毛蚴 呈梨形或长椭圆形，左右对称，平均大小为 99 μm×35 μm，周身被有纤毛，是其活动器官。钻器位于体前端呈嘴状突起，所以也称顶突；体内前部中央有一个顶腺，为一袋状构造；两个侧腺或称头腺位于顶腺稍后的两侧，呈长梨形，它们均开口于钻器或顶突(图 7-14)。

(3)尾蚴 血吸虫尾蚴属叉尾型，由体部及尾部组成，尾部又分尾干和尾叉。体长 100～150 μm，尾干长 140～160 μm，尾叉长 50～70 μm。全身体表被有小棘并具有许多单根纤毛的乳突状感觉器。体部前端为特化的头器，在头器中央有一个大的单细胞腺体，称为头腺。口位于体前端正腹面，腹吸盘位于体部后 1/3 处，由发达的肌肉构成，具有较强的吸附能力。在尾蚴体内中后部有 5 对单细胞钻腺，左右对称排列，其中 2 对位于腹吸盘前，称前钻腺，为嗜酸性，内含粗颗粒；3 对位于腹吸盘后，称后钻腺，为嗜碱性，内含细颗粒。

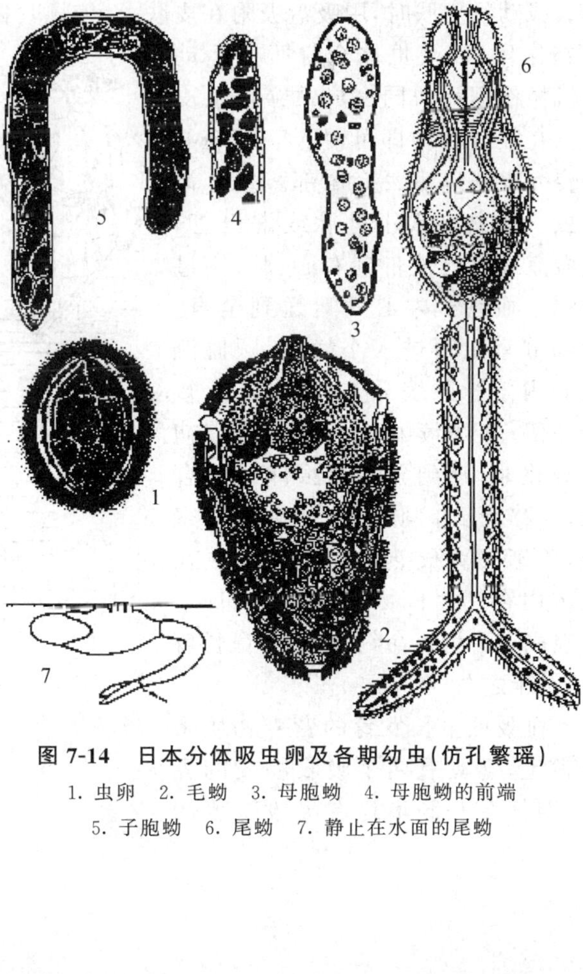

图 7-14 日本分体吸虫卵及各期幼虫(仿孔繁瑶)

1. 虫卵 2. 毛蚴 3. 母胞蚴 4. 母胞蚴的前端 5. 子胞蚴 6. 尾蚴 7. 静止在水面的尾蚴

前后5对钻腺分别由5对腺管向体前端分左右两束伸入头器，并开口于顶端(图7-14)。

(二)生活史

日本血吸虫的生活史比较复杂，包括在终宿主体内的有性世代和在中间宿主钉螺体内的无性世代的交替。生活史分成虫、虫卵、毛蚴、母胞蚴、子胞蚴、尾蚴、童虫7个阶段。其生活史主要特点为：①毛蚴主动侵入钉螺；②无雷蚴和囊蚴阶段；③以尾蚴主动侵入、感染终末宿主；④可经胎盘传播；⑤成虫寿命较长，一般3～4年或10～25年，最长报道为40年。

日本血吸虫成虫寄生于人及多种哺乳动物的门脉—肠系膜静脉系统。雌虫产卵于静脉末梢内，每条雌虫每日产卵300～3 000个。所产的虫卵大部分沉积于肠壁小血管中，少量随血流进入肝，不能排出的虫卵沉积在局部组织中，逐渐死亡、钙化。约经11 d，卵内的卵细胞发育为毛蚴，含毛蚴的成熟虫卵在组织中能存活10 d。由于毛蚴分泌物能透过卵壳，破坏血管壁，并使周围组织发炎坏死；同时肠的蠕动、腹内压增加，致使坏死组织向肠腔溃破，虫卵便随溃破组织落入肠腔，随粪便排出体外。含虫卵的粪便污染水体，在适宜条件下，如温度在5～35℃之间均能孵出，一般温度愈高，孵化愈快，毛蚴的寿命也愈短，以25～30℃最为适宜；低渗透压的水体、光线照射可以加速毛蚴的孵化；水的pH也很重要，毛蚴卵化的最适宜pH为7.5～7.8。毛蚴在水中能存活1～3 d，孵出后经过时间愈久，感染钉螺的能力愈低。毛蚴在水中遇到适宜的中间宿主钉螺，侵入螺体并进行无性繁殖。先形成袋形的母胞蚴，继而产生许多子胞蚴，子胞蚴逸出，进入钉螺肝内，其体内胚细胞陆续增殖，分批形成许多尾蚴。尾蚴成熟后离开钉螺，常常分布在水的表层，人或动物与含有尾蚴的水接触后，尾蚴经皮肤而感染。当尾蚴遇到人或动物皮肤时，用吸盘吸附在皮肤上，依靠其体内腺细胞分泌物的酶促作用，头器伸缩的探查作用，以及虫体全身肌肉运动的机械作用而协同完成钻穿宿主皮肤。在数分钟内即可侵入。尾蚴一旦侵入皮肤以后丢弃尾部。发育为童虫。童虫穿入小静脉或淋巴管，随血流或淋巴液带到右心、肺，穿过肺泡小血管到左心并运送到全身。大部分童虫再进入小静脉，顺血流入肝内门脉系统分支，童虫在此暂时停留，并继续发育。当性器官初步分化时，遇到异性童虫即开始合抱，并移行到门脉—肠系膜静脉寄居，逐渐发育成熟交配产卵成虫在人体内存活时间因虫种而异，日本血吸成虫平均寿命约4.5年，最长可活40年之久(图7-15)。

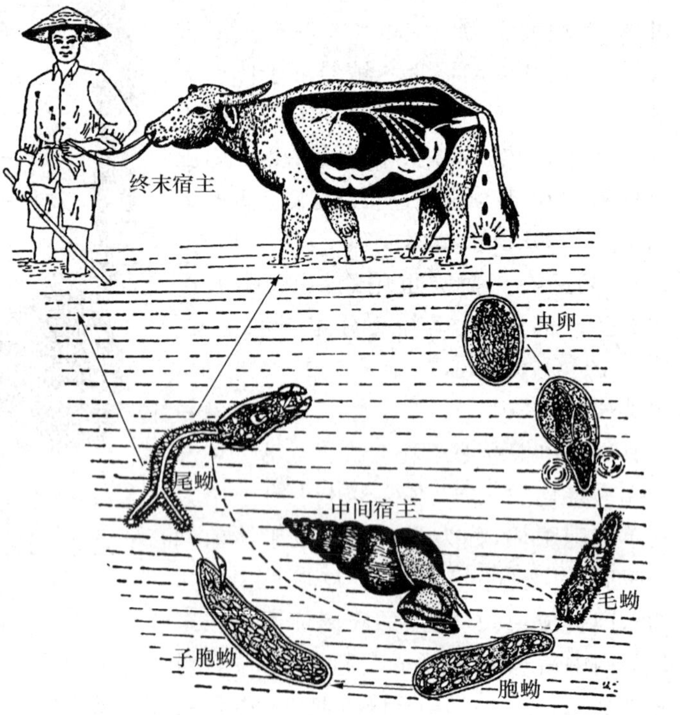

图7-15 日本分体吸虫生活史

血吸虫生长发育的营养物质来自宿主，它具有两个吸收物质的界面，即体壁和肠道均有吸收营养的功能，而每一界面对吸收的物质具有选择性。

(三)流行病学

血吸虫分布于亚洲、非洲及拉丁美洲的76个国家和地区，估计有5亿～6亿人口受威胁，患病人数达2亿人(1990年)。我国仅有日本血吸虫即我们通常所说的血吸虫。

(1)传染源　日本血吸虫病是人兽共患寄生虫病，其终宿主除人以外，有多种家畜和野生动物。在我国，自然感染日本血吸虫的家畜有牛、犬、猪等9种；野生动物有褐家鼠、野兔、野猪等31种。由于保虫宿主种类繁多、分布广泛，使得防治工作难度加大，在流行病学上病人和病牛是重要的传染源。

(2)传播途径　在传播途径的各个环节中，含有血吸虫虫卵的粪便污染水源、钉螺的存在以及人、畜接触疫水，是三个重要的环节。粪便污染水的方式与当地的农业生产方式、居民生活习惯及家畜的饲养管理有密切关系。当水体中存在感染血吸虫的阳性钉螺时，便成为疫水，对人、畜具有感染性。钉螺是日本血吸虫的唯一中间宿主。钉螺隶属于钉螺属，螺壳小，圆锥形，有6～8个螺层，长10 mm左右，宽3～4 mm，壳口卵圆形，外缘背侧有一条粗的隆起称唇嵴。在平原地区螺壳表面具纵肋，称肋壳钉螺；在山丘地区表面光滑，称光壳钉螺。

(3)易感人群和动物　不论何种性别、年龄和种族，人类对日本血吸虫皆有易感性。在多数流行区，年龄感染率通常在11～20岁升至高峰，以后下降。自然感染血吸虫的家畜有黄牛、水牛、山羊、绵羊、马、骡、驴、猪、犬、猫、家兔等10余种，其中黄牛和水牛是最重要的传染源。野生动物有褐家鼠、野兔、野猪等30余种。由于保虫宿主种类繁多、分布广泛，从而加大了该病的防治难度。耕牛感染存在种间差别，黄牛感染一般高于水牛。牛的感染率与性别没有相关性，但与年龄有关，一般黄牛年龄越大，感染率越高，水牛感染率则随年龄的增高而降低。

(4)流行因素　日本血吸虫病的流行因素包括自然因素和社会因素两方面。自然因素很多，主要是影响血吸虫生活史和钉螺的自然条件，如地理环境、气温、雨量、水质、土壤等。社会因素是指影响血吸虫病流行的政治、经济、文化、生产运动、生活习惯等，例如，环境卫生、人群的文化素质、经济水平、生活方式和行为等都直接影响到血吸虫病的流行；特别是社会制度，卫生状况和全民卫生保健制度等对防治血吸虫病都是十分重要的。

(5)流行区类型　①平原水网型：主要分布在长江三角洲如上海、江苏、浙江等处，这类地区河道纵横，密如蛛网、钉螺沿河岸呈线状分布。人们因生产和生活接触疫水而感染。②山区丘陵型：主要在我国南部，如四川、云南等地，但华东的江苏、安徽、福建、浙江，华南的广西、广东都有此型。钉螺分布单元性很强，严格按水系分布，面积虽不很大，但分布范围广，环境极复杂。③湖沼型：主要分布在湖北、湖南、安徽、江西、江苏等省的长江沿岸和湖泊周围。存在着大片冬陆夏水的洲滩，钉螺分布面积大，呈片状分布，占全国钉螺总面积的82.8%。

(四)致病作用

血吸虫不同发育时期和虫体成分造成的损伤分别如下：

(1)尾蚴及童虫所致损害　尾蚴穿过皮肤可引起皮炎，局部出现丘疹和瘙痒，是一种速发型和迟发型变态反应。当大量童虫在人畜体移行时，可出现发热、咳嗽、痰中带血、嗜酸性粒细胞增多，这可能是局部炎症及虫体代谢产物引起的变态反应。

(2)成虫所致损害　成虫一般无明显致病作用，少数可引起轻微的机械性损害，如静脉内膜炎等。可是，它的代谢产物、虫体分泌物、排泄物、虫体外皮层更新脱落的表质膜等，在机体内可形成免疫复合物，对宿主产生损害。

(3)虫卵所致的损害 血吸虫病的病变主要由虫卵引起。虫卵主要是沉着在宿主的肝及结肠肠壁等组织，所引起的肉芽肿和纤维化是血吸虫病的主要病变。血吸虫虫卵肉芽肿在组织血管内形成，堵塞血管，破坏血管结构，导致组织纤维化，这类病变主要见于虫卵沉积较多的器官，如肝和结肠。

(4)循环抗原及免疫复合物 血吸虫寄生在宿主静脉内，童虫、成虫和虫卵的代谢产物、分泌物和排泄物，以及虫体表皮更新的脱落物排入到血液中，并随血液循环至各组织，成为循环抗原。宿主对这些循环抗原产生相应的抗体，抗原抗体结合，形成免疫复合物。通常免疫复合物可被单核细胞或巨噬细胞吞噬、清除。当免疫复合物形成过多，或不能被有效清除时，则可在组织(血管、关节等)内沉积，引起损伤组织的炎症反应，即Ⅲ型变态反应。

(5)异位寄生与异位损害 日本血吸虫成虫在门脉系统以外的静脉内寄生称异位寄生，而见于门脉系统以外的器官或组织的血吸虫虫卵肉芽肿则称异位损害或异位血吸虫病。人体常见的异位损害在脑和肺。罕见的异位损害可见于皮肤、甲状腺、心包、肾等处。

(五)临床症状

家畜感染血吸虫的临床症状与畜别、年龄、感染强度以及饲养管理等情况密切相关。一般黄牛的症状较重，水牛、羊和猪的较轻，马几乎没有症状。黄牛或水牛犊大量感染时，往往呈急性经过。先是食欲不振，精神沉郁，行动缓慢。体温升高达40～41℃，腹泻，里急后重，粪便带有黏液、血液。后期黏膜苍白，水肿，日渐消瘦，最后衰竭死亡。少量感染时，病程多为慢性经过。病畜表现消化不良，发育缓慢。患病母牛发生不孕、流产。如在肠道沉积的虫卵，使肠壁组织的破坏与增生同时存在，造成纤维结缔组织增生，导致肠壁增厚，形成虫卵肉芽肿甚至癌肿。在肝脏沉积的虫卵，致使嗜酸性粒细胞增多，引起肝脓肿，进而破坏肝脏。严重的会出现肝腹水、肝硬化，进而导致患畜死亡。少量感染者，不呈现症状而成带虫牛和传染源。

人患血吸虫病时，由于患者的感染强度、免疫状态、营养状况、治疗是否及时等因素不同而将其分为急性、慢性和晚期三期。当尾蚴侵入皮肤后，部分患者局部出现丘疹或荨麻疹，称尾蚴性皮炎。当雌虫开始大量产卵时，少数患者出现以发热为主的急性变态反应性症状，常在接触疫水后1～2个月出现，除发热外，伴有腹痛、腹泻、肝脾肿大及嗜酸性粒细胞增多，粪便检查血吸虫卵或毛蚴孵化结果阳性，称急性血吸虫病。然后病情逐步转向慢性期，在流行区，90%的血吸虫病人为慢性血吸虫病，此时，多数患者无明显症状和不适，也可能不定期处于亚临床状态，表现腹泻、粪中带有黏液及脓血、肝脾肿大、贫血和消瘦等。一般在感染后5年左右，部分重感染患者开始发生晚期病变。根据主要临床表现，晚期血吸虫病可分为巨脾、腹水及侏儒三型。一个病人可兼有两种或两种以上表现。因肝纤维化病变在晚期常是不可逆的，并且对治疗反应甚差，从而导致临床上难治的晚期血吸虫病。

(六)病理变化

日本血吸虫病的病理变化主要在肝脏和肠壁。肝脏表面凹凸不平，表面或切面肉眼可见粟米大至高粱米大灰白色的虫卵结节。感染初期肝脏可能肿大，后期肝萎缩、硬化。严重感染时，肠壁肥厚，表面粗糙不平，肠道各段均有虫卵结节，尤以直肠部分更为多见。肠系膜有溃疡斑，肠系膜淋巴结和脾脏肿大，门静脉血管肥厚。在门静脉和肠系膜静脉内可找到雌雄合抱的虫体。另外，在心、肾脾、胃、胰等器官有时也有虫卵结节。

(七)诊断

在流行区,根据临床表现和流行病学资料分析可做出初步诊断,但确诊要靠病原学检查和血清学试验诊断。

病原学检查最常用的方法是虫卵毛蚴孵化法。含毛蚴的虫卵,在适宜的条件下,可短时间内孵出,并在水中呈特殊的游动姿态。其次是沉淀法,经改进为尼龙绢袋集卵法。尼龙绢袋孔径小于虫卵,在冲洗过程中虫卵不会漏在袋外,全集中于袋上。其优点是省时、省水、省器械等。这两种方法相比,孵化法检出率稍高,但它又不能替代沉淀法,最好两法综合进行。近年来已将免疫学诊断法应用于生产实践,如环卵沉淀试验、间接血球凝集试验和酶联免疫吸附试验等。其检出率均在95%以上,假阳性率在5%以下。

(八)治疗

应用于动物日本分体吸虫病治疗的药物有:

吡喹酮(praziquantel)是一种广谱的抗寄生虫药,治疗血吸虫病的剂量为黄牛每千克体重30 mg,体重以300 kg为限;水牛每千克体重25 mg,体重以400 kg为限;山羊每千克体重20 mg;猪每千克体重60 mg。均一次口服。

早期应用的药物还有敌百虫、六氯对二甲苯、酒石酸锑钾、锑-273、硝硫氰胺、硝硫氰醚等。这些药物先后在家畜血防中发挥了重要作用,但由于毒性或副反应大、缺少药物来源等原因,目前都基本上不应用。应用吡喹酮治疗家畜血吸虫病具有疗效高、疗程短、副反应低等优点,是目前治疗血吸虫病的首选药物。

(九)预防

要根据不同地区血吸虫病的流行规律和特点,因地制宜地采取有效的综合防治措施。

(1)积极治疗病人、病畜　切断传播途径,防止病牛调动,注意牛只更新工作,保护动物宿主,消灭传染源。

(2)控制和消灭钉螺　平原水网区及部分丘陵地区主要是结合生产与兴修水利来灭螺,局部配合应用杀螺药剂,湖沼地区主要是控制水位,改变钉螺的滋生环境。

(3)加强粪便管理,搞好个人防护　结合农村爱国卫生运动,管好人、畜粪便,防止污染水体,做到安全用水。如建造无害化粪池,粪尿混合贮存粪便方法。近年来推广沼气池,使粪便管理开辟了新途径。流行季节可涂擦防护药或口服预防药来加强个人防护。

四、东毕吸虫病

东毕吸虫病是由分体科东毕属(*Orientobilharzia*)的几种吸虫寄生于牛、羊、骆驼等哺乳动物的门静脉系统和肠系膜静脉内引起的。在我国分布极其广泛,但以内蒙古和西北地区较为严重,可引起动物的死亡。常见的虫种是寄生于牛、羊的土耳其斯坦东毕吸虫(*O. turkestanicum*)和程氏东毕吸虫(*O. cheni*)。

(一)病原形态

(1)土耳其斯坦东毕吸虫　雌雄异体,但雌雄经常呈合抱状态。虫体呈线形,雄虫为乳白色,雌虫为暗褐色,体表光滑无结节。口、腹吸盘相距较近,无咽,食道在腹吸盘前方分为两条肠管,在体后再合并成单管,抵达体末端。雄虫大小为(4.39～4.56) mm×(0.36～0.42) mm。腹面有抱雌沟。睾丸数目为78～80个,细小,呈颗粒状,位于腹吸盘的后下方，呈不规则的双行排列。生殖孔开口于腹吸盘的后方。雌虫较雄虫纤细，略长，大小为(3.95～5.73) mm×(0.07～0.116) mm。卵巢呈螺旋状扭曲，位于两肠管合并处的前方。卵黄腺在肠单支的两侧。子宫短，在卵巢前方，子宫内通常只有一个虫卵。虫卵大小为(72～74) μm×(22～26) μm。无卵盖，一端较尖，另一端钝圆，两端各有一个附属物(图 7-16)。

(2)程氏东毕吸虫(*O. cheni*) 雄虫粗大，为乳白色，体表有结节。大小为(3.12～4.99) mm×(0.23～0.34) mm，腹面抱雌沟较土耳其斯坦东毕吸虫明显。雌虫较雄虫细短，暗褐色，大小为(2.63～3.00) mm×(0.09～0.14) mm。肠管在虫体后半部合并成单管。雄虫睾丸较大，数目在 53～99 个，一般都在 60 个以上，拥挤重叠，单行排列。虫卵大小为(80～130) μm×(30～50) μm。

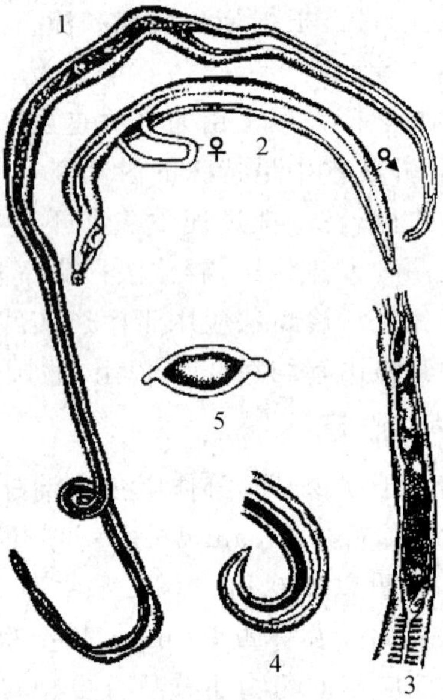

图 7-16 土耳其斯坦东毕吸虫(仿斯克李亚宾)

1. 雌虫 2. 雌雄合抱 3. 雌虫卵巢部分 4. 雌虫尾部 5. 虫卵

(二)生活史

东毕吸虫的生活史和日本血吸虫基本相似。雌雄成虫合抱寄生于牛、羊等哺乳动物的肠系膜静脉内产卵。虫卵或在肠壁黏膜或被血流冲积到肝脏内形成虫卵结节，虫卵在肠壁处可破溃而入肠腔。在肝脏内的虫卵或被结缔组织包埋、钙化而死亡，或破结节随血流或胆汁而注入小肠，后随粪便排至体外。虫卵在适宜的条件下经 10 d 左右孵出毛蚴。毛蚴在水中遇到适宜的中间宿主淡水螺类，即迅速钻入其体内，经过母胞蚴、子胞蚴发育为尾蚴。尾蚴自螺体逸出，在水中遇到人、牛、羊等即经皮肤侵入，移行到肠系膜血管内发育为成虫。毛蚴侵入螺体发育至尾蚴约需 1 个月；从尾蚴侵入牛、羊发育至成虫需 1.5～2 个月。

(三)流行病学

东毕吸虫病呈世界性分布，亚洲的印度、蒙古、伊拉克、哈萨克斯坦和欧洲的俄罗斯、法国等国都有此病的发生。在我国东毕吸虫分布极其广泛，尤其是东北、内蒙古、西北地区发病严重。本病常呈地方性流行，在青海和内蒙古的个别地区十分严重，感染强度往往高达 1 万～2 万条，引起不少羊只死亡。

宿主动物有绵羊、山羊、黄牛、水牛、骆驼和马属动物及一些野生的哺乳动物，主要危害牛和羊。马属动物和一些野生的哺乳动物通常作为保虫宿主。人不是东毕吸虫终末宿主，但尾蚴侵入人的皮肤可引起人体尾蚴性皮炎。东毕吸虫的终末宿主因虫种不同而不同。彭氏东毕吸虫主要寄生于绵羊和黄牛。程氏东毕吸虫寄生于黄牛、羊、猪。土耳其斯坦东毕吸虫寄生于反刍兽、马、驴、骆驼、马鹿、猫、兔和小鼠。该病各种年龄的易感动物均可感染，一般成年畜的发病率高于幼年畜，外地新引进的牲畜发病率和感染强度明显高于本地品种，而且感染后所表现的临床症状更明显。在牛、羊之间有较大差异。羊的阳性率高于牛，而山羊的检出率又较绵羊高；黄牛的感染率高于水牛，黄牛中以青壮年牛的感染率最高。

中间宿主为椎实螺类，有耳萝卜螺（*R. auricularla*）、卵萝卜螺（*R. ovata*）和小土窝螺（*Galba pervia*）。它们栖息于水中、池塘、水流缓慢及杂草丛生的河滩、死水洼、草塘和小溪等处。

本病具有一定的季节性，一般从5—10月份感染流行，北方地区多于6—9月份牛、羊在牧地放牧时，在水中吃草或饮水时经皮肤感染。东毕吸虫感染宿主的途径有两种，一种是皮肤刺入感染，东毕吸虫尾蚴首先借助吸盘吸附于宿主体表。吸虫尾蚴的腹吸盘腺体是其穿透宿主皮肤进入体内的重要器官，其功能是释放蛋白水解酶溶解宿主组织。另一种可以通过胎盘感染。东毕吸虫病致死的绵羊体内胎儿的肠系膜静脉中检出东毕吸虫，说明东毕吸虫可以经胎盘感染。

（四）致病作用和症状

东毕吸虫病为人兽共患寄生虫病，其尾蚴感染人引起尾蚴性皮炎，在我国也称稻田皮炎。世界各地都有尾蚴性皮炎的报道。东毕吸虫仅限于幼虫在皮肤内寄生，不能发育为成虫。其尾蚴在移行过程中会引起一系列的组织损伤，出血和局部炎症。对正常的生理机能影响很大。成虫及其产卵过程中所产生的危害则更为严重，门静脉循环受到机械性阻碍而发生腹水，虫卵的沉积、肝细胞的损伤导致肝组织硬化。毒素影响正常的生理机能，包括神经、体液、消化吸收和生长繁殖等。

本病多取慢性经过，人体与含有东毕吸虫尾蚴的疫水接触的皮肤出现炎症，瘙痒难受，由于搔抓会出现荨麻疹和继发性的脓疱等。患畜一般表现为腹泻、贫血，体瘦毛焦，生长发育不良，颌下与腹下水肿，影响受胎或发生流产。如饲养管理不善，可因恶病质而死亡。严重感染的畜群，可引起急性发作，表现为体温上升到40℃以上，精神沉郁，食欲减退，呼吸促迫，腹泻，直至死亡。病理变化主要为尸体消瘦，贫血，腹腔内有大量积水。肠系膜淋巴结肿大，肝脏表面凸凹不平、质硬，上有大小不等散在的灰白色的虫卵结节。肝脏在病的初期呈现肿大，后期萎缩，硬化。小肠壁肥厚，黏膜上有出血点或坏死灶。

（五）诊断

在流行区，根据临床症状和流行病学资料分析，并在粪便检查（水洗沉淀法或尼龙绢袋集卵法）中检获虫卵即可做出诊断。因东毕吸虫排卵数少，在粪检时应采集较多的粪便。必要时可进行尸体剖检，在肠系膜静脉内或肝脏内发现大量虫体即可确诊。

免疫学诊断方法中，间接血凝（IHA）、ELISA、斑点免疫金渗滤法等都有报道。

（六）治疗

日本分体吸虫的药物均可试用。目前常用的是口服吡喹酮（praziquantel），牛的剂量为每千克体重35 mg，羊为每千克体重25 mg，分2次内服。

（七）预防

采取综合性防治措施。

（1）定期驱虫　一般应在尾蚴停止感染的秋后进行冬季驱虫，既可治疗病畜，又可消灭感染源。

（2）消灭中间宿主　根据椎实螺的生态学特点，因地制宜，结合农牧业生产，采取有效措施，改变淡水螺的生存环境条件，进行灭螺；也可用杀螺剂，如五氯酚钠，氯硝柳胺、氯乙酰胺等灭螺。

（3）加强饲养卫生管理　严禁接触和饮用“疫水”特别在流行区里不得饮用池塘、水田、沟渠、沼泽、湖水，最好饮用井水或自来水。

（4）加强粪便管理　将粪便堆积发酵，以杀灭虫卵。

五、毛毕吸虫病(鸭血吸虫病)

毛毕吸虫属分体科，毛毕属(*Trichobilharzia*)的各种吸虫，寄生于家鸭、野鸭和其他鸟类的门静脉和肠系膜静脉内引起的疾病，其尾蚴侵入人体皮肤可引起尾蚴性皮炎。该病分布于世界各地，在我国超过10个省有此病报道。迄今国内外报道的毛毕属吸虫虫种已超过40种。国内常见的寄生于禽类的毛毕属吸虫主要是包氏毛毕吸虫(*T. paoi*)。

(一)病原形态

包氏毛毕吸虫雄虫大小为(5.21～8.23) mm×(0.078～0.095) mm，虫体长线状，口吸盘位于顶端，腹吸盘小，能伸缩，具棘。雄虫在腹吸盘后方有一短的抱雌沟。睾丸数多，排列于抱雌沟后直到虫体末端，呈1～3排排列。贮精囊长，绕于腹吸盘及抱雌沟之间。阴茎呈囊膜状，包围射精管、前列腺及部分贮精囊，生殖乳突在抱雌沟的前端。雌虫体长(3.38～4.89) mm×(0.076～0.114) mm，体比雄虫纤细(图7-17)。雌虫的卵巢旋绕于肠支汇合前。梅氏腺不发达。受精囊位于卵巢后，迂回折叠。具劳氏管。卵黄腺自受精囊伸达虫体的后端。生殖孔开口在腹吸盘后，子宫仅含一个虫卵。肠管在腹吸盘前分叉，雄虫在抱雌沟后方汇合为一；雌虫在卵巢后方汇合，汇合后的肠单支曲折直到虫体末端。虫卵呈纺锤形，中部膨大，两端较长，其中一端有一小钩，大小为(23.6～31.56) μm×(6.8～11.2) μm，内含毛蚴(图7-18)。

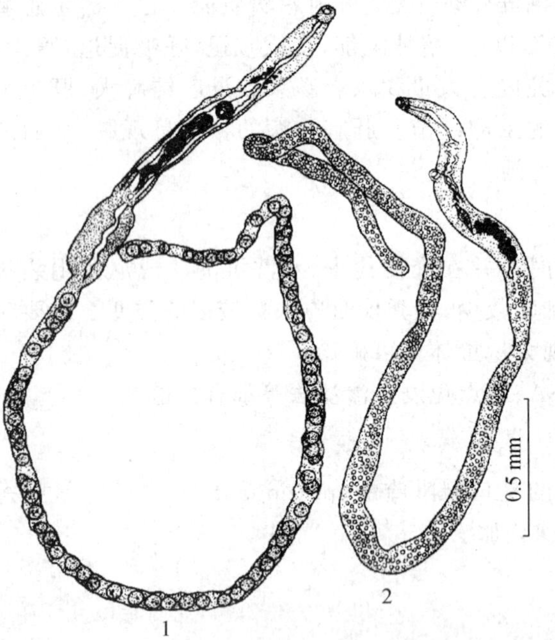

图 7-17 包氏毛毕吸虫(仿唐仲璋)

1. 雄虫 2. 雌虫

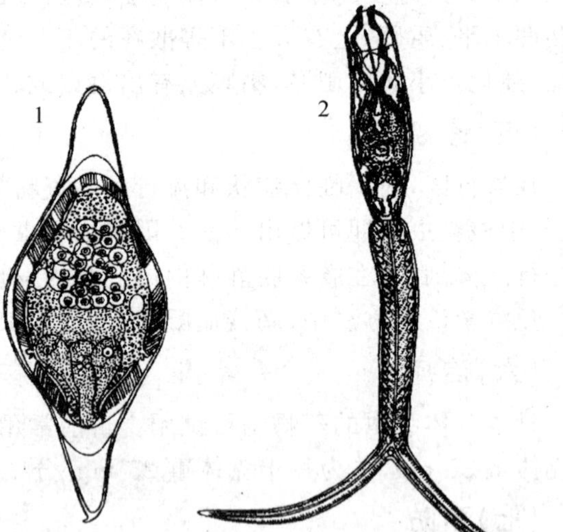

图 7-18 毛毕吸虫(仿唐仲璋)

1. 虫卵 2. 尾蚴

(二)生活史

毛毕吸虫中间宿主为淡水螺类和海洋螺类。国内毛毕吸虫的中间宿主则均为椎实螺科的萝卜螺属、土蜗属。淮河水系毛毕吸虫中间宿主为耳萝卜螺和椭圆萝卜螺两种。多数毛毕属吸虫具有中间宿主特异性。家鸭为其主要的终宿主，其尾蚴侵入人体皮肤引起的变态反应性皮肤病，侵入的尾蚴不能继续发育成熟。

生活史包括虫卵、毛蚴、母胞蚴、子胞蚴、尾蚴和成虫阶段。其成虫主要寄生在以鸭科为主的鸟类的门静脉和肠系膜静脉中。尾蚴钻入鸭的皮肤，进入真皮小静脉，其在宿主组织中的移行方向是基于化学浓度梯度，即被宿主血清中的低分子量物质（如右旋糖、精氨酸）所趋化吸引。包氏毛毕吸虫在自然感染的鸭体内，其寄生部位以肝门静脉和肠系膜静脉约占 82.30%，其他部位约占 17.70%。其实毛毕属吸虫的种类繁多，其生活史多半尚未明了，种与种之间的关系还没有完全了解。通常认为毛毕属血吸虫寄生于循环系统血管内，然而最近的研究发现了一种新型的移行行为，童虫不进入血管而进入家鸭腿部外周神经。Horak 等发现寄生于鸟类（也能寄生于哺乳动物如鼠）的 *T. regenti* 从脊髓和脑移行至鼻腔，并发育成熟、交配、产卵，而移行到中枢神经系统却不能发育成熟。*T. regenti* 是神经系统特异性寄生虫，童虫除少数寄生于肺外，其余均寄生于神经系统。

（三）流行病学

毛毕属吸虫呈世界性分布，在欧洲、美洲、亚洲、非洲、大洋洲均有报道，在美国病例报告大多来自于北美五大湖。毛毕属吸虫有一定的寄主专一性，即某一种毛毕属吸虫有其特定的中间宿主和终宿主。其终宿主国外报道的主要有野鸭、天鹅、红翅山鸟、加拿大鹅、秋沙鸭等，还有少数水生哺乳动物如麝鼠、河狸等。据以往报道，欧洲毛毕属吸虫的终宿主都为雁形目的鸟类，而最近 Rudolfova J 等（2006）在雀形目鸟类 Motacilla alba 的体内发现了毛毕属吸虫雄虫。国内报道的主要有家鸭和多种野鸭，试验终宿主还有鹅、鸡、鸽 、麻雀、苍颈夜鹭等。河湖沼泽是该病的自然疫源地。疾病的发病和流行与螺类繁殖的消长有关，具有明显的季节性。毛毕吸虫的尾蚴侵入人的皮肤不能发育为成虫，但能引起尾蚴性皮炎，也叫稻田皮炎，四川称“鸭屎疯”，福建叫“鸭怪”等。

（四）致病性与症状

鸭感染毛毕吸虫后，感染部位出现红肿瘙痒，患鸭表现食欲下降，生长受阻、个体瘦小，有的因极度衰竭而发生死亡。虫体在门静脉和肠系膜产卵，卵堆积在肠壁的微血管内，形成小结节，有些虫卵穿过肠黏膜进入肠腔引起肠黏膜发炎，严重感染时，在肝、胰、肾、肠壁及肺内均能发现虫体和虫卵。人的毛毕吸虫尾蚴感染表现接触水面的皮肤有瘙痒，在足背、小腿 、手背及前臂出现红斑、皮疹、夜间加重往往影响睡眠。继后皮疹呈绿豆或黄豆样大小，皮疹顶端常有水疱，似虫咬样，抓破可引起糜烂、化脓，如无继发感染 5～7 d 可自行消退。

（五）诊断

结合流行病学资料及临床症状，用水洗沉淀法查粪便找虫卵、孵化分离到毛蚴可确诊。病死鸭剖检在肠细膜静脉和门静脉内发现虫体亦可确诊。

（六）治疗

以 70 日龄病鸭每只口服吡喹酮 25 mg，其驱虫效果优于丙硫苯咪唑。尾蚴性皮炎主要以抗过敏和止痒为主。

（七）预防

①经无害化处理鸭粪，消灭椎实螺。

②预防稻田皮炎可使用 20%硫磺软膏涂抹皮肤，并用黑布包裹可有效防止尾蚴的侵袭。

③其余参考血吸虫病防治。

六、歧腔吸虫病

歧腔吸虫病又称双腔吸虫病，是由歧腔科、歧腔属（*Dicrocoelium*）的吸虫寄生于牛、羊等动物的肝脏胆管和胆囊内所引起的一种人兽共患吸虫病。除主要寄生于牛、羊外，还可寄生于马、驴、骆驼、猪、犬、兔及多种野生动物，有的种类还偶尔感染人，北京、山西曾有人体感染的报道。在我国最常见的种类是矛形歧腔吸虫（*D. lanceatum*）和中华歧腔吸虫（*D. chinensis*）。

（一）病原形态

（1）矛形歧腔吸虫　虫体呈柳叶状（图 7-19）。前部狭小，中央部以后最宽。棕红色，大小为（6.67～8.34）mm×（1.61～2.14）mm。口吸盘位于亚前端，后接咽、食道和肠管，两肠支伸至体后 1/4～2/7 处。腹吸盘大于口吸盘，约位于体前 1/5 处。两个睾丸圆形或边缘具缺刻，前后排列或斜列于腹吸盘后方；阴茎囊长形，位于腹吸盘前方或后端与腹吸盘稍重叠；生殖孔位于肠分叉处或略前方。卵巢近圆形，位于后睾丸之后；受精囊居卵巢后方，有劳氏管；卵黄腺分布于虫体中部两侧；子宫弯曲，充满虫体后半部，内含大量虫卵（图 7-19）。虫卵呈不正的卵圆形，少数为椭圆形；卵壳厚，褐色，具卵盖，大小为（34～44）μm×（29～33）μm，内含毛蚴。

（2）中华歧腔吸虫　与矛形歧腔吸虫相似，成虫活体呈红褐色，体较宽扁，柳叶状，前端部分呈头锥状，腹吸盘前方部分呈头锥状，其后两侧作肩样突起。虫体大小为（3.54～8.96）mm×（2.03～3.09）mm。两个睾丸呈圆形，边缘不整齐或稍有分叶，并列于腹吸盘之后。卵巢在睾丸之后略靠体中线，呈圆形略有分叶，卵黄腺分布于体中部两侧，子宫盘曲于体后部，排泄囊呈管状。生殖孔开口于腹吸盘前方（图 7-20）。虫卵呈椭圆形，棕褐色，虫卵大小为（45～51）μm×（30～33）μm。一端有卵盖，内有毛蚴，毛蚴前端三角形神经团，后部有两个圆形的排泄囊泡。

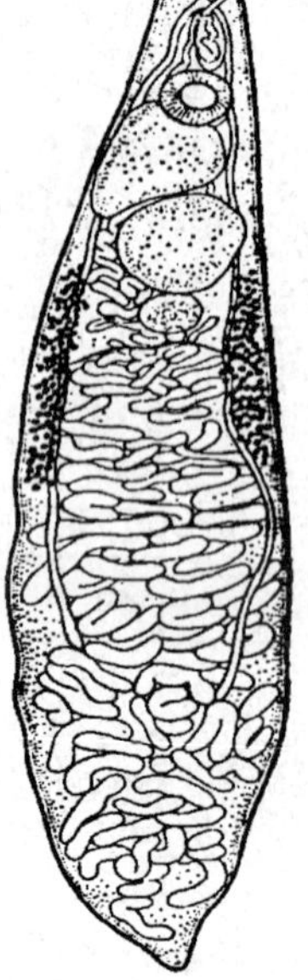

图 7-19　矛形歧腔吸虫（仿唐仲璋、唐崇惕）

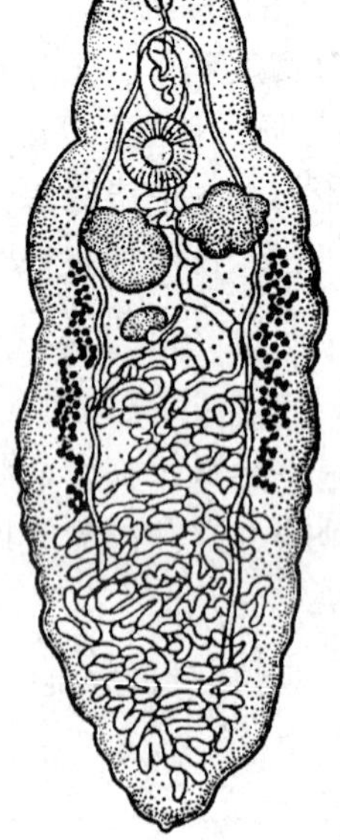

图 7-20　中华歧腔吸虫（仿唐仲璋、唐崇惕）

(二)生活史

双腔吸虫在其生活史中,需要两个中间宿主;第一中间宿主为陆地螺类,第二中间宿主为蚂蚁。我国各地报道的中间宿主种类有所不同。我国已发现的矛形歧腔吸虫的第一中间宿主有同型阔纹蜗牛(*Bradybaena similaris*)、弧形小丽螺(*Ganesella arcasiana*)、条华蜗牛(*Cathaica fascicola*)和光滑琥珀蜗牛(*Succinea snigha*);第二中间宿主蚂蚁有 *Formica lugubris* 和 *F. rufa* 等。中华歧腔吸虫的第一中间宿主有同型阔纹蜗牛、条华蜗牛和枝小丽螺(*Ganesella virgo*);第二中间宿主蚂蚁 *Formica truncicola*、*F. gagates* 和 *Camponotus compressus* 等。

两种歧腔吸虫的发育都经过虫卵、毛蚴、母胞蚴、子胞蚴、尾蚴、囊蚴和成虫各期。成虫在终末宿主肝脏胆管、胆囊内产出虫卵,卵随胆汁进入肠腔,再随粪便排至外界。卵被陆地螺吞入后开始孵化,并在其中发育为母胞蚴和子胞蚴两个阶段,最后产生尾蚴。尾蚴成熟后从子胞蚴的产孔排出而进入蜗牛体中,移行至螺的呼吸腔,在那里,每数十个至数百个尾蚴集中在一起形成尾蚴群囊,外被黏性物质成为黏球。在蜗牛体内的发育期为 82～150 d。黏球经蜗牛的呼吸孔排出,粘在植物或其他物体上,这种尾蚴黏球形似露水珠,透明灰白色。当含尾蚴的黏球被第二中间宿主蚂蚁吞食后,尾蚴脱去尾部,并钻过胃壁到达蚂蚁腹部血腔中形成囊蚴,终末宿主牛、羊等吃草时吞食了含成熟囊蚴的蚂蚁后,囊蚴在肠内脱囊,童虫由十二指肠经总胆管到达肝脏胆管内寄生,经 72～85 d 发育为成虫,成虫在终末宿主体内可存活 6 年以上。

(三)流行病学

本病呈世界性分布。双腔吸虫广泛分布于南北美洲、非洲及亚洲。在我国主要分布东北、华北、西北和西南诸省、区,尤其以西北各省、区和内蒙古较为严重,在有的地方牛、羊感染可高达 70%～80%,感染强度也很高。动物随年龄的增加,其感染率和感染强度也逐渐增加,感染的虫体数可达数千条,甚至上万条,这说明动物获得性免疫力较差。其流行与陆地螺和蚂蚁的广泛存在有关。

歧腔吸虫的宿主动物极其广泛,除牛、羊、骆驼、马、驴、猪、犬、兔等各种家畜外,鹿、林麝、猩猩、熊等多种野生动物均可感染,现已记录的哺乳动物宿主已达 70 余种。动物的感染率和感染强度随年龄的增长而逐渐增加。感染季节取决于各地的气候条件,我国温暖潮湿的南方地区,蜗牛和蚂蚁可常年活动,因此,动物几乎全年都可感染;而在寒冷干燥的北方地区,中间宿主要冬眠,动物的感染就明显具有春、秋两季特点,但动物发病多在冬、春季节。虫卵对外界环境条件的抵抗力较强,在土壤和粪便中可存活数月,仍具感染性。在 18～20℃时,干燥 1 周仍能存活。对低温的抵抗力更强,虫卵和在第一、第二中间宿主体内的各期幼虫均可越冬,且不丧失感染性。虫卵能耐受－50℃的低温。虫卵亦能耐受高温,50℃时,24 h 仍有活力。

(四)致病作用和症状

双腔吸虫在胆管内寄生,由于虫体的机械性刺激和毒素作用,可引起胆管卡他性炎症、胆管壁增厚、胆管周围组织纤维化、肝肿大。但多数牛、羊症状轻微或不表现症状。严重感染的患畜可见黏膜黄染、逐渐消瘦、颌下和胸下水肿、腹泻,甚至死亡。一般表现为慢性消耗性疾病的临床特征,如精神沉郁、食欲不振、渐进性消瘦、行动迟缓、喜卧等。

(五)诊断

生前可采用沉淀法检查患畜粪便,查获虫卵即可确诊;死亡动物经剖检在肝脏、胆管、胆囊中检获大量虫体而确诊。

(六)治疗

(1)吡喹酮(praziquantel) 绵羊按每千克体重50～70 mg,口服;油剂腹腔注射时,剂量绵羊按每千克体重50 mg,牛按每千克体重35～45 mg进行治疗。

(2)丙硫咪唑(albendazole) 绵羊按每千克体重30～40 mg,牛按每千克体重10～15 mg,配成5%混悬液,经口灌服。

(3)六氯对二甲苯(hexachloroparaxylene) 牛、羊均按每千克体重200～300 mg,口服,连用2次,驱虫率可达100%。

(4) 海涛林(hetolinum,三氯苯丙酰嗪) 牛按每千克体重30～40 mg,羊按每千克体重40～50 mg,口服。

(5)六氯乙烷(hexachloroethane 吸虫灵) 牛、羊均按每千克体重200～400 mg,间隔2～3 d,分2次口服。

(七)预防

(1)定期驱虫 对同一牧地的所有家畜,每年的秋后和冬季进行定期驱虫,对所有在同一牧地上放牧的牛羊同时驱虫,以防虫卵污染草场,如此坚持数年,可达到净化草场的目的。

(2)灭螺、灭蚁 因地制宜,结合改良牧地,开荒种草,除去灌木丛或烧荒等措施杀灭中间宿主。牧场可养鸡灭螺,人工捕捉蜗牛。流行严重的牧场,可用氯化钾灭螺,每平方米用20～25 g。

(3)合理放牧 感染季节,应选择开阔干燥的牧地放牧,尽量避免在中间宿主多的潮湿低洼牧地上放牧。

七、阔盘吸虫病

阔盘吸虫病(eurytremosis)是由歧腔科(Dicrocoeliidae)阔盘属(*Eurytrema*)的多种吸虫寄生于牛、羊、人等胰管内引起的一种人兽共患吸虫病。除寄生在胆管外,偶见于胆管和十二指肠。猪、犬、猫、猕猴等哺乳兽及人亦可感染。本病在我国各地均有报道,以营养障碍、腹泻、消瘦、贫血、水肿为特征,严重的可引起大批死亡。主要病原有胰阔盘吸虫(*E. pancreaticum*)、腔阔盘吸虫(*E. coelomaticum*)、支睾阔盘吸虫(*E. clonorchis*)(图7-21)。

(一)病原形态

阔盘吸虫为小型吸虫,虫体活时呈棕红色,固定后为灰白色,虫体扁平较厚,表皮上有细刺,但到成虫时细刺常已脱落。口吸盘位于亚顶端,腹吸盘位于体中线附近。咽小,食道短。两个睾丸横列于腹吸盘的稍后方。生殖孔开口于肠管分支的后方,雄茎囊呈管状而向后延伸达于腹吸盘的前缘。卵巢位于中线附近、睾丸之后,子宫充满于虫体的后部,末端在腹吸盘一侧作多个绕曲后沿着雄茎囊旁边上行,开口于生殖孔。卵黄腺呈颗粒状,分布于体中部的两侧。排泄系统的纵管沿肠支走向体的两侧,排泄囊"T"状,排泄孔开口于体后端尾突的中央。

1. 胰阔盘吸虫

虫体肥厚较大,长椭圆形至纺锤形;体表有小棘,成虫时常已经脱落。(8～16) mm×(5～5.8) mm;新鲜时棕红,固定后灰白色。吸盘发达,口吸盘大于腹吸盘。虫卵呈黄棕色或深褐色,椭圆形,两侧稍不对称,一端有卵盖。虫卵长41～52 μm、宽30～34 μm,卵壳厚。卵内含毛蚴。毛蚴呈椭圆形，前端有一锥刺，神经团呈横方形，位于毛蚴中部稍前方；2 个排泄囊为卵圆形，对称分布于毛蚴后部两侧。

2. 腔阔盘吸虫

(7.48～8.05) mm×(2.73～4.76) mm。短椭圆形，前部较宽，尾突明显。口盘与腹盘大小相似。卵巢和睾丸多呈圆形或边缘有缺刻。虫卵(34～47) μm×(26～36) μm。余同胰阔盘吸虫。

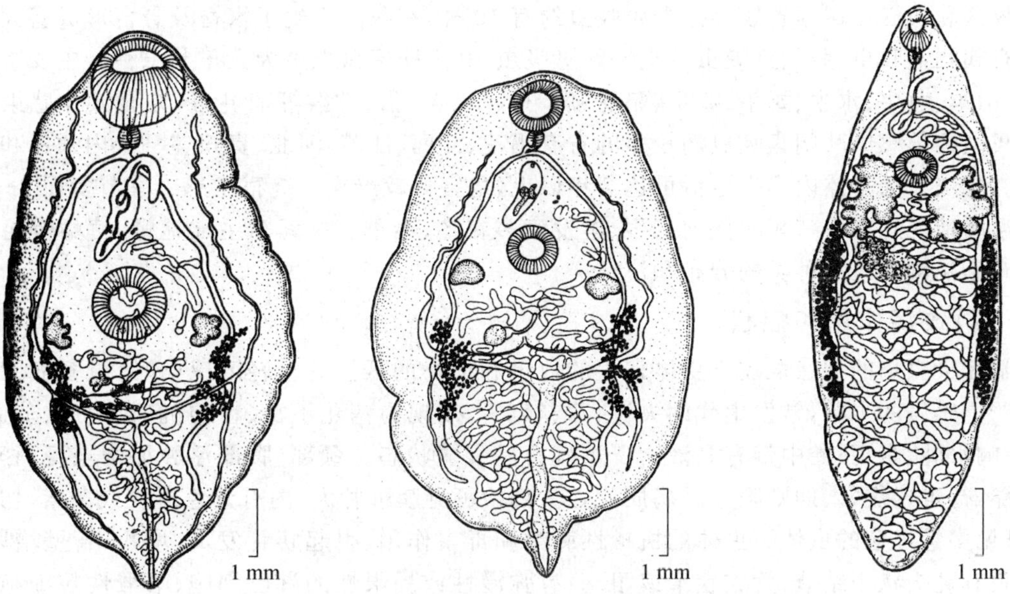

图 7-21　胰阔盘吸虫(左)、腔阔盘吸虫(中)、支睾阔盘吸虫(右)(仿吴观陵)

3. 支睾阔盘吸虫

(4.49～7.9) mm×(2.17～3.07) mm，呈前尖后钝的瓜子形，腹吸盘大于口吸盘，睾丸大而分支。虫卵(45～52) μm×(30～34) μm。余同胰阔盘吸虫。

(二)生活史

阔盘吸虫生活史中都要经过虫卵、毛蚴、母胞蚴、子胞蚴、尾蚴、囊蚴、童虫及成虫等发育阶段。这里以胰阔盘吸虫的发育为例叙述如下：成虫寄生于终末宿主的胰管等处，虫卵随粪便排出体外，被陆地螺吞食后，虫卵内的毛蚴孵出，进而发育为母胞蚴、子胞蚴和尾蚴。许多尾蚴位于成熟子胞蚴内，子胞蚴黏团逸出螺体，被草螽吞食后，尾蚴经发育形成囊蚴，牛、羊等终末宿主吞食含有成熟囊蚴的草螽而感染。囊蚴在其十二指肠内脱囊，并顺胰管口进入胰脏。从陆地螺吞食虫卵到发育为成熟的子胞蚴排出螺体，需 5～6 个月(有报道认为，夏末以后感染的螺，这一时间可延长至 1 年)，从草螽吞食子胞蚴到发育为囊蚴需要 23～30 d，牛、羊自吞食囊蚴至发育为成虫需要 80～100 d。胰阔盘吸虫完成整个生活史需要 10～16 个月。

生活史特点：①无雷蚴阶段。②蜗牛主动吃入虫卵而感染。牛、羊、人因误吞食了含有本虫囊蚴的草螽(如红脊螽，中华草螽)或针蟀而感染。③需两个中间宿主，第一中间宿主为蜗牛：阔纹蜗牛(同型巴蜗牛，*Bradybaena similaris*)；中华蜗牛(中华灰蜗牛，*Cathaica rayida sieboldtiana*)；丽光蜗牛(弧型小丽螺，*Ganesella stearnsii*)和枝小丽螺(*G. virgo*)等；但对第二中间宿主昆虫种类要求严格。第二中间宿主：胰阔盘吸虫为中华草螽，腔阔盘吸为红脊草螽、尖头草螽；支睾阔盘吸虫为针蟋。

从虫卵到成虫整个发育周期需500～560 d，越冬二次。成虫在终宿主绵羊体内可存活达7年以上。

（三）流行病学

本病在世界各大洲均有分布。在我国几乎遍布大多数省份的农牧区，尤以东北、内蒙古、西北牧区和长江流域等省较多。本属吸虫约有10种，在我国寄生于家畜及野畜形成盛大流行区的有胰阔盘吸虫、腔阔盘吸虫及支睾阔盘吸虫，其中胰阔盘吸虫为人兽共患种。主要寄生于绵羊、山羊、黄牛、水牛、奶牛、瘤牛、骆驼、鹿、獐、猪、犬、猫、猕猴等哺乳兽，亦有人体感染的报道。我国绵羊感染胰阔盘吸虫病较多的省有福建、江西、江苏、河北、贵州、陕西、内蒙古和吉林等省。成虫在绵羊体内寄生生活可达7年以上，危害比较严重。终宿主感染季节多在8—9月份。温暖地区感染季节相应提前。牛、羊发病多在冬、春季。中间宿主陆地螺、草螽等昆虫种类分布影响阔盘吸虫种类的分布和流行。

（四）致病作用和症状

阔盘吸虫病的症状取决于虫体寄生的数量和动物的抵抗力。轻度感染时，患畜症状不明显。严重感染的牛羊，常发生代谢失调、营养障碍，表现为消化不良、精神沉郁、消瘦、贫血、颌下、前胸水肿、腹泻、粪中带有黏液。严重病畜呈衰弱状态。颈部、腹部浮肿加剧全身消瘦，皮毛粗糙，行走迟缓，末期则陷于恶病质死亡。剖检可见胰脏肿大，内有紫色斑块或条索，切开胰脏，可见多量红色的虫体。虫体的机械性刺激和毒素作用，引起胰管发炎、增粗，管壁增厚，管腔黏膜有乳头状小结节，管腔狭窄或阻塞；有弥漫性或局限性的淋巴细胞、嗜酸性粒细胞和巨噬细胞浸润。若发炎并带入细菌则化脓，无细菌可形成囊肿。大量感染时，所有胰管充满虫体，明显扩张，压迫周围组织，致使胰腺萎缩，消化液分泌阻碍，引起消化不良，胰岛萎缩，胰岛素分泌减少，机体糖代谢紊乱。

人患本病，营养障碍、消瘦、贫血、水肿、下痢、生长发育受阻。有的病人出现急腹症、急性胰腺炎，最终也可导致死亡。

（五）诊断

患阔盘吸虫病的家畜，临床上虽然有症状，但缺乏特异性。应用水洗沉淀法检查粪便，查到虫卵或剖检在胰管等处查到虫体并结合临床症状即可确诊。

（六）治疗

（1）六氯对二甲苯（血防846，hexachIoroparaxyIene）　羊按每千克体重200～400 mg，牛300 mg，隔天一次，连用3次。绵羊耐受性强于山羊。

（2）吡喹酮（praziquantel）　羊按每千克体重60～70 mg，牛按每千克体重35～45 mg，一次口服，或按照每千克体重30～50 mg，用液体石蜡或植物油配成灭菌剂，腹腔注射，均有良好的疗效。

（七）预防

应根据当地的情况采取综合措施。定期驱虫、消灭病原体；消灭中间宿主，切断其生活史；有条件的地方，实施划地轮牧，以净化草场；加强饲养管理，防止牛、羊等家畜感染等。如此坚持数年，就能控制本病的发生和流行。

八、并殖吸虫病

并殖吸虫病又称肺吸虫病(paragonimiasis),主要是由卫氏并殖吸虫童虫、成虫在组织器官中移行、窜扰、定居所引起疾病,或由斯氏狸殖吸虫幼虫在人体内移行所引起的疾病。前者病变以在器官或组织内形成互相沟通的多房性小囊肿为特点。据统计,全世界报道的并殖吸虫近 50 种,亚洲报道了 31 种。我国 21 个省均有并殖吸虫病流行,发现并报道并殖吸虫共 28 种,主要有卫氏并殖吸虫(*P. westermani*)、怡乐村并殖吸虫(*P. iloktsuenensis*)、大平并殖吸虫(*P. ohirai*)、四川并殖吸虫(*P. szechuanensis*)、巨睾并殖吸虫(*P. macrorchis*)、福建并殖吸虫(*P. fukienensls*)等。国外报道的主要有克氏并殖吸虫(*P. kellicotti*)、结实并殖吸虫(*P. compactus*)。

(一)病原形态

卫氏并殖吸虫成虫体肥厚,背侧略隆起,腹面扁平。活体呈红褐色,半透明。固定标本呈灰棕色,椭圆形,体长 7.5~12 mm,宽 4~6 mm,厚 3.5~5.0 mm,宽长之比约 1∶2。除口吸盘、腹吸盘、生殖孔、排泄孔及其附近的体壁外,全身满布体棘。口、腹吸盘大小略同,腹吸盘位于体中横线之前。卵巢与子宫并列于腹吸盘之后,卵巢分 5~6 叶,形如指状。睾丸分支,左右并列约在虫体后端 1/3 处。卵黄腺为许多密集的卵黄滤泡所组成,分布于虫体两侧。肠管分支,弯曲;排泄孔位于虫体后端腹面(图 7-22)。

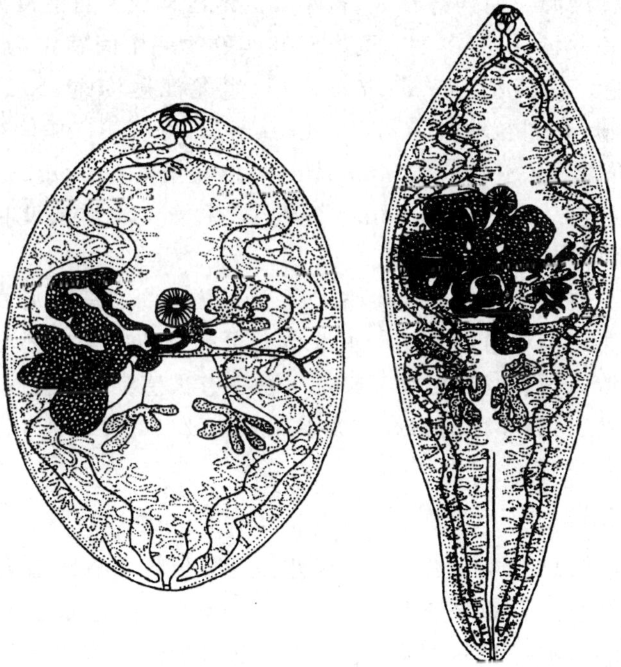

图 7-22 卫氏并殖吸虫(左)斯氏狸殖吸虫(右)成虫(仿陈心陶)

虫卵金黄色,椭圆形,大小(80~118) μm×(48~60) μm。卵盖大,常略倾斜,但也有缺盖者,卵内含 10 多个卵黄细胞,卵细胞常位于正中央。刚从虫体排出时,卵细胞尚未分裂。

(二)生活史

并殖吸虫生活史过程包括卵、毛蚴、胞蚴、母雷蚴、子雷蚴、尾蚴、囊蚴(脱囊后称后尾蚴)、童虫及成虫等阶段。在终宿主寄生的成虫排出的虫卵主要随痰咳出，以后在水里孵化成毛蚴。毛蚴侵入第一中间宿主淡水螺内，经过胞蚴、雷蚴等发育阶段最后成为尾蚴。尾蚴进入第二中间宿主淡水石蟹或蝲蛄的体内发育成为囊蚴。人或动物若进食含有囊蚴的生的或未煮熟的石蟹或蝲蛄时，囊蚴随之进入消化道，经消化液作用脱囊成为童虫。童虫的活动能力很强，加上所分泌的酶的作用，可穿过肠壁到腹腔浆膜表面匍匐游行，其中多数童虫沿肝表面向上移行，直接贯穿膈而达胸腔，进而侵入肺内并发育为成虫。少数童虫停留于腹腔内，继续发育，并穿入肝脏浅层或大网膜成为成虫。偶尔可沿纵隔内大血管根部及颈内动脉周围软组织向上移行，经破裂孔而侵入颅内，再经颞叶、枕叶的底部侵入脑组织。因此，本虫的成虫主要寄生在人及其他哺乳动物如猫、犬、猪、虎、豹等的肺内，也可寄生于肺以外的组织或器官。一般从囊蚴进入体内到在肺内成熟产卵，需2～3个月。成虫在宿主体内一般可活5～6年。

(三)流行病学

卫氏并殖吸虫分布广泛，日本、朝鲜、俄罗斯、菲律宾、马来西亚、印度、泰国以及非洲、南美洲均有报道。在我国除东北和浙江老疫区外，还发现安徽、江苏以及四川、贵州、湖北、湖南及河南等省的新流行区。前者以卫氏肺吸虫感染为主；后者以斯氏肺吸虫感染为主。病人和储存宿主是本病传染源。储存(保虫)宿主包括家畜(如犬、猫)和一些野生肉食类动物(如虎、豹、狼、狐、豹猫、大灵猫、貉等)。在某些地区，如辽宁的宽甸县，犬是主要传染源。而在多数地区，野生动物是较重要的传染源。而病兽在人、畜罕到的地区构成了自然疫源地。

中间宿主包括第一、第二中间宿主。国内已证实的第一中间宿主为生活于淡水的川卷螺类，主要有放逸短沟蜷(*Semisulcospira libertina*)、黑龙江短沟蜷(*S. amurensis*)、瘤拟黑螺(*Melanoides ruberculata*)、斜粒粒蜷(*Tarebia granifera*)等。第二中间宿主为淡水蟹类，如溪蟹(*Potamon* spp.)、华溪蟹(*Sinopotamon* spp.)、拟溪蟹(*Parapotamon* spp.)、石蟹(*Isolapotamon* spp.)、绒螯蟹(*Eriocheir* spp.)等约20种蟹，以及东北的蝲蛄(*Cambaroides* spp.)。一些淡水虾也可作为中间宿主。

人兽感染肺吸虫主要因为生吃或半生吃中间宿主溪蟹、蝲蛄等造成的。此外，食具污染了活囊蚴，中间宿主死亡，囊蚴脱落水中污染水源也有可能导致感染。还有实验表明，尾蚴感染犬也可获得成虫。故饮用被囊蚴或尾蚴污染的生水也有被感染的可能。近年来，报道了野猪、猪、兔、大鼠、鸡、棘腹蛙、鸟等多种动物可作为卫氏并殖吸虫的转续宿主，如生吃或半生吃这些转续宿主的肉，也可能被感染。

(四)致病作用和症状

一般发病缓慢，症状以咳嗽和咳痰最为常见。卫氏肺吸虫病患者表现精神不佳，咳嗽较重，痰黏稠，带腥味铁锈色。有的感染后临床上无任何症状，有的可出现各种不同的症状。在急性期可有气喘、发热、腹痛、腹泻、便血，寄生于脑部可形成脑内多发性囊肿，出现剧烈的头痛、癫痫、瘫痪、视力减退、头颈强直、失语等症状。

卫氏并殖吸虫引起以肺部病变为主的全身性疾病，因虫体不仅对组织的破坏大，又有游走性，可造成身体任何组织、器官的新、旧病变，所以临床症状十分复杂。虫体的代谢产物或虫体死亡后所产生的异性蛋白吸收后出现变态反应，表现为荨麻疹，血中嗜酸性白细胞增多。肺吸虫的囊肿常呈多房性，囊内含有虫体、虫卵，周围有中性、嗜酸性粒细胞浸润。由于虫体具有游走性的特点，因此常出现数个囊肿相互有隧道沟通，当虫体死亡后囊内容物被吸收，囊肿被纤维组织填充形成瘢痕，X 线可显示硬结性或条索状阴影。动物肺吸虫病囊肿多在肺脏表面，犬和猫等囊肿内大多含有成对的成虫，有的作交配状。囊肿到了后期形成纤维疤痕。

(五)诊断

①在流行区曾有吃过生的或未熟石蟹、蝲蛄史，出现胸痛或铁锈色痰或有游走性结节及原因不明的癫痫，嗜酸性粒细胞增高，均应考虑本病的可能，如从皮损中找到虫体可确诊。从粪便、痰、胸水或坏死组织中查到虫卵也是确诊的依据。

②皮内试验阳性。用成虫制成抗原，稀释 1∶(1 000～2 000)作皮内试验，在 15 min 内局部皮肤出现红肿或伪足，阳性率可达 98.8%。

③间接血凝试验检测卫氏并殖吸虫、斯氏狸殖吸虫病血清，阳性检出率达 98%，高于补体结合试验和对流免疫电泳的检出率。但此法与日本血吸虫病患者的血清交叉反应较高，故在血吸虫流行区不宜推广。

④后尾蚴膜反应，用胆汁处理并殖吸虫囊蚴使之成为后尾蚴，置患者血清中，37℃温育 24 h 后用显微镜观察，根据尾蚴周围出现的薄膜状反光沉淀物判为阳性。

⑤ELISA 检测抗原反应，应用多克隆或单克隆抗体进行夹心 ELISA 法检查循环抗原是近年来使用较多的诊断手段，由于循环抗原比抗体出现得早，临床上具有早期诊断的价值；治疗后虫体死亡，抗原很快消失，又可用于疗效考核。

(六)治疗

(1)硫双二氯酚(bithionol)　按每千克体重 100 mg 口服，每天一次，连用 7 d。

(2)丙硫苯咪唑(albendazole)　按每千克体重 50～100 mg，口服，每天一次，连用 14 d。

(3)硝氯酚(nicloflan，Bayer9015)　按每千克体重 1 mg，口服，连用 3 d。

(4)吡喹酮(praziquantel)　按每千克体重 3～10 mg，一次口服。

(七)预防

①加强卫生宣传，人不吃生蟹或未熟的石蟹、蝲蛄，不饮生水，加强粪便管理，防止污染水源。在流行区进行普查，发现患者及时治疗。

②对已感染的猫和狗也要使用药物进行治疗或捕杀处理，以免其粪便中虫卵进入河水，污染环境传播病原。

九、华支睾吸虫病

华支睾吸虫病(clonorchiasis)又称肝吸虫病，主要由后睾科(Opisthorchiidae)支睾属(*Clonochis*)的华支睾吸虫(*C. sinensis*)的成虫寄生于人和动物肝胆管内，引起一种人兽共患吸虫病。本虫于 1874 年首次在加尔各答一华侨的肝管内发现，湖北江陵县先后在西汉古尸和战国楚墓古尸查见此种虫卵，证明华支睾吸虫病在我国流行至少已有 2 300 年以上的历史。全国至少有 19 个省市自治区流行本病。

(一)病原形态

虫体呈前尖后钝、背腹扁平的叶片状，体表平滑，体壁薄，可透见内部器官。虫体大小可因虫龄、宿主种类、同一宿主体内寄生虫的数目及寄生于大或小的胆管内而有颇大差异。一般大小为(10～25) mm×(3～5) mm，口吸盘略大于腹吸盘。后者位于虫体前端 1/5 处。消化道的前部有口、咽及短的食管，然后分叉为两肠支伸至虫体后端。两个分支睾丸前后纵列于虫体后 1/3 处，呈分支状。生殖孔开口在腹吸盘紧前方。卵巢分叶，输卵管远端为卵模，其周围为梅氏腺，四者均位于睾丸前方。受精囊特别发达，呈椭圆或卵圆形的囊袋状；劳氏管细长，开口在虫体背面。受精囊和劳氏管均位于睾丸与卵巢之间，二者特别发达是本虫的主要特征。子宫从卵模开始，盘曲在虫体前半部，其内充满虫卵。排泄囊位于虫体后部，呈"S"形弯曲。卵在近子宫前端已渐成熟，排出的卵呈黄褐色，内含一个不对称的成熟毛蚴。卵小，形状似芝麻，平均为 29 μm×17 μm，一端较窄且有盖，盖周围的卵壳增厚、形成肩峰，另一端有小疣状突起(图 7-23)。

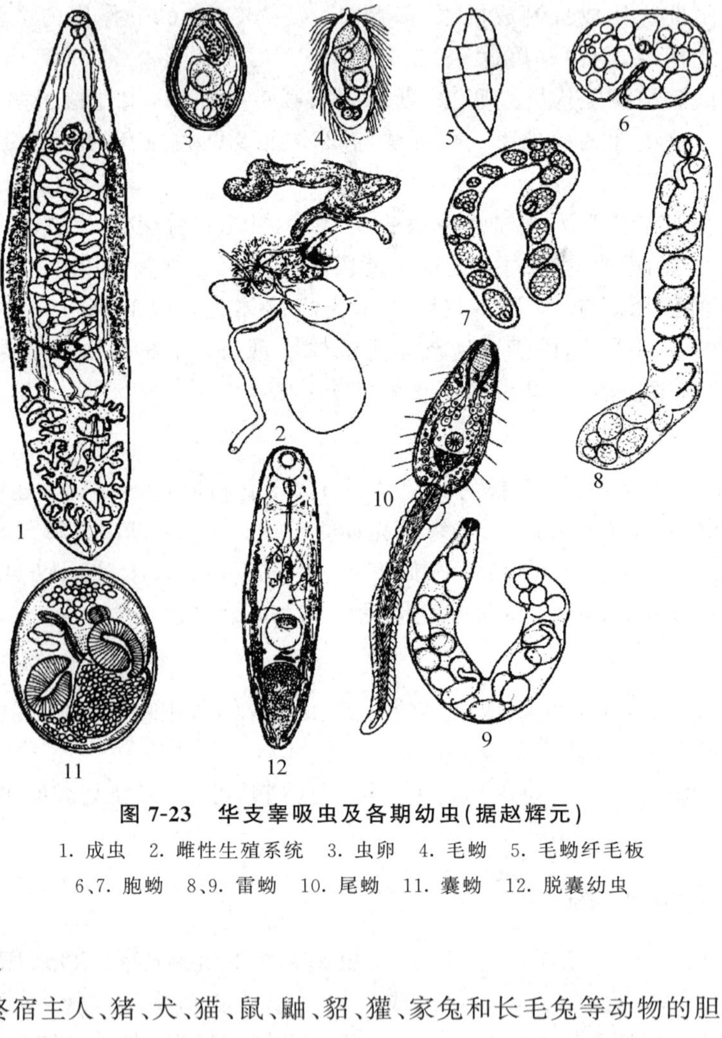

图 7-23 华支睾吸虫及各期幼虫(据赵辉元)

1. 成虫 2. 雌性生殖系统 3. 虫卵 4. 毛蚴 5. 毛蚴纤毛板
6、7. 胞蚴 8、9. 雷蚴 10. 尾蚴 11. 囊蚴 12. 脱囊幼虫

(二)生活史

成虫寄生于终宿主人、猪、犬、猫、鼠、鼬、貂、獾、家兔和长毛兔等动物的胆管和胆囊内。需两个中间宿主，第一中间宿主为淡水螺蛳，华支睾吸虫国内已报道的第一中间宿主共 9 种，分别为纹沼螺、中华沼螺、长螺旋沼螺、赤豆螺、檞豆螺、长角涵螺、方格短沟蜷、瘤拟黑螺、琵琶拟沼螺。国内已发现第二中间宿主 13 科 48 属 68 种，为淡水鱼、虾——草鱼(白鲩)、青鱼(黑鲩)、鳊鱼、土鲮鱼、鲤鱼、麦穗鱼、船丁鱼、细足米虾，巨掌沼虾等。虫卵随胆汁进入消化道混于粪便排出，在水中被第一中间宿主淡水螺吞食后，约经 1 h 即可在螺的消化道内孵出毛蚴，毛蚴进入螺的淋巴系统和肝脏，发育为胞蚴、雷蚴和尾蚴。成熟的尾蚴离开螺体游于水中，当遇到适宜的第二中间宿主，即钻入其肌肉内，形成囊蚴。人、猪、犬和猫等是由于吞吃含有囊蚴的生鱼、虾或未煮熟的鱼或虾而遭受感染的。囊蚴在十二指肠脱囊，童虫沿着胆汁流动逆方向移

行，经总胆管到达胆管发育为成虫(adult)。也有一些童虫可通过血管或穿过肠壁经腹腔到达肝脏于胆管内变为成虫。从淡水螺吞吃虫卵至尾蚴逸出，共需100 d左右。童虫在终末宿主体内经1个月后发育为成虫。成虫在猫、犬体内可分别存活12年和3年以上；在人体内可存活20年以上。每条成虫每天平均产卵量可能超过2 400个。

(三)流行病学

华支睾吸虫人体感染主要分布于中国、日本、朝鲜、越南和中南亚国家。我国多数省市都有该病的报道，人群感染率在1%～30%。本病的流行与地理环境、自然条件、流行区第一、第二中间宿主的分布和养殖以及当地居民的生活习惯有密切关系。该病在野生动物间可自然传播，因此，华支睾吸虫病也是自然疫源性疾病。而保虫宿主动物感染的地区范围更广，感染率与感染度多比人体感染高，对人群的感染具有潜在的威胁。华支睾吸虫对宿主的要求特异性不高，因此种群分布的生物限制因素较小。这可能是本虫能在广大地区存在的主要原因之一。

华支睾吸虫病的流行有季节性。在自然环境中，本虫生活史中淡水的水量和水体保持的时间都必须满足中间宿主的滋生，而水温对幼虫期在外界的生存，感染宿主的机会以及中间宿主内的生存与发育都有直接的明显的影响。温暖多雨的春夏季节，中间宿主螺类、鱼虾类的感染率较高，寒冷季节，感染率明显降低。人的感染风险也随之变化。

人群的感染率和感染度取决于饮食习惯。华支睾吸虫病在一个地区流行的关键因素是当地人群有吃生的或未煮熟的鱼肉的习惯。鱼体感染囊蚴以肌肉最多，其他部位如鳞片、鱼鳃、皮肤较少。人多因吃入含囊蚴的未煮熟鱼肉、虾或生鱼而感染，其他终宿主则因吃入鱼、虾或废弃的鱼下脚料中的囊蚴而感染。人体感染1 000条左右成虫的并不少见，猫体有感染948条成虫的报道。由于各地吃鱼方法不同，感染的方式和对象也不一样。在广东主要通过吃“鱼生”、“鱼生粥”或烫鱼片而感染，男性成年人的感染率较高；在东北地区，特别是朝鲜族居民主要是通过生鱼佐酒吃而感染，亦以男性成年人较多；此外一些地区，如北京、山东、河北、四川等地多以从河沟、池塘捉的鱼烧吃或烤吃而感染，主要为20岁以下的青少年和儿童；抓鱼后不洗手或用口叼鱼也是感染的原因；使用切过生鱼的刀及砧板切熟食物品，用盛过生鱼的器皿盛熟食物品也有使人感染的可能。实验证明，在厚度约1 mm的鱼肉片内含有的囊蚴，在90℃的热水中，1 s即能死亡，75℃时3 s内死亡，70℃及60℃时分别在6 s及15 s内全部死亡。囊蚴在醋(含醋酸浓度3.36%)中，可活2 h；在酱油中(含NaCl 19.3%)5 h全部死亡。但在烧、烤、烫或蒸全鱼时，可因温度不够、时间不足或鱼肉过厚等原因，未能杀死全部囊蚴。我国食用的鲤科鱼类和一些小杂鱼和豆螺、沼螺、涵螺生活在同一水域中，若人或动物粪便污染水域，而当地又有吃生的或半生的鱼虾习惯，本病就可能在人群中流行。

(四)致病作用和症状

华支睾吸虫病的危害性主要是患者的肝受损。病变主要在肝的次级胆管。轻度感染或感染的初期病变并不明显。重度感染并经过相当长的时间后，胆管出现局限性的扩张，管壁增厚。大量的虫体可引起阻塞、胆汁滞留，如合并细菌感染可引起胆管炎和胆管肝炎。寄生时间长久之后，肝脏结缔组织增生，肝细胞变性、萎缩、毛细胆管栓塞，引起肝硬化，有少数病例会在胆管上皮腺瘤样增生的基础上发生癌变。慢性感染可有大量的结缔纤维组织增生，附近的肝实质可见明显萎缩。目前一般认为虫卵、死亡的虫体及其碎片、脱落的胆道感染，破坏了胆道上皮的正常结构及功能，导致胆汁中细菌性β-葡萄糖醛酸苷酶活性升高，其结果有利于难溶性胆红素钙的形成;胆道分泌糖蛋白的增多,并附着于虫卵表面作为结石核心,起支架和黏附剂作用,促进胆红素钙的沉积,最后导致色素类结石(即肝内多发性结石)的出现。此外,国内外一些资料不断提示华支睾吸虫感染与胆管上皮癌、肝细胞癌的发生有一定关系。

患畜主要症状有食欲不振,消化不良,消瘦、贫血、水肿、下痢等,重者有黄疸症状。人患本病后,临床症状以疲乏、上腹不适、消化不良、腹痛、腹泻、肝区隐痛、头晕等较为常见,但许多感染者并无明显症状。常见的体征有肝肿大,脾肿大较少见,偶见发育欠佳类似侏儒症者。严重感染者在晚期可造成肝硬变腹水,甚至死亡。

剖检变化,胆管和胆囊发炎,胆管变粗、变硬,胆囊肿大,猫的胆囊可达小鸡蛋大小。胆汁浓稠,呈草绿色或酱油色,胆管壁增厚,管腔狭窄甚至堵塞。肝胆管、总胆管和胆囊内有许多虫体和虫卵。肝结缔组织增生,肝硬化或脂肪变性,刀切肝脏有砂粒感。

(五)诊断

1. 病原检查

根据流行病学资料如在流行区,曾喂食生鱼虾等和症状可做出诊断,粪检查到虫卵或剖检查到虫体可确诊。但因虫卵小,粪便直接涂片法易于漏检,故多采用各种集卵法(如水洗离心沉淀法,乙醚沉淀法等)。

2. 免疫学检查

曾用的免疫学诊断方法有:

皮内试验,以成虫冷浸液为抗原,阳性率近100%,与粪检符合率为91.6%,但与肝片吸虫、肺吸虫、血吸虫存在交叉反应。多用于本病普查和流行病学调查。

IHA,敏感染性强,检出率为80%,但有交叉反应且不稳定。

ELISA,敏感性和特异性均较高,但有效治疗后抗体水平下降慢,故不宜用于疗效考核。

双夹心ELISA,检测病人血清中循环抗原,阳性率达94.8%,有效治疗后随虫体消失,循环抗原很快转阴,且阴转率高,故用该法考核疗效优于检测抗体。

其他方法如补体结合反应已淘汰,沉淀试验、琼扩、血清对流电泳、间接凝光抗体法等均尚未普及。

(六)治疗

(1)血防846 按每千克体重200~300 mg,一次口服。

(2)丙硫咪唑 按每千克体重30~40 mg,口服,连用2~4 d。

(3)吡喹酮 按每千克体重50~75 mg,口服,隔周再用一次。

(4)丙酸哌嗪 按每千克体重50~60 mg,混饲,每天一次,连用5 d。

(七)预防

①大力做好卫生宣传教育工作,及时治疗病人畜;流行区人畜定期预防性驱虫。

②鱼塘边禁盖猪舍和厕所;不用生粪喂鱼。

③禁食生的或未煮熟的鱼虾;不用生鱼虾或生的厨房下脚料喂犬、猫、猪。

④灭螺,消灭第一中宿主。

十、后睾吸虫病

后睾吸虫病是后睾科(Opisthorchiidae)的多种吸虫寄生于犬、猫、狐、鸭等多种动物的肝脏、胆管中引起的。多呈地方性流行，对鸭、犬、猫危害较大。主要病原为鸭后睾吸虫(*Opisthorchis anatis*)鸭对体吸虫(*Amphimerus anatis*)和东方次睾吸虫(*Metorchis orientalis*)及寄生于犬、猫、狐、人等的猫后睾吸虫(*Opisthorchis felineus*)和麝猫后睾吸虫(*O. viverrini*)等。

(一)病原形态

后睾科吸虫虫体扁平叶状。前端稍尖，角皮具有棘或无棘。口吸盘位于虫体前端，咽小，食道短。肠管两支伸向虫体亚末端。腹吸盘较口吸盘小，位于体前 1/3 处的中央。睾丸分叶，前后排列或斜列于虫体后部。阴茎囊付缺，生殖孔开口于腹吸盘之前。卵巢不分叶或分叶，位于虫体中部，睾丸之前。受精囊发达，具有劳氏管。卵黄腺自腹吸盘后缘两侧开始分布至卵巢或睾丸的前缘。子宫弯曲在腹吸盘与卵巢之间。

(1)鸭后睾吸虫(*Opisthorchis anatis*)　虫体较长，前端尖细，后端稍钝圆，大小为(7.0～23.0) mm×(1.0～1.5) mm，体表光滑，口吸盘位于虫体前端，腹吸盘小于口吸盘，位于虫体前 1/5 处。食道短或付缺，肠管深达虫体的后端。睾丸分叶，前后纵列于虫体的后方。缺雄茎囊。生殖孔在腹吸盘之前。卵巢分许多小叶，受精囊小。子宫发达。梅氏腺不明显。卵黄腺位于虫体两侧，始于虫体中部，伸达卵巢的上缘。虫卵大小为(28～29) μm×(16～18) μm(图 7-24)。

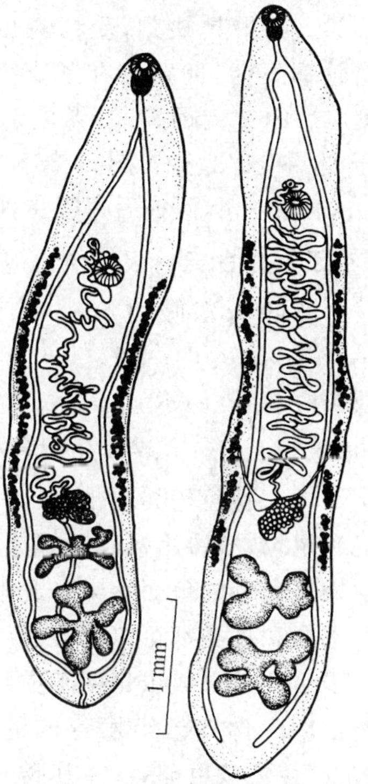

图 7-24　鸭后睾吸虫(仿汪溥钦)

(2)鸭对体吸虫(*Amphimerus anatis*)　寄生在鸭的胆管，虫体细长，前端稍钝，后端尖细，大小为(19.58～24.63) mm×(1.44～1.39) mm。口吸盘位于虫体前端，腹吸盘位于虫体前 1/7 处。口腹吸盘大小比例为 2∶1。睾丸呈长椭圆形，边缘稍有缺刻，前后排列在虫体的后方。生殖孔位于腹吸盘的前缘。卵巢分叶，位于睾丸之前。受精囊膨大呈梨形，紧接卵巢之后。子宫位于肠支间，从卵巢处曲折前行，直达腹吸盘。卵黄腺分布于虫体两侧，每侧 8～9 簇，自虫体中部伸达睾丸之后。卵呈卵圆形，顶端有小盖，另端有小突起，大小为 25～28 μm。

(3)东方次睾吸虫(*Metorchis orientalis*)　寄生于鸭、鸡和野鸭的胆管和胆囊内。呈叶状，前端稍窄长，后端钝圆，长 2.4～4.7 mm，宽 0.5～1.2 mm。体表有小刺。口吸盘位于虫体前端，腹吸盘位于虫体前 1/4 处的中央。两条肠管伸达虫体末端。睾丸大而分叶，前后排列于虫体的后端。生殖孔位于腹吸盘正前方。卵巢椭圆形，位于睾丸前方，受精囊位于前睾丸之前，卵巢的右侧。卵黄腺开始于肠管分叉的稍后方，终止于前睾丸的前缘。子宫弯曲，起自卵巢水平面上，向前伸达腹吸盘上方，内充满虫卵。虫卵呈椭圆形，大小(29～32) μm×(15～17) μm。

(4)猫后睾吸虫(*Opisthorchis felineus*)　成虫体长 8.0～12 mm，体宽 1.2～2.0 mm，前端狭细，后端钝圆。口吸盘直径为 0.25 mm。口吸盘之后紧接为咽，咽后为短的食道，其后分为二肠支，终于虫体近末端。腹吸盘位于虫体的第一和第二个 1/4 的交界处，较口吸盘小。分叶的 2 个睾丸前后斜列于虫体后 1/4 处。睾丸之前是卵巢及较大的受精囊。子宫位于虫体的 1/3 处，两肠支之间。卵黄腺分布于肠支外侧中 1/3 处。生殖孔开口于腹吸盘之前缘。排泄管在睾丸之间呈"S"状弯曲,开口于体后端(图 7-25)。

虫卵呈淡黄色,卵圆形,大小为(26～30) μm×(10～15) μm。卵的一端有盖,另端有小突起,内含毛蚴。

(5)麝猫后睾吸虫(*O. viverrini*)　成虫形态与猫后睾吸虫相似,体长 6.0 mm,体宽 2.0 mm。口吸盘直径 0.23 mm,腹吸盘大小近似口吸盘,其位于虫体前 1/3 与体中 1/3 的交界处,食道长为咽的 3 倍。肠支盲端达体后端。生殖孔开口于腹吸盘之前。睾丸分为 4 叶,前后排列,位于体后部。卵巢具缺刻,受精囊位于卵巢侧方,梅氏腺轮廓不清,卵黄腺在肠支外侧,其前缘于腹吸盘之后的一定距离,后界止于卵巢稍前。子宫位于体中 1/3 处(图 7-25)。卵呈卵圆形,26 μm×13 μm,似猫后睾吸虫卵。

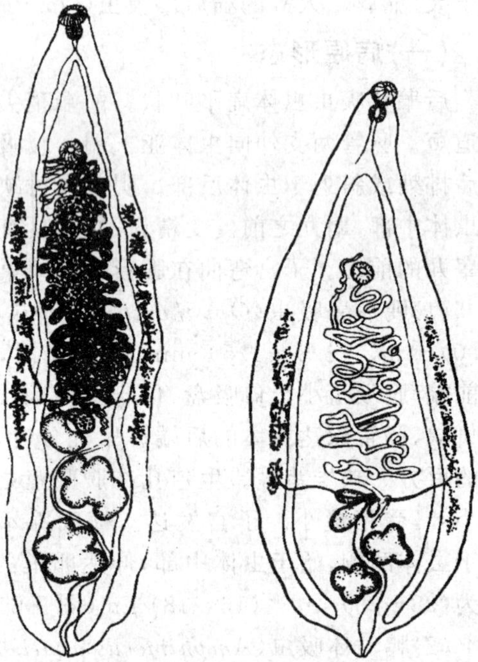

图 7-25　猫后睾吸虫(左)、麝猫后睾吸虫(右)(仿赵辉元)

(二)生活史

禽类的后睾吸虫第一中间宿主为纹沼螺(*Parafossarulus striatulus*)。第二中间宿主为麦穗鱼(*Pseudorasbora parva*)及爬虎鱼(*Pseudogobis rivularis*)。成虫在胆管和胆囊内产卵,卵随胆汁进入肠腔随粪便排出,落入水中,孵出毛蚴;毛蚴钻入第一中间宿主体内,发育为胞蚴、雷蚴和尾蚴;成熟尾蚴离开螺体,进入第二中间宿主体内,在其肌肉或皮层内形成囊蚴;鸭、鹅等吃入含囊蚴的鱼而感染。囊蚴主要寄生于鱼的肌肉和皮层,呈椭圆形。除家禽之外,其他食鱼的水禽和鸟类都可以感染。

猫后睾吸虫成虫寄生于猫、犬及人胆道中,排出的虫卵随胆汁进入小肠,经粪便排出体外。此时虫卵内含有已经发育成的毛蚴,但它不能在水中孵出。当中间宿主赤豆螺(*Bithynia leachii*)吞食该虫卵后,在其肠内孵出毛蚴。毛蚴穿过螺的肠壁进入螺的体腔,在此大约经过 1 个月发育成含有雷蚴的胞蚴,雷蚴自胞蚴逸出进入螺的肝内。此后,雷蚴体内发育成尾蚴。从虫卵发育至成熟尾蚴约 2 个月。逸出的尾蚴在水中游动,如遇到第二中间宿主——鱼类,便脱掉尾部经皮钻入鱼的组织内,约经 15 min 即达到皮下脂肪及肌肉内。经过 2～3 d,尾蚴体部被包膜围绕,当温度 18～20℃的情况下,经过 6 周形成能够感染终宿主的囊蚴。当终宿主生食或半生食感染猫后睾吸虫囊蚴的鲤科鱼时,囊蚴经胃肠液的作用,后尾蚴自囊逸出,经总胆管和胆囊钻入肝脏的胆管内。经 3～4 周即发育至成虫。从虫卵至成虫的全部发育约需 4 个月。猫后睾吸虫与麝猫后睾吸虫的生活史相似。其保虫宿主主要是猫和犬,家兔和仓鼠在实验室可被感染作为动物模型,人可作为适宜的终宿主。

(三)流行病学

鸭后睾吸虫的宿主及寄生部位鸭肝胆管。分布于我国福建、广东。试验表明,东方次睾吸虫对鸡的致病性也很强，该虫除可以寄生于禽类外，还可以感染人、豚鼠、小白鼠、大白鼠、犬和猫。猫后睾吸虫流行于南欧、中欧、东欧及西伯利亚；土耳其、印度和日本也有报道，泰国人的感染率较高。本病呈地区性流行，严重地危害着人畜的健康。猫后睾吸虫的终末宿主非常广泛。除犬、猫外，狐、獾、貂、水獭、海豹、狮、猪及人等均可感染，成为保虫宿主。虫卵在水中存活时间较长，平均温度为 19℃时可存活 70 d 以上。第一中间宿主淡水螺的分布较广泛，几乎各种池塘均可发现，第二中间宿主淡水鱼有数十种。因此，本病广泛流行，有的地区猫的感染率可高达 100%，犬的感染率可高达 90%。

(四)致病作用和症状

鸭后睾吸虫病症状为病鸭消瘦、食欲减退，两腿发软而卧地不动，随着病情加剧可以引起死亡。鸭东方次睾吸虫和台湾次睾吸虫引起鸭胆囊肿大，囊壁增厚，胆汁变质或消失。被鸭对体吸虫寄生的鸭肝，表现不同程度的炎症和坏死，常呈现橙黄色，有花斑；胆管被堵塞，胆汁分泌受影响，肝功能破坏；病鸭表现贫血、消瘦等全身症状，严重感染时死亡率很高。鸭后睾吸虫的致病作用与鸭对体吸虫相似。

猫后睾吸虫轻度感染时不表现临床症状，致病性不强。重度感染时，可见全身性黄疸，先出现于可视黏膜，如眼结膜、口腔黏膜，几天后可见全身皮肤变黄。患病动物精神沉郁，食欲下降，被毛逆立；有时呕吐、便秘或腹泻，逐渐消瘦，腹部由于出现腹水而明显增大。胆管受到大量虫体、虫卵等的刺激而发生肿胀，大量虫体寄生时，胆汁排泄受阻，在体内集聚形成全身性黄疸。由于虫体寄生时间较长，长期刺激肝脏胆管，可使肝脏细胞变性、结缔组织增生，进一步可发展为肝脏硬化。剖检可见肝脏表面有很多不同形状和大小的结节。肝脏肿大，可达正常肝脏的 2～3 倍，且表面凸凹不平，质地坚硬。可视黏膜及皮肤发黄。

(五)诊断

(1)病原检查　由于虫卵小且混在大量粪便中，用直接涂片法检查极易漏检，故常用清洗沉淀集卵法、甲醛乙醚浓集法、硫酸锌漂浮法等进行检查。

(2)免疫诊断　皮内试验、间接血凝试验、酶联免疫吸附试验、对流免疫电泳等都可试用，但只宜作为辅助诊断。

(3)超声波检查　本病肝区有异常波型，可作诊断的参考。

(4)死后诊断　主要是剖检，在肝脏胆管内找到虫体即可确诊。

(六)治疗

(1)吡喹酮(praziquantel)　犬猫按每千克体重 10～35 mg，首次口服后隔 5～7 d 再服第二次。

(2)丙硫咪唑(albendazole，zetal，抗蠕敏)　按每千克体重 10～20 mg，一次口服。

(3)试用硫双二氯酚(bithionol，Bitin，别丁)　鸭每千克体重 20～30 mg，一次为一疗程。

(七)预防

①后睾吸虫为生物源性寄生虫病，因此应采取综合性防治原则，结合农业生产进行灭螺，流行区的鸭应避免到水边放牧，根据流行季节和生活史周期进行有计划的定期驱虫，以免粪便中的虫卵污染池塘和水沟。家禽应避免到水边放牧。

②禽粪应经过生物热堆肥处理。

③给犬、猫喂食的鱼类应煮熟或经冷冻处理，使之无害化。在－12～18℃中冷冻 4～5 d 后可被杀死，大鱼体内的囊蚴需经 17～20 d 才能杀死。

④做好宣传工作，提高群众对本病传播途径的认识，不吃生的或不熟的鱼。这是预防本病的重要环节。注意切生鱼的刀、砧板防止囊蚴污染而误食感染。

十一、棘口吸虫病

棘口吸虫病是由棘口科(Echinostomatidae)的多种吸虫寄生于禽、畜、人肠道中所引起的吸虫病。本科的吸虫种类很多，分布广泛，我国长江以南各省感染较多。

(一)病原形态

棘口吸虫有 12 亚科 51 属 500 余种，寄生于人的有 22 个种。我国已报道的有 8 亚科 27 属 120 种，寄生于人的 10 种，寄生于畜禽的有 30 多种，病原形态如下：

虫体通常呈长叶状，少数种类分为前后两部。前端具有头冠，头冠上具有 1～2 列头棘，中央间断或不间断，依其分布位置分为背棘、侧棘和腹角棘。体表有小棘或鳞片，分布于体前部或至体末端。口吸盘位于前端亚腹面。腹吸盘发达，位于体前 1/3 部或体中部。消化器官包括口、咽、食道和肠管，肠管分左右两支，伸延至体亚末端。睾丸 2 个，位于虫体中后部，呈圆形、椭圆形或不规则状，边缘光滑或分瓣，前后排列或斜列。阴茎囊呈近圆形或椭圆形，位于腹吸盘与肠支之间，或呈长囊状伸至腹吸盘的后方。生殖孔位于阴茎囊的前端。卵巢位于睾丸前的体中央，向后通出输卵管至卵模，有劳氏管，多数种类无受精囊。卵黄腺呈滤泡状，分布于虫体两侧，多数从腹吸盘后开始伸至体末端。子宫弯曲于卵巢前的两肠管之间。排泄囊呈“Y”形，位于睾丸后，排泄孔开口于虫体末端(图 7-26)。

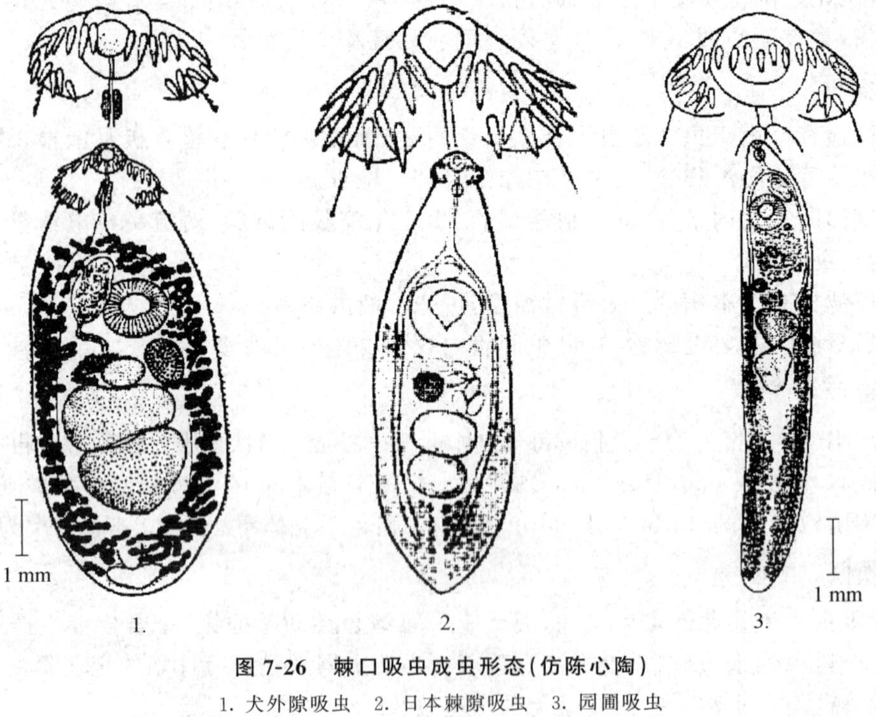

图 7-26 棘口吸虫成虫形态(仿陈心陶)

1. 犬外隙吸虫 2. 日本棘隙吸虫 3. 园圃吸虫

(1)卷棘口吸虫(*E. revolutum*) 寄生于鸡、鸭、鹅及其他禽类直肠、盲肠和小肠。卷棘口吸虫第一中间宿主有小椎实螺(*Galbaollula*)、折叠萝卜螺(*Radix plicatula*)、凸旋螺(*Gyraulus con-*

vexiusculus)等;第二中间宿主可以是同第一中间宿主同一种类的螺,也可以是尖口圆扁螺(*Hippeutis cantoris*)或半球多脉扁螺(*Polypylis hemisyhaerula*)、绘环凌螺(*Bellanya liranophila*)或山蛤(*Ranatemparariа*)。虫体淡黄色,体躯向腹面弯曲,大小为(7.6～12.6)mm×(1.26～1.60) mm,体表被有小棘。具有头棘37枚,其中腹角棘各5枚。口吸盘小于腹吸盘。睾丸呈椭圆形,边缘光滑,前后排列,位于卵巢后方。卵巢呈圆形或扁圆形,位于虫体中央或中央稍前。子宫弯曲在卵巢的前方,内充满虫卵。卵黄腺发达,分布在腹吸盘后方的两侧,伸达虫体后端,在睾丸后方不向体中央扩展(图7-27)。虫卵呈椭圆形,淡黄色,前端有卵盖,大小为(114～126) μm×(64～72) μm。

(2)接睾棘口吸虫(*E. parautum*)　寄生于家禽和野禽肠道。虫体长叶形,大小为(5.5～7.5) mm×(1.86～1.92) mm。头领具有头棘37个,左右腹角棘各5个,其余27个前后两排等距离相互排列。体棘自头领后开始分布至腹吸盘后缘。两睾丸位于虫体中后部,中间凹陷呈“工”字形,前后相接排列。卵巢位于睾丸前,卵黄腺自腹吸盘后方开始,沿体侧分布至体末端,两侧卵黄腺中央不汇合。

(3)曲领棘缘吸虫(*Echinoparyphium recurvatum*)　寄生于鸡、鸭、鹅、海鸥等小肠,也有寄生人、犬、狐、鼠的报道。虫体长叶状,淡黄色。大小为(2.5～5.0) mm×(0.4～0.7) mm。体前端向腹面弯曲。头领发达,有头棘45个,其中腹、角棘各5个。睾丸呈长圆形或稍分叶,前后相接排列。卵巢呈球形位于虫体中央。卵黄腺在后睾丸后方向中央汇合。子宫短,内含少数虫卵。

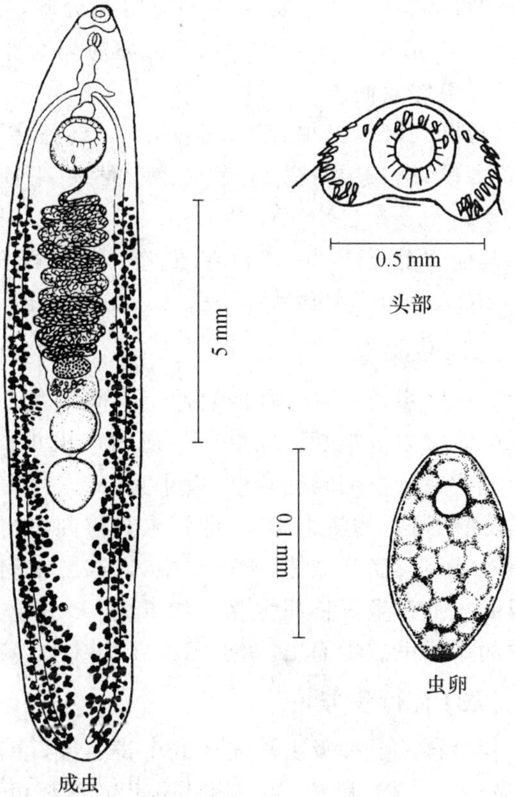

图7-27　卷棘口吸虫成虫、头部、虫卵(仿沈一平)

(4)似锥低颈吸虫(*Hypoderaeum conoideum*)　寄生于鸡、鸭、鹅等禽类和人、犬的小肠、直肠和盲肠。虫体肥厚,呈黄红色,头端圆钝,腹吸盘处最宽,腹吸盘向后逐渐狭小,形似圆锥状,大小为(7.37～11.0) mm×(1.10～1.58) mm。头领呈肾形,有头棘49个,左右腹、角棘各5个,密集排列。腹吸盘发达,口腹吸盘之比为1∶6。咽椭圆形,食道短。睾丸呈腊肠状,位于虫体中横线之后,卵巢类圆形,位于睾丸前。卵黄腺滤泡大,自腹吸盘后缘开始至虫体亚末端,在睾丸之后两侧不汇合。子宫长,含虫卵多。

(5)光洁锥棘吸虫(*Patasiger intidus*)　寄生于鸭及其他禽类肠道。虫体呈长椭圆形,大小为(1.52～1.76) mm×(0.53～0.56) mm。体棘自头领后起至腹吸盘前缘。头棘19个,左右角腹棘各4个,粗大,排成两列,其余11个较小,排成一列。腹吸盘位于虫体中部。两睾丸呈椭圆形,斜列于虫体后部。贮精囊椭圆形,位于肠叉与腹吸盘之间。卵巢位于腹吸盘后方,卵圆形。卵黄腺发达,自腹吸盘前缘开始分布至体末端,在睾丸后方相汇合。子宫短,内含虫卵较少。

(6)宫川棘口吸虫(*E.miyagawai*) 也叫卷棘口吸虫日本变种(*E.revolutum* var.*japonica*)。终宿主除家禽、水鸟外,猪、猫、犬、猿、家鼠、小白鼠、兔和人等哺乳动物亦可作终宿主。在我国分布广泛。第一中间宿主:小土蜗,凸旋螺,尖口圆扁螺;第二中间宿主:各种淡水螺和蝌蚪。成虫体型较大(8.6~18.4) mm×(1.62~2.48) mm。与卷棘口吸虫的形态结构极其相似,其主要区别在于睾丸分叶,卵黄腺于后睾丸后方向体中央扩展汇合。虫卵(95~104) μm×(58~66) μm。虫卵前端有卵盖,表面一般光滑,后端有皱褶加厚,卵内毛蚴成熟时,破卵盖而出。

(7)园圃棘口吸虫(*E.hortense*) 终宿主为犬、人、兔、鼠类。第一中宿主:小土蜗,椎实螺、萝卜螺;第二中间宿主:蟾蜍、鲵、泥鳅、牛蛙、绍蛙和粗皮蛙。头棘27个,睾丸近三角形,成虫(8~9) mm×(1.2~1.3) mm。

其他寄生于人的棘口吸虫有:藐小棘隙吸虫(*E. liliputanus*)、日本棘隙吸虫(*E .japonicus*)、叶状棘隙吸虫(*E. perfoliatus*)等。

(二)生活史

棘口吸虫的发育过程需要两个中间宿主。第一中间宿主是各种淡水螺,第二中间宿主是鱼、蛙、泥鳅以及螺蛳。成虫在肠道内产出虫卵,随粪便排出体外。虫卵在水中经过7~31 d发育成为毛蚴。毛蚴呈梨形,大小为(80~112) μm×(48~68) μm,体表被纤毛。毛蚴在水中游动,遇到适宜的淡水螺类,即钻入其体内,脱掉纤毛发育为胞蚴,进而发育为母雷蚴、子雷蚴及尾蚴。尾蚴离开螺体,游于水中,遇第二中间宿主即钻入其体内形成囊蚴。囊蚴在宿主螺体内或蛙皮下寄生可长期生存。如果禽、犬、猫吃了生的含有囊蚴的第二中间宿主,囊蚴便在终宿主的小肠里破囊而出,童虫吸附在肠壁上,发育为成虫并产卵。

(三)流行病学

棘口科的多种吸虫是人兽共患寄生虫,除寄生于多种家禽和鸟类外,多种哺乳动物如猪、犬、猫、人、水獭、鼠兔、黄胸鼠、褐家鼠等都可以感染。棘口吸虫的种类很多,全世界已报道600多种,其中寄生于人体有20余种,我国有10余种。流行很广,亚洲东部和东南亚,以日本、朝鲜和我国报道的人体棘口吸虫病病例较多,多数是散发病例。黑龙江、辽宁等地,有因生吃泥鳅治疗肝炎或食入烹调未熟的泥鳅而致人体感染园圃棘口吸虫的报道。人群感染率随年龄的增长而降低,15岁以内的病人占77.5%。

畜禽棘口吸虫病在我国各地普遍流行,尤其在南方各省普遍发生。据资料报道在福州检查鸭棘口吸虫感染率为26.41%,感染强度为1~40;在昆明检查鸭卷棘口吸虫的感染率为57.4%,感染强度为1~20;广东鸡、鸭、鹅的感染率分别为39.13%、62%和46.6%;造成家禽广泛感染棘口吸虫的主要原因是禽类常采食浮萍、水草等。淡水螺常与这些水生植物共生,因而同时被吞食。有病原存在的地区,很多鱼类都有可能成为传播宿主,感染人兽。犬、猫、人感染棘口吸虫病主要是因食入含囊蚴的生螺肉、贝类等所致,或者人吃了未煮熟淡水鱼,吞食生的蝌蚪等导致感染。

(四)致病作用和症状

棘口吸虫对成年动物的危害较轻,对幼龄动物的危害较重。棘口吸虫具有一些其他吸虫所缺乏的特征,如发达的头冠、头棘、体棘、口吸盘和腹吸盘,以发达的附着器官,来抗衡小肠的剧烈蠕动。由于虫体的吸盘、头棘和体棘的刺激,破坏肠黏膜,引起肠道出血、肠炎和下痢,又由于虫体吸收大量营养物质和分泌毒素的作用，使病禽消化机能发生障碍，营养吸收受阻，致使病禽食欲减退、下痢、消瘦、贫血和发育受阻，严重感染可因极度衰竭而死亡。动物实验的病理变化主要是肠卡他性炎症和浅表黏膜上皮脱落、充血与炎症细胞浸润。人体轻度感染常无明显症状，临床表现有精神烦躁，注意力不集中，乏力、头昏、头痛、食欲不良、腹痛、肠鸣、腹泻、大便带血和黏液等消化道症状。粪便检查有明显的消化不良现象，严重感染者可有厌食、下肢浮肿、贫血、消瘦、发育不良，甚至合并其他疾病而死亡。剖检可见肠壁发炎，点状出血，肠内容物充满黏液，有时可见许多虫体附在肠黏膜上。

（五）诊断

棘口吸虫病的诊断可以结合临床症状表现，用直接涂片或离心沉淀法进行粪便检查找到虫卵可初步诊断。用药物驱虫，驱出虫体，鉴定虫种可确诊致病病原。

（六）治疗

(1)丙硫咪唑(抗蠕敏，albendazole，zetal)　按每千克体重 15 mg，一次口服。

(2)吡喹酮(praziquantell)　按每千克体重 10 mg，一次口服。

(3)氯硝柳胺(niclosamide)　按每千克体重 50～60 mg，一次口服。

(4)硫双二氯酚(别丁，bithionol，bitin)　鸡为每千克体重 100～200 mg，鹅、鸭每千克体重为 30 mg。

(5)槟榔煎剂　槟榔粉 50 g，加水 1 000 mL，煮沸至 750 mL 槟榔液，鸡每千克体重 10～15 mL，鸭、鹅每千克体重 7～12 mL，用细胶管插入食道内灌服或嗉囊注射。

（七）预防

对流行区内的患者及患畜禽驱虫。减少病原扩散；对粪便采取堆积发酵以杀灭虫卵；应用药物或土壤改良以消灭中间宿主；在自然界中，棘口吸虫的第二中间宿主种类很多，有鱼类、两栖类和贝类等，囊蚴感染普遍，应注意饮食卫生，勿生食或未熟的泥鳅、鱼肉、贝类等。厨房菜刀、切板要保持清洁，生熟切板分开使用。

第三节　其他吸虫病

一、前后盘吸虫病

前后盘吸虫病是由前后盘科多种吸虫寄生于牛、羊等反刍动物的胃和小肠里引起的消化道寄生虫病。成虫致病力不强，但大量童虫在移行过程中至胃、小肠、胆管和胆囊时，可引起严重的疾病，严重者会导致大批宿主死亡。主要病原有前后盘属(*Paramphistomum*)、殖盘属(*Cotyloporon*)、腹袋属(*Gastrothylax*)、菲策属(*Fischoederius*)、卡妙属(*Carmyerius*)及平腹属(*Homalogaster*)等。

（一）病原形态

共同特征：虫体呈深红或灰白色，圆柱状、梨形、圆锥形或瓜籽形等，大小数毫米到二十几毫米。腹盘显著大于口盘；口盘位前端，后吸盘位于后端或其附近，故称前后盘吸虫，又名双口吸虫。缺咽。食道短，两条盲肠不分支。卵巢位腹盘前方，卵黄腺位虫体两侧。两个睾丸椭圆或分叶，前后纵列于卵巢前方(图 7-28)。生殖孔开口于肠叉后方。虫卵卵圆形，深灰或无色，有卵盖，内含一个胚细胞和多个卵黄细胞，但卵黄细胞不充满虫卵，一端较拥挤，另一端留有空隙。大小因种而异，鹿前后盘吸虫卵(114～176) μm×(73～100) μm。

个别特征：殖盘吸虫有一生殖吸盘围绕生殖孔。腹袋、菲策、卡妙吸虫均有一大腹袋。菲策吸虫肠管仅达虫体中部，睾丸背腹方向排列，生殖孔位食道后部、肠管分叉前方的腹袋内(图7-29)。平腹吸虫呈背腹扁平、前端尖、中部膨大的南瓜子状，腹面有许多尖锐的乳突；口吸盘二侧各有一个突出袋；生殖孔开口在食道中部边缘(图7-30)。

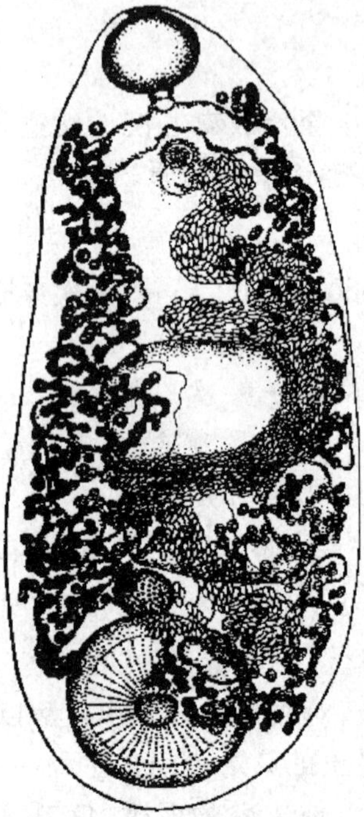

图 7-28 鹿前后盘吸虫 (仿 Stunkard)

图 7-29 腹袋吸虫的成虫(仿孔繁瑶)

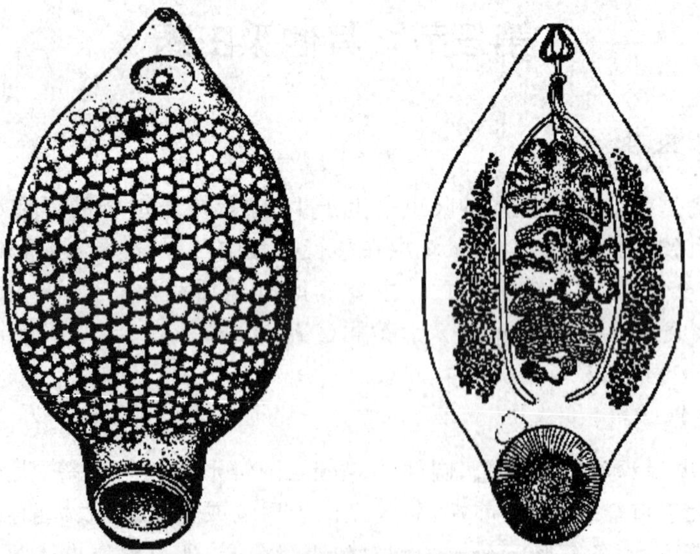

图 7-30 平腹吸虫的腹面观及内部构造(仿孔繁瑶)

(二)生活史

淡水螺蛳为中间宿主,种类很多。除平腹吸虫成虫寄生于牛、羊盲肠中外,其他种的成虫寄生在牛、羊等反刍兽的瘤胃和网胃壁上。前后盘吸虫种类繁多。有的生活史已被阐明,有的尚待进一步研究。以鹿同盘吸虫(*P. cervi*)为例将其生活史简述如下:成虫寄生于反刍动物的瘤胃,虫卵随粪便排至外界,虫卵在适宜的条件下约经2周孵出毛蚴。毛蚴在水中游动。遇到适宜的中间宿主淡水螺即钻入其体内,发育为胞蚴、雷蚴和尾蚴。尾蚴逸出螺体,附着在水草上形成囊蚴。牛、羊等反刍动物吞食含有囊蚴的水草而感染。囊蚴在肠道脱囊,童虫在小肠、皱胃和其黏膜下组织及其胆管、胆囊和腹腔等处移行寄生,经数十天到达瘤胃,在瘤胃内需要3个月发育为成虫。潜伏期为7～10周。此外,在腹腔、腹水、大肠、肝、肾和膀胱等处也可见童虫,但均不能发育成熟而停留于童虫阶段。

(三)流行病学

前后盘吸虫在我国各地广泛流行,不仅感染率高,而且感染强度大,常见成千上万的虫体寄生,而且常为多种虫体混合感染。流行季节主要取决于当地气温和中间宿主的繁殖发育季节以及牛、羊等放牧情况。南方可常年感染,北方主要在5—10月份感染。多雨年份易造成本病的流行。

(四)致病作用和症状

成虫危害不大,但大量童虫寄生时可引起严重症状,甚至导致宿主大批死亡。童虫移行和寄生往往引起病畜食欲不振,消化不良,顽固性拉稀,粪粥样或水样,颌下至全身水肿,贫血,消瘦,衰弱无力,重者卧地难起,衰弱死亡。大量成虫寄生时,往往表现为慢性消耗性的症状,如食欲减退、消瘦、贫血、颌下水肿、腹泻,但体温一般正常。急性病例以犊牛常见。

剖检可见瘤胃壁上有大量成虫寄生,寄生部位发炎,结缔组织增生,形成米粒大的白色小结节。瘤胃绒毛脱落。童虫移行时可造成"虫道",使胃肠黏膜和其他脏器受损,有多量出血点,肝脏淤血,胆汁稀薄,颜色变淡,病变各处均有多量童虫。

(五)诊断

急性病例主要根据上述临床症状检查,下痢便中检出前后盘吸虫的幼小虫体。剖检时于前胃中检出前后盘吸虫,或在十二指肠等处检出其幼小的虫体及相应的病理变化可以建立死后诊断。在瘤胃等处发现大量成虫、幼虫和相应的病理变化可以确诊。粪便中检出虫卵一般已到慢性期。

镜检虫卵时应注意和肝片吸虫卵相区别,前后盘吸虫卵为淡灰色,虫卵的一端细胞多而拥挤,而另一端细胞较稀而留有空隙,虫卵的一端两侧不对称而变尖。

(六)治疗

(1)氯硝柳胺(niclosamide)　牛按每千克体重50～60 mg,羊按每千克体重70～80 mg,一次口服。

(2)硫双二氯酚(bithionol)　牛按每千克体重40～50 mg,羊按每千克体重80～100 mg,一次口服。两种药物对成虫都有很好的杀灭作用,对童虫和幼虫亦有较好的作用。

(3)溴羟苯酰苯胺(rcsorantel INN)　用药剂量:牛、羊按每千克体重65 mg经口投服,驱除前后盘吸虫的成虫效果为100%,对童虫的效果为87%。

(4)吡喹酮(praziquantel) 按每千克体重 60 mg 对奶牛前后盘吸虫病安全且有一定疗效。

(七)预防

前后盘吸虫的预防应根据当地情况来进行,可采取以下措施:如改良土壤,使潮湿或沼泽地区干燥,造成不利于淡水螺类生存的环境;不在低洼、潮湿之地放牧、饮水,以避免牛、羊感染;利用水禽或化学药物灭螺;舍饲期间进行预防性驱虫等。

二、前殖吸虫病

前殖吸虫病又称"蛋蛭病",是前殖科(Prosthogonimidae)前殖属(*Prosthogonimus*)的吸虫寄生于鸡、鸭、鹅及其他鸟类的输卵管、法氏囊、卵巢、泄殖腔、蛋内和直肠内引起的一种吸虫病。常引起输卵管发炎,使卵的形成和产卵功能发生紊乱,是家禽常见的吸虫病之一。常见的主要病原有下列 5 种:卵圆前殖吸虫(*Prosthogonium ovatus*)、楔形前殖吸虫(*P. cuneatus*)、透明前殖吸虫(*P. pellucidus*)、鲁氏前殖吸虫(*P. rudolphi*)、家鸭前殖吸虫(*P. anatinus*)。

(一)病原形态

(1)卵圆前殖吸虫 寄生于鸡、鸭、鹅、鸽及麻雀等多种禽类腔上囊或输卵管内,偶见于鸡蛋内。该虫扁平,呈梨形。体表有小棘。虫体长 3~6 mm,宽 1~2 mm。口吸盘呈椭圆形,长 0.15~0.17 mm,宽 0.17~0.21 mm。腹吸盘位于虫体前 1/3 处,大于口吸盘,长 0.4 mm,宽 0.36~0.48 mm。咽小,直径 0.10~0.16 mm。食道长 0.25~0.4 mm。盲肠末端止于虫体后 1/4 处。睾丸 2 个,呈不规则椭圆形,位于虫体的后半部。睾丸位于腹吸盘的背面,分叶。卵黄腺位于虫体的两侧,前缘起于肠管分叉部的稍后方,后接近睾丸后缘。子宫环不但越出肠管,其上行支还分布于腹吸盘与肠叉之间,形成腹吸盘环。子宫末端与雄茎并列,雌雄性生殖孔开口于口吸盘的左侧。虫卵小,壳薄,大小为(22~24) μm×13 μm。

(2)楔形前殖吸虫 寄生于鸡、鸭、鹅及麻雀等多种禽类腔上囊和直肠。该虫呈梨形,体长 2.89~7.14 mm,宽 1.7~3.71 mm。体表被小棘。口吸盘小于腹吸盘。咽呈球状,直径 0.139 mm,大小为(0.14~0.20) mm×(0.14~0.22) mm,盲肠末端伸达虫体后部 1/5 处。睾丸呈卵圆形,大小为(0.52~0.97) mm×(0.30~0.60) mm。贮精囊越过肠叉。卵巢分 3 叶以上。卵黄腺自肠管分叉处,伸达睾丸之后,每侧 7~8 簇(图 7-31)。子宫越出盲肠之外。虫卵大小为(22~28) μm×13 μm。

(3)透明前殖吸虫 寄生于鸡、鸭、鹅及绿头鸭等多种禽类腔上囊或输卵管。该虫呈长梨形,体表小棘仅分布在虫体前半部。体长 5.85~8.67 mm,宽 2.96~3.86 mm。口吸盘与腹吸盘近圆形,大小相近。盲肠的末端伸达虫体后部。睾丸呈卵圆形,大小为(0.67~1.03) mm×(0.48~ 0.79) mm。卵巢分叶,位于腹吸盘与睾丸之间。卵黄腺起自腹吸盘的后缘,后界终止于睾丸之后。子宫盘曲于虫体的后部并越出肠管的外侧(图 7-31)。虫卵大小为(25~29) μm×(11~15) μm。

(4)鲁氏前殖吸虫 寄生于鸡、鸭腔上囊。呈椭圆形,长 1.35 ~ 5.75 mm,宽 1.2~3.0 mm。口吸盘小于腹吸盘。食道长 0.26 mm。睾丸位于虫体中部的两侧,大小为(0.4~0.5) mm×(0.24~ 0.27) mm。贮精囊伸过肠叉。卵巢分为 5 叶,位于腹吸盘后。卵黄腺前缘起自腹吸盘,后缘越过睾丸,伸达肠管的末端。子宫分布于两盲肠之间(图 7-32)。虫卵大小为(24~30) μm×(12~15) μm。

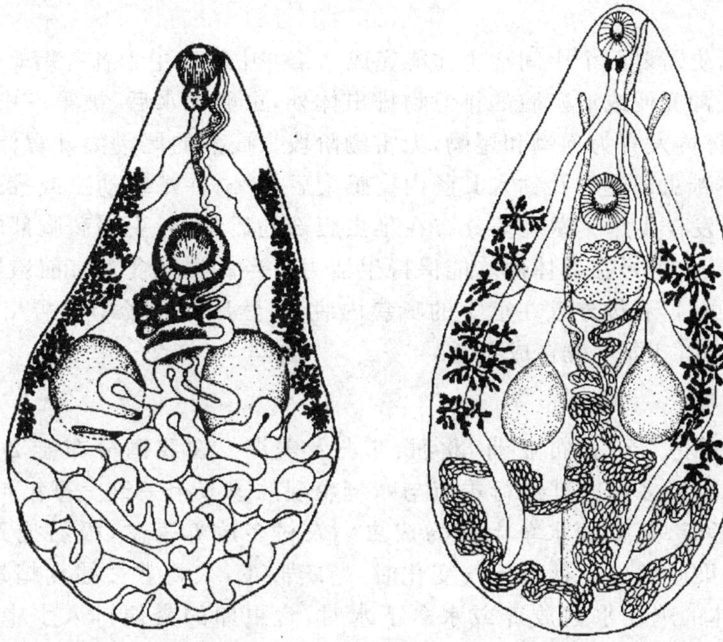

图 7-31　楔形前殖吸虫(左)、透明前殖吸虫(右)(仿陈淑玉,汪溥钦)

(5)家鸭前殖吸虫　寄生于鸡、鸭腔上囊。虫体呈梨形,大小为 3.8 mm×2.3 mm。口吸盘与腹吸盘的比例为 1∶1.5。盲肠伸达虫体后 1/4 处。睾丸大小为 0.27 mm×0.21 mm。贮精囊呈窦状,伸达肠叉与腹吸盘之间。卵巢分 5 叶,位于腹吸盘下方。卵黄腺每侧有 6～7 簇。子宫环不越出肠管(图 7-32)。虫卵大小平均为 23 μm×13 μm。

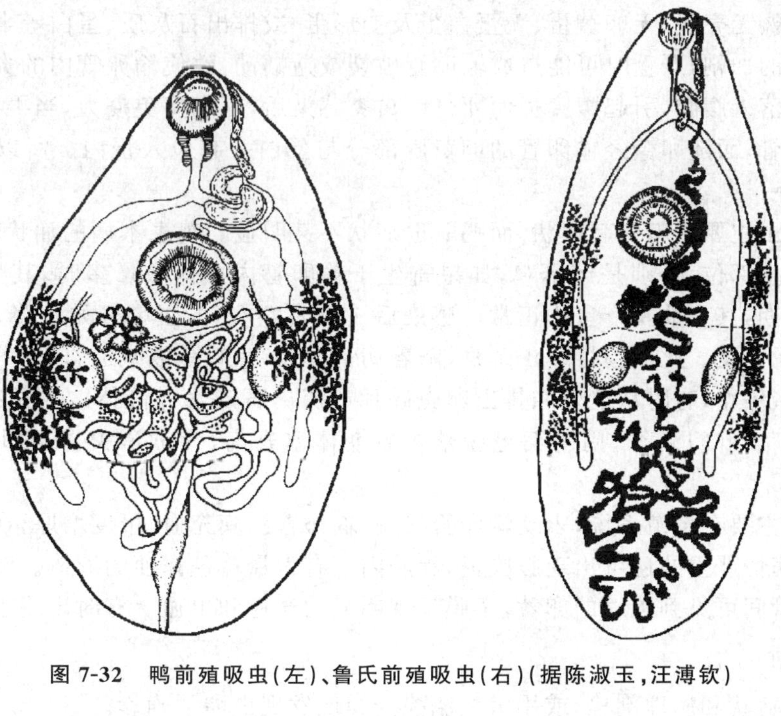

图 7-32　鸭前殖吸虫(左)、鲁氏前殖吸虫(右)(据陈淑玉,汪溥钦)

(二)生活史

前殖吸虫生活史需要两个中间宿主才能完成。第一中间宿主为各种蜻蜓幼虫和成虫。前殖吸虫卵随终宿主的粪便或泄殖腔的排泄物排出体外,虫卵入水后,被第一中间宿主吞食,毛蚴钻入螺体,在螺体内发育为孢蚴和尾蚴,无雷蚴阶段。成熟的尾蚴离开螺体游于水中,遇到第二中间宿主蜻蜓稚虫即经肛孔钻入其肠内。感染后 48 h,在蜻蜓幼虫或稚虫的腹部肌肉形成囊蚴,经 20 d 可发育成熟。囊蚴多分布在稚虫腹部的后半部,头部和胸部较少。当蜻蜓稚虫过冬或变为成虫时,囊蚴在其体内均能保持生活力。当禽类摄食含有前殖属吸虫囊蚴的蜻蜓幼虫、稚虫或成虫时,囊蚴外壁在宿主的嗉囊内脱落,然后在小肠中段孵出童虫,经 3～4 h 到达腔上囊。再经 15 d 即可发育成熟。

(三)流行病学

前殖吸虫病流行广泛,分布亚洲、欧洲、非洲及美洲。在我国分布于 20 个省、市、自治区,尤其南方各地更为多见。其流行季节与蜻蜓出现的季节相一致。每年 4—5 月份蜻蜓的稚虫聚集在水塘岸旁,并爬到水草上变为成虫。农村多放养家禽,极易捕到感染的蜻蜓稚虫或成虫,从而感染此病。夏秋季天气变化时,蜻蜓群飞,家禽常去捕食蜻蜓而受到广泛感染。当带有病原体的鸡在水边放养或水禽下水时,含虫卵的粪便排入水中,从而造成本病的流行。特别是本病在野禽之间的流行,构成了自然疫源地,这对消灭前殖吸虫病造成很大困难。

(四)致病作用和症状

前殖吸虫寄生于家禽的输卵管内,以吸盘和体表小刺刺激输卵管的腺体,影响正常的功能。首先破坏壳腺,致使形成蛋壳石灰质的机能亢进或降低,进而破坏蛋白腺的功能,引起蛋白质分泌过多。由于过多的蛋白积聚,扰乱输卵管的正常收缩,影响卵的通过,从而产生各种畸形蛋(软壳蛋、无壳蛋、无卵黄蛋、无蛋白蛋及变形蛋)或排出石灰质、蛋白等半液状物质。由于输卵管炎症的加剧,严重时可能造成输卵管破裂或逆蠕动,致使输卵管内的炎性渗出物或蛋白或石灰质等落入腹腔,引起腹膜炎而死亡。禽类感染后,可产生免疫力,当再次感染时,虫体不再侵害输卵管,而随卵黄经输卵管的卵黄腺部分与蛋白一起包入蛋内。所以蛋内常见有前殖吸虫存在。

前殖科吸虫主要对鸡引起症状,而鸭一般症状不甚明显。鸡患本病的症状轻重,常取决于寄生数量和寄生部位,特别是产蛋鸡,如果寄生于输卵管内虫体数量多时,其症状更为明显。通常在感染初期,其食欲及产蛋均正常。感染后 1 个月左右,产蛋率开始下降,逐渐产出畸形蛋、软壳蛋或无壳蛋。此期约持续 1 个月,随着病情发展,患鸡食欲减退,机体消瘦,羽毛脱落,精神不振,产蛋停止,有时从泄殖腔排出卵壳碎片或流出石灰水样液体。并见有腹部膨大、下垂,形成"鸭腹"。肛门潮红,周围羽毛脱落。后期体温升高,食欲消失,渴欲增加,可能招致死亡。

病理变化主要在生殖系统,表现输卵管发炎,输卵管黏膜充血,极度增厚,在黏膜上可找到虫体。此外,病情严重的还可出现腹膜炎,腹腔内含有大量黄色浑浊的液体。脏器被干酪样物粘在一起,肠管间可见到浓缩的卵黄,浆膜呈现明显的充血和出血。有时出现干性腹膜炎。

(五)诊断

根据临床症状和病理剖检,或用沉淀法检查粪便发现虫卵可确诊。

（六）治疗

初期可用四氯化碳（carbon tetrachloride）治疗，效果良好，每只鸡 2～3 mL，加等量石蜡油混合，嗉囊注射。驱虫可用下列药物：

(1)六氯乙烷（hexachlorethane）　以每千克体重 0.2～0.3 g，混入饲料中喂给，每天一次，连用 3 d。

(2)丙硫苯咪唑（抗蠕敏，albendazole）　每千克体重 80～100 mg，一次内服。

(3)吡喹酮（praziquantel）　每千克体重 30～50 mg，一次内服。

（七）预防

①定期驱虫，在流行区进行有计划的驱虫。

②消灭中间宿主淡水螺，切断前殖吸虫发育的中间环节。

③防止鸡群啄食蜻蜓及其稚虫。不要在清晨或傍晚以及雨后到池塘边放牧。

三、双士吸虫病

由双士科（Hasstilesiidae）双士属（*Hasstilesia*）绵羊双士吸虫（*Hasstilesia ovis*），旧称绵羊斯克里亚宾吸虫（*Skrjabinotrema ovis*），寄生于绵羊、山羊、黄牛和牦牛及野生反刍动物小肠内，引起以肠道炎症为主的寄生虫病。

（一）病原形态

虫体甚小，卵圆形或梨形，褐色，外观似草籽，体表被有小棘。大小为（0.79～1.15）mm×（0.32～0.70）mm。口、腹吸盘均较小，大小几乎相等。具咽和食道，肠支抵达虫体末端。睾丸两个，卵圆形，互相紧靠，斜列于虫体后端。卵巢圆形，位于右睾丸的前侧方与雄茎相对排列。生殖孔开口于睾丸前方的侧面。卵巢在睾丸的侧方。卵黄腺在虫体前部的两侧。子宫发达，内充满着大量虫卵（图 7-33）。虫卵甚小，大小为（24～32）μm×（16～20）μm，卵圆形，深褐色，卵壳厚，有卵盖，内含毛蚴。

图 7-33　绵羊双士吸虫（仿孔繁瑶）

（二）生活史

绵羊双士吸虫的中间宿主为陆地螺，并以同一螺或同科其他螺蛳为第二中间宿主。虫卵随终末宿主的粪便排至体外，被中间宿主吞食后，在其肠内孵化出毛蚴，移行至螺的消化腺内发育为胞蚴，无雷蚴阶段。成熟的尾蚴离开螺体到外界环境中，被同一种螺或同科的其他螺吞食后，在其体内发育为囊蚴。动物因放牧时随草吞食含囊蚴的陆地螺而被感染。囊蚴在动物体内脱囊而出，幼虫固着在肠绒毛间，经 3.5～4 周发育为成虫。

（三）流行病学

主要分布于中亚诸国和我国西北地区新疆、青海、甘肃、陕西、四川与西藏等地。在我国西北一带绵羊不分年龄普遍感染。国外也有兔感染双士吸虫的报道。

(四)致病作用和症状

虫体虽小,但感染强度很大,以秋季为最多,主要引起小肠发炎。临床上呈现腹泻、贫血和消瘦等症状。兔感染双士吸虫后肠组织病理学切片显示,肠绒毛受到广泛的破坏。

(五)诊断

诊断通过粪便检查发现特征性虫卵或尸体剖检发现虫体确诊。

(六)治疗

丙硫咪唑,剂量为每千克体重 20 mg,口服,疗效良好。

(七)预防

治疗病畜,加强粪便管理,消灭中间宿主,勿让宿主吃到囊蚴。

四、背孔吸虫病

背孔吸虫病是由背孔科(Notocotylidae)背孔属(*Notocotylus*)的吸虫寄生于鸭、鹅、鸡等家禽和野禽的盲肠和直肠内引起的。虫体类型很多,常见的为纤细背孔吸虫(*N. attenuatus*),在我国各地普遍存在,以南方各省较多。

(一)病原形态

纤细背孔吸虫虫体呈长椭圆形,前端尖细,后端钝圆,大小为(2.2～5.7) mm×(0.82～1.85) mm。口吸盘圆形,位于体前端。腹吸盘和咽付缺。两肠支简单,伸达体中部或体末睾丸后。腹腺呈圆形或椭圆形,分三行纵列于虫体腹面,中行有 14～15 个,两侧行各有 14～17 个。睾丸分叶,左右排列在虫体的后端,肠管外侧;雄茎囊呈长管形,其长度相当于体长的 1/3,位于体前 1/3 处。卵巢分叶,在两睾丸之间;梅氏腺位于卵巢前方。子宫左右回旋弯曲,位于虫体中后部,两肠支的内侧。子宫颈细长,与雄茎囊并列,其长度为雄茎囊的一半。生殖孔开口在肠分支的下方。卵黄腺位于虫体后半部的两侧(图 7-34)。虫卵呈椭圆形,卵壳厚,大小为 (19.24～21.46) μm×(8.40～9.62) μm。两端具有卵丝,卵丝基部粗,端部细。虫卵一端有卵盖,卵盖与卵壳交接处有 2 条环状隆起,卵壳表面附有絮状、蛋白样物,使虫卵表现粗糙外观。

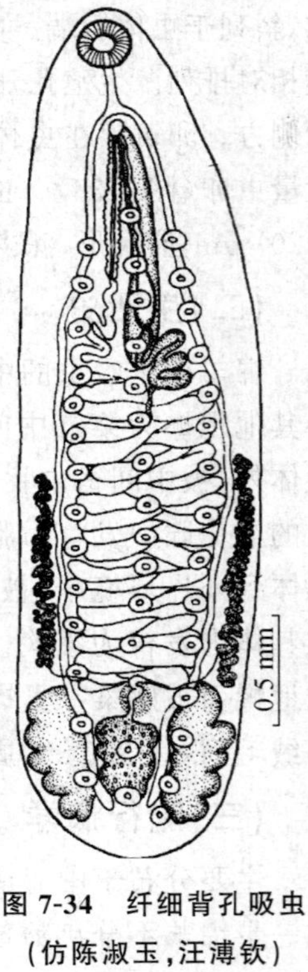

图 7-34　纤细背孔吸虫
(仿陈淑玉,汪溥钦)

(二)生活史

细背孔吸虫的中间宿主有折叠萝卜螺(*Radix plicatula*)、小土蜗(*Galba pervia*)、圆扁螺(*Hippeutis umbilicalis*, *H. cantori*)、椎实螺(*Lymuaea auricalaris*)、扁卷螺(*Planorbis rotundatus*)等。成虫在宿主肠腔内产卵,卵随粪便排出体外,落在水中,在适宜的条件下,3～4 d 孵出毛蚴。毛蚴进入螺体后,经 11 d 发育为胞蚴,后变为雷蚴和尾蚴。尾蚴自螺体逸出,附着在水草或其物体上形成囊蚴。禽类吞食了含囊蚴的螺类或水草等而受感染。童虫附着在动物的盲肠黏膜上,约经 3 周发育为成虫。

(三)流行病学

该虫主要寄生在鹅、鸭、天鹅、秋沙鸭、鸡等禽类的盲肠和直肠。

分布于欧洲、俄罗斯、日本等地区。我国的吉林、山东、陕西、贵州、云南、江苏、安徽、湖北、湖南、福建、广东、台湾等地都有该病的报道。

(四)致病作用和症状

虫体的机械性刺激引起寄生部位的肠黏膜损伤和发炎，其毒素作用使患鸭发育迟滞。患鸭表现食欲降低，轻度下痢，消瘦，贫血，羽毛松乱无光，雏鸭生长缓慢。

(五)诊断

用直接涂片法或沉淀法检查找虫卵，或剖检在肠道找出虫体进行诊断。

(六)治疗

(1)硫双二氯酚(bithionol)　每千克体重150～200 mg，一次内服。

(2)吡喹酮(praziquantel)　每千克体重15 mg，一次内服。

(3)丙硫咪唑(albendazole)　每千克体重75～100 mg，一次内服。

(4)槟榔(*Arca catectul*)　按每千克体重0.75 g槟榔的剂量，煎成煎剂，以小胶管灌服，用药后5～30 min，开始排虫，约延续1 h排完；或每千克体重1～2 mg溴氢酸槟榔素。将槟榔素用蒸馏水配制成1∶5 000的水溶液，每千克体重用5～10 mL，灌服或嗉囊内注射均可，经10～20 min后开始排出虫体。

(七)预防

禽粪堆积发酵，杀灭虫卵，以免环境污染；应用药物或土壤改良消灭中间宿主，切断传播途径；在流行区内可用药物定期驱虫，加强饲养管理，搞好饮水、饲料和养禽场的卫生，及时治疗患禽，防止病原散播。

五、血居吸虫病

血居吸虫病是由血居吸虫寄生于鱼类的血管中引发的疾病。如龙江血居吸虫(*Sanguinicolalungensis*)，寄生于鲢、鳙、鲫等的血管内，危害较大。

(一)病原形态

龙江血居吸虫隶属于血居吸虫科，寄生于多种淡水鱼及海水鱼的血管内。成虫扁平、梭形，前端尖细，大小为(0.26～0.85) mm×(0.14～0.25) mm，体被很粗的棘及刚毛，口孔在吻突的前端，下接不很直的食道，在体1/3处突出膨大成4叶肠盲囊，没有咽；睾丸8～16对，位于卵巢前方，输精管沿正中线向后，至卵巢后方左侧，作二三折叠而达雄性生殖孔；卵巢蝴蝶状，卵呈橘子瓣状，大小为(55～75) μm×(25～35) μm，在大弯的一边有一短刺。

(二)生活史

毛蚴在鳃血管内孵出，钻出鱼体外，落入水中，毛蚴钻入中间宿主(龙江血居吸虫的中间宿主为褶叠椎实螺)发育为胞蚴、尾蚴。尾蚴为叉尾有鳍型，体背面有鳍，不具吸盘、眼点，口孔在吻的腹面；尾蚴钻入终宿主鱼体内，发育为成虫(图7-35)。

(三)流行情况

血居吸虫病为世界性疾病，欧洲、美洲、非洲、亚洲等都有引起病鱼大批死亡的报道，危害100种左右淡水、海水鱼类，引起急性死亡的主要是鱼苗、鱼种，流行于夏季。我国饲养的鲢、鳙、团头鲂、鲤、鲫、金鱼、草鱼、青鱼、乌鳢等都有发生，其中以鲢、团头鲂的鱼苗、鱼种受害最

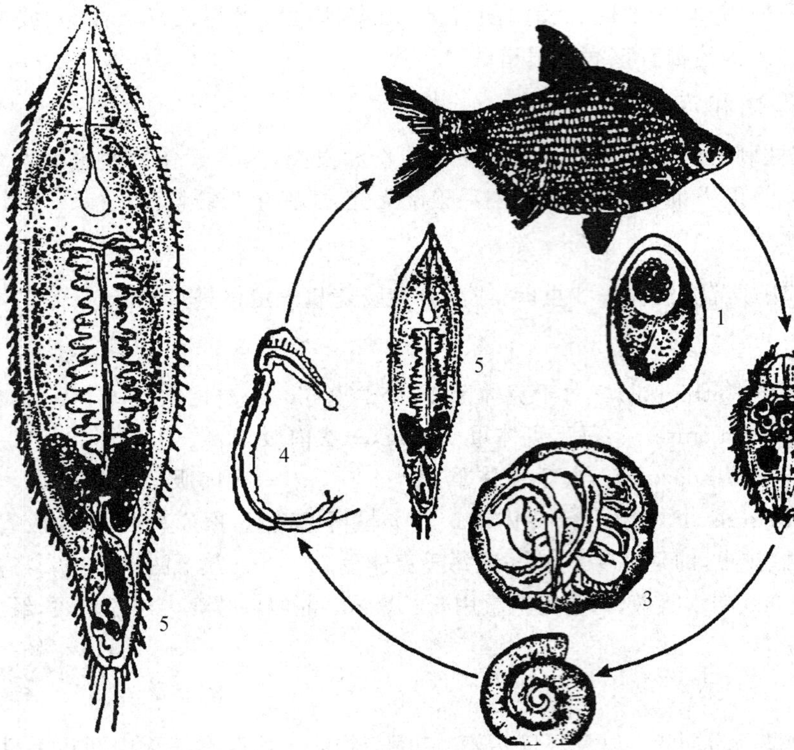

图 7-35 鲂血居吸虫生活史(仿张剑英)

1. 虫卵 2. 毛蚴 3. 胞蚴 4. 尾蚴 5. 成虫

大,在几天内可引起几十万苗种死亡。血居吸虫种类很多,已报道的有 50 种以上,对宿主有严格的选择性,如鲂血居吸虫的尾蚴对团头鲂很敏感,对鲢、鳙和草鱼没有感染力,对鲤鱼苗虽能穿入,但第二天虫体就死亡、脱落,且对饲养 4～6 d 后的鲤鱼苗,尾蚴就无法钻入。

(四)症状和病理变化

症状分急性和慢性两类,急性型为水中尾蚴密度较高,在短期内有多个尾蚴钻入鱼苗体内,引起鱼苗跳跃、挣扎、在水面急游打转,或悬浮在水面"呃水",鳃肿胀,鳃盖张开,肛门口起水疱,全身红肿,鳃及体表黏液增多,不久死亡。慢性型是尾蚴少量、分散地钻入鱼体,在其心脏和动脉球内发育为成虫,虫卵随血液被带到肝、脾、肾、肠系膜、肌肉、脑、鳃、脊髓等处,在鳃上的虫卵可发育孵出幼虫,引起出血的鳃组织损伤;被带到其他组织的虫卵,外包多层的结缔组织,数量多时可引起血管被堵,组织受损,出现相应的症状,一般在肾脏中虫卵较多,肾组织受损,引起腹腔积水,眼球突出,竖鳞、肛门肿大外突,逐渐衰竭而死。

病鱼贫血,红细胞和血红蛋白量显著下降,轻者下降 20%,严重的下降 61%;球蛋白含量也大幅度下降。

(五)诊断

①将病鱼的心脏及动脉球取出,放入盛有生理盐水的培养皿中,剪开心脏及动脉球,并轻刮内壁,在光亮处用肉眼仔细观察,就可看出是否有血居吸虫的成虫。

②将有关组织压成薄片,在显微镜下检查有无大量橘子瓣状虫卵,尤其是要仔细检查鳃及肾组织。

第八章
绦虫病

本章学习目的与要求：通过本章的学习，要求深刻理解与掌握绦虫的形态、生活史；掌握猪囊尾蚴病、牛囊尾蚴病、棘球蚴病、孟氏裂头绦虫病、脑包虫病、莫尼茨绦虫病、鸡绦虫病、犬复孔绦虫病的生活史、流行病学以及诊断与防治方法；要求一般了解宽节双叶槽绦虫病、猪伪裸头绦虫病、细颈囊尾蚴病、豆状囊尾蚴病、水禽绦虫病等的生活史、流行病学以及诊断与防治方法。

第一节　绦虫的形态、分类和生活史

绦虫所有种类都营寄生生活，成虫绝大多数寄生于脊椎动物的消化道，主要是小肠。发育过程中除个别种类外，均需要中间宿主参与，在中间宿主体内的发育期称为中绦期（也称绦虫蚴），中绦期可寄生于中间宿主的各种组织器官中。寄生于畜禽及人的绦虫均隶属于扁形动物门（Platyhelminthes）绦虫纲（Cestoidea）真绦虫亚纲（Eucestoda）的假叶目（Pseudophyllidea）和圆叶目（Ccyclophyllidea）。

一、绦虫的形态结构

（一）圆叶目绦虫

1. 外部形态

虫体呈背腹扁平的带状，白色或带黄色。不透明。虫体的大小变化很大，小的仅有数毫米，大的可达 10 m 以上，整个身体由数个到上千个节片组成，分为头节（scolex）、颈节（neck）和体节或称链体（strobila）3 部分。虫体前端细小，后端宽。

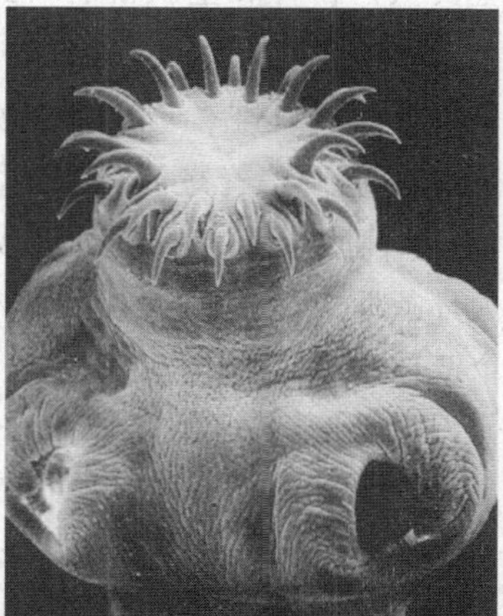

图 8-1　绦虫头节上的小钩

（1）头节　位于虫体的最前端，为吸附和固着器官，一般很细小，长或宽常只有 1～2 mm。呈球形、卵圆形、立方形或梭形，表面着生有附着器官。根据其附着器官构造的不同，头节可分为不同类型。圆叶目绦虫通常为吸盘型（acetabulate type of holdfast），这种类型的头节具有 4 个圆形吸盘，对称地排列在头节的四周；有的在头节顶端中央有能或不能回缩的顶突（rostellum），顶突上还有一排或数排小钩（图 8-1）；少数种类在吸盘上也有小钩。顶突的有无、顶突上钩的排列和数目在分类定种上有重要的意义。

(2)颈节 位于头节之后,比较纤细而不分节,与头节、体节的分界不甚明显,是产生节片的部位,故又称之为生长区(growth zone)。但也有缺颈节者,其生长带则位于头节后缘。

(3)体节 又称链体,为颈节后面的部分,由节片(proglottid 或 segment)组成。节片数目因种类不同而差别很大,少者仅有几个,多者可达数千个。节片间有明显的界限,少数绦虫则界限不明显,甚至没有。节片一般呈四方形,由于种类及发育成熟度的不同,或宽大于长,或长大于宽。按其前后位置和两性生殖器官发育程度的不同,可将节片分为3类:

①未成熟节片:简称幼节,紧接在颈节之后,节片内的生殖器官尚未发育或正在发育。

②成熟节片:简称成节,在幼节之后,节片内的生殖器官逐渐发育成具有生殖能力的雄性和雌性两性生殖器官。一般位于虫体中段靠前一些的部分。一般宽大于长。

③孕卵节片:简称孕节,为成熟节片之后的所有节片,节片内的一部分或全部为蓄满虫卵的子宫所充满,而生殖器官的其他部分则已部分或全部退化、消失。一般长大于宽,为最宽和最长的节片。

圆叶目绦虫无子宫孔,子宫内的虫卵不能自行产出,又因绦虫的生长发育总是由前向后逐渐进行,因此,居于后部的节片依次比前部的节片成熟度高,越老的节片距离头端越远,达到孕节时,孕节最后的节片逐节或逐段脱落,随宿主粪便排出,因节片破裂(在肠道内或外界)而散出虫卵。由于孕卵节片逐节或逐段从虫体后端脱落,而新的节片不断形成,所以不同种的绦虫能保持着固有的长度与一定的节片数目。

头节主要起附着作用,颈节产生新的节片,体节主要执行营养和生殖机能,也有附着作用。

2. 体壁

绦虫体壁(body wall)的最外层是皮层(tegument),皮层覆盖着链体各个节片,其下为肌肉系统,由皮下肌层和实质肌层组成。皮下肌层的外层为环行肌,内层为纵行肌,纵行肌较发达,贯穿整个链体,当体节成熟老化,纵行肌纤维随之萎缩退化,从而孕节易于从链体自动脱落(图 8-2)。

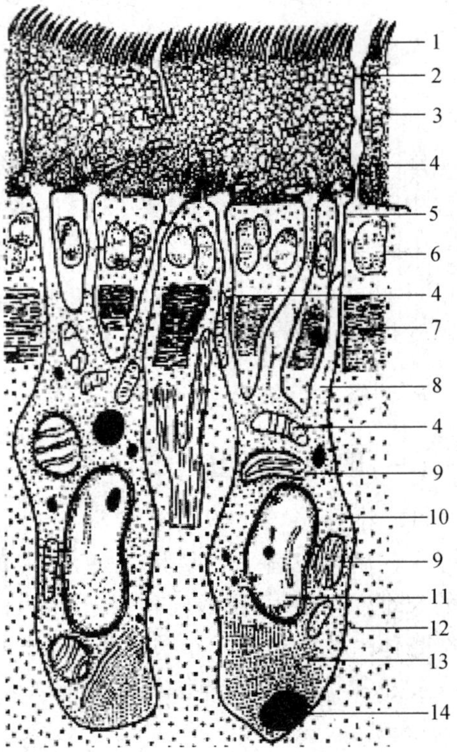

图 8-2 绦虫体壁之电镜结构(仿 Threadgold)

1. 微绒毛 2. 孔道 3. 皮层 4. 线粒体 5. 基膜 6. 环肌 7. 纵肌 8. 连接管 9. 内质网 10. 电子致密细胞 11. 核 12. 实质 13. 蛋白质 14. 脂肪或糖原

绦虫无消化道,靠体壁皮层外的微绒毛吸收营养物质,还能合成并输送蛋白质,又能防止虫体被宿主所消化,且绒毛还具有附着作用。

3. 实质

绦虫无体腔,由体壁围成一个囊状结构,有人称为皮肤肌肉囊。囊内充满着海绵样实质,也叫髓质区，各脏器均埋藏在此区内。实质内常散在有许多球形的或椭圆形的石灰小体(calcareous body)，直径为 3～30 μm，为外被以包膜的钙或镁的碳酸盐颗粒，该小体亦为绦虫的重要组成部分，有调节酸度的作用。

4. 消化系统

绦虫无消化系统，皮层和与它相关的细胞具有相当于其他动物消化系统的功能，具有吸收、加工、储存和运送营养物质的功能。

5. 循环及呼吸系统

绦虫无循环及呼吸系统，行厌氧呼吸。

6. 神经系统

神经中枢在头节中，由神经节向后分出两侧主干及背腹左右辅干共 6 条神经干，贯穿整个链体，在头节和每一体节内并有横支相连。分布于皮层的感觉末梢，具有触觉感受器和化学感受器的功能。

7. 排泄系统

为许多浸埋在实质中的焰细胞和两对纵走的排泄管所组成的原肾系统。起始于焰细胞，由焰细胞发出的细管汇集成较大的排泄管，再和纵排泄管相连。链体两侧有纵排泄管，每侧有背、腹两条，位于腹侧的较大，纵排泄管在头节内形成蹄系状联合，通常腹纵排泄管在每个节片中的后缘处有横管相连。一个总排泄孔位于最后一个节片的游离缘的中部。当最后一个节片脱落后，就不再有总排泄孔，而由各节片的排泄管各自向外开口。有的学者认为绦虫的排泄系统还有着平衡体内水分的作用。

8. 生殖系统

绦虫除个别虫种外，均为雌雄同体。其生殖器官特别发达，可以说链体就是一连串的生殖器官构成的。在成熟体节的每个节片中都有 1～2 组(套)雄性和雌性生殖系统(图 8-3)。生殖器官是随着体节的逐渐发育而形成的。首先分化出雄性生殖器官，然后再分化出雌性生殖器官。当体节受精后，雄性生殖系统就开始萎缩逐渐退化，而雌性生殖系统则继续充分发育，直到子宫发育完全成熟，其内逐渐充满虫卵，此时节片内除去高度扩张的子宫外，雌性生殖器官的其他部分已逐渐萎缩和退化消失，至此即成为孕节。孕节随着虫卵的成熟，纵肌纤维的萎缩而脱离链体，随宿主粪便排出体外。

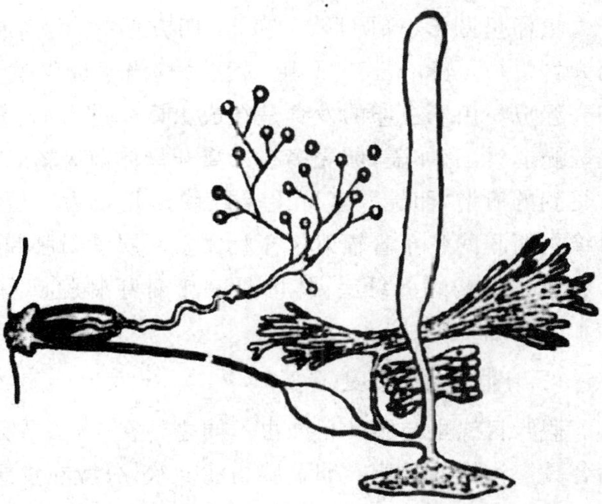

图 8-3　圆叶目绦虫生殖器官模式图(仿 Augustine)

(1)雄性生殖系统　由睾丸、输出管、输精管、贮精囊、前列腺、雄茎、雄茎囊组成，末端为生殖孔。

睾丸一个至数百个，圆形或椭圆形，埋在近背侧髓质区(实质)中，一般在卵巢之前，但也有的分布至卵巢之后，或聚集于节片的两侧，有的甚至扩展到排泄管外侧。由每个睾丸发出的输出管联合成输精管，睾丸多时，输出管互相连接成网状，再汇合形成输精管。输精管曲折蜿蜒向前推进，形成两个膨大部，一个在未进入雄茎囊之前，称为外贮精囊；一个在进入雄茎囊之后，称为内贮精囊；有的只有一个贮精囊，位于雄茎囊内。与贮精囊末端相接的部分为射精管和雄茎，雄茎可自生殖腔向外伸出。雄茎囊多为椭圆形或梨形，贮精囊、前列腺、射精管及雄茎的大部分均包在雄茎囊内。雄茎同阴道分别在上下位置向生殖腔开口，生殖腔向外的开口称生殖孔。

生殖孔的位置，一般位于节片侧缘的中央，可偏上或偏下。如为一套生殖器官时，生殖孔的位置依种类不同而不同，可同侧开口，或左右规则交替排列，或左右不规则的交替排列。如为两套生殖器官时，一般位于节片的两侧缘，每侧一个。

(2)雌性生殖系统　由卵巢、输卵管、卵模、梅氏腺、子宫、阴道、受精囊、卵黄腺、卵黄管组成，末端为生殖孔。

卵巢位于节片的后半部，一般呈两瓣状，均为许多细胞组成。各细胞有小管，最后汇合成一支输卵管，与卵模相通。阴道(包括受精囊——受精囊为阴道的膨大部分)常与输精管并行，末端开口于生殖腔，近端通卵模。卵黄腺分为两叶或为一叶，在卵巢附近，由卵黄腺发出卵黄总管，常膨大形成卵黄囊后而与输卵管连接通往卵模。子宫的结构因绦虫的种类不同各有特征，另外还受虫卵的积聚与压力的影响而形成各种不同的类型：有的为一中央盲管，分出侧枝；有的为一横管，或呈网状，或呈螺旋状；有的分成小室(即形成卵袋)，有的代以实质形成的袋状构造(子宫周围器，为实质形成围绕在子宫周围的一种致密的纤维袋)。有的子宫到一定时期还会退化消失，而虫卵散布在由实质形成的袋状腔内。子宫为盲囊，不向外界开口，虫卵不能自动排出，故成熟的虫卵必须等到孕节脱落后，在从终末宿主排出过程中的机械作用下，或排出体外节片破裂后才能释放出来。

虫卵呈圆形、椭圆形、三角形、四方形等，由内向外由六钩蚴(oncosphere)、胚膜、胚层(相当于卵黄膜)和卵壳组成。由于虫卵的发育是在成虫体内进行的，其卵壳较脆弱，没有卵盖，卵壳多在未离开母体前脱落，因此常见到的所谓“卵壳”，实际上是胚膜。胚膜为双层，带科绦虫两膜间密布着辐射式棒状体。胚层紧附胚膜，不易察见。六钩蚴无纤毛，体内具有 1 对穿刺腺、6 个小钩和 1 对焰细胞(图 8-4)。

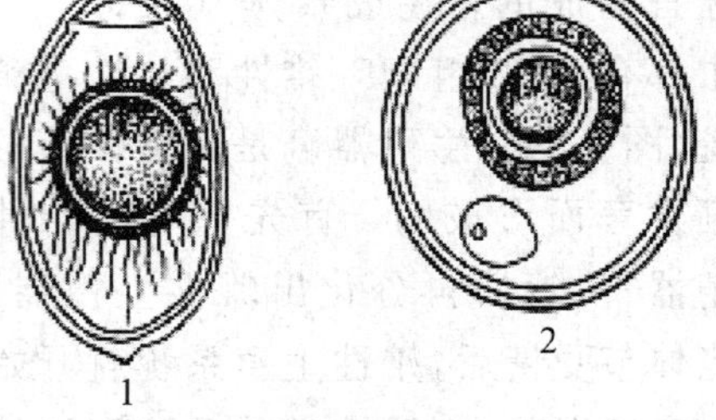

图 8-4　绦虫卵的模式构造

1. 假叶目绦虫卵　2. 圆叶目绦虫卵

(二)假叶目绦虫

假叶目绦虫与圆叶目绦虫不同之处在于：头节为吸槽型(bothriate type of holdfast)，背腹面各具一沟样的吸槽。卵黄腺为滤泡状，分散在皮层中，有时也在髓部。生殖孔多位于虫体腹面。子宫具有向外的开口，即子宫孔，子宫孔位于腹面。虫卵可随时经子宫孔排出孕节外，随终末宿主粪便排至外界(图 8-5)。虫卵与吸虫卵相似，呈卵圆形或椭圆形，卵壳厚，一端常有卵盖，卵内含有单细胞期或卵裂早期的胚胎和许多卵黄细胞。虫卵刚排出体外时对中间宿主不具有感染性，只有经过在水中发育后，才能形成成熟的六钩蚴。由于六钩蚴外面有密布纤毛的胚膜，因此又称其为钩毛蚴或钩球蚴(coracidium)(图 8-4)。

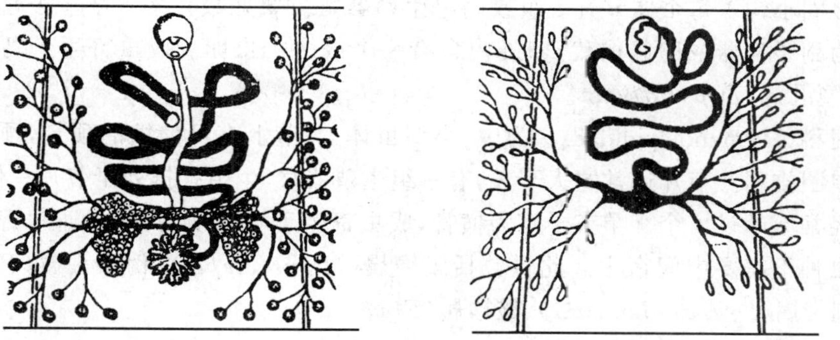

1　　2

图 8-5　假叶目绦虫生殖器官模式图(仿孔繁瑶)

1. 雌性生殖器官　2. 雄性生殖器宫

二、绦虫的分类

据山口佐仲(1959)的分类系统,绦虫纲分为两个亚纲(单节亚纲 Cestodaria、多节亚纲 Cestoda 或叫真绦虫亚纲)13 个目 60 个科,共 3 767 种。据 Jones A. 等(1994)整理,绦虫纲共包括 14 个目。与人兽关系较大的为多节绦虫亚纲的假叶目和圆叶目的绦虫,假叶目的绦虫种类较少,主要是圆叶目的绦虫。

(一)圆叶目

头节上有大而显著的 4 个圆形或椭圆形吸盘,吸盘上有或无小钩。顶端有顶突,其上有钩或无钩或缩入头节内。虫体分节明显,前节后缘覆盖后节前缘。生殖孔在体节的一侧或两侧,无子宫孔,孕卵节片脱离链体被排出。虫卵缺卵盖,内含六钩蚴。睾丸圆形或椭圆形。卵巢扇形分叶或哑铃状,卵黄腺大多为单个,在卵巢的后面。幼虫寄生于脊椎动物或无脊椎动物,成虫寄生于脊椎动物。圆叶目的绦虫与人兽有关的有下列 6 科:

(1)裸头科(Anoplocephalidae)　为大、中型虫体,头节上无顶突和小钩。每个体节有一组或两组生殖器官。睾丸数目较多。子宫形状为横管或网状。幼虫为似囊尾蚴。中间宿主为 Oribatidae 科的地螨。成虫寄生于牛、羊、马等哺乳动物的肠道。此科包括裸头属(*Anoplocephala*)、副裸头属(*Paranoplocephala*)、莫尼茨属(*Moniezia*)、曲子宫属(*Helictometra* 或 *Thysaniezia*)、无卵黄腺属(*Avitellina*)。

(2)带科(Taeniidae)　为大、中、小型虫体,吸盘上无小钩。头节上有顶突,顶突不能回缩,其上有两圈小钩(牛带吻绦虫除外)。每个体节有一组生殖器官,生殖孔不规则地交替排列于节片侧缘。睾丸数目众多。卵巢分叶,子宫为管状。孕节子宫有主干和许多分枝。虫卵为圆形,内含六钩蚴。幼虫为囊尾蚴型,寄生于草食动物或杂食动物(包括人),成虫寄生于食肉动物或人。此科包括带属(*Taenia*)、带吻属(*Taeniarhynchus*)、多头属(*Multiceps*)、棘球属(*Echinococcus*)。

(3)戴文科(Davaineidae)　为中、小型虫体,头节顶突上有 2 或 3 排斧形小钩,吸盘上有或无细小的钩。每个体节有一组生殖器官,偶尔也有两组的。卵袋(egg pouches)取代孕节的子宫。成虫一般寄生于鸟类,亦有寄生于哺乳动物的。幼虫寄生于无脊椎动物。此科包括戴文属(*Davainea*)、瑞利属(*Raillietina*)。

(4)双壳科(Dilepididae)　为中、小型虫体,吸盘上有或无小钩,绝大多数有顶突,顶突上通常有 1～2 圈小钩。每个体节有一组或两组生殖器官。睾丸数目多。孕节子宫为横的袋状或分叶，或为副子宫器或卵袋取代，卵袋内含有一个或多个虫卵。成虫寄生于鸟类或哺乳动物。此科有复孔属（*Dipylidium*）。

（5）膜壳科（Hymenolepididae）　为中、小型虫体，头节上有可伸缩的顶突，顶突上大多具有小钩，呈单圈排列。节片通常宽大于长，有一组生殖器官，生殖孔排列于节片一侧。睾丸大，但数目少，经常不超过 4 个。孕节子宫为横管，成虫寄生于脊椎动物，幼虫通常寄生于无脊椎动物，个别虫种不需要中间宿主。此科包括膜壳属（*Hymenolepis*）、伪裸头属（*Pseudanoplocephala*）、剑带属（*Drepanidotaenia*）、皱褶属（*Fimbriaria*）。

（6）中绦科（Mesocestoididae）　为中、小型虫体，头节上有 4 个突出的吸盘，但无顶突。生殖孔位于腹面的中线上。虫卵居于厚壁的副子宫器内。成虫寄生于鸟类和哺乳动物。此科有中绦属（*Mesocestoides*）。

（二）假叶目

头节一般为双槽型（背腹面有两条沟槽），有时双槽不明显或付缺。头节上无吸盘和顶突。分节明显或不明显。生殖孔位于体节中间或边缘。每节有一组生殖器官，偶有两组者。睾丸数目众多，分散排列。卵巢两叶，卵黄腺为许多泡状体分散在皮质区。孕卵子宫常呈弯曲管状，开口于节片腹面的中央。虫卵有卵盖，产出时不含幼虫，随粪便排至外界的虫卵，被第一中间宿主吞食后，在其体内发育为原尾蚴，然后在第二中间宿主体内发育为感染终末宿主的实尾蚴，成虫大多数寄生于鱼类。

（1）双叶槽科（Diphyllobothriidae）　为大、中型虫体，头节上有吸槽，分节明显。生殖孔和子宫孔同在腹面。卵巢位于体后部的髓质区内。卵黄腺小而多，呈泡状，位于皮质区。子宫为螺旋状的管子，在阴道孔后向外开口。卵有盖，产出后孵化。成虫主要寄生于鱼类，有的也见于爬行类、鸟类和哺乳动物。此科包括双叶槽属（*Diphyllobothriium*）、叠宫属（*Spirometra*）、舌形属（*Ligula*）。

（2）头槽科（Bothriocephalidae）　此科有头槽属（*Bothriocephalus*）的九江头槽绦虫（*B. gowkongensis*）体长 20～250 mm，头节有一明显的顶盘和两个较深的吸沟。睾丸球形，每个成节内有 50～90 个，分布在节片的两侧。生殖孔开口在节片背面中线后 1/3 的任何一点上。卵巢双瓣翼状，横裂在节片后端 1/4 的中央处。子宫弯曲呈“S”，开口于节片中央腹面，在生殖孔之前。卵黄腺比睾丸小，散布在节片的两侧。虫卵呈椭圆形，淡褐色，尖端有一不明显的卵盖。成虫寄生于草、鲢、鳙等鱼类的肠道。

三、绦虫的发育

绦虫的发育比较复杂，除个别寄生于人类和啮齿动物的绦虫（如短小膜壳绦虫，*Hymenolepis nana*）可以不需要中间宿主外，绝大多数在其生活史中都需要一个或两个中间宿主。寄生于家畜体内的绦虫都需要中间宿主，才能完成其整个生活史。绦虫的成虫均为雌雄同体，在其终末宿主体内的受精方式大多为自体受精（同体节受精、异体节受精），但也有异体受精的。

（一）圆叶目绦虫

虫卵的发育是在成虫体内进行的，虫卵从母体释放出时，成熟的六钩蚴已经形成。随终末宿主的粪便排到外界的虫卵或含有虫卵的孕节，被适宜的中间宿主吞食后，虫卵内的六钩蚴在中间宿主的消化道中逸出，通过不同的途径及方式到达寄生部位，并发育成为具有某种形态特征的中绦期——绦虫蚴。当终末宿主随食物或饮水吞食了含有成熟绦虫蚴的中间宿主或直接吞食了绦虫蚴后，绦虫蚴的头节即附着在宿主肠壁上，经一定时期发育为成虫。圆叶目绦虫的绦虫蚴有囊尾蚴（cysticercus）和似囊尾蚴（cysticercoid）两种类型（图 8-6）。

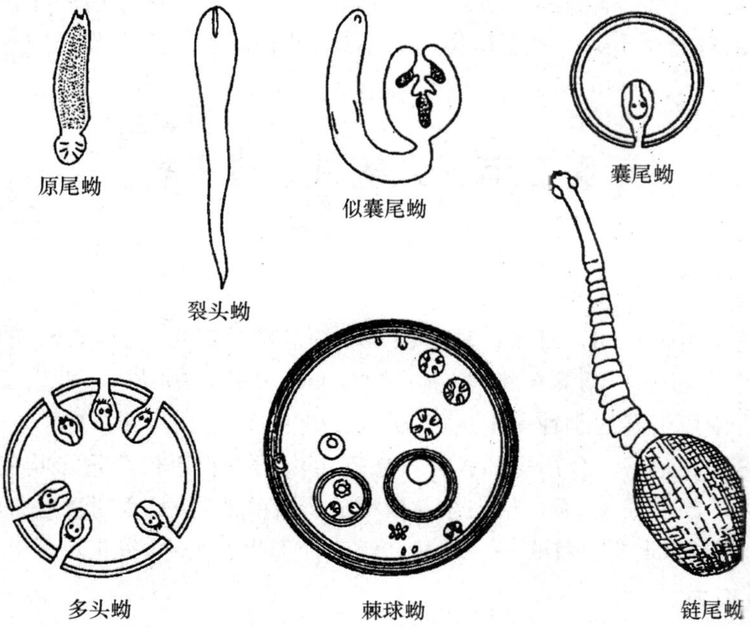

图 8-6　各种类型绦虫中绦期的模式构造图（方孔繁瑶）

（1）囊尾蚴型　在脊椎动物中间宿主体内发育形成。幼虫为一半透明的囊体，囊内充满液体，囊壁呈薄膜状，由外面的角质层和内面的生发层（或称胚层）组成。有的种类，在囊壁上只有一个向内凹入的头节，称为囊尾蚴，如猪囊尾蚴、牛囊尾蚴、羊囊尾蚴、细颈囊尾蚴等。有的种类，在囊壁上形成许多头节，这种囊体称为共囊尾蚴或多头蚴（coenurus），为多头绦虫（*Multiceps multiceps*）的幼虫。有的种类，在囊内除形成许多头节外，还形成生发囊（brood capsule，亦称育囊）、子囊（daughter cyst）、孙囊（grand daughter cyst），这种囊体称为棘球蚴（echinococcus 或 hydatid cyst），为细粒棘球绦虫（*Echiococcus granulosus*）的幼虫。有的种类则体的前端为头节，末端有一个小囊泡，在头节与囊泡之间有长而分节但无性器官的链体，称为链尾蚴（strobilocercus），为猫带状泡尾绦虫（*Hydatigera taeniaeformis*）的幼虫。囊尾蚴、多头蚴、棘球蚴、链尾蚴的头节构造与相应的成虫头节构造相似。

（2）似囊尾蚴型　在甲壳纲及昆虫纲等无脊椎动物中间宿主体内发育形成。似囊尾蚴体型很小，前端有一个小囊，囊腔很小，有一个相对较大的头节缩入其内，后部则有一实心的尾状结构，其末端仍附有六钩蚴的小钩。如犬复孔绦虫及寄生于牛、羊、马小肠的裸头科的绦虫的幼虫。

（二）假叶目绦虫

终末宿主主要是鱼类，少数为两栖类、爬行类、鸟类和哺乳类。中间宿主通常有两个，第一中间宿主为甲壳纲的节肢动物（如剑水蚤），第二中间宿主为鱼类、蛙类及其他脊椎动物。

假叶目绦虫的虫卵自子宫孔排出后必须在水中才能发育。在水中孵出的钩毛蚴被第一中间宿主吞食后,在其体内发育为原尾蚴(procercoid)。第二中间宿主吞食了含有原尾蚴的第一中间宿主后,原尾蚴在其体内发育为裂头蚴(sparganum)或称为实尾蚴(plerocercoid)(图 8-6)。裂头蚴被终末宿主吞食后,在其肠内发育为成虫。裂头蚴也可用作属名以指某种裂头科绦虫的此期幼虫,如孟氏裂头蚴(*Sparganum mansoni*),即孟氏迭宫绦虫(*Spirometra mansoni*)的裂头蚴。原尾蚴为实心结构,它的前端有一凹陷处,称为前漏斗,末端有一小尾球(cercomer),其内有 3 对小钩。而实尾蚴已无小钩,具有成虫样的头节,但链体及生殖器官未发育。

第二节 人兽共患绦虫病

一、猪囊尾蚴病

猪囊尾蚴病是由带科(Taeniidae)带属(*Taenia*)的猪带绦虫(又称有钩绦虫、链状带绦虫)(*T. solium*)的中绦期—— 猪囊尾蚴(猪囊虫)(*Cysticercus cellulosae*)寄生于猪或人的肌肉、脑、心、眼等器官中所引起的一种寄生虫病,俗称猪囊虫病。

猪囊虫病是一种危害十分严重的人兽共患寄生虫病。它不仅严重影响养猪业的发展,给畜牧业造成重大的经济损失,而且给人体健康构成严重的威胁,是全国重点防治的寄生虫病之一,是肉品卫生检验的重要项目之一。本病广泛流行于我国东北、华北及西南各地。

(一)病原形态

(1)猪带绦虫 为大型绦虫,虫体扁长如带,半透明乳白色,由 700～1 000 个节片组成,全虫长 2～5 m,前端细后端渐宽。头节小呈球形,直径约 1 mm,其上有顶突,顶突上有 25～50 个小钩呈两行排列。顶突后有 4 个圆形吸盘。颈节细而短,直径为头节的一半,长 5～10 mm。幼节宽大于长,成节近似方形,每一成节内含一组雌雄同体的生殖系统。睾丸泡状,分散于节片背侧有 150～300 个。卵巢特点分为左右两叶外加一个中央小叶。子宫位于节片的中央,呈棒状,终于盲端。生殖孔位于体节侧缘,呈不规则的交替排列。孕节长方形,节内其他器官退化,只剩下发达的子宫,呈树枝状,每侧有 7～13 个侧支,每一孕节内充满虫卵(3 万～5 万个)。虫卵呈圆形或椭圆形,直径 31～43 μm,卵壳两层,外壳(真壳)薄并且易脱落。余下的是较厚的内层,浅褐色,为有辐射纹理的胚膜,内含有具 3 对小钩的六钩蚴。通常镜检可见具胚膜的六钩蚴(图 8-7)。

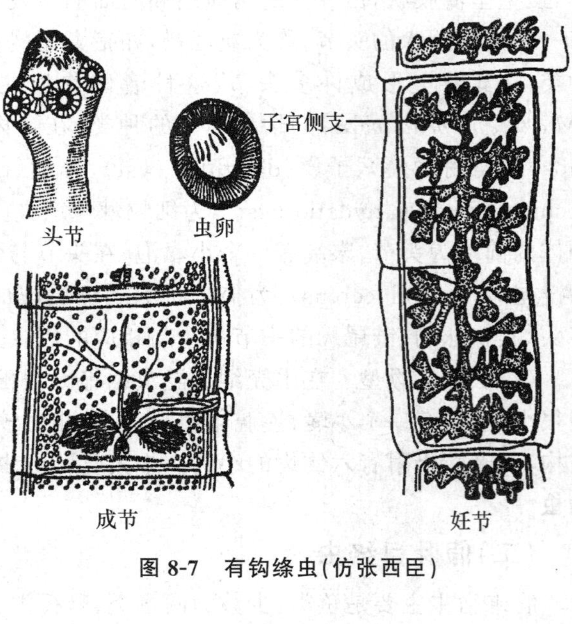

图 8-7 有钩绦虫(仿张西臣)

因猪带绦虫的头节的顶突上有小钩，故称有钩绦虫；因虫体较长呈链状，又称链状带绦虫；因其幼虫主要寄生于猪肌肉，又称猪肉绦虫。

(2)猪囊尾蚴 外观是椭圆形乳白的半透明囊泡，大小为(6～10) mm×5 mm，囊内充满透明液体，囊壁上有一个圆形小高粱米粒大的头节，倒缩囊内，外观似白色石榴籽样，其构造与成虫头节相似，头节上有带有两圈小钩的顶突和4个圆形吸盘(图8-8)。

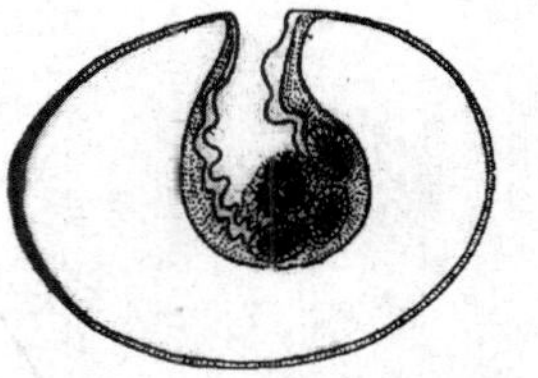

图8-8 猪囊尾蚴模式图

(二)生活史

人是有钩绦虫唯一终末宿主。成虫寄生于人的小肠中，虫卵或孕节随着人的粪便排出体外，污染外界环境。当虫卵或孕节被中间寄主猪或人等吞食，在消化道中消化液的作用下，虫卵内的六钩蚴逸出，借助小钩的作用钻入肠黏膜的血管或淋巴管内，再随血流散布到全身各组织中，但主要是到达横纹肌内发育，先体积增大，后逐渐形成一个充满液体的囊泡体，20 d后囊上出现凹陷，2个月后，在凹陷处形成头节，长出明显的吸盘和有钩的顶突，发育为成熟的囊尾蚴，对人具有感染力。

猪囊尾蚴主要寄生于横纹肌内，尤其是活动性较强的咬肌、舌肌、膈肌、肋间肌以及颈、肩、腹部等处肌肉与心肌，有时也可见于肝、肺、肾、脑及脂肪等处。有囊尾蚴寄生的猪肉称为“米猪肉”或“豆猪肉”。猪囊尾蚴在猪体内可活数年，最后钙化而死亡。除猪外，猪囊尾蚴也能在人、犬、猫、兔、牛、骆驼体内寄生。

人误食了未熟的或生的含猪囊尾蚴的猪肉后，猪囊尾蚴在人胃肠消化液作用下，囊壁被消化，头节进入小肠，用吸盘和小钩附着在肠壁上，吸取营养并发育生长。估计43 d就出现成熟虫卵，50多天或更长时间见孕节(或虫卵)排出。开始时排出的节片多，然后逐渐减少，每隔数天排出一次，每月可脱落200多个节片。人体内通常只寄生1条偶尔多至4条，成虫在人体内可寄生数年至数十年(图8-9)。

人作为中间宿主感染猪囊尾蚴的途径：①有钩绦虫的虫卵污染人的手、蔬菜和食物，被误食后而感染。②有钩绦虫的患者自体内重复感染：当患者恶心、呕吐时，肠道逆蠕动，孕卵节片或虫卵逆入胃内，在胃液的作用下，六钩蚴逸出，钻入肠黏膜经血液循环，到达人体的各组织器官，主要是脑、眼、心肌及皮下组织等处发育为囊尾蚴。

据报道有16％～25％的有钩绦虫病患者伴有囊尾蚴病；而囊尾蚴病患者中约55.6％伴有有钩绦虫寄生。

(三)流行病学

猪囊尾蚴病呈世界性分布，尤以中非、南非、拉丁美洲、东亚、南亚的发展中国家为甚。在我国广泛分布于29个省(区、市)，其中云南、东北、华北及华东地区常发外，其余省、区均为散发，长江以南地区较少，东北地区感染率较高。在实验条件下，猪带绦虫在白手长臂猿和大狒狒体内可获得感染成功。

猪囊尾蚴病主要是在猪与人之间循环感染的一种人兽共患病。人猪带绦虫病的感染源为猪囊虫；猪囊虫病的感染源是人体内寄生的有钩绦虫排出的虫卵。这种由猪到人、由人到猪的往复循环，构成了流行的要素。更重要的是，人可以因摄入猪带绦虫卵而患囊虫病。

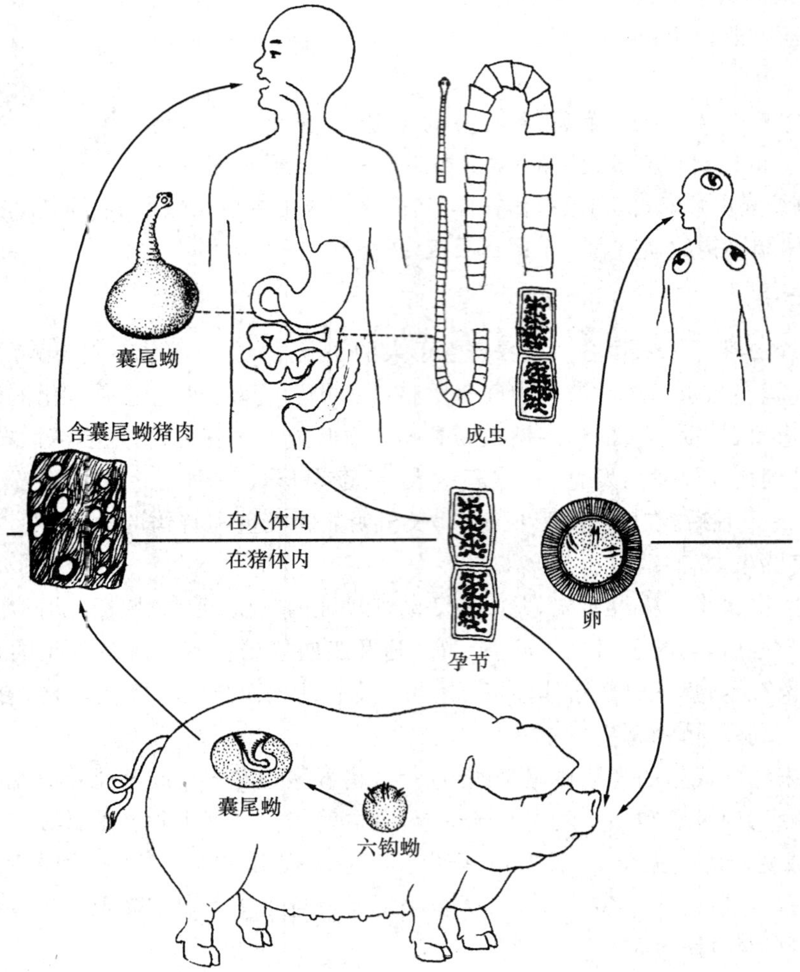

图 8-9 猪带绦虫生活史(仿曾宪芳)

本病的发生与流行与猪的饲养管理和人的粪便管理密切相关。在有些地区,猪采用放养方式,因此呈现人无厕所、猪无圈的现状;还有的地方采取连茅圈,大大增加了猪与人粪接触的机会,因而造成本病流行。

人感染猪带绦虫主要与生活习惯有关。在流行区,如云南的白族人喜吃"生皮",傣族人爱吃"剁生"等均属生食,人群感染率高。此外,烹调时间过短,砧板切生肉和生菜污染,均可导致感染。此外,肉检制度不严或未建立肉检制度也是造成本病流行的一个重要因素。

(四)致病作用及症状

猪囊尾蚴对猪的危害一般不明显。初期由于六钩蚴在体内移行,引起组织损伤,有一定致病作用。成熟囊尾蚴的致病作用常取决于寄生部位,数量居次要。寄生在肌肉与皮下,一般无明显致病作用。大量寄生的初期,常在一个短时期内引起寄生部位的肌肉发生疼痛、跛行和食欲不振等,但不久即消失。幼猪被大量寄生时,可能造成生长迟缓,发育不良。寄生于眼结膜下组织或舌部表层时,可见几处呈现豆状肿胀。典型重度感染病例常显两肩显著外张,臀部不正常的肥胖宽阔而呈哑铃形体型或狮体状,发音嘶哑和呼吸困难。在肉品检验过程中,常在外观体满腰肥的猪群中发现严重感染的病例。大量寄生于猪脑时，可引起严重的神经症状，突然死亡。寄生于眼内时，引起视力减退、眼神痴呆。

人感染有钩绦虫后，由于虫体夺取大量营养导致腹泻、肠痉挛，同时以机械作用和毒素作用危害患者机体，引起食欲异常（贪食或厌食）、消化不良、腹部隐痛、腹胀、恶心、呕吐、腹泻、消瘦、贫血等。对人而言最严重的问题是感染囊虫。猪囊虫寄生在人体组织内引起炎症和占位性病变，危害性远大于成虫，症状取决于寄生部位与数量。当寄生于脑时危害最大，虫体压迫脑组织，患者以癫痫发作为最多见，其次是颅内压增高，间或头痛、眩晕、恶心、呕吐、记忆力减退至消失，严重可致死。癫痫发作是突出症状，占脑囊虫的60%。寄生于人眼内可导致视力减弱，甚至失明。寄生于人肌肉皮下组织，导致局部肌肉酸痛无力。

（五）诊断

猪囊尾蚴的生前诊断比较困难。可以检查舌部，当舌部浅表有寄生时，触诊可发现豆状结节。同时，严重感染的猪，由于病猪不同部位的肌肉水肿，体型可能发生变化，表现为两肩增宽，或异常肥胖宽阔，或头部呈大胖脸形，体中部窄细，整个猪体从背面观呈哑铃状或葫芦形，前面看呈狮子头形，声音嘶哑，呼吸困难，睡觉发鼾，这些都可作为生前诊断的依据。

尸体剖检时在咬肌、腰肌等骨骼肌以及心肌等多发部位发现猪囊尾蚴便可确诊。

近年来发展起来的血清学免疫诊断法已经被应用于猪囊虫病的诊断上，如酶联免疫吸附试验（ELISA）和间接血球凝集试验（IHA）等。

人囊虫病诊断可根据症状，皮下结节活组织检查，眼囊虫病用眼底检查发现囊虫，脑和深部组织的囊尾蚴用X线、B超、CT、核磁共振技术基本可确诊。免疫学诊断（ELISA，IHA）等方法可辅助诊断人的囊虫病。

（六）治疗

1. 囊虫病的治疗

近年来较理想药物为丙硫咪唑和吡喹酮。

（1）对猪囊尾蚴病的治疗　因为有钩绦虫和猪囊尾蚴病对人的危害性很大。另外，有囊尾蚴的猪肉，常不能供食用，造成很大的经济损失，对于这类病应着重预防，而不是治疗，发现病例应及时做无害化处理。

（2）对人囊尾蚴病的治疗　丙硫咪唑：每千克体重20 mg，日分2次口服，15 d一疗程，间隔15 d，至少三个疗程。吡喹酮：每日剂量每千克体重20 mg，日分2次服药，连服6 d。

2. 人体猪带绦虫病治疗

①南瓜籽和槟榔合剂。②仙鹤草根芽。③氯硝柳胺（灭绦灵）。应注意检查排出虫体有无头节，并对排出虫体和粪便深埋或烧毁，以防止病源散布。

（七）预防

应采取综合性防治措施，大力开展驱除人绦虫，消灭猪囊虫的“驱绦灭囊”的防治工作。

（1）控制传染源　猪带绦虫病人是猪囊尾蚴感染的唯一来源，应对高发人群进行普查，发现人患绦虫病时，及时驱虫，驱虫治疗是切断感染来源的极其重要的措施。

（2）加强人粪管理和改变猪的饲养方式　做到人有厕所，猪有圈。改造连茅圈，杜绝猪和人粪的接触机会。人粪进行无害化处理。

（3）加强屠宰场的管理和肉品卫生检验　实行定点屠宰、集中检疫，严禁销售含囊尾蚴的肉,对有囊尾蚴的猪肉,应做无害化处理。

(4)加强健康教育 提高人们对猪囊尾蚴病的危害以及感染途径和方式的认识,改变不良的饮食习惯。

(5)免疫预防 用猪囊尾蚴细胞工程疫苗及基因工程疫苗对疫区的猪进行免疫预防。

二、牛囊尾蚴病

牛囊尾蚴病是由带科(Taeniidae)带吻属(*Taeniarhynchus*)的肥胖带吻绦虫(又称牛带绦虫、无钩绦虫)(*T. saginatus*)的中绦期——牛囊尾蚴(*Cysticercus bovis*)寄生于牛的肌肉内引起的一种寄生虫病,俗称牛囊虫病。黄牛是其主要中间宿主,人是终末宿主,是一种重要的人兽共患寄生虫病。

(一)病原形态

(1)牛带绦虫 乳白色,带状,全长5～10 m,由1 000～2 000个节片组成。头节上有4个吸盘,但无顶突和小钩,因此又称无钩绦虫。每个成节内有一组雌雄同体的生殖器官。生殖孔位于体侧缘,不规则地左右交替开口。睾丸为800～1 200个。卵巢分为两叶,无副叶。孕节内有发达的子宫,每侧有15～30个分支,每个孕节内约含虫卵10万个以上(图8-10)。

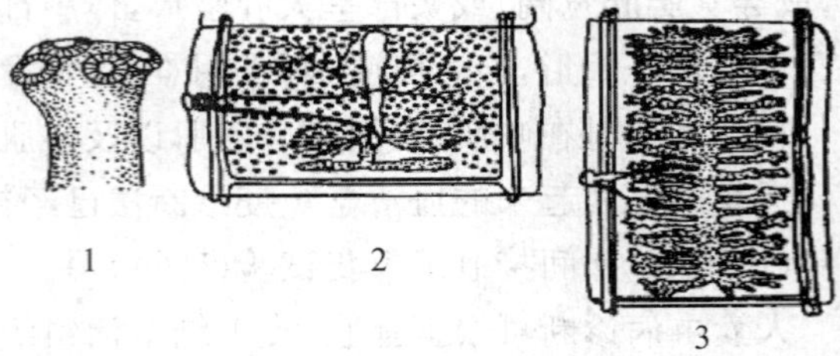

图8-10 牛带绦虫(仿孔繁瑶)

1. 头节 2. 成节 3. 孕节

(2)牛囊尾蚴 与猪囊尾蚴在外观上相似,具有一个半透明的椭圆形囊泡,内有一个乳白色头节。把虫体压薄后镜检,可见到头节上有4个吸盘,没有顶突和小钩。牛囊虫主要寄生在牛的咀嚼肌、舌肌、心肌和腿肌等处。

虫卵呈球形,黄褐色,内含六钩蚴,大小为(30～40) μm×(20～30) μm。

(二)生活史

成虫寄生于终末宿主人的小肠(空肠)中,孕节或虫卵随人的粪便排出,有时能自动地从宿主的肛门爬出,污染牧地和饮水后,被中间宿主黄牛、水牛、瘤牛和牦牛等吞食后,六钩蚴在小肠中逸出,钻入肠壁,随血液循环散布于全身肌肉,经10～12周发育为成熟的牛囊尾蚴。终末宿主人吃生的或半生的含有牛囊尾蚴的牛肉而受感染。牛囊尾蚴在人小肠内经2～3个月发育为成虫,其寿命可达25年以上。

(三)流行病学

牛带吻绦虫呈世界性分布,以亚、非较多。我国除西藏、内蒙古等地区有吃生牛肉或烤肉习惯而呈地方性流行外,其他地区呈散发或偶然感染。

牛囊尾蚴和牛带吻绦虫病的发生和流行与牛的饲养管理方式、人的粪便管理、人食生的或半生牛肉的习惯有密切关系。在流行区内,有的耕牛圈舍多兼做厕所,有的用未经处理的人粪便作肥料,使外界环境遭受污染。如果污染了虫卵的饲料、饮水和牧草被牛吞食,就会感染。

感染牛带吻绦虫的病人,所排粪便含有孕节或虫卵,虫卵对外界因素的抵抗力较强,在牧地上可存活 8 周以上。也有发现经胎盘感染的犊牛。

(四)致病作用与症状

牛感染囊尾蚴后,初期由于六钩蚴移行能使组织产生损伤,症状明显,可见体温升高,虚弱、腹泻、呼吸困难、反刍减弱或消失,有时可使牛死亡。但囊尾蚴在肌肉内定居并发育成熟后则几乎不表现任何临床症状。牛囊尾蚴不感染人,因此人不会患牛囊尾蚴病。

牛带吻绦虫可引起人腹痛、腹泻、恶心、消瘦、贫血等症状。

(五)诊断

牛囊尾蚴病的生前诊断可采用间接血球凝集试验(IHA)和酶联免疫吸附试验(ELISA)。尸体剖检时发现在咬肌、舌肌、心肌、肩胛肌、颈肌及臀肌处有牛囊尾蚴寄生可确诊。但一般感染强度较低,应认真细致地进行肉品检验。

(六)治疗

牛囊尾蚴病可试用丙硫咪唑、吡喹酮或甲苯咪唑。牛带绦虫病可用吡喹酮、丙硫咪唑、氯硝柳胺、槟榔南瓜籽合剂、仙鹤草等治疗。

(七)预防

①在流行区对牛带绦虫患者进行普查与普治。

②加强粪便管理,改进牛的饲养管理方式。人粪进行无害化处理,防止虫卵污染环境;防止牛接触人粪污染的饲草和饮水。

③加强宣传教育,改变人们食生牛肉的饮食习惯。

④加强牛肉的卫生检验工作。轻微感染的胴体应做无害化处理。一般在 −10℃下 10 d;−18℃下 5 d 可完全杀死牛囊尾蚴。

三、棘球蚴病

棘球蚴病是由带科棘球属(*Echinococcus*)的棘球绦虫(*Echinococcus*)的中绦期——棘球蚴寄生于牛、羊、猪、马、骆驼等家畜及多种野生动物和人的肝、肺及其他器官内所引起一种重要的人兽共患寄生虫病,又称包虫病(hydatidosis)。成虫寄生于犬科动物的小肠中。

棘球绦虫的种类较多。目前,世界上公认的有 4 种:①细粒棘球绦虫(*Echinococcus granulosus*);②多房棘球绦虫(*E. multilocularis*);③少节棘球绦虫(*E. oligathrus*);④福氏棘球绦虫(*E. vogeli*)。后两种绦虫主要分布于南美洲,我国只有前两种,以细粒棘球绦虫为多见。

(一)病原形态

1. 细粒棘球绦虫

成虫:很小,全长 2～7 mm,由一个头节和 3～4 个节片组成。头节上有 4 个吸盘,顶突上有 36～40 个小钩,排成两行。成节内含一组雌雄同体的生殖器官。生殖孔不规则交替开口于节片侧缘的中线后方。睾丸为 35～55 个,雄茎囊呈梨形。卵巢分左右两瓣。孕节子宫侧枝为 12～15 对,内充满虫卵,有 500～800 个(图 8-11)。虫卵大小为(32～36) μm×(25～30) μm,被覆着一层辐射状线纹的胚膜,内为六钩蚴。

细粒棘球蚴(单房棘球蚴):为一独立包囊状构造,内含液体。形状不一,形状常因寄生部位不同而有变化，大小常从豌豆大到人头大。一般近球形，直径 5～10 cm。细粒棘球蚴的囊壁是由 3 层构成，外层较厚是乳白色的角质层，中层是肌肉层，含有肌纤维，内层为胚层，很薄，又叫生发层（germinal layer），具有细胞核，向囊腔芽生出成群的细胞，这些细胞空泡化后形成仅有一层生发层的小囊，并长出小蒂与胚层相连；在小囊内壁上生成数量不等的原头蚴（protoscloex），此小囊称为育囊或生发囊（brood capsule）。有些生发囊脱离生发层，或有些头节脱离生发囊，游离在囊液中。在囊壁的生发层上还可生长出第二代包囊称作子囊。子囊可向原有囊包（又称母囊）腔中生长称"内生性子囊"，也可向母囊腔外生长称"外生性子囊"。在子囊的生发层上还可长出孙囊，子囊和孙囊具有和母囊相同的构造，在它们的生发层上长出生发囊，并形成头节。这样可能在一个棘球蚴囊内包含着很多子囊和孙囊。游离在囊液中的育囊、原头蚴和子囊统称为"棘球砂（hydatid sand）"。原头蚴上有小钩、吸盘及微细的石灰质颗粒，具有感染性。但有的胚层不能长出原头蚴，无原头蚴的囊称为不育囊（acephalocyst）。不育囊可长得很大（图 8-12）。

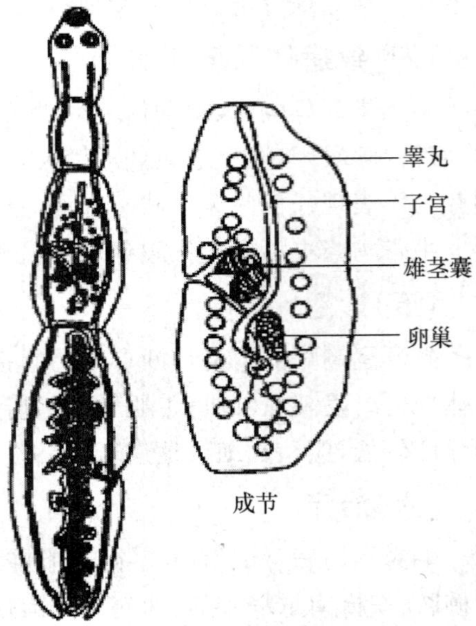

图 8-11　细粒棘球绦虫全形及成节
（仿张西臣）

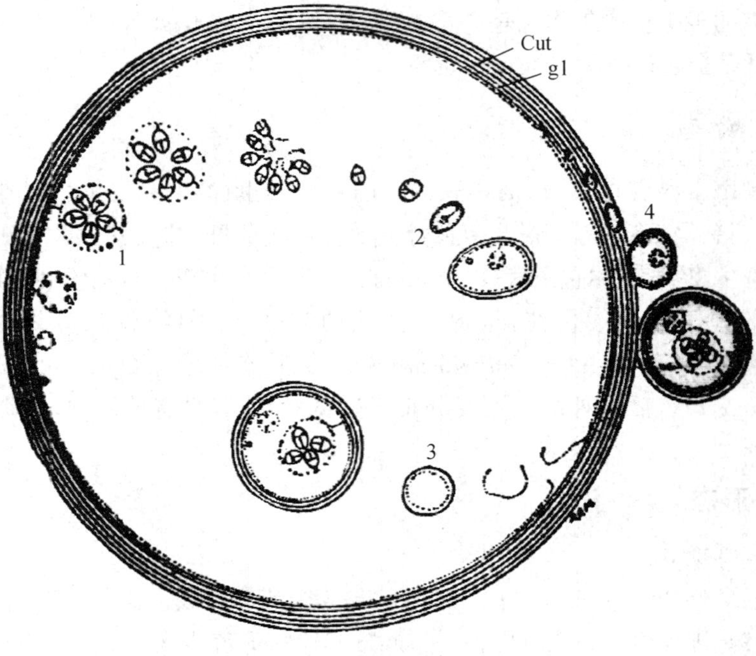

图 8-12　棘球蚴的模式构造

Cut，角质层；gl，生发层

1. 生发囊和头节的发育　2. 由头节转化为子囊的过程
3. 由生发层形成的内生性子囊　4. 外生性子囊的发生

2. 多房棘球绦虫

成虫：很小，与细粒棘球绦虫颇相似，仅 1.2～4.5 mm 长，由 2～6 个节片组成。头节上有吸盘，顶突上有小钩 14～34 个。倒数第 2 节为成节，睾丸 14～35 个，生殖孔开口于侧缘的前半部。孕节内子宫呈袋状，无侧枝(8-13)。虫卵大小为(30～38) μm×(29～34) μm。

多房棘球蚴(又称泡球蚴)：为圆形或卵圆形的小囊泡，大小由豌豆到核桃大，被膜薄，半透明，由角质层和生发层组成，呈灰白色，囊内有原头蚴，含胶状物。实际上泡球蚴是由无数个小的囊泡聚集而成的(图 8-13)。

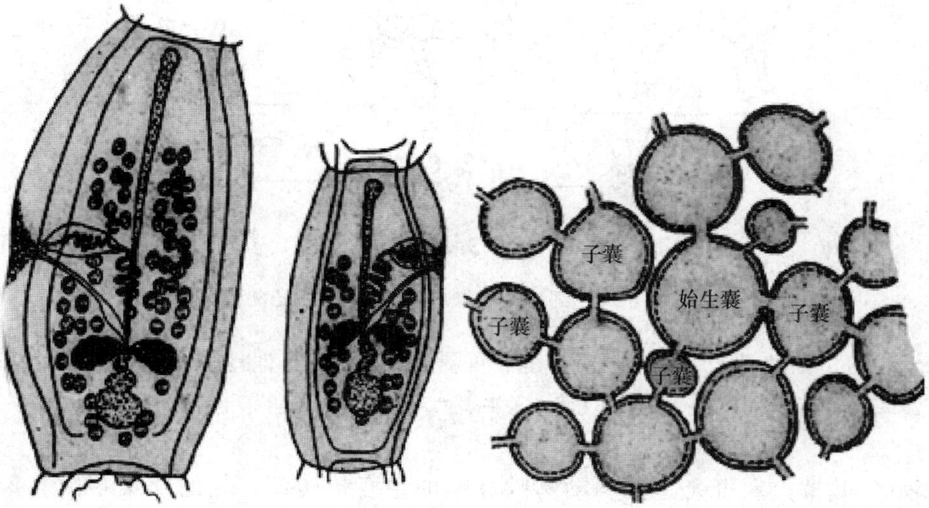

1　　2　　3

图 8-13　两种棘球绦虫比较

1. 细粒棘球绦虫　2. 多房棘球绦虫　3. 多房棘球蚴生长示意图

(二)生活史

细粒棘球绦虫的终末宿主为犬、狼、狐狸，寄生在其小肠中，中间宿主为牛、羊、猪、马等家畜及野生动物和人，其中绵羊是最适宜的中间宿主，寄生其肝脏和肺脏，严重时也可寄生在其他器官。多房棘球绦虫的终末宿主，国内已证实的有沙狐、红狐、狼和犬等，中间宿主有布氏田鼠、长爪沙鼠、黄鼠和中华鼢鼠等啮齿类，人也可感染，在牛、绵羊和猪的肝脏亦可发现有多房棘球蚴寄生，但不能发育成感染阶段。

细粒棘球绦虫的孕卵节片随终末宿主的粪便排出体外，节片破裂，虫卵逸出，污染草、料和饮水，牛、羊等中间宿主吞食虫卵后而感染。在消化道的六钩蚴钻入肠壁经血流或淋巴散布到体内各处，以肝、肺最多(多房棘球蚴寄生于啮齿类的肝脏，且发育快而凶猛)。经 6～12 个月生长为具感染性的棘球蚴，它的生长可持续数年。有的直径可达 20 cm 以上。犬等终宿主食用此种肝或肺等感染，棘球蚴在肠壁上经 40～50 d(多房棘球绦虫需 30～33 d)发育为成虫，在犬体内寿命为 5～6 个月(多房棘球绦虫的为 3～3.5 个月)(图 8-14)。人可因食入虫卵而感染。

(三)流行病学

细粒棘球蚴呈世界性分布，尤以牧区最为多见。在我国有 23 个省(市)区有报道，内蒙古、

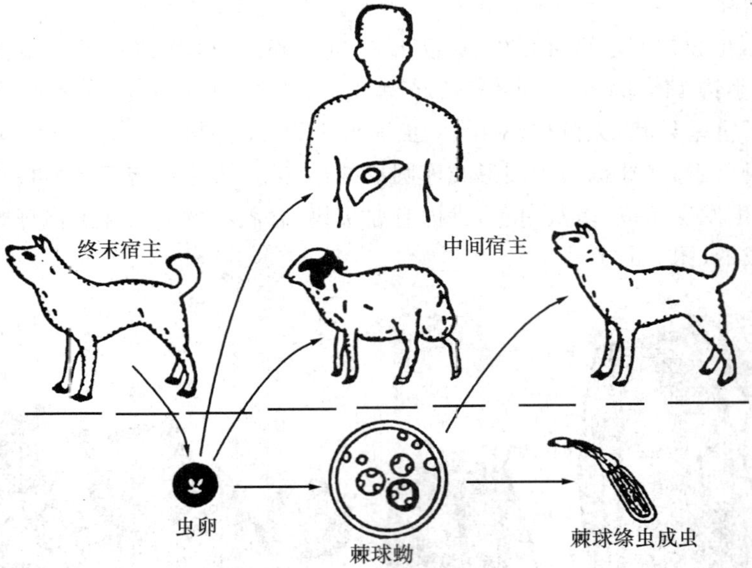

图 8-14 细粒棘球绦虫生活史(仿杨光友)

西藏、青海、四川西北部牧区流行严重,其中新疆最为严重,其他地区呈散发。在各种动物中,绵羊感染率最高,其他动物,如山羊、骆驼、牛、猪、马、野生反刍兽也可感染。本病多发于冬季和春季。

在牧区,牧羊犬和野犬是人和动物棘球蚴的主要传染源。人的感染多因直接接触犬,致使虫卵粘在手上而经口感染,或因吞食被虫卵污染的饮水、蔬菜和水果等而感染。猎人因直接接触犬和狐狸的皮毛等易被感染。牛、羊等家畜因吞食被虫卵及孕卵节片污染的草、料和饮水而感染,而牧羊犬常吃到带虫的动物内脏,从而造成本虫在家畜与犬之间的循环感染。

虫卵对外界环境的抵抗力较强,可以耐低温和高温,对化学物质也有相当的抵抗力,但阳光直射能使其死亡。

(四)致病作用与症状

棘球蚴对动物和人的致病作用一般以机械性损伤为主,还可造成中毒和过敏反应,其对宿主的危害取决于棘球蚴的大小、寄生的部位及数量。棘球蚴多寄生于动物的肝脏和肺脏,由于虫体逐渐增大,对周围组织产生机械压迫,发生萎缩、坏死和功能障碍,代谢产物被吸收后,使周围组织发生炎症和全身过敏反应,严重者可致死。对人危害尤其严重,患者表现为消瘦、贫血、肝区疼痛、胸痛、咳嗽、咳血、嗜酸性粒细胞增多和过敏性休克等症状。

牛严重感染时,常见消瘦、衰弱、微弱的咳嗽,剧烈运动时症状加重。

绵羊对本病较牛敏感,死亡率比牛高。在严重感染时,肥育不良,被毛逆立,易脱落,有明显的咳嗽,连续咳嗽后常卧于地面,不能立即起立。各种动物都可因囊泡破裂而产生严重的过敏反应,甚至突然死亡。

成虫对犬的致病作用不明显,甚至寄生数千条绦虫亦无临床表现。

(五)诊断

棘球蚴病的生前诊断比较困难,尸体剖检时发现虫体即可确诊。同时,根据流行病学调查和临床症状，采用皮内变态反应、间接血球凝集试验(IHA)和酶联免疫吸附试验(ELISA)进行诊断，有较高检出率。也可用X射线和超声波诊断。

(六)治疗

要做到早发现早治疗，方可取得良好的效果。对绵羊棘球蚴病可用丙硫咪唑和吡喹酮进行治疗：

(1)丙硫咪唑 剂量为每千克体重90 mg，连服两次，对原头蚴杀灭率可达82%～100%。

(2)吡喹酮 剂量为每千克体重25～30 mg，每天服一次，连用5 d(总剂量为每千克体重125～150 mg)，有较好疗效，无副作用。

人棘球蚴可用外科手术摘除，也可用吡喹酮和丙硫咪唑等治疗。

(七)预防

①对犬进行定期驱虫，驱虫后犬粪要进行无害化处理，或深埋或烧毁，防止病原的扩散。常用驱虫药物有：a. 氢溴酸槟榔碱；剂量为每千克体重2 mg，用药前隔夜禁食；b. 吡喹酮。剂量为每千克体重5 mg，疗效100%；c. 甲苯咪唑。剂量为每千克体重8 mg。

②经常保持畜舍、饲草、料和饮水卫生，防止犬粪的污染。

③扑杀畜群附近的野犬及其他野生肉食动物，以根除传染源。

④病畜的脏器不得随意喂犬，必须经过无害化处理。

⑤人与犬等动物接触或加工狼、狐狸等毛皮时，应注意个人卫生，严防感染。

⑥目前国外已研制出细粒棘球蚴基因工程疫苗，可用于牛、羊等家畜的免疫预防。

多房棘球蚴是一种自然疫源性疾病，预防与控制尤为困难。

四、脑多头蚴病

脑多头蚴病是由带科多头属(*Multiceps*)的多头带绦虫(*Taenia multiceps*)又称多头多头绦虫(*M. multiceps*)的中绦期——脑多头蚴(*Coenurus crebralis*)寄生于绵羊、山羊、黄牛、牦牛和骆驼等动物的脑、脊髓内所引起的疾病，俗称脑包虫病。它是对羔羊和犊牛危害非常严重的寄生虫病之一。成虫寄生于犬、狼、狐狸及北极狐的小肠中。

(一)病原形态

多头带绦虫体长40～100 cm，宽3～6 mm，由200～250个节片组成。头节呈梨形，上有4个圆形吸盘，顶突上有22～32个小钩，排列成两行。睾丸呈长圆形，200个左右，主要分布在节片两侧排泄管的内侧，而在节片的中间部位的前缘处仅有零星几个。卵巢分左右两叶，在生殖孔的一侧为小叶，在生殖孔反侧的为大叶。孕节的子宫内充满着虫卵，子宫侧枝为14～26对(图8-15)。

多头蚴呈圆形或卵圆形，为乳白色半透明的囊泡，囊体由豌豆到鸡蛋大，囊内充满液体，内含钾、钙、氨、钠、镁、氯、酪氨酸、色氨酸及精氨酸等物质。囊壁由两层膜组成，外膜为角质层，内膜为生发层，其上有许多原头蚴，原头蚴直径为2～3 mm，数量有100～250个。虫卵为圆形，直径29～37 μm，内含六钩蚴(图8-15)。

(二)生活史

成虫寄生于犬、狼等终末宿主的小肠内，其孕节和虫卵随宿主粪便排出体外，虫卵逸出，污染饲草或饮水，被牛、羊等中间宿主吞食后，六钩蚴在消化道逸出，钻入肠壁血管，随血流到达

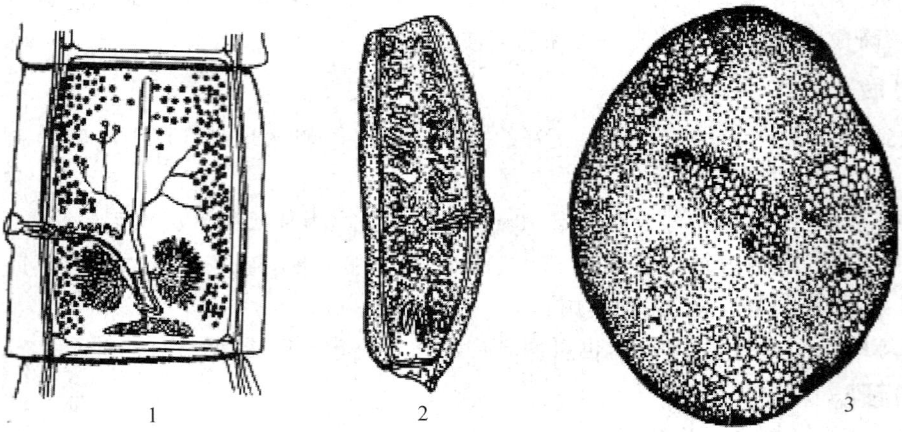

图 8-15 多头带绦虫(仿 Hall)

1. 成节 2. 孕节 3. 脑多头蚴

脑和脊髓中,经 2～3 个月发育为成熟的多头蚴。犬、狼等食肉动物吞食了含有多头蚴的脑、脊髓而受感染,原头蚴附着于肠壁上,经 41～73 d 发育为多头带绦虫。成虫在犬的小肠中可生存数年之久。

(三)流行病学

脑多头蚴病呈世界性分布,以亚洲、欧洲、非洲及北美洲较多见。在我国西北、东北及内蒙古等牧区多呈地方性流行。本病是严重危害羔羊及犊牛的一种寄生虫病,尤以 2 岁以下的绵羊最易感,往往导致死亡。牧羊犬是主要感染源。同时,虫卵对外界因素的抵抗力很强,在自然界中可长时间保持生命力,而在日晒的高温下很快死亡。

(四)致病作用和症状

感染初期,由于六钩蚴在脑膜及脑实质组织中移行,引起机械性刺激和损伤,导致脑炎和脑膜炎。后虫体发育,体积增大,压迫脑脊髓,引起脑脊髓局部组织贫血,萎缩,眼底充血,脑脊髓液黏度及表面张力增高,蛋白质含量增加,并出现嗜酸性白细胞增多现象。随着脑多头蚴不断发育增大,对脑髓的压迫也随之增强,结果导致中枢神经功能障碍。脑多头蚴的致病作用不仅局限于多头蚴的寄生部位,而且波及脑的各部位,间接地影响全身脏器,使宿主出现严重贫血,终因恶病质而死亡。

根据临床症状及病程可分为急性型和慢性型。

前期症状一般表现为急性型。感染初期,六钩蚴移行引起脑炎,表现为体温升高,精神沉郁,脉搏呼吸加快,甚至有的患畜高度兴奋,作回旋、前冲或后退运动。有些羔羊可在 5～7 d 因急性脑炎死亡,部分患畜耐过急性期后转为慢性症状。

后期为慢性型。随着脑多头蚴的发育增大,当寄生于大脑颞骨区时,常向患侧作转圈运动,因此,通常又将脑多头蚴病称为"回旋病",多数病例对侧眼失明;寄生于枕骨区时,头高举,后腿可能倒地不起,颈部肌肉强直性痉挛或角弓反张;寄生于小脑时,表现神经过敏,易受惊,行走时出现痉挛性或蹒跚步态,视觉障碍,磨牙,流涎;寄生于腰部脊髓时,表现步伐不稳,后肢麻痹,最后因消瘦或神经中枢受害而死(图 8-16)。

图 8-16　绵羊患多头蚴病时的各种症状

1. 脑的额叶受感染时，向前运动，头向下垂　2. 颞顶叶受感染时，则向患病的一侧弯曲　3. 脑的枕部受感染时的姿势　4. 小脑受感染时，足分开站立　5. 脊髓受感染时的姿势

(五)病理变化

剖解患畜脑部时，在前期急性死亡的病畜可见有脑膜炎及脑炎病变，还可见六钩蚴在脑膜移行时的痕迹。在后期病程的小脑、大脑或脊髓表面可找到囊体，有时嵌入脑组织中。与病变或虫体接触的头骨，骨质变薄，松软，甚至穿孔，致使皮肤向表面隆起。在多头蚴寄生的部位常有脑的渗出性炎及增生性炎的炎性变化。靠近多头蚴的脑组织，会发生坏死。有时多头蚴萎缩变性而死亡。

(六)诊断

在流行区里，由于多头蚴病的症状相对特殊，因此可根据其典型的症状和病史做出初步判断。当寄生在大脑表层时，头部触诊就可以判定虫体所在部位。有些病例需经尸体剖检才能确诊。也可用 X 光、超声波或血清学方法(ELISA 和变态反应)进行诊断 。

(七)治疗

在头部前方大脑表层寄生的脑多头蚴可施行外科手术摘除。而在脑深部和后部寄生的虫体则难以摘除。近年来用氢溴酸槟榔碱、丙硫咪唑和吡喹酮进行治疗，取得了较好的效果。

(八)预防

①对牧羊犬进行定期驱虫，排出的粪便和虫体应进行无害化处理，从而防止犬粪污染牧场、饲料及饮水。

②对野犬、狼等终末宿主应予以捕杀，以防其散布病原。

③防止犬吃到含脑多头蚴的牛、羊等动物的脑及脊髓。

五、裂头蚴病

裂头蚴病是由假叶目、双叶槽科(Diphyllobothriidae)迭宫属(*Spirometra*)的孟氏迭宫绦虫(*Spirometra mansoni*)的中绦期——裂头蚴(*Sparganum mansoni*)寄生于蛙、蛇、鸟类和一些哺乳动物包括人的肌肉、结缔组织、皮下组织、胸腹腔等处所引起。成虫寄生于犬、猫、狼、虎、豹、狮、狐狸、浣熊、貉和橇狗等食肉动物的小肠中。

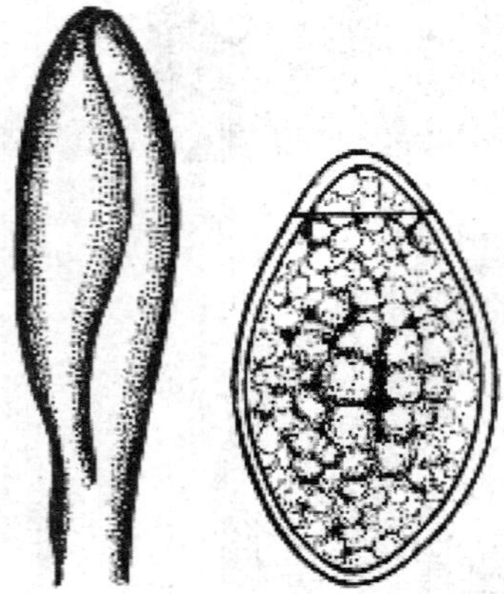

图 8-17　孟氏迭宫绦虫头节和虫卵(仿曾宪芳)

(一)病原形态

孟氏迭宫绦虫虫体长 60～100 cm,宽 0.5～0.6 cm。头节细小,呈指状,在其背腹面各有一条纵行的吸槽(图 8-17)。颈节细长。体节宽度大于长度,每个成节内有一组生殖器官。雄性生殖孔开口于节片前 1/3 中央的腹面,雌性生殖孔紧靠其后,呈半月形横裂状。子宫有 3～5 次或更多的盘旋,子宫孔开口于阴门下方。虫卵大小为(52～76) μm×(31～44) μm,呈椭圆形,两端稍尖,淡黄色,有卵盖,壳较薄,内含多个卵黄细胞和一个卵细胞,大小为(52～76) μm×(31～44) μm(图 8-17)。

裂头蚴又称实尾蚴(*Plerocercoid*),呈乳白色,长为 0.3～30 cm,有的长达 105 cm,为条带形的实体构造。体前端较宽大,体不分节。体前端无吸槽而有一个明显的凹陷,凹陷周围的体壁呈唇形隆起,中央有一小凹孔,体表有许多不完整的横行褶皱并密布微毛,其长短较一致(图 8-18)。

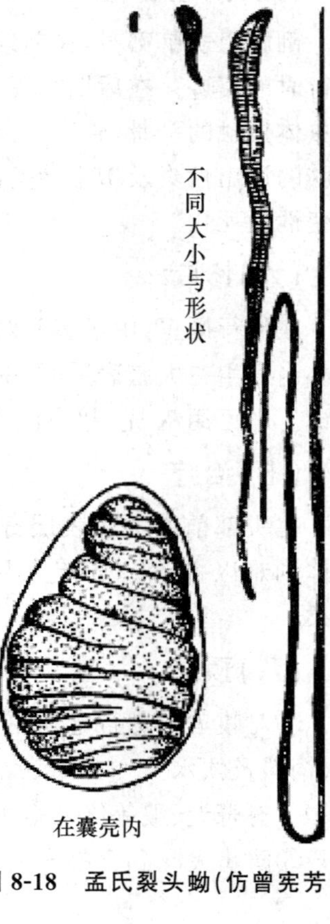

图 8-18　孟氏裂头蚴(仿曾宪芳)

(二)生活史

孟氏迭宫绦虫的生活史需要经过 3 个不同的宿主。终宿主为犬、猫、狼、虎、豹和狐狸等肉食动物。第一中间宿主为剑水蚤,第二中间宿主为蛙。而蛇、鸟类和猪等多种脊椎动物可作为转续宿主(paratenic host)。人可成为它的第二中间宿主、转续宿主,甚至终宿主。

成虫寄生于犬、猫、狼和虎等食肉动物的小肠中,孕节的虫卵从子宫孔产出,随终末宿主的粪便排至体外,在温度适宜的水中,经 3～5 周发育为钩球蚴(或称钩毛蚴),钩球蚴孵出后在水中游动 1～2 d,若被第一中间宿主——剑水蚤或镖水蚤吞入,便在其体内发育,经 1～2 周发育为成熟的原尾蚴。体内含有原尾蚴的剑水蚤若被蝌蚪吞食后,原尾蚴失去小尾球,逐渐发育为裂头蚴。裂头蚴具有很强的移行能力,并能分泌蛋白酶,有助于其在组织内移行。随着蝌蚪发育为成蛙,虫体移行到蛙的肌肉间隙中寄居。含裂头蚴的蛙被蛇类、鸟类或兽类等转续宿主所捕食后,裂头蚴不能在其肠内发育为成虫，而是穿过肠壁，移行致腹腔、肌肉、结缔组织与皮下组织等处寄生。当终末宿主犬和猫吞食了含有裂头蚴的青蛙等第二中间宿主或转续宿主时，裂头蚴以吸槽附着在其小肠壁上，约经3周时间发育为成虫。成虫在猫体内的寿命为3.5年(图8-19)。

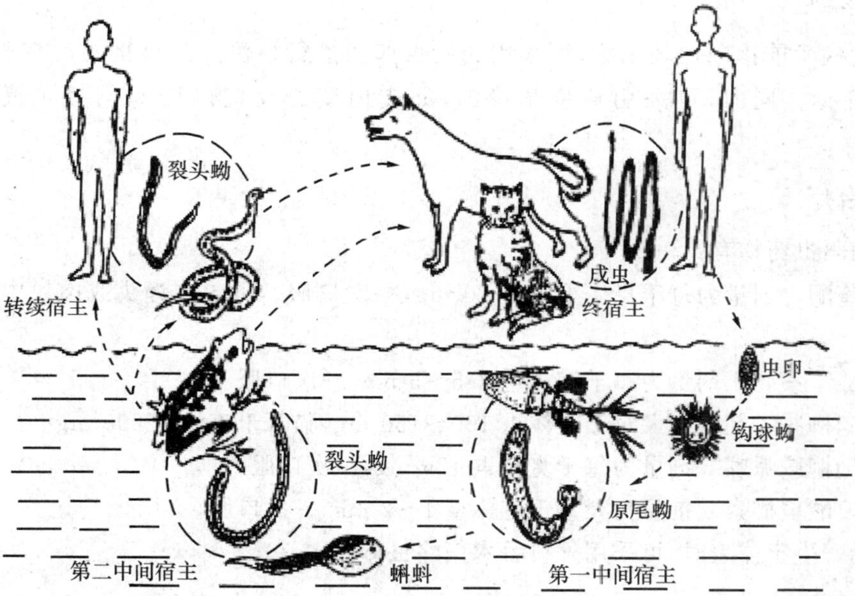

图8-19　孟氏迭宫绦虫生活史(仿曾宪芳)

(三)流行病学

裂头蚴病呈世界性分布，欧洲、美洲、亚洲、非洲及澳洲均有报道，但多见于东南亚诸国。我国的许多省、市均有报道，尤以海南、广东、福建等省多见。

裂头蚴宿主非常广泛，包括两栖类、爬行类、鸟类和哺乳类。虫体寿命长，活动力强，具有再生能力。

人感染裂头蚴的途径和方式有生食蛙肉、不熟的蛇肉及猪肉；饮用生水或游泳时也可饮入含有原尾蚴的剑水蚤而获感染；用生蛙肉敷治疮口与眼睛，蛙肉内的裂头蚴移行人体内而受感染。

同时，在河北、贵州、云南等省的猪体内发现感染有裂头蚴，可能是由于吞食蛙及蛇肉引起的。猪体内的裂头蚴一般有数厘米到20 cm长，多在腹腔网膜、肠系膜、脂肪及肌肉中寄生，有时数目很多，可达数十条。

(四)致病作用和症状

裂头蚴侵入人体，其危害程度主要取决于寄生部位。寄生于皮下时，局部皮肤有隆起的结节，有瘙痒感，如有炎症则可出现疼痛或触痛；寄生于眼睛，流泪，畏光，眼睑红肿且有虫爬行感，奇痒，严重者出现视力障碍，甚至失明；侵入淋巴管时，引起浮肿；寄生于脑部时，出现阵发性头痛、癫痫和颅高压症状，甚至瘫痪、死亡。

人感染孟氏裂头绦虫时有腹痛，恶心，呕吐等轻微症状。

猪感染裂头蚴后，其致病作用和临床症状均不明显，大多数在屠宰后发现。严重感染时，在寄生部位可见发炎、水肿、化脓、坏死与中毒反应等。

犬、猫等肉食动物感染成虫时临床表现为不定期的腹泻，便秘，流涎，皮毛无光泽、消瘦及发育受阻等。

(五)诊断

裂头蚴病生前诊断比较困难，可采用粪检虫卵法进行检测。尸体剖检时在寄生部位检出虫体可确诊。同时，可采用免疫学诊断，如皮内变态反应(IT)和间接荧光抗体试验(IFA)等。

(六)治疗

常用的驱虫药物有：

(1)吡喹酮　剂量为每千克体重 10～20 mg，一次口服。可包在馒头或肉块中投喂，效果很好。

(2)盐酸丁萘脒　剂量为每千克体重 2.5～5 mg，一次口服。

(3)氯硝柳胺　剂量为犬每千克体重 100～150 mg，猫每千克体重 200 mg。

(4)氯硝柳胺哌嗪　剂量为每千克体重 125 mg，一次口服。

(5)氢溴酸槟榔素　剂量为犬每千克体重 1～2 mg，一次口服。

裂头蚴寄生于体表时，可采用外科手术摘除虫体。

(七)预防

加强卫生宣传，使人不用蛙肉贴敷疮疖，不饮生水，不食生的或半生的蛙肉、蛇肉和猪禽肉等，以防感染。在流行区，对犬和猫应有计划地进行定期驱虫，防止散布病原，以减少猪只的感染。

六、宽节双叶槽绦虫病

宽节双叶槽绦虫病是由假叶目双叶槽科(Diphyllobothriidae)双叶槽属(*Diphyllobothrium*)的宽节双叶槽绦虫(又称宽节裂头绦虫)(*Diphyllobothrium latum*)寄生于人、犬、猫、猪、北极熊及其他食鱼的哺乳动物的小肠中引起。它主要寄生于人，在其他动物体内寄生时仅产生极少数的受精卵。

(一)病原形态

宽节双叶槽绦虫是大型的绦虫，新鲜时呈乳白色，虫体长 2～12 m，最大宽度达 1.5～2.0 cm，共由 3 000～4 000 个节片组成。头节细长，(1.3～2.4) mm×(0.625～1.0) mm，头节上有两个肌质纵行的吸槽，槽狭而深(图 8-20)。成节和孕节均呈四方形。两性生殖孔共同开口于生殖腔，位于体中央前的 1/3～1/4 处。睾丸 750～800 个，与卵黄腺一起散布于节片两侧，卵黄腺呈小泡状。卵巢分两叶，位于体节中央后部。子宫左右蜷曲呈玫瑰花状，在节片中央的腹面开口，其后为生殖孔。阴道呈管状，位于体节中央，开口于生殖腔。

虫卵呈淡褐色，近似卵圆形，卵壳较厚，一端有卵盖，另一端具有一小棘，内含一个卵细胞和数多个卵黄细胞，大小为(67～71) μm×(40～51) μm(图 8-20)。

裂头蚴长约 5 mm，具有特征性的头节。

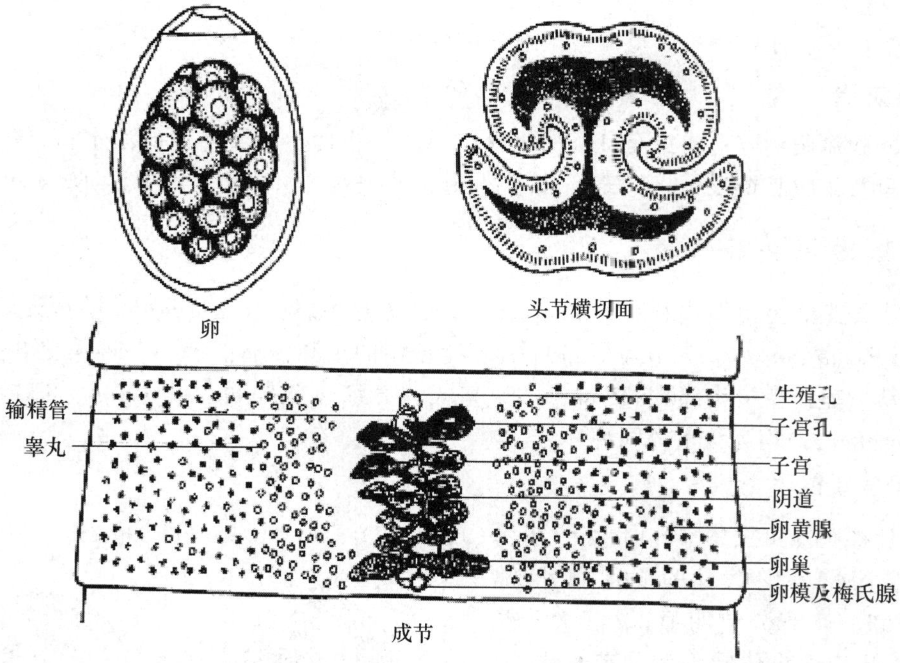

图 8-20　宽节裂头绦虫(仿曾宪芳)

(二)生活史

宽节双叶槽绦虫寄生于人、犬、猫等动物的小肠内,虫卵随宿主粪便排至体外,在 15～25℃的水中经 7～15 d 发育为钩球蚴,钩球蚴孵出后,自由地游动于水中,被第一中间宿主剑水蚤或镖水蚤吞入。已知的第一中间宿主在欧洲主要有剑水蚤和镖水蚤,在北美则是镖水蚤。在第一中间宿主体腔中经 2～3 周发育为原尾蚴。当第二中间宿主淡水鱼吞食含原尾蚴的水蚤后,原尾蚴在鱼类的消化道内穿过肠壁到体腔并移行至肌肉或内脏发育成实尾蚴或裂头蚴。目前已知的第二中间宿生有梭鱼、鲈鱼、鳕鱼、鲑鱼、鲟鱼、鳟、须鱼、围眼枪鱼等淡水鱼类。终末宿主吞食了生的或半生带裂头蚴的鱼而受感染。在犬体内经 4～6 周即可发育为成熟的成虫。成虫可在人体内存活 5～13 年。

(三)流行病学

宽节双叶槽绦虫病主要分布于欧洲、美洲和亚洲的亚寒带和温带地区,俄罗斯的发生率最高。我国黑龙江、广东和台湾有过报道。

在流行区,人或动物由于食入了生的或未煮熟的生鱼而遭受感染。而人或犬、猫的粪便污染水源导致剑水蚤受感染。另外多种野生动物也可以感染,成为该病的自然疫源地。

(四)致病作用与症状

成虫的致病作用一般不明显。患者多为无症状的带虫者或有时可表现为饥饿感、嗜食盐、疲倦、乏力等症状。偶尔可因成虫集聚成团,而导致胆囊、胆总管和肠道的阻塞,甚至穿孔。同时由于绦虫在宿主体内大量摄食维生素 B_{12},可引起巨红细胞性贫血。而虫体的代谢产物也可能对宿主造血功能产生影响,常出现运动失调、深度感觉缺失等神经紊乱现象。严重者可能丧失工作能力。

(五)诊断

主要依据从粪便中检查到虫卵或孕节即可确诊。

(六)防治

吡喹酮和氯硝柳胺对成虫有良好的驱虫作用。禁止食生的或半生的淡水鱼;禁止将生的或半生的鱼及其内脏饲喂犬、猪、猫等;禁止将未经处理的粪水灌入江湖中,以防病原散布。

七、猪伪裸头绦虫病

伪裸头绦虫病是由膜壳科(Hymenolepididae)伪裸头属(*Pseudanoplocephala*)的克氏伪裸头绦虫(*Pseudanoplocephala crawfordi*)寄生于猪的小肠中而引起的一种人兽共患寄生虫病。最近认为盛氏伪裸头绦虫(*P. shengi*)、盛氏许壳绦虫(*Hsuolepis shengi*)和陕西许壳绦虫(*H. shensiensis*)均为该虫的同种异名。

(一)病原形态

克氏伪裸头绦虫虫体呈乳白色,大小为(97～167) cm×(0.38～0.59) cm。头节近似圆形,上有4个吸盘和不发达的顶突,无小钩。颈长而纤细。体节分节明显,宽度大于长度,生殖孔开口于虫体同一侧的节片中部。睾丸24～43个,呈球形,不规则地分布于卵巢与卵黄腺的两侧。雄茎囊短,雄茎常伸出生殖孔之外。卵巢分叶,呈菊花状,位于节片中部。卵黄腺为一实体,紧靠卵巢之后。孕节子宫呈袋状,子宫内充满虫卵,2 000～5 000个。

虫卵呈圆球形,棕黄色或黄褐色,直径为51.8～110.0 μm,卵壳厚,但易破裂,表面有颗粒状突起,内层为胚膜,胚膜与卵壳之间充满胶质体,内含六钩蚴,六钩蚴与胚膜之间有明显的空隙(图8-21)。

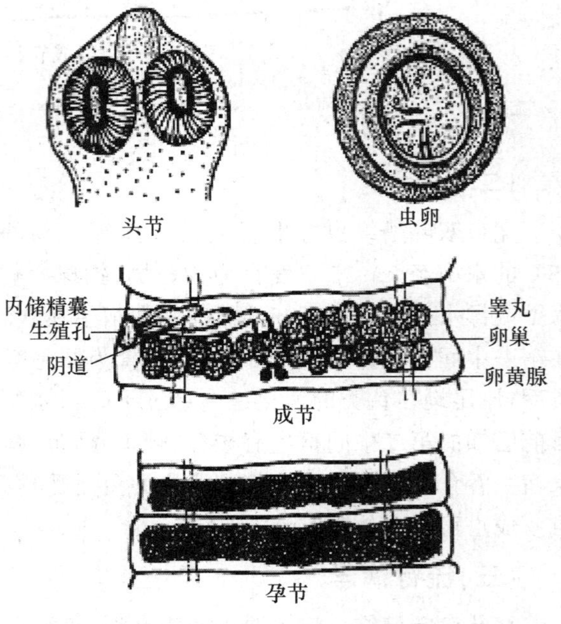

图8-21 克氏伪裸头绦虫(仿曾宪芳)

(二)生活史

克氏伪裸头绦虫寄生于终末宿主猪和人的小肠中,脱落的孕节或虫卵随宿主粪便排出体外,虫卵被中间宿主——鞘翅目的一些昆虫采食后,经27～31 d,六钩蚴在中间宿主的血腔内发育为似囊尾蚴。猪和人因误食含似囊尾蚴的中间宿主而感染,似囊尾蚴在猪的小肠中约经30 d可发育为成虫。

(三)流行病学

伪裸头绦虫病分布于斯里兰卡、印度和日本。1980年首次在中国陕西户县发现10例人体感染的病例,随后甘肃、山东、辽宁、河南、上海、江苏、福建、贵州及云南等省、市相继有报道。

克氏伪裸头绦虫的中间宿主是鞘翅目的一些昆虫，如褐蜉金龟、赤拟谷盗、黄粉虫、黑粉虫和脊胸露尾甲等。前一种为食粪性甲虫，喜集于猪、牛和马属动物等粪便中；后 4 种为储粮害虫，滋生于米、面、糠麸的堆积处。

本病的终末宿主除猪和人外，还有褐家鼠，其经常出没于粮食和食品加工厂以及饲料库、猪舍等处，而这些地方正是各类甲虫大量滋生处，极易形成褐家鼠、病原体以及甲虫三者间的恶性循环，因此在扩散病原方面起着不可忽视的重要作用。

(四)致病作用和症状

猪轻度感染一般无明显临床症状，重度感染时表现食欲不振，消瘦，被毛无光泽，便秘和下痢交替出现，粪便中常伴有黏液，仔猪生长发育受阻成僵猪，甚至引起肠阻塞。或有阵发性腹痛、腹泻、呕吐、厌食等症状。

人感染后可出现腹痛、腹泻、消瘦、乏力、贫血、恶心、呕吐、食欲不振、失眠和情绪不安等症状。

剖解可见肠黏膜水肿，呈卡他性炎症，炎症部位淋巴细胞、中性粒细胞及嗜酸性粒细胞浸润，黏膜细胞变性，坏死，脱落。

(五)诊断

结合流行病学调查与临床症状，在猪粪中找到虫卵或孕节即可确诊。

(六)治疗

驱虫药物可选用：

(1)吡喹酮　剂量为每千克体重 50 mg，一次口服。

(2)硫双二氯酚　剂量为每千克体重 80～125 mg。

(3)硝硫氰醚　剂量为每千克体重 20～40 mg，一次口服。

(七)预防

加强饲养管理，猪圈要勤打扫，粪便应堆积发酵，经无害化处理后作肥料；注意猪饲料的堆放和处理，在保管过程中注意杀灭仓库害虫；及时治疗病人、病猪，认真开展灭鼠工作，以控制传染源；人要注意个人卫生和饮食卫生。

第三节　其他绦虫病

一、细颈囊尾蚴病

细颈囊尾蚴病是由带科带属的泡状带绦虫(*Taenia hydatigena*)的中绦期——细颈囊尾蚴(*Cysticercus tenuicollis*)寄生于绵羊、山羊、猪，偶见于牛及其他野生反刍动物的肝脏浆膜、大网膜、肠系膜及其他器官中所引起的一种寄生虫病。本病分布广泛，对幼年动物危害严重。成虫寄生于犬、狼、狐狸的小肠。

(一)病原形态

泡状带绦虫呈乳白色或稍带黄色，体长 1.5～2 m，由 250～300 个节片组成。头节稍宽于颈节，头节上有顶突，顶突上有 26～46 个小钩，排成两圈。前部的节片宽而短，向后逐渐加长。

孕节的长度大于宽度，孕节子宫侧枝为5～16对，子宫内充满虫卵(图8-22)。

细颈囊尾蚴呈乳白色，囊泡状，内含透明液体，俗称“水铃铛”。大小如鸡蛋或更大，直径约有8 cm，囊壁薄，肉眼观察可看到囊壁上有一个向内凹入而具细长颈部的头节，头节上有两行小钩(图8-23)。在脏器中的囊体，体外还有一层由宿主组织反应产生的厚膜包围，故不透明，易与棘球蚴相混。

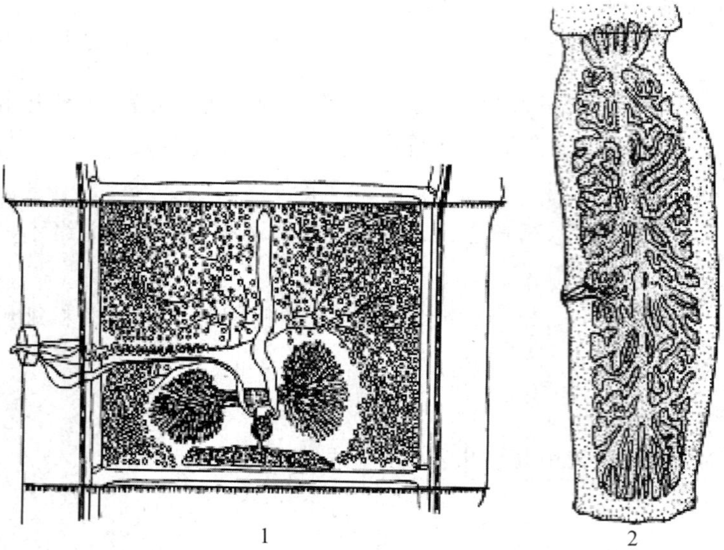

图8-22 泡状带绦虫(仿Hall)

1. 成节 2. 孕节

图8-23 细颈囊尾蚴

(仿Mönnig)

虫卵为卵圆形，大小为(36～39) μm×(31～35) μm，内含六钩蚴。

(二)生活史

成虫在终末宿主犬、狼等肉食兽小肠内寄生，孕节和虫卵随宿主粪便排出体外，孕节破裂，虫卵逸出，污染牧草、饲料及饮水。中间宿主猪、牛、羊等采食时受感染，六钩蚴在消化道中逸出，钻入肠壁，随血流到达肝实质，逐渐移行到肝脏表面，进入腹腔内发育，在腹腔内经1～2个月发育为成熟的细颈囊尾蚴。终末宿主吞食了含有细颈囊尾蚴的病畜脏器而感染，细颈囊尾蚴在小肠中翻出头节，附着在肠壁上经50 d左右发育为泡状带绦虫。成虫在犬的小肠中可生存1年之久。

(三)致病作用和症状

细颈囊尾蚴对幼畜致病力强，尤其对羔羊、仔猪及犊牛为甚。

六钩蚴在肝脏移行时，可破坏肝实质及微血管，形成虫道，导致急性出血性肝炎。病畜表现消瘦，黄疸，流涎，不食，腹泻和腹痛等症状。有的幼虫进入腹、胸腔时可引起腹膜炎和胸膜炎，有些病畜可能发生死亡。慢性型的多发生在幼虫自肝脏出来之后，一般无临床表现，有时患畜表现精神沉郁，消瘦，发育受阻等症状。

(四)病理变化

急性病程时，可见到肝肿大，肝表面有许多小结节和出血点，在肝实质中能找到虫体移行的虫道。初期虫道内充满血液，继而逐渐变为黄灰色。有时能见到急性腹膜炎，腹腔内有大量带血色的渗出液和幼虫。慢性病例，肝脏局部组织色泽变淡，呈萎缩现象，肝浆膜层发生纤维素性炎症，肠系膜和肝脏表面有大小不等的被包裹着的虫体。

(五)诊断

细颈囊尾蚴的生前诊断较困难，可用血清学诊断法诊断。一般尸体剖检或宰后检查发现虫体即可确诊。在肝脏中发现细颈囊尾蚴时，应与棘球蚴相区别，前者只有一个头节，壁薄而且透明，后者囊壁厚而不透明。

(六)治疗

可采用下列药物：

(1)吡喹酮　每千克体重 50 mg，与液体石蜡按 1∶6 比例混合研磨均匀，分两次间隔 1 d 深部肌肉注射。

(2)氯硝柳胺　剂量为每千克体重 100～150 mL。

(3)硫双二氯酚　剂量为每千克体重 0.1 g。

(4)氢溴酸槟榔碱　剂量为每千克体重 2 mg，用药前应隔夜禁食。

(七)预防

对犬进行定期驱虫，扑杀野犬；严禁犬进入屠宰场，禁止将猪、羊屠宰废弃物喂犬；防止犬进入猪、羊舍内散布虫卵，污染饲料和饮水。

二、豆状囊尾蚴病

豆状囊尾蚴病是由带科带属的豆状带绦虫(*Taenia pisiformis*)的中绦期——豆状囊尾蚴(*Cysticercus pisiformis*)寄生于兔的肝脏、肠系膜和腹腔内引起。成虫寄生于犬科动物的小肠中。

(一)病原形态

豆状带绦虫新鲜时为白色，虫体长 60～200 cm，由 200～400 个节片组成。头节细小，呈小球形，直径 1～2 mm，头节上有吸盘和顶突及 36～48 个小钩。颈部不明显。体节边缘呈锯齿状，故又称锯齿带绦虫。睾丸 250～300 个，呈卵圆形。卵巢分左右两瓣，每瓣有叶状分支。孕节子宫每侧有 8～14 个分支，每个分支再分小支，子宫内含虫卵 4 000 个。生殖孔不规则交叉于节片侧缘中线之后(图 8-24)。

豆状囊尾蚴呈卵圆形，囊泡状，大小如豌豆，囊壁半透明，囊内充满液体，透过囊壁可见到嵌于囊壁上的白色头节，头节上有 4 个吸盘和两圈角质沟。

虫卵呈圆形或椭圆形，大小为(36～40) μm×(32～37) μm，内含六钩蚴。

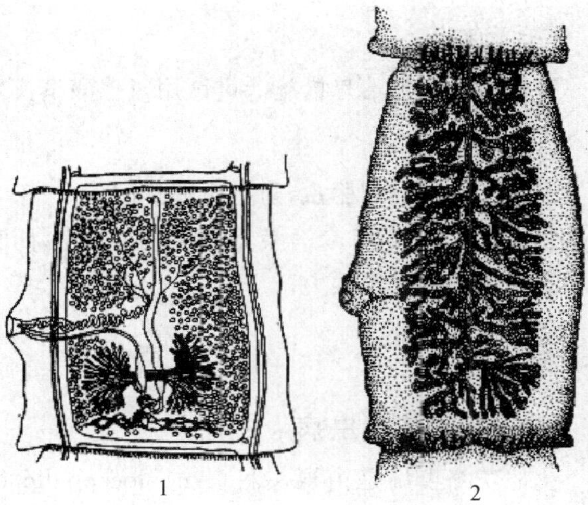

图 8-24　豆状带绦虫(仿孔繁瑶)

1. 成节　2. 孕节

(二)生活史

成虫寄生于犬科动物小肠内。孕节随宿主粪便排出体外,污染外界环境,家兔采食被虫卵污染的饲料、青草、饮水等而被感染。虫卵进入宿主消化道后,六钩蚴逸出,钻入肠壁血管,随血流到达肝实质中发育15~30 d,然后移行到腹腔浆膜上发育为豌豆大小的囊泡,即成熟的豆状囊尾蚴。犬吞食了含有豆状囊尾蚴的内脏而感染,囊尾蚴即以其头节附着于小肠壁上,在犬小肠内经35 d,在狐狸小肠内经70 d发育为成虫。

(三)流行病学

豆状囊尾蚴病呈世界性分布,我国吉林、山东、陕西、浙江、江西、江苏、贵州、福建等省市均有本病发生。

本病的流行与兔的饲养方式、犬的喂养有关。在流行地区,由于犬将含有孕节或虫卵的粪便排出体外,污染了青草和饮水,兔吞食了含有虫卵的青草而感染豆状囊尾蚴。而在剖杀家兔时,将大量感染豆状囊尾蚴的家兔内脏未处理就喂犬或随地丢弃而被犬吞食,从而导致了犬感染豆状带绦虫,因此,在犬和家兔之间造成循环流行。

(四)致病作用与症状

病兔精神沉郁,食欲下降,眼结膜苍白,喜卧,腹围增大。大量感染时,幼虫在肝脏移行,造成肝脏的损伤,可因急性肝炎而突然死亡。慢性型病例主要表现为消化紊乱和消瘦等症状。

(五)病理变化

剖解可见肝脏严重损伤,初期肝脏肿大,表面有大量小的虫体结节,随之虫体在肝表面出现,而后虫体见于腹腔,腹腔积液,带有血色,常见严重腹膜炎,腹腔网膜、肝脏、胃肠等器官粘连。

(六)诊断

结合流行病学和临床症状进行综合诊断,剖检肝脏及腹腔中发现豆状囊尾蚴可确诊。同时可采用血清学诊断法。

(七)治疗

目前尚无有效治疗措施。可试用氢溴酸槟榔碱、吡喹酮、丙硫咪唑或甲苯咪唑等药物。

(八)预防

①对犬进行定期驱虫,防止虫卵扩散。

②搞好兔场卫生,兔舍及用具应经常消毒,防止犬粪污染饲料和饮水。

③禁用病兔内脏喂犬。

三、反刍兽绦虫病

(一)莫尼茨绦虫病

莫尼茨绦虫病是由裸头科(Anoplocephalidae)莫尼茨属(*Moniezia*)的扩展莫尼茨绦虫(*M. expansa*)和贝氏莫尼茨绦虫(*M. benedeni*)寄生于绵羊、山羊、黄牛、水牛、牦牛、骆驼和鹿等反刍兽的小肠内所引起的疾病。本病是反刍兽最重要的寄生蠕虫病之一。分布非常广泛,多呈地方性流行,对羔羊和犊牛危害严重,甚至造成大批死亡。

1. 病原形态

我国常见的莫尼茨绦虫有两种:扩展莫尼茨绦虫和贝氏莫尼茨绦虫。二者外观上颇相似,均为大型绦虫。

扩展莫尼茨绦虫长可达 10 m,最宽处可达 1.6 cm,呈乳白色。头节小,近似球形,上有 4 个略呈椭圆形的吸盘,无顶突和小钩。节片宽而短,成节内有两组生殖器官,对称分布于节片两侧。生殖孔开口于节片的两侧。睾丸 300～400 个,分布于节片两侧纵排泄管之间。扇形分叶的卵巢和卵黄腺围绕着卵模,在节片两侧构成花环状。子宫呈网状。每个成节的后缘附近,均有 8～15 个呈泡状的节间腺,排成一行(图 8-25)。虫卵近似三角形,直径 50～60 μm,卵内有一个含有六钩蚴的梨形器,这是裸头科绦虫卵的特征。

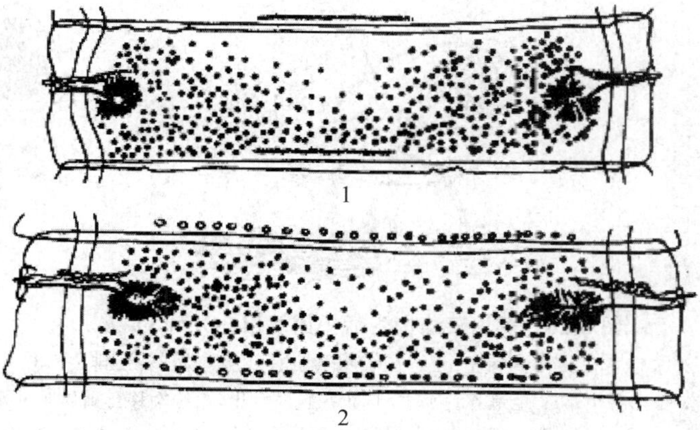

图 8-25 莫尼茨绦虫成节(仿 Mönnig)

1. 贝氏莫尼茨绦虫 2. 扩展莫尼茨绦虫

贝氏莫尼茨绦虫长 1～4 m,最宽处可达 2.6 cm,呈黄白色。生殖孔开口于两侧缘的前 1/3 处。睾丸约 600 个。节间腺呈小点密布的横带状,位于节片的后缘中央,仅有扩展莫尼茨绦虫节间腺分布范围的 1/3。虫卵近似四角形。

2. 生活史

莫尼茨绦虫的成虫寄生于牛、羊、骆驼等反刍动物的小肠.孕节或虫卵随终末宿主的粪便排出体外,虫卵被中间宿主——地螨吞食后,卵内的六钩蚴孵出,穿过消化道进入体腔,经 40 d 以上发育为具有感染性的似囊尾蚴。反刍兽吃草时,吞食了含似囊尾蚴的地螨而受感染。地螨在终末宿主体内被消化,释放出似囊尾蚴,它们吸附于肠壁上,经 45～60 d 发育为成虫。成虫在牛、羊体内的寿命为 2～6 个月,一般为 3 个月,后自动排出体外(图 8-26)。

3. 流行病学

莫尼茨绦虫病呈世界性分布,在我国西北、东北和内蒙古的牧区流行广泛,在华北、华东、东南及西南各地也经常发生,农区较不严重。该病主要危害羔羊和犊牛,成年动物多为带虫者。

本病的流行与地螨的生活习性有密切关系。地螨的种类繁多,目前已报道的种类有 30 余种,在我国已报道平滑肋甲螨、超肋甲螨、斑氏甲螨、腹翼甲螨和长毛腹翼甲螨等均可自然感染莫尼茨绦虫,其中肋甲螨和腹翼甲螨感染率较高。地螨多分布在富含腐殖质的林区、潮湿的牧地及草原上,而在开阔的荒地及耕种的熟地里数量较少。地螨喜性温暖和潮湿。白天躲在深

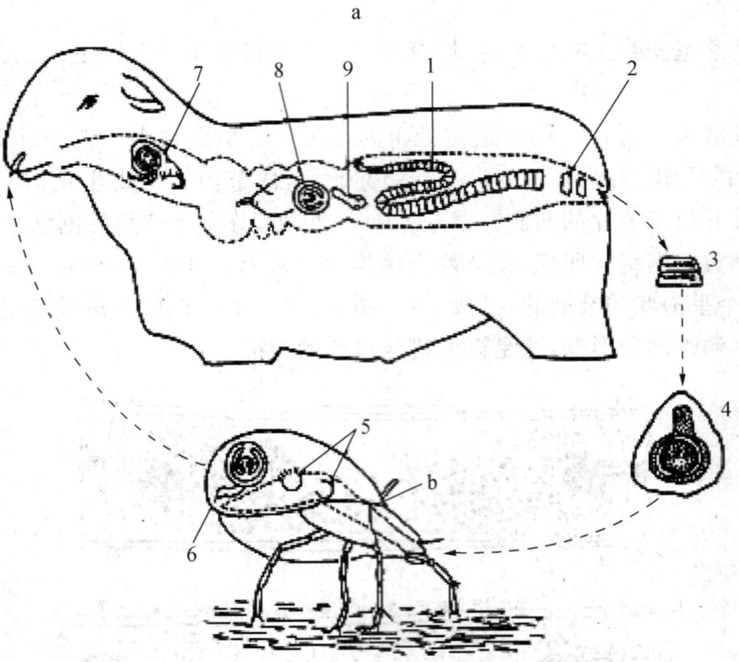

图 8-26 莫尼茨绦虫生活史图解(仿 Olsen O. W.)

a. 终末宿主 b. 中间宿主 1. 小肠中的成虫 2. 孕节随粪便排出 3. 孕节
4. 虫卵释出 5. 地螨吞食了虫卵,卵在肠内孵化,六钩蚴移行到体腔发育
6. 发育成熟的似囊尾蚴 7. 地螨被吞食 8. 地螨被消化,似囊尾蚴释出
9. 头节伸出吸附在肠壁上发育,至 5～6 周发育为成虫

的草皮下或腐殖土下,黄昏或黎明爬出活动,寻找食物,此时放牧牛、羊易吃到地螨。而干燥或日晒时便钻入土中,因此,莫尼茨绦虫病的流行具有明显的季节性,南方一般在 4—6 月份,北方一般在 5—8 月份。

六钩蚴在地螨体内发育为具有感染性的似囊尾蚴所需要的时间,主要取决于外界的温度。在 27～35℃时需 26～30 d;26℃时需 51～52 d;16～20℃时需 65～90 d;16℃时需 107～206 d。成螨在牧地上可存活 14～19 个月,因此,被污染的牧地可保持感染力近 2 年之久。由于地螨体内的似囊尾蚴可随地螨越冬,所以,动物在初春放牧一开始,即可遭受感染。

4. 致病作用

(1)机械作用 莫尼茨绦虫为大型绦虫,当虫体大量寄生时,堵塞肠管,可能导致肠梗阻、套叠或扭转,最后因肠破裂引起腹膜炎而死亡。

(2)毒素作用 虫体的代谢产物和分泌的毒性物质被宿主吸收后,可引起各组织器官发生炎症和退行性病变,同时还可破坏神经系统的功能。而肠黏膜的完整性遭到损害时,可引起继发感染,使幼畜的抵抗力下降。

(3)夺取营养 莫尼茨绦虫在肠道内生长很快,因此为了满足其生长的需要,势必需从宿主体内夺取大量营养物质,就会影响幼畜的生长发育,导致寄主呈现贫血、消瘦和体质衰弱。

5. 临床症状

莫尼茨绦虫主要危害羔羊和犊牛,成年动物多为带虫者,一般无临床症状。

羔羊和犊牛初期表现为精神委靡，食欲减退，饮欲增加，腹泻，粪便中有时可见孕节，有的节片成链的吊在肛门处。继而出现贫血，消瘦，皮毛粗糙等现象。有的出现明显的神经症状，如无目的地运动，回旋，头部向后仰或步态蹒跚。有的因虫体大量寄生，引起肠梗阻，发生肠破裂，导致腹膜炎而死亡。病的末期，患畜因衰弱而卧地不起，多将头折向后方，经常作咀嚼运动，口角周围有许多白沫，最后衰竭死亡。

羔羊扩展莫尼茨绦虫病多发于夏、秋季节，而贝氏莫尼茨绦虫病多在秋后发病。

6. 病理剖检

剖检可见尸体消瘦，肌肉色淡，胸、腹腔及心包腔渗出液增多。肠黏膜、心内膜和心包膜有明显的小出血点，有时大脑出血。肠系膜淋巴结肿大。肠有时可发生阻塞或扭转。小肠内有大量莫尼茨绦虫虫体。

7. 诊断

先进行流行病学调查，如动物发病年龄，发病时间，饲养方式，牧草上是否有大量地螨生存等，再结合临床症状做出初步诊断，确诊需发现病原体。

(1)生前诊断　观察患畜粪便中有无节片排出，发现节片时，将孕节作涂片镜检；未发现节片时，应用饱和盐水漂浮法检查粪便中是否有虫卵；若未发现节片和虫卵，应考虑绦虫可能未发育成熟，可采用药物进行诊断性驱虫。

(2)死后剖检　在小肠内找到大量虫体和相应的病变时，可确诊。

8. 治疗

常用驱虫药物有：

(1)丙硫咪唑　牛按每千克体重 5 mg，羊按每千克体重 20 mg，一次口服。

(2)硫双二氯酚　牛按每千克体重 50 mg，羊按每千克体重 75～100 mg，一次口服。

(3)甲苯咪唑　牛按每千克体重 10 mg，羊按每千克体重 15 mg，一次口服。

(4)氯硝柳胺　牛按每千克体重 60～70 mg，羊按每千克体重 70～80 mg，一次口服。

(5)氯硝柳胺哌嗪　牛、羊按每千克体重 50～60 mg，一次口服。

(6)吡喹酮　牛按每千克体重 5～10 mg，羊按每千克体重 10～15 mg，一次口服。

(7)羟萘酸丁萘脒　羊按每千克体重 25～50 mg，一次口服。

(8)雷琐仑太(羟溴柳胺)　牛、羊按每千克体重 65 mg，一次口服，对莫尼茨绦虫灭虫率超过 95％。

9. 预防

(1)预防性驱虫　在流行区，幼畜在早春放牧时易被感染，因此对幼畜应在春季放牧后 4～5 周时进行“成虫期前驱虫”，间隔 2～3 周后，应再进行一次驱虫。由于成年动物往往是带虫者，所以对它们的驱虫也不应忽视。驱虫后的粪便要集中堆积发酵，用生物热杀灭虫卵，以免污染草场。

(2)加强饲养管理　尽量避免在低洼、潮湿地带放牧，或清晨、黄昏等地螨活动高峰时放牧。

(3)实行轮牧　在牧区可有计划地与单蹄兽进行轮牧；也可采用农牧轮作或天然牧地深翻后改种其他牧草的方法，经 3～5 年后地螨数量可大大减少；潮湿的森林、牧地空闲 2 年后也可净化。

(二)曲子宫绦虫病

曲子宫绦虫病是由裸头科曲子宫属(*Helictometra* 或 *Thysaniezia*)的盖氏曲子宫绦虫(*H. giardi*)寄生于牛、羊小肠内引起的一种寄生虫病。

1. 病原形态

盖氏曲子宫绦虫为大型绦虫,呈乳白色,带状,体长可达 4.3 m,最宽处 12 mm。头节小,直径不到 1 mm,具有 4 个卵圆形的吸盘,无顶突。节片较短,每个成节内含有一组生殖器官,生殖孔位于节片侧缘,左右不规则地交替排列。睾丸呈小圆点状,位于纵排泄管外侧,雄茎囊向外突出,使侧缘外观不齐。卵巢和卵黄腺位于纵排泄管内侧,孕节内子宫有许多上下弯曲,故名曲子宫绦虫(图 8-27)。

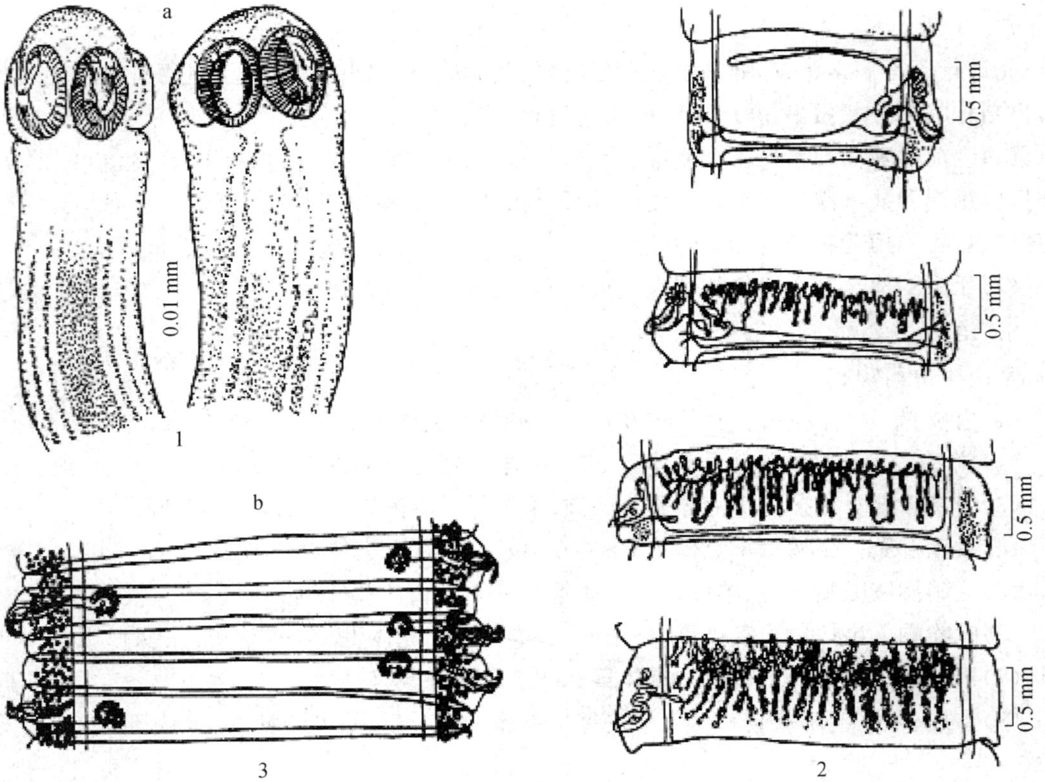

图 8-27 a. 盖氏曲子宫绦虫的头节和孕节(MateBOCяH) b. 盖氏曲子宫绦虫(Mönnig)

1. 头节 2. 孕节 3. 成节

虫卵呈椭圆形,直径 18～27 μm,卵内含有六钩蚴,每 5～15 个虫卵被包在一个副子宫器内(*Paruterine organ*)。

2. 流行病学

曲子宫绦虫病在非洲、欧洲、美洲及亚洲等均有分布,我国许多省份有报道。在多数情况下是混合感染,曲子宫绦虫与莫尼茨绦虫混合感染较多,与无卵黄腺绦虫混合感染较少,也有 3 种绦虫混合感染的。

曲子宫绦虫的生活史与莫尼茨绦虫的相似,但易感性不限于羔羊和犊牛。4～5 月龄前的羔羊不感染曲子宫绦虫，多见于6～8月龄以上及成年绵羊，当年生的犊牛也很少感染，见于老龄动物。本病发病多见于秋季到冬季。

3. 临床症状

一般情况不表现临床症状，严重感染时可出现贫血、腹泻和消瘦等症状。

诊断、治疗与预防参阅“莫尼茨绦虫病”。

(三)无卵黄腺绦虫病

无卵黄腺绦虫病是由裸头科无卵黄腺属(*Avitellina*)的中点无卵黄腺绦虫(*A. centripunctata*)寄生于绵羊和山羊的小肠中所引起的。

1. 病原形态

中点无卵黄腺绦虫的虫体长而窄，体长2～3 m，宽度仅有2～3 mm。头节上有4个圆形的吸盘，无顶突和小钩。节片极短，且分节不明显。每个成节内有一组生殖器官，生殖孔左右不规则地交替排列在节片的边缘。睾丸位于纵排泄管两侧。卵巢位于生殖孔一侧，无卵黄腺和梅氏腺，子宫在节片中央。

虫卵内无梨形器，被包在一个厚壁的子宫周围器—副子宫器内。每一孕节的子宫周围器均互相靠近且前后相连，肉眼可见孕节中央有一条不透明且凸出的白色线状物，直达体节末端，就是由一连串子宫周围器构成。虫卵直径为21～38 μm(图8-28)。

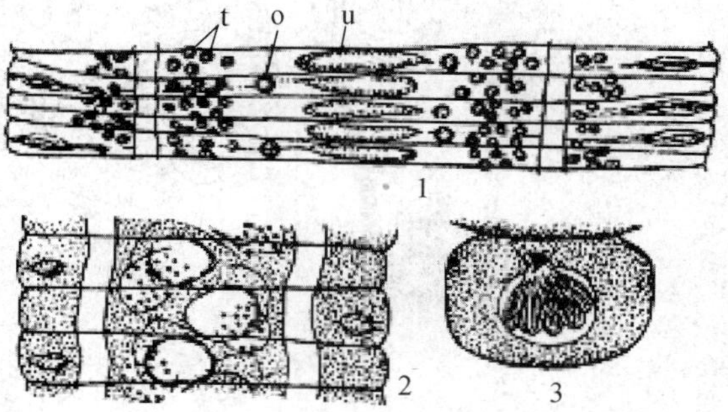

图8-28　中点无卵黄腺绦虫(仿 Mönnig)

1. 成节　2. 孕节　3. 副子宫器

t. 睾丸　o. 卵巢　u. 子宫

2. 流行病学

无卵黄腺绦虫病在非洲、欧洲及亚洲等均有报道。我国主要分布于西北和内蒙古牧区，如新疆、甘肃、青海、宁夏、内蒙古等省区，西南和其他地区也有报道。

本病的发生具有明显的季节性，常发于秋季与初冬季节，以6月龄以上的绵羊和山羊最易感。目前为止，生活史尚不完全清楚，有人认为啮虫类为中间宿主，现已确认弹尾目的长角跳虫(*Entomobrya*)为其中间宿主。

3. 致病作用与症状

无卵黄腺绦虫病的致病力不如莫尼茨绦虫病强，但严重感染时也能表现腹痛、腹泻、贫血和消瘦等症状，并且常见于成年羊。剖检见有急性卡他性肠炎并有许多出血点，死亡羊只一般膘情均好。

诊断、治疗与预防参阅“莫尼茨绦虫病”。

四、肉食兽绦虫病

犬复孔绦虫病是囊宫科(Dilepididae)复殖孔属(*Dipylidium*)的犬复孔绦虫(*Dipylidium caninum*)寄生于犬、猫等犬科和猫科动物的小肠中而引起的一种常见绦虫病。偶尔也可寄生于人，特别是儿童。

(一)病原形态

犬复孔绦虫新鲜虫体为淡红色，固定后为乳白色，体长为10～50 cm，约由200个节片组成，节片宽约3 mm。头节小，近似菱形，有4个吸盘和1个棒状能伸缩的顶突，顶突上有4～5圈小钩，小钩易脱落。颈部细短，近颈部的幼节较小而扁宽，向后渐近方形。成节与孕节均长大于宽，形似黄瓜子，故又称瓜籽绦虫。每一成节内含两组生殖器官。生殖孔开口于体两侧的中央稍后。睾丸100～200个，位于纵排泄管的内侧。阴茎囊位于排泄管外侧。体节两侧各有一卵巢和卵黄腺，形似葡萄。子宫早期不明显，孕节内的子宫初为网状，后分化为许多卵袋，每个卵袋含大约20个虫卵(图8-29)。

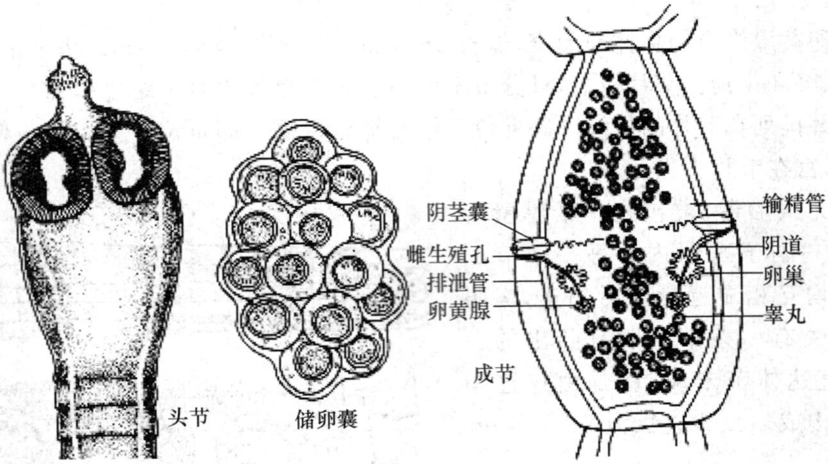

图8-29 犬复孔绦虫头节、成节与储卵囊(仿曾宪芳)

虫卵呈球形，直径为35～50 μm，具双层薄而透明的卵壳，内含六钩蚴。

(二)生活史

犬复孔绦虫的中间宿主主要是蚤类，如犬栉首蚤(*Ctenocephalides canis*，*C. felis*)、猫栉首蚤，其次是食毛目(Mallophaga)的犬毛虱(*Trichodectes canis*)。成虫寄生于终末宿主犬、猫的小肠中，孕节随粪便排出体外或主动爬出犬肛门外，破裂后虫卵逸出，污染外界环境，被蚤类幼虫吞食，六钩蚴在其肠内孵出，移行至血腔内经18 d发育为似囊尾蚴，一个蚤体内可多达56个似囊尾蚴。犬、猫等动物因舐毛吞入含似囊尾蚴的蚤、虱而受感染，似囊尾蚴在宿主小肠内附着，约经3周发育为犬复孔绦虫。

(三)流行病学

犬复孔绦虫病呈世界性分布，在我国各地均有报道，感染无明显季节性。本病宿主范围非常广泛，犬和猫的感染率较高，狐和狼等野生动物也可感染，偶尔也可感染人，特别是儿童，儿童常因与犬、猫的密切接触，误食被感染的蚤和虱遭受感染。

(四)致病作用和症状

犬、猫轻度感染时，一般无症状。大量寄生时，虫体吸取营养，造成宿主生长发育受阻；虫体在小肠内附着，产生机械性损伤，常引起炎症；虫体分泌的毒素引起宿主中毒；虫体积聚成团，堵塞肠腔，导致腹痛、肠扭转甚至肠破裂。临床表现为食欲不振，消化不良，腹泻或便秘，肛门瘙痒和焦躁不安等症状。儿童感染后，有时有腹痛、肛门瘙痒、焦躁不安、轻度消化障碍以及中毒性神经症状。剖解可见肠黏膜炎症，有虫体寄生。

（五）诊断

观察犬、猫肛门周围是否有犬复孔绦虫孕节；检查粪便中是否有孕节、虫卵和卵袋，如在犬粪便中找到孕节后，在显微镜下观察到具有特征性的卵袋，即可确诊。

（六）治疗

可选用下列药物：

(1)吡喹酮　犬剂量为每千克体重 5 mg，猫剂量为每千克体重 2 mg，一次口服。

(2)硫双二氯酚　犬剂量为每千克体重 300 mg，猫剂量为每千克体重 100～200 mg，一次口服。

(3)丙硫咪唑　剂量为每千克体重 10～20 mg，每天口服一次，连用 3～4 d。

(4)氢溴酸槟榔素　剂量为每千克体重 1～2 mg，一次口服。

（七）预防

①对犬、猫进行定期驱虫，驱虫后的粪便要进行无害化处理，防止虫卵污染环境。

②加强管理。犬、猫圈舍要定期消毒和灭虫。同时，用蝇毒磷、倍硫磷、溴氰菊酯等药物定期杀灭犬、猫体表的蚤和虱。

③做好宣传教育工作，使人明确危害性，不与犬、猫密切接触，以防止感染。

五、鸡绦虫病

（一）瑞利绦虫病

瑞利绦虫病是由戴文科（Davaineidae）瑞利属（*Raillietina*）的四角瑞利绦虫（*R. tetragona*）、棘钩瑞利绦虫（*R. echinobothrida*）和有轮瑞利绦虫（*R. cesticillus*）寄生于家鸡、火鸡、鸽、孔雀和野生雉鸡类的小肠所引起的疾病。呈世界性分布，我国各地均有报道。各种年龄的鸡均可感染，但 17～40 日龄的鸡易感性强，死亡率高。在流行区，散养或平养的雏鸡可大群感染而导致死亡，因此，对养鸡业危害较大，是禽类最常见的一类绦虫病。

1. 病原形态

棘钩瑞利绦虫呈白色，体长 25 cm，宽 1～4 mm，是鸡最大的绦虫。头节小，上有 4 个呈椭圆形的吸盘，吸盘上有 8～10 列小棘，顶突上有两圈小钩，200～240 个（图 8-30）。节片宽度大于长度，每个成节通常有一组生殖器官，偶尔也有两组者。生殖孔位于节片一侧的边缘上。睾丸 20～40 个，分布于卵巢的两侧和卵黄腺的后方。阴茎囊呈梨形，位于排泄管内侧。卵巢位于节片中央，或分为左右两瓣，边缘呈花瓣状分叶。卵黄腺在卵巢后方，呈椭圆形。孕节内含有 90～150 个卵囊，卵囊呈椭圆形，每个卵囊内含有 6～12 个虫卵。虫卵直径为 25～40 μm。寄生于家鸡和火鸡的小肠。

四角瑞利绦虫头节较小，似球形。吸盘长椭圆形，上有 8～10 圈小钩。顶突上有 1～3 行小钩，数目为 90～130 个（图 8-30）。颈节明显，节片较宽。生殖孔单侧，位于节片上部，偶见个别体节有交替现象。睾丸 18～37 个。卵巢位于节片中央。卵黄腺在卵巢下方。孕节中每个卵囊内含卵 6～12 个。虫卵直径为 25～50 μm。寄生于鸡、火鸡及孔雀等的小肠后半部。

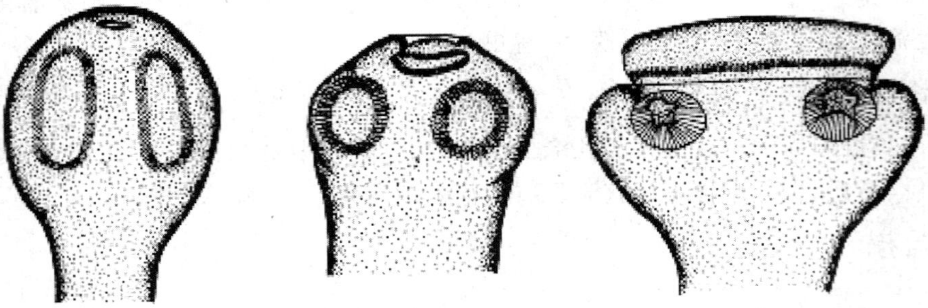

图 8-30 瑞利绦虫头节(仿 Mönnig)

1. 四角瑞利绦虫 2. 棘钩瑞利绦虫 3. 有轮瑞利绦虫

有轮瑞利绦虫 虫体较小,长为 40～130 mm,最大体宽 1.5～3.0 mm。头节大,吸盘上无小钩,顶突宽而厚,呈轮盘状,具有 400～500 个小钩,排成两圈(图 8-30)。颈节不明显。生殖孔在体侧缘上不规则交替排列。睾丸 15～30 个,分布于节片的下半部。阴茎囊呈纺锤形,位于排泄管外侧。卵巢位于节片中央上部。孕节中含有许多卵囊,每个卵囊内仅有一个虫卵。虫卵直径 75～88 μm。寄生于鸡的小肠内。

2. 生活史

成虫寄生于鸡、火鸡、鸽、孔雀和野生雉鸡类的小肠内。棘钩瑞利绦虫和四角瑞利绦虫的中间宿主为蚂蚁(*Tetramorium caespitum*, *T. semilaeve* 和 *Pheidole* sp. 等)。孕节和卵囊随鸡的粪便排出体外,被蚂蚁吞食后,在温度 28～30℃下,六钩蚴进入血腔,约经 2 周,发育为似囊尾蚴。鸡啄食含似囊尾蚴的蚂蚁后,似囊尾蚴用吸盘和小钩吸附于终宿主的小肠壁上,经 2～3 周发育为成虫。

有轮瑞利绦虫的中间宿主为蝇类和甲虫,已发现有 10 科 100 种以上的甲虫可作为其天然和人工感染的中间宿主,如步行虫科(Carabidae)、金龟子科(Scarabaeidae)和伪步行虫科(Tenebrionidae)的甲虫。虫卵被中间宿主吞食后,六钩蚴逸出,穿过肠壁进入血腔,经 14～16 d,发育为似囊尾蚴。鸡啄食含似囊尾蚴的昆虫而感染,约经 20 d 发育为成虫(图 8-31)。

3. 致病作用和症状

3 种绦虫常呈混合感染。大量感染时虫体集聚成团,导致肠阻塞,甚至肠破裂而引起腹膜炎;其代谢产物被吸收后可引起中毒反应,出现神经症状。棘钩瑞利绦虫的顶突能深入肠黏膜,引起结核样病变。临床表现为消化不良,食欲减退,饮欲增加,腹泻,消瘦,两翅下垂,羽毛逆立,有时两腿麻痹,头颈扭曲,雏鸡发育受阻或停止,蛋鸡产蛋量下降或停产,可能继发其他疾病而死亡。

4. 病理变化

剖解可见患禽肠黏膜增厚,出血。当棘钩瑞利绦虫寄生时,在十二指肠肠壁上有结核样结节,结节中央有凹陷,凹陷内常有虫体存在或填充着黄褐色凝乳样栓塞物,或变化为凝乳状溃疡病灶。

5. 诊断

检查粪便发现虫卵或孕卵节片,或剖检病鸡发现虫体即可确诊。

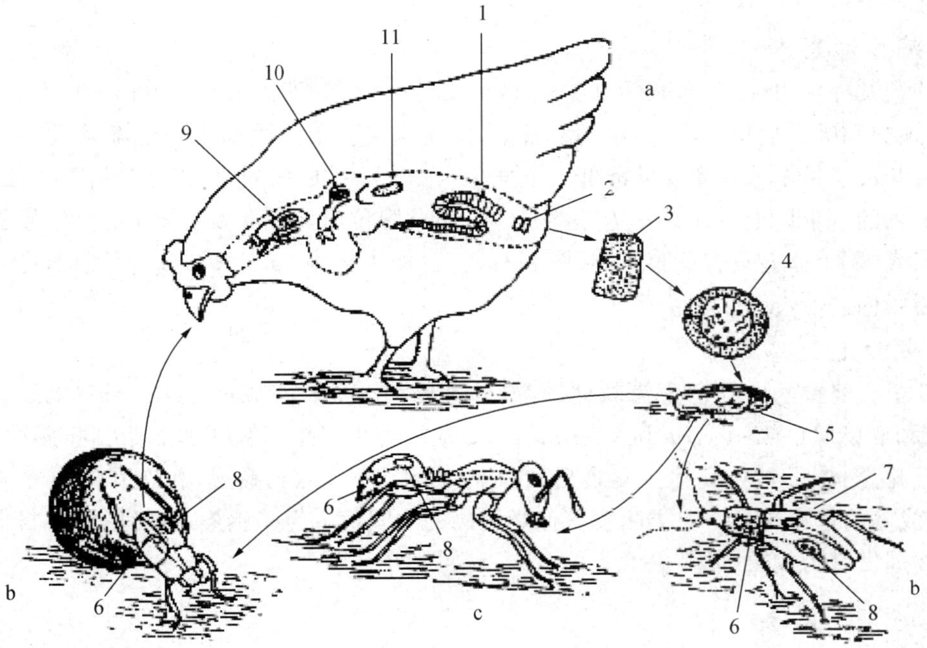

图 8-31　瑞利绦虫生活史图解

a. 鸡　b. 甲虫　c. 蚂蚁　1. 成虫　2,3. 孕节　4. 虫卵　5. 粪便中的孕节

6～8. 六钩蚴发育为似囊尾蚴(6,7. 六钩蚴,8. 似囊尾蚴)

9,10. 被啄食的中间宿主　11. 释放出的似囊尾蚴

6. 治疗

可选用以下驱虫药物：

(1)氢溴酸槟榔素　按每千克体重 1.0～1.5 mg,配成 1%水溶液,胃管投服。

(2)硫双二氯酚　按每千克体重 100～200 mg,一次口服。雏鸡可适当减量。

(3)丙硫咪唑　按每千克体重 10～25 mg,与面粉做成丸剂,一次投服。

(4)氯硝柳胺　按每千克体重 60～80 mg,一次口服。

(5)羟萘酸丁萘脒　按每千克体重 400 mg,一次口服。

(6)吡喹酮　按每千克体重 10～20 mg,一次口服。

7. 预防

①消灭中间宿主。蚂蚁生活在石块、朽木和碎石下,蝇类的幼虫生活在垃圾中,甲虫生活在疏松的土壤中,因此应针对这些昆虫的生活地点进行驱杀。

②有计划地对鸡群进行定期驱虫,驱虫后及时清除粪便并作无害化处理。

③雏鸡与成年鸡分开喂养,新购入的鸡应先隔离驱虫后再并群。虽然各种年龄的鸡均可感染,但 17～40 日龄的鸡易感性强,死亡率高,因此需分开喂养。发现病鸡,及时治疗,以消灭传染源。

(二)戴文绦虫病

戴文绦虫病是由戴文科戴文属(*Davainea*)的节片戴文绦虫(*D. proglottina*)寄生于鸡、鸽、鹌鹑的十二指肠内所引起的疾病。本病几乎分布于世界各地,我国各省区均有报道,对雏鸡危害较严重。

1. 病原形态

节片戴文绦虫虫体短小，长为 0.5～3.0 mm，宽为 0.18～0.6 mm，由 4～9 个节片组成。头节小，顶突和吸盘上均有小钩，小钩易脱落，故不常见。节片由前向后逐渐增大。生殖孔规则地交替开口于每个节片侧缘的前部。睾丸 12～15 个，排成两列，位于体节后部。雄茎囊长，可达体节宽的一半以上。卵巢发达，边缘分叶，卵黄腺位于卵巢下缘，子宫短。孕节子宫分裂为许多卵囊，每个卵囊只含一个虫卵(图 8-32)。虫卵大小为 28～40 μm。寄生于鸡、鸽、鹌鹑的十二指肠内。

2. 生活史

节片戴文绦虫的中间宿主为软体动物：陆地螺(*Limax*、*Arion*、*Cepaea*、*Milax*、*Agriolimax* 等属)和蛞蝓(*Polygytra* 和 *Zonitoides*)。成虫寄生于鸡、鸽、鹌鹑的十二指肠内，孕节随宿主粪便排至体外，被中间宿主吞食后，在适宜的条件下，六钩蚴逸出，在其体内经 3 周的发育，变为成熟的似囊尾蚴。禽类啄食含似囊尾蚴的中间宿主而受感染，似囊尾蚴在其十二指肠内约经 2 周发育为成虫(图 8-33)。

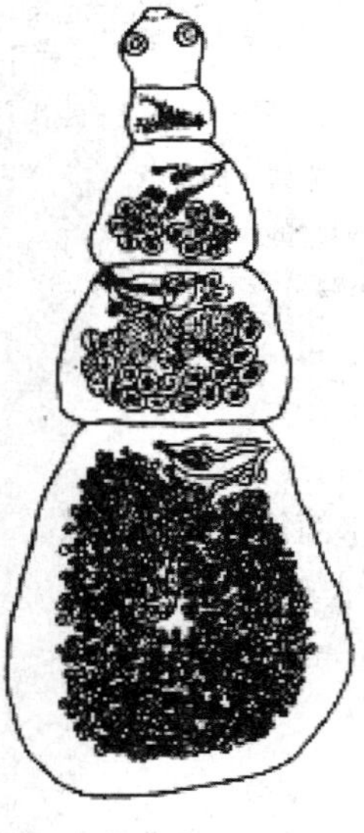

图 8-32　节片戴文绦虫

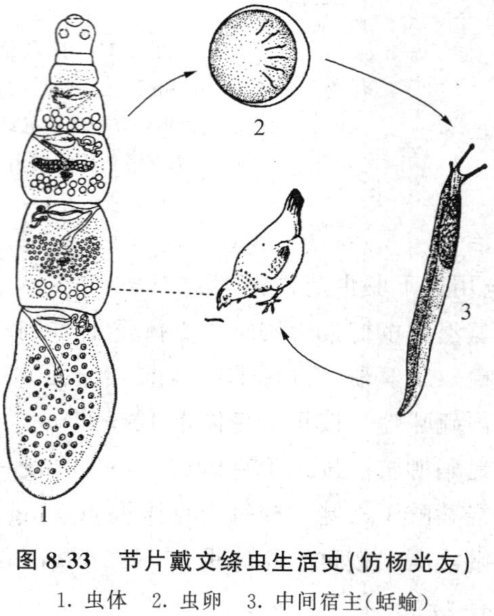

图 8-33　节片戴文绦虫生活史(仿杨光友)

1. 虫体　2. 虫卵　3. 中间宿主(蛞蝓)

3. 致病作用和症状

虫体头节深入肠壁，可引起急性炎症。表现为精神沉郁，行动迟缓，羽毛蓬乱，腹泻，消瘦，粪中含黏液或带血。虫体分泌的毒素会引起病禽渐进性麻痹，麻痹有时从两腿开始，逐渐发展而波及全身，可导致死亡。

4. 病理变化

剖检可见尸体消瘦，可视黏膜苍白和黄疸，小肠增粗，肠壁增厚、充血。肠腔中充满黏液，有恶臭味，常有虫体寄生。

5. 诊断

结合临床症状，在粪便检查时发现孕节、虫卵或尸检时发现虫体即可确诊。由于虫体较小，通常一条绦虫每天在夜间或下午只排出一个孕节，因此在鸡粪中不易找到，故应注意收集全粪检查。

6. 治疗

可参照瑞利绦虫病。

7. 预防

在流行区，对鸡应进行定期驱虫；鸡舍和运动场应保持干燥，及时清除鸡粪，进行无害化处理；避免雏鸡与中间宿主接触，

六、水禽绦虫病

(一)剑带绦虫病

剑带绦虫病是由膜壳科(Hymenolepididae)剑带属(*Drepanidotaenia*)的矛形剑带绦虫(*D. lanceolata*)寄生于鹅、鸭等水禽以及野生雁形目鸟类的小肠而引起的疾病。本病呈世界性分布，多呈地方性流行。

1. 病原形态

矛形剑带绦虫是禽类的大型绦虫。虫体呈乳白色，前窄后宽，形似矛头，体长 60～160 mm，最大体宽 11.5～14.0 mm。由 20～40 个节片组成，节片宽大于长。头节小，呈圆形或梨形，上有 4 个吸盘，顶突上有 8 个小钩。颈节短。生殖孔位于节片的一侧边缘前 1/3 处，有规则的排列。睾丸 3 个，呈椭圆形，横列于节片中部稍偏生殖孔一侧。阴茎细长，被有小棘。卵巢分为左右两瓣，呈菊花状。卵黄腺在卵巢下方呈玫瑰状。孕节子宫呈长囊状，横列于节片中，有波状边缘。虫卵无色，呈卵圆形，无卵囊包裹，大小为 100 μm×(82～83) μm (图 8-34)。

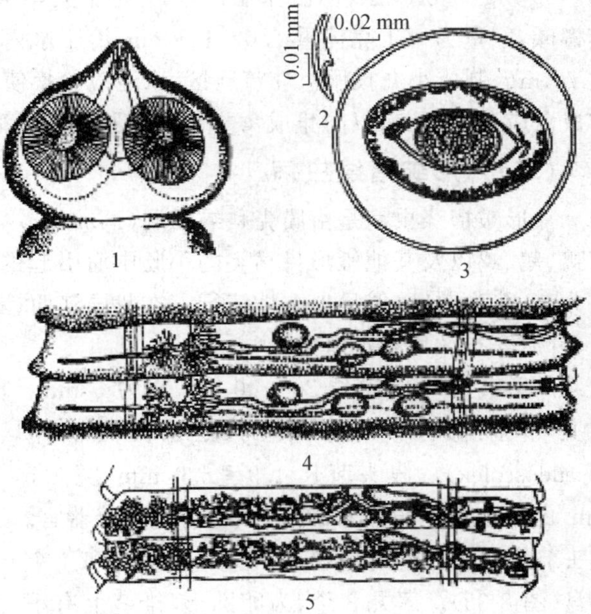

图 8-34　矛形剑带绦虫(仿孔繁瑶)

1. 头节　2. 小钩　3. 虫卵　4. 成节　5. 孕节

2. 生活史

成虫寄生于鹅、鸭等终末宿主的小肠中，孕节和虫卵随宿主粪便排至体外，在水中被中间宿主剑水蚤(*Cyclops*)和镖水蚤(*Diaptomus*)吞食后，六钩蚴逸出，穿过肠壁到血腔中，在 18～32℃条件下，经 7～13 d 发育为成熟的似囊尾蚴。鹅、鸭等吞食含有似囊尾蚴的剑水蚤而受感染，剑水蚤在其肠腔被消化，似囊尾蚴伸出头节，借助于吸盘和小钩固着于肠黏膜上，约经 20 d 发育为成虫。

3. 流行病学

剑带绦虫病呈世界性分布，在我国湖南、江西、上海、江苏、四川、福建、广西、山东、吉林及黑龙江等省市均有报道。本病对 2 周龄至 3 月龄以内的雏鹅危害最重，可引起大量死亡，成年

鹅往往为带虫者。

剑水蚤的寿命为一年，大量滋生于水塘、稻田、沟渠、沼泽和江河湖泊及支流等处覆有植物的近岸水域中，每年春、夏季是剑水蚤大量繁殖的季节，因此，感染季节多在早春以后，雏鹅放牧于水塘内而受感染。

4. 临床症状

表现为食欲不振，消瘦，贫血，腹泻，生长发育受阻等。有时出现神经症状，病鹅夜间伸颈、张口，如钟摆样摇头，然后仰卧，做划水动作。雏鹅严重感染时常引起死亡。

5. 诊断

结合症状，在粪便中检出孕节和虫卵或尸体剖解在肠道内查到多量虫体便可确诊。也可进行诊断性驱虫。

6. 防治

对成鹅进行定期驱虫，一般在春、秋两季进行，常用药物有吡喹酮：剂量为每千克体重10～15 mg，一次投服；丙硫咪唑：剂量为每千克体重20～25 mg，一次投服，药效良好；氢溴酸槟榔碱：剂量为每千克体重1.0～1.5 mg，溶于水内服，投药前绝食16～20 h；硫双二氯酚：每次70 mg，制成小丸投服。在流行区，水池应轮换使用，必要时可停用1年后再用。同时，幼禽与成禽应分开饲养，以防止成禽排出的病原在中间宿主体内发育后感染幼禽。

(二)片形皱褶绦虫病

片形皱褶绦虫病是由膜壳科皱褶属(*Fimbriaria*)的片形皱褶绦虫(*F. fasciolaris*)寄生于家鸭、鹅、鸡以及其他雁形目鸟类的小肠中而引起的疾病，是家鸭常见的绦虫病。本病呈世界性分布，多为散发，偶呈地方性流行。在我国江西、浙江、湖北、福建、四川、广东、广西、陕西、宁夏、台湾等省区均有报道。

片形皱褶绦虫体长20～40 cm，宽为5 mm。在其体前端有一个扩展的皱褶状假头节(pseudoscolex)。假头节长1.9～6.0 mm，宽1.5 mm，由许多无生殖器官的节片组成，为附着器官。真头节位于假头节的顶端，上有10个小钩和4个吸盘(图8-35)。睾丸3个，为卵圆形，雄茎上有小棘。卵巢呈网状分布，串联于全部成节。子宫也贯穿整个链体，孕节的子宫为短管状，管内充满虫卵，单个排列。生殖孔规则地排列于一侧。虫卵为椭圆形，两端稍尖，大小为13 μm×74 μm，内含六钩蚴。

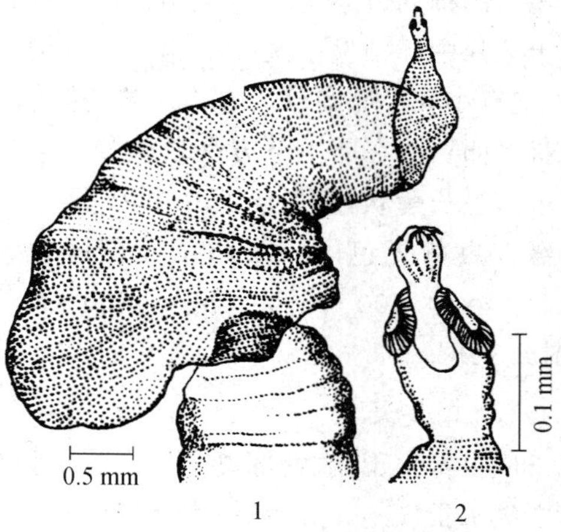

图8-35 片形皱褶绦虫(仿孔繁瑶)

1. 假头节 2. 头节

片形皱褶绦虫寄生于鸭、鹅、鸡等鸟类的小肠内。其生活史与矛形剑带绦虫相似，中间宿主为桡足类，有普通镖水蚤(*Diaptomus vulgaris*)和剑水蚤(*Cyclops*)及*Gammarus lacustris*等。人工感染试验证明，家鸭吞食含有似囊尾蚴的中间宿主后，平均需要16 d发育为成虫。

防治方法参照矛形剑带绦虫病。

七、马裸头绦虫病

马裸头绦虫病是由裸头科（Anoplocephalidae）裸头属（*Anoplocephala*）和副裸头属（*Paranoplocephala*）的大裸头绦虫（*A. magna*）、叶状裸头绦虫（*A. perfoliata*）和侏儒副裸头绦虫（*P. mamillana*）寄生于马属动物的小肠所引起的疾病。该病呈世界性分布，我国各地都有发生，以叶状裸头绦虫较为多见，其次是大裸头绦虫，侏儒副裸头绦虫偶有感染。

（一）病原形态

叶状裸头绦虫　虫体呈乳白色，短而厚，似叶状，大小为（2.5～5.2）cm×（0.8～1.4）cm。头节小，上有4个吸盘，每个吸盘后方各有一个特征性的耳垂状附属物，无顶突和小钩。体节短而宽，前后体节仅以中央部相连，而侧缘游离，重叠如书状（图8-36）。成节有一组生殖器官，生殖孔开口于体节侧缘。睾丸约200个。卵巢较宽大，充满整个体节。虫卵直径为65～80 μm，内含梨形器，梨形器约等于卵的半径，内含六钩蚴。成虫寄生于马、驴小肠的后半部和盲肠，常在回盲的狭小部位群集寄生。

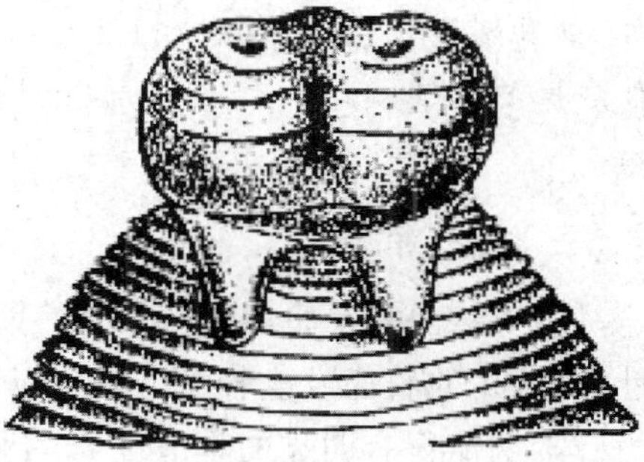

图8-36　叶状裸头绦虫头节（仿孔繁瑶）

大裸头绦虫　虫体大小为80 cm×2.5 cm，头节宽大，上有4个吸盘，无顶突和小钩。颈节极短或无。体节短而宽，节片有缘膜，前节缘膜覆盖后节约1/3（图8-37）。成节有一组生殖器官，生殖孔开口于一侧。睾丸400～500个，位于节片中部。孕节内子宫横列，呈袋状且前后有分支，内充满虫卵。虫卵呈浅灰色，近似圆形，直径为50～60 μm，卵内有梨形器，内含六钩蚴，梨形器小于卵的半径。成虫寄生于马、驴的小肠，特别是空肠，偶见于胃中。

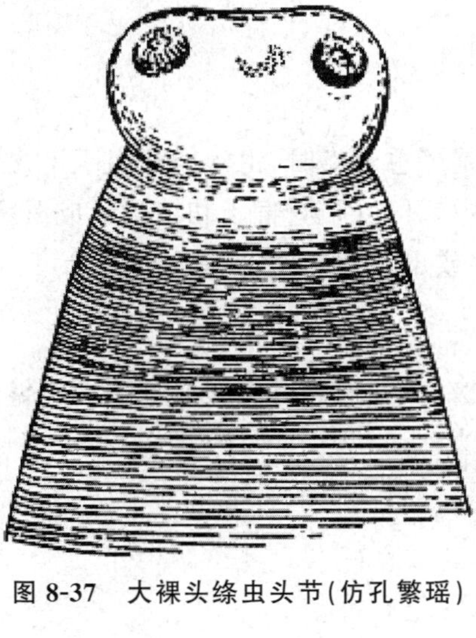

图8-37　大裸头绦虫头节（仿孔繁瑶）

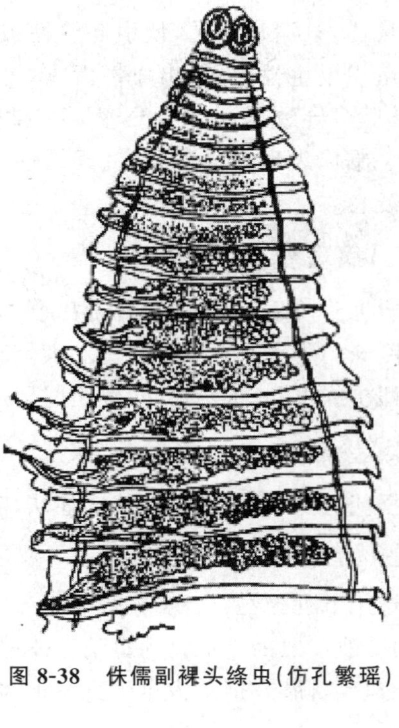

图8-38　侏儒副裸头绦虫（仿孔繁瑶）

侏儒副裸头绦虫 虫体短小，大小为(6～50) mm×(4～6) mm。头节小，吸盘呈裂隙样，颈部短(图 8-38)。虫卵直径为 64～80 μm，梨形器大于虫卵半径。成虫寄生于马的十二指肠，偶见于胃中。

(二)生活史

同反刍兽莫尼茨绦虫的生活史相似，均需地螨作为中间宿主。叶状裸头绦虫的中间宿主为平滑肋甲螨(*Scheloribates laevigatus*)、侧足肋甲螨(*S. latipes*)、分明腹翼甲螨(*Galumna obvious*)和有脉腹翼甲螨(*G. longiplumus*)等；大裸头绦虫为平滑肋甲螨和侧足肋甲螨；侏儒副裸头绦虫为分明腹翼甲螨和长毛腹翼甲螨(*G. longiplumus*)。孕节或虫卵随宿主粪便排出体外，被地螨吞食后，六钩蚴在其体内，在 19～21℃的条件下，经 140～150 d 发育为似囊尾蚴。含似囊尾蚴的地螨爬在草上，马属动物吃草时吞食了地螨而受感染，经 4～6 周的发育变为成虫。

(三)流行病学

马裸头绦虫病呈世界性分布，在我国各地均有报道，特别在我国西北和内蒙古牧区常呈地方性流行，东北牧区发生较少。该病以 2 岁以下的幼驹感染率最高，动物随年龄的增长而获免疫力。本病流行有明显的季节性，8 月份感染率最高，这与中间宿主地螨的生活习性有关。地螨多生活在阴暗潮湿有丰富腐殖质的林区、草原及灌木丛中，有畏光喜温的特性。地螨白天躲在深的草皮下或腐殖土下，黄昏或黎明爬出活动，寻找食物。在牧地上的地螨数量随着季节更换而有明显的差异，一般秋季达到高峰，冬季和初春数量下降，晚春及初夏又有增加，炎夏下降。

(四)致病作用和症状

虫体寄生于马属动物的小肠，可引起黏膜发炎、水肿和损伤，形成组织增生性的环形出血性溃疡，一旦溃疡穿孔，便引起急性腹膜炎，导致死亡。叶状裸头绦虫大量寄生时常引起回盲口组织增生性、环行出血性溃疡，可导致局部或全部的回盲口堵塞，产生严重的间歇性疝痛，最后可导致死亡。严重感染大裸头绦虫和侏儒副裸头绦虫时，可引起卡他性或出血性肠炎。临床表现为消化不良、间歇性疝痛和腹泻，并引起增进性的消瘦、贫血、衰弱，最后可导致死亡。

(五)病理变化

主要见于回盲口，常可见环形出血性溃疡，特别是严重感染时，由于肉芽组织迅速形成，可见形似网球的肿块。在少数急性和大量感染的病例中，可见回肠、盲肠和结肠形成溃疡。严重感染大裸头绦虫和侏儒副裸头绦虫时，可引起卡他性或出血性肠炎。

(六)诊断

根据流行病学调查，结合临床症状，对粪便进行检查，发现大量虫卵或孕节可确诊。

(七)治疗

可选用下列药物：

(1)硫双二氯酚 剂量为每千克体重 7～25 mg，药效良好。

(2)氯硝柳胺 剂量为每千克体重 88～100 mg，安全有效。

(3)南瓜子 400 g,槟榔 50 g。给药前绝食 12 h,先投服炒熟碾碎的南瓜子粉末 400 g,经 1 h 后,灌服槟榔末 50 g,再经 1 h 后投服硫酸钠 250～500 g。

还可选用丙硫咪唑、吡喹酮等药物。

(八)预防

加强管理,对马匹进行预防性驱虫,驱虫后的粪便应进行无害化处理,以杀灭虫卵;尽量避免在低洼、潮湿地带放牧,或清晨、黄昏等地螨活动高峰时放牧,最好在人工种植牧草的牧地上放牧,以减少感染机会。

八、鼠膜壳绦虫病

鼠膜壳绦虫病是由膜壳科(Hymenolepididae)膜壳属(*Hymenolepis*)的微小膜壳绦虫(*Hymenolepis nana*)和缩小膜壳绦虫(*H. diminuta*)寄生于鼠类和人的小肠而引起,是一种重要的人兽共患寄生虫病。

(一)病原形态

微小膜壳绦虫又称短膜壳绦虫,为小型虫体,虫体纤细,大小为(25～40) mm×(0.5～0.9) mm。由 100～200 个节片组成,节片均宽度大于长度。头节呈球形,直径 0.13～0.4 mm,具有 4 个吸盘和一个可以伸缩的顶突,顶突上有小钩 20～30 个,排成一圈。生殖孔位于虫体同一侧。睾丸 3 个,呈椭圆形,横行排列,1 个位于生殖孔侧,其余两个位于生殖孔对侧。具有内、外贮精囊。卵巢呈叶状,位于节片中央。卵黄腺位于卵巢后方的腹面。孕节中的子宫呈囊状,其内充满虫卵。虫卵呈圆形或椭圆形,大小为(48～60) μm×(36～48) μm,内含六钩蚴。六钩蚴外为厚的胚膜层和薄而透明的卵壳层,胚膜两极处增厚,伸出数根极丝,弯曲延伸在卵壳和胚膜之间。卵壳无横纹(图 8-39)。

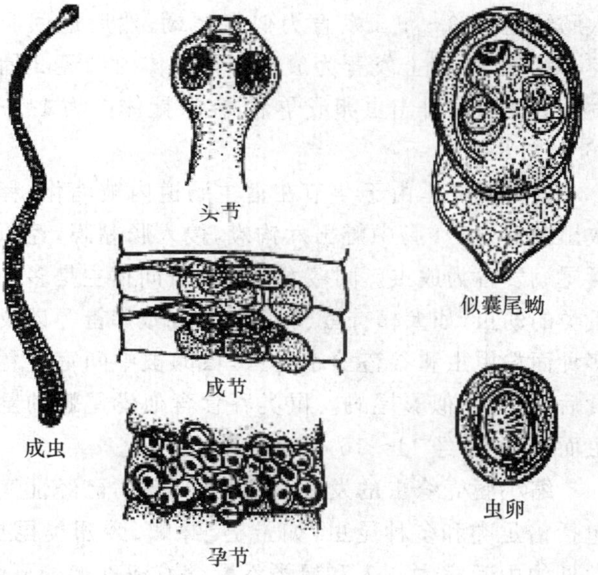

图 8-39　微小膜壳绦虫(仿曾宪芳)

缩小膜壳绦虫又名长膜壳绦虫,虫体较微小膜壳绦虫大,呈带状,大小为(200～600) mm×(3.5～4.0) mm,由 800～1 000 个节片组成。头节小,呈圆球形,头节上有 4 个吸盘,顶端凹入,顶突位于其中,经常缩于吻囊内,其上无小钩。生殖孔位于一侧。睾丸有 3 个,呈球形,横列。卵巢位于节片中央,分左右两叶并有叶状分瓣。孕节子宫囊状,内充满虫卵。虫卵呈圆形,黄褐色,直径为 60～65 μm,卵壳较厚,胚膜两端无极丝,但卵壳与胚膜间有透明胶状物,内含六钩蚴(图 8-40)。

(二)生活史

微小膜壳绦虫的生活史有两种方式:不需要中间宿主而能直接感染或经过中间宿主受感

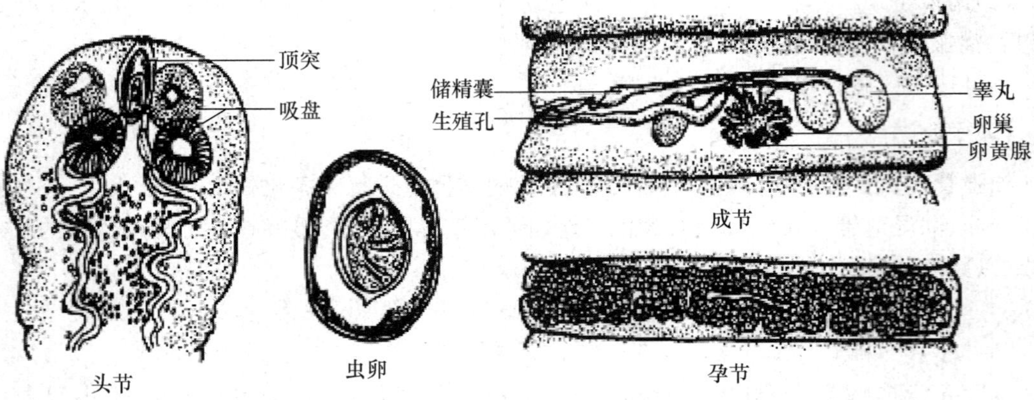

图 8-40 缩小膜壳绦虫(仿曾宪芳)

染。直接发育为虫卵直接感染终末宿主或自身感染而发育为成虫。即脱落的孕节或虫卵随粪便排出体外,虫卵被鼠类吞入后,六钩蚴在消化道内释出,钻入肠绒毛经 3～4 d 发育为似囊尾蚴,然后返回肠腔,附着于肠壁上发育为成虫。在人体内约经 2 周发育为成虫并排出虫卵或孕节,在家鼠体内为 11～16 d(图 8-41)。

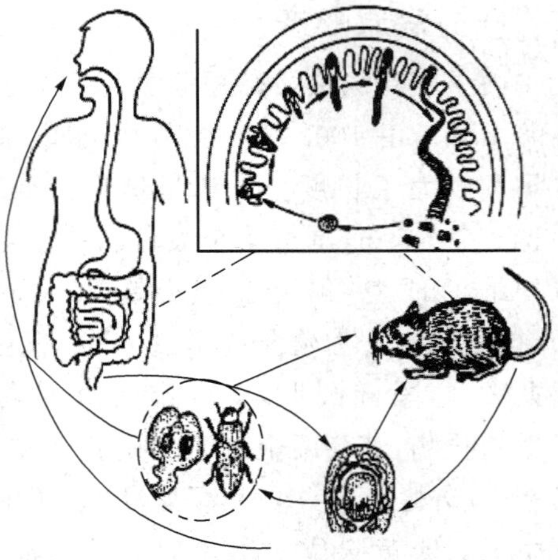

图 8-41 微小膜壳绦虫生活史(仿曾宪芳)

自身感染是由于孕节在宿主肠道内被消化,释放出虫卵,卵在肠中孵出六钩蚴,侵入肠黏膜,经似囊尾蚴发育为成虫。间接发育时的中间宿主是多种蚤类的幼虫,如犬栉首蚤、印鼠客蚤和致痒蚤等以及多种面粉甲虫和谷盗等小昆虫,虫卵被中间宿主吞食后,发育为似囊尾蚴。鼠类吞食含似囊尾蚴的昆虫而受感染,经 11～16 d 变为成虫。

缩小膜壳绦虫的发育需要中间宿主,已经证实有 60 多种节肢动物可以作为中间宿主,包括倍足类和多种昆虫,如蚤类、蟑螂、鳞翅类昆虫、甲虫等。其中面粉甲虫和鼠蚤等为最常见的中间宿主。人和鼠类吞食含有成熟似囊尾蚴的中间宿主而受感染,经 12～13 d 发育为成虫。

(三)致病作用和症状

微小膜壳绦虫寄生于宿主肠道中,不仅对宿主肠壁产生机械性损伤,而且还会产生毒素作用。宿主感染膜壳绦虫后可产生一定程度的免疫力,但严重感染时可引起卡他性肠炎。表现为营养不良,贫血,体重减轻,甚至引起肠阻塞。作为实验动物的鼠类因感染膜壳绦虫而影响实验结果。人感染后有食欲不振、头晕、头痛、失眠、惊厥、恶心、呕吐、腹痛、腹泻和消瘦等神经和胃肠道症状。

缩小膜壳绦虫对人体的损害较轻微。人体感染后,一般无症状或有轻微的神经和消化系统症状,表现为头痛、失眠、磨牙、恶心、腹胀和腹痛等。

(四)诊断

生前诊断可采用饱和盐水浮集法检查粪便，粪检时查获虫卵或孕节，尸体剖检时找到虫体或在肠绒毛内发现似囊尾蚴便可确诊。

(五)治疗

对鼠类应进行定期驱虫，常用药物有：

(1)氯硝柳胺　剂量为每千克体重 200 mg，一次口服。

(2)丙硫咪唑　剂量为每千克体重 30～40 mg，疗效良好。

(3)吡喹酮　剂量为每千克体重 30 mg，一次口服。

(六)预防

对实验鼠进行定期驱虫，鼠粪进行无害化处理；加强饮水与饲料卫生的管理，防止中间宿主和野鼠进入动物舍内；人要注意个人卫生和环境卫生，防止误食粮仓害虫。

九、头槽绦虫病

头槽绦虫病是由头槽绦虫寄生于鱼类的消化道引起的一种寄生虫病，主要危害鲢鱼、草鱼、鳙鱼等鱼类。

(一)病原形态

九江头槽缘虫(*Bothriocephalus gowkongensis*)隶属头槽科(Bothriocephalidae)，虫体带状，体长 20～250 mm。头节有一明显的顶盘和两个较深的吸沟。睾丸球形，每个节片内有 50～90 个，分布在节片的两侧。阴道和雄茎共同开口在生殖腔内。生殖腔开口在节片背面中线后 1/3 的任何一点上。卵巢双瓣翼状，横列在节片后端 1/4 的中央处。子宫弯曲呈“S”状，开口于节片中央腹面，在生殖孔之前。卵黄腺比睾丸小，散布在节片的两侧。梅氏腺位于卵巢的前端。卵呈椭圆形，淡褐色，在锐的一端有不明显的卵盖。

(二)生活史

头槽绦虫发育经历卵、钩球蚴、原尾蚴、裂头蚴、成虫 5 个阶段。一条长 150～200 mm 的虫体每次产卵 1 万多个。卵随宿主粪便一同落到水中，在水温 28～30℃时，3～5 d 内孵化出钩球蚴；若温度在 14～15℃时，需 10～28 d 才能孵化成钩球蚴。

钩球蚴被中间宿主刘氏剑水蚤或温剑水蚤吞食后，穿过其消化道到达体腔，大约经 5 d 发育为原尾蚴。感染了原尾蚴的剑水蚤，被草鱼等鱼种吞食后，经消化作用，剑水蚤破裂，原尾蚴即在肠内蠕动，脱下尾器，发育为裂头蚴。在水温 28～29℃时，裂头蚴在草鱼肠内经过 21～23 d 达到性成熟，开始产卵。

(三)流行病学

原先在我国广东、广西呈地方性流行，现已传到国内外不少地区。尤其危害草鱼鱼种，草鱼在每年育苗期间即开始感染，病情迅速加重(曾在一尾放养 45 d、长 40 mm 的草鱼肠内发现 6 个成虫和 252 个幼虫)，尤其对越冬的草鱼危害最大，死亡率高达 90%。草鱼在 8 cm 以下受害最盛，当体长超出 10 cm 时，感染率即开始下降，在 2 龄以上的鱼体内只能偶尔发现少数的头节和不成熟的个体。这与草鱼在不同发育阶段摄食对象不同有关。

(四)症状及病变

严重感染的小草鱼体重减轻,显得非常瘦弱,不摄食,体表的黑色素增加,离群至水面,口常张开;伴有恶性贫血现象,病鱼红细胞为 96 万～248 万个/mL,而健康鱼为 304 万～408 万个/mL。当严重寄生时鱼肠前段第一盘弯曲膨大成胃囊状,直径较正常增大约 3 倍,并使前肠壁异常扩张,形成皱襞萎缩。此外,肠前段还出现慢性炎症,以及由于肠内密集虫体造成机械堵塞。

(五)防治

(1)治疗　可选用以下药物:

①每万尾鱼(9 cm)用南瓜子 250 g 研磨成粉与 500 g 米糠拌匀投喂,连喂 3 d。

②将 90%晶体敌百虫 50 g 与面粉 500 g 混合进行投喂,连喂 3～6 d。

③使君子 2.5 kg,葫芦金 5 kg,捣烂煮水成 5～10 kg 汁液,拌入 7.5～9 kg 米糠中,连喂 4 d,其中第 2～4 天的药量减半。

(2)预防　可使用 2/10 000 的漂白粉或 5/10 000 浓度的生石灰清塘毒杀虫卵和剑水蚤,效果较好。经清塘后,切忌放入草鱼作为"食水鱼"。

本章小结

(1)绦虫一般呈带状,背腹扁平,虫体由头节、颈节与体节三部分组成。头节根据其吸着器官构造的不同,一般分为吸盘型、吸槽型、吸叶型三种类型。

(2)颈节位于头节之后,是产生节片的部位;体节由节片组成,根据其前后位置和两性生殖器官发育程度的不同,分为幼节、成节和孕节。绦虫无循环系统、消化系统和呼吸系统,靠体壁吸收营养物质,行厌氧呼吸。一般为雌雄同体,每个节片中都有 1～2 组雄性和雌性生殖系统。

(3)绦虫属于扁形动物门绦虫纲、多节绦虫亚纲。与家畜和人类关系密切的有两个目:圆叶目和假叶目。其中与人畜有关的绦虫圆叶目有 6 科,假叶目有 1 科。

(4)绦虫的生活史较复杂,除个别寄生在人类和啮齿动物的绦虫可以不需要中间宿主外,寄生于家畜的各种绦虫的发育都需要一个或两个中间宿主才能完成。整个生活史可分为虫卵、中绦期和成虫三个阶段。

(5)在人兽共患绦虫病中主要讲述了猪囊尾蚴病、牛囊尾蚴病、棘球蚴病、脑多头蚴病、裂头蚴病、宽节双叶槽绦虫病和猪伪裸头绦虫病;其他绦虫病中主要讲述了细颈囊尾蚴病、豆状囊尾蚴病、反刍兽绦虫病、肉食兽绦虫病、鸡绦虫病、水禽绦虫病、马裸头绦虫病和鼠膜壳绦虫病,并对每个病的病原形态、生活史、流行病学、致病作用、临床症状、诊断和综合防治措施进行了详细介绍。

复习思考题

1. 试述圆叶目、假叶目绦虫的形态结构特征及二者的区别。
2. 试述绦虫蚴(中绦期)及绦虫蚴病概念。
3. 简述圆叶目、假叶目绦虫的中绦期、生活史的特征。

4. 简述假叶目、带科、裸头科绦虫虫卵的形态结构特征。

5. 简述畜禽主要绦虫的形态结构特征和生活史(包括终末宿主、中间宿主、感染性阶段、感染途径、移行过程、寄生部位等)。

6. 简述鸡瑞利绦虫病的主要临床症状、病理变化、诊断及防治措施。

7. 简述莫尼茨绦虫病、棘球蚴病和脑多头蚴病的主要临床症状、诊断及防治措施。

8. 简述犬、猫绦虫病的病原种类及寄生部位、主要临床症状、病理变化、诊断、治疗、防治措施。

9. 人兽共患的绦虫蚴病有哪些？其感染源是什么？

第九章
线 虫 病

本章学习目的与要求：通过本章的学习，要求深刻理解与掌握线虫的形态、生活史；掌握旋毛虫病，后圆线虫病、颚口线虫病、类圆线虫病、蛔虫病、牛、羊消化道线虫病等的生活史、流行病学、临床症状以及诊断与防治方法。要求一般了解肾膨结线虫病、鸡异刺线虫病、丝状线虫病、猪浆膜丝虫病、马属动物圆线虫病。

第一节　线虫的形态、分类和生活史

线虫是指线形动物门(Nemathelminthes)的动物，它们是地球上存在最普遍的生物之一。线虫不仅种类多，而且种群数量也很大，包括营自由生活而存在于土壤、海洋、河流、湖泊中的非寄生线虫以及寄生于动、植物和人体的寄生线虫。据不完全统计，地球上自由生活的线虫有3万多种，其中包括海水中约有25 000种，淡水中约有1 000种，土壤中约有5 000种。寄生于动物的线虫有1万多种，其中寄生于家畜、家禽而与我们有关的线虫有数百种。可以说，世界上没有一只动物没有线虫寄生。许多动物寄生线虫不仅给畜牧业造成严重的经济损失，而且还可感染人体，甚至导致人体死亡。

一、线虫的形态

(一)外部形态

线虫通常为两侧对称，圆柱形或纺锤形，有的呈线状或毛发状。前端钝圆，后端较细，不分节。活体呈乳白色或淡黄色，吸血虫体略带红色。线虫大小随种类不同差别很大，如旋毛虫雄虫仅1 mm左右，而麦地那龙线虫雌虫可达1 m以上。寄生性线虫均为雌雄异体，一般为雄虫小，后端不同程度地弯曲并有一些与生殖有关的辅助构造，易与雌虫相区别。线虫整个虫体可分为头端、尾端、背面、腹面和侧面。天然孔有口孔、排泄孔、肛门和生殖孔。雄虫的肛门和生殖孔合为泄殖孔。

(二)体壁

体壁由无色透明的角皮即角质层、皮下组织和肌层构成。角皮光滑或有横纹、纵线等。有些线虫体表还常有由角皮参与形成的特殊构造，如头泡、颈泡、唇片、叶冠、颈翼、侧翼、尾翼、乳突、交合伞等(图9-1)，有附着、感觉和辅助交配等功能，其位置、形状和排列是分类的依据。皮下组织紧贴在角皮基底膜之下，由一层合胞体细胞组成。在背面、腹面和两侧的中部增厚，形成四条纵索，分别称为背索、腹索和侧索。在两侧索内有排泄管和侧神经干，背索和腹索内有神经干（图 9-2）。肌层位于皮下组织下面，由单层细胞组成。

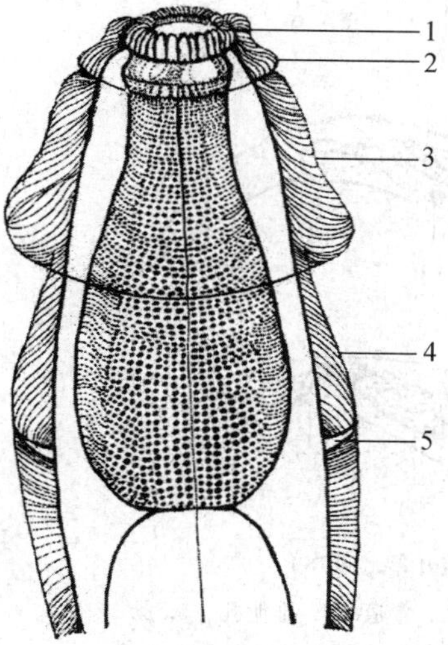

图 9-1　线虫角皮的分化构造（仿 Urquhart 等，1996）

1. 叶冠　2. 头泡　3. 颈泡　4. 颈翼　5. 颈乳突

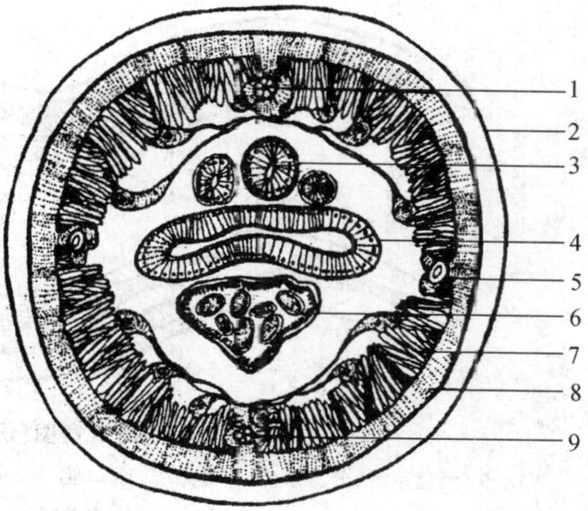

图 9-2　线虫横切面示意图（仿 Urquhart 等，1996）

1. 背神经　2. 角皮　3. 卵巢　4. 肠道　5. 排泄管　6. 子宫　7. 肌肉　8. 皮下组织　9. 腹神经

（三）体腔

体壁包围着一个充满体液的腔，此腔没有源于内胚层的浆膜作衬里，所以成为假体腔。假体腔液液压很高，维持着线虫的形态和强度。

（四）消化系统

消化系统包括口孔、口腔、食道、肠、直肠、肛门（图 9-3）。但有些线虫的肛门萎缩。

（1）口孔　位于头部顶端，常有 6 片、3 片或 2 片唇片围绕，有的唇片间还有间唇。唇片上有感觉乳突。有的线虫没有唇片，在口缘部发育为叶冠、角质环（口领）等。

（2）口腔　在大多数线虫，口与食道之间有口腔。有些线虫的口腔内形成硬质构造，称为口囊，有些在口腔中有齿或切板等。

（3）食道　食道是肌质结构，多呈圆柱状、棒状或漏斗状，有些线虫食道后部膨大为食道球，有的两个食道球，分为中球和后球，食道的形状在分类上具有重要意义。食道功能系将食物泵入肠道。食道壁内埋藏有数个食道腺，分别位于背位和侧腹位，开口于食道腔、牙齿顶端等处，可分泌消化液。按其结构可分为杆状型食道、丝状型食道、棒状型食道、后食道球型食道、肌腺型食道、列细胞体型食道（也称作毛尾线虫型食道）等 6 种（图 9-4）。

（4）肠、直肠和肛门　食道后为管状的肠、直肠，末端为肛门。直肠很短，以肛门开口于尾部腹面。雌虫肛门单独开口。雄虫的直肠和肛门与射精管汇合为泄殖腔，开口在泄殖孔，泄殖腔开口处有乳突。其乳突的数目、形状和排列具有分类意义。

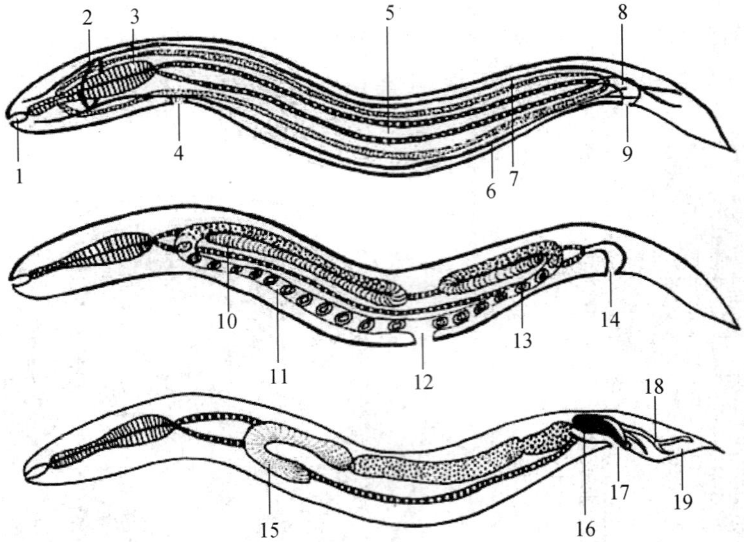

图 9-3　线虫纵切面示意图(仿 Urquhart 等,1996)

1～9. 消化系统、分泌系统、神经系统:1. 口腔　2. 神经环　3. 食道　4. 排泄孔　5. 肠　6. 腹神经索　7. 背神经索　8. 直肠　9. 肛门

10～14. 雌性生殖系统:10. 卵巢　11. 子宫　12. 阴门　13. 虫卵　14. 肛门

15～19. 雄性生殖系统:15. 睾丸　16. 交合刺　17. 泄殖腔　18. 肋　19. 交合伞

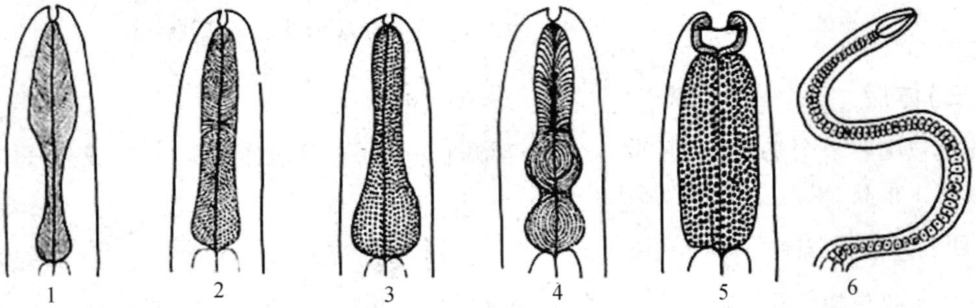

图 9-4　线虫食道的基本形状(引自 Urquhart 等,1996)

1. 杆状型　2. 丝状型　3. 棒状型　4. 双球状型　5. 肌质-腺质型　6. 毛尾线虫型

(五)排泄系统

线虫的排泄系统由排泄管和腺体组成。有腺型和管型两类。在无尾感器纲,系腺型,常见一个大的腺细胞位于体腔内;在有尾感器纲,系管型;排泄孔通常位于食道部腹面正中线上。

(六)神经系统

神经系统位于食道部的神经环相当于中枢,由神经纤维和神经节组成。由此向前后各伸出若干条神经干,分布于虫体各部位。此外虫体的各部位还有神经节,有不同数目的神经细胞构成,通常在神经环前方发出 6 条乳突神经和 2 条化感器神经,在环后方由侧神经干发出神经通至颈乳突和尾感器等处,称为外周神经。通到内脏的神经称为内脏神经。体表有许多乳突,如头乳突、唇乳突、颈乳突、尾乳突或生殖乳突等,均是神经感觉器官。侧器是一种特殊的感觉器官，可能与头感器感觉化学物质有关。

(七)生殖系统

线虫雌雄异体。雌虫尾部较直，雄虫尾部弯曲或蜷曲。生殖器官都是简单弯曲并相通的管状，形态上几乎没有区别。

(1)雌性生殖器官　通常为双管型（双子宫型），少数为单管型（单子宫型），个别多管型。由卵巢、输卵管、子宫、受精囊、阴道和阴门组成（图 9-3）。有些线虫无受精囊或阴道。阴门的位置可在虫体腹面的前部、中部或后部，均位于肛门之前，其位置及形态具有分类意义。有些线虫的阴门被有表皮形成的阴门盖。双管型即有两组生殖器官，两条子宫最后汇合成一条阴道。有些线虫在阴道与子宫之间还有肌质的排卵器，控制虫卵的排出。

(2)雄性生殖器官　为单管型，由睾丸、输精管、贮精囊和射精管组成，开口于泄殖腔（图 9-3）。许多线虫还有辅助交配器官，如交合刺、引器、副引器等辅助交配器官。它们起到辅助交配的作用，其形态具有分类意义。交合刺一般为两根，也有个别者为一根。交合刺位于交合刺鞘内，能伸、能缩，它的功能是在交配时掀开雌虫生殖孔。引器能引导交合刺伸缩；副引器能引导交合刺插入生殖孔。有的线虫有性乳突，其大小、数目、形状及排列对称与否都与线虫的种类有关。有些线虫有叶状膜，其由肋支撑着。肋一般排列对称，分为腹肋、侧肋和背肋。腹肋由两对组成，分别叫腹腹肋和侧腹肋；侧肋由三对组成，分别叫前侧肋、中侧肋和后侧肋；背肋由外背肋和背肋组成（图 9-5）。

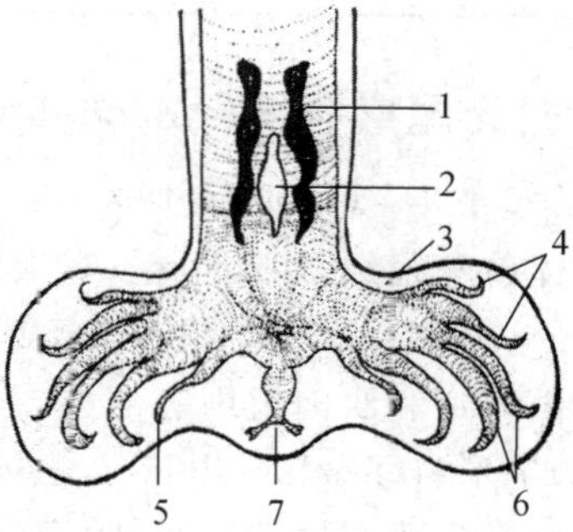

图 9-5　雄虫尾端构造（引自 Urquhart 等，1996）

1. 交合刺　2. 引器　3. 交合伞　4. 腹肋　5. 外背肋　6. 侧肋　7. 背肋

二、线虫的分类

线虫的种类繁杂，相当一部分寄生于无脊椎动物和植物，小部分寄生于人和动物。与动物有关的线形动物门（Nematoda）分为尾感器纲（Secernentea＝Phasmidia）和无尾感器纲（Adenophorea＝Aphasmidia）（表 9-1）。

表 9-1　无尾感器纲与尾感器纲之区别

无尾感器纲（Adenophorea＝Aphasmidia）	尾感器纲（Secernentea＝Phasmidia）
• 无尾感器（phasmid）	• 有尾感器，但在寄生成虫不易观察到
• 头感器（amphid）一般发达（寄生者例外），位于唇后，开口处构造较复杂	• 头感器一般不发达，系小的简单的孔开口于唇上或附近
• 无尾乳突或尾乳突数目很少	• 尾乳突数目几乎很多，基本数目 21 个
• 排泄系统无侧管，且末端无角皮衬里	• 排泄系统具侧管，且末端有角皮衬里
• 尾腺和皮下腺常见	• 无尾腺和皮下腺
• 无颈乳突	• 颈乳突常见
• 食道柱状或呈列细胞型（毛尾线虫型）	• 食道呈列细胞型（毛尾线虫型）

续表 9-1

无尾感器纲(Adenophorea＝Aphasmidia)	尾感器纲(Secernentea＝Phasmidia)
• 卵常处单细胞期,且两端有塞;或在子宫中孵出幼虫	• 卵不具塞,少数一端具卵盖
• 第一期幼虫常具小针刺(stylet),且常对终末宿主有感染性	• 第三期幼虫常对终末宿主有感染性
• 多数自由生活,少数系植物寄生虫或无脊椎动物和脊椎动物的寄生虫	• 自由生活或寄生于植物、无脊椎动物和脊椎动物
• 下分毛尾目和膨结目	• 下分杆形目、圆线目、蛔目、尖尾目、旋尾目、丝虫目和驼形目

(一)无尾感器纲(Adenophorea＝Aphasmidia)

1. 毛尾目 Trichurata

虫体前端很细,后端很粗;具典型的毛尾线虫型食道(捻珠状,中间为细管腔);有杆状带(bacillary band);雄虫 1 根交合刺或无;卵两端有塞,毛形科产幼虫;几乎寄生于所有纲的脊椎动物的消化道和肌肉组织等部位。与兽医有关的三个科。

(1)毛形科 Trichinellidae　虫体细小,口简单,食道细长。雄虫尾部具 1 对圆锥形突,无交合刺和刺鞘。雌虫尾端钝圆,阴门位于食道区。胎生。成虫寄生于哺乳动物肠道,幼虫寄生于肌肉。

毛形属 *Trichinella*

(2)毛尾科 Trichuridae　虫体前部细长,后部明显短粗,口简单无唇。雄虫有交合刺 1 根。雌虫尾钝圆,阴门位于粗细交界处。卵生,卵壳厚,两端具塞。寄生于哺乳动物肠道。

毛尾属 *Trichuris*

(3)毛细科 Capillariidae　虫体细长,食道肌质短。雄虫尾部钝,交合刺 1 根,细长。雌虫尾部钝圆,阴门位于体中部前后。卵生,虫卵两端具塞。寄生于脊椎动物消化道或尿囊中。

毛细属 *Capillaria*

线形属(纤形属)*Thominx*

2. 膨结目 Dioctophymata

粗大型虫体。有些种虫体前端角皮上多刺;唇和口囊退化,在 Soboliphymatidae 代之以口吸盘;神经环靠近虫体前端;食道柱形,食道腺高度发达,多核;雌雄虫肛门均位于尾端;雄虫有一钟形交合伞,无肋,具交合刺 1 根;虫卵壳厚,表面有大小和形态各异的突起或小穴;鸟类与哺乳类寄生虫。

膨结科 Dioctophymatidae　大型虫体。角皮具粗横纹,有或无棘。口具唇或无唇。食道长,无后食道球。雄虫尾端有钟形交合伞,但无肋,有 1 根长的单管型交合刺。雌虫阴门在虫体前部或近肛门,阴道甚长。寄生于哺乳类或鸟类的肾脏、腹腔、膀胱和消化道。

膨结属 *Dioctophyma*

(二)尾感器纲(Secernentea＝Phasmidia)

1. 杆形目 Rhabditata

微型至小型虫体,常具 6 片唇。自由生活阶段,具典型的杆线虫型食道;在狭部和体部间常见假食道球(pseudobulb);雌雄虫尾端均呈锥型;交合刺同形等长;常具引器。寄生期常不具食道球;为丝状(柱状)食道,口囊小或无。寄生世代孤雌生殖(宿主体内只有雌虫),自由生活世代雌雄异体,两种世代交替进行;寄生于两栖类和爬行类的肺部或两栖类、爬行类、鸟类和哺乳动物类的肠道。

(1)类圆科 Strongyloididae　口腔短或缺,食道细长。雌虫尾短,阴门位于体后 1/3 处,生殖器官双管型,卵巢弯曲。卵胎生或胎生。寄生于哺乳动物肠道。

类圆属 *Strongyloides*

(2)小杆科 Rhabdiasidae　雄虫尾部无尾翼,口腔圆柱状,具有 3～6 个不发达唇片。

小杆属 *Rhabditis*

微细属 *Micronema*

2. 圆线目 Strongylata

通常细长型虫体;食道呈棒状;雄虫有发达的交合伞,伞上有肌质的肋支撑;通常卵生;毛圆科、圆线科和钩口科的卵壳薄而光滑,椭圆形,大小通常为(80～100) μm×(40～50) μm,刚产出的卵很少发育到超过桑葚期,统称为圆线虫形虫卵(strongyle-type eggs);寄生于脊椎动物所有纲(但鱼类少见)。

(1)毛圆科 Trachostrongylidae　小型毛发状虫体,口囊小或无。雄虫交合伞侧叶发达,背叶不明显。雌虫阴门大多数位于虫体后半部,有阴门盖或无。主要寄生于反刍动物消化道。

毛圆属 *Trichostrongylus*

奥斯特属 *Ostertagia*

背带线虫属 *Teladorsagia*

血矛属 *Haemonchus*

长刺属 *Mecistocirrus*

马歇尔属 *Marshallagia*

长刺属 *Mecistocirrus*

古柏属 *Cooperia*

细颈属 *Nematodirus*

似细颈属 *Nernatodirella*

猪圆线虫属 *Hyostrongylus*

(2)圆线科 Strongyloidea　多数有叶冠,口囊发达,其中常具有背沟,基部多数有齿。雄虫交合伞发达,肋典型,交合刺细长。雌虫阴门距肛门近。绝大多数寄生于哺乳动物。

圆线属 *Strongylus*

夏伯特属 *Chabertia*

三齿属 *Triodontophorus*

盆口属 *Craterostomum*

食道齿属 *Oesophagodontus*

(3)盅口科 Cyathostomidae(毛线科)　口囊小,有或无颈沟,有明显的叶冠。雄虫交合伞发达,背叶显著。种类繁多,形态复杂。寄生于哺乳动物和两栖动物消化道。

盅口属 *Cyathostomum*(毛线属 *Trichonema*)

盂口属 *Poteriostomum*

辐首属 *Gyalocephalus*

杯环属 *Cylicocyclus*

杯齿属 *Cylicodontophorus*

杯冠属 *Cylicostephanus*

鲍杰属 *Bourgelatia*

食道口属 *Oesophagostomum*

(4)网尾科 Dictyocaulidae 口缘有 4 个小唇片,口囊小。雄虫中、后侧肋大部融合,仅末端分开,交合刺短粗。雌虫生殖孔在中部。寄生于动物呼吸道和肺部。

网尾属 *Dictyocaulus*

(5)后圆科 Metastrongylidae 口不发达或退化,虫体前端有 2 个三叶状侧唇。雄虫交合伞小,中侧肋大,后侧肋短小,交合刺细长。雌虫生殖孔在体后部。卵胎生。寄生于哺乳类呼吸系统。

后圆属 *Metastronglus*

(6)原圆科 Protostrongylidae 虫体毛发状。雄虫交合伞不发达,交合刺呈多孔性栉状。雌虫阴门距肛门近。卵生。寄生于哺乳动物呼吸系统及循环系统。

原圆属 *Protostrongylus*

囊尾属 *Cystocaulus*

缪勒属 *Muellerius*

刺尾属 *Spiculocaulus*

新圆属 *Neostrongylus*

鹿圆属 *Elaphostrongylus*

拟马鹿圆属 *Parelaphostrongylus*

(7)比翼科 Syngamidae 有一个很发达的几丁质口囊。口囊前方开口形成一个厚的边缘,没有齿或切板。在口囊底部与食道之间有放射状排列的齿样突起。雄虫身体显著地小于雌虫,有的种类雄虫尾端固定在雌虫的阴门上,雌雄虫在整个生命期间处于交配状态。雄虫交合伞很发达。交合刺等长或不等长。有引器,有的种类付缺。雌虫尾端圆锥形,阴门在体前部或中部,子宫平行排列。虫卵呈卵圆形,中等大小,在其两端有盖顶状突起或无。产出的卵处于桑葚期。

比翼属 *Syngamus*

鼠比翼属 *Rodentogamus*

哺乳类比翼属 *Mammomonogamus*

(8)似丝科 Filaroididae 交合伞背叶退化至只剩下乳突;交合刺短,弓形(arcuate);阴门在肛门前方(preanal),表皮膨大形成一个半透明的鞘。卵胎生。

似丝属 *Filaroides*

昂斯勒属 *Oslerus*

肛似丝属线虫 *Anafilaroides*

格莱特属线虫 *Gurltia*

(9)管圆科 Angiostrongylidae 管圆科交合伞可能有所退化,但肋分布具典型圆线虫特征,清晰可辨;阴门近肛门处。

管圆属 *Angiostrongylus*

猫圆属 *Aelurostrongylus*

(10)锯体科 Crenosomatidae　具发达的交合伞，背肋大。对子宫，排卵器显著。角皮，尤其在虫体前段，有许多锯齿状皱褶。

锯体属 *Crenosoma*

孔圆属 *Troglostrongylus*

(11)钩口科 Ancylostomatidae　成虫系小肠内吸血寄生虫。具大的向背侧弯曲的口囊，口边缘具齿或切板。雄虫交合伞发达，常见雌雄处于交配状态，形成"T"形外观，雌虫产典型的圆线虫卵，随粪便排出的卵处桑葚期。

钩口属 *Ancylostoma*

旷口属 *Agriostomum*

仰口属 *Bunostomum*

盖格属 *Gaigeria*

球首属 *Globocephalus*

板口属 *Necator*

弯口属 *Uncinaria*

(12)冠尾科 Stephanuridae　虫体粗壮，口囊发达，基部有齿，口缘有退化的叶冠，食道球后部呈花瓶状。雄虫交合刺较粗短。寄生于哺乳动物肾脏及周围组织。

冠尾属 *Stephanurus*

(13)裂口科 Amidostomatidae　虫体细长，口腔发达，底部有齿或无齿，口孔周围无叶冠。雄虫交合伞分成两个大侧叶和一个背叶。雌虫阴门位于后部。卵生。寄生于禽类肌胃角质膜下，偶见于腺胃。

裂口属 *Amidostomum*

3. 蛔目 Ascaridida

粗大型线虫；具三片唇，一背唇，二亚腹唇；无口囊，食道简单，肌质柱状，雄虫尾部常弯向腹面；有些属的蛔虫有(侧)颈翼，使头部呈弓形，故有弓蛔属(*Toxascaris*)和弓首属(*Toxocara*)之称；雌虫阴门位于体中部稍前。卵壳厚，处单细胞期。直接发育型。

(1)蛔科 Ascaridae　头端具有3个大唇片。食道简单，肌质圆柱形，后部无腺胃或盲突。雄虫尾部无尾翼膜，具有多数肛乳突，交合刺无引带。雌虫尾部圆锥形，阴门位于虫体前部。卵生。寄生于哺乳动物肠道。

蛔属 *Ascaris*

副蛔属 *Parascaras*

弓蛔属 *Toxaacaris*

贝蛔属 *Baylisascaris*

(2)弓首科 Toxocaridae　体侧具有颈翼膜，头端具3个唇片，无中间唇，食道肌后部有球形或亚长圆形腺胃。雄虫尾部有指状突起，尾翼膜有或缺，有多数肛前乳突和5对肛后乳突，交合刺等长或稍不等长，无引带。雌虫阴门位于虫体前部，后子宫。卵生。寄生于肉食动物肠道。

弓首属 *Toxocara*

新蛔属 *Neoascaris*

(3)禽蛔科 Ascaridiidae 体侧具有狭侧翼膜,头端钝,口围有3个唇片,食道肌质简单,无食道球或腺胃。雄虫有发达或狭的尾翼膜,尾端尖,具有角质的肛前吸盘,肛乳突大。雌虫尾部圆锥形,阴门位于中部。卵生。寄生于鸟类。

禽蛔属 *Ascaridia*

(4)异尖科 Anisakidae

异尖属 *Anisakis*

4. 尖尾目 Oxyurida

中、小型虫体,雌雄虫长度差异大。食道有后食道球,内腔有瓣或小齿或嵴,且与食道前部有狭相连。因雌虫(有时雄虫或二者)尾部长而尖,故又称蛲虫。雄虫尾翼常很发达,上有大的乳突。某些种具泄殖孔前吸盘。雌虫阴门在体前部,虫卵壳薄,二侧不对称,有些种产出时已完全胚胎化。直接型发育。成虫寄生于宿主大肠,具严格的宿主特异性。

(1)尖尾科 Oxyuridae 虫体小至中等,口围有3个唇片分瓣或不分,无明显的口腔。雄虫尾部钝圆具翼膜。多数无肛前吸盘,交合刺1根、2根或缺,有或无引带。雌虫尾部常细长呈锥状,阴门位于体前部,少数在后部。卵生,少数为胎生。寄生于哺乳类消化道。

尖尾属 *Oxyuris*

无刺属 *Aspiculuris*

普氏属 *Probstmayria*

斯克里亚宾属 *Skrjabinema*

住肠属(蛲虫属)*Enterobius*

钉尾属 *Passalurus*

管状属 *Syphacia*

(2)异刺科 Heterakidae 头端钝,口围有3片唇,口腔小或缺,食道圆柱形,后部具有发达的食道球。雄虫尾尖,具有肛前吸盘和多数肛乳突,交合刺不等长或稍不等长。雌虫尾部长而渐尖,阴门位于体中部附近。卵生。寄生于两栖、爬行、鸟类和哺乳类动物肠道。

异刺属 *Heterakis*

同刺属 *Ganguleterakis*

副盾皮属 *Paraspydodera*

5. 旋尾目 Spirurida

口周有6片小唇,或围有2个侧唇(lateral pseudolabia);具口囊,有些种类头部常有饰物;食道常分为短的前肌质部和长的后腺质部,雄虫尾部旋转卷曲;雌虫阴门位于体中部或靠前。子宫中虫卵很多,卵内含幼虫。交合刺通常异形不等长。寄生于宿主消化道、眼、鼻腔等处,需非吸血性节肢动物作为中间宿主。

(1)吸吮科 Thelaziidae 虫体细长,体表角皮具有横纹,口无唇或具2个分为3瓣的唇,口腔宽短,食道全肌质圭圆柱形。雄虫尾部弯向腹面,短钝或细长,无尾翼膜,具有多数肛乳突,交合刺不等长,形态不同。雌虫尾部钝,阴门位于食道部或近于肛门。胎生。寄生于哺乳类、鸟类眼部组织。

吸吮属 *Thelazia*

尖旋尾属 *Oxyspirura*

后吸吮属 *Metathelazia*

(2)尾旋科 Spirocercidae 口周围有6个柔软组织构成弍圆团状结构。寄生于肉食动物。

尾旋属 *Spirocerca*

(3)柔线科 Habronematidae 虫体中等大小,体表一侧或两侧具有侧翼.头端具有假唇,口腔圆柱状或漏斗状,食道分短的肌质部和长的腺质部。雄虫尾部旋曲,尾翼膜发达,具有柄乳突和无柄的小乳突,交合刺不等长,有或无引带。雌虫尾部钝圆,阴门近于体中部。卵生。寄生于哺乳类的胃黏膜下。

柔线属 *Habronema*

德拉西属 *Drascheia*

(4)华首科(锐形科)Acuariidae 虫体细长,头端具2个大侧唇,头部具有4条角质的饰带,常无侧翼膜,食道分为短的肌质部和粗长的腺质部。雄虫具有尾翼膜,肛前乳突4对和不同数目的肛后乳突具柄,交合刺不等长,形态不同,无引带。雌虫尾部圆锥形,阴门位于体后部。卵生。寄生于鸟类消化道、腺胃或肌胃角质膜下。

副柔属 *Parabronema*

锐形属(华首属)*Acuaria*

棘结属 *Echinuria*

(5)颚口科 Gnathostomatiidae 口具有3片侧唇,唇后接头球,头球有明显的横纹或钩。雄虫有尾翼膜,上有具柄的乳突数对。交合刺等长或不等长。雌虫阴门位于体后半部。卵生。寄生于鱼类、爬行类和哺乳类的胃、肠,偶见于其他器官。

颚口属 *Gnathostoma*

(6)似蛔科 Ascaropsidae

(7)泡翼科 Physalopteridae 虫体粗,头端具有2个大的三角形侧唇,无口囊,食道分肌质部和腺质部。雄虫尾翼膜发达,交合刺等长或稍不等长,形状相同或不同。雌虫阴门位于体前或后部。卵生。寄生于脊椎动物胃或小肠。

泡翼属 *Physaloptera*

(8)四棱科 Tetrameridae 虫体两性异形。雄虫体小呈线形,角皮具棘或无棘,尾部尖,无尾翼膜,交合刺不等长,肛乳突小无柄。雌虫体部膨大四棱形或有扭曲,头部具2个侧唇,口腔小,尾部尖,阴门近肛门,子宫发达。卵生。寄生于家禽和鸟类腺胃黏膜下。

四棱属 *tetrarneres*

(9)筒线科 Gongylonematidae 虫体细长,口围有4个或6个小唇,口腔短小圆柱状。雄虫尾部具有翼膜,交合刺不等长,形态不同,有或无引带。雌虫尾部钝圆,阴门位于体后半部。卵生。寄生于鸟类和哺乳类的食道和胃壁。

筒线属 *Congylonerna*

6. 丝虫目 Filariata

唇付缺,多数种缺口囊;口孔直接通食道,食道常分为前肌质部和后腺体部;交合刺通常不等长,不同形;胎生或卵胎生。雌虫阴门开口于食道部或头端附近。寄生于陆生脊椎动物肌肉、结缔组织、循环系统、淋巴系统和体腔等与外界不相通的组织中。有中间宿主,为吸血节肢动物。在 *Wuchereria*,*Brugia*,*Dirofilaria*,*Dipetaeophora* 和 *Setaria*,微丝蚴存在于终末宿主血液中;在 *Onchocerca* 和 *Elaeophora*,微丝蚴存在于终末宿主皮下结缔组织中。

(1)腹腔丝虫科(丝状科)Setariidae 虫体细长,角皮有细横纹,口围有角质环。雄虫尾部旋曲,交合刺不等长,形态不同,具4对肛前乳突和3～4对肛后乳突。雌虫尾部弯向背面,阴门位于食道区,后子宫。卵胎生。寄生于哺乳类的腹腔。微丝蚴具鞘膜,在宿主的血液中。

丝状属 *Setaria*

(2)丝虫科 Filariidae 虫体线状,角皮光滑或有细横纹,口简单围有角质环,食道分为两部或不分部。雄虫尾部旋曲,有尾翼膜或缺,交合刺不等长,形状不同,有3～4对肛前和肛后乳突。雌虫尾部尖,阴门位于食道部。卵生。寄生于哺乳类结缔组织。

副丝虫属 *Parafilaria*

(3)盘尾科 Onchocercidae 虫体细长丝状,角皮具横纹和螺旋形,口简单无唇,食道分部或不分。雄虫尾部短,交合刺不等长,形态不同,具多数肛门乳突,常排列不对称。雌虫尾部钝圆或锥形,阴门位于食道部。胎生。微丝蚴无鞘膜。寄生于哺乳类的结缔组织中。

盘尾属 *Onchocerca*

(4)双瓣科 Dipetalonematidae 虫体细长,角皮光滑,头乳突小而不显著,食道分肌质部和腺质部。雄虫尾部具尾翼膜或缺,交合刺不等长,形态不同,或等长形态相似,具有肛前和肛后乳突。雌虫尾部长而尖,或短圆钝,阴门位于体前部。胎生。寄生于脊椎动物心脏或结缔组织中。

双瓣属 *Dipetalonema*

浆膜丝虫属 *Serofilaria*

恶丝虫属 *Dirofilaria*

7. 驼形目 Camallanata

无唇;口囊有或无,或代之是2个大的侧板;食道长,显著地分为前肌质部和后腺质部;交合刺不等长不同形,或等长同形。雌虫远大于雄虫。受孕雌虫阴门和肛门可能退化;胎生。成虫寄生于水陆生脊椎动物,包括人的皮下组织、体腔、气囊、循环或消化系统。中间宿主为剑水蚤。

龙线科 Dracunculidae

龙线属 *Dracunculus*

鸟蛇属 *Avioserpens*

三、线虫的生活史

1. 虫卵

线虫大多数是雌雄异体,两性生殖(gonochorstic),少数为单性生殖(monogomy)。雌雄交配产卵,卵具有三层卵膜,内层是类脂层(lipid layer),中层是几丁质层(chitinous layer),外层是卵黄层(vitelline layer),有些种类线虫,虫卵移行至子宫时,子宫壁分泌出蛋白质包裹在卵膜外为不平滑的外壳,对化学物质具有抵抗力。不同种类线虫的虫卵,其形状和发育程度亦不相同。线虫虫卵随种类不同而呈圆形或椭圆形,黄褐色、灰褐色或无色透明。虫卵的基本构造分卵壳及卵胚(或卵细胞)两部分。卵壳表面光滑或凸凹不平。由雌虫产出的新鲜虫卵卵壳内常含有未分裂的卵胚或已初步分裂的卵细胞。产生此类虫卵的线虫,称为“卵生”。有些线虫的虫卵产出时便含有成形的幼虫,称为“卵胎生”;还有的线虫直接产出幼虫,则称为“胎生”。虫卵的大小随种类不同而异,小的长仅0.02 mm,大的可长达0.25 mm。

蛔虫型：虫卵圆形或短椭圆形，内含一个卵细胞。

鞭虫型：虫卵呈腰鼓状，两端具有栓塞，卵内为未分裂的单个胚细胞。

圆线虫型：卵呈椭圆形，卵壳薄而光滑，内含几个胚细胞。

尖尾虫型：卵呈卵圆形，左右不对称，两端光滑，内含幼虫。

旋尾虫型：卵呈椭圆形，卵壳薄而光滑，内含幼虫。

膨结虫型：卵呈椭圆形，卵壳厚，表面除两端外，具有小凹陷。

2. 线虫的生活史

线虫的典型发育史都要经过5个幼虫期，4次蜕化，即第一期幼虫，蜕化变为第二期幼虫，依此类推，最后一次蜕化或第四次蜕化后变为第五期幼虫；只有发育到第五期幼虫，才能进一步生长发育为成虫。

第一期幼虫一般经两次蜕化后，即第三期幼虫才对终宿主有感染性(侵袭性)。如果感染性幼虫仍留在卵壳内而不孵出，则称之为感染性虫卵。如果感染性幼虫从卵壳内孵出，生存于自然界中，则称为感染性幼虫。所谓蜕化是指幼虫新生一层新角皮，蜕去旧角皮的过程。有的幼虫在蜕化后旧角皮仍存留在身体上，这种情况称为披鞘幼虫。披鞘幼虫对外界环境的抵抗力较强，亦很活跃。线虫的生活史根据在其发育中需不需要中间宿主，分为无中间宿主的线虫和有中间宿主的线虫。幼虫在外界环境中不需中间宿主，在粪便和土壤中直接发育到感染阶段，称直接发育型或士源性线虫；幼虫需在中间宿主如昆虫和软体动物等体内才能发育到感染阶段，称间接发育型或生物源性线虫。

(1)不需中间宿主线虫的发育

①蛲虫型：雌虫在终宿主的肛门周围和会阴部产卵，并巳在此处发育为感染性虫卵。终末宿主经口感染后，幼虫在小肠内孵化，然后在大肠内发育为成虫。如马的尖尾线虫。

②毛尾线虫型：虫卵随终末宿主粪便排出体外，在粪便和土壤中发育为感染性虫卵。终末宿主经口感染后，幼虫在小肠内孵化，然后在大肠内发育为成虫。如毛尾线虫。

③蛔虫型：虫卵随终末宿主粪便排出体外，在粪便或土壤中发育为感染性虫卵。终末宿主经口感染后，幼虫在终末宿主小肠内孵化。然后在宿主体内移行，幼虫移行至肺，在肺内发育一段时间后，沿气管到咽，重返小肠内发育为成虫。如猪蛔虫。

④圆线虫型：虫卵随终末宿主的粪便排出体外，在外界发育为第一期幼虫，从卵壳内孵出后经两次蜕皮发育为感染性幼虫。感染性幼虫披鞘且在牧草和土壤中活动。遇到终末宿主时经口感染后，幼虫在终宿主体内或经过移行或不移行而发育为成虫。大部分圆线虫均属于此类型发育。

⑤钩虫型：虫卵随终末宿主的粪便排出体外，在外界发育为第一期幼虫，经两次蜕皮变为感染性幼虫。幼虫披鞘在土壤和牧草上活动，通过终宿主皮肤感染。幼虫随血流到肺，进入肺泡，然后沿气管到咽部，再返回小肠发育为成虫。此类虫体，也能经口感染，如犬钩虫。

(2)需要中间宿主的线虫发育

①旋尾线虫型：雌虫产出含幼虫的卵或幼虫，在外界环境中被中间宿主摄食，或当中间宿主舔食终末宿主的分泌物或渗出物时，一同将卵或幼虫摄入本内，幼虫在中间宿主体内发育至感染阶段。终末宿主吞食含感染性幼虫的中间宿主或中间宿主将幼虫输入终末宿主体内而感染。在不同终末宿主的不同部位发育为成虫。如旋尾类的多种线虫。

②原圆线虫型：在终末宿主体内雌虫已产出含幼虫的卵，随即孵出第一期幼虫。然后排到

外界，第一期幼虫主动地钻入中间宿主体内发育到感染阶段。然后被终末宿主吞食。幼虫在终宿主肠内逸出，移行至寄生部位，发育为成虫。如绵羊呼吸道的原圆线虫。

③丝虫型：雌虫产出幼虫入终宿主血液循环中，中间宿主吸血时将幼虫吸入；幼虫在中间宿主体内发育到感染阶段。当中间宿主吸食健康动物血液时，即将感染性幼虫注入健康动物体内。幼虫移行至寄生部位，发育为成虫。如丝状线虫。

④龙线虫型：雌虫寄生于终末宿主皮下组织中，通过一个与外界相通的小孔将幼虫产入水中。剑水蚤（中间宿主）将其摄入体内。幼虫在其体内发育到感染阶段。终末宿主吞食剑水蚤而感染。幼虫移行至皮下组织而发育为成虫，如龙线虫。

⑤旋毛虫型：旋毛虫发育史比较特殊，同一宿主先是终末宿主，后是中间宿主。以猪旋毛虫为例：雌虫在肠壁淋巴间隙中产幼虫；幼虫转入血液循环，然后进入横纹肌纤维中发育，形成幼虫包囊。这时猪已由终末宿主转变为中间宿主，终末宿主是由于吞食了含有幼虫的肌肉而感染。当肌肉被消化后，幼虫逸出，便在小肠中发育为成虫。

第二节 人兽共患线虫病

一、旋毛虫病

旋毛虫病是由毛尾目（Trichurata）毛形科（Trichinellidae）毛形属（*Trichinella*）的旋毛形线虫（*T. spiralis*）寄生于多种动物体内而引起。成虫寄生在肠道，称为肠旋毛虫；幼虫寄生在肌肉，称为肌旋毛虫。它是一种人兽共患的寄生虫病，在公共卫生上甚为重要。目前全世界除澳大利亚及部分岛屿之外，都有发生旋毛虫的报道。在我国的东北、华北、华南、华东、西北及西南等地区的猪、犬、鼠、猫、狼、熊及水貂中都发现有旋毛虫寄生。

（一）病原形态

成虫：寄生于宿主的小肠的微绒毛基部及隐窝腺中，其中以空肠寄生密度最大。虫体细小，肉眼几乎难以辨认。前端较细，后端较粗。口孔位于虫体前端，其后为食道。食道的前1/3为一直管，无食道腺围绕，后2/3由一列相连的食道腺细胞所包裹。生殖器官为单管型，肠管和生殖器官均位于虫体较粗的后端。

雄虫长1.4～1.6 mm，直径0.04～0.05 mm，尾端有泄殖腔，其外侧有1对耳状的交配叶，内有2对小乳突，无交合刺（图9-6）。

雌虫较雄虫大，体长3～4 mm，直径0.06 mm，阴门开口于食道部的中央。卵巢位于虫体尾部，占体长的1/4（图9-6）。可产出幼虫（胎生）。

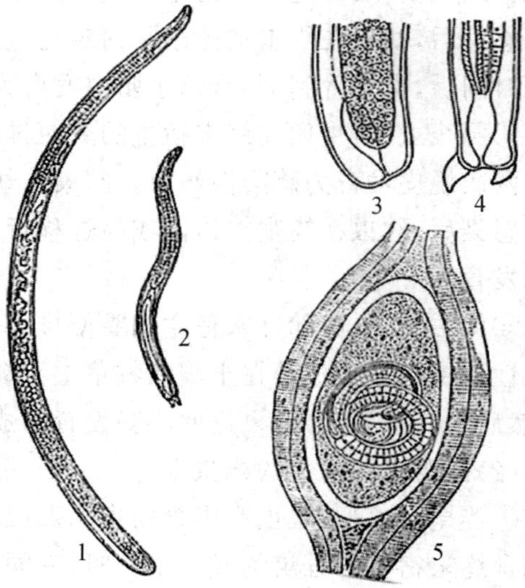

图9-6 旋毛虫（仿唐仲璋）
1. 雌虫 2. 雄虫 3. 雌虫尾端 4. 雄虫尾端 5. 幼虫包囊

幼虫：幼虫寄生于同一宿主的横纹肌内，多见于肋间肌、膈肌、舌肌和咬肌，称肌旋毛虫。

长达 1.15 mm，在肌纤维膜内形成包囊，虫体在包囊内呈螺旋状卷曲（图 9-6）。人、猪旋毛虫的包囊呈椭圆形，犬和猫的旋毛虫包囊呈圆形。虫体机化后可形成白点。

（二）生活史

成虫与幼虫寄生于同一宿主。宿主感染时，先为终末宿主，后变为中间宿主。宿主因摄食了含有包囊幼虫的动物肌肉而受感染，包囊在宿主胃内被溶解，释出幼虫，之后幼虫到十二指肠和空场内，经两昼夜变为性成熟的肠旋毛虫。成熟的雌雄虫在肠黏膜内进行交配，交配后不久，雄虫死亡。雌虫经肠黏膜下的淋巴间隙进入利昂贝氏肠腺中发育，并在感染后 7～10 d，开始产出幼虫。每条雌虫可产 1 000～1 500 条幼虫，甚至多到 10 000 条。产完幼虫后，雌虫死亡。幼虫经肠系膜淋巴结进入胸导管，再到右心，经肺转入体循环，随血流分布到全身，但只有进入横纹肌纤维内的幼虫才能定居和发育。幼虫在活动量较大的肋间肌、膈肌、嚼肌中较多。血液中出现大量幼虫是在感染后第 12 天。刚产出的幼虫呈圆柱状，长为 80～120 μm，它们在到达肌纤维后开始发育。到感染后第 30 天，幼虫长大到 1 mm。幼虫在感染后 7～20 d 开始盘卷缠绕起来，成囊是从感染后 21 d 开始，到第 7、8 周完全形成。包囊内的虫体呈螺旋状盘绕。充分发育了的幼虫，通常有 2.5 个盘转，此时幼虫已具有感染性，并有雌雄之别。包囊是由于幼虫的机械性刺激及毒素刺激周围的肌纤维，引起肿胀和肌纤维膜增生而形成的。开始包囊很小，以后逐渐长大，最后可长达 0.25～0.5 mm。包囊呈梭形，其长轴与肌纤维平行，有两层壁。囊内一般含有 1 条虫体，也有多达 6～7 条（图 9-7）。约 6 个月后，包囊壁增厚，囊内发生钙化。钙化先从两端开始，以后达于整个囊体。包囊钙化并不意味着囊内幼虫的死亡，只有钙化波及虫体才能死亡，否则幼虫可长期生存达数年甚至达 25 年之久。

图 9-7　旋毛虫生活史（仿张西臣）

（三）流行病学

旋毛虫分布于世界各地，宿主包括人、猪、鼠、犬、猫、熊、狐、狼、貂等 49 种动物，甚至不吃肉的鲸和一些昆虫也能感染旋毛虫。因此旋毛虫的流行存在着广大的自然疫源性。由于动物间互相捕食或新感染旋毛虫的宿主排出的粪便污染了食物，便可能成为其他动物的感染源。屠宰厂的排出物或洗肉水被猪直接或间接采食可能是猪的重要感染来源之一。

旋毛虫病主要是人的疾病，人体旋毛虫感染的主要病原是患有本病的猪、犬，尤以猪为首。鼠类是重要的保虫宿主（鼠为杂食动物，且互相残食，一旦旋毛虫侵入鼠群，就会长期在鼠群中保持感染）。人只是旋毛虫的偶然宿主，也是旋毛虫生活史中的死角宿主。

导致本病广泛流行不易根除的因素之一，是旋毛虫对外界环境的抵抗力特别强。感染源主要是形成包囊后的肌旋毛虫，其－12℃可存活 57 d；－16℃的冷库中冷冻 5 d 其存活率为 100%，7 d 的存活率为 17%，8 d 以后的存活率大为降低。盐腌、熏烤后的旋毛虫肉，深部肉中的虫体仍可保持活力达 1 年之久。旋毛虫包囊或其幼虫对腐败肉的抵抗力也很强，在腐肉中可存活 2～3 个月。但旋毛虫包囊或其幼虫对热的抵抗力不强，70℃以上就可杀死幼虫。人感染是与吃了未煮熟含有虫体的猪、犬肉或食用腌制与烧烤不当的猪肉制品有关。猪感染旋毛虫主要是吞食老鼠，或用未经处理的厨房废弃物喂猪均可引起感染。犬活动范围广，吃到动物尸体的机会也较多，因此犬的旋毛虫感染率比猪大得多，许多地区犬的感染率可达 50%以上。人感染旋毛虫病多与食用腌制与烧烤不当的猪肉制品有关；个别地区有吃生肉或半生不熟肉的习惯；切过生肉的菜刀、砧板均可能黏附有旋毛虫的包囊，亦可能污染食品而造成食源性感染。云南、西藏、东北、华北等地都有旋毛虫病流行的报道。

（四）致病作用及症状

旋毛虫可引起人的严重症状，甚至造成死亡，而对猪和其他野生动物往往没有明显的临床症状。旋毛虫成虫侵入肠黏膜时，引起肠炎，严重时带血性腹泻。病变包括肠炎、黏膜增厚、水肿、黏液增多和淤斑性出血，少见溃疡。感染 15 d 左右，幼虫进入肌肉，引起急性肌炎、发热和肌肉疼痛；同时吞咽、咀嚼、行走和呼吸困难，表现眼睑水肿，食欲不振，迅速消瘦。病变主要在横纹肌，有时肺、脑也有发生。

猪对旋毛虫有很大的耐受性，虫体对胃肠影响很小，主要病变在肌肉，如肌细胞的横纹消失，萎缩，肌纤维膜增厚等。人工感染的猪，在感染后的 3～7 d，见有食欲减退，呕吐和腹泻；感染后 15 d 左右，表现肌肉疼痛或麻痹，运动障碍，叫声嘶哑，呼吸、咀嚼及吞咽呈现不同程度的障碍，体温升高和消瘦等症状。有时眼睑和四肢水肿。多于 4～6 周后康复。

（五）病理变化

肠型：表现为肠炎，可见肠黏膜肿胀、增厚，有充血、水肿、出血、黏液分泌增多等急性卡他性肠炎的变化，但动物自然感染一般不出现肠炎的症状。

肌型：病变主要见于横纹肌，如膈肌（特别是膈肌角）、咬肌、舌肌、肋间肌、肩胛肌等。在这些部位肌肉的筋膜下，可见有针尖大小、灰白色的病灶。但在严重感染时，任何骨骼肌内均可找到幼虫。此外，在肺、脑、脊髓内偶尔也可找到虫体。

（六）诊断

旋毛虫病生前诊断非常困难，大多数在屠宰检验时才能发现。诊断可用肌肉压片法和消化法检查幼虫。肌肉压片法方法是取膈肌左右角（或腰肌、腹肌）各一块，撕去肌膜与脂肪，先用肉眼观察有无可疑的旋毛虫病灶；然后从肉样的不同部位剪取 24 块麦粒大小的肉粒，压片后用低倍镜（40～50 倍）检查。肉眼观察旋毛虫包囊，只有一个针尖大小，半透明，较肌肉的色泽淡；包囊钙化后变为乳白色、灰白色或黄白色。检查时应注意与住肉孢子虫相区别，前者囊内有幼虫存在，后者囊内有“南雷小体”。

此外，也可采用间接血凝试验和酶联免疫吸附试验等免疫学方法，还可以采取皮内变态反应试验、沉淀反应试验和补体结合反应试验等进行诊断。目前国内已有快速诊断试剂。目前这些方法常用于人旋毛虫病的诊断。

(七)治疗

对家畜很少进行旋毛虫感染的治疗。对人的旋毛虫病，临床上常用的广谱、高效、低毒的驱线虫药物如丙硫咪唑、甲苯咪唑等对旋毛虫病均有很好的疗效，其中丙硫咪唑是我国治疗人和猪旋毛虫病的首选药物。

(八)预防

严格执行肉品检验制度，按照我国农业部、卫生部、对外贸易部和商业部联合颁发的“肉品卫生检验试行规程”的规定，在 24 个肉片中发现包囊幼虫或钙化的旋毛虫不超过 5 个者，横纹肌和心脏高温处理后出厂；超过 5 个者，横纹肌和心脏供工业用或销毁。以上两种情况的皮下和肌间的脂肪可炼食用油，体腔内脂肪及其他内脏可不受限制地出厂。

加强猪只的饲养管理，在旋毛虫病流行区，一律停止放牧，减少感染的机会。禁止用泔水、废肉渣喂猪，必要时可将其煮沸。大力开展灭鼠工作。提倡熟食，严禁人吃生猪肉。发现病人应及时治疗。养猪有圈，不让猪吃到人粪便，加强猪舍的清洁卫生，防止鼠粪污染饲料。发现可疑病猪应立即隔离治疗。

二、后圆线虫病

猪后圆线虫病是由后圆科(Metastrongylidae)后圆属(*Metastrongylus*)的线虫寄生于猪支气管和细支气管内而引起，又称猪肺线虫病。本病主要危害幼猪，引起肺炎，严重影响猪的生长发育。本病遍及全国各地，呈地方性流行，是猪的重要疾病之一。

(一)病原形态

我国常见的有野猪后圆线虫 *M. apri*(又称长刺后圆线虫 *M. elongatus*)和复阴后圆线虫(*M. pudendotectus*)，萨氏后圆线虫(*M. salmi*)少见。它们的共同特征是，呈丝状，乳白色或灰白色，口囊小，口缘有一对三叶唇。雄虫交合伞背叶小。交合刺一对，细长，末端具单钩或双钩。雌虫阴门位体后端紧靠肛门，阴门前有一角皮膨大部。卵胎生。

野猪后圆线虫　雄虫长 12～26 mm。交合伞小。前侧肋较大，其末端膨大；中侧肋和后侧肋融合一起；背肋极小。交合刺长 3.78～5.53 mm，末端具单钩。无引器(图 9-8)。雌虫长 30～51 mm，阴道长 2 mm，尾长 90 μm，稍弯向腹面。阴门前角皮膨大呈半球状。虫卵大小

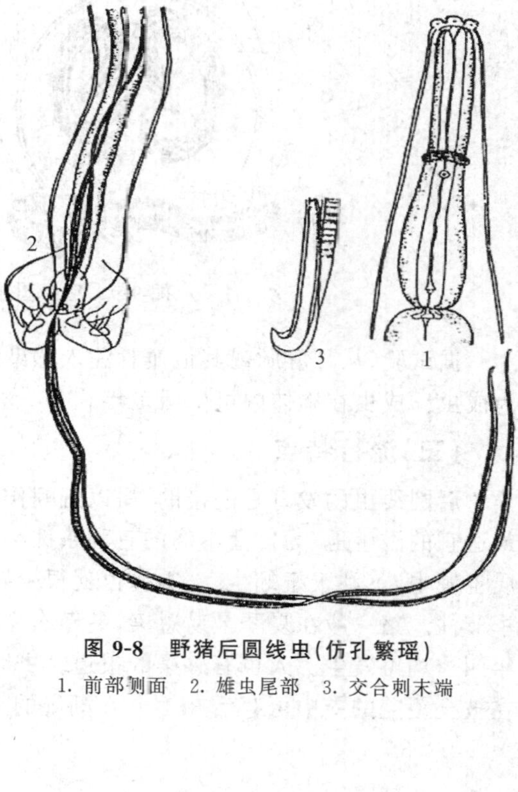

图 9-8　野猪后圆线虫(仿孔繁瑶)

1. 前部侧面　2. 雄虫尾部　3. 交合刺末端

为(51～54) μm×(33～36) μm。卵壳厚,暗灰色,表面粗糙。

复阴后圆线虫　雄虫长 16～18 mm。交合伞较大。肋的形式和野猪后圆线虫相似。交合刺长 1.2～1.4 mm,末端具双钩,呈锚状,有引器。雌虫长 19～37 mm。尾部直,长 175 μm。阴道短(0.5 mm),阴门前角皮膨大呈球状。虫卵大小为(57～63) μm×(39～42) μm。

萨氏后圆线虫　雄虫长 17～18 mm。交合刺长 2.1～2.4 mm,末端具单钩。雌虫长 30～45 mm。阴道长 1～2 mm。尾长 95 μm,稍弯向腹面。阴门前角皮膨大较小。虫卵大小为(52.5～55.5) μm×(30～40) μm。

(二)生活史

雌虫在气管和支气管中产卵,虫卵随黏液转至口腔被咽下,再经消化道随粪便排到外界。此时卵内已含有幼虫,此种虫卵在潮湿环境中,可存活 3 个月。如在适宜条件下,卵内幼虫逸出,即第一期幼虫。蚯蚓吞食了第一期幼虫或虫卵(第一期幼虫在其体内孵化),在其体内发育至感染性幼虫,随蚯蚓粪便排至土壤中。蚯蚓受伤时幼虫也可经伤口逸出。猪吞食了蚯蚓或土壤中的感染性幼虫而感染,感染性幼虫在小肠内被释放出来,钻入肠淋巴结中,随血流进入肺脏,再到支气管和气管发育为成虫。从幼虫感染到成虫排卵约为 23 d。感染后 5～9 周产卵最多。图 9-9 为猪后圆线虫的生活史。

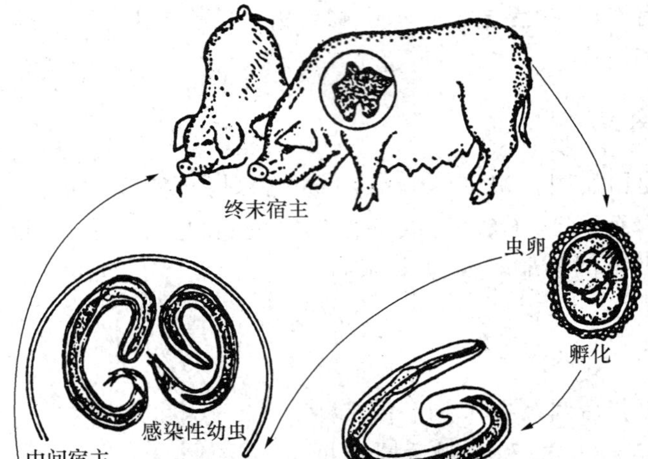

图 9-9　猪后圆线虫的生活史(仿张西臣)

据试验,从耳静脉或其他血管注入感染性幼虫,虫体不经胃肠液作用而直接到肺亦可发育为成虫。成虫在猪体内可生活 1 年。

(三)流行特点

后圆线虫的发育是间接的,需以蚯蚓作为中间宿主。疏松潮湿富含腐殖质的土壤是蚯蚓最适宜的滋生地,为传播本病的有利条件。多雨年份,地面潮湿,本病流行也严重。干燥的沙质土壤中,不利于蚯蚓生存,本病也就很少发生。蚯蚓的活动具有季节性,因而本病流行也有季节性。猪一般在夏季最易感染,冬春次之,多发生于 6～12 月龄的猪。但南方温暖地区,一年四季均可发生。人也有感染的报道。虫卵的生存时间长,在土壤上面的粪便中可活 25 d,但在被土覆盖的粪中可存活 381 d,在潮湿的土壤中可活 2 年,但在干燥环境中很快死亡。第一期幼虫生活力也很强，感染性幼虫有较强的抵抗力。病原体对蚯蚓的感染率高，在其体内发育快，在蚯蚓体内的感染性幼虫保持感染性的时间也长，一条蚯蚓体内可达 4 000 条幼虫，故猪只要吞食少量蚯蚓，就可引起严重感染。野猪后圆线虫是肺丝虫病的主要病原体，流行广泛，感染率高，强度大，在我国 23 个省市都有报道，分布甚广。

（四）致病作用

幼虫移行对肠壁、淋巴结和肺脏造成损害，但很轻微。当侵入细菌时，可引起支气管肺炎。虫体阻塞细支气管，使局部发生小叶性肺气肿，患部苍白并稍隆起。这在肺的尖叶及膈叶边缘最为常见。虫体代谢产物使猪体中毒，影响猪生长发育，降低抵抗力。剖检时可在支气管内找到虫体，其数量不等，多者可达千余条，有大量黏液，周围组织嗜酸性细胞浸润，有时见有化脓灶。慢性患者，支气管周围淋巴组织和肌肉增长。

由于幼虫的移行，还可带入一些病原微生物，如猪流感和猪喘气病等。

（五）症状

轻度感染时症状不明显，但影响猪的生长发育。严重感染时，呈现阵发性咳嗽，尤其在早晚时间、运动或采食后剧烈。病猪被毛干燥无光，逐渐消瘦贫血，食欲减少，直到消失，生长发育缓慢甚至停滞。鼻孔内有脓性黏稠液体流出，呼吸困难，肺部听诊有啰音。有的病例还可发生呕吐、腹泻。病程长者常形成僵猪。

（六）诊断

根据流行病学、临床症状、病理变化和粪便检查综合确诊。粪便检查用硫酸镁漂浮法。只有检出大量虫卵时才能认定。

（七）治疗

可用丙硫咪唑、苯硫咪唑或伊维菌素等药物驱虫。对出现肺炎的猪，应采用抗生素治疗，防止继发感染。

（八）预防

应采取综合性措施，猪场应建于干燥处，猪舍、运动场应铺水泥地面，防止蚯蚓生存繁殖。粪便不要乱堆积，及时清除粪便，进行生物热发酵。对流行区的患猪和带虫猪定期驱虫，春、秋各进行一次。改放牧为舍饲，严禁有肺线虫的猪进入猪场。

三、颚口线虫病

颚口线虫病是由颚口科颚口属的线虫寄生于猪胃壁上所引起的疾病的总称。主要特征为病猪呈剧烈胃炎症状，局部有呈肿瘤样结节病变。本虫偶可感染人，引起幼虫移行症。

（一）病原形态

病原主要有 4 种。

刚棘颚口线虫（*Gnathostoma hispidum*）　有一个大的球状的头部，上面有许多小棘。新鲜虫体呈淡红色，表皮菲薄，可透见体内的白色生殖器官。头端呈球形膨大，其上有十一列横列的小棘。全身都有小棘排列成环；体前部的棘较大，呈三角形，排列稀疏；体后的棘较细，形如针状，排列较密。雄虫长 15～25 mm，有不等长交合刺，雌虫长 22～45 mm。虫卵呈椭圆形，黄褐色，一端有帽状结构（图 9-10）。

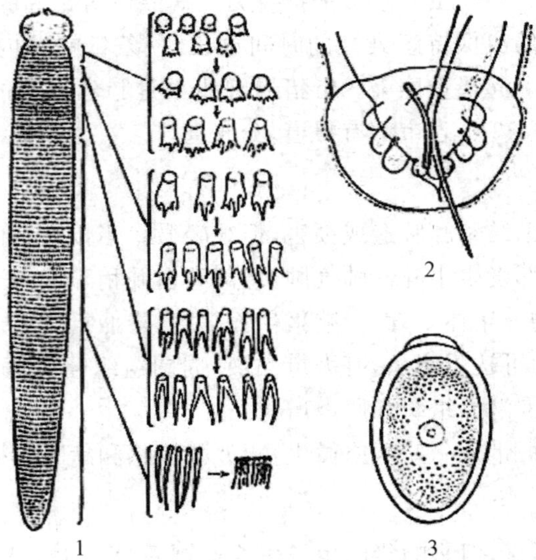

图 9-10　刚棘颚口线虫(仿杨光友)

1. 成虫　2. 雄虫尾端　3. 虫卵

陶氏颚口线虫(*Gnathostoma dolorresi*)　头球膨大黄褐色,其上有 8～10 列小棘,前部头棘小于后部。口孔在头部顶端,两侧有明显的唇瓣,每一唇瓣各有一对唇乳突。虫体全身布满体棘,仅前端的体棘分齿。雄虫尾部稍向腹面弯曲,交合刺末端钝圆,不等长。雌虫阴门位于虫体腹面中部稍后方。虫卵呈椭圆形,黄褐色,两端有两个帽状结构(图 9-11)。

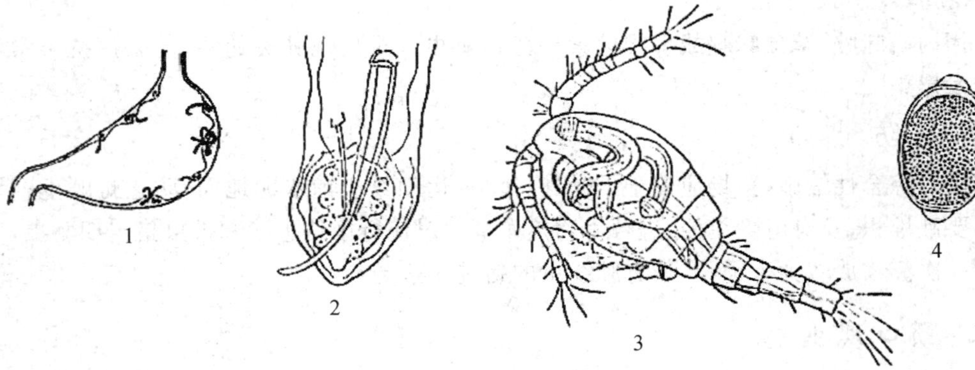

图 9-11　陶氏颚口线虫(仿杨光友)

1. 寄生于猪胃内的成虫　2. 雄虫尾部　3. 剑水蚤体内的颚口线虫幼虫　4. 虫卵

有棘颚口线虫　雄虫 10～25 mm,雌虫长 10～31 mm,头球上有 6～11 列小钩,体前 2/3 部小棘较密。虫卵透明,呈椭圆形,顶端有一透明塞。

致痛颚口线虫　雄虫长 10～12 mm,雌虫长 16～22 mm,头球上有 8～10 列小钩,全身生有小棘。

(二)生活史

颚口线虫的虫卵随粪便排出体外,在水中经 7～17 d 孵出幼虫。幼虫在 22℃水中可生存

20～30 d。当幼虫被剑水蚤吞食后，幼虫在其体内发育为感染性幼虫，感染幼虫还可以在贮藏宿主鱼类、两栖类和爬虫类体内形成包囊，并稍生长。猪随饮水吞食了带感染性幼虫的剑水蚤或贮藏宿主。感染性幼虫进入宿主胃内后，头部深钻入胃壁，逐渐发育为成虫。但有时发生错误的移行，当幼虫移行至肝脏或其他器官时，其均不能发育而死亡。

(三)症状

轻度感染时不表现症状。严重感染时，病猪呈剧烈的胃炎症状，食欲不振，营养障碍，呕吐，消瘦贫血，局部有肿瘤样结节。

(四)病理变化

幼虫移行到肝脏时，可引起肝炎。成虫以其头部深入于胃壁中，形成空腔，内含淡红色液体，周围的组织红肿，发炎，黏膜显著肥厚。

(五)诊断

根据流行病学、临床症状和粪便检查发现虫卵，或剖检从胃内发现虫体诊断。

(六)防治

可选用丙硫咪唑、左咪唑和氯氰碘柳胺钠等药物进行治疗。①丙硫苯咪唑，按每千克体重 20 mg，一次口服。②可用氯氰碘柳胺钠，按每千克体重 5 mg，口服或肌肉注射。

每日清扫粪便，并进行无害化处理；定期驱虫；防止猪饮用含剑水蚤的水和吃到鱼、蛙等贮藏宿主。

四、肾膨结线虫病

肾膨结线虫病是由膨结科膨结属的肾膨结线虫寄生于多种动物肾脏内而引起的一种人兽共患寄生虫病。又称为“肾虫病”。动物感染以鼬科和犬科的肉食动物最为多见，但也可寄生于海豹、马、牛、猪、褐家鼠等其他哺乳动物。成虫绝大多数寄生于肾脏，此外，曾在动物的体腔(包括腹腔和胸腔)、肝脏、黏膜、卵巢等内脏器官发现本线虫，亦曾见于心脏、乳腺等组织中。偶见于人体，目前已知有 30 例左右人体报告，全部见于肾脏寄生。

(一)病原形态

成虫新鲜时呈红白色，固定后变为灰褐色，呈圆柱状，为寄生性线虫中较大的虫种之一。整个虫体几乎等粗，仅体前端略细，体后端钝圆，体表具有不等距细横纹，雌虫体长 20～100 cm，宽 5～12 mm。雄虫体小，长 14～45 cm，宽 3～4 mm。头部口孔周围有二圈乳突，每圈乳突 6 个。前圈乳突细小简单，后圈乳突位于膨大的圆突上，较为发达。在口后的腹面有一短的纵形凹陷。体表沿每条侧线有一列乳突，越近后端则越密。雄虫尾端具有钟形交合伞，无肋，其边缘及内壁有许多细小乳突。交合伞中央有锥状隆起，上有泄殖孔。交合刺一条，呈刚毛状，长 5～6 mm(图 9-12)。雌虫阴门开口于食道后方，位于距体前端 5～7 cm 处。肛门半月形，在其附近有数个小乳突。成熟的虫卵为淡黄色，椭圆形，卵壳甚厚，卵壳上有新月形的皱纹，两端的皱纹较大。卵的大小与宿主的种类以及受精与否有关。在犬体检得的受精卵大小为(72～80) μm×(40～48) μm，平均 76.7 μm×44.9 μm；从水貂获得的受精卵平均 74.3 μm×46.7 μm。从犬体获得的未受精卵大小平均 67.2 μm×41.3 μm，而从水貂获得的未受精卵则为 68.7 μm×42.4 μm。

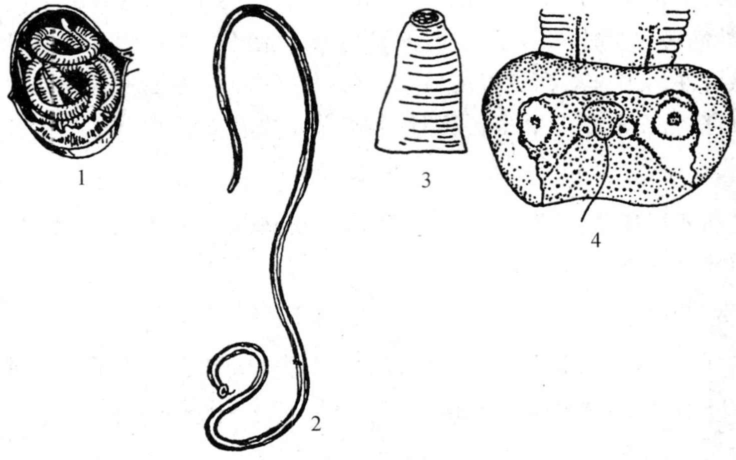

图 9-12 肾膨结线虫(仿张西臣)

1. 肾中成虫 2. 雄虫全形 3. 头端 4. 雄虫尾端

(二)生活史

肾膨结线虫寄生于肾盂以及和输尿管相通的脂肪组织的包囊内。因此,雌虫产生的虫卵能经输尿管排出体外。该虫卵的发育甚慢,在水中和潮湿的土中约需 6 个月才能发育为含有第一期幼虫的卵。第一期幼虫大小为 0.24 mm×0.014 mm。卵对外界环境抵抗力强,能生存 5 年。含有第一期幼虫的卵被第一中间宿主蛭形蚓科和带丝蚓科的寡毛环节动物(*Gambarincola chirocepha* 和 *G. vitrea*)吞食后,第一期幼虫在其肠内孵出,钻入体腔发育为第二期幼虫。当含有第二期幼虫的第一中间宿主被鱼类吞食后,第二期幼虫就移行到肠系膜,并在那里成囊,在囊内蜕皮发育成第三期幼虫,再次蜕皮形成第四期幼虫。终宿主由于食用未煮熟的含有第四期幼虫的鱼而被感染。第四期幼虫在终宿主的十二指肠内脱囊,穿破肠壁侵入肾脏发育为成虫,由虫卵发育到成虫约需 2 年。

据 Ampahoba 研究发现,完成本虫生活史所需的中间宿主只有寡毛环节动物一种,而鱼则是转续宿主,以感染的寡毛环节动物喂犬,结果犬获得了感染,幼虫在犬体内蜕皮移行至肾发育成熟。

(三)临床症状

进入犬体内的肾膨结线虫的幼虫接近或达到成熟时才发生症状。病犬的体重明显地减轻,在数周内体重减少 1/3 或 1/20,病犬的尿液中带有白色黏稠的絮状物、脓液或血液等。病犬排尿次数增加,有时呈现肌肉震颤、贫血及腹痛。

(四)病理变化

由于患有肾虫病而死亡的犬尸体消瘦,肝脏肿大变硬,切开肝脏内有包囊和脓肿,内含有幼虫。肝门静脉中有血栓存在,切开血栓内含有幼虫。肾盂有脓肿,肾盂内有肾膨结线虫寄生。输尿管的管壁增厚,并常有数量较多的包囊,在包囊内有成虫寄生。有时在膀胱的外围亦有包囊,内有成虫寄生。

(五)诊断

寄生虫病的确诊需要两大要素,一是具有寄生虫病症状,二是在其体内要有相应的寄生虫或在虫卵检查时发现该寄生虫的虫卵。因此,具有该病的临床症状及在尿中发现肾膨结线虫的虫卵即可确诊。对死亡的病犬剖检肾脏及输尿管周围脂肪内有无脓肿、包囊及虫体等以便确诊。

(六)防治

给犬定期驱虫,禁食生鱼或未煮熟的鱼肉,是预防本病的根本措施。

目前对本病尚无特效药物,有学者报道阿苯哒唑、丙硫咪唑等可以治疗本病。临床上以手术摘除虫体为最可靠的治疗方法。

五、类圆线虫病

类圆线虫病是由杆形目类圆科类圆属(*Strongyloides*)的线虫寄生于幼龄动物小肠所引起的疾病。类圆线虫种类很多,分布于世界各地。这类线虫对幼龄动物危害极大,可引起消瘦,生长迟缓,甚至大批死亡。我国常见的虫种有:兰氏类圆线虫(*S. ransomi*)寄生于猪小肠,多在十二指肠的黏膜固有层内;乳突类圆线虫(*S. papillosus*)寄生于牛、羊等动物的小肠黏膜内;韦氏类圆线虫(*S. westeri*)寄生于马属动物十二指肠的黏膜内;粪类圆线虫(*S. stercorlis*)寄生于人、其他灵长类、犬、狐和猫的小肠内。兹以兰氏类圆线虫为代表进行介绍。

(一)病原形态

兰氏类圆线虫的寄生性雌虫虫体细小乳白色,体长 3.1～4.6 mm,口具有 4 个不明显的唇片,口囊小,食道细长,占 1/5,阴门位于体中 1/3 与后 1/3 交界处,阴门为两片小唇,稍向外突出。虫卵呈椭圆形,卵壳薄而透明,内含幼虫(图 9-13)。

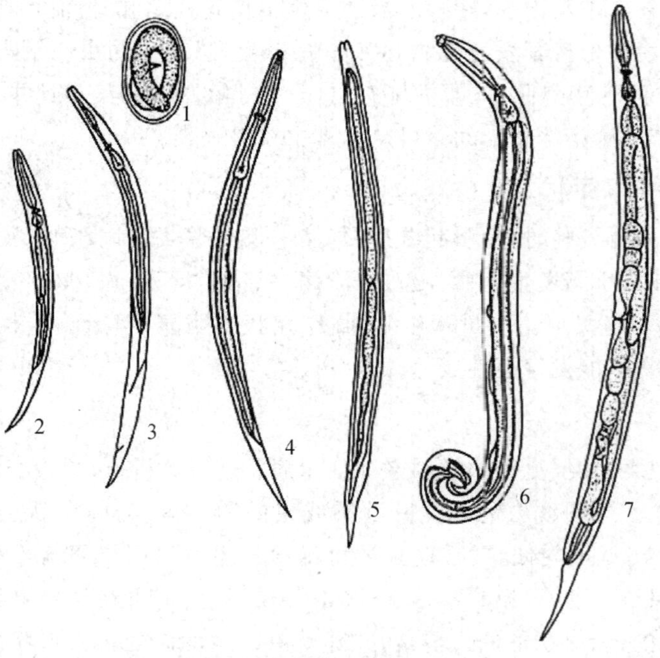

图 9-13　兰氏类圆线虫(仿卢俊杰、靳家声)

1. 虫卵　2. 初期杆状幼虫　3. 第二期杆状幼虫　4. 第二次脱皮的幼虫　5. 丝状幼虫　6. 自由生活的雄虫　7. 自由生活的雌虫

自由生活雌虫虫体较寄生性雌虫粗短。头端有2个侧唇,每唇顶端又分3个小唇,食道为杆状形,阴门位于体中1/3处,具2片小唇,稍向外突出。尾端尖细(图9-13)。

自由生活雄虫体长为0.66～0.77 mm,食道长,尾部尖细向腹部弯曲,交合刺一对,等长。引器呈匙状(图9-13)。

(二)生活史

本虫的生活史为世代交替,寄生于猪小肠内的雌虫营孤雌生殖。虫卵随猪粪便排出外界后,在温暖的季节,经5～6 h(一般12～18 h)虫卵孵出杆型幼虫(杆状蚴),此后发育有直接和间接两种类型。

(1)直接发育型　虫卵孵出的杆状蚴经过2次蜕皮发育为感染性阶段,称为丝状蚴。它经皮肤侵入宿主,钻入血管随血流到达肺部,进行第三次蜕皮,并发育长大,然后移行到咽部咽下,经胃到小肠,钻入黏膜发育为成虫。自丝状蚴侵入宿主皮肤。到粪便中检出含幼虫卵,需10～12 d,经口感染宿主时,大部分幼虫从口腔、食道黏膜钻入血管,以后移行途径同前述。怀孕母猪感染丝状蚴,可经血液循环,通过胎盘感染胎儿,亦可在肌肉组织中停留下来,待母猪分娩产仔后,移行到乳腺,随乳汁感染仔猪。

(2)间接发育型　杆状蚴在外界经4次蜕皮,发育为自由生活的雄虫和雌虫,性成熟后产卵,卵很快孵出杆状蚴,经蜕皮发育为下一代成虫。环境适宜时,自由世代生活可继续若干代。环境不适时,杆状蚴经2次蜕皮变为丝状蚴,如有机会即侵入宿主。

(三)流行病学

主要在仔猪中流行,生后即可感染。常常是从猪舍的土壤中经皮肤感染和从母猪被污染的奶头经口感染。在夏季和雨季,猪舍的清洁卫生不良并且潮湿时,流行特别普遍。未孵化的虫卵能在适宜的环境中保持其发育能力达6个月以上,感染性幼虫在潮湿的环境下可生存2个月。生后5～8 d的乳猪粪便中,即可见有虫卵,1月龄左右感染最严重,2、3月龄后逐渐减少;春产仔猪较秋产的感染严重。幼猪可从母乳中获得感染。

(四)致病作用和症状

幼虫穿过皮肤移行到肺时,常引起湿疹(仔猪)、支气管炎、肺炎和胸膜炎。肺炎时体温升高。小猪大量寄生时,小肠发生充血、出血和溃疡;患猪消瘦、贫血、呕吐、腹痛,最后多因极度衰弱而死亡,死亡率可达50%;少量寄生时,临床症状不明显,但影响生长发育。丝虫型幼虫侵入成年猪体内时常不能发育至性成熟。

(五)诊断

除结合年龄、卫生情况、流行病学因素和临床症状进行分析外,须检查刚排出的新鲜粪便,发现虫卵,方可确诊。类圆线虫的卵比其他圆线虫的卵小得多,内含幼虫。亦可用幼虫检查法,检查放置了5～15 h的粪便,发现幼虫即可确诊。还可以用粪便培养法检查,于玻璃杯内装半杯粪便,注意保持湿度,置温暖室内1～3 d,如属阳性,即可在杯壁上见有浅灰白色、直径为1～2 cm的成片的、云雾状的幼虫群落,并随幼虫的运动而变化其形状。死后剖检时,可见小肠,尤其是十二指肠扩张,内含白色液状物;刮黏膜压片镜检,见有大量雌虫时,即可确诊。

(六)治疗

(1)左旋咪唑　按每千克体重10 mg,一次口服或注射。

(2)噻苯咪唑　按每千克体重 50 mg,投放时拌入饲料中,可驱出全部虫体;按饲料量的 0.01%配合,连用 14 d,对严重感染的猪有良效。配成水剂肌肉注射,对猪体内的移行幼虫有效,剂量为每千克体重 100 mg。

(七)预防

搞好猪舍的清洁卫生,经常用石炭酸水、热碱水、沸水或石灰乳消毒地面和饲槽。保持地面干燥是预防本病的关键措施。经常检查并及时治疗被感染的怀孕母猪、哺乳母猪和仔猪;病猪和健康猪分开饲养。

六、异尖线虫病

异尖线虫病是由线形动物门蛔目异尖科的若干虫种,寄生于海洋哺乳动物(鲸类、海豚和海狗等)、海鸟或海鱼消化道内所引起的寄生虫病。异尖线虫的第三期幼虫常寄生于海鱼或软体动物体内。人由于食入寄生在海鱼体内的异尖线虫某些种的第三期幼虫引起人异尖线虫病。

(一)病原形态

异尖线虫属于线形动物门蛔目异尖科,寄生于海鱼体内的异尖线虫幼虫有异尖线虫属、对盲囊线虫属、鲔蛔线虫属、钻线虫属、宫脂线虫属、伪新地线虫属、针晶蛔线虫属、针齿线虫属、翼蛔线虫属、海豹线虫属、哥泽属、副尖样属和副异尖属,常见的有 4 个属:异尖线虫属、伪地新线虫属、对盲囊线虫属、宫脂线虫属。

异尖线虫的成虫形态因虫种不同而异。异尖线虫的致病时期为第三期幼虫,除伪地新线虫幼虫较大,颜色呈橘红色至深红色外,其他 3 个属的虫体呈黄白色,两端较细,尤以头端为甚。各种异尖线虫幼虫可以通过唇、外侧索和尾部形态的差异区分开,见图 9-14。

(二)生活史

异尖线虫科线虫的生活史尚未完全清楚,下面以研究较多的简单异尖线虫生活史为例简述此科虫体的生活史。

异尖线虫的成虫寄生于鲸、海豚等海洋哺乳动物的胃和小肠内,雌虫产出的虫卵随粪便排出外界,在海水中虫卵进行分裂发育,形成第一期幼虫,此幼虫在卵内蜕皮一次,进而形成带鞘的第二期幼虫,第二期幼虫从卵内孵出入水,在海水中被海生浮游的甲壳类(如磷虾)等吞入,在其体内进行一次蜕皮发育为第三期幼虫,感染的海生浮游甲壳类动物被海鱼或软体动物摄取,异尖线虫的第三期幼虫在这些第二中间宿主的腹腔或肌肉内转化为具有感染性的幼虫,第二中间宿主被终末宿主捕食后,异尖线虫幼虫在终末宿主体内进行发育,直至成虫。人常因食入含异尖线虫第三期幼虫的海鱼和海产软体动物而感染。人不是异尖线虫的适宜宿主,体内的虫体一般以幼虫的形式存在,偶有幼虫发育为成虫的报道。

(三)流行病学

异尖线虫分布广泛,无论是其终宿主还是中间宿主的感染在世界各大水域均存在。人体感染异尖线虫的病例最早于 1960 年由荷兰报道,此后,大量该病病例在日本、德国、法国、西班牙、美国等 20 多个国家发现。病例报道最多的国家是日本。我国学者尹文真最早发现海鱼感染异尖线虫。尽管我国海鱼感染异尖线虫常见,但迄今为止尚未见异尖线虫人体病例报道。

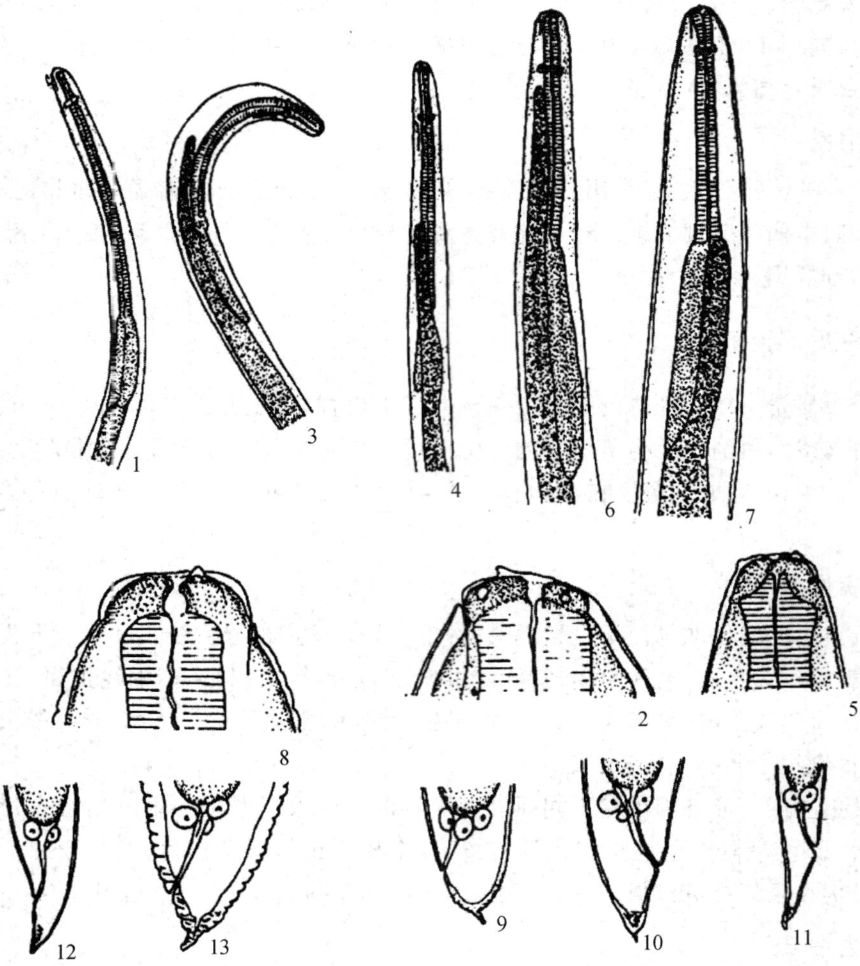

图 9-14 异尖线虫科第三期幼虫形态(仿黄维义)

1～8. 虫体前端 9～13. 虫体后端 1、2、9. 简单异尖线虫 *Anisakis simplex*

3、4、5、10、11. 宫脂线虫属 *Hysterothylacium* sp.

6、12. 对盲囊线虫属 *Contracaecum* sp.

7、8、13. 伪地新线虫 *Pseudoterranova decipiens*

(四)临床症状

异尖线虫寄生于终末宿主的消化道内,常引起被寄生部位的溃疡。其中间宿主多为带虫者,无明显临床症状。幼虫在鱼的肌肉、肝脏、卵巢、睾丸等处形成包囊,鱼死后,幼虫多移居肌肉内。人类不是异尖线虫的适宜宿主,被感染后,幼虫可引起内脏幼虫移行症。

将异尖线虫病按其寄生部位的不同,分为胃异尖线虫病、肠异尖线虫病、食管异尖线虫病、肠外异尖线虫病和异尖线虫过敏症,其中胃异尖线虫病最常见。胃异尖线虫病患者,轻度感染者仅有胃肠不适,重者表现为腹部剧痛、恶心和呕吐。肠异尖线虫病多发生在生食鱼后 1～5 d,其表现为下腹部剧痛、恶心、呕吐和腹胀。

(五)诊断

本病诊断应根据流行病学资料(如饮食史等)和临床症状,实验室检查等综合判断。在实验室诊断中，胃异尖线虫病常用胃镜进行检查，也可用X光透视进行检查。肠异尖线虫病较难诊断，可用X光透视、免疫学方法等辅助诊断。

(六)防治

目前尚无特效药物治疗，胃异尖线虫病可纤维内镜检查，尽快取出虫体。肠异尖线虫病可以手术取虫，对于难以找到虫体或取虫困难时，可用阿苯达唑等治疗并辅以抗感染抗变态药物。本病的预防重于治疗。关键在人及其他动物应避免吃带活虫的鱼。加强食品卫生检验，尤其对海产品应进行严格检疫，规范海鲜市场以防止受污染的产品进入。食品卫生检验重点检查用于生食的海鱼腹壁肌肉。

各属幼虫的鉴定要点归纳于表9-2。

表9-2　鱼体内异尖线虫科第三期幼虫区别要点

特　征	简单异尖线虫	伪地新线虫	对盲囊线虫属	宫脂线虫属
颜色	黄白	橘红至深红	黄白	黄白
长度/mm	14～30	20～50	14	1.5～25
宽度/mm	0.2～0.5	0.8～1.2	0.5	0.05～0.3
排泄孔位置	前端唇下缘	前端唇下缘	前端唇下缘	神经环附近
颈乳突	无	有	有	无
肠盲囊	无	有	有	有
胃盲囊	无	无	有	有
小胃形状	长形	圆形	圆形	圆形
尾端形状	有尾突	有尾突	无尾突	有小棘或小瘤状突起
生殖器雏形	无	无	无	有
在鱼体内位置	腹腔或肉内成包囊	腹腔或肉内成包囊	腹腔自由	腹腔自由
37℃能否生存	能	能	能	否

第三节　其他线虫病

一、蛔虫病

蛔虫病主要是幼年动物的疾病，也是各种畜禽常见多发的寄生虫病，流行和分布极为广泛。病原体主要属于蛔目(*Ascaridida*)的蛔科(*Ascaridae*)、弓首科(*Toxocaridae*)和禽蛔科(*Ascaridiidae*)的各种线虫。蛔虫病对各种畜禽的危害十分严重，与兽医关系密切的主要包括猪蛔虫病、牛弓首蛔虫病、肉食兽蛔虫病和鸡蛔虫病等。

(一)猪蛔虫病

猪蛔虫病是由蛔科(Ascaridae)蛔属(*Ascaris*)的猪蛔虫(*A. suum*)寄生于猪小肠内所引起的一种线虫病。猪蛔虫病呈全球性分布，感染普遍，危害十分严重。该病主要侵害2～6月龄的仔猪，可导致其发育不良、生长受阻，严重者发育停滞，形成"僵猪"，甚至造成死亡。是严重影响养猪业发展的一种主要寄生虫病。

1. 病原形态

猪蛔虫虫体呈中间稍粗、两端较细的圆柱形。新鲜虫体为淡红色或淡黄色。头端有 3 个唇片，其中一片背唇较大，两片腹唇较小，排列呈“品”字形。雄虫比雌虫小，体长 150～250 mm，宽约 3 mm。尾端向腹面弯曲，形似钓鱼钩。泄殖腔距尾端较近。有交合刺 1 对，一般等长，长 2～2.5 mm。无引器(图 9-15)。雌虫长 200～400 mm，宽约 5 mm。虫体较直，尾端稍钝。生殖器官为双管型，阴门开口于虫体前 1/3 与中 1/3 交界处附近的腹面中线上。肛门开口于虫体末端附近。虫卵分为受精卵和未受精卵两种。受精卵呈短椭圆形，黄褐色，大小为(50～75) μm×(40～80) μm，卵壳厚，由 4 层组成，最外一层为凹凸不平的蛋白质膜，向内依次为卵黄膜、几丁质膜和脂膜；刚随粪便排出体外的虫卵内含一个圆形卵细胞；卵细胞和卵壳之间的两端形成新月形空隙。未受精卵长椭圆形，平均大小为 90 μm×40 μm，卵壳较薄，有时外层蛋白质膜脱落，内部充满大小不等的油滴状卵黄颗粒和空泡。

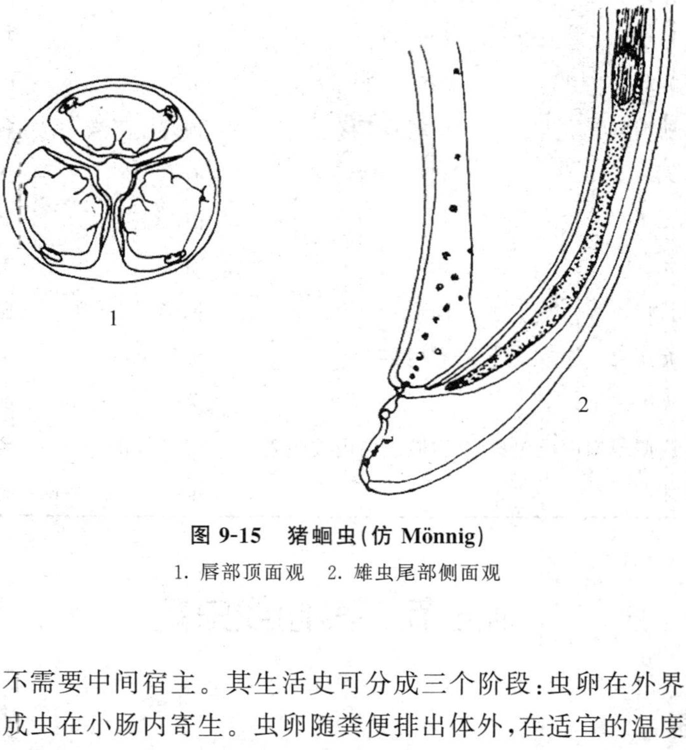

图 9-15 猪蛔虫(仿 Mönnig)

1. 唇部顶面观 2. 雄虫尾部侧面观

2. 生活史

猪蛔虫的发育不需要中间宿主。其生活史可分成三个阶段：虫卵在外界发育、幼虫在猪体内移行和发育以及成虫在小肠内寄生。虫卵随粪便排出体外，在适宜的温度、湿度和有充足氧气的条件下，经 10 d 左右在卵内发育为第一期幼虫。进一步蜕化发育，经 13～18 d，卵内形成第二期幼虫。此时的虫卵尚无感染力，尚需在外界经过 3～5 周的发育成熟，成为感染性虫卵才具有感染力。

温度对虫卵的发育影响很大，28～30℃时，只需 10 d 左右即可发育为第一期幼虫；18～20℃时需 20 d 左右；12～18℃时需 40 d 左右；60～65℃时只能存活 5 min；在低温环境中，如在－27～－20℃时，感染性虫卵需经 3 周才全部死亡。此外，湿度及氧气浓度也对虫卵的发育具有重要影响。

猪吞食感染性虫卵后，第二期幼虫在小肠内释出。大多数第二期幼虫钻入肠壁，进入血管，随血流进入肝脏；感染后 4～5 d，在肝脏内进行第二次蜕化，形成第三期幼虫。第三期幼虫随血流经肝静脉、后腔静脉进入右心房、右心室和肺动脉，再经毛细血管进入肺泡；感染后12～14 d，在肺泡内进行第三次蜕化，变成第四期幼虫，虫体继续发育变为肉眼可见的幼虫。虫体离开肺泡，经细支气管和支气管上行至气管，随黏液到咽部，再经食道、胃，重返小肠。虫体在小肠进行最后一次蜕化，变为第五期幼虫（童虫），继续发育为成虫。从感染性虫卵被猪吞食到在猪小肠内发育为成虫需2～2.5个月。虫体在小肠内以黏膜表层物质和肠内容物为食，在猪体内可生存6个月，然后自行随粪便排出。

3. 流行病学

猪蛔虫病呈全球性分布。在温暖、潮湿、卫生条件不良的地方，不论是集约化饲养的猪还是农村散养的猪都易感染发病，极易造成地方性流行。据有关调查，我国猪群猪蛔虫的感染率为17%～80%，平均感染强度为20～30条。一般农村散养猪的感染率高于集约化饲养猪的感染率。猪蛔虫病是我国规模化猪场猪的主要寄生虫病之一。

患病猪和带虫猪不断排出虫卵至外界环境中，被感染性虫卵污染的泥土、饲料和饮水是猪蛔虫感染的主要来源。经口摄食虫卵是主要的感染途径，本病感染主要是由于猪采食了被感染性虫卵污染的饲料和饮水；母猪的乳房易沾染虫卵，仔猪在吸奶时易受感染。此外，感染性虫卵也可随飞扬的尘埃而被猪吸入，进入消化道而感染。如果蚯蚓和粪甲虫吞食虫卵，虫卵孵化之后，第二期幼虫移行到这些贮藏宿主的组织器官中，并保持很长时间对猪具有感染力。猪吞食了这样的贮藏宿主也可被感染。猪蛔虫病的发生具有明显的季节性，在温暖、潮湿的地区以及温度较高的夏季发病率高，而在低温、干燥的地区以及温度较低的秋天、冬天、春天发病率相对较低。

猪蛔虫分布广，猪感染率高与猪蛔虫的生活史简单、雌虫生殖能力强有关。雌虫产卵数多，卵对各种外界环境因素的抵抗力强，每条雌虫每天平均可产卵10万～20万个，产卵旺盛期可产卵100万～200万个，对环境污染严重，极易引起猪的感染。猪蛔虫卵不仅卵壳厚，而且卵壳外有蛋白质膜，内有蛔甙膜，虫卵对各种理化物质和不良的外界环境条件具有很强的抵抗力。虫卵对消毒药品具有较强的抵抗力，15%硫酸和硝酸均不能杀死虫卵，即使在2%的福尔马林溶液中，虫卵仍能正常发育。卵壳的中间层有隔水作用，能保持内部不受干燥影响。由于胚胎发育的过程是在卵壳里进行的，胚胎及幼虫受到卵壳的庇护，使得虫卵在外界环境中能长期存活并不断积累，大大增加了猪受到感染的机会。有报道，猪蛔虫卵在低温、潮湿的土壤里可存活5～6年，在粪坑中可存活半年到1年。病猪和含有感染期蛔虫卵的地面是主要传染源，被感染性虫卵污染的饮水、饲料和母猪的乳房等均可造成猪的感染。此外，猪蛔虫卵具有黏性，可借助粪甲虫、鞋靴等机械性传播。猪场的饲养管理不良，卫生条件恶劣和猪只过于拥挤，有利于猪蛔虫病的流行。

4. 致病作用和症状

无论是幼虫还是成虫对宿主危害都很大。幼虫侵入肠壁和肝脏以及经肺组织移行和发育时，可释放出免疫原性物质，引起宿主全身的变态反应，并造成各有关器官和组织的损害，尤以对肺和肝的损害较大。当幼虫移行至肝脏时，引起肝组织出血、变性和坏死，肝脏表面形成云雾状的蛔虫斑，也称“乳斑”，直径约10 mm。当幼虫移行至肺时，造成肺脏的小点出血和水肿，严重时可继发细菌和病毒感染，引起肺炎。临床表现为精神沉郁，食欲减退，异嗜，营养不良，贫血，黄疸。感染严重时表现体温升高、咳嗽、呼吸增数、呕吐和腹泻等症状。病猪伏卧在地，不愿走动。幼虫移行时引起嗜酸性白细胞增多，出现荨麻疹之类的过敏反应。

蛔虫对猪体的危害主要是由成虫所引起的。由于成虫对小肠壁的机械性刺激，可引起宿主消化不良、腹痛、腹泻或便秘等症状。成虫在小肠内以宿主黏膜表层物质和半消化的食物为食，不仅直接夺取大量的营养，而且还严重影响蛋白质、脂肪、糖类及维生素的吸收。由于营养物质被大量消耗，可引起患猪营养不良、贫血等症状。严重感染时可导致仔猪发育受阻。蛔虫的排泄分泌产物被宿主吸收后，可引起发热、荨麻疹、嗜酸性白细胞增多及皮肤瘙痒等过敏反应。蛔虫大量寄生时常聚集成团，堵塞肠管而引起肠梗阻、肠穿孔，特别严重时可造成肠管破裂而致患猪死亡。蛔虫成虫有游走和钻孔习性，在驱虫、饥饿等应激条件下，蛔虫可上行至胃内或钻入胆管、胰管等处，可引起呕吐、胆道蛔虫症和胰腺炎等(图 9-16)。

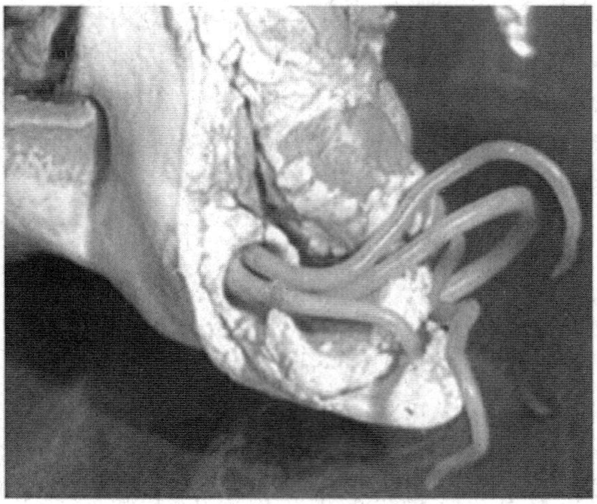

图 9-16 猪蛔虫钻入胆管

猪蛔虫病主要危害仔猪，缺少特征性临床症状。对 4 月龄以内的小猪，幼虫在肺脏移行时引起临床上典型的肺炎，但这种肺炎是暂时性的，可以很快消除。严重感染时，可见病猪精神沉郁，食欲不振，被毛焦枯，形体消瘦，发育不良，贫血，生长缓慢，有时咳嗽、呕吐和下痢。经常磨牙，多有食后腹痛，起卧时呻吟等症状。粪检时可见虫卵，甚至有虫体随粪便排出。有时蛔虫数量多时，会出现扬梗阻和肠穿孔或常伴随有胆道蛔虫病，引起黄疸、贫血、呕吐、消化障碍、剧烈腹痛等症状，特别严重时可导致病猪死亡。

5. 诊断

对 2 个月以上的猪，生前可用直接涂片法或饱和盐水漂浮法(如用饱和硫酸锌溶液或硫酸镁溶液进行漂浮效果更好)检查粪便中的虫卵，但猪感染蛔虫相当普遍，1 g 粪便中虫卵数达 1 000 个以上时，方可诊断为蛔虫病。死后剖检时，在小肠内发现大量虫体和相应的病变即可确诊。但蛔虫是否为直接的致死原因，需根据虫体数量、病变程度、生前症状和流行病学资料以及有否其他原发或继发的疾病进行综合判断。

2 月龄以内的仔猪因其体内尚无发育到性成熟的蛔虫，故不能用粪便检查法做出生前诊断。但对幼虫寄生期的诊断可采用血清学方法，如酶联免疫吸附试验(ELISA)。肝脏和肺脏的病变有助于诊断，但确诊需取肝、肺组织，采用贝尔曼氏幼虫检查法分离与鉴定幼虫。

6. 治疗

(1)左旋咪唑(levamisole) 按每千克体重 8～10 mg，一次混料喂服或肌肉注射。

(2)丙硫咪唑(albendazole) 按每千克体重10～20 mg,一次混料喂服。

(3)甲苯咪唑(mebendazole) 按每千克体重10～20 mg,一次混料喂服。

(4)氟苯哒唑(flubendazole) 按每千克体重5 mg,口服或混料喂服。

(5)芬苯哒唑(fenbendazole) 按每千克体重10 mg,口服。

(6)氯氰碘柳胺(closantel) 按每千克体重5 mg,口服;针剂皮下注射时,剂量按每千克体重2.5 mg。

(7)伊维菌素(lvermectin) 按每千克体重0.3 mg,一次皮下注射。

(8)阿维菌素(avermectin) 按每千克体重0.3 mg,一次皮下注射。

(9)多拉菌素(doramectin) 按每千克体重0.3 mg,一次肌肉注射。

此外,还可采用中、西药结合进行治疗。西药驱虫效果较好,中药则在驱虫、调理脾胃、促进机体的机能恢复上占有明显优势。因此,在使用西药驱虫的同时,可配合使用使君子散、化虫丸、乌梅丸或香砂六君子丸等中药。

7. 预防

(1)定期驱虫 在集约化养猪场,首先要对猪进行全部驱虫;以后公猪每年至少驱虫两次;母猪产前1～2周驱虫一次;仔猪转入新圈时驱虫一次;后备猪在配种前驱虫一次;新引进的猪需驱虫后再和其他猪并群。对散养猪,在3月龄和5月龄各驱虫一次。

(2)加强饲养管理 尽量做好猪场各项饲养管理和防疫工作,减少感染,增强猪的抵抗力。供给猪充足的维生素、矿物质和饮水。饲料、饮水要新鲜清洁,避免猪粪污染。仔猪断奶后要与母猪分开饲养,以防仔猪感染。

(3)保持猪舍和运动场清洁 猪舍应通风良好,阳光充足,避免阴暗、潮湿和拥挤。猪舍内和运动场要勤打扫,勤冲洗,勤换垫草。定期消毒。场内地面保持平整,周围要有排水沟,以防积水。产房和猪舍在进猪前都需进行彻底清洗和消毒,可用60℃以上的3%～5%热碱水,20%～30%热草木灰水和新鲜石灰等杀死虫卵。为减少猪蛔虫卵对环境的污染,尽量将猪的粪便和垫草在固定地点堆积发酵,或坑沤发酵,利用发酵产生的生物热杀灭虫卵。

据报道,猪蛔虫幼虫能引起人的内脏幼虫移行症,因此杀灭虫卵不仅能减少猪的感染压力,而且对公共卫生也有一定意义。

(二)牛弓首蛔虫病

牛弓首蛔虫病(亦称犊新蛔虫病)是由弓首科(Toxocaridae)弓首属(*Toxocara*)的牛弓首蛔虫(*T. vitulortum*)寄生于犊牛小肠内所引起的一种寄生虫病。主要危害初生犊牛,临床表现为肠炎、腹泻、腹胀和腹痛。初生犊牛感染严重时可引起死亡。

1. 病原形态

牛弓首蛔虫 虫体粗大,淡黄色。角皮薄软,透明,可以透过角皮看到内脏器官。头端具有3片唇,唇基部宽而前窄。食道呈圆柱形,后端由一个小胃与肠管相接。雄虫长110～260 mm,尾部有一小锥突,弯向腹面,交合刺1对,形状相似,等长或稍不等长(图9-17)。雌虫长140～300 mm,尾直。阴门开口于虫体前部1/8～1/6处。虫卵近球形,大小为(70～80) μm×(60～66) μm,卵壳厚,外层呈蜂窝状(图9-18)。

2. 生活史

牛弓首蛔虫的生活史较特殊,成虫只寄生于6月龄以下的犊牛小肠内。雌虫所产虫卵随

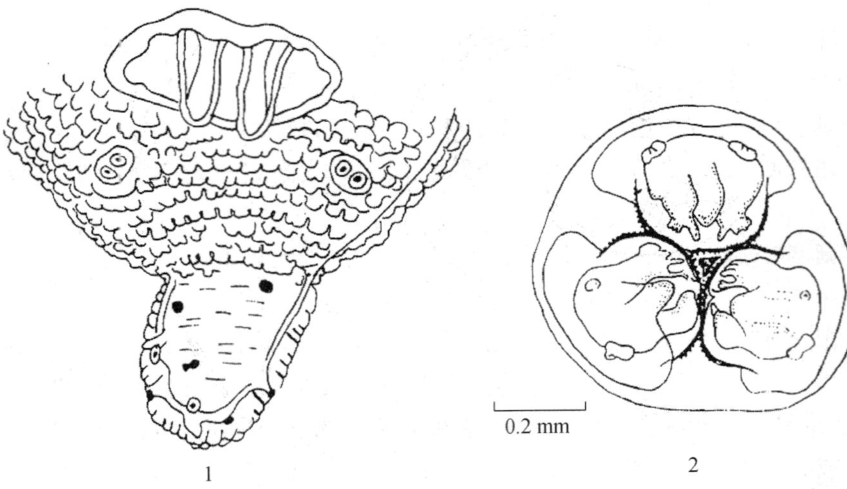

图 9-17 牛弓首蛔虫(仿 Mozgovoi)

1. 雄虫尾端锥突 2. 唇部顶面观

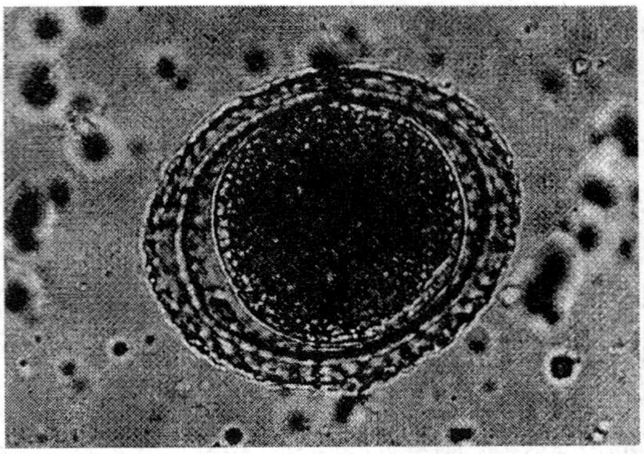

图 9-18 牛弓首蛔虫虫卵(仿杨光友)

粪便排出体外。在适宜的温度(27℃)和湿度条件下,经 20～30 d 发育为含第二期幼虫的感染性虫卵。感染性虫卵被母牛吞食后在小肠内孵化出第二期幼虫。幼虫穿过肠壁移行至肝、肺、肾等器官,在这些器官进行第二次蜕化,形成第三期幼虫,并仍在这些器官、组织中。当母牛怀孕 8.5 个月左右时,幼虫即移行至子宫,进入胎盘羊膜液中并在此进行第三次蜕化,形成第四期幼虫。第四期幼虫被胎牛吞入体内。犊牛出生后,幼虫在小肠内进行第四次蜕化,形成第五期幼虫,经 25～31 d 发育为成虫。成虫在犊牛的小肠内可寄生 2～5 个月,以后逐渐从宿主体内排出。

幼虫在母牛体内移行,除一部分到子宫外,还有一部分幼虫经循环系统到乳腺,犊牛可以因吸吮母乳而获得感染,在小肠内发育为成虫。成年牛只在内部器官组织中有移行阶段的幼虫,尚未见有成虫寄生的报道。据报道,犊牛感染虫卵后,只能经小肠移行至肝、肺,然后经支气管、气管,再经口腔、食道至肠,随粪便排出,而不直接在肠内发育。

3. 流行病学

本病主要分布于热带和温暖地区,如泰国、马来西亚、印度、菲律宾、孟加拉国、巴基斯坦等国,在我国则多见于南方各省的犊牛。

幼虫在母牛组织器官中,可通过胎盘和乳汁传播给犊牛。小牛体内排出的虫卵污染饲料和饮水,母牛经口食入后发生感染,因此患病和带虫的小牛是母牛的传染源。牛弓首蛔虫卵对温度和湿度的抵抗力与猪蛔虫类似,但耐高温的能力较差。感染期的虫卵在 80%的相对湿度下才能生存。虫卵对消毒药品的抵抗力较强。在 29℃时,虫卵在 2%克辽林或 2%来苏儿溶液中可存活约 20 h。即使在 2%的福尔马林溶液中,虫卵仍能正常发育。但虫卵对直射阳光的抵抗力差，土壤表面的虫卵，在阳光直接照射下，经 4 h 全部死亡。在干燥的环境里，虫卵经 48～72 h 死亡。

本病主要发生于 6 月龄以下的犊牛，以 1～2 月龄的犊牛受害最为严重，7 月龄以上牛很少发生。感染率与饲养管理水平及季节都有一定的关系，饲养管理条件越差，犊牛感染率越高。在每年的 2—5 月份出生的犊牛以及在阴雨连绵的季节，犊牛弓首蛔虫的感染率、发病率和死亡率都很高。

4. 致病作用和症状

牛弓首蛔虫寄生于犊牛小肠中，由于虫体的机械性刺激可以损伤小肠黏膜，引起黏膜出血和溃疡，并继发细菌感染，从而导致肠炎。成虫大量寄生时可造成肠阻塞和肠穿孔。移行幼虫可造成肠壁、肺脏、肝脏等组织的损伤，导致点状出血、发炎。

轻度感染时症状不明显，但中度及较严重感染者出现畜体消瘦虚弱，被毛粗乱无光泽，精神委顿或焦急不安，体温升高，咳嗽和呼吸困难。口腔有特殊臭味，后肢无力，站立不稳，走路摇摆。食欲不振，吮乳无力或停止吮乳，腹泻，排灰白色或黄白色稀粥样粪便，有特殊的腥臭味，手指捻粪有油腻状感觉；腹胀和出现回视腹部等腹痛症状。重症感染者因衰竭或虫体引起的肠阻塞、穿孔而死亡。犊牛的死亡率较高。

5. 诊断

生前可根据临床症状和流行病学资料进行初步诊断，确诊需用饱和盐水漂浮法在粪便中检出虫卵或尸体剖检时在小肠内发现多量虫体及相应的病理变化。此外，还可口服或注射驱虫药物进行治疗性诊断。

6. 治疗

(1)左旋咪唑(levamisole)　按每千克体重 8 mg，一次口服或肌肉注射。

(2)丙硫咪唑(albendazole)　按每千克体重 10～15 mg，一次口服或肌肉注射。

(3)驱蛔灵(piperazine)　按每千克体重 200～250 mg，一次口服。

(4)伊维菌素(lvermectin)　按每千克体重 0.3 mg，一次皮下注射或口服。

7. 预防

(1)搞好牛舍清洁卫生　勤换垫草，勤清扫粪便，尤其对犊牛的粪便要集中进行发酵处理，以杀灭虫卵，减少牛感染的机会。

(2)早期预防性驱虫　对 15～30 日龄的犊牛进行驱虫，因此时成虫数量达到高峰，而且有许多犊牛可能带虫，但不表现临床症状。早期驱虫不仅有益于犊牛的健康，还可减少虫卵对外界环境的污染。

此外，犊牛与母牛应分开饲养，以减少感染机会。在流行地区，提倡对 6 月龄以下犊牛全部进行驱虫。

(三)肉食兽蛔虫病

肉食兽蛔虫病的病原体主要属于蛔目(Ascaridida)的弓首科(Toxocaridae)弓首属(*Toxocara*)和蛔科(Ascaridae)弓蛔属(*Toxascaris*)的各种线虫。与兽医关系密切的主要包括犬弓首蛔虫病、猫弓首蛔虫病和狮弓蛔虫病等。

1. 犬弓首蛔虫病

犬弓首蛔虫病是由弓首科弓首属(*Toxocara*)的犬弓首蛔虫(*T. canis*)寄生于犬的小肠内

所引起的线虫病。犬弓首蛔虫在兽医学及公共卫生学上都具有重要意义,不仅可造成幼犬生长缓慢、发育不良,严重感染时可引起幼犬死亡。犬弓首蛔虫的幼虫也可感染人,引起人体内脏幼虫移行症,严重者可致失明。犬弓首蛔虫除寄生于犬外,还可见于狼、郊狼、美洲赤狐等野生动物。

(1)病原形态 犬弓首蛔虫虫体呈白色,头端有 3 片唇,在虫体前端两侧有向后延伸的颈翼膜。食道与肠管连接处有小胃。雄虫长 50～110 mm,尾端弯曲,有一小锥突,有尾翼。雌虫长 90～180 mm,尾端直,阴门开口于虫体前半部。虫卵呈亚球形,卵壳厚,表面有许多点状凹陷,大小为(68～85) μm×(64～72) μm(图 9-19)。

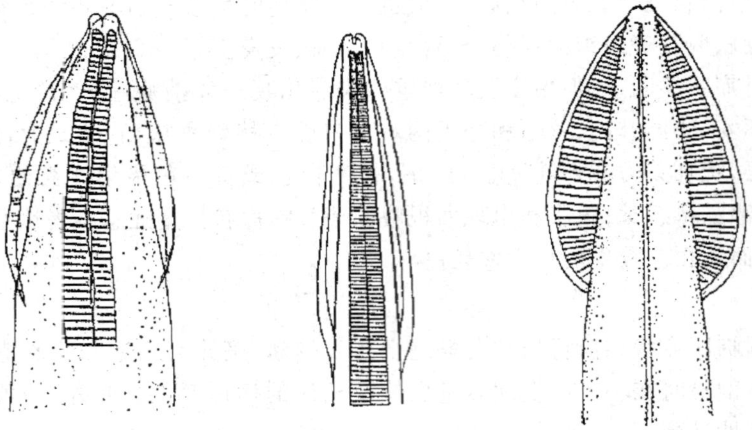

图 9-19 肉食兽蛔虫

1. 犬弓首蛔虫头部(仿板垣) 2. 狮弓首蛔虫头部(仿 Yorke 和 Maplesfone)
3. 猫弓首蛔虫头部(仿 Toxocara)

(2)生活史 犬弓首蛔虫的生活史是蛔虫中最复杂的,具有几种可能的感染模式。最基本的模式是典型的蛔虫型生活史。虫卵随宿主粪便排到外界后的第 12 天进行第一次蜕皮,第 28 天发育为含有第二期幼虫的感染性虫卵。感染性虫卵被宿主吞食后,在小肠内孵出第二期幼虫,第二期幼虫钻入肠壁血管经血液循环沿肝到达肺部,在肺部进行第二次蜕皮发育为第三期幼虫。第三期幼虫经气管返回到小肠,在小肠内进行最后两次蜕皮,发育为第四、第五期幼虫,经 4～5 周发育为成虫。这种感染模式通常只发生于 3 月龄以内的犬。3 月龄以上的犬,虫体很少发生“从肝到气管移行”。6 月龄的犬中几乎见不到虫体发生移行。第二期幼虫转移到范围很广的组织器官,包括肝、肺、脑、心、骨骼肌、消化管壁中,在这些器官组织中,幼虫不进行进一步发育,但保持对其他肉食动物的感染性。

怀孕犬体内的幼犬可发生出生前感染。第二期幼虫在分娩前 3 周移行到胎儿的肺部并在分娩之前蜕皮发育为第三期幼虫。幼犬出生后,幼虫经气管而移行至小肠,并进行最后两次蜕皮,发育为第四、第五期幼虫,最后在小肠内发育为成虫。母犬一旦被感染,即使不被再感染,也含有足够数量的幼虫去感染其后代。因此,在幼犬出生后 3 周左右,小肠内即有成虫寄生。母犬体内的一小部分活动性幼虫并没有进入子宫,而是在母犬体内完成正常移行,变为成虫。

在泌乳开始后的前 3 周,吸吮母乳的幼犬可通过吸吮含有第三期幼虫的母乳而受感染。通过这条途径受到感染的幼犬,幼虫在体内不发生移行。啮齿动物或鸟类等贮藏宿主也可吞食感染性虫卵,第二期幼虫移行至各种组织器官并一直保持对犬的感染力。犬吞食这样的贮藏宿主后亦可发生感染。据报道,怀孕后期和泌乳期的母犬可受到再次感染并可直接引起吮乳幼犬经乳汁感染。

(3)流行病学　本病分布于世界各地。主要发生于6月龄以下幼犬,感染率在5%～80%,成年犬很少感染。犬弓首蛔虫病广泛流行,犬感染率高、感染强度大的主要原因是犬弓首蛔虫繁殖力很强,每条雌虫每天可随每克粪便中排出700个虫卵。虫卵对外界环境的抵抗力极强,可在土壤中存活数年。幼虫在母犬的组织中长期存在并对大多数抗蠕虫药均不敏感,而成为幼犬感染的一个重要来源。

(4)致病作用和症状　犬弓首蛔虫轻度及中度感染时,移行幼虫不造成明显的损害,成虫在小肠中也不引起任何明显的反应。但严重感染时,幼虫在肺部移行引起肺炎,有时伴发肺水肿。成虫可引起卡他性肠炎、出血或溃疡,可能部分或完全阻塞肠道。少数出现肠穿孔、腹膜炎,胆管阻塞、胆管化脓、破裂,肝脏黄染、变硬。

轻度、中度感染时,虫体移行在肺脏时期不表现任何临床症状。寄生于小肠内的成虫可引起腹部膨大,导致发育迟缓,被毛粗乱,精神沉郁,渐进性消瘦,并偶见拉稀。有时可见幼犬吐出蛔虫或在粪便中排出虫体。重度感染时,幼虫移行导致肺损伤,引起咳嗽,鼻孔排泡沫状分泌物。大部分死亡病例发生于肺部感染期。经胎盘严重感染的幼犬在分娩后几天内即可发生死亡。有的病犬可出现神经性惊厥现象。

(5)诊断　生前可根据临床症状和流行病学资料进行初步诊断。幼犬在出生后2周内同窝幼犬同时表现为肺炎症状时应疑为犬弓首蛔虫病。确诊需采用直接涂片法或饱和盐水漂浮法在粪便中检出虫卵或尸体剖检时在小肠或胆道内发现虫体。

(6)治疗　①丙硫咪唑(Albendazole):幼犬按每千克体重10 mg,一次口服,7 d后再重复用药1次。

②左旋咪唑(levamisole):按每千克体重10 mg,一次口服。

③甲苯咪唑(mebendazole):犬的总剂量为每千克体重22 mg,分3次口服,每天一次。

④芬苯哒唑(fenbendazole):按每千克体重10 mg,一次口服,连喂3 d,每天1次。

⑤伊维菌素(ivermectin):按每千克体重0.2～0.3 mg,一次皮下注射。柯利犬及有柯利犬血统的犬禁用。

(7)预防　①定期驱虫:幼犬在2周龄时进行首次驱虫,2～3周后再次驱虫,哺乳期母犬应与幼犬一起驱虫。新购进的幼犬应进行两次驱虫(两次必须间隔14 d)。成年犬每隔3～6个月驱虫一次。

②注意清洁卫生:要注意环境、食具及食物清洁卫生,及时清除粪便,并进行生物热处理以杀死虫卵。

2. 猫弓首蛔虫病

猫弓首蛔虫病是由弓首科弓首属(*Toxocara*)的猫弓首蛔虫(*T. cati*)寄生于猫的小肠内所引起的一种线虫病。猫弓首蛔虫不仅可造成幼猫生长缓慢、发育不良,严重感染时尚可引起幼猫死亡。猫弓首蛔虫的幼虫也偶可感染人,引起人体内脏幼虫移行症。猫弓首蛔虫除寄生于猫外,还见于狮、豹等野生动物。

(1)病原形态　猫弓首蛔虫虫体呈白色,外形与犬弓首蛔虫相似。颈翼膜前窄后宽呈箭头状。雄虫长30～60 mm,尾端有指状突起。雌虫长40～100 mm,尾端直,阴门开口于体前1/4

处。虫卵呈亚球形，卵壳厚，表面有许多点状凹陷，大小为 65 μm×70 μm(图 9-19)。

(2)生活史　猫弓首蛔虫的生活史与犬弓首蛔虫基本相似。如果猫吞食含有第二期幼虫的虫卵，需经肝到达气管的移行。如果猫是经乳汁感染的第三期幼虫或吞食含有第三期幼虫的贮藏宿主，则不发生幼虫移行。和犬弓首蛔虫不同的是猫弓首蛔虫不能经胎盘而发生出生前的感染。从猫吞食感染性虫卵到在小肠内发育为成虫需 55 d 左右。

(3)流行病学　本病呈世界性分布，在我国各地均有报道。猫弓首蛔虫病的流行主要是由于感染性幼虫贮存在母猫的组织器官中，并在怀孕后期开始活动起来，然后在整个泌乳期随乳汁排出，猫因吞食乳汁中的幼虫而感染。由于猫具有猎食本能，因此经过贮藏宿主的感染途径在流行病学上更为重要。其贮藏宿主多为蚯蚓、蟑螂、鸟类和啮齿类。

(4)致病作用和症状　猫弓首蛔虫幼虫主要引起小肠卡他性炎症，肠黏膜出血。成虫可导致肠穿孔并引起腹膜炎，也可钻入胆囊导致胆囊炎。病猫主要表现为食欲不振，被毛粗乱，渐进性消瘦与贫血，腹部膨大，呕吐，异嗜，先下痢后便秘，偶伴发癫痫样痉挛，幼猫生长发育缓慢。

(5)诊断　生前采用饱和盐水漂浮法在粪便中检出虫卵或尸体剖检时在小肠内发现大量虫体即可确诊。

(6)防治　治疗可参照犬弓首蛔虫病。由于猫主要经过乳汁感染，因此应将小猫与母猫尽早分开，并进行人工饲养，其他预防措施可参照犬弓首蛔虫病。

3. 狮弓蛔虫病

狮弓蛔虫病是由蛔科弓蛔属(*Toxascaris*)的狮弓蛔虫(*T. leonina*)寄生于犬、猫、狮、虎、狼、狐、豹、猞猁、金猫等犬科及猫科动物的小肠内所引起的一种线虫病。狮弓蛔虫病也是犬和猫的一种常见的寄生虫病，可造成幼犬和幼猫生长缓慢、发育不良，严重感染时可引起死亡。本病为动物园犬科与猫科动物的常见病之一。

(1)病原形态　狮弓蛔虫成虫头端稍向背侧弯曲，从头端开始至食道的末端具有狭长的两侧对称的颈翼膜，颈翼膜呈柳叶刀形。无小胃。雄虫长 30～70 mm，交合刺 1 对，等长，尾端无指状突起。雌虫长 30～100 mm，阴门开口于体前 1/3 与中 1/3 交界处，尾直。虫卵略呈卵圆形，卵壳厚而光滑，大小为(49～61) μm×(74～86) μm(图 9-19)。

狮弓蛔虫与犬弓首蛔虫、猫弓首蛔虫在形态上的主要区别是：犬弓首蛔虫的雄虫尾部有一个指状突起，而狮弓蛔虫的雄虫尾部无突起。狮弓蛔虫的颈翼呈柳叶刀形，而猫弓首蛔虫的颈翼呈箭头状。

(2)生活史　狮弓蛔虫的生活史较简单，幼虫在体内不需经肝至气管的移行。犬、猫等肉食动物感染狮弓蛔虫的途径有两条：一是虫卵随宿主粪便排出体外，在适宜条件下发育为含有第二期幼虫的感染性虫卵，犬、猫等肉食动物吞食感染性虫卵后，幼虫孵出并进入肠壁发育，然后返回肠腔，经 3～4 周发育为成虫。第二条途径是感染性虫卵可被啮齿类动物等贮藏宿主摄食，在其组织中形成幼虫包囊。犬、猫等肉食动物摄食了受感染的贮藏宿主后，幼虫进入肠壁发育，然后返回肠腔发育为成虫。

(3)流行病学　狮弓蛔虫可寄生于狮、虎、犬、猫等猫科及犬科动物，但对犬和猫的感染率较低。

(4)诊断　生前采用饱和盐水漂浮法在粪便中检出虫卵或尸体剖检时在小肠内发现大量虫体即可确诊。

(5)防治　治疗可参照犬弓首蛔虫病。由于犬、猫等肉食动物感染的主要来源是猎物中的幼虫和地面上的虫卵，因此预防该病应控制宿主体内的虫体感染和重视改善卫生条件，以减少犬、猫等肉食动物摄食虫卵的机会。其他预防措施可参照犬弓首蛔虫病。

(四)鸡蛔虫病

鸡蛔虫病是由禽蛔科禽蛔属(*Ascaridia*)的鸡蛔虫(*A. galli*)寄生于鸡小肠内所引起的一种线虫病。鸡蛔虫病呈世界性分布，亦遍及我国各地，是家鸡和野禽的一种常见寄生虫病。该病主要危害雏鸡，影响雏鸡生长发育，甚至引起雏鸡大批死亡。

1. 病原形态

鸡蛔虫是寄生于鸡体内最大的一种线虫，呈黄白色，圆筒形，体表角质层具有横纹，口孔位于体前端，其周围有3个唇片。口孔下接食道，在食道前方1/4处有神经环，排泄孔位于神经环后的体腹侧。雄虫长26～70 mm，尾端有明显的尾翼和尾乳突，有一个圆形或椭圆形泄殖孔前吸盘。交合刺近于等长。雌虫长65～110 mm，阴门开口于虫体中部。肛门位于虫体的亚末端(图9-20)。虫卵呈椭圆形，深灰色，大小为(70～90) μm×(47～51) μm，卵壳厚而光滑，新排出时内含单个胚细胞。

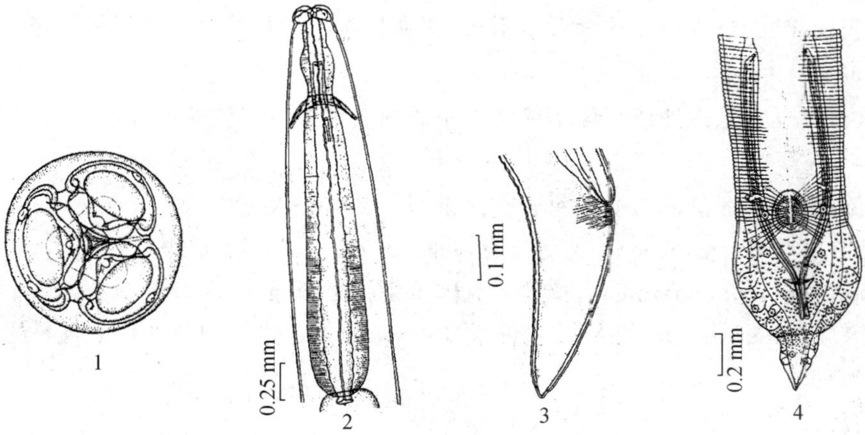

图9-20　鸡蛔虫(仿汪明)

1. 头部顶面　2. 虫体头部　3. 雌虫尾部　4. 雄虫尾部

2. 生活史

鸡蛔虫的发育不需要中间宿主。雌虫在鸡的小肠内产卵，虫卵随粪便排出体外，在有氧及适宜的温度和湿度条件下，经17～18 d发育为含幼虫的感染性虫卵。感染性虫卵随饲料和饮水被鸡吞食，幼虫在腺胃和肌胃内逸出，移行到十二指肠钻进肠黏膜内发育，然后返回肠腔发育为成虫。从感染性虫卵被鸡吞食到在鸡小肠内发育为成虫需35～58 d。蚯蚓可作为保虫宿主传播鸡蛔虫。

3. 流行病学

鸡蛔虫卵对外界环境因素和常用的消毒药物抵抗力很强，感染性虫卵在土壤内可存活6个月，但对干燥和高温(50℃)敏感，特别在阳光直射、沸水处理和粪便堆沤的情况下，可使之迅速死亡。虫卵在19～39℃和90%～100%相对湿度时，容易发育到感染期，相对湿度低于60%时，不易发育。在20℃发育到感染期需17～18 d，25℃时需9 d，30℃时需7 d，35～39℃

时需 5 d。45℃时，虫卵在 5 min 内死亡。冬季冻结 3 个月，虫卵仍不死亡。

本病主要发生于平养或散、放养的鸡，笼养鸡较少发生。鸡主要是因吞食了感染性虫卵污染的饲料、饮水或蚯蚓等而遭受感染。各种年龄的鸡均易感染鸡蛔虫，其中 3～4 月龄以内的鸡最易感，病情也较重，5 月龄以上的鸡抵抗力较强，1 年以上的鸡常为带虫者，成为传染源。饲养条件与易感性有很大的关系，饲料含动物性蛋白多，并有足够的维生素 A 和维生素 B 时，可使鸡有较强的抵抗力。相反，则易于感染并发病。此外，鸡群管理粗放，卫生条件差，鸡也易患蛔虫病。

4. 致病作用和症状

鸡感染后，幼虫侵入肠黏膜时，破坏黏膜及肠绒毛，引起卡他性肠炎，严重时导致出血性肠炎，并易引起继发感染，在肠壁上常见有颗粒状化脓灶或结节形成。成虫寄生于小肠时，损伤肠黏膜，造成肠黏膜发炎、出血。大量虫体聚集时，相互缠结成团，可发生肠阻塞甚至引起肠破裂，导致病鸡死亡。虫体产生的代谢产物可引起慢性中毒，使雏鸡生长发育迟缓，母鸡产蛋量下降。

病鸡临床表现为精神沉郁，行动迟缓，呆立不动，翅膀下垂，羽毛蓬乱，鸡冠和可视黏膜苍白，食欲减退，下痢与便秘交替，有时便中带血，严重者逐渐衰弱而死亡。成年鸡多为轻度感染，一般不表现症状，严重时表现为食欲不振，嗉囊积食，下痢，贫血和产蛋量下降等症状。

5. 诊断

粪便检查发现大量虫卵或尸体剖检时在小肠内发现大量虫体即可确诊。

6. 治疗

(1)左旋咪唑(levamisole) 按每千克体重 20～25 mg，一次口服。

(2)丙硫咪唑(albendazole) 按每千克体重 10～20 mg，一次口服。

(3)芬苯哒唑(fenbendazole) 按每千克体重 10～20 mg，一次口服。

(4)哌哔嗪(piperazine) 按每千克体重 150～300 mg 拌入饲料或配成 1%的水溶液，让鸡自由饮水。

7. 预防

(1)定期驱虫 在蛔虫病流行的鸡场，每年进行 2～3 次驱虫，雏鸡第一次驱虫在 2 月龄左右进行，第二次驱虫在秋、冬季进行。蛋鸡在产蛋前 15～30 d 进行。

(2)加强饲养管理 成年鸡与雏鸡严格分群饲养；饲喂全价饲料，适当补充多种维生素或维生素 A、维生素 B 等，以增强鸡的抵抗力。

(3)注意清洁卫生 及时清除鸡粪和垫草，并集中进行生物热处理，以杀死虫卵。

(五)其他动物的蛔虫病

1. 马副蛔虫病

马副蛔虫病是由蛔科、副蛔属(*Parascaris*)的马副蛔虫(*P. equorum*)寄生于马属动物的小肠内(有时可见于胃内)所引起的一种蛔虫病。该病是马属动物的一种普遍的寄生虫病，对幼驹危害很大。

马副蛔虫是寄生于马属动物体内最粗大的一种线虫。虫体近似圆柱形，两端较细，外形与猪蛔虫相似。黄白色。口孔周围有 3 片唇，其中背唇稍大。唇基部有明显的间唇。每个唇的中前部内侧面有一横沟，将唇片分为前后两个部分。唇片与体部之间有明显的横沟。雄虫长

150～280 mm，尾端向腹面弯曲。雌虫长 180～370 mm，尾部直，阴门开口于虫体前 1/4 部分的腹面(图 9-21)。虫卵近于圆形，直径为 90～100 μm，呈黄色或黄褐色，新排出时内含一亚圆形尚未分裂的胚细胞，卵壳表层蛋白质膜凹凸不平，但颇细致。马副蛔虫雌虫在马属动物的小肠内产卵，虫卵随粪便排出体外，在适宜的温度和湿度和有充分氧气的条件下，经 10～15 d 发育到感染性阶段。其在自然界的发育情况及所需条件均与猪蛔虫相似。马属动物在采食或饮水时吞食感染性虫卵而被感染。幼虫在体内按猪蛔虫体内移行路线移行。自感染性虫卵进入马属动物体内，到发育为成虫，需 2～2.5 个月。

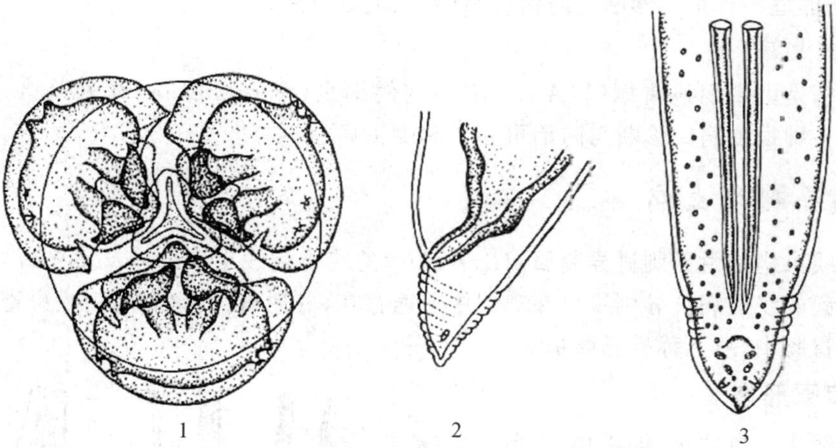

图 9-21　马副蛔虫(仿卢俊杰、靳家声)

1. 头端顶面观　2. 雌虫尾端　3. 雄虫尾端

马副蛔虫病广泛流行，但以幼驹感染性最强，老年马多为带虫者，散布病原体。感染率与感染强度和饲养管理有关。感染多发于秋、冬季。虫卵对外界不利因素抵抗力较强。虫卵发育所需的适宜温度为 10～37℃，温度为 39℃时虫卵停止发育并变性死亡。温度低于 10℃时，虫卵发育停止，但保持活力，遇适宜条件，仍可继续发育为感染性虫卵。虫卵对理化因素有很强的抵抗力，只有 5%硫酸、5%苛性钠、50℃以上的高温及长期干燥才能有效地杀死虫卵。

马副蛔虫对宿主的危害表现在机械性作用、夺取营养、毒素作用和继发感染等方面。主要危害幼驹，幼虫移行期可能出现程度不同和持续时间不等的咳嗽，常自鼻孔流出浆液或黏液性鼻液，有短暂的体温升高。成虫寄生期呈现肠炎症状，消化障碍，腹围增大，常有腹痛现象。严重感染时发生肠阻塞或肠穿孔。

诊断和防治可参照猪蛔虫病进行，驱虫可用噻苯唑、丙硫咪唑、驱蛔灵等药物。

2. 熊猫蛔虫病

熊猫蛔虫病是由蛔科贝蛔属(*Baylisascaris*)的施氏贝蛔线虫(*B. schroedari*)寄生于大熊猫的小肠及胃内所引起的一种寄生虫病。野生大熊猫感染率可高达 100%，感染强度可高达 2 000 条以上，是野生及圈养大熊猫的常见寄生虫之一。

施氏贝蛔线虫具有蛔虫的一般特征，雄虫长 65～92 mm，雌虫长 79～116 mm。虫卵在外界环境中发育为感染性虫卵，熊猫吞食感染性虫卵而遭受感染。患病熊猫表现为精神沉郁，食欲减退，进行性消瘦，排带黏液的稀粪，腹部下垂。严重感染时可导致肠梗阻、肠穿孔。虫体钻入胆管或胰管时可引起胆道蛔虫病或胰腺炎。

在粪便中查到大量虫卵即可确诊。可用丙硫咪唑、左旋咪唑、驱蛔灵和伊维菌素等药物进行驱虫。对饲养在动物园中的熊猫，应定期进行驱虫，加强饲养和卫生管理，饲料和饮水必须保持清洁，严防粪便污染，及时清除粪便并堆积发酵以杀灭虫卵。

3. 熊蛔虫病

熊蛔虫病是由蛔科蛔属(*Ascaris*)的熊蛔虫(*A. transfuga*)寄生于黑熊、棕熊等熊科及浣熊科动物小肠内所引起的一种蛔虫病。该病是动物园的黑熊、棕熊和小熊猫的一种常见、多发性疾病，对幼熊危害严重。诊断与防治可参照犬、猫蛔虫病。

4. 鸽蛔虫病

鸽蛔虫病是由禽蛔科禽蛔属(*Ascaridia*)的鸽蛔虫(*A. columbae*)寄生于鸽、野鸽等小肠内所引起的一种蛔虫病。诊断与防治可参照鸡蛔虫病。

二、鸡异刺线虫病

鸡异刺线虫病是由异刺科异刺属(*Heterakis*)的鸡异刺线虫(*H. gallinarum*)寄生于鸡的盲肠内所引起的线虫病。异刺线虫在鸡群中普遍存在，其他禽、鸟也有异刺线虫寄生。因异刺线虫寄生于盲肠中，故又称盲肠线虫。

(一)病原形态

鸡异刺线虫　虫体小，细线状，白色。头端略向背面弯曲，口缘有 3 个不明显的唇片。有侧翼，向后延伸的距离较长。食道末端有一膨大的食道球。雄虫长 7～13 mm，尾直，末端尖细，交合刺 2 根，不等长。有一个圆形的泄殖腔前吸盘，有 12 对尾乳突。雌虫长 10～15 mm，尾细长，生殖孔位于虫体中部稍后方。虫卵椭圆形，灰褐色，壳厚，内含单个胚细胞，大小为(65～80) μm×(35～46) μm(图 9-22)。

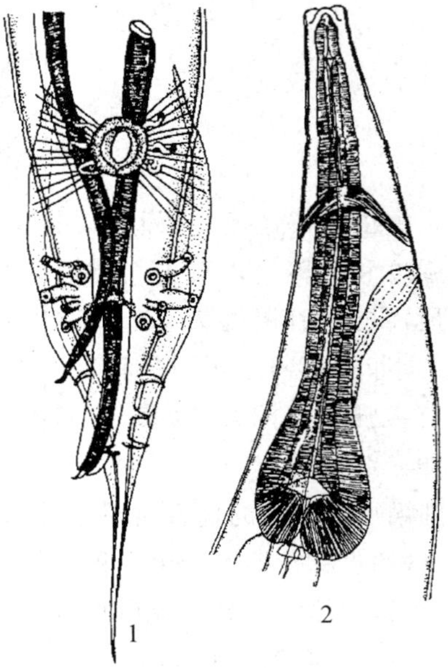

图 9-22　鸡异刺线虫(仿 Skryabin，Shikhobalova)

1. 雄虫尾部腹面　2. 前部

(二)生活史

鸡异刺线虫在盲肠内产卵，卵随粪便排出，在适宜的温度(20～30℃)和湿度条件下，约经 2 周发育为含幼虫的感染性虫卵。后者随饲料或饮水被鸡吞食后，在小肠内孵化，幼虫移行到盲肠，钻入黏膜内，经过一个时期的发育后，重返肠腔，发育为成虫。自吞食感染性虫卵至发育为成虫需 24～30 d。成虫寿命约为 1 年。有时感染性虫卵或感染性幼虫被蚯蚓吞食，能在蚯蚓体内长期生存，鸡吃到这种蚯蚓时，也能感染异刺线虫。

(三)流行病学

鸡因吞食感染性虫卵而遭受感染，也可因食入含感染性虫卵的蚯蚓而感染。主要感染季节为 6—9 月份。虫卵对外界抵抗力较强，在阴暗潮湿处可保持活力达 10 个月。0℃时存活

67～172 d,温度升高后能继续发育。阳光直射下易死亡。在10%硫酸及0.1%升汞溶液中均可正常发育。

(四)致病作用和症状

鸡异刺线虫寄生数量多时可损伤肠黏膜,引起出血。代谢产物可使鸡中毒。幼虫寄生时,在盲肠壁上形成结节。严重感染时,可引起盲肠炎和下痢。病鸡表现为消化机能障碍,食欲不振或废绝,下痢。雏鸡发育停滞,消瘦,严重时可造成死亡。成年鸡产蛋量下降。此外,异刺线虫还是黑头病的病原体火鸡组织滴虫的传播者。当同一鸡体内同时有异刺线虫和组织滴虫寄生时,后者可侵入异刺线虫的卵内,并随之排出体外。组织滴虫得到异刺线虫卵壳的保护,即不致受外界环境因素的损害而死亡。当鸡食入这种虫卵时,即同时感染异刺线虫和火鸡组织滴虫。

(五)诊断

可用直接涂片法或饱和盐水漂浮法查虫卵,应注意与鸡蛔虫卵区别。尸体剖检在盲肠中发现虫体即可确诊。剖检时可见盲肠发炎,黏膜肥厚,有的有溃疡,肠内容物黏结成条,其中含虫体。

(六)防治

可参照鸡蛔虫病的措施。

三、禽锐形线虫病

禽锐形线虫病(又称华首线虫病)是由锐形科锐形属(*Acuaria*)的小钩锐形线虫(*A. hamulosa*)和旋锐形线虫(*A. spiralis*)寄生于禽类的腺胃和肌胃内所引起的胃线虫病。本病在我国各地均有分布。

(一)病原形态

1. 小钩锐形线虫(*A. hamulosa*)

前部有4条饰带,两两并列,呈不整齐的波浪形,由前向后延伸,几乎达虫体后部,但不折回,亦不互相吻合。雄虫长9～14 mm,肛前乳突4对,肛后乳突6对。交合刺1对,不等长,左侧的纤细,长1.63～1.8 mm;右侧的扁平,长0.23～0.25 mm。雌虫长16～19 mm,阴门位于虫体中部的稍后方。卵的大小为(40～45) μm×(24～27) μm(图9-23)。寄生于鸡和火鸡的肌胃。

2. 旋锐形线虫(*A. spiralis*)

前部有4条饰带,呈波浪状弯曲,由前向后,然后折回,但不吻合。雄虫长7～8.3 mm。泄殖孔前乳突4对,泄殖孔后乳突4对,交合刺不等长,左侧的纤细,长0.4～0.52 mm,右侧的呈舟状,长0.15～0.2 mm。雌虫长9～10.2 mm,阴门位于虫体后部。卵具有厚壳,大小为(33～40) μm×(18～25) μm,内含幼虫。寄生于鸡、火鸡和鸽子等的前胃和食道,罕见于肠。

(二)生活史

小钩锐形线虫的发育需要一个中间宿主。虫卵随粪便排至外界,在被中间宿主如蚱蜢、甲虫和象鼻虫等吞食后,幼虫孵出移入假体腔中,经两次蜕皮后钻入肌肉组织中发育成为感染性

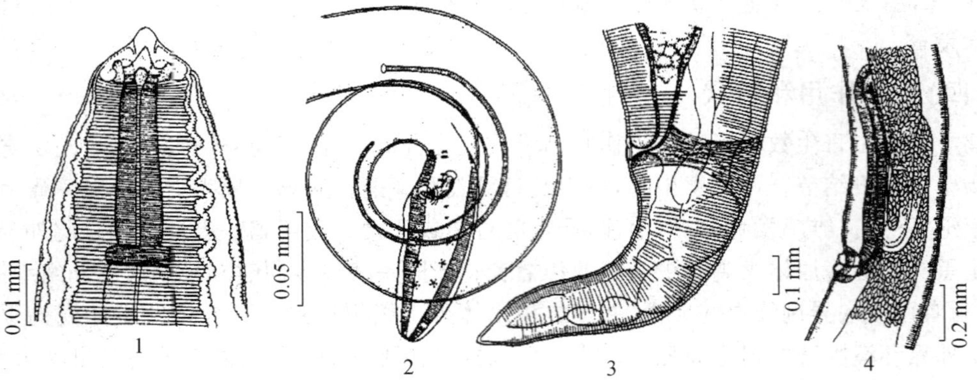

图 9-23 小钩锐形线虫(仿汪明)

1. 头部背面 2. 雄虫尾部 3. 雌虫尾部 4. 阴门区

幼虫。终末宿主是由于摄食了中间宿主而受感染的。幼虫被摄入后,在第一昼夜内钻入肌胃的角质层下面,经 12 d 进行一次蜕皮为第四期幼虫。再经 4～9 d 进行第四次蜕皮为童虫,感染后经 76～90 d 发育为成虫。

旋锐形线虫的虫卵被中间宿主如等足类(光滑鼠妇、粗糙鼠妇)吞咽,幼虫孵出,穿过昆虫肠壁进入血腔,经两次蜕皮后发育为感染性幼虫。含有感染性幼虫的中间宿主被禽类吞食后,虫体直接侵入腺胃,少数可寄生于食道、肌胃前缘。感染后 10～12 d 虫体进行第四次蜕皮为第五期幼虫。感染后 15～20 d,发育为成虫。雌虫发育到性成熟排卵约需 27 d。

(三)流行病学

小钩锐形线虫分布于世界各地,我国的北京、黑龙江、辽宁、甘肃、陕西、江苏、福建、广西、四川、台湾等省市均有报道。可危害鸡、吐绶鸡、环颈雉、鹌鹑等鸟禽类。旋锐形线虫亦分布于世界各地,在我国见于北京、黑龙江、吉林、辽宁、新疆、山东、陕西、上海、福建、广东、广西、四川、台湾等省市。宿主有鸡、家鸽、珠鸡、吐绶鸡、环颈雉等 50 余种鸟禽类。禽锐形线虫病多发生于散养和平养的鸡,其发病季节与中间宿主的活动季节基本一致。

(四)致病作用和症状

小钩锐形线虫寄生在肌胃的角质层下面,开始时引起黏膜的出血性炎症;以后在肌层形成干酪性或脓性结节,影响肌胃的机能,严重时偶见肌胃破裂。此外,虫体对宿主还呈现毒性作用。轻度感染时一般不显致病力。严重感染时,病禽表现为消瘦、贫血、食欲减退、腹泻等症状。在大多数情况下危害不大,但有引起幼鸡急性死亡的报道。

旋锐形线虫寄生在禽腺胃,其致病作用和感染强度与宿主年龄和品种等因素有关。感染性幼虫进入腺胃黏膜上皮时有局部轻微出血,部分黏膜上皮细胞变性,坏死脱落。严重感染时,可在腺胃见有深溃疡,虫体前端深藏在溃疡中,被寄生部位的腺体遭受破坏。严重感染时,特别是 1 月龄左右的雏鸡有食欲消失,迅速消瘦,缩头,垂翅,羽毛松乱,高度贫血和下痢等症状。患鸡常于出现症状后数日内死亡。

(五)诊断

禽类有多种锐形线虫寄生,其虫卵不易区别。在粪便中发现虫卵时,即可认为有锐形线虫寄生,但只有在尸体剖检时找到大量虫体才能确诊为本病。

(六)治疗

1. 甲苯咪唑(mebendazole)

按每千克体重 30 mg,一次口服。

2. 丙硫咪唑(albendazole)

按每千克体重 10～15 mg,一次口服。

(七)预防

注意禽舍清洁卫生,将粪便进行堆积发酵;防止鸡群与中间宿主接触,消灭中间宿主;定期对禽进行预防性驱虫。

四、牛羊消化道线虫病

牛羊消化道线虫病流行和分布极为广泛,是牛羊常见多发的寄生虫病。病原体主要属于圆线目(Strongylata)毛圆科(Trichostrongylidae)、盅口科(Cyathostomidae)、钩口科(Ancylostomatidae)、圆线科(Strongyloidea)和毛尾目(Trichurata)毛尾科(Trichuridae)的各种线虫。牛羊消化道线虫病对牛羊等反刍动物的危害十分严重,与兽医关系密切的主要包括毛圆线虫病、食道口线虫病、仰口线虫病、毛尾线虫病和夏伯特线虫病等。

(一)毛圆线虫病

毛圆线虫病的病原体主要属于毛圆科(Trichostrongylidae)血矛属(*Haemonchus*)、毛圆属(*Trichostrongylus*)、奥斯特属(*Ostertagia*)、长刺属(*Mecistocirrus*)、马歇尔属(*Marshallagia*)、古柏属(*Cooperia*)、细颈属(*Nematodirus*)和似细颈属(*Nematodirella*)的各种线虫。它们在反刍动物体内多系混合寄生,其中以血矛属的捻转血矛线虫致病力最强。可以这样说,反刍兽毛圆线虫病主要是血矛线虫病。此外,毛圆科线虫在形态、生态和病的流行、病理及防治等方面均有许多共同点。在此以血矛线虫病为代表作重点叙述,对其他各属线虫及其可能引起的疾病只进行简要的介绍。

1. 血矛属(*Haemonchus*)

(1)病原形态

①捻转血矛线虫(*H. Contortus*):虫体呈毛发状,因吸血而呈淡红色。表皮上有横纹和纵嵴。颈乳突显著。头端尖细,口囊小,内有一背侧矛状小齿。雄虫长 15～19 mm,交合伞有由细长的肋支持着的长的侧叶和偏于左侧的一个由倒“Y”形背肋支持着的小背叶。交合刺较短而粗,末端有小钩。引器呈梭形。雌虫长 27～30 mm,因白色的生殖器官环绕于红色含血的肠管周围,形成了红白线条相间的外观,故称捻转血矛线虫,亦称捻转胃虫。阴门位于虫体后半部,有一显著的瓣状或舌状阴门盖。虫卵大小为(75～95) μm×(40～50) μm。卵壳薄而光滑,新排出的虫卵含 16～32 个胚细胞。寄生于羊、牛、骆驼等反刍动物第四胃,有时也寄生于小肠(图 9-24)。

②似血矛线虫(*H. similis*):雄虫长 8～12.5 mm,雌虫长 12～17 mm。似血矛线虫和捻转血矛线虫形态相似,不同之处在于虫体较小,背肋较长,交合刺较短。寄生于牛等第四胃。

③普氏血矛线虫(*H. placei*):寄生于牛等第四胃。

(2)生活史　捻转血矛线虫寄生于反刍动物的第四胃,偶见于小肠。雌虫产出虫卵随粪便排到外界,虫卵在 0℃时不发育,7.2℃时极少数可发育到孵化前期。虫卵发育至第三期幼虫所需时间为:11℃,15～20 d;14.4℃,9～12 d;21.7℃,5～8 d;37℃,3～4 d。低于 5℃,虫卵在

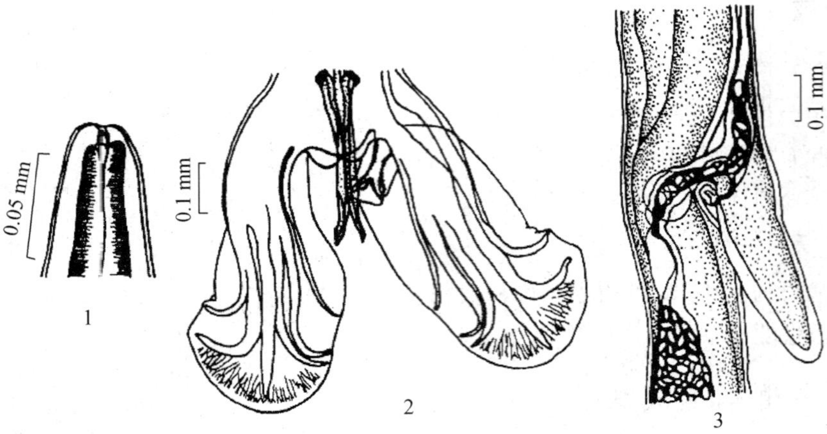

图 9-24 捻转血矛线虫(仿孔繁瑶等)

1. 头端 2. 交合伞 3. 阴门盖

4～6 d 内死亡。感染前期的幼虫，在 40℃以上时迅速死亡；但在冰冻下可生存很长时间。感染性幼虫带有鞘膜，在干燥环境中，可借休眠状态生存一年半。

感染性幼虫经口感染宿主，在瘤胃内脱鞘，之后到真胃，钻入黏膜发育，感染后 36 h，开始第三次蜕皮，形成第四期幼虫，并返回黏膜表面。感染后 3 d，虫体出现口囊，并吸着于胃黏膜上。感染后 4～6 d，幼虫的性别已明显可鉴。感染 12 d 后，全部虫体进入第五期，内部各种器官同时发育起来。感染后 15 d，雄虫长至 9～10 mm，生殖管内已含精子；未成熟的雌虫长至 12～14 mm，卵巢内已含虫卵，至此虫体已发育为成虫(图 9-25)。成虫游离在胃腔内。感染后 18～21 d，宿主粪便中出现虫卵。感染后 25～35 d，产卵量达最高峰。

(3)流行病学 一般认为，捻转血矛线虫成虫寿命大约为 1 年。捻转血矛线虫比其他毛圆科线虫产卵多，每条雌虫每天可产卵 5 000～10 000 个。但有很多因素能使雌虫的产卵数发生变化，其中一个重要因素是免疫反应。虫卵主要是在牧场上发育，其所需要的外界条件主要是温度、湿度和氧气。在牧场上，温度和湿度常有变化，从而影响着虫卵和幼虫的发育，影响着感染性幼虫的活动和存活期，自然也就影响到终宿主的感染数量和牛、羊胃肠道线虫之数量的季节动态。

牛、羊粪便和土壤是幼虫的隐蔽所。感染性幼虫有背地性和向光性反应，在温度、湿度和光照适宜时，幼虫就从牛、羊粪便或土壤中爬到牧草上；环境不利时，又回到土壤中隐藏。幼虫受土壤的庇护，得以延长其生活时间；故牧草受幼虫的污染，土壤为其主要来源。据观察，低地牧场的幼虫数量在放牧结束时达最高，对幼虫数量的影响，牧场的小气候比大气候更为重要。在山地牧场，幼虫数量在夏季逐渐增加，8 月份最高；冬季低温抑制或延迟了幼虫的孵化，故牧草上几乎没有幼虫。据资料记载，绵羊的奥斯特属、毛圆属、细颈属、食道口属和血矛属等线虫在各种不同类型的草原上 8—10 月份出现小高潮。各属线虫在冬季均为低潮。当年羔羊的高潮期均在 7—8 月份，冬季亦为低潮。

羊对捻转血矛线虫有“自愈”现象，这是因为羊初次感染时产生的抗体，和再感染时的抗原物质相结合所引起的一种过敏性反应。在捻转血矛线虫，表现为真胃黏膜水肿，这种水肿造成对虫体不利的生活环境，导致原有的虫体被排除和不发生再感染。一个重要特点是，自愈反应没有特异性，捻转血矛线虫的自愈反应，既可以引起真胃其他线虫的自愈，还可以引起肠道线

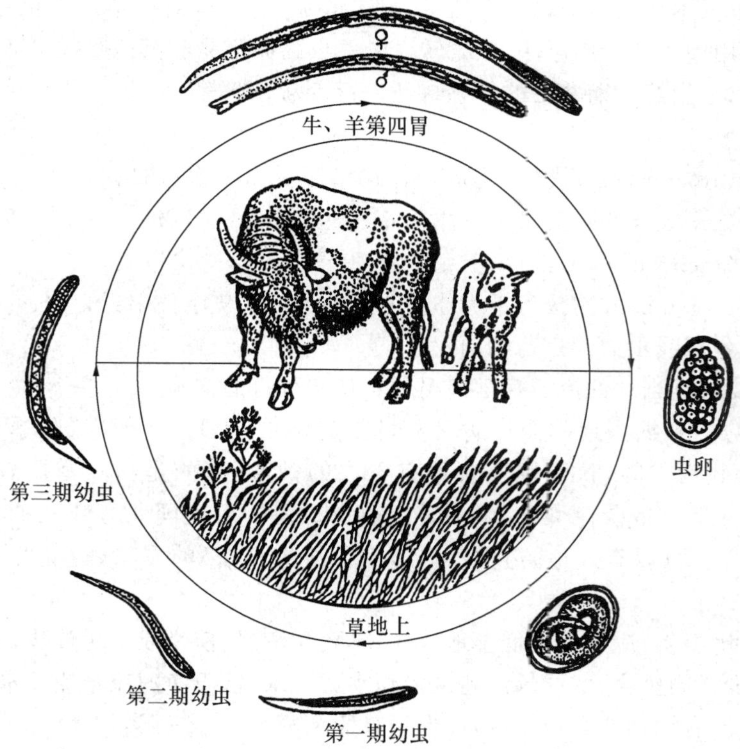

图 9-25　捻转血矛线虫的生活史

虫的自愈。这可能是由于它们具有共同的抗原。自愈机制是使羊胃肠道线虫发生寄生变化的一种重要机制。在英国,羊蠕虫群体的春季高潮,是由于虫体的自愈机制而告结束的 。在澳大利亚,放牧羊的捻转血矛线虫的自然载虫量也是因自愈过程而降低的,特别是在感染性幼虫出现特别多的雨后,这种现象尤为明显。

关于春季高潮的来源,说法不一。有谓来自羊真胃黏膜内休眠越冬的幼虫。后一种情况的出现,是由于幼虫进入羔羊体内时,羊体已处于免疫渐降期,虽然如此,但仍能抑制幼虫的发育;但当这种免疫下降到不足以抑制其发育时,于是幼虫便一起发育起来,从而发生春季高潮。很显然,羊的这种免疫力的变化,是和秋、冬的饲养管理与环境的变化相一致的。

(4)致病作用和症状　捻转血矛线虫的矛状齿可刺破胃黏膜,且分泌抗凝血酶,吸血、夺取营养。据统计,2 000 条虫体寄生在真胃黏膜时,每天吸血可达 30 mL,尚未将虫体离开后流失的血液计算在内。同时,捻转血矛线虫分泌的毒素干扰造血功能,因而导致宿主进行性贫血。重度感染则导致严重贫血,临床最重要的特征是贫血和衰弱。贫血所引起的循环失调和营养障碍,还可以导致肝脏中心静脉周围的坏死和肝细胞的脂肪变性,有时伴有铁的缺乏。羊真胃有胃炎病变。大量寄生可使胃黏膜广泛损伤,发生溃疡。分泌毒素还抑制宿主神经系统的活动,并使宿主消化吸收机能紊乱。

急性型以肥羔羊突然死亡为特征。患羊高度贫血,可视黏膜苍白,短期内引起大批死亡。亚急性型的特征是显著的贫血,患羊黏膜苍白,下颌间、下腹部及四肢水肿;身体逐渐消瘦,被毛粗乱,放牧时落群,甚至卧地不起;下痢与便秘交替。病程一般为 2～3 个月或拖长到 4 个月。如不死亡,则转为慢性。慢性型病程较长,发育不良,渐进性消瘦。

(5)诊断 根据本病在当地的流行情况,患羊的症状,死羊或病羊的剖检结果进行综合判断。粪便检查可用饱和盐水漂浮法,但捻转血矛线虫的卵不易和其他圆线虫卵区别;必要时可以进行粪便培养,根据第三期幼虫的形态特征进行诊断。

(6)治疗

①丙硫咪唑(albendazole):按每千克体重 10～15 mg,一次口服。

②左旋咪唑(levamisole):按每千克体重 6～10 mg,一次口服。

③甲苯咪唑(mebendazole):按每千克体重 10～15 mg,一次口服。

④伊维菌素(lvermectin):按每千克体重 0.2 mg,一次皮下注射或口服。

毛圆科其他各属线虫的治疗药物同此。

(7)预防 要根据当地的流行病学情况制定切实可行的措施。

①计划性驱虫:根据当地的流行病学资料制定驱虫计划。一般春、秋季各进行 1 次,亦即在放牧前和收牧后。春、秋季驱虫各地有不同的做法,有的是在秋季用较大的药物剂量驱虫 1 次或 2 次;有的是在春季进行 1～2 次驱虫。但针对我国北方牧区的情况,在每年的春节前后驱虫 1 次,可以有效地防止"春季高潮"(成虫高潮)的到来,避免"春乏"造成牛、羊大批死亡。

②放牧和饮水卫生:应避免在低湿地放牧;不要在清晨、傍晚或雨后放牧,尽量避开幼虫活跃的时间,以减少感染机会;禁饮低洼地区的积水或死水,饮干净的流水或井水,并建立固定的清洁的饮水地点。有计划地实行轮牧,可保护草原和减少牛、羊感染机会。

③加强饲养管理:合理补充精料,提高营养水平,尤其在冬、春季节应合理地补充精料和矿物质,增强畜体自身的抵抗力。

④加强粪便管理:及时清除粪便,将粪便集中在适当地点进行生物热处理,以消灭虫卵和幼虫。

预防性免疫接种,多应用致弱的感染性幼虫作为疫苗。常用 X 射线或紫外线照射将幼虫致弱后接种牛、羊,在国外已获成功。此外,还有人用对羊有毒力但致病力较小的近似种或株接种;用虫体的体外培养物免疫;用标准剂量的正常的感染性幼虫接种;提供小剂量虫体感染,从而造成良好免疫状态的那样的牧场上放牧,上述方法都在试验研究阶段。

2. 毛圆属(*Trichostringylus*)

本属虫体较小,毛发状,呈淡红色或褐色。头端偏细,尾端偏粗。体长不足 7.0 mm。无头泡,口囊不明显。本属一个重要特征是在食道区有明显凹陷的排泄孔。交合刺粗短、扭曲,通常末端尖。有引器。雌虫尾短,锥状。阴门位于虫体的后半部。卵呈椭圆形,壳薄。

(1)突尾毛圆线虫(*T. probolurus*) 雄虫长 4.3～5.5 mm,交合刺几乎等长,末端的三角形突起较粗大。雌虫长 4.5～6.5 mm。虫卵大小为(76～92) μm×(37～46) μm。寄生于绵羊、山羊、驼、兔及人的小肠中(图 9-26)。

(2)蛇形毛圆线虫(*T. colubriformis*) 雄虫长 4～6 mm,两根交合刺近于等长,末端有显著的三角形突起。引器梭形。腹肋特别细小,前侧肋最粗大,背肋小,末端分小枝。雌虫长 5～6 mm。寄生于绵羊、山羊、牛、驼及羚羊小肠的前部,偶见于真胃。亦寄生于兔、猪、犬及人的胃中。是牛、羊体内最常见的种类。

(3)艾氏毛圆线虫(*T. axei*) 雄虫长 3.5～4.5 mm,两根交合刺不等长、不同形,短而扭曲。引器近梭形。雌虫长 4.6～5.5 mm。寄生于绵羊、山羊、牛、及鹿的第四胃,偶见于小肠。

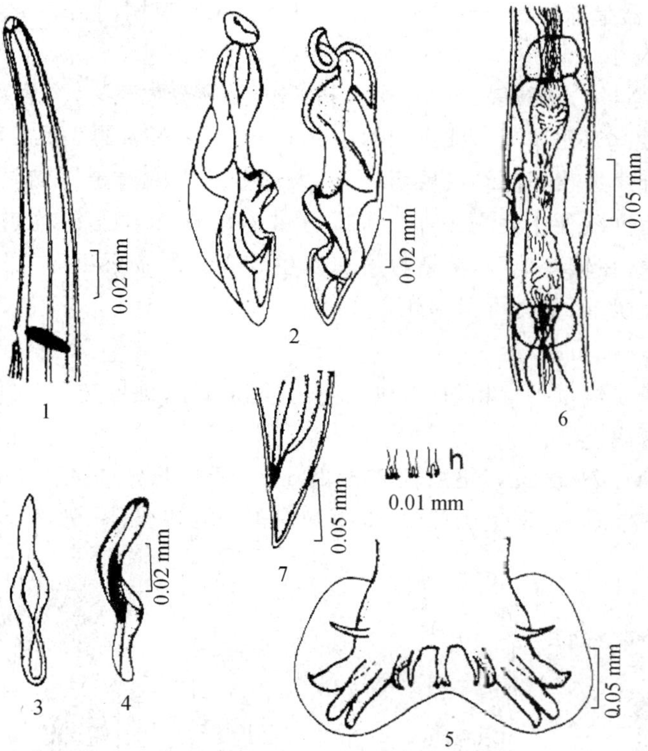

图 9-26　突尾毛圆线虫(*Trichostringylus probolurus*)

(仿中国科学院动物研究所寄生虫组,1979)

1. 虫体前端侧面观　2. 交合刺　3. 引器腹面观　4. 引器侧面观
5. 交合伞　6. 雌虫阴门部　7. 雌虫尾端侧面观

亦寄生于马、驴及人的胃中。

毛圆线虫卵之适宜的发育温度为 15～30℃,27℃以上时死亡率甚高。牧场上的第三期幼虫在秋、冬、春三季的存活时间较夏季为长。宿主感染蛇形毛圆线虫的第三期幼虫后,幼虫在小肠前部黏膜中发育和蜕化,并继续发育。感染后 17 d,粪便中即有少量虫卵,到第 25 天,粪便中的虫卵已为数甚多。

严重感染第三期幼虫时可导致真胃内 pH 升高,胃内环境改变,胃功能紊乱。真胃液体中的钠含量增加,干物质中的钾含量降低。这时,患畜发生腹泻,迅速失去体重;急剧消瘦,食欲消失,脱水,最后多引起死亡。断奶后至 1 岁的羔羊常发生本病。

3. 奥斯特属(*Ostertagia*)

本属线虫呈褐色(俗称棕色胃虫),虫体中等大,体长通常小于 14 mm。口囊浅而宽。雄虫有生殖锥和生殖前锥。生殖锥后体部盖有副伞膜,交合刺短,末端分二叉或三叉。雌虫阴门在体后部,有些种有阴门盖,其形状不一。成虫寄生于牛、羊及其他反刍动物的真胃黏膜上,幼虫见于胃腺内。

(1)奥氏奥斯特线虫(*O. ostertagia*)　雄虫长 6.5～7.5 mm,交合伞相对较小,外背肋巨大。交合刺末端分两叉。引器卵圆形,后体部宽。雌虫长 8.3～9.2 mm,有舌状阴门盖。虫卵大小为(62～82) μm×(34～42) μm。寄生于牛、羊等反刍动物的第四胃和小肠中(图 9-27)。

(2)环形奥斯特线虫(*O. circumcincta*)　雄虫长 7.5～12.0 mm,交合刺常细长,在远端

1/4 处分成两枝。引器呈球拍状。雌虫长 10.2～12.8 mm，有阴门盖。寄生于绵羊、山羊等反刍动物的第四胃和小肠。

(3)三叉奥斯特线虫(*O. trifurcata*) 交合刺宽短，后端分为三叉，一个叉粗长，末端截形，另两个叉细短、尖。雌虫与环形奥斯特线虫相似。寄生于羊、牛、驼及野生反刍动物第四胃和小肠。

宿主吞食奥斯特线虫感染性幼虫后第 8 天，大部分幼虫附着于胃黏膜上。虫体在感染后 15 d 成熟，第 17 天可在粪便中发现虫卵。大部分虫体在 60 d 由宿主体内消失。奥斯特线虫较捻转血矛线虫耐寒，在较冷地区，奥斯特线虫发生较多。严重感染时，患畜有消瘦，贫血，衰弱和间歇性便秘等症状，严重时可引起死亡。

4. 长刺属(*Mecistocirrus*)

本属线虫与血矛属线虫外形相似，但雌虫阴门近肛门处，雄虫交合刺细而长。寄生于反刍动物第四胃与猪的胃内。

指形长刺线虫(*M. digitatus*)雄虫长 25～31 mm，雌虫长 30～45 mm。虫卵大小为(105～120) μm×(51～57) μm。寄生于黄牛、水牛和绵羊的第四胃(图 9-28)。

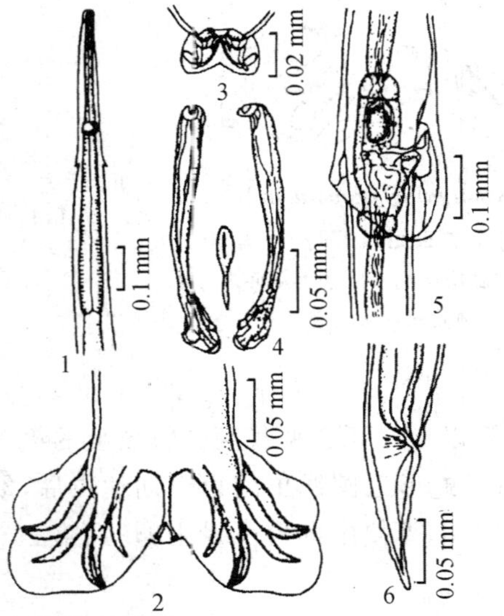

图 9-27 奥氏奥斯特线虫(仿汪明)

1. 虫体前部腹面观 2. 交合伞 3. 生殖锥 4. 交合刺和引器 5. 雌虫阴门部 6. 雌虫尾部

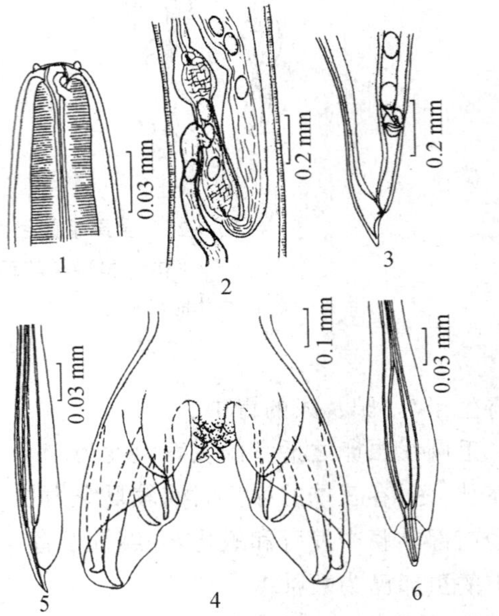

图 9-28 指形长刺线虫(仿吴淑卿等，1979)

1. 头端腹面观 2. 雌虫阴门部 3. 雌虫尾部侧面观 4. 交合伞 5. 交合刺侧面观 6. 交合刺腹面观

5. 马歇尔属(*Marshallagia*)

本属线虫与奥斯特属线虫的形态相似，但不具引器。交合刺分成 3 枝，末端均尖。雌虫阴门位于虫体后半部。外背肋细长，起始于背肋基部，远端几达伞缘；背肋也是细长的，分成 2 枝，每枝的端部有 3 个小分叉。虫卵很大，和细颈属虫卵同为圆线虫类虫卵中之最大者。

蒙古马歇尔线虫(*M. mongolica*)：雄虫长 10.7～14.9 mm。背肋细长，在离基部 1/3 处分为 2 枝，每枝的末端又分成两短枝，并在此分枝处的稍上方各生一小侧枝。雌虫长 12.2～16.8 mm。虫卵大小为(182～217) μm×(83～115) μm。寄生于双峰骆驼、羊、牛等的第四胃(图 9-29)。

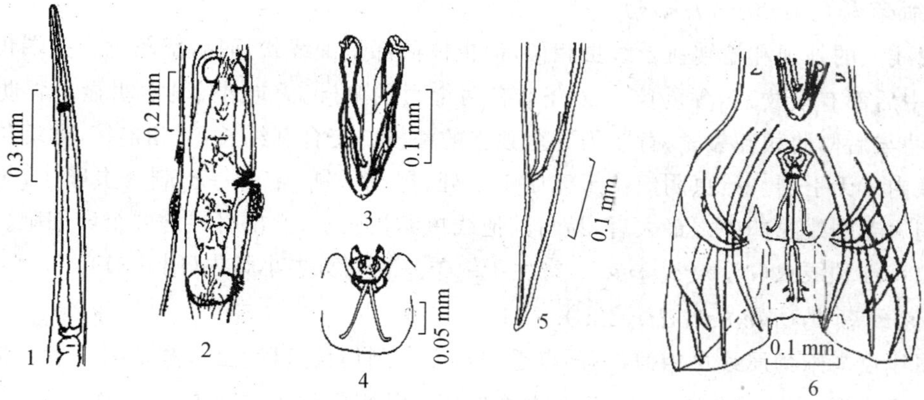

图 9-29　蒙古马歇尔线虫(仿汪明)

1. 雄虫头端背面观　2. 雌虫阴门部侧面观　3. 交合刺
4. 生殖锥　5. 雌虫尾部侧面观　6. 交合伞腹面观

本病多发生在早春季节。临床症状主要表现为严重的消瘦，剖检时，可在真胃发现大量虫体和黏膜的卡他性炎症。

6．古柏属(*Cooperia*)

本属线虫的新鲜虫体呈红色或淡黄色。头端呈圆形，较粗，角皮膨大，有横纹。口囊很小。交合刺短，末端钝。生殖锥和交合伞均发达。交合伞的背叶小，背肋呈竖琴状，无引器。

叶氏古柏线虫(*C. erschovi*)　雄虫长 4.7～11.1 mm。交合刺 2 根，等长。背肋分为平行的 2 枝，每枝在后部 1/3 处附近各向外侧分出一较粗的侧枝。雌虫长 8.8～11.4 mm。有舌状的阴门盖。虫卵大小为(67～73) μm×(28～41) μm。寄生于黄牛、水牛和绵羊第四胃、小肠和胰脏(图 9-30)。

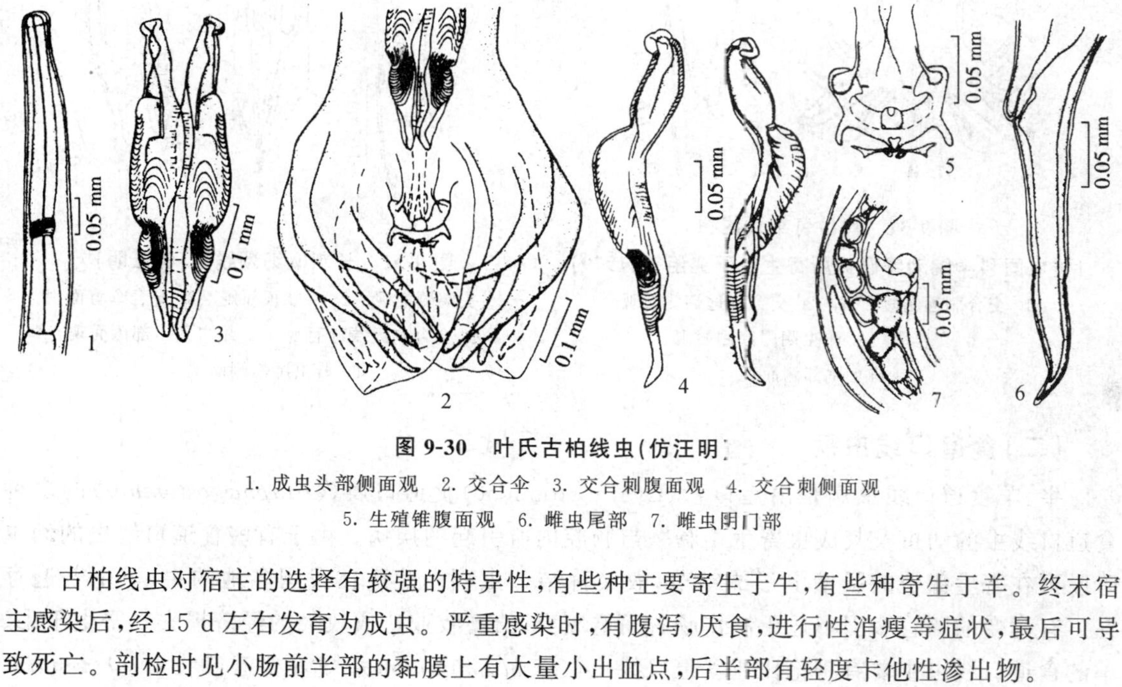

图 9-30　叶氏古柏线虫(仿汪明)

1. 成虫头部侧面观　2. 交合伞　3. 交合刺腹面观　4. 交合刺侧面观
5. 生殖锥腹面观　6. 雌虫尾部　7. 雌虫阴门部

古柏线虫对宿主的选择有较强的特异性，有些种主要寄生于牛，有些种寄生于羊。终末宿主感染后，经 15 d 左右发育为成虫。严重感染时，有腹泻，厌食，进行性消瘦等症状，最后可导致死亡。剖检时见小肠前半部的黏膜上有大量小出血点，后半部有轻度卡他性渗出物。

7. 细颈属(*Nematodirus*)

本属线虫的外观和捻转血矛线虫相似,但虫体前部呈细线状,而后部较宽。头端角皮形成头泡,其中后部有横纹;无颈乳突。交合伞有两个大的侧叶,背叶小,很不明显。腹肋密接并行,中侧肋与后侧肋相互靠紧,背肋为完全独立的两枝。交合刺细长,互相连接,远端包在一共同的薄膜内。无引器。雌虫阴门位于体后 1/3 处,尾端平钝,带有一小刺。虫卵大,与马歇尔线虫卵同属毛圆线虫卵中之最大者,易与其他线虫卵相区别,产出时内含 8 个卵细胞。

奥拉奇细颈线虫(*N. oiratianus*):寄生于绵羊、山羊、黄牛小肠内(图 9-31)。

8. 似细颈属(*Nematodirella*)

本属线虫与细颈属线虫相似,不同点是雄虫交合刺很长,可达虫体全长的一半。雌虫虫体前方 1/4 呈线形,向后骤然粗大,随后又渐变纤细。其阴门位于体前方 1/3～1/4 处。

长刺似细颈线虫(*N. longispiculata*):雄虫长 16.2～24.5 mm,交合刺长 9.0～11.2 mm。雌虫长 27.6～42.7 mm。虫卵大小为(240～255) μm×(120～128) μm。寄生于绵羊、山羊、驯鹿、麋、叉角羚羊、麝牛等小肠(图 9-32)。

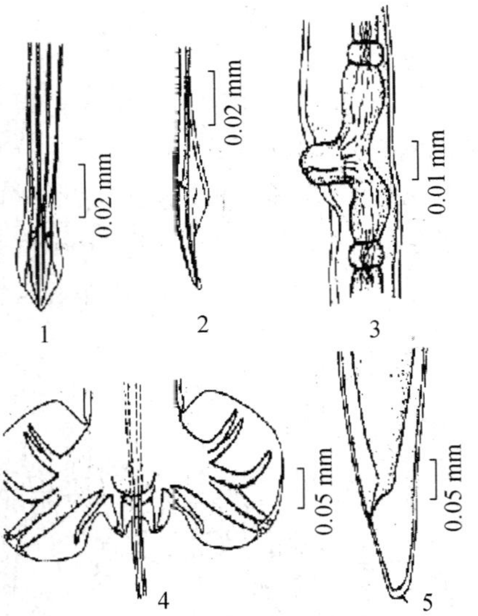

图 9-31 奥拉奇细颈线虫

(仿中国科学院动物研究所寄生虫研究组等,1979)

1. 交合刺远端腹面观 2. 交合刺远端侧面观 3. 交合伞 4. 雌虫阴门部侧面观 5. 雌虫尾部侧面观

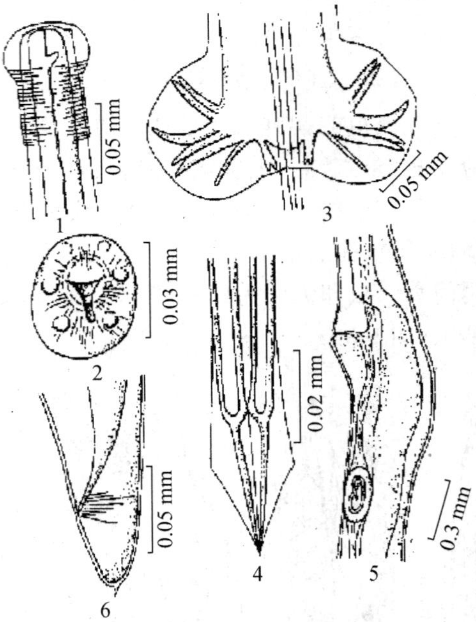

图 9-32 长刺似细颈线虫(仿汪明)

1. 头端侧面观 2. 头端顶面观 3. 交合伞背面观 4. 交合刺远端背面观 5. 雌虫阴门部侧面观 6. 雌虫尾部侧面观

(二)食道口线虫病

牛、羊食道口线虫病是由盅口科(Cyathostomidae)食道口属(*Oesophagostomum*)的多种食道口线虫的幼虫及其成虫寄生于肠壁与肠腔内所引起的疾病。由于有些食道口线虫的幼虫阶段可在寄生部位的肠壁上形成结节,故又称结节虫病。此病在我国各地的牛、羊中普遍存在。有病变的肠管多因不适于制作肠衣而遭废弃,给畜牧业造成较大的经济损失。寄生于牛、羊的食道口线虫主要有哥伦比亚食道口线虫(*O. columbianum*)、微管食道口线虫(*O. venulo-*

sum)、粗纹食道口线虫(*O. asperum*)、辐射食道口线虫(*O. radiatum*)和甘肃食道口线虫(*O. kansuensis*)等。

1. 病原形态

本属线虫的口囊呈小而浅的圆筒形,其外周为一显著的口领。口缘有叶冠。有或无颈沟,其前部的表皮可能膨大而形成头泡。颈乳突位于颈沟后方的两侧。有或无侧翼膜,雄虫的交合伞发达,有1对等长的交合刺(图9-33)。雌虫阴门位于肛门附近前方;排卵器发达,呈肾形。虫卵较大。

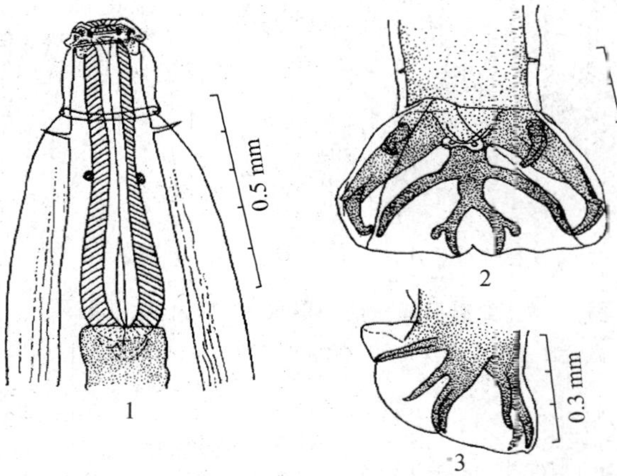

图9-33　哥伦比亚食道口线虫(仿熊大仕、孔繁瑶)

1. 前部腹面　2. 交合伞腹面　3. 交合伞侧面

(1)哥伦比亚食道口线虫(*O. columbianum*)　主要寄生于羊,也寄生于牛和野牛的结肠。有发达的侧翼膜,致使身体前部弯曲。口囊在口领下界的前方;头泡不甚膨大。颈乳突在颈沟的稍后方,其尖端突出于侧翼膜之外。雄虫长13～13.5 mm。交合伞发达。雌虫长16.7～18.6 mm,尾部长。阴道短,横行引入肾形的排卵器。虫卵呈椭圆形,大小为(73～89) μm×(34～45) μm(图9-33)。

(2)微管食道口线虫(*O. venulosum*)　主要寄生于羊,也寄生于牛和骆驼的结肠。无侧翼膜,前部直。口囊较宽而浅;外叶冠18叶。颈乳突位于食道后面(图9-34)。雄虫长12.0～14 mm。雌虫长16～20 mm。

(3)粗纹食道口线虫　(*O. asperum*)　主要寄生于羊的结肠。口囊较深,外叶冠10～12叶,内叶冠20～24叶。头泡显著膨大(图9-34)。雄虫长13～15 mm,雌虫长17.3～20.3 mm。

(4)甘肃食道口线虫(*O. kansuensis*)　主要寄生于绵羊的结肠。有发达的侧翼膜,前部弯曲。头泡膨大。颈乳突位于食道末端或前或后的侧翼膜内,尖端稍突出于膜外(图9-34)。雄虫长14.5～16.5 mm。雌虫长18～22 mm。

(5)辐射食道口线虫(*O. radiatum*)　主要寄生于牛的结肠。侧翼膜发达,前部弯曲。缺外叶冠,内叶冠也只是口囊前缘的一圈细小的突起。头泡膨大,上有一横沟,将头泡区分为前后两部分。颈乳突位于颈沟的略后方。雄虫长13.9～15.2 mm,雌虫长14.7～18.0 mm(图9-35)。

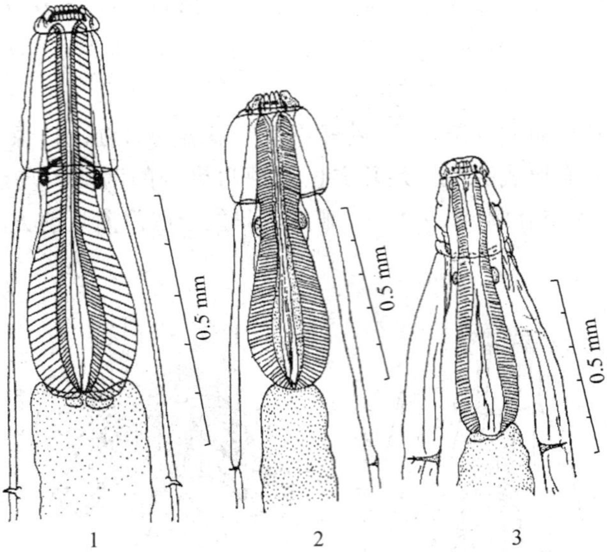

图 9-34 食道口线虫前部腹面(仿熊大仕、孔繁瑶)

1. 微管食道口线虫 2. 粗纹食道口线虫 3. 甘肃食道口线虫

2. 生活史

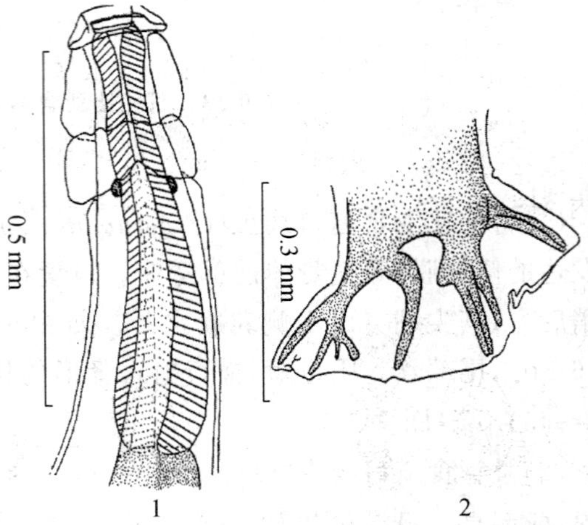

图 9-35 辐射食道口线虫(仿熊大仕、孔繁瑶)

1. 前部侧面 2. 交合伞侧面

牛、羊食道口线虫虫卵随粪便排出体外,在外界适宜条件下,经 10～17 h 孵出第一期幼虫,经 7～8 d 蜕化两次变为第三期幼虫,即感染性幼虫。宿主摄食了被感染性幼虫污染的青草和饮水而遭受感染。感染后 12 h,可在真胃、十二指肠和大结肠的内腔中见到很多幼虫,并已脱鞘。感染后 36 h,大部分幼虫已钻入小结肠固有膜的深处;到第 3、第 4 天,大部分幼虫已形成包囊。到第 4 天,幼虫在囊内进行第三次蜕化;此时,囊的外形为一种白色颗粒状结节,肉眼可见。到第 6～8 天,大部分幼虫已完成第三次蜕化,并自结节中返回肠腔,在其中发育。到第 27 天,第四期幼虫发育完成。到第 32 天,97%的幼虫已发育到第五期。到第 41 天,雌虫产卵。有些幼虫可能移行到腹腔,并生活数日,但不能继续发育。哥伦比亚结节虫和辐射结节虫可在肠壁中形成结节。

3. 流行病学

牛、羊食道口线虫虫卵在低于 9℃时不发育。当牧场上的相对湿度为 40%～50%,平均温度为 11～12℃时,可生存 60 d 以上。第一、二期幼虫对干燥很敏感,极易死亡。第三期幼虫有鞘,抵抗力较强,在适宜条件下可存活几个月,但冰冻可使之致死。温度在 35℃以上时,所有的幼虫均迅速死亡。感染性幼虫适宜于潮湿的环境,尤其是在有露水或小雨时,幼虫便爬到青草叶上,牛、羊的感染主要发生在春、秋季。主要侵害羔羊和犊牛。

4. 致病作用和症状

食道口线虫幼虫的危害较大，幼虫阶段钻入肠壁引起炎症，机体产生免疫反应导致局部形成结节，影响肠蠕动、食物的消化和吸收。结节在肠的浆膜面破溃时，可引起腹膜炎和泛发性粘连；向肠腔面破溃时，可引起溃疡性和化脓性结肠炎。

在感染后 24 h 到第 4 天，即可见幼虫盘卷在靠近黏膜肌层的薄壁包囊中。感染后第 5 天，幼虫从包囊中移行到肠腔，这是正常的移行途径；另一种是不正常的移行，即幼虫钻入黏膜肌层；有些还可能远游至肝脏，幼虫到肝脏后即行死亡。如具有多量的幼虫到达腹膜，可能发生坏死性腹膜炎。大量幼虫在肠壁移行，可以引起正常组织的广泛性破坏。被损坏的组织复原后，可导致肠管狭窄或肠套叠。继发细菌感染时，可以引起浅表或深在的肠炎。虫体的毒素作用，可以引起造血组织的某种程度的萎缩，因而导致红细胞减少，血色素下降和贫血。6 个月以内的羔羊，初步遭受感染时，对幼虫没有抵抗力，就是说，幼虫在肠黏膜中移行时，肠黏膜不表现形成结节的反应；所以结节的形成是宿主肠黏膜对再感染的一种局部免疫反应。在剖检时所见到的肠腔内成虫甚多，但肠壁上没有结节的那种情况，就是这个道理。再感染的羊则相反，它们有形成结节的局部免疫反应能力；但有时老年羊的反应能力也较差。结节直径 2～10 mm，里面常含淡绿色脓汁，有时发生坏死性病变。结节上常有小孔和肠腔相通。在新形成的结节中，常可发现幼虫。

如 1 岁以内的羊寄生 80～90 条，年龄较大的羊寄生 200～300 条虫体时，即为严重感染。重度感染可使羔羊发生持续性腹泻，粪便呈暗绿色，有很多黏液，有时带血，最后可能由于体液失去平衡，衰竭致死。慢性病例，则为便秘与腹泻交替发生，进行性消瘦，下颌间可能发生水肿，最后可因机体衰竭而死亡。

5. 诊断

生前主要根据临床症状、流行病学资料、结合粪便检查的结果进行诊断。本属线虫的虫卵和其他圆线虫卵很难区别，所以生前诊断比较困难，但可将虫卵培养至第三期幼虫阶段，根据其特征作出判断。剖检可在肠壁发现结节，在肠腔内找到虫体。

6. 治疗

可用噻苯唑、左旋咪唑或伊维菌素等药物进行驱虫。

7. 预防

预防措施主要包括定期驱虫和加强饲养卫生管理，春、秋两季各进行一次驱虫。粪便进行生物热处理。保持牧场、饲料和饮水的卫生。避免牛羊在感染季节到污染严重的牧场放牧等。

(三)仰口线虫病

牛、羊仰口线虫病是由钩口科(Ancylostomatidae)仰口属(*Bunostomum*)的羊仰口线虫(*B. trigonocephalum*)和牛仰口线虫(*B. phlebotomum*)所引起的一类线虫病。前者主要寄生于羊的小肠；后者主要寄生于牛的小肠(主要是十二指肠)。该病以贫血为主要特征，在我国各地普遍流行，对牛、羊危害很大，并可以引起死亡。

1. 病原形态

本属线虫的头端向背面弯曲，口囊大，口缘有 1 对半月形的角质切板。雄虫交合伞的外背肋不对称。雌虫的阴门在虫体中部之前。

(1)羊仰口线虫(*B. trigonocephalum*) 虫体呈乳白色或淡红色,口囊内有1个大背齿,背沟由此穿出,底部腹侧有1对小的亚腹侧齿。雄虫长12.5～17.0 mm,交合伞发达,外背肋不对称。右外背肋比左背肋长,并且由背干的高处伸出。交合刺等长,0.57～0.71 mm,褐色。无引器。雌虫长15.5～21.0 mm。尾部钝圆。阴门位于虫体中部前不远处。虫卵大小为(79～97) μm×(47～50) μm,两端钝圆,胚细胞大而数少,内含暗黑色颗粒(图9-36)。

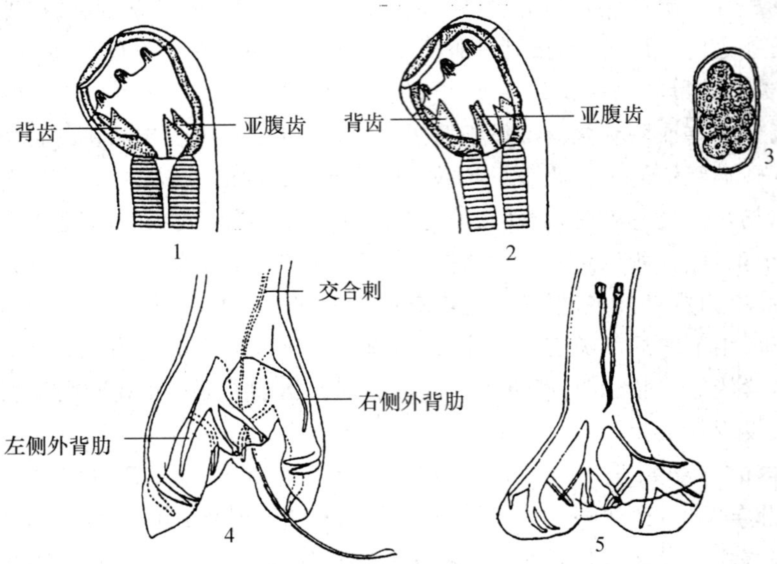

图 9-36 牛、羊仰口线虫(仿杨光友)

1. 羊仰口线虫头部 2. 牛仰口线虫头部 3. 卵
4. 牛仰口线虫雄虫尾部 5. 羊仰口线虫雄虫尾部

(2)牛仰口线虫(*B. phlebotomum*) 牛仰口线虫的形态和羊仰口线虫相似,但口囊内有2对亚腹侧齿。另一个区别是雄虫的交合刺长,3.5～4 mm,雄虫长10～18 mm,雌虫长24～28 mm。虫卵大小为106 μm×46 μm,两端钝圆,胚细胞呈暗黑色(图9-36)。

此外,我国南方的牛尚有来氏旷口线虫(*Agriostomum vryburgi*),头端向背面弯曲。口囊浅,口缘有4对大齿。食道前端扩大呈漏斗状。有1个不明显的叶冠。雄虫长9.2～11.0 mm,雌虫长13.5～15.5 mm。虫卵大小为(125～195) μm×(60～92) μm。

2. 生活史

虫卵随粪便排出体外,在适宜的温度和湿度条件下,潮湿的环境中,经4～8 d形成第一期幼虫;幼虫从卵内逸出,经2次蜕化,变为感染性幼虫。感染性幼虫可经2条途径进入牛、羊体内。一是感染性幼虫随污染的饲料和饮水等经口感染,幼虫在小肠内直接发育为成虫,所需时间约为25 d。二是感染性幼虫经皮肤钻入牛、羊体内而感染,幼虫进入血液循环,随血流到达肺脏,再由肺毛细血管进入肺泡,进行第三次蜕化而成为第四期幼虫。之后上行到咽、口腔,重返小肠,并进行第四次蜕化而成为第五期幼虫。约在侵入皮肤后的50～60 d发育为成虫(图9-37)。经皮肤感染时可以有85%的幼虫得到发育;而经口感染时只有12%～14%的幼虫得到发育。

3. 流行病学

仰口线虫病分布于全国各地,在比较潮湿的草场放牧的牛、羊流行更为严重。一般是秋季

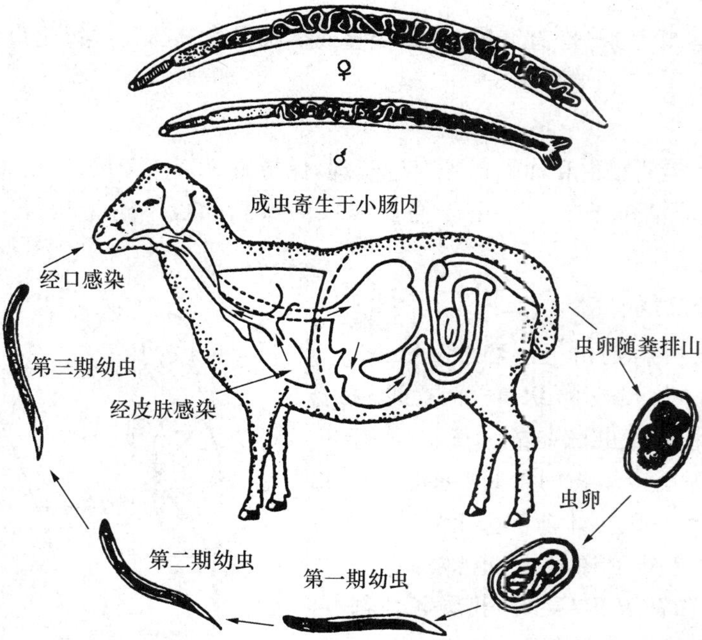

图 9-37　羊仰口线虫的生活史(仿杨光友)

感染,春季发病。虫卵和幼虫在外界环境中的发育与温度和湿度有密切的关系,最适宜条件是潮湿的环境和 14～31℃的温度。温度低于 8℃时,幼虫不能发育;35～38℃时,仅能发育到第一期幼虫。感染性幼虫在夏季牧场上可以存活 2～3 个月。春、秋季生活时间较长。严寒的冬季气候对幼虫有杀灭作用。

4. 致病作用和症状

仰口线虫的致病作用因虫体的发育期(皮肤侵入期、幼虫移行期和小肠寄生期)不同而不同。幼虫侵入皮肤时,引起发痒和皮炎,但一般不易觉察。幼虫移行到肺时,引起肺出血。寄生在小肠的虫体危害最大,成虫以口囊吸着于肠黏膜上,并以切板和齿刺破绒毛,吸食流出的血液。虫体离开后,留下伤口,血液继续流失一定时间。100 条虫体每天可吸食血液 8 mL,失去 4 μg 铁,且吸血过程中频繁移位,同时分泌抗凝血酶,造成肠黏膜多处持续出血。此外,虫体分泌的毒素可抑制红细胞的生成,引起进行性再生不全性贫血。

尸体消瘦,贫血,水肿,皮下有浆液性浸润。血液色淡,水样,凝固不全。肺有淤血性小点出血。心肌松软,冠状沟有水肿。肝呈淡灰色,松软,质脆。肾呈棕黄色。心包腔、胸腔、腹腔有异常浆液。十二指肠和空肠有大量虫体游离于肠内容物中或附着在黏膜上。肠黏膜发炎,有出血点。肠内容物呈褐色或血红色。

患病牛、羊临床表现为进行性贫血,严重消瘦,下颌水肿,顽固性下痢,粪便带血。幼畜发育受阻,有的出现神经性症状,如后躯萎缩和进行性麻痹等,最后陷入恶病质而死亡。据报道,牛体内有 1 000 条虫体时,即可引起死亡。

5. 诊断

用饱和盐水漂浮法检查粪便,发现虫卵,或剖检发现虫体时,即可确诊。

6. 治疗

可用左旋咪唑、丙硫咪唑、噻苯唑、甲苯咪唑或伊维菌素等药物进行驱虫，同时采用对症和支持疗法进行治疗。

7. 预防

预防措施包括定期驱虫和加强饲养卫生管理，保持厩舍清洁干燥，严防粪便污染饲料和饮水，避免牛羊在低洼潮湿地放牧。由于仰口线虫的卵和幼虫不耐干燥，尤应特别注意牧场排水。

(四)毛尾线虫病

牛、羊毛尾线虫病是由毛尾科(Trichuridae)毛尾属(*Trichuris*)的绵羊毛尾线虫(*T. ovis*)和球鞘毛尾线虫(*T. globulosa*)等寄生于牛、羊、骆驼等反刍动物的大肠(主要是盲肠)内所引起的疾病。因虫体前部呈毛发状，故又称毛首线虫；整个外形像鞭子，前部细像鞭梢，后部粗，像鞭杆，故又称鞭虫。我国各地都有报道。对羔羊和犊牛危害严重。

1. 病原形态

毛尾线虫虫体呈乳白色，前为食道部，细长，内为由一串单细胞围绕着的食道。后为体部，粗短，内有肠和生殖器官。雄虫尾部卷曲，泄殖腔在尾端，有1根交合刺，包藏在有刺的交合刺鞘内。雌虫后端钝圆，阴门位于粗细部交界处。虫卵呈棕黄色，腰鼓形，卵壳较厚，两端有塞(图9-38)。大小为(52～61) μm×(27～30) μm。绵羊毛尾线虫(*T. ovis*)，雄虫长50～80 mm，食道部占虫体全长的3/4，雌虫长35～70 mm，食道部占虫体全长的2/3～4/5(图9-38)。虫卵的大小为(70～80) μm×(30～40) μm。寄生于绵羊、牛、长颈鹿和骆驼的盲肠。此外，羊还有球鞘毛尾线虫(*T. globulosa*)，其交合刺鞘的末端膨大呈球形。

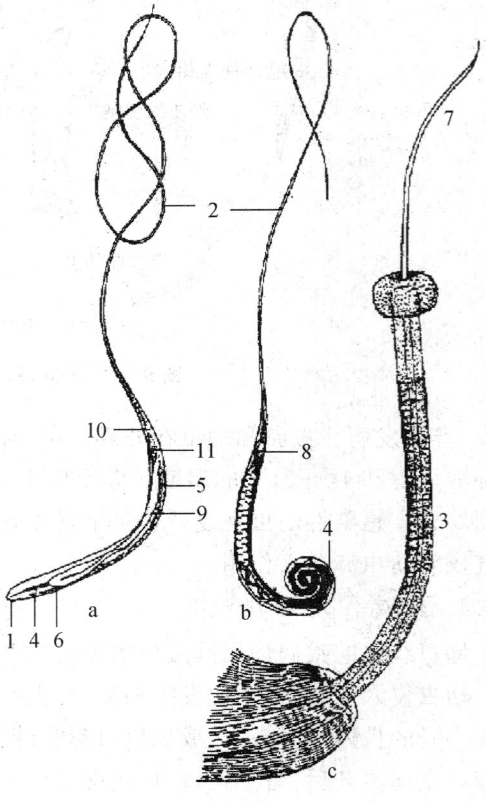

图9-38 绵羊毛尾线虫(仿Ransom)

a. 雌虫 b. 雄虫 c. 雄虫尾端

1. 肛门 2. 前体部(食道部) 3. 交合刺鞘 4. 肠 5. 输卵管 6. 卵巢 7. 交合刺 8. 睾丸 9. 子宫 10. 阴门 11. 阴道

2. 生活史

毛尾线虫的雌虫在盲肠内产卵，卵随粪便排出后，在适宜的温度和湿度条件下，经3～4周发育为含第一期幼虫的感染性虫卵，既不蜕皮，亦不孵化。牛、羊吞食感染性虫卵后，第一期幼虫在小肠后部孵化，钻入肠绒毛间发育；然后移行到盲肠和结肠内，固着于肠黏膜上，绵羊毛尾线虫在盲肠内发育为成虫约需12周。

3. 流行病学

毛尾线虫病遍布全国各地，夏、秋季感染较多。由于卵壳厚，对外界的抵抗力很强，故感染性虫卵可在土壤中存活 5 年。虫卵在 20%的石灰水中 1 h 死亡,在 3%石炭酸溶液中经 3 h 死亡。在不卫生的畜舍内,一年四季均可感染,但夏季感染率最高。羔羊、犊牛、幼驼寄生较多,发病较严重。

4. 致病作用和症状

轻度感染时,无明显临床症状。严重感染时,可出现食欲减退,消瘦,贫血,腹泻,生长发育受阻等临床症状,有时可见下痢、粪便带血和黏液,羔羊、犊牛可因衰竭而死亡。

病变局限于盲肠和结肠。虫体的头部深入黏膜,广泛地引起盲肠和结肠的慢性卡他性炎症。有时有出血性炎,通常是淤斑性出血。严重感染时,盲肠和结肠黏膜有出血性坏死、水肿和溃疡,还有和结节虫病相似的结节。结节有两种:一种质软有脓,虫体前部埋入其中;另一种在黏膜下,呈圆形包囊状物。其他部分的黏膜,有虫体引起的特征性反应,即血管扩张,水肿和过量的黏液。

5. 诊断

生前诊断可用饱和盐水漂浮法检查虫卵。1 g 粪便中有 1 000 个以上虫卵时,虫体数约不少于 30 条;1 g 粪便中有 6 000 个虫卵时,可认为已患鞭虫病。剖检时在大肠发现多量虫体和相应的病变亦可确诊。

6. 防治

可用羟嘧啶、左旋咪唑或伊维菌素等药物进行驱虫。预防措施主要包括定期驱虫、加强粪便管理、保持饲草和饮水卫生等。

附:猪毛尾线虫病(鞭虫病)

本病是由毛尾科(Trichuridae)毛尾属(*Trichuris*)的猪毛尾线虫(*Trichurissuis*)寄生于猪的大肠(主要是盲肠)引起的一种寄生虫病。世界性分布,全国各地均有报道。集约化饲养的猪及散养的猪均有发生。主要危害仔猪,严重感染时可导致死亡。

1. 生活史

虫卵随粪便排出体外,在适宜的温度和湿度条件下,经 3~4 周发育为内含第一期幼虫的感染性虫卵。感染性虫卵经口感染猪,第一期幼虫在小肠内释出,钻入肠绒毛间发育,然后移行至盲肠和结肠内,钻入肠腺内,在其中进行 4 次蜕皮,发育为童虫。成虫寄生在肠腔,以头部固着于肠黏膜上发育。潜隐期为 6~7 周。成虫的寿命为 4~5 个月。

2. 症状

轻度感染不显症状,严重感染时,虫体布满盲肠黏膜,引起消瘦和贫血;虫体吸血而损伤肠黏膜,可见粪便带血和脱落的黏膜,出现顽固性下痢,还容易继发细菌及结肠小袋虫感染。

3. 诊断

生前用漂浮法检查,发现虫卵即可确诊。由于鞭虫产卵极少,故粪便虫卵计数的意义不大。虫卵呈腰鼓形或称橄榄状,棕黄色,两端有卵塞(图 9-39)。剖检在盲肠上发现病变或虫体也可确诊。

4. 防治

参见猪蛔虫病,但大部分驱虫药对猪毛尾线虫不如对猪蛔虫的效果好。羟嘧啶为驱除鞭虫的特效药,可按每千克体重 2 mg 拌料或口服。

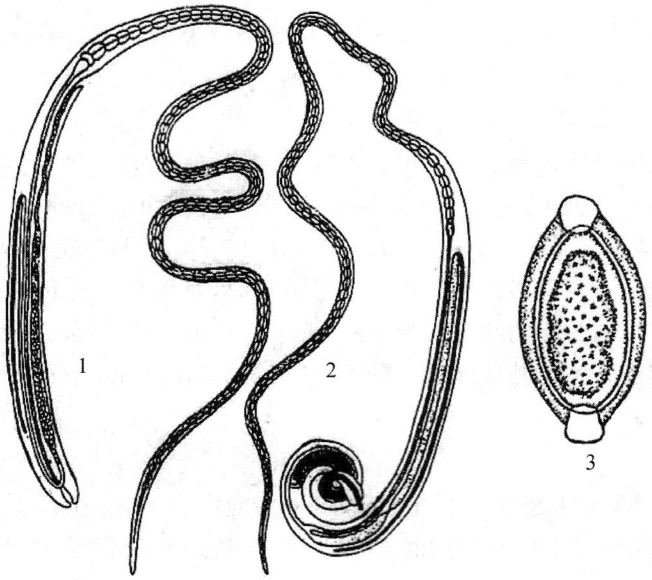

图 9-39 猪毛尾线虫(仿杨光友,2005)

1. 雄虫 2. 雌虫 3. 虫卵

(五)夏伯特线虫病

夏伯特线虫病是由圆线科(Strongyloidea)夏伯特属(*Chabertia*)的线虫寄生于羊、牛、骆驼、鹿以及其他反刍动物的大肠内引起的。本病遍及我国各地,而以西北、内蒙古、山西等地较为严重,有些地区羊的感染率高达 90%以上。

1. 病原形态

本属线虫有或无颈沟,颈沟前有不明显的头泡,或无头泡。口孔开向前腹侧。有两圈不发达的叶冠。口囊呈亚球形,底部无齿。雄虫交合伞与食道口属的相似;交合刺等长,较细;有引器。雌虫阴门靠近肛门。

(1)绵羊夏伯特线虫(*C. ovina*) 是一种较大的乳白色线虫。前端稍向腹面弯曲。有一近似半球形的大口囊;其前缘有两圈由小三角形叶片组成的叶冠。腹面有浅的颈沟,颈沟前有稍膨大的头泡。雄虫长 16.5～21.5 mm。有发达的交合伞。交合刺褐色。引器呈淡黄色。雌虫长 22.5～26.0 mm,尾端尖,阴门距尾端 0.3～0.4 mm;阴道长 0.15 mm。虫卵呈椭圆形,大小为(85～132) μm×(42～56) μm。寄生于羊、牛、骆驼及其他反刍动物大肠。

(2)叶氏夏伯特线虫(*C. erschowi*) 无颈沟和头泡。外叶冠的小叶呈圆锥形,尖端骤变尖细;内叶冠狭长,尖端突出于外叶冠基部下方,雄虫长 14.2～17.5 mm,雌虫长 17.0～25.0 mm(图 9-40)。宿主与寄生部位同前。

2. 生活史

虫卵随宿主粪便排到外界,在 20℃的温度下,经 38～40 h 孵出幼虫,再经 5～6 d,蜕化 2 次,变为感染性幼虫。宿主经口感染。感染后 27 h,可以在盲肠和结肠见到脱鞘的幼虫。感染后 90 h,可以看到幼虫附着在肠壁上或已钻入肌层。感染后 6～25 d,第四期幼虫在肠腔内发育蜕化为第五期幼虫。感染后 48～54 d,虫体发育成熟,吸附在肠黏膜上。成虫寿命 9 个月左右。

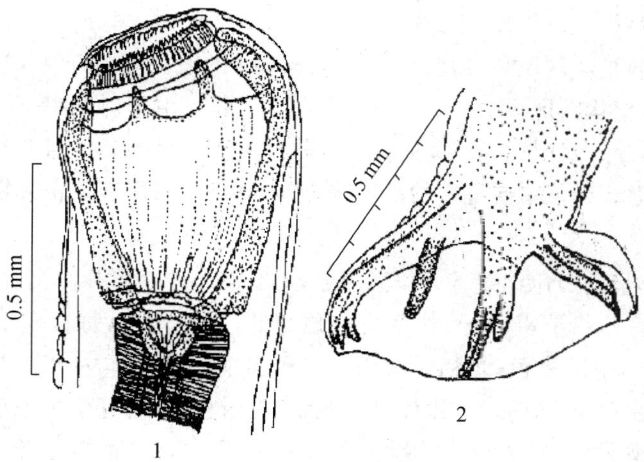

图 9-40 叶氏夏伯特线虫(仿熊大仕、孔繁瑶)

1. 头部侧面 2. 交合伞侧面

3. 流行病学

夏伯特线虫卵和感染性幼虫对外界环境有较强的抵抗力。虫卵在－12～－8℃时,可长期存活。干燥和日光直射时,经 10～15 min 死亡。感染性幼虫在－23℃的荫蔽处,可长期耐干燥;外界条件适宜时,可活 1 年以上。虫卵和感染性幼虫在低温下均能长期生存是夏伯特线虫流行的重要因素之一。

1 岁以内的羔羊最易感染,发病较重。成年羊的抵抗力较强,发病较轻。

4. 致病作用和症状

虫体以口囊吸附在宿主的结肠黏膜上,损伤黏膜,它们还经常更换吸着部位,使损伤更为广泛,其结果是引起黏膜水肿;如有细菌侵入时则导致发生溃疡。血管损伤严重时,引起破裂和出血。幼虫是吸血的,故严重感染时,可引起贫血,红细胞减少,血红蛋白降低。肠黏膜上有大量黏液,可能和杯状细胞的活动增强有关。剖检时见虫体吸着于肠壁上;黏膜苍白,肿胀,有小点出血和大量黏液。肠黏膜的某些部位上皮脱落,有时有溃疡。

严重感染时,患畜消瘦,黏膜苍白,排出带黏液和血的粪便,有时下痢。幼畜生长发育迟缓,食欲减退,下颌水肿,有时可引起死亡。

5. 诊断

可结合临床症状和虫卵检查进行诊断。虫卵不易识别时,可培养至第三期幼虫再进行鉴定。比较确实的诊断方法是取病羊作尸体剖检或进行诊断性驱虫。

6. 防治

参照捻转血矛线虫病。

五、牛、羊肺线虫病

牛、羊肺线虫病在我国分布较广,危害很大,尤其是羊丝状网尾线虫病常呈地方性流行,可引起羊的大批死亡。病原体主要属于网尾科(Dictyocaulidae)和原圆科(Protostrongylidae)的各属线虫。网尾科和原圆科的线虫均寄生于反刍动物的肺内,其中网尾科的线虫较大,又称大型肺线虫,原圆科的线虫较小,又称小型肺线虫。

(一)网尾线虫病

牛、羊网尾线虫病是由网尾科网尾属(*Dictyocaulus*)的线虫寄生于牛、羊等的肺内所引起的一类肺线虫病。其中丝状网尾线虫(*D. filaria*)寄生于绵羊、山羊、骆驼等反刍动物的支气管内。胎生网尾线虫(*D. viviparus*)寄生于牛、骆驼和多种野生反刍兽的支气管和气管内。本病多见于潮湿地区,常呈地方性流行。主要危害幼龄动物,严重感染时可引起患畜大批死亡。

1. 病原形态

网尾属线虫虫体呈乳白色细线状。口囊很小,口缘有4个小唇片。交合伞的前侧肋独立,中侧肋和后侧肋合二为一,仅末端分开;外背肋是独立的;背肋两枝,每枝末端又分为2或3个小叉。交合刺2根等长,呈暗褐色,短粗。有引器。雌虫阴门位于体中部。虫卵内含幼虫。

(1)丝状网尾线虫(*D. filaria*)　虫体呈细线状,乳白色,肠管好似一条黑线穿行体内。雄虫长25～80 mm,交合伞发达,后侧肋和中侧肋合二为一,只在末端稍微分开。两个背肋分枝末端各有3个小分枝。交合刺呈靴形,黄褐色,为多孔性结构。雌虫长43～112 mm,阴门位于虫体中部附近(图9-41)。虫卵呈椭圆形,大小为(120～130)μm×(80～90)μm,卵内含有已发育的幼虫。

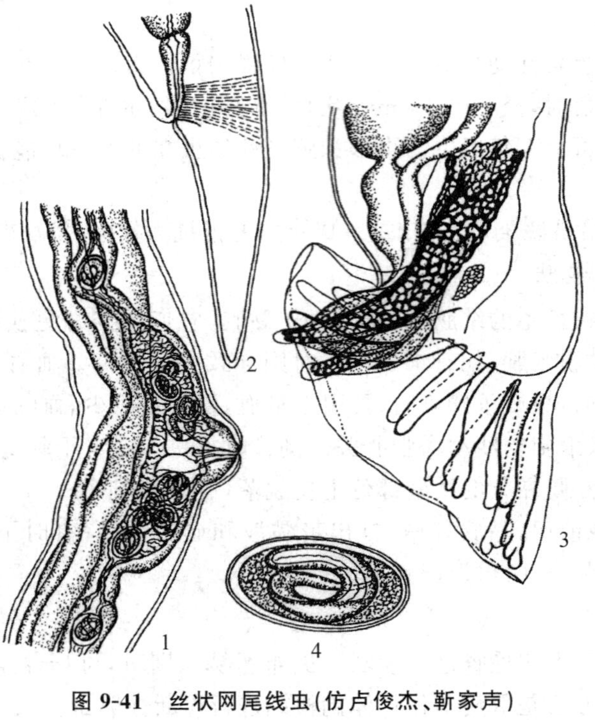

图9-41　丝状网尾线虫(仿卢俊杰、靳家声)

1. 雌虫阴门部　2. 雌虫尾端　3. 雄虫尾端　4. 虫卵

(2)胎生网尾线虫(*D. viviparus*)　雄虫长40～50 mm,交合伞的中侧肋与后侧肋完全并列融合。交合刺呈黄褐色,为多孔性构造。引器呈椭圆形,为多泡性结构。雌虫长60～80 mm,阴门位于虫体中央部分,其表面略突起呈唇瓣状(图9-42)。虫卵呈椭圆形,内含幼虫,大小为(82～88)μm×(33～38)μm。

2. 生活史

丝状网尾线虫雌虫产卵于宿主的支气管内,当咳嗽时,卵即随黏液进入口腔,大多数被咽入消化道，部分随痰或鼻腔分泌物排至外界。卵在通过消化道的过程中，孵化为第一期幼虫，并随粪便排到体外。在外界适宜的温度和湿度条件下，第一期幼虫在1～2 d内进行第一次蜕化，变为第二期幼虫，但不蜕弃旧角皮。3～4 d后，进行第二次蜕化，变为感染性幼虫，这时它们被有两层皮鞘；经12～48 h之后，幼虫蜕弃第一次蜕化的角皮，但仍保留第二次蜕化的角皮。此时幼虫极为活跃。羊吃草或饮水时，摄入感染性幼虫。幼虫在小肠内蜕鞘。感染后2～5 d，可在肠系膜淋巴结内发现大量幼虫，它们在该处蜕化，变为第四期幼虫。继之沿淋巴和血流经心脏到肺，最后通过肺泡到细支气管、支气管。感染后第8天，可在支气管内见到第四期幼虫，它们在该处进行最后一次蜕化。感染后18 d到达成虫阶段，感染后26 d开始产卵。成虫在羊体内的寄生期限随羊的营养、年龄有所不同，由2个月到1年不等。一般营养好的羊只，抵抗力较强，虫体的寄生期就短。抵抗力强的羊，可以使淋巴结内的幼虫的发育受到抑制，但当宿主的抵抗力一旦下降时，幼虫仍然可以恢复发育。

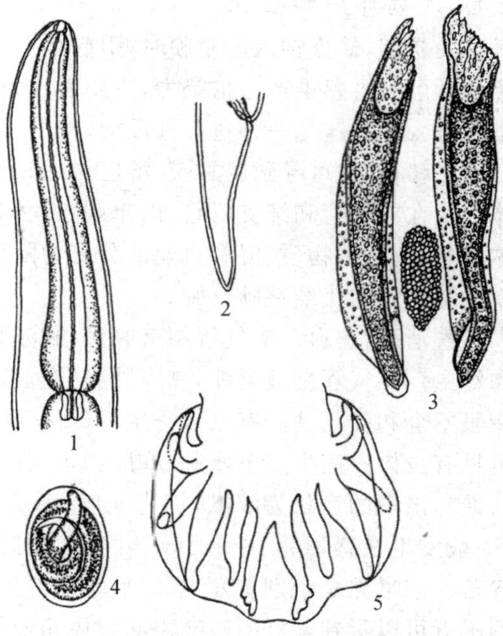

图 9-42　胎生网尾线虫(引自卢俊杰、靳家声)

1. 成虫前端　2. 雌虫尾端　3. 交合刺与引器　4. 虫卵　5. 雄虫尾端

胎生网尾线虫雌虫在牛的支气管和气管内产卵，卵随黏液咳至口腔，转入消化道。幼虫多在大肠内孵化，并随粪便排出体外。在适宜的温度(23～27℃)和湿度条件下，幼虫经两次蜕化后变为感染性幼虫，只需3 d时间。温度低时，可延迟至11 d。低于10℃或高于30℃不能发育到感染期。牛在吃水草或饮水时摄食感染性幼虫后，后者在小肠内脱鞘，钻入肠壁，由淋巴液带至淋巴结，在该处进行第三次蜕化。此后经胸导管进入血液循环，到心脏，转入肺，出毛细血管进肺泡，到达细支气管和支气管。在肺部进行最后一次蜕化。从感染到雌虫产卵需21～25 d，有时要1～4个月。牛肺线虫在牛犊体内的寄生期限，取决于牛的营养状况。营养好，抵抗力强，虫体的寄生时间短，否则寄生时间延长。

3. 流行病学

丝状网尾线虫的幼虫对热和干燥敏感，可以耐低温。在4～5℃时，幼虫就可以发育，并且可以保持活力达100 d之久。被雪覆盖的粪便，虽在－40～－20℃气温下，其中的感染性幼虫仍不死亡。温暖季节不仅对其生存极为不利，而且由于粪便的迅速干燥，其中早期幼虫的死亡率极高。干粪中幼虫的死亡率比湿粪中大得多。成年羊比幼年羊感染率高，但对羔羊危害严重。

胎生网尾线虫还可寄生于骆驼和多种野牛体内，广泛流行于我国西北、西南的许多地方，是放牧牛群，尤其是牦牛春乏死亡的重要原因之一。胎生网尾线虫病的流行病学与丝状网尾线虫的相似。胎生网尾线虫在适宜的外界条件下发育为感染性幼虫时间比较短，只需3 d左右。温度低时可能延迟至11 d。低于10℃或高于30℃不能发育到感染期。

4. 致病作用和症状

感染初期，幼虫钻入肠黏膜时，引起小点出血，数日后消失。肠淋巴结有水肿、充血。羊初次感染后可对再感染产生抵抗力，主要表现为再感染的幼虫不能到达肺部，从而不能建立肺部感染。有人认为这是一种过敏性反应。

幼虫移行时，可导致肠黏膜、淋巴结、肺毛细血管的损伤，有细菌侵入时，引起广泛性肺炎。虫体寄生在支气管和细支气管，由于刺激，引起发炎，并不断地向支气管周围组织发展。大量虫体及黏液、脓性物质、混有血丝的分泌物团块可以阻塞细支气管，引起局部肺组织膨胀不全和周围肺组织的代偿性肺气肿。

患畜消瘦，贫血。支气管中有黏液、黏液脓性，混有血丝的分泌物团块，团块中有成虫、虫卵和幼虫。支气管黏液混浊，黏膜肿胀、充血，并有小点出血；支气管周围发炎。有不同程度的肺膨胀不全和肺气肿。有虫体寄生的部位，肺表面稍隆起，呈灰白色，触诊时有坚硬感，切开时常可见有虫体。病牛皮下水肿，胸腔积水，肺肿大，有大小不一的肝变。

最初出现的症状为咳嗽，初为干咳，后为湿咳。咳嗽次数逐渐频繁。病羊主要表现为咳嗽，一般发生在感染后 16～32 d。中度感染时，咳嗽强烈而粗粝，严重感染时呼吸浅表，急促并感痛苦。咳嗽先是个别羊发生，之后常成群发作。羊被驱赶和夜间休息时咳嗽最为明显。在羊圈附近可以听到羊群的咳嗽声和拉风箱似的呼吸声。阵发性咳嗽发作时，常咳出黏液团块，镜检时见有虫卵和幼虫。患羊常从鼻孔排出黏液分泌物，干涸后在鼻孔周围形成痂皮；有时分泌物很黏稠，形成长的绳索状物，拖挂在鼻孔下面。常打喷嚏。患羊逐渐消瘦，被毛枯干，贫血，头胸部和四肢水肿，呼吸困难和加快，体温一般不升高。羔羊症状较严重，可引起死亡。感染轻微的羊和成年羊常为慢性，症状不明显。

5. 诊断

根据临床症状，特别是牛、羊群咳嗽发生的季节和发生率，考虑是否为网尾线虫感染。用幼虫检查法，在粪便或鼻腔分泌物中发现第一期幼虫即可确诊。丝状网尾线虫第一期幼虫长 550～585 μm，头端较粗，有一扣状结节，尾端细而钝。胎生网尾线虫第一期幼虫长 310～360 μm，头端钝圆，无扣状结节，尾端短而尖。剖检时在支气管和细气管中发现一定量的虫体和相应的病变时亦可确诊。

6. 治疗

(1)丙硫咪唑(albendazole) 按每千克体重 10～15 mg，一次口服。

(2)左旋咪唑(levamisole) 按每千克体重 8～10 mg，一次口服。

(3)伊维菌素(lvermectin) 按每千克体重 0.2 mg，一次皮下注射或口服。

7. 预防

(1)计划性驱虫 以当地的具体情况而定，一般由放牧改为舍饲的前后进行一次驱虫，使家畜安全过冬，在 1—2 月初再进行一次驱虫，以避免春乏死亡。

(2)放牧和饮水卫生 保持牧场的清洁干燥，防止潮湿积水。羔羊与成年羊分群放牧，以保护羔羊少受感染。有条件的地方可实行轮牧。注意饮水卫生。

(3)加强粪便管理 及时清除粪便并用生物热处理粪便，以消灭病原。

(4)免疫预防 接种致弱幼虫苗，以增强牛、羊的免疫力。

(二)原圆线虫病

牛、羊原圆线虫病主要是由原圆科的原圆属(*Protostrongylus*)、缪勒属(*Muellerius*)的线虫寄生于羊的肺泡、毛细支气管、细支气管、肺实质等处引起的肺线虫病。此类线虫多系混合感染，虫体细小，有的肉眼刚能看到，故又称小型肺线虫。该病分布广，羊的感染率高，感染强度大，常见种为毛样缪勒线虫(*M. capillaris*)和柯氏原圆线虫(*P. kochi*)。

1. 病原形态

虫体非常纤小。雄虫的交合伞不发达，有交合刺和引器。阴门位于近肛门处。

(1)毛样缪勒线虫(*M. capillaris*)　雄虫长为 11～26 mm，和原圆科其他线虫不同之处在于交合伞高度退化，雄虫尾部呈螺旋状卷曲，泄殖孔周围有许多乳突。背肋较其他肋发达，于后 1/4 处分为 3 枝。交合刺 2 根，弯曲，近端部有翼膜，远端部分为 2 枝。引器 1 对，结构简单。副引器发达。雌虫长 18～30 mm，阴门距肛门甚近(图 9-43)。虫卵呈褐色，产出时细胞尚未分裂，大小为(82～104)μm×(28～40)μm。

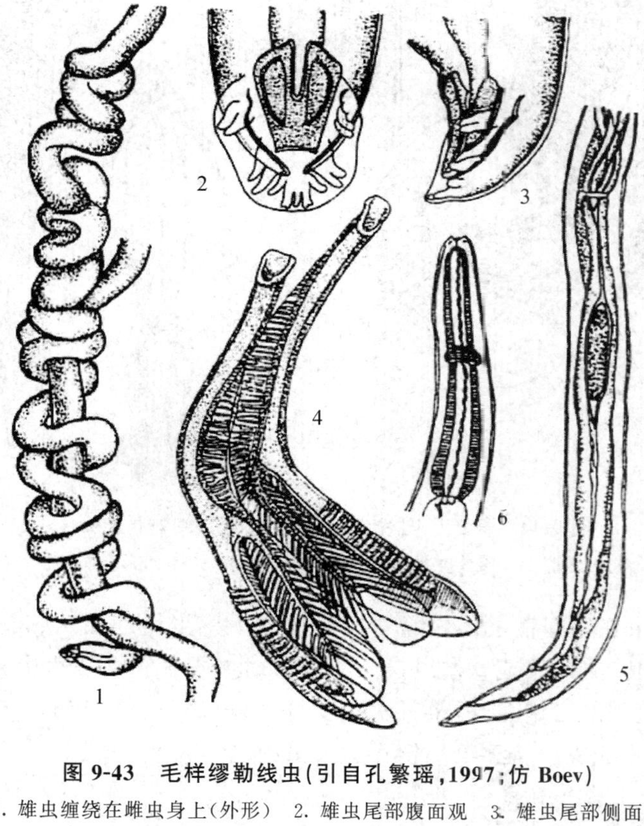

图 9-43　毛样缪勒线虫(引自孔繁瑶，1997；仿 Boev)

1. 雄虫缠绕在雌虫身上(外形)　2. 雄虫尾部腹面观　3. 雄虫尾部侧面观　4. 交合刺　5. 雄虫后部　6. 头部

(2)柯氏原圆线虫(*P. kochi*)　虫体纤细，红褐色。雄虫长为 24.3～30.0 mm，交合伞小，背肋为一丘形的隆突，上有 6 个乳突。雌虫长为 28～40 mm(图 9-44)。虫卵大小为(69～98)μm×(36～54)μm。

2. 生活史

原圆线虫的发育需要多种陆地螺类或蛞蝓作为中间宿主。虫卵产出后，发育孵化为第一期幼虫，后者沿细支气管上行到口腔，再转入肠道，随粪便排到外界。第一期幼虫钻入中间宿主体内发育到感染期的时间，随温度和螺的种类而异，原圆线虫一般为 15～49 d，缪勒线虫为

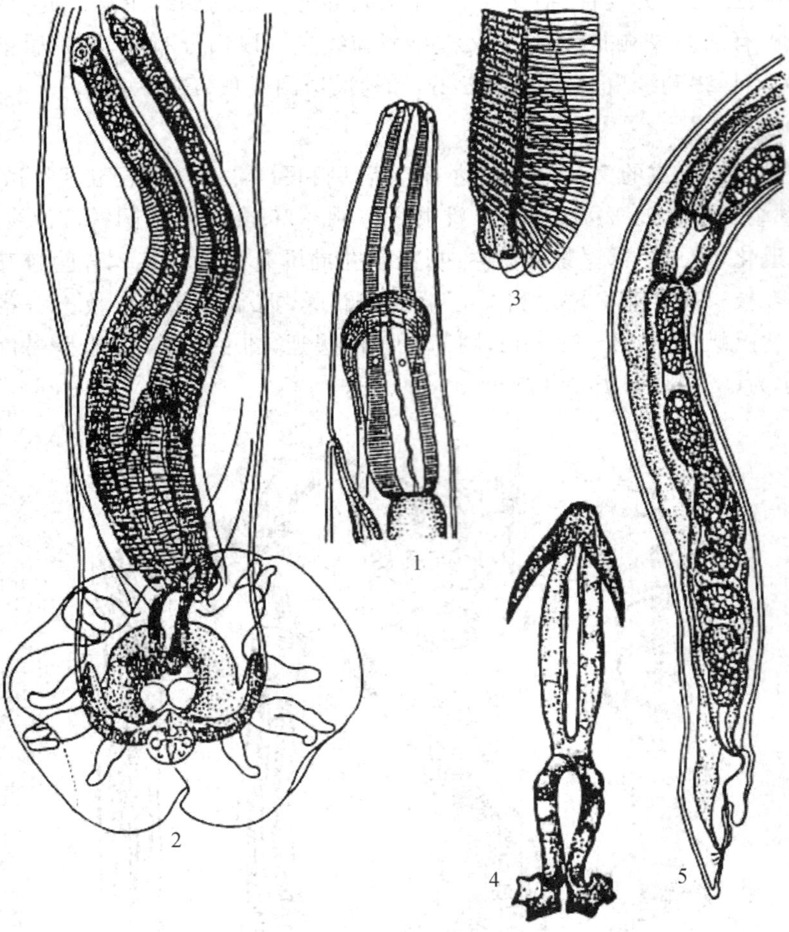

图 9-44 柯氏原圆线虫(引自孔繁瑶,1997;仿 Boev)

1. 头部 2. 雄虫尾部 3. 交合刺远端 4. 引器 5. 雌虫尾部

8～98 d。第一期幼虫在中间宿主体内经 2 次蜕皮成为感染性幼虫。感染性幼虫可自行逸出或留在中间宿主体内。羊吃草或饮水时摄入感染性幼虫或含有感染性幼虫的中间宿主时遭受感染。幼虫钻入肠壁到淋巴结,进行第三次蜕皮,后随血流移行至肺、细支气管或肺实质中完成第四次蜕皮,发育为成虫。从感染到发育为成虫的时间为 25～38 d。

3. 流行病学

第一期幼虫的生存能力较强。自然条件下,在粪便和土壤中可生存几个月。对干燥有显著的抵抗力,在干粪中可生存数周。在湿粪中的生存期更长。幼虫耐低温,在 3～6℃时,生活得较好。冰冻 3 d 后仍有活力,12 d 后死亡。但直射阳光可迅速使幼虫致死。

因为螺类以羊粪为食,因而幼虫有更多的机会感染中间宿主。在螺体内的感染性幼虫其寿命与螺的寿命同长,为 12～18 个月。除严冬软体动物休眠外,几乎全年均可发生感染。4～5 月龄以上的羊,几乎都有虫体寄生,有的数量很大。

4. 致病作用和症状

由于虫体的寄生和刺激,引起局部炎性细胞浸润、肺萎缩和实变,继之其周围的肺泡和末梢支气管发生代偿性气肿和膨大。当肺泡和毛细支气管膨大到破裂时,细菌乘机侵入,引起支气管肺炎。在肺脏边缘病灶切面的涂片上，可见到幼虫和成虫。轻度感染时不显临床症状。重度感染时肺虚弱无力，这可以加剧宿主健康状况和抵抗力的降低，使其易患其他疾病。当病情加剧或接近死亡时，有呼吸困难、干咳或暴发性咳嗽等症状。并发网尾线虫病时，可引起大批死亡。

5. 诊断

根据症状和流行病学情况怀疑为本病时，进行粪便幼虫检查。发现多量第一期幼虫时，可以确诊为本病。大约每克粪便中有 150 条幼虫时，被认为是有病理意义的荷虫量。第一期幼虫长为 300～400 μm，宽为 16～22 μm。缪勒线虫的第一期幼虫尾部呈波浪形弯曲，背侧有一小刺。原圆线虫的第一期幼虫亦呈波浪形弯曲，但无小刺。剖检时发现成虫、幼虫和虫卵及相应的病理变化时，也可以确诊为本病。

6. 治疗

可用左旋咪唑、丙硫咪唑或噻苯唑等药物进行治疗，具体可参照网尾线虫病。

7. 预防

(1)计划性驱虫　要根据当地情况进行计划性驱虫。驱虫药物参照网尾线虫病。

(2)放牧管理　应避免在低洼潮湿的地带放牧，减少与陆地螺蛳接触的机会。放牧应尽可能地避开中间宿主活跃的时间，如雾天、清晨和傍晚。成年羊与羔羊分群放牧，因为成年羊往往是带虫者，是感染的来源。

六、猪冠尾线虫病

猪冠尾线虫病是由冠尾科(Stephanuridae)冠尾属(*Stephanurus*)的有齿冠尾线虫(*S. dentatus*)寄生于猪和野猪的肾盂、肾周围脂肪和输尿管壁等处所引起的疾病。偶寄生于腹腔及膀胱等处。除猪和野猪以外，亦寄生于黄牛、马、驴和豚鼠等动物。本病分布广泛，常呈地方性流行，是热带和亚热带地区猪的主要寄生虫病。患病的幼猪生长缓慢，母猪不孕或流产，甚至造成大批死亡，严重影响养猪业的发展。

1. 病原形态

虫体粗壮，形似火柴杆，新鲜时呈灰褐色，体壁较透明，其内部器官隐约可见。口囊呈杯状，壁厚，底部有 6～10 个小齿。口缘有一圈细小的叶冠和 6 个角质隆起。雄虫长 20～30 mm，交合伞小。腹肋并行，其基部为一总干；侧肋基部亦为一总干，前侧肋细小，中侧肋和后侧肋较大；外背肋细小，自背肋基部分出，后者粗壮，其远端分为 4 个小枝。生殖锥突出于伞膜之外。交合刺 2 根，有引器和副引器。雌虫长 30～45 mm，阴门靠近肛门(图 9-45)。卵呈长椭圆形，较大，灰白色，两端钝圆，卵壳薄，大小为(99.8～ 120.8)μm×(56～63)μm，内含 32～64 个深灰色的胚细胞，胚与卵壳间有较大空隙。

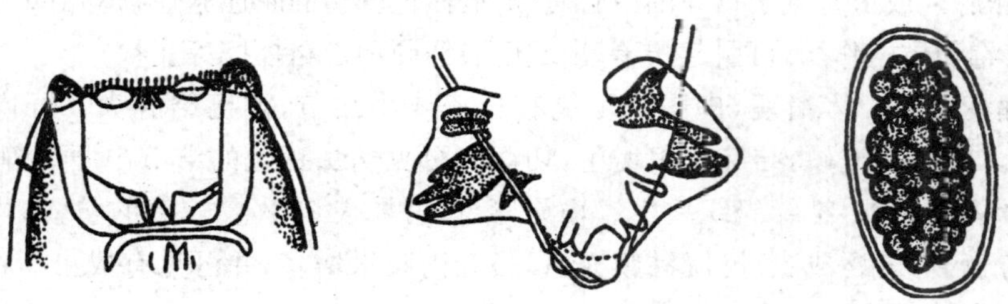

图 9-45　有齿冠尾线虫及虫卵(仿张西臣)

2. 生活史

虫卵随猪尿排出体外,在猪舍的墙根及猪排尿的地方,以及运动场的潮湿处发育并孵出第一期幼虫。经两次蜕皮发育为具有感染性的第三期幼虫。幼虫侵入猪体内的途径有二,即经口感染和经皮肤感染。经口感染往往是在猪啃食泥土时,将土壤中的感染性幼虫吞入消化道内。这时幼虫钻入胃壁,脱去鞘膜,经 3 d 后进行第三次蜕皮,变为第四期幼虫,然后随血流经门静脉循环到达肝脏。经皮肤感染时,幼虫钻入皮肤或肌肉,约经 70 h 进行第三次蜕皮,变为第四期幼虫,然后随血流经肺和体循环前往肝脏,其大多数于 8～40 d 到达。幼虫在肝脏停留 3 个月或更长,经第四次蜕皮发育为第五期幼虫。幼虫穿过肝包膜进入腹腔,移行到肾脏、输尿管及其附近组织中形成包囊,并发育为成虫。从感染性幼虫侵入猪体到发育为成虫,一般需要 6～12 个月。

3. 流行病学

猪冠尾线虫病在我国各地均有报道,但以南方温热带地区多发。其发病的严重程度随各地气候条件的不同而异,一般温暖多雨的季节适宜幼虫发育,感染的机会也较多。炎热而干燥的季节不适宜幼虫发育,感染机会也随之减少。在我国南方本病多发于 3—5 月份和 9—11 月份。

猪肾虫雌虫产卵力强,1 头中等程度感染的猪每天可排出 100 万个虫卵,使猪舍和牧场受到严重污染。感染性幼虫多分布于猪舍的墙根和猪排尿的地方,在分散饲养的情况下较轻。如猪舍空气流通、阳光充足、干燥、经常打扫,猪舍和运动场的地面用石料或水泥修筑可减少感染。反之,猪舍设备简陋,饲养管理粗放时,感染率就会增高。猪肾虫卵还可被蚯蚓吞食,在其体内发育为感染性幼虫,猪食入这种蚯蚓也可遭受感染。

虫卵和幼虫对干燥和阳光的抵抗力很弱。幼虫在完全干燥的环境中,仅能存活 35 min;在 36～40℃的高温下,阳光照射 3～5 min 全部死亡。虫卵和幼虫对化学药物的抵抗力很强。1%浓度的硫酸铜、氢氧化钾等溶液不能杀死幼虫和虫卵。而 1%漂白粉或石炭酸具有较高的杀虫力。

4. 致病作用和症状

幼虫钻入皮肤时,使皮肤发生红肿和小结节,且常引起化脓性皮炎,尤以腹部皮肤最常发生。同时,附近体表淋巴结常肿大。幼虫在猪体内移行时,可损伤各种组织,其中以肝脏受害最重,由于虫体的刺激和有毒物质的影响,引起肝小叶间结缔组织增生,肝硬化,肝机能障碍;并引起贫血、黄疸和水肿。若带入细菌,可引起肝脓肿。在肺脏中的幼虫能引起卡他性肺炎。幼虫误入腰椎部形成包囊时,压迫神经,引起后躯麻痹。成虫在输尿管壁上形成包囊,有小孔与输尿管相通,寄生数量多时,致使管壁上形成许多贯穿性小孔,一旦管壁与包囊损伤时尿液即流入腹腔,引起尿性腹膜炎而死亡。成虫寄生于肾盂时,使肾盂肿大,结缔组织增生。如带进细菌,可引起肾盂炎,以致肾盂脓肿。成虫寄生于肾周围脂肪时,形成白色胶状的脓性糜烂物。由于虫体寄生于肾脏和虫体的有毒物质的作用,可引起腰萎,出现后肢僵硬和走路摇摆等症状。

主要病理变化为尸体消瘦,皮肤上可能有丘疹或小结节,淋巴结肿大。肝内有包囊和脓肿,内含幼虫。肝肿大变硬,结缔组织增生,切面上可见幼虫钙化的结节。肝门静脉中有血栓,内含幼虫。肾盂有脓肿,结缔组织增生。输尿管壁增厚,常有数量较多的包囊,内有成虫。有时膀胱外亦有包囊,内含成虫,膀胱黏膜充血,腹腔内腹水增多,并可见有成虫。在胸膜壁面和肺脏中均可见有结节或脓肿。

猪无论大小,患病初期,均出现皮肤炎症,有丘疹和红色小结节,体表局部淋巴结肿大。以后的症状为食欲不振，精神委靡，逐渐消瘦，贫血，被毛粗乱、行动迟钝。随着病程的发展，病猪出现后肢无力，跛行，走路时后躯左右摇摆，喜欢躺卧；尿液中常有白色黏稠的絮状物或脓液；有时可继发后躯麻痹或后肢僵硬，不能站立。拖地爬行，食欲废绝。仔猪发育停滞，母猪不孕或流产，公猪性欲减低或失去交配能力。严重的病猪，多因极度衰弱而死亡。

5. 诊断

对有后躯麻痹或不明原因跛行的5月龄以上猪只，可采集晨尿，静置后倒去上层尿液，衬深色背景观察器皿底部有无白色点状物（虫卵）并镜检。镜检发现虫卵或剖检患猪发现虫体即可确诊。幼虫寄生阶段，剖检时在肝脏、肺或腹腔等处发现幼虫即可确诊。亦可采用皮内变态反应进行早期诊断。

6. 治疗

（1）丙硫咪唑（albendazole） 按每千克体重20 mg，一次口服；或配成5%玉米油混悬液腹腔注射，剂量按每千克体重5～20 mg。

（2）左旋咪唑（levamisole） 按每千克体重8 mg，一次肌肉注射。

（3）伊维菌素（lvermectin） 按每千克体重0.3 mg，一次皮下注射。

7. 预防

（1）搞好猪舍及运动场卫生 猪舍及运动场应经常打扫，保持地面的清洁和干燥。调教猪只在固定地点大小便，疏通排尿沟。猪舍和运动场的地面、食槽及用具要经常消毒。可每隔3～5 d用生石灰或3%～4%漂白粉水溶液进行消毒，以杀死地面上的虫卵和幼虫。

（2）培育健康猪群 由于猪肾虫卵在低温下不能发育，冬春季节所产仔猪，断乳后应隔离到未经污染的猪舍内饲养。此外，仔猪在哺乳期，因从母乳中获得抵抗力而较少感染冠尾线虫病，故断乳后即应和母猪分圈饲养，以逐步建立健康猪群。

（3）定期驱虫 对在非安全季节出生的仔猪，从75日龄起喂服药物，以杀死移行期的幼虫。流行本病的猪场要定期尿检，发现病猪及时隔离治疗或予以淘汰。对新购入的猪只或外运猪只应进行检疫，防止本病的传播。

七、丝状线虫病

丝状线虫病是由丝状科（Setariidae）丝状属（*Setaria*）的一些线虫寄生于有蹄类动物的腹腔内所引起的，故又称腹腔丝虫病。寄生于腹腔的成虫致病性不强，但有些种的幼虫，可寄生于非固有宿主的某些器官，引起如脑脊髓丝虫病和混睛虫病等一些危害较为严重的疾病，给畜牧业造成一定的损失。

1. 病原形态

（1）马丝状线虫（*S. equina*） 寄生于马属动物的腹腔，有时也寄生于胸腔、盆腔和阴囊等处（其幼虫可出现于眼前房内，称混睛虫，长可达30 mm）。虫体呈乳白色线状。口孔周围有角质环围绕，由环的边缘上突出形成2个半圆形的侧唇，2个乳突状的背唇和2个乳突状的腹唇。头部有4对乳突：侧乳突较大，背、腹乳突较小。雄虫长40～80 mm；交合刺2根，分别长630～660 μm与140～230 μm。雌虫长70～150 mm，尾端呈圆锥形。微丝幼长190～256 μm。

（2）鹿丝状线虫（*S. cervi*） 又称唇乳突丝状线虫（*S. labiatopapillosa*），成虫寄生于牛、羚羊和鹿的腹腔。口孔呈长形，角质环的两侧部向上突起形成新月形，背、腹面突起的顶部中央有一凹陷，略似墙垛口。雄虫长 40～60 mm，交合刺 2 根，分别长 120～150 μm 与 300～370 μm。雌虫长 60～120 mm(图 9-46)。

(3)指形丝状线虫(*S. digitata*) 寄生于黄牛、水牛和牦牛的腹腔，和鹿丝状线虫的形态相似，但口孔呈圆形，口环的侧突起为三角形，且较鹿丝状线虫的为大。头乳突仅 4 个。雄虫长 40～50 mm，交合刺 2 根，分别长 130～140 μm 和 250～270 μm。雌虫长 60～80 mm，尾末端为一小的球形膨大，其表面光滑或稍粗糙(图 9-47)。

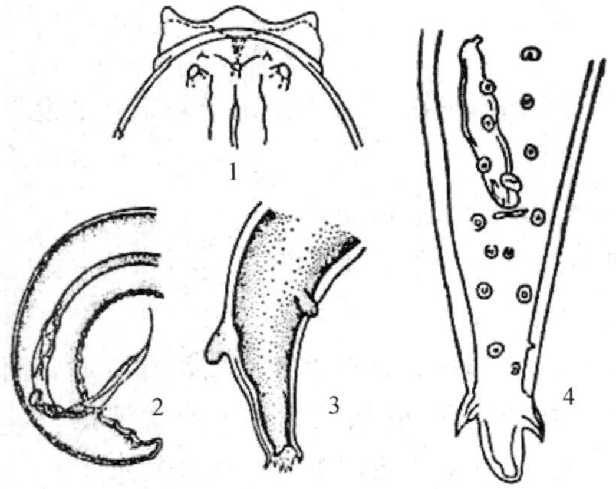

图 9-46 鹿丝状线虫(引自赵辉元,1996)

1. 虫体头端 2. 雄虫尾端 3. 雌虫尾端 4. 雄虫后端腹面

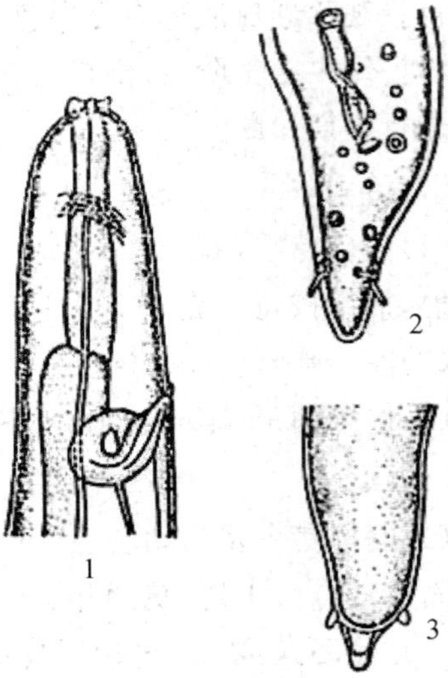

图 9-47 指形丝状线虫(仿赵辉元,1996)

1. 虫体头端 2. 雄虫尾端 3. 雌虫尾端

2. 生活史

丝状线虫成虫寄生于腹腔，雌虫产出带鞘的第一期幼虫即微丝蚴。微丝蚴进入宿主的血液循环，周期性地出现在宿主的外周血液中。外周血液中的马丝状线虫微丝蚴的数量高峰出现在黄昏时分；外周血液中的指形丝状线虫微丝蚴的密度以早晨 6 时、中午 2 时、晚 6 时和 9 时较高。当中间宿主刺吸终末宿主血液时，微丝蚴随血液进入中间宿主蚊的体内，经 15 d 左右发育为感染性幼虫，并移行到中间宿主的口器内。当这种中间宿主刺吸易感动物的血液时，感染性幼虫即进入易感动物体内，经 8～10 个月，发育为成虫。

当携带有指形丝状线虫感染性幼虫的中间宿主刺吸非固有宿主马或羊的血液时，幼虫进入马或羊的体内，但由于宿主不适，幼虫常随淋巴或血液进入脑脊髓或眼前房，停留于童虫阶段，引起马或羊的脑脊髓丝虫病或马的混睛虫病。

3. 流行病学

马丝状线虫、鹿丝状线虫和指形丝状线虫寄生于易感动物的腹腔内，其中间宿主是吸血昆虫。马丝状线虫的中间宿主为埃及伊蚊，奔巴伊蚊及淡色库蚊；指形丝状线虫的中间宿主为中华按蚊、雷氏按蚊、骚扰阿蚊、东乡伊蚊和淡色库蚊；鹿丝状线虫的中间宿主可能是厩螯蝇或一些蚊类。

本病多发生于长江流域和华东沿海地区，东北和华北等地亦有病例发生。

4. 致病作用和症状

寄生于腹腔的成虫致病力不强，可引起轻度腹膜炎，临床上一般无明显症状。但其幼虫有较强的致病力。

(1)脑脊髓丝虫病　指形丝状线虫的幼虫可引起马、骡、羊脑脊髓丝虫病,其晚期幼虫(童虫)多寄生于脑底部、颈椎和腰椎膨大部的硬膜下腔、蛛网膜下腔或蛛网膜与硬膜下腔之间。随着幼虫进入脑脊髓发育为童虫,引起患病动物出血性、液化坏死性脑脊髓炎,或有时表现为某种程度的浆液性、纤维素性脑脊髓炎。病灶常局限于脑脊髓系统,无固定的发病部位,有的在灰质区,有的在白质区,有的两者同时占有,但以白质区多见。病灶往往通向表面,形成大小不定型的坏死灶。在脑脊髓硬膜或蛛网膜,有不同程度的浆液性、纤维素性炎症,胶样浸润以及大小不等的红褐色或鲜红色出血灶。

患病动物主要表现为后躯运动神经障碍,早期症状为一侧后肢或两后肢提举不充分,运步时蹄尖轻微拖地,后躯无力。继之出现腰部僵硬,运步时两后肢外张。一般不能急转或后退。随着病情加重,患畜逐渐丧失使役能力,重病者多因长期卧地不起,发生褥疮,继发败血症致死。羊表现为运动障碍,严重时出现瘫痪。

据报道,指形丝状线虫童虫亦可致牛的脑脊髓丝虫病。在牛的输卵管内有发现指形丝状线虫的病例。

(2)混睛虫病　马、骡混睛虫病的病原包括指形丝状线虫、鹿丝状线虫和马丝状线虫的童虫,其形态构造与各虫的成虫相似。发生于牛时,则多为马丝状线虫的童虫。常侵害马、骡或牛的一只眼,多为1～3条虫体,游动于眼前房中,虫体长为1～5 cm。由于虫体不断刺激眼房,引起角膜炎,虹膜炎和白内障。早期表现为羞明,流泪,角膜和眼房液轻度浑浊,眼睑肿胀,瞳孔放大,视力减退,眼睑肿胀,结膜和巩膜充血。摇头,摩擦患眼。严重时可导致失明。对光观察马或牛的患眼时,常可见眼前房中有虫体游动,时隐时现。

5. 诊断

取动物外周血液检查,发现微丝蚴即可确诊。对脑脊髓丝虫病,当出现临床症状时,才能做出诊断,但已为时过晚,难以治愈。早期诊断可用牛腹腔的丝状线虫提取抗原,进行皮内反应试验。在流行地区,应根据流行病学资料,经常仔细观察马匹运动情况,一旦发现运步不正常者,在排除外伤、风湿性疾病和骨软症等之后,即可按脑脊髓丝虫病处理。对混睛虫病,除观察症状外,可对光检查眼,在眼前房内发现虫体即可确诊。

6. 治疗

(1)海群生(hetrazan)　丝状虫病,马、牛均按每千克体重10 mg,口服,每天一次,连用7 d。脑脊髓丝虫病,马、羊均按每千克体重20 mg,每天一次,连用5 d。

(2)左旋咪唑(levamisole)　丝状虫病,马、牛均按每千克体重8～10 mg,口服,每天一次,连用2～3次。

(3)伊维菌素(ivermectin)　丝状虫病和脑脊髓丝虫病,均按每千克体重0.3 mg,一次口服或皮下注射。脑脊髓丝虫病,马、羊均按每千克体重20 mg,每天一次,连用5 d。

对于混睛虫病的治疗,可采用角膜穿刺法取出虫体。取虫方法:常规法保定麻醉,用小号尖头外科刀或注射用针头在距尖端0.3～0.5 cm处,用线缠绕在针上控制穿刺深度,当虫体游到角膜下方黑白眼球交界处时,速将针刺入眼房内,虫体即随房水流出。术后穿刺的创口一般在1周内愈合。如分泌物过多时,可用硼酸液清洗,并用抗生素眼药水点眼。

7. 预防

(1)阻断传播途径　防止吸血昆虫叮咬。搞好环境卫生,消除蚊虫滋生地。采用喷洒药物和熏蒸等措施杀灭蚊、蝇等吸血昆虫。

(2)药物预防 预防脑脊髓丝虫病时,对新引进的马和幼龄马,可用海群生预防注射,每月一次,连用4个月。

八、犬恶丝虫病

犬恶丝虫病是由双瓣科(Dipetallonematidae)恶丝虫属(*Dirofilaria*)的犬恶丝虫(*D. immitis*),又称犬心丝虫寄生于犬的右心室和肺动脉(少见于胸腔、支气管、皮下结缔组织)引起的循环障碍、呼吸困难及贫血等症状的一种丝虫病。除犬、猫外,狼、狐及小熊猫等野生肉食动物亦可作为终末宿主。免疫力低的人偶被感染,第三期幼虫导致肺部和皮下出现结节,胸痛和咳嗽。犬恶丝虫在我国分布很广,北至沈阳,南至广州均有发现。

1. 病原形态

犬恶丝虫 虫体呈微白色,细长丝线状,口由6个不明显的乳突围绕。雄虫长为12~16 cm,尾部短而钝圆,有窄的尾翼膜,末端有尾乳突11对(泄殖孔前5对,泄殖孔后6对),有2根不等长的交合刺,左侧的长,末端尖;右侧的短,相当于左侧的1/2强,末端钝圆。整个尾部呈螺旋形弯曲。雌虫长为25~30 cm,尾部直,阴门开口于食道后端(图9-48)。犬血液中的微丝蚴无鞘膜。微丝蚴的出现周期性不明显,但以夜间出现较多。

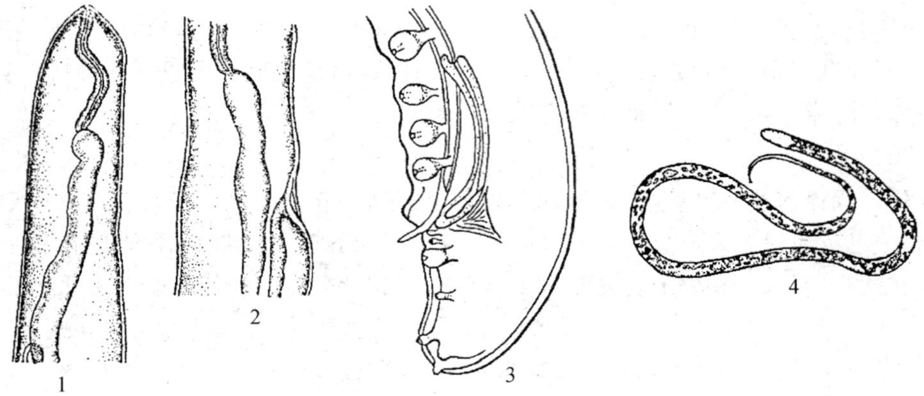

图9-48 犬恶丝虫(仿杨光友)

1. 虫体头部 2. 雌虫阴门部 3. 雄虫尾端 4. 微丝蚴

2. 生活史

犬恶丝虫寄生于犬的右心室和肺动脉,雌虫产出的微丝蚴进入外周血液,但微丝蚴被中间宿主蚊子(中华按蚊、白纹伊蚊、淡色库蚊)或蚤(犬蚤、猫蚤)等吞食之前不能进一步发育,在血液中可生存一年或一年以上。夏季蚊子吸血,微丝蚴进入蚊体内,约2周发育为第三期感染性幼虫。蚊刺吸犬血液时,第三期幼虫从蚊口器中逸出,迅速钻进皮肤,在皮下结缔组织、肌间组织、脂肪组织和肌膜下发育,经第三次、第四次蜕皮成为童虫,然后进入静脉,移行到右心室及大血管内,继续发育为成虫。从蚊叮咬感染到发育为成虫需6~7个月。成虫也可在后腔静脉、肝静脉、前腔静脉到肺动脉的毗连血管内寄生。在终宿主体内成虫可生存5~6年,并不断产生微丝蚴。

3. 流行病学

本病的发生与蚊子的活动季节相一致，其感染季节一般为 6—10 月份，感染高峰期为 7—9 月份。我国各地犬的感染率很高，感染率与年龄呈正比，年龄越大则感染率越高。犬的性别、被毛长短、毛色等与感染率无关。饲养环境与感染率有关，饲养在屋外的犬感染率高，饲养在屋内的犬感染率低。据报道，本病的感染率与经过的夏季呈正比：大约经一夏的感染率为 38%，经二夏的感染率为 89%，经三夏的感染率为 92%。

4. 致病作用和症状

成虫寄生于犬的右心室及肺动脉中，由于虫体刺激心内膜，可引起心内膜炎并继发心脏肥大和右心室扩张；虫体寄生于肺动脉中，出现动脉内膜炎。严重感染时可因静脉淤血而导致腹水和肝肿大等病变；肺因幼虫的刺激而发炎，造成上呼吸道感染。感染少量虫体时，一般不出现临床症状。重度感染犬初期症状为咳嗽，运动时加重，或运动时病犬易疲劳。随着病情的发展，病犬出现慢性支气管炎，心悸亢进，脉细弱并有间歇，心内有杂音，肝区触诊疼痛，肝肿大，胸、腹腔积水，全身浮肿，呼吸困难，咳嗽剧烈，无尿、血尿。长期受到感染的病例，肺源性心脏病十分明显。末期，由于全身衰弱或运动时虚脱而死亡。常有因输液而死亡的病例。

剖检可见心脏肥大，右心室扩张，瓣膜病变，心内膜肥厚等。犬恶丝虫的成虫常纠缠成团，也可游离或被包裹而寄生于右心室和肺动脉中，也有个别的寄生于肺动脉支和肺组织中。此外，还可见于皮下和肌间组织中。肺脏贫血，扩张不全及肝变，肺动脉内膜炎和栓塞、脓肿及坏死等。肝脏有肝硬变及肉豆蔻肝。肾脏实质和间质均有炎症变化。后期为全身贫血，各器官发生萎缩。

病犬常伴发结节性皮肤病，以瘙痒和沿背线分布且易破溃的多发性灶状结节为特征。皮肤结节显示血管中心的化脓性肉芽肿；在化脓性肉芽肿周围的血管内常见有微丝蚴。经过治疗，皮肤病变可以治愈。当病犬出现肺动脉高压症及肺动脉瓣功能障碍时，X 光摄影可见右心室扩张，主动脉和肺动脉扩张。并发急性腔静脉综合征时，突然出现血色素尿、贫血、黄疸、虚脱和尿毒症等症状。

5. 诊断

根据病史调查和临床症状观察可作出初步诊断；确诊应在血液中找到微丝蚴。在新鲜血液中，可见到作蛇形或环形运动的并经常与血细胞相碰撞的微丝蚴。用血液 1 mL 加 7%醋酸溶液或 1%盐酸溶液 5 mL，离心 2～3 min，倾去上清液，取沉淀物镜检，易找到微丝蚴。此外，可进行血清学诊断，ELISA 试剂盒已经用于临床诊断。

6. 治疗

在确诊本病的同时，应对患犬进行全面检查，对于心脏功能障碍的病犬应先给予对症治疗，然后进行驱虫，同时对患犬进行严格的监护，因为本虫寄生部位的特殊性，药物驱虫具有一定的危险性。本病可用下列药物进行治疗。

(1)左旋咪唑(levamisole)　按每千克体重 10 mg，口服，每天一次，连用 6～15 d。

(2)伊维菌素(ivermectin)　按每千克体重 0.2～0.3 mg，一次皮下注射。

(3)硫砷酰胺钠　按每千克体重 2.2 mg，缓慢静脉注射，每天两次，连用 2 d。

(4)枸橼酸乙胺嗪(diethylcarbamazine citrate)　按每千克体重 60～70 mg，内服或配成 30%溶液一次皮下或肌肉注射，连用 3～5 周，或按每千克体重 6 mg，混入食物内，在感染期和以后 2 个月饲喂。本药能使血液中微丝蚴迅速集中到肝脏的毛细血管中，易于被网状内皮系统包围吞噬，但不能直接杀死微丝蚴。如长期服用，由于对胃黏膜的刺激可引起呕吐。

(5)倍硫磷(fenthion)　是最有效的杀微丝蚴药物。7%倍硫磷溶液按每千克体重 0.2 mL，皮下注射，必要时隔 2 周重复 1～2 次。倍硫磷是一种胆碱脂酶抑制剂，使用前后不要用任何杀虫剂或具有抑制胆碱脂酶活性的药物。

此外，对虫体寄生多，肺动脉内膜病变严重，肝脏、肾功能不良，大量药物会对犬体产生毒性作用的病例，尤其是并发腔静脉综合征者，需及时采取外科手术治疗。

7. 预防

(1)药物预防　在蚊子活动的季节，可用海群生、硫砷酰胺钠和伊维菌素等药物对犬进行预防。

(2)阻断传播途径　控制和杀灭蚊、蚤等中间宿主是预防本病的重要措施，注意环境卫生，消除蚊子滋生地，喷洒药物杀灭蚊、蚤等吸血昆虫。

九、猪浆膜丝虫病

猪浆膜丝虫病是由双瓣科(Dipetallonematidae)浆膜丝虫属(*Serofilaria*)的猪浆膜丝虫(*S. suis*)寄生于猪的心脏、肝、胆囊、膈肌、子宫、胃、肋胸膜、腹膜及肺动脉基部等的浆膜淋巴管内所引起的线虫病。

1. 病原形态

虫体呈乳白色，丝状，头端稍微膨大。无唇，口孔周围有 4 个小乳头，另有 4 个亚中乳突和 2 个化感器排列在外圈。食道分为肌质和腺体两部分。神经环位于食道肌质部的后方。雄虫长为 12～26.2 mm。尾部呈指状，向腹面卷曲，有乳突 6～12 对，规则地排列在整个尾部亚腹侧，肛前 3～6 对，肛后 3～6 对。交合刺 1 对，短且不等长，形态相似。雌虫长为 50.6～60 mm，阴门位于食道腺质部，尾部指状，稍向腹面弯曲，端部两侧各有 1 个乳突，腹面有一簇 15～20 个小乳突。肛门萎缩(图 9-49)。微丝蚴有鞘，可在血液中发现。

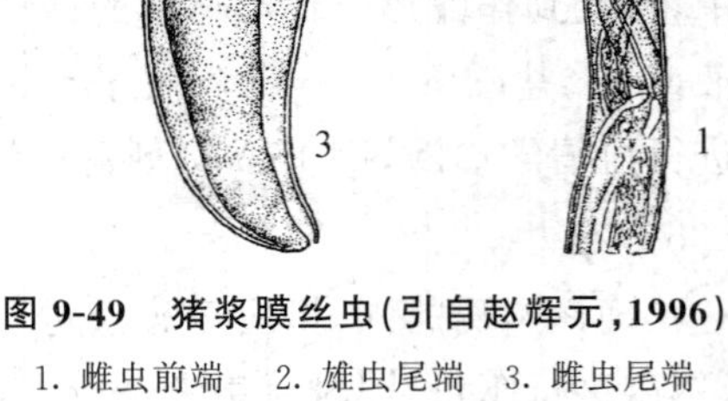

图 9-49　猪浆膜丝虫(引自赵辉元，1996)

1. 雌虫前端　2. 雄虫尾端　3. 雌虫尾端

2. 生活史

猪浆膜丝虫的中间宿主为库蚊。成虫寄生在猪各器官浆膜的淋巴管内，产出的微丝蚴进入血液，被库蚊吸血时吸入。微丝蚴在库蚊体内发育为感染性幼虫，当这种库蚊再吸猪血时，感染性幼虫进入猪体内，发育为成虫。

3. 流行病学

猪浆膜丝虫是吴淑卿、负莲 1979 年在猪体内发现的一个新种，其生活史尚不十分清楚。猪浆膜丝虫在我国江西、山东、安徽、北京、河南、湖北、四川、福建、江苏等省市均有发现。据报道，该虫进入猪体内容易死亡钙化。

4. 致病作用和症状

猪浆膜丝虫寄生于心外膜层淋巴管内，在病猪心纵沟附近或其他部位的心外膜表面形成稍隆起的绿豆大，灰白色，小泡状的乳斑；或形成长短不一、质地坚实条索状的透明包囊。陈旧病灶外观上为灰白色针头大钙化的小结节，呈沙粒状。病灶的数目，通常在1个猪心上仅见1～2处，但也有多达20多处的，散在分布于整个心外膜表面。结节中虫体部分钙化或完全钙化，活虫少见，常被误诊为猪囊尾蚴。在子宫阔韧带上亦可形成包囊。如果虫体新鲜，在透明的包囊中可清楚地看到卷曲的白色透明的虫体。

病猪主要表现为食欲下降，生长缓慢，腹式呼吸，呈犬坐式或俯卧，肌肉震颤。

5. 诊断

生前可自耳静脉采血，检查血液中的微丝蚴。宰后在心脏等处发现病灶并找到活虫，或将病灶压成薄片镜检发现虫体残骸即可确诊。

6. 防治

未见报道。

十、马属动物圆线虫病

马属动物圆线虫病是由圆线目(Strongylata)圆线科(Strongyloidea)和盅口科(Cyathostomidae)的许多种线虫寄生于马属动物大肠(以盲肠、结肠为主)内所引起的一类线虫病。根据虫体大小分为大型圆线虫和小型圆线虫两大类。前者危害更大。本病呈世界性分布，我国各地马匹圆线虫感染率平均为87.2%，感染强度最高可达10万条，是马属动物的重要寄生虫病之一。

(一)病原形态

大型圆线虫属于圆线科圆线属(*Strongylus*)，虫体较大，粗硬，长为14～47 mm，形如火柴杆状，呈红褐色或深灰色。头端钝圆，有发达的口囊，其内有或无齿。口孔周围有叶冠。雄虫有发达的交合伞和2根细长的交合刺。主要有三种：①马圆形线虫(*S. equinus*)，特征是口囊基部背侧有1个大型、尖端分叉的背齿，腹侧有2个亚腹齿(图9-50a)。②无齿圆形线虫(*S. edentatus*)，特征是口囊内无齿，又称为无齿阿尔夫线虫(图9-50b)。③普通圆形线虫(*S. vulgaris*)，特征是口囊底部有2个耳状的亚背侧齿，又称为普通戴拉风线虫(图9-50)。虫卵椭圆形，卵壳薄，大小为(70～85)μm×(40～47)μm。

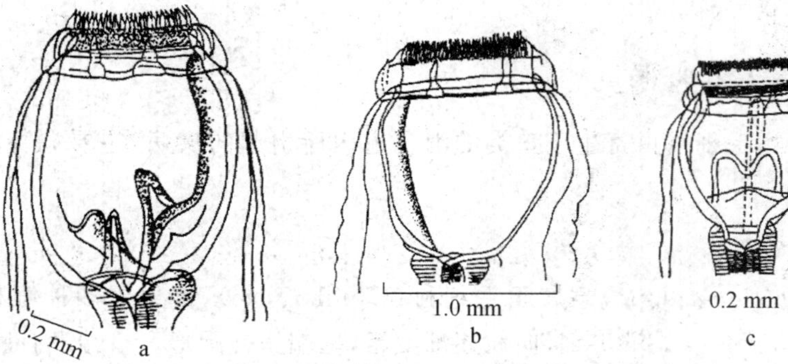

图9-50　马圆线虫(仿孔繁瑶等)

a. 马圆形线虫头部侧面　b. 无齿圆形线虫头部侧面　c. 普通圆形线虫头部腹面

小型圆线虫主要包括圆线科和盅口科许多属的数十种体型较小的线虫。它们较圆线属的虫体小，种类多，形态复杂。

（二）生活史

圆线虫的发育可分为感染前和感染后两个阶段，其感染前阶段的发育情况基本一致。雌虫在大肠内产卵，卵随粪便排出体外，在外界适宜的温度和湿度条件下，发育为带鞘的第三期幼虫，这种感染性幼虫主要附着于草叶、草茎上或积水中，当马属动物吃草或饮水时，吞食感染性幼虫而感染，幼虫在宿主肠内脱去鞘膜，经移行到达大肠内发育为成虫。不同种类的圆线虫幼虫在宿主体内的移行路径不尽相同，大型圆线虫移行路径稍复杂，小型圆线虫较为简单。

（三）流行病学

感染性幼虫的抵抗力很强，在含水分8%～12%的马粪中能存活1年以上，在青饲料上能保持感染力达2年之久，但在直射阳光下容易死亡。该病既可发生于放牧的马群，也可发生于舍饲的马匹。特别在阴雨多雾天气的清晨和傍晚放牧，最易感染圆线虫。

（四）致病作用和症状

成虫在结肠和盲肠内寄生吸血，可引起宿主贫血和卡他性炎症、创伤和溃疡。成虫分泌溶血毒素、抗凝血素等，可引起贫血和某些免疫病理变化。幼虫在肠壁上形成结节影响肠管功能。开始时食欲不振，之后出现下痢，腹痛，粪便中有虫体排出。幼虫移行期常发生血栓及动脉瘤，引起间歇性疝痛。轻型者表现为不安，打滚，频频排尿。重型者疼痛剧烈，呈犬坐式，腹围增大，排粪频繁，如不治疗，多以死亡告终。

（五）诊断

采用漂浮法在粪便中查出虫卵可证实有此类圆线虫寄生。每克粪便中的虫卵数达1 000个以上时，即应进行驱虫。各种圆线虫卵形态相似，需鉴别时可进行幼虫培养。幼虫期可依据症状推测，确诊需进行尸体剖检，检查幼虫，观察病变。

（六）防治

可用丙硫咪唑、噻苯咪唑和伊维菌素等药物进行驱虫。预防措施主要包括定期驱虫、加强卫生管理及合理放牧等。

十一、鱼毛细线虫病

毛细线虫病是由毛细线虫寄生于鱼类的消化道内所引起的疾病，主要危害草鱼、鲢鱼、鲮鱼和黄鳝等。

（一）病原形态

毛细线虫（*Capillaria* spp.）隶属于毛细科（Capillariidae），寄生于多种鲤科鱼类的肠道内。虫体细小如线，无色。头端尖细，向后逐渐变粗，尾端呈钝圆形。口端没有唇或其他结构。其显著特征是：虫体食道细长，由许多单行排列的食道细胞构成。肠前端稍膨大。肛门位于尾端之腹侧。雌虫较大，长6.2～7.6 mm，体内生殖器官一套。卵巢、输卵管和受精囊的界限不明显。子宫较粗，成熟时子宫内充满卵粒。卵呈柠檬状，两端各具0一瓶状的卵盖。发育成熟的卵，经阴道由阴门排出体外。阴门显著，位于食道和肠连接处的腹面。雄虫体长4～6 mm，生殖系统为一条长管，射精管与泄殖腔相连，末端有 1 条细长的交合刺，交合刺具鞘（图 9-51）。

（二）生活史

卵生，卵呈柠檬状，两端各具一瓶状的卵盖。虫卵随宿主粪便排至水中，水温 28～30℃时，经 6～7 d 卵内发育为幼虫。幼虫通常不出壳，鱼吞食含有幼虫的虫卵而感染。

（三）流行病学

主要危害当年鱼种。在广东，夏花草鱼及鲮鱼常患此病，草鱼患此病时，常与九江头槽绦虫病、烂鳃病、肠炎病、车轮虫病并发。当年夏花草鱼感染毛细线虫，是由于幼鱼吞食池底中含胚虫卵所致。

（四）致病作用和症状

毛细线虫以其头部钻入宿主肠壁黏膜层，破坏组织，引起肠发炎使鱼体消瘦。全长 1.6～2.6 cm 的鱼种，有 4 条以上成虫寄生时即可出现症状，消瘦，体色变黑，离群独游，生长受到一定影响。长度 1.7～6.6 cm 的鱼种平均感染 7.5 条虫时，就能引起大量死亡。一般幼鱼感染 1～3 条毛细线虫，往往症状不明显。

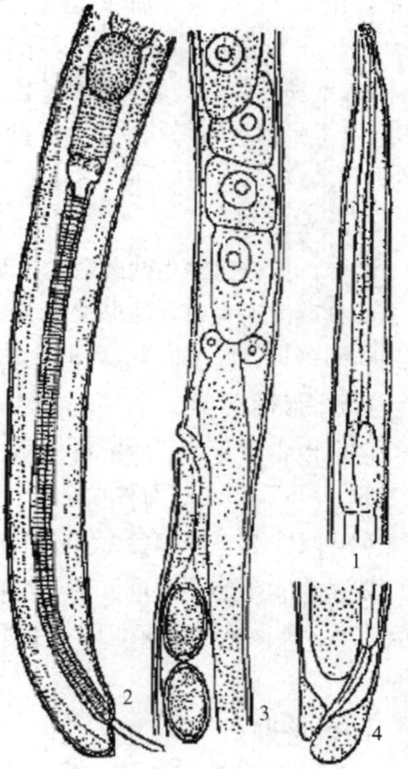

图 9-51　麦穗鱼毛细线虫（引自张剑英等）

1. 头部　2. 雄虫尾部　3. 雌虫阴门部　4. 雌虫尾部

（五）诊断

剖开病鱼腹腔，取出整个肠道，剪开肠壁，用解剖刀刮取肠内含物和黏液，放在载玻片上，加少量生理盐水，压片置解剖镜下检查。仔细寻找毛细线虫并计数。

（六）防治

彻底清塘，暴晒塘底至干裂。再用漂白粉加生石灰合剂清塘（每千克体重 10 mg 漂白粉加每千克体重 120 mg 生石灰）。加强饲养管理，保证草鱼有充足可口的饲料，避免其吞食水底杂屑；及时分池稀养，以加快鱼种生长。每 100 kg 鱼每天用 90%晶体敌百虫 30 g 拌料投喂，连喂 6 d。

十二、鱼嗜子宫线虫病

嗜子宫线虫病是由嗜子宫线虫寄生于鱼类的皮肤而所起的疾病，主要危害鲤鱼和鲫鱼等鱼类。

（一）病原形态

嗜子宫线虫隶属于龙线科（Dracunculidae），主要危害鱼类的虫种有：鲫嗜子宫线虫（*Philometra carassii*）、鲤嗜子宫线虫（*P. crprini*）等。

鲤嗜子宫线虫的雌虫为血红色，盘曲在鳞片下的鳞囊内，个体很大而细长，体长 10～13.5 cm，两端稍细，似粗棉线。体表有许多透明的乳突。口位于食道前部的肌肉球的前端，没有唇片。食道较长，由肌肉与腺体组成。肠呈棕红色，肛门付缺。卵巢 2 个，位于虫体两端。体内大部分为粗大的子宫所占。子宫内充满发育的卵或幼虫，没有阴道和阴门。雄虫寄生于鳔内、鳔壁和腹腔内。虫体细小如发丝，体壁光滑，透明无色。体长 3.5～4.1 mm。尾端膨大，有 2 个半圆形的尾叶，2 根交合刺形状和大小不同，呈细长的针形。有引器，其中部呈枪托状，包住交合刺；引器的长度短于交合刺甚多。

(二)生活史

胎生。成熟的雌虫钻破宿主皮肤，钻出部分泡在水中，由于渗透压的关系，体壁破裂。子宫中幼虫就散入水中。幼虫被剑水蚤吞食后，在其体腔中发育。鲤鱼吞食剑水蚤而感染。幼虫再钻到鲤鱼体腔中发育，雌虫迁至鳞片下发育成熟。

(三)流行病学

主要危害 2 龄以上的鲤鱼，全国各地均有流行。亲鲤因患此病影响性腺发育，往往不能成熟产卵，并可因患此病而死亡。

(四)致病作用和症状

对鱼危害主要是雌虫。雌虫在鳞片下吸取鱼体的营养，发育长大，并破坏皮下组织，造成鳞囊胀大，鳞片松散竖起、肌肉充血、发炎、溃烂及鳞片脱落。往往还造成继发性细菌和水霉病。

(五)诊断

病鲤鱼鳞片部位有凸起、发红现象，其上并有特殊的花纹。如将鳞片翻开，可见盘曲在鳞囊中的红色线虫，越是成熟的雌虫，体色越红，极易发现。在冬季，虫体幼小，呈淡红色，有点半透明，鳞囊也不肿胀发红，要刮取鳞下黏液仔细镜检才能发现。

(六)防治

用生石灰带水清塘，杀灭幼虫及中间宿主。用 2%～2.5%食盐水浸浴鱼体或用 1%高锰酸钾、碘酒涂抹病鱼体表病灶。

十三、鱼鳗居线虫病

鳗居线虫病是由鳗居线虫寄生于鳗鱼所引起的疾病，主要危害欧洲鳗和日本鳗。

(一)病原形态

球状鳗居线虫(*Anguillicola globiceps*)隶属于鳗居科(Anguillicoidae)。成虫呈圆筒形，透明无色。头部呈圆球形，无乳突。口孔简单，没有唇片。食道前段 1/3 处膨大成葱球状(或为花瓶状)，后 2/3 处呈圆筒形，由肌质和腺体构成。肠粗大，具尾腺。无直肠和肛门。

雄虫生殖孔位于尾端腹面。没有交合刺和引器，贮精囊甚大，生殖孔的附近有尾突 6 对。雌虫体长 44 mm，阴门位于体后 1/4 处，开孔于一圆锥体上，阴道极短。卵巢在子宫前后各一。前面的卵巢在食道附近开始，后面的卵巢在体后部 2/5 处开始，向后伸展接近尾腺，然后再折回(图 9-52)。

(二)生活史

胎生。含有幼虫的虫卵在鳔中孵出，幼虫通过鳔管进入消化道，随宿主的粪便排出落入水

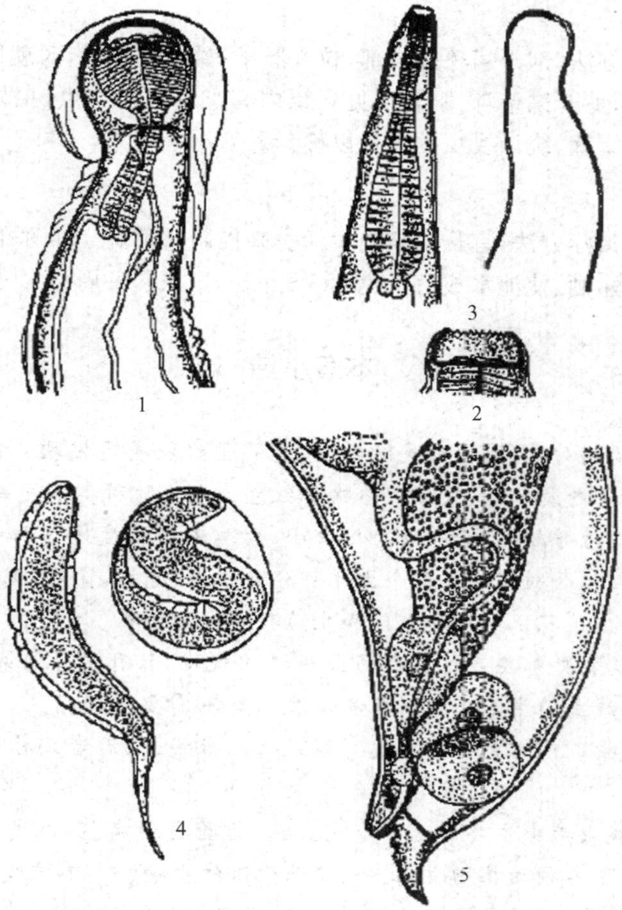

图 9-52　球状鳗居线虫(引自张剑英等)

1. 雌虫前端侧面　2. 后期感染幼虫的口腔　3. 后期感染幼虫的前端
4. 刚产出的幼虫　5. 雌虫后期感染幼虫的生殖器官

中。第二期幼虫尾部细长,通常在水底以尾尖附着在固体物上,不断摆动。被剑水蚤吞食后,侵入肠壁进入体腔中发育。含第三期幼虫的剑水蚤被鳗鱼吞食后,幼虫穿过肠壁,经体腔附着于鳔表面,再侵入鳔管到鳔腔中发育为成虫。

(三)流行病学

在湖北、福建、浙江、江苏等地都有流行。

国外危害欧洲鳗,它比日本鳗鲡更容易受感染,阳性率高,特别对幼鳗的危害较大,可造成死亡。

(四)致病作用和症状

虫体在鳔内吸食鳗鲡的血,大量寄生时,可引起鳔发炎或鳔壁增厚。病鱼活动受到影响。鳗苗被大量寄生后,停止摄食,瘦弱、贫血,且可引起死亡。寄生数量达 15 条以上时,能刺激鳔、气道发炎出血。虫体充满鳔,使鳔扩大,压迫其他内脏器官及血管。当鳔扩大时,病鱼后腹部肿大或腹部不规则的肿大,腹部皮下淤血,肛门扩大,并呈深红色。如鳔中虫体数量太多时,鳔破裂,虫体落入体腔中,也有的从肛门或尿道排出体外。

(五)诊断

按鱼病常规诊断方法,剖开病鱼的腹部,拉开肠子,露出鱼鳔,有时就能见到鳔外壁发炎充血的症状。将鳔取出,剪开鳔壁,肉眼就可见到鳔内有半透明的线虫,虫体中有一明显黑色的肠道。同时还要检查鳔壁,统计线虫的数量以确诊。

(六)防治

目前尚无有效的治疗方法,宜从切断其生活史来控制这种病。亦可在该病高发季节,采用90%晶体敌百虫全池遍洒,使池水成每千克0.3～0.5 mg/kg,每周一次,预防该病。.

本章小结

(1)线虫通常为两侧对称,圆柱形或纺锤形,有的呈线状或毛发状。前端钝圆,后端较细,不分节。活体呈乳白色或淡黄色,吸血虫体略带红色。大小随种类不同差别很大。

(2)寄生性线虫均为雌雄异体,一般为雄虫小,后端不同程度地弯曲并有一些与生殖有关的辅助构造,易与雌虫相区别。线虫整个虫体可分为头端、尾端、背面、腹面和侧面。天然孔有口孔、排泄孔、肛门和生殖孔。雄虫的肛门和生殖孔合为泄殖孔。

(3)线虫的典型发育史都要经过5个幼虫期,4次蜕化,只有发育到第五期幼虫,才能进一步生长发育为成虫。线虫的生活史根据在其发育中需不需要中间宿主,分为无中间宿主的线虫和有中间宿主的线虫。前者又称直接发育型或土源性线虫;后者又称间接发育型或生物源性线虫。

(4)在人兽共患线虫病中主要讲述了旋毛虫病、后圆线虫病、颚口线虫病、类圆线虫病;其他线虫病中主要讲述了各种动物蛔虫病、牛、羊消化道线虫病、牛、羊肺线虫病、猪冠尾线虫病、丝虫病、鱼毛细线虫病等,并对每个病的病原形态、生活史、流行病学、致病作用、临床症状、诊断和综合防治措施进行了详细介绍。

复习思考题

1. 简述线虫的形态特征和发育特性。
2. 当地流行的人兽共患线虫病有哪些？其病原体特征如何？怎样诊断和治疗？
3. 人和动物怎样感染旋毛虫病？如何防治？
4. 试述猪蛔虫病、牛弓首蛔虫病、肉食兽蛔虫病、鸡蛔虫病、鸡异刺线虫病的病原体形态特征、发育特性以及防治措施。
5. 拟定当地畜禽主要线虫病的治疗方案,制定常规的预防措施。
6. 试述牛、羊消化道线虫主要的科、属的鉴别要点、寄生部位、发育特性以及防治措施。
7. 所讲述的线虫哪些隶属于土源性线虫和生物源性线虫,指出宿主及寄生部位。
8. 鱼类常有哪些线虫寄生？应如何诊断与防治？

第十章 棘头虫病

本章学习目的与要求：通过本章的学习，要求深刻理解与掌握棘头虫的形态、生活史；掌握猪棘头虫病的病原体的形态、生活史、症状、诊断和综合防治措施；要求一般了解棘头虫的分类和鸭棘头虫病。

第一节 棘头虫的形态、分类和生活史

棘头虫是棘头虫门(Acanthocephala)的动物，是无消化系统、左右对称、雌雄异体的蠕虫。成虫寄生于脊椎动物的消化道内，其中有一些种类寄生于家畜、家禽和鱼类的肠道里。自 Redi 于 1684 年首次发现鳝鱼的棘头虫之后，迄今已报道棘头虫达 1 000 多种。在我国已报道的家畜、家禽、犬的棘头虫只有 10 个种，其中有的是人兽共患的棘头虫病。

一、棘头虫的形态

(一)外形

虫体呈椭圆形、纺锤形或圆柱形等不同形态。大小差别极大，小的约 1.5 mm，大的可长达 650 mm。虫体一般可分为细短的前体部和粗长的躯干部两部分。前体部是由吻突和颈部组成。吻突呈球形、卵圆形或圆柱形，可以伸出或缩入吻囊内，其上排列有许多角质的倒钩或棘，故称棘头虫。钩或小棘，具有附着作用。钩或棘的形态、大小、数目和排列都是分类的重要特征。吻突后面是颈部，颈部较短，无钩与棘。躯干部呈柱状或棒状，前部比较宽，后部较细长。体表光滑或有不规则的皱纹或环纹，有的种有小刺。虫体无固定颜色，常由于体表吸收了宿主的脂肪类等营养物质，而呈现乳白、黄、橙、棕褐和淡红色。

虫体不分节，两侧对称，雌雄异体，无消化系统和循环系统，具有假体腔，内含神经系统、生殖器官、排泄器官和体腔液等。

(二)体壁

由 5 层固有体壁和两层肌肉组成，各层之间均由结缔组织粘连支撑着。

最外是上角皮(epicuticle)，由一层薄的酸多糖(acid polysacchahde)组成；其下为角皮，由稳定的脂蛋白(lipoprotein)构成，上有许多小孔，它们是来自第 3 层的许多小管的开口；第 3 层称条纹层(striped layer)，是由平行的辐射纤维组成的均质构造，一些有角质衬里的小管，通过此层延伸至第 4 层；第 4 层称覆盖层(felt layer)，是由几层不同走向的中空纤维索组成，内有

线粒体、小泡(可能是外层中小管的延伸部分)和平滑的内质网,还有一些薄壁的腔隙状的管道;第5层是固有体壁的最深层,也是最厚的一层,称辐射层(radial layer),内含少量的辐射纤维束和大量的线粒体,还含有体壁的细胞核和腔隙(或管道)系统。辐射层内侧的原浆膜(plasma membrane)具有许多皱襞,皱襞的盲端部分含有脂肪滴。再下为基底膜和由结缔组织围绕着的环肌层和纵肌层,还有许多粗糙的内质网。肌层里面是假体腔,无体腔膜。

角皮中密集的小孔具有从宿主肠腔吸收营养的功能。条纹层的小管作为运送营养物质的导管,将营养物质运送到覆盖层的腔隙系统。条纹层和覆盖层的基质可能具有支架作用。辐射层和其中的许多线粒体,具有深皱襞的原浆膜及其皱襞盲端的脂肪滴,是体壁最有活力的部分。原浆膜皱襞具有运送化学离子和水分的功能,可将被吸收的营养物质进行代谢作用。

(三)内部结构

虫体前体部的吻突之后,有一个吻囊。吻囊是由单层或双层肌肉构成的肌质囊,由肌鞘与吻突壁内侧相连,悬在假体腔内,吻突和吻囊是由一些特殊的肌带支配其作用。吻腺(lemnls-cus)呈长形,附着在吻囊两侧的体壁上,多种虫体吻腺游离于假体腔中。韧带囊(ligament asc)和韧带索(ligament strand)是棘头虫的一种特殊构造。韧带囊是结缔组织构成的空管状构造,是假体腔的隔离部分,从吻囊起穿行整个虫体内部,包裹着生殖器官。雌虫的韧带囊常随着性成熟而破裂,退化为一个带状物。韧带索是内胚层或中肠性质的一个有核的索状物,位于两个韧带之间或一个韧带囊的腹面,前端附着在吻囊的后部,后端与雄虫的生殖鞘或雌虫的子宫钟相连。

棘头虫的生殖系统较发达。雄虫有2个睾丸,呈圆形、椭圆形或卵圆形,前后排列。每个睾丸有1条输出管,2条输出管汇合成一条输精管,输精管下端膨大成为贮精囊,再经射精管而至阴茎。交配器位于虫体后端,呈囊状,内有阴茎和维持伸缩的交合伞。交合伞是虫体体壁内翻形成的一个半圆形或长圆形腔,可以外翻。射精管与黏液腺均位于生殖鞘内。雌虫的生殖器官由卵巢、子宫、子宫钟、阴道和阴门组成,成虫的卵巢崩解为卵球或称浮游卵巢,子宫钟(uterine bell)是一个呈漏斗形的管,前端有大的开口,后端以输卵管与子宫相连。子宫是肌质管,其后端与非肌质的阴道相连,最末端为阴门。

神经系统由神经节及其分支所组成。排泄系统由位于虫体生殖系统两侧的一对原肾组成。

二、棘头虫的分类

在我国寄生于家畜、家禽及犬的10种棘头虫的分类地位如下:

棘头动物门 Acanthocephala Rudolphi,1808

　原棘头虫纲 Archiacanthocephala

　　少棘吻科 Oligacanthorhynchidae Meyer,1931

　　　巨吻属 *Macracanthorhynchus* Travassos,1916

　　　钩吻属 *Oncicola* Travassos,1916

　古棘头虫纲 Palaeacanthocephala

　　多形科 Polymorphidae Meyer,1931

　　　多形属 *Polymorphus* Lühe,1911

细颈属 *Filicollis* Lühe,1911

三、棘头虫的生活史

棘头虫的发育为间接发育型。通常需要一个中间宿主.常见的中间宿主为甲壳动物和昆虫。

交配时,雄虫以交合伞附着于雌虫后端,雄虫向阴门内射精后,黏液腺的分泌物形成黏液栓,封住雌虫生殖孔,以防精子逸出。卵细胞从破裂的卵球出来后受精,受精的卵在韧带囊或假体腔内发育。尔后虫卵被吸入子宫中,未成熟的虫卵,通过子宫侧孔流回假体腔或韧带囊。成熟的虫卵由子宫钻入子宫,经阴道、阴门排出体外。成熟的卵中含有幼虫,称为棘头蚴(acanthor),一端有一圈小钩,体表有小刺,中央部有小核的团块。

成虫产出成熟虫卵随终末宿主的粪便排至外界,虫卵在自然界中被中间宿主吞食后,在肠内孵化,其后幼虫钻出肠壁,固着于体腔内发育,先发育为棘头体(acanthella),尔后变为感染性幼虫——棘头囊(cystacanth)。终末宿主因摄食含有棘头囊的节肢动物而被感染。

在某些情况下,棘头虫的发育史中可能有搬运宿主或贮藏宿主,如蛙、蛇或蜥蜴等脊椎动物。有的棘头虫需要有第二中间宿主。

第二节　猪大棘头虫病

猪棘头虫病是由少棘吻科(Oligacanthorhynchidae)巨吻属(*Macracanthorhynchus*)的蛭形巨吻棘头虫(*M. hirudinaceus*)寄生于猪的小肠内所引起,以空肠为最多。也感染野猪、犬和猫,偶见于人,是一种人兽共患的寄生虫病,但寄生于人小肠的虫体极少发育成熟。本病在我国各地普遍流行。

一、病原形态

(1)成虫　猪棘头虫为大型虫体,呈乳白色或粉红色,体表有明显的环状皱纹。前端粗,向后逐渐变细。吻突小,呈球形,其上有5～6列强大向后弯曲的小钩。雌雄虫体差别很大。雄虫呈长逗点状,长7～15 cm,睾丸2个,呈椭圆形,前后排列于虫体的中部。黏液腺8个,呈长椭圆形。尾部有一呈钟罩状的交合伞,缩入原体腔内,交接时突出体外。雌虫长30～68 cm。

(2)虫卵　长椭圆形,深褐色,两端稍尖。卵壳由四层组成,外层薄而无色,易破裂;第二层呈褐色,有细皱纹,两端有小塞状构造,一端的较圆,另一端的较尖;第三层为受精膜;第四层不明显。虫卵内的棘头蚴的头端有4列小棘,第一、二列较大,第三、四列较小。虫卵大小为(89～100)μm×(42～56)μm,平均为91 μm×47 μm(图10-1)。棘头蚴为26 μm×58 μm。

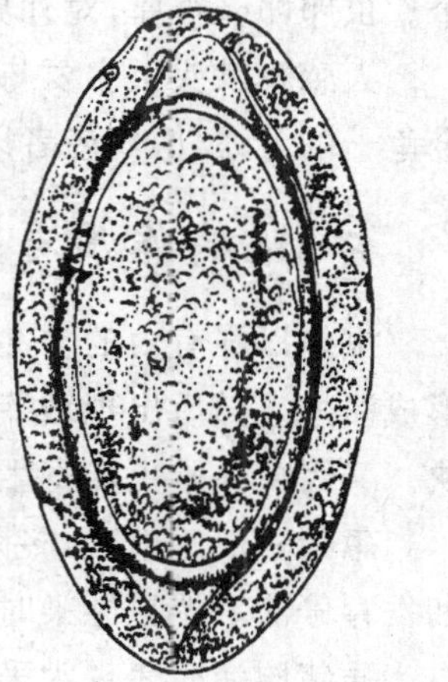

图10-1　蛭形巨吻棘头虫卵
(仿曾宪芳)

二、生活史

蛭形巨吻棘头虫寄生在猪和野猪的小肠内,雌虫产出的虫卵随粪便排出体外,被金龟子、天牛等甲虫吞食,在其体内发育释放出棘头蚴，再发育为棘头体、棘头囊，猪吞食了含棘头囊的甲虫(成虫、幼虫或蛹)而感染，在猪的消化道内，棘头囊破囊而出，以其吻突固定在小肠壁上，经 3～4 个月发育为成虫(图 10-2)。成虫在猪体内可以寄生 10～24 个月。

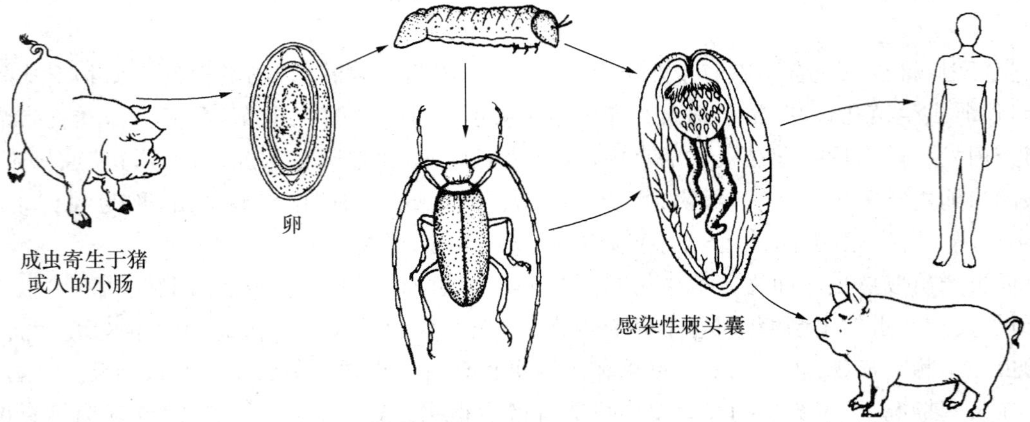

图 10-2 蛭形巨吻棘头虫生活史(仿曾宪芳)

三、流行病学

猪蛭形巨吻棘头虫病呈地方性流行，遍布世界各地，如美国、俄罗斯、意大利、罗马尼亚、阿根廷、菲律宾等。我国分布于辽宁、山东、河北、天津、河南、海南、吉林、安徽、内蒙古及四川等省、市、自治区，其中在辽宁和山东的部分地区呈地方性流行。

猪感染棘头虫病有明显的季节性，这主要与中间宿主——甲虫的生活习性有关。甲虫一般出现在早春至六七月份，因此每年春夏为猪棘头虫病的感染季节。甲虫幼虫多存在于 12～15 cm 深的泥土中，仔猪拱土的能力差，故感染率低。8～10 月龄的猪感染率高，流行严重的地区感染率可高达 60%～80%。放牧猪比舍饲猪感染率高。

猪蛭形巨吻棘头虫繁殖能力很强，每条雌虫每天可产 25 万个虫卵以上，最高可达 68 万个。虫卵卵壳很厚，对外界环境的抵抗力较强。

人感染棘头虫主要与生食或半生食含棘头囊的甲虫有关。在流行区，儿童有捕食天牛和金龟子的习惯，因此患者以学龄前儿童和青少年为多。

四、致病作用与症状

虫体以强有力的吻突及其小钩牢牢地叮着在肠黏膜上，造成黏膜组织充血、出血、坏死并形成溃疡。随后出现结缔组织增生，形成结节，并向浆膜面突出，可与大网膜组织粘连形成包块。又因虫体常更换寄生部位，致使肠壁多处损伤，严重者可造成肠穿孔，诱发腹膜炎而死亡。

患猪一般感染时，多因虫体吸收大量营养物质和虫体的有毒物质的作用，表现贫血、消瘦和发育停滞。严重感染时，在第三天即可见到食欲减退、下痢、腹痛、腹肌抽搐、刨地、粪便带血。病猪腹痛时表现为采食骤然停止，四肢撑开，肚皮贴地呈拉弓姿势，同时不断发出哼哼声(某些地区称哼哼病)。重剧者则突然倒在食槽旁，四蹄乱蹬，通常在 1～3 min 后又逐渐恢复正常，继续采食。当虫体固着部位发生脓肿或肠穿孔时，症状加剧，体温升高达 41℃，患猪表现衰弱,不食,腹痛,卧地,多以死亡告终。

人在感染后1～3个月发病,早期症状不明显,后期表现为发热、贫血、腹痛、腹胀和夜惊等神经症状。

五、病理变化

剖检可见尸体消瘦,贫血,黏膜苍白。病变主要集中在小肠,空肠和回肠的浆膜上可见豌豆大小的暗红色或灰黄色小结节,其周围有红色充血带。肠黏膜发炎,肠壁增厚,有溃疡灶,并有大量虫体附着于肠黏膜上或游离于肠腔内。严重感染时可能出现肠穿孔,引起腹膜炎而死亡。

六、诊断

根据流行病学调查,结合临床症状,在粪便中发现虫卵即可确诊。粪检时可用直接涂片法或水洗沉淀法。棘头虫在人体内大部不能发育至性成熟,在粪便中不易查见虫卵。

七、治疗

(1)硝硫氰醚 按每千克体重80 mg,一次口服,间隔2 d重复喂1次,连续喂3次。

(2)丙硫咪唑和吡喹酮合剂 按每千克体重50 mg,一次口服。

(3)左咪唑 按每千克体重10 mg,喂服或肌肉注射。

八、预防

①定期驱虫,消灭感染源。驱虫后猪粪应集中发酵,方可作为粪肥使用。

②在流行区,每年5—8月份甲虫出现较多的季节,猪不宜放牧,改为舍养。猪场内不宜整夜灯光照明,避免招引甲虫。

③消灭环境中的金龟子。禁用生甲虫喂猪。

第三节 鸭棘头虫病

鸭棘头虫病是由多形科多形属和细颈属的棘头虫寄生于鸭、鹅、天鹅、游禽和鸡的小肠所引起。寄生于禽类肠道的多形属棘头虫有三种:大多形棘头虫(*Polymorphus magnus*)、小多形棘头虫(*P. minutus*)与腊肠状多形棘头虫(*P. botulus*)。细颈属有鸭细颈棘头虫(*Filicollis anatis*)一种,其中以大多形棘头虫和鸭细颈棘头虫最常见。我国的江西、辽宁、四川、江苏、陕西、重庆、湖北、河南、湖南、安徽、广东、台湾、福建、云南等省、市均有报道。

一、病原形态

1. 大多形棘头虫

虫体呈橘红色,纺锤形,体前端大,后端狭细,体表有小刺。吻突小,呈长椭圆形,其上有吻钩16～18列,每列8～10个,前4个吻钩大,后部的吻钩小,呈小针形。吻囊呈圆柱形。雄虫长9.2～11 mm,睾丸2个,呈卵圆形,斜列于虫体前1/3部,睾丸后方有4条并列的腊肠状黏液腺,交合伞呈钟形,位于体腔的后端,前面两侧有2个膨大的侧突,后部边缘有18个指状副肋,生殖孔开口于体末端。雌虫长12.4～14.7 mm。虫卵呈长纺锤形,大小为(113～129)μm×(17～22)μm,在胚两端有特殊的突出物(图10-3)。寄生于鸭、野鸭的小肠。

2. 小多形棘头虫

虫体较小，呈纺锤形，前部体表具有56～60纵列小棘，每列18～20个。吻突呈卵圆形，其上有16纵列吻钩，每列7～8个，前4个钩发达，后3～4个较小。吻囊发达，双层构造。雄虫体长为2.79～3.94 mm，睾丸2个，呈球形，斜列于吻囊后方，有4条腊肠状的黏液腺，交合伞呈钟状，其前部有侧盲突，后缘有18条指状副肋。生殖孔开口于虫体亚末端。虫卵细长，呈纺锤形，有3层卵模，大小为(107～111)μm×18 μm。寄生于鸭小肠，分布于我国台湾等地。

3. 腊肠状多形棘头虫

虫体呈圆柱形，吻突卵圆形，上有小钩12～16列，每列7～8个，前部吻钩稍大。颈部细长。吻腺呈带状。前部体表具小棘。雄虫长13.0～14.6 mm，宽3.08～3.70 mm。吻突长0.65 mm，宽0.57 mm。睾丸呈椭圆形，斜列，位于中部靠前。雌虫长15.4～16.0 mm。虫卵长椭圆形，大小(71～83)μm×30 μm，有3层同心圆的外壳。寄生于鸭小肠，分布于我国福建。

4. 鸭细颈棘头虫

虫体呈纺锤形，白色或黄白色，虫体吻突上吻钩细小，体壁薄而呈膜状。雄虫体长为6.0～8.0 mm，宽1.4～1.5 mm。颈短。吻突呈椭圆形，具有18纵列的小钩，每列10～16个，前7个吻钩有发达的根部，后34个根部小，不发达。吻腺长。睾丸呈卵圆形，斜列于虫体中部，睾丸下方有6个椭圆形的黏液腺，末端具有钟形交合伞。雌虫呈黄白色，体长为20～26 mm，宽44.3 mm，具有细长的颈部。吻突呈圆球形，直径2～3 mm，其前端有18纵列小钩，放射状排列。吻腺亦长。体表棘细小(图10-4)。虫卵呈卵圆形，大小为(75～84)μm×(27～31) μm，卵膜3层，外层膜薄，中层厚而致密，具光泽，内层薄，包住幼虫。棘头蚴全身有小棘，前端具有10个杆状小钩。寄生于鸭等水禽小肠，分布于我国江苏、贵州等地。

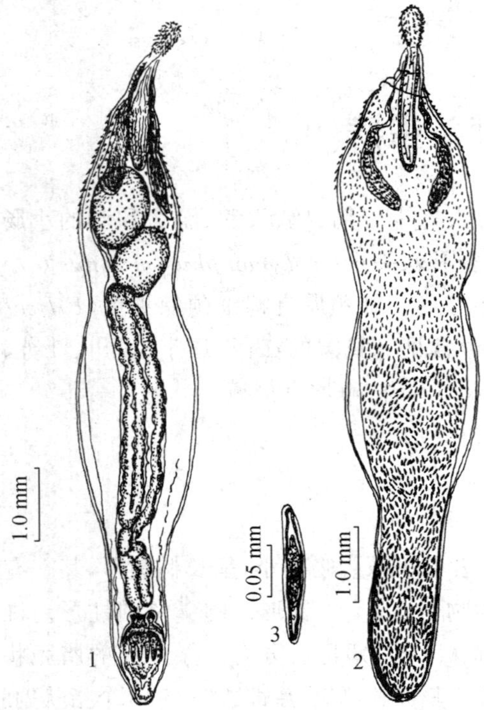

图10-3　大多形棘头虫

1. 雄虫　2. 雌虫　3. 虫卵

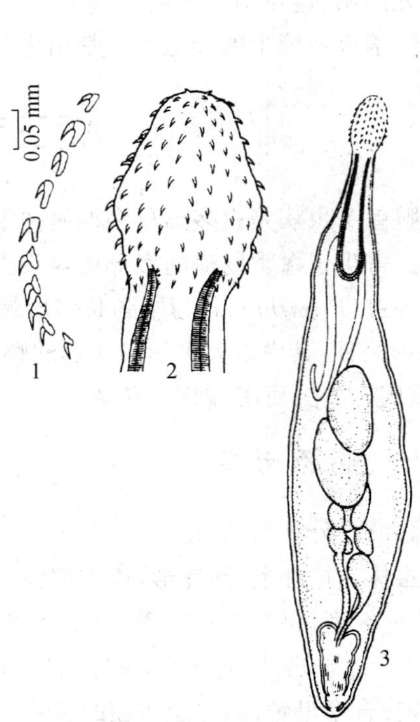

图10-4　鸭细颈棘头虫(仿陈淑玉、汪溥钦)

1. 雄虫吻钩　2. 雄虫吻突　3. 雄虫

二、生活史

鸭棘头虫的发育需中间宿主，因虫种的不同所需的中间宿主也不相同。大多形棘头虫的中间宿主为甲壳纲、端足目的湖沼钩虾(*Gammarus lacustris*)；小多形棘头虫的中间宿主为蚤形钩虾(*G. pulex*)、河虾(*Potamobius astacus*)和罗氏钩虾(*Carinogammarus roeselli*)；腊肠状棘头虫的中间宿主为岸蟹(*Carinus moenus*)；鸭细颈棘头虫的中间宿主为等足类的水虱(*Asellus aquaticus*)。

寄生于鸭小肠的棘头虫产出含棘头蚴的虫卵，虫卵随粪便排出体外，落入水中后被适合的中间宿主吞食，棘头蚴逸出，在中间宿主体内经棘头体阶段发育为棘头囊。当鸭吞食了含棘头囊的中间宿主后，幼虫附着于肠壁上，经 27～30 d 发育为成虫。

三、流行病学

多形棘头虫虫卵对外界环境的抵抗力很强，在 10～17℃的水中可存活 6 个月。钩虾多生活于水边和水草多的地方，以腐败的动、植物为食，水中小鱼吞吃了含感染性幼虫的虾后成为多形棘头虫的贮藏宿主，鸭吞吃了这种小鱼或虾后均可感染。

湖沼钩虾能存活两年，故感染性棘头体可在中间宿主体内越冬，翌年雏鸭吃到含有棘头囊的虾即可感染多形棘头虫。棘头虫的感染季节大多为春、夏。

四、致病作用与症状

棘头虫以吻突牢固地附着在肠黏膜上，引起机械性损伤和卡他性肠炎，有时吻突深入黏膜下层，甚至穿透肠壁，造成出血、溃疡，严重者可穿孔。临床上主要表现为肠炎。当继发细菌感染时，引起化脓性炎症。严重感染者可引起死亡，幼禽死亡率较高。

五、病理变化

剖检可见在肠道的浆膜面上有肉芽组织增生的小结节。有大量橘红色的虫体聚集在肠壁上，固着部位出现不同程度的创伤。

六、诊断

粪便检查发现虫卵或死后剖检见到虫体，即可确诊。粪检可采用直接涂片或沉淀法。

七、治疗

可选用下列药物：

(1)硝硫氰醚　剂量为每千克体重 100 mg，一次口服，隔 3 d 重复一次。

(2)四氯化碳　按每千克体重 0.5 mL，灌服。

八、预防

在流行区，对鸭进行预防性驱虫；雏鸭与成年鸭分开饲养；沟塘每年干塘一次，尽量消灭中间宿主；加强饲养管理，饲喂全价饲料。

第四节　鱼似棘头吻虫病

似棘头吻虫病是由似棘头吻虫寄生于鱼类的消化道而引起的一种寄生虫病，主要危害鲤鱼、草鱼、鲢鱼、鳙鱼。

一、病原形态

乌苏里似棘头吻虫(*Acanthocephalorhynchoides ussuriense*)隶属于棘环科(Acanthogyridae)。其雄虫较短小，略呈香蕉形，前部向腹面弯曲，体长 0.70～1.27 mm。体表披有横行的小棘。前端腹侧特别密集，其基部作不规则状膨大。同时，又向背方不规则地稀疏；背部有时无小棘；吻短小，吻鞘单层，吻钩 18 个排成 4 圈，前 3 圈各 4 个，第 4 圈 6 个，吻腺等长或亚等长，长为吻鞘的 2 倍以上，几达体中部。体壁巨核背面 5～6 个，腹面 2 个。睾丸 1 对，圆球形，前后排列，位于体后部。黏液腺合胞型，有核 3～4 个。雌虫长 0.9～2.3 mm，呈黄瓜状，生殖孔位于末端腹面，子宫钟开口于腹面中、下部。

二、生活史

似棘头吻虫的中间宿主是一种介形虫，草鱼等宿主吞食了含有似棘头吻虫的介形虫而被感染。

三、流行病学

本病在我国南北地区均有分布，主要危害鲤鱼、草鱼、鲢鱼、鳙鱼，严重感染时可引起大批死亡。

四、临床症状

病鱼不摄食，瘦弱，体色发黑，游动无力，常漂浮于水面。濒临死亡的病鱼在水面上转，头部连续蹿出水面，鱼体翻转，尾巴出现痉挛性颤动，随即下沉死亡。

五、病理变化

腹鳍基部充血，前腹部膨大如球。剖开腹部，可见肠道充血，病情严重时肠壁变薄且脆，容易破裂，白色的虫体也随之而出，肉眼可见。

六、诊断

剖开鱼腹，取出肠子，放在玻片上，将肠剖开刮下黏液，压片镜检。小鱼可直接将肠整体压片，在解剖镜下检查。一般 3～5 cm 草鱼感染强度在 2～7 个就可引起病害。

七、防治

(1)治疗　可选用口服晶体敌百虫，剂量为每万尾鱼或每 50 kg 鱼用 15～20 kg 拌食料投喂，每天一次，连喂 5 d，可驱除虫体，减轻病情。

(2)预防　用生石灰对夏花鱼池进行彻底清塘，可有效地控制此病的发生。

本章小结

(1)棘头虫呈椭圆形,虫体不分节,两侧对称,具有假体腔,雌雄异体,无消化系统和循环系统。虫体一般可分为细短的前体部和粗长的躯干部两部分。前体部是由吻突和颈部组成,躯干部前部比较宽,后部较细长。在内部结构中,韧带囊和韧带索为棘头虫的一种特殊构造。

(2)棘头虫隶属于棘头动物门。与兽医有关的主要有巨吻目和棘吻目。巨吻目有少棘科;棘吻目有多形科、细颈科;环棘头目有四环科。

(3)棘头虫的发育需要中间宿主,中间宿主为甲壳类动物和昆虫。

(4)猪棘头虫病、鸭棘头虫病和似棘头吻虫病为猪、鸭和鱼常见寄生虫病之一,本章对每个病的病原形态、生活史、流行病学、致病作用、临床症状、诊断和综合防治措施进行了详细介绍。

复习思考题

1. 试述猪棘头虫病的病原形态、生活史、流行病学、致病作用、临床症状、诊断和综合防治措施。

2. 试述鸭棘头虫病的病原形态、生活史、流行病学、致病作用、临床症状、诊断和综合防治措施。

3. 试述似棘头吻虫病的病原形态、生活史、流行病学、致病作用、临床症状、诊断和综合防治措施。

各论(二) 节肢动物病

第十一章
节肢动物病

本章学习目的与要求：通过本章的学习，要求深刻理解与掌握蜱螨、昆虫的形态结构及危害；掌握蜱螨、昆虫的发育及螨病和蝇蛆病；要求一般了解蜱螨、昆虫的分类，虱病、蠕形蚤病、其他昆虫病。

第一节 节肢动物的形态、分类和发育

一、节肢动物的形态和发育特征

（一）形态特征

节肢动物的身体左右对称，躯体和附肢均分节，部分体节相互愈合而形成头部、胸部及腹部，有些种类的头部和胸部愈合成头胸部，也有些种类胸部和腹部愈合成胸腹部。体外壁具有由几丁质及其他无机盐沉着的外骨骼。有完整的消化系统。有混合体腔和开放式的循环系统。呼吸方式多样，水生种类用鳃，陆生种类用书肺或气管，体型小的种类有的还可经体表呼吸。神经系统为链状的神经系统，脑较发达。

（二）发育特征

节肢动物常为雌、雄异体，发育过程包括卵、幼虫（含蛹）和成虫 3 个阶段。常具 1 个或几个幼虫期。发育过程中大多要经历蜕皮和变态。

1. 蜕皮（ecdysis）

节肢动物在胚后发育过程中，必须进行 1 次或数次蜕皮，即脱掉旧的几丁质膜，换以宽大的新表皮后，才变为成虫。蜕皮后，虫体才能得以继续充分生长和发育。

2. 变态（metamorphosis）

昆虫从幼虫到成虫经历从外部形态、内部结构、生理功能到生态习性、行为和本能上的一系列变化，这一过程称为变态。节肢动物的变态有各种类型，其中主要有完全变态和不完全变态两种。

（1）完全变态（complete metamorphosis） 发育过程包括卵、幼虫、蛹和成虫 4 个阶段，卵后各发育时期的形态与生活习性完全不同，这种发育方式称为完全变态。如蚊、蝇等。

（2）不完全变态（incomplete metamorphosis） 虫体自卵孵化，经过幼虫期便发育为成虫。缺乏蛹期，称为不完全变态，即发育过程包括卵、幼虫、成虫 3 个阶段。如蜱、螨、虱等。

节肢动物的生殖方式大多数为卵生，个别为卵胎生和胎生。幼虫从卵孵出的过程称为孵化。幼虫生长过程中需要蜕皮若干次，两次蜕皮之间的阶段称为龄期，两次蜕皮之间的虫态称为龄，分别称一、二、三、四龄幼虫。成熟幼虫变蛹的过程称化蛹。蛹内成虫破蛹而出的过程称为羽化。

二、节肢动物的分类

节肢动物门分 3 个亚门和 7 个纲。兽医节肢动物涉及 4 个纲。

(一)蛛形纲(Arachnida)

虫体呈圆形或椭圆形；头、胸、腹区分不明显，互相融合。虫体分假头和躯体两部，体表有几丁质硬化形成的板。成虫有 4 对肢，肢分节，虫体前端为假头，由口器和假头基组成。本纲中与兽医有关的是蜱螨目(Acarina)的种类，包括以下 4 个亚目。

1. 蜱亚目(Ixodida)

又称后气门亚目(Metastigmata)，体躯中部外侧有一对气门，气门发达。足的第一跗节上有感觉窝，即哈氏器。口下板上有倒刺，成为穿刺工具。主要包括硬蜱科(Ixodidae)和软蜱科(Argasidae)。

2. 革螨亚目(Gamasida)

又称中气门亚目(Mesostigmata)体中外侧有一对气门，如无气门则寄生于脊椎动物呼吸道。足无哈氏器，口下板无穿刺功能。主要为皮刺螨科(Dermanyssidae)。

3. 螨亚目(Trombidiformes)

又称前气门亚目(prostigmata)。有或无气门，有气门则位于假头上或靠近假头。须肢游离，螯肢有穿刺功能。主要有蠕形螨科(Demodidae)和恙螨科(Trombieculidae)。

4. 疥螨亚目(Sarxcoptiformes)

又称无气门亚目(Astigmata)，无气门。各足基节在体腹面表皮上形成"Y"状的支柱。螯肢粗而强，须肢简单，雄性常有肛吸盘。主要有疥螨科(Sarcoptidae)和痒螨科(Psoroptidae)。

(二)昆虫纲(Insecta)

虫体分头、胸、腹 3 部分。头部具触角 1 对，两只复眼；胸部有足 3 对；翅有或无，有则为 2 对或 1 对。本纲中与兽医有关的是双翅目(Diptera)、虱目(Anoplum)、食毛目(Mauophaga)和蚤目(Siphonaptera)的种类。

1. 双翅目(Diptera)

只有一对前翅，后翅退化为平衡棒，完全变态。

(1)长角亚目(Namatocera)　触角长，分多节，幼虫头部完整，蛹裸式。包括蚊科(Culicidae)、蚋科(Simuliidae)和蠓科(Ceratopogonidae)。

(2)短角亚目(Brachycera)　触角短，分 3～5 节，幼虫头端不完整，蛹裸式，如虻科(Tabanidae)。

(3)环裂亚目(Cyclorrhapha)　触角 3 节，有触角芒，成虫从蛹壳的环裂缝中钻出。包括虱蝇科(Hippoboscidae)、狂蝇科(Oestridae)、胃蝇科(Gasterophilidae)、蝇科(Muscidae)和丽蝇科(Calliphoridae)等。

2. 虱目(Phthiraptera)

背腹扁平,无翅,不完全变态。

(1)虱亚目(Anoplura)　刺吸式口器,触角分5节,包括血虱科(Haematopinidae)和颚虱科(Linognathidae)。

(2)食毛亚目(Mallophaga)　咀嚼式口器,触角3～5节,包括啮毛虱科(Trichodectidae)、长角羽虱科(Philopteridae)和羽虱科(Menoponidae)。

3. 蚤目(Siphonaptera)

体左右扁平,无翅,足粗而长,刺吸式口器,完全变态,主要是蠕形蚤科(Vermipsyllidae)。

(三)甲壳纲(Cmstacea)

虫体分为头胸和腹两部或头、胸、腹三部。附肢甚多,触角2对。多营水生生活,有些种类为鱼类寄生虫,有的可为畜、禽寄生虫的中间宿主。

(四)蠕形纲(Pentastomida)

营脊椎动物体内寄生生活。成虫与幼虫形态变化很大,幼虫颇似螨类,成虫细长,蠕虫状,无附肢,体表有许多明显的环纹,体表呼吸。如寄生于犬科动物鼻道内的锯齿舌形虫。

三、节肢动物对畜、禽及经济动物的危害

兽医节肢动物对畜、禽及经济动物的危害主要包括直接危害和间接危害两方面。

(一)直接危害

1. 侵袭和骚扰动物,影响生长发育

许多寄生性节肢动物,在寄生生活过程中,反复侵袭骚扰畜、禽及经济动物,使动物宿食不安,影响其采食和休息;同时吸食宿主动物的血液、组织液,或咬食畜、禽及经济动物的被毛,还能分泌有毒素的唾液,使被叮咬部位发生红肿、痛痒,甚至引起皮炎、毛囊炎、皮脂腺炎和疮疖等,并夺取宿主的大量营养,导致宿主逐渐消瘦、贫血和生长发育不良等。

2. 引起特异性的寄生虫病

一些节肢动物寄生于畜、禽及经济动物的体内或体表,引起相应的寄生虫病,危害畜、禽及经济动物。如疥螨寄生于家畜及经济动物的皮内引起疥螨病;痒螨寄生于家畜及经济动物的皮肤表面引起痒螨病;寄生蝇(如牛皮蝇、羊狂蝇和马胃蝇)的幼虫寄生于某些动物体内,引起牛皮蝇蛆病、羊狂蝇蛆病和马胃蛆蝇病。

(二)间接危害

有些节肢动物可以作为疾病传播者,传播多种病原微生物和寄生虫,引起相应的传染病和寄生虫病,从而给畜、禽及经济动物带来严重危害。能传播疾病的节肢动物称病媒节肢动物。节肢动物传播病原体的方式有以下两种:

1. 机械性传播

病原体在传播者体内或体表仅能生存,而不进行发育和繁殖,传播者对病原体仅起携带、输送的作用。在这种传播方式中,病原体只是机械地从一个宿主传给另一个宿主,或从某一污染物,如宿主带病原体的粪便,被输送到宿主的饲料、饮水或饲养用具上,造成污染而传播病原体。如牛虻传播伊氏锥虫、炭疽杆菌;蝇类传播蛔虫卵等。在这类疾病的传播过程中,节肢动

物并不是病原体的必需宿主，只起到机械地携带和输送作用。

2. 生物性传播

这是节肢动物传播病原体最重要的方式。病原体在传播过程中，在传播者体内要经历发育和(或)繁殖的过程。这种发育和(或)繁殖是病原体完成其生活史或传播必不可少的过程，病原体必须在节肢动物体内经过一定时间的发育和(或)繁殖后才具有感染力。根据病原体与节肢动物之间的生物学关系，其传播方式可分为以下 4 种。

(1)发育式　病原体在节肢动物体内只发育但没有繁殖过程。即病原体在传播者体内仅有形态结构及生理生化特征等的变化，而没有数量的增加。如蚊传播微丝蚴、蝇类传播鸡赖利绦虫和牛吸吮线虫等。

(2)繁殖式　病原体在节肢动物体内经繁殖而数量增多，但没有发育的阶段性，形态上没有明显的变化。如蜱传播森林脑炎病毒，鼠蚤传播鼠疫杆菌等。

(3)发育繁殖式　病原体在节肢动物体内，必须经历发育和繁殖两个过程，在其体内既要发生形态上的变化，也要发生数量的增加。病原体只有完成发育和繁殖并到达感染部位之后才能传染给宿主。如蚊传播疟原虫、蜱传播环形泰勒虫等。

(4)经卵传递式　病原体在节肢动物体内进行发育和繁殖后，侵入雌虫的卵巢，经卵传至下一代甚至数代，使子代个体生来就具有传病的能力。如全沟硬蜱传播森林脑炎，微小牛蜱传播双芽巴贝斯虫等。

第二节　蜱螨类疾病

一、蜱病

蜱病是由蜱(ticks)寄生于动物的体表所引起的一类外寄生虫病。蜱在分类地位上隶属节肢动物门、蛛形纲、蜱螨目、蜱亚目(Ixodides)。目前已知种类 800 多种，分硬蜱科(Ixodidae)、软蜱科(Argasidae)和纳蜱科(Nuttalliellidae)，其中最常见、危害性最大的是硬蜱科的蜱，其次是软蜱科的蜱，而纳蜱科的蜱不常见也不重要。

(一)硬蜱病

硬蜱又称壁虱、扁虱、草爬子、狗豆子等，是对动物危害较为严重的一类外寄生虫。由硬蜱科的蜱寄生于动物的体表而引起的寄生虫病称之为硬蜱病。

1. 硬蜱的形态

(1)外部形态　蜱呈红褐色或灰褐色，长卵圆形，背腹扁平，从芝麻粒大到米粒大。雌虫吸饱血后，虫体膨胀可达蓖麻籽大。硬蜱头、胸、腹愈合在一起，不可分辨，仅按其外部附器的功能与位置，区分为假头与躯体两部分。

①假头：平伸于躯体的前端，由一个假头基、一对须肢、一对螯肢和一个口下板组成(图 11-1)。假头基呈矩形、六角形、三角形或梯形。雌蜱假头基背面有一对椭圆形或圆形，由无数小凹点聚集组成的孔区。假头基背面外缘和后缘的交接处可因蜱种不同而有发达程度不同的基突。假头基腹面横线中部位常有耳状突。须肢分 4 节，第Ⅰ节较短小与假头基前缘相连接，第Ⅱ、Ⅲ节较长，外侧缘直或凸出，第Ⅲ节的背面或腹面有的有逆刺，第Ⅳ节短小，嵌生在第三节

腹面的前端,其端部具感毛称触须器须肢器(palpal organ)。螯肢位于须肢之间,可从背面看到,螯肢分为螯杆和螯趾,螯趾包在螯鞘内,螯趾分为内侧的动趾和外侧的定趾。口下板的形状因种类而异,在腹面有呈纵列的倒齿,每侧的齿列数常以齿式表示,端部的齿细小称为齿冠。

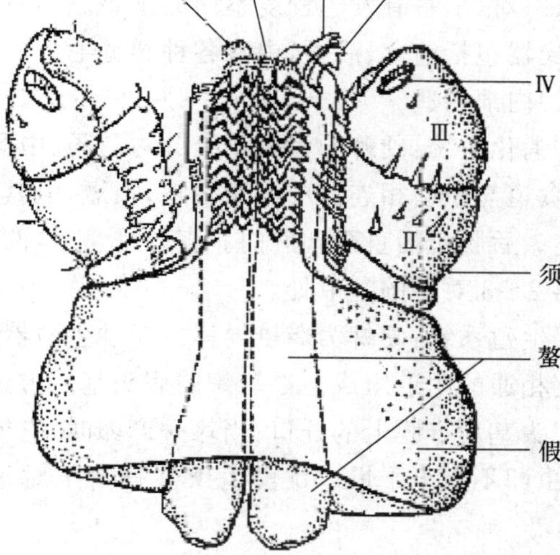

图 11-1 硬蜱的假头(仿 Matheson)

②躯体:硬蜱在躯体背面有一块盾板,雄虫的盾板几乎覆盖整个背面,雌虫、若虫和幼虫的盾板呈圆形、卵圆形、心形、三角形或其他形状,仅覆盖背面的前方。盾板前缘两侧具有肩突。盾板上有一对颈沟和一对侧沟,还有大小、深浅程度和分布状态不同的刻点。躯体背面的后半部,雄蜱和雌蜱都有后中沟和一对后侧沟。有些属硬蜱盾板上有银白色的花纹;有些属硬蜱有一对眼,位于盾板的侧缘;有些属硬蜱躯体后缘具有方块形的缘垛,通常为 11 个,正中的一个有时较大,色淡而明亮,称为中垛;有些属硬蜱躯体后端突出,形成尾突。硬蜱躯体腹面前部正中有一横裂的生殖孔,在生殖孔两侧有一对向后伸展的生殖沟。肛门位于后部正中,除个别属例外,通常有肛沟围绕肛门的前方或后方。腹面有一对气门板,位于第四对足基节的后外侧,其形状因种类而异,是分类的重要依据(图 11-2)。有些属的硬蜱雄虫腹面尚有腹板,其板片数量、大小、形状和排列状况也常用为鉴别蜱种的特征。

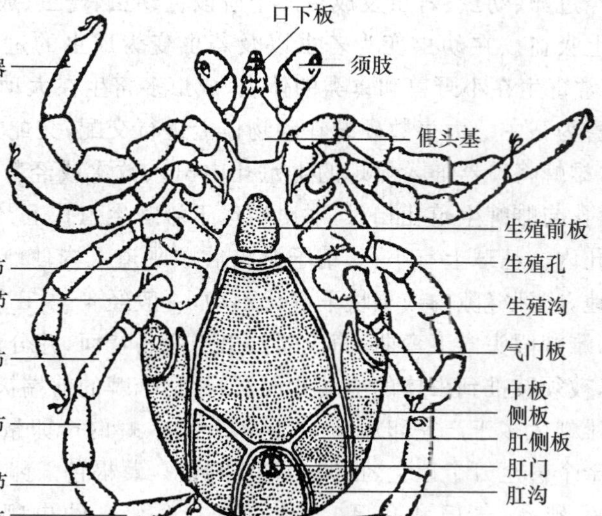

图 11-2 硬蜱(雄)腹面观(仿杨光友)

硬蜱的成虫和若虫有 4 对足,幼虫有 3 对足,足由 6 节组成,由体侧向外依次为基节、转节、股节、胫节、后跗节和跗节(图 11-2)。基节固定于腹面,其后缘通常裂开,延伸为距,位于内侧的叫内距,位于外侧的叫外距,距的有无和大小是重要的分类依据。转节短,其腹面有的有发达程度不同的距；在某些属蜱第一对足转节背面有向后的背距。跗节上有环形假关节，其末端有爪一对，爪基有发达程度不同的爪垫。第一对足跗节接近端部的背缘有哈氏器，为嗅觉器官，哈氏器包括前窝、后囊，内有各种感觉毛。

(2)内部构造

①消化系统：硬蜱的消化系统分为前肠、中肠和后肠 3 部分。前肠包括口腔、咽和细短的食道，食道与中肠相连。中肠又称胃，很短，但其两侧生有很多胃支囊。中肠的后端变细与后肠相连。后肠包括直肠和肛门。直肠呈囊状，两侧各有 1 条马氏管。此外，还有唾液腺 1 对，位于第 2～3 对足的基节处。

②生殖系统：硬蜱为雌雄异体。雌性生殖器官由 1 对卵巢、1 对输卵管、1 个子宫和 1 个与生殖孔相通的阴道组成。在雌蜱的假头基后方还有 1 腺体，称为简氏器(Gene's organ)，有管通于假头基后方膜上的开口；当雌蜱产卵时，它能分泌黏液将虫卵黏附在一起，成为一大团卵块，使虫卵不至于干燥。雄性生殖器官由 1 对睾丸、1 对输精管和 1 个通入生殖孔的射精管组成。

③呼吸系统：若虫和成虫有较发达的气管系统，通过气门进行气体交换和调节体内的水分平衡。幼虫无气管系统，以体表进行呼吸。

④循环系统：心脏约位于躯体前 2/3 处。心脏向前连接主动脉，在前端包围着脑部形成围神经血窦。由心脏的搏动推动血淋巴的循环。

⑤神经系统：蜱有一个中枢神经节(或称为脑)位于第一、第二基节水平线上。外周神经起于各神经节，分布至各器官。蜱类有较发达的感觉器官，如体表的感觉毛、眼、哈氏器和须肢器等。

2. 生活史和习性

蜱的发育需要经过卵、幼虫、若虫及成虫 4 个阶段。幼虫、若虫、成虫这 3 个活跃期都要在人畜及野兽(禽)身上吸血。在幼虫变为若虫以及若虫变为成虫的过程中，都要经过蜕化(图 11-3)。幼虫和若虫常寄生在小野兽和禽类的体表，成虫多寄生在大动物身上。有些种类的蜱各个活跃期都以家畜为宿主。大多数硬蜱在动物体上进行交配，交配方式比较特殊，雄蜱爬到雌蜱体上腹面相对，雄蜱将口器伸入雌蜱的生殖孔内出入数次或经数小时，然后抽回口器，雄蜱向前移动，使生殖孔与雌蜱生殖孔相对，射出精球于雌蜱生殖孔上，然后离体后退，用口器将精球推入雌蜱生殖孔内。精球上有小孔，精子游出后顺阴道入内使雌蜱受精。交配后吸饱血的雌蜱离开宿主落地，爬到缝隙内或土块下静伏不动，一般经 4～9 d 待血液消化及卵发育后，开始产卵。产卵时，雌蜱假头向下弯曲，简氏器凸出于假头背面，并分泌黏稠液体，由生殖孔产出的卵黏着黏液后，被须肢推到虫体的前端背面，因而整个蜱的前端被埋在一大团的卵里。硬蜱产卵，一次产完，雌蜱大多于产完卵后 1～2 周内死亡。蜱的产卵量与蜱的种类和吸血量有关，可产千余个、数千个甚至万个以上，虫卵小，呈卵圆形，黄褐色。卵经 2～3 周或 1 个月以上孵出幼虫。幼虫无生殖孔、气门和孔区，经体表进行呼吸。幼虫爬到宿主体上吸血，经过 2～7 d 吸饱血后，落于地面，经过蜕化变为若虫再侵袭各种动物，经 3～9 d 吸饱血后落地，蛰伏数天至数十天蜕化变为性成熟的雌虫或雄虫。成虫吸血时间约需用 8～10 d。蜱的吸血量很大，饱食后幼虫的体重增加 10～20 倍，若虫为 20～100 倍，雄虫为 1.5～2 倍，而雌虫可达 50～250 倍。

根据硬蜱更换宿主次数和蜕皮场所可分为下述 3 种类型。

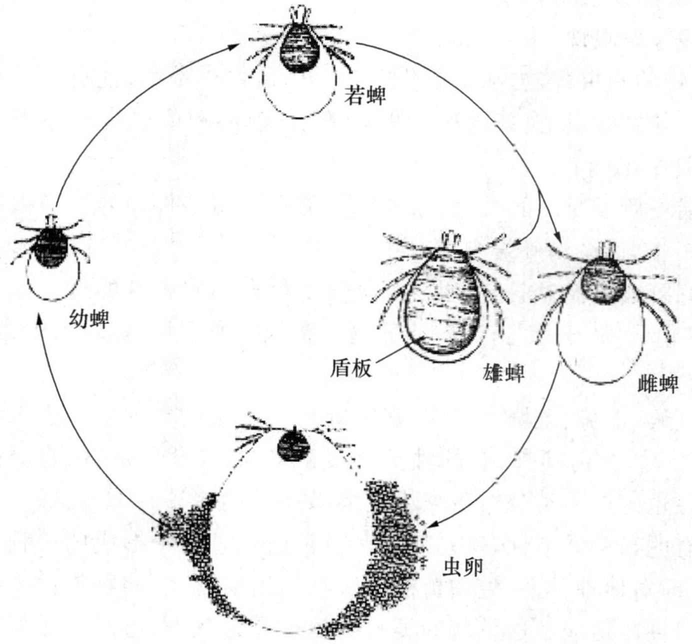

图 11-3　硬蜱的形态与生活史(仿 Urquhart,1996)

①一宿主蜱:蜱在一个宿主体上完成幼虫至成虫的发育,成虫饱血后才离开宿主落地产卵,如微小牛蜱(图 11-4)。

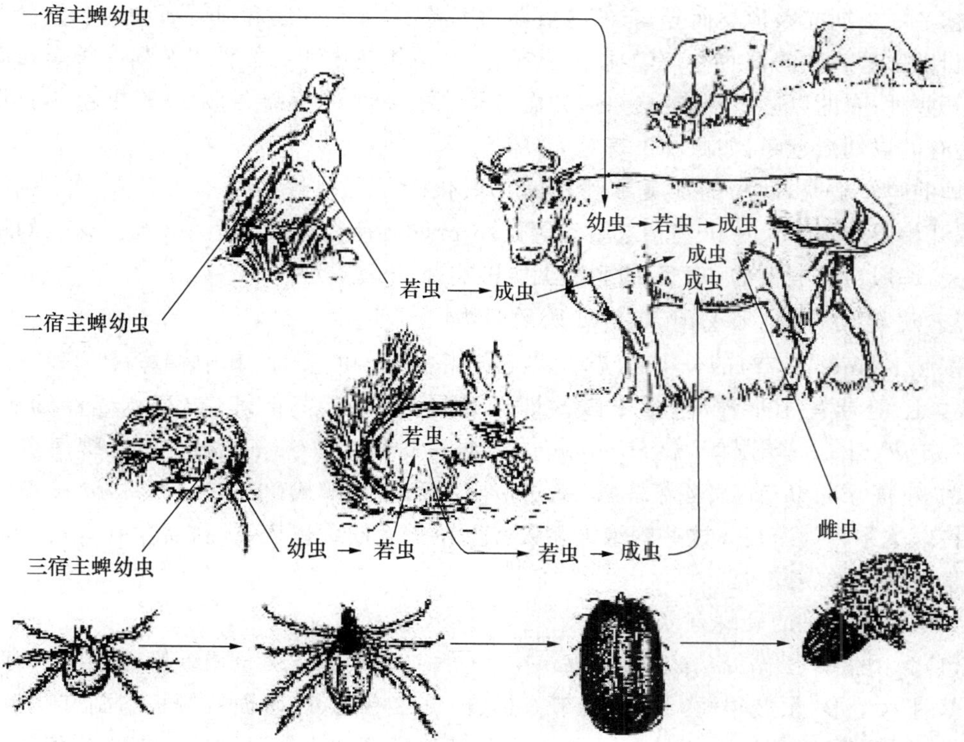

图 11-4　硬蜱更换宿主类型图(仿 Серлюкова г. в)

②二宿主蜱：蜱的幼虫和若虫在一个宿主体完成发育，而成虫在另一个宿主体吸血，饱血后落地产卵。如残缘璃眼蜱(图 11-4)。

③三宿主蜱：蜱的幼虫、若虫和成虫分别在 3 个宿主体寄生，饱血后都需要离开宿主落地进行蜕皮或产卵。如硬蜱属、血蜱属和花蜱属中的所有种和革蜱属、扇头蜱属中的多数种以及璃眼蜱属中的个别种(图 11-4)。

蜱完成其生活史所需时间的长短，随蜱的种类和环境条件而异。如微小牛蜱完成一个世代所需的时间仅 50 d，而全沟硬蜱则需 3 年。

蜱类在各发育阶段不仅对温度、湿度等气候变化有不同程度的适应能力而且具有较强的耐饥饿能力，成蜱阶段的寿命尤长，曾有报道，微小牛蜱成虫在试管内耐饥 5 年，幼蜱耐饥达 9 个月。

蜱的分布与气候、地势、土壤、植被和宿主等有关。各种蜱均有一定的地理分布区，有的种类分布于森林地带，如全沟硬蜱；有的种类分布于草原，如草原革蜱；有的种类分布于荒漠地带，如亚洲璃眼蜱；也有的种类分布于农耕地区，如微小牛蜱。

蜱类的活动有明显的季节性，这是蜱类在漫长进化过程中形成的一种对环境周期性变化条件的适应能力，即对地理条件、生物植被、气候、光周期、宿主动物习性及其洞巢微小环境等变化过程的有规律性的适应。这就使蜱类有时处于滞育状态，有时处于积极活动状态。在季节变化分明的地区，蜱类通常都在一年中的温暖季节活动。在同一地区，不同种类的蜱其活动季节各不相同；而同一种蜱在不同地区，由于气候和生存环境的不同，其活动时间的长短也有差别。

硬蜱的越冬场所因种类而异，有的在蜱的栖息场所越冬，有的则叮附在宿主体上越冬。

越冬的虫期亦因种类而异，有的各虫期均可越冬，如硬蜱属和血蜱属中的多数种以及璃眼蜱属和扇头蜱属中的某些种；有的以成虫越冬，如革蜱属中所有的种以及扇头蜱属和璃眼蜱属中的某些种；有的以若虫和成虫越冬，如血蜱属中的一些种类；有的则以若虫越冬如残缘璃眼蜱；还有的以幼虫越冬，如微小牛蜱等。

蜱的嗅觉敏锐，动物的汗臭和呼出的二氧化碳是吸引蜱的因素。当人、畜距离蜱 15 m 时，蜱开始感受，10 m 时 50%构成活动等候，5 m 时则活动等候可达 100%。感受的距离与风向有关，一般对机械性的和声音的刺激无大影响。

3. 硬蜱的分类及我国家畜常见的硬蜱

按照 Krantz(1978)的分类系统，世界已知蜱类有 800 多种，其中硬蜱科有 13 个属约 650 种，我国已记录有 104 种，包括 9 属。即硬蜱属(*Ixodes*)、革蜱属(*Dermacentor*)、血蜱属(*Haemaphysalis*)、璃眼蜱属(*Hyalomma*)、扇头蜱属(*Rhipicephalus*)、花蜱属(*Amblyomma*)、牛蜱属(*Boophilus*)、盲花蜱属(*Aponomma*)和异扇蜱属(*Anomalohimalaya*)。其中前 7 属与兽医关系较为密切。这些蜱绝大多数寄生在哺乳动物体表，少数寄生在鸟类、爬行类，个别寄生在两栖类。

我国家畜常见的硬蜱有以下几种。

(1)微小牛蜱(*Boophilus microplus*) 微小牛蜱为小型蜱。无缘垛；无肛沟；有眼很小；假头基呈六角形；须肢很短，第二、三节有横脊；雄虫有尾突；腹面肛侧板与副肛侧板各 1 对。微小牛蜱主要寄生于黄牛和水牛，也可寄生于其他家畜和人体。微小牛蜱主要传播牛双芽巴贝斯虫病和牛列浆体病。典型的一宿主蜱。活动季节为 4—11 月份，每年繁殖 4～5 代，以幼虫越冬。微小牛蜱主要生活在农区，为我国常见种类，分布于辽宁、河北、山西、山东、陕西、甘肃、湖北、湖南、安徽、江西、江苏、广东、广西、四川、云南、西藏和台湾等地。

(2)草原革蜱(*Dermacentor nuttalli*) 草原革蜱为大型蜱。盾板有银白色花斑；有缘垛；有眼；假头基呈矩形，基突短小，转节Ⅰ背距圆钝；基节外距不超出后缘；雄蜱气门板背突达不到边缘。成虫寄生在牛、马、羊等家畜及大型野生动物体表，而幼虫和若虫寄生于啮齿动物和小型兽类。三宿主蜱，一年繁殖一代，成虫活动季节主要在3—6月份，仅叮咬而不大量吸血，以饥饿成虫在草原上越冬。主要传播驽巴贝斯虫病和马巴贝斯虫病，草原革蜱为典型的草原种类，分布于东北、华北、西北广大牧区。

(3)森林革蜱(*D. silvrum*) 为大型蜱，形态与草原革蜱相似，雄蜱体长3.5 mm，宽2.9 mm；假头基基突发达，长约等于其基部之宽，末端钝；转节Ⅰ背距显著突出，末端尖细；基节Ⅳ外距末端超出该节后缘；气门板长逗点形，背突向背面弯曲，末端伸达盾板边缘。雌蜱假头基矩形，宽约为长的2倍，侧缘呈宽弧，后缘直并略显隆突，基突宽短而钝，盾板近似圆形，后半部呈现暗棕斑块，生殖孔有较小的翼状突，气门板逗点状。成虫寄生于牛、马等家畜，若虫、幼虫寄生于小啮齿类。一年繁殖一代，以饥饿成虫越冬。成虫出现于3月中旬，以4月中旬最多。常见于再生林、灌木林和森林边缘区。本蜱为马巴贝斯虫、驽巴贝斯虫和森林脑炎的主要传播者。分布于黑龙江、吉林、辽宁、河北、陕西、新疆等地区。

(4)残缘璃眼蜱(*Hyalomma detritum*) 残缘璃眼蜱为大型蜱。须肢窄长；眼相当明显，呈半球形，位于眼眶内；足细长，褐色或黄褐色，背缘有浅黄色纵带，各关节处无淡色环带。雌蜱侧沟不明显，雄蜱中垛明显，淡黄色或与盾板同色；后中沟深，后缘达到中垛；后侧沟呈长三角形；肛侧板略宽，前尖后圆，下半部侧缘略平，内缘凸角粗短明显，副肛侧板末端圆钝，肛下板短小；气门板大，曲颈瓶形，背突窄长，顶端达到后板边缘。残缘璃眼蜱主要寄生于牛、马、羊、骆驼、猪等。二宿主蜱。主要生活在家畜舍内及停留处，一年繁殖一代，每年5—8月份为成虫活动期，6—7月份为活动高峰期。8—9月份为幼虫活动期，以若虫越冬。残缘璃眼蜱能传播牛泰勒虫病和驽巴贝斯虫病。分布于东北、华北、西北、华中等地区。

(5)血红扇头蜱(*Rhipicephalus sanguineus*) 血红扇头蜱为大型蜱。有眼；有缘垛；假头基宽短，六角形，侧角明显；须肢粗短，中部最宽，前端稍窄；须肢第1、2节腹面内缘刚毛较粗，排列紧密。雄蜱肛门侧板似三角形，长为宽的2.5～2.8倍，内缘中部稍凹，下方凸角不明显或圆钝，后缘向内斜；副肛侧板呈锥形，末端尖细；气门板长，呈逗点形。血红扇头蜱主要寄生于犬，也寄生于马和绵羊等家畜。能传播犬梨形虫病、驽巴贝斯虫病和马巴贝斯虫病。血红扇头蜱常生活在农区和野地，为三宿主蜱，一年繁殖3代。在华北地区活动季节为5—9月份，以饥饿成虫越冬。分布于华北、西北、辽宁、河南、江苏、福建、广东等地。

(6)全沟硬蜱(*Ixodes persulcatus*) 全沟硬蜱为小型的三宿主蜱；躯体呈卵圆形，中部较宽。假头基宽短；须肢粗扁；盾板呈长卵形，中部略隆起；颈沟浅；刻点浅且分布均匀，表面有小细毛；肛板短；肛侧板前部宽于后部；气门板呈卵圆形。全沟硬蜱成虫寄生于家畜和野生动物，也侵袭人，主要传播牛巴贝斯虫病、森林脑炎、Q热和北亚蜱传伤寒。多分布于针、阔混交林和柞林地区的密林中。全沟硬蜱生活周期为2～3年，越冬的雌虫于5—6月间出来活动。分布在黑龙江、吉林、辽宁、新疆等省区。

(7)长角血蜱(*Haemaphysalis bispinosa*) 长角血蜱虫体呈黄褐色。假头基矩形，表面有细刻点，基突强大；须肢向外侧突出成角；气门板呈长卵圆形，背腹缘略直，背突短小圆钝；无眼；足中等粗细，爪垫中等大小。长角血蜱主要寄生于黄牛、水牛、羊、马等农畜和一些野生动物体上，为三宿主蜱，活动季节为4—9月份，以6月份为高峰期，主要传播瑟氏泰勒虫病。分布于江苏、福建、湖南、河北等省。

4. 危害

(1)直接危害 少量蜱的叮咬时，一般危害较轻，但数量很多时，病畜出现痛痒、烦躁不安，经常以摩擦、抓和舐咬来试图摆脱害虫。硬蜱不但吸食宿主大量血液，并由于它的叮咬可使宿主皮肤产生水肿、出血、胶原纤维溶解和中性粒细胞浸润的急性炎性反应，在恢复期，巨噬细胞、成纤维细胞逐渐代替中性粒细胞。对蜱有免疫性的宿主，其真皮处具有明显的嗜碱性细胞的浸润。蜱的唾腺能分泌毒素，可使家畜产生厌食、体重减轻和代谢障碍，但症状一般较轻。某些种的雌蜱唾腺可分泌一种神经毒素，它抑制肌神经接头处乙酰胆碱的释放活动，造成运动性纤维的传导障碍，引起急性上行性的肌萎缩性麻痹，称为“蜱瘫痪”。在实际生活中，经常可以见到蜱致动物死亡的情况。

(2)间接危害 蜱可以传播大量疾病，已知蜱是83种病毒、14种细菌、17种回归热螺旋体、32种原虫以及钩端螺旋体、衣原体、立克次氏体、支原体、犬巴尔通氏体等疾病的传播媒介，其中大多数是重要的自然疫源性疾病和人兽共患病，如森林脑炎、新疆出血热、Q热、蜱传斑疹伤寒、鼠疫、野兔热、布氏杆菌病等。

5. 防治

由于蜱类寄生的宿主广泛，分布地域广，所以应在充分调查蜱的生活习性的基础上，如了解当地蜱的种类、活动季节、栖息场所、宿主的种类及寄生部位等，发动群众，因地制宜地采取综合性防治措施。

(1)消灭畜体上的蜱

①人工捕捉：对于个体动物如果寄生蜱数量较少可采取机械摘取的方法。摘蜱时应与动物皮肤成垂直角度往上拔出，否则蜱的假头容易断在畜体引起局部炎症。捉到的蜱集中起来烧掉。

②药物杀灭：如果饲养动物较多，可用药物进行杀灭。双甲脒按0.037 5％浓度喷淋，间隔7 d重复用药一次；二嗪哝按每千克体重0.25 g的剂量喷淋；溴氰菊酯按0.01％浓度进行喷洒、药浴或洗涮，间隔10～15 d重复用药一次；20％碘硝酚注射液，剂量为每千克体重10 mg，皮下注射；伊维菌素注射液，剂量为每千克体重0.02 mg，皮下注射。各种药剂的长期使用，可使蜱产生抗药性，因此杀虫剂应轮流使用，以增强杀蜱效果和推迟抗药性的产生。

(2)消灭畜舍内的蜱 畜禽舍内的墙缝、地面缝或小洞等均为蜱的栖息场所，应用杀蜱药撒布后再用石灰、水泥等堵抹，并用新鲜的石灰乳涂刷舍内墙壁、柱子、门窗等处。

(3)消灭自然界的蜱 可采取轮牧及创造不利于蜱的生活环境的一切方法，如清除杂草、砍掉经济价值不大的灌木丛、改良土壤、翻耕土地及开垦荒地等。亦可采用一些生物防制措施等，如寄生蜂在若蜱内产卵并发育为成虫，猎椿科昆虫能把吻刺入蜱体内捕食之。

常用的药物有敌百虫、辛硫磷、倍硫磷、溴氰菊酯、除虫菊酯、二嗪哝(螨净)、伊维菌素和阿维菌素等，各种药物长期使用，可使蜱产生抗药性，因此需轮换使用。

(二)软蜱病

软蜱指软蜱科的蜱，是危害哺乳动物及鸟类的一类外寄生虫，宿主范围广泛，常侵袭鸟类、蛇类、龟类以及多种哺乳类动物；当虫体大量侵袭时，可使动物消瘦、贫血、生产力降低，甚至造成死亡。

1. 软蜱的形态

软蜱雌雄两性形态无明显差别。虫体扁平，卵圆形或长卵圆形，体前端较窄，有的种类腹面前端突出称为顶突；未吸血前为灰黄色，饱血后为灰黑色。饥饿时其大小、形态略似臭虫，饱血后体积增大，但不如硬蜱明显(图 11-5)。

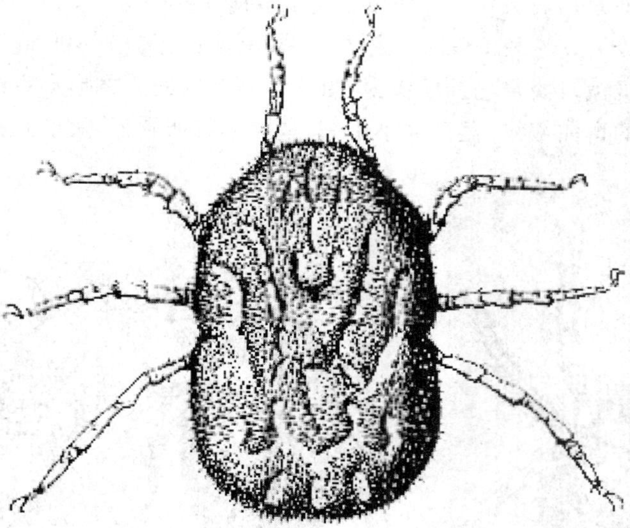

图 11-5　钝缘蜱背面观(仿 Varma)

(1)假头　假头从背面看不到，隐于虫体腹面前端的头窝内，头窝两侧有 1 对叶片，称为颊叶。假头基小，近方形，无孔区。须肢为圆柱状，游离而不紧贴于螯肢和口下板两侧，共分 4 节，可自由转动，第四节大小与其他 3 节相似。口下板不发达，其上的齿较小，靠近基部有 1 对口下板毛。螯肢结构与硬蜱相同。

(2)躯体　躯体体表大部分为适于舒张的革质表皮，雄蜱较厚而雌蜱较薄，并有起伏明显的皱襞。背腹面均无盾板和腹板。表皮的结构随属种不同而异，具皱纹状，或颗粒状或乳突状的小结节；或有圆陷凹，其陷凹称为盘窝。腹面前端有时突出称为顶突。大多数无眼。生殖孔和肛门的位置与硬蜱相同。雌蜱的生殖孔呈横沟状，而雄蜱呈半月状，这是区别雌、雄的主要依据。躯体背腹两面也有各种沟，但与硬蜱不同。气门板小，位于第四对足基节的前外侧。沿基节内、外侧有褶突，内侧为基节褶，外侧为基节上褶。足的结构与硬蜱相似，但基节无距。跗节和后跗节背缘具有几个瘤突、亚端瘤突，一般比较明显，其数目和大小是分类的重要依据。爪垫退化或缺如。

幼蜱和若蜱的形态与成蜱相似，但生殖孔尚未形成，且幼蜱只有 3 对足。

2. 生活史和习性

软蜱的发育过程也包括卵、幼虫、若虫和成虫 4 个阶段，其若虫阶段有 1～8 期，由最后一个若虫期变为成虫。软蜱的产卵方式与硬蜱基本相似，但产卵的次数和产卵的量则不同。软蜱一生产卵多次，每次产卵数个至数十个，一生产卵的次数及总产卵量依吸血次数及吸血量而定，一般情况下一生可产卵 1 000 余个。卵孵化为 3 对足的幼虫，以后幼虫蜕化变为 4 对足若虫。成虫白天隐伏在畜舍的缝隙中，或在木柱的树皮下或石块下，夜间爬出活动。幼虫和若虫在畜体上吸血和蜕化，并在体表长期停留；最后一期若虫吸饱血后离开体表，蜕化为成虫，并隐藏于畜舍中。成虫每次吸血 10～60 min。成虫耐饥力强，不吸血的虫体一般可活 5～6 年之久。

3. 软蜱的分类及我国家畜常见的软蜱

世界各地已发现软蜱科的蜱约 150 种，我国有十几种。软蜱科与兽医有关的有锐缘蜱属(*Argas*)及钝缘蜱属(*Ornithodoros*)。我国常见的软蜱种类有以下两种。

(1)波斯锐缘蜱(*Argas perskcus*) 虫体扁平，呈卵圆形，前部钝窄，后部宽圆；吸血后体呈红色乃至青黑色，饥饿时淡黄色。体缘薄，由许多不规则的方格形小室组成。背面表皮高低不平，形成无数细密的弯曲皱纹；盘窝大小不一，呈圆形或卵圆形，放射状排列(图 11-6)。卵呈球形棕色。

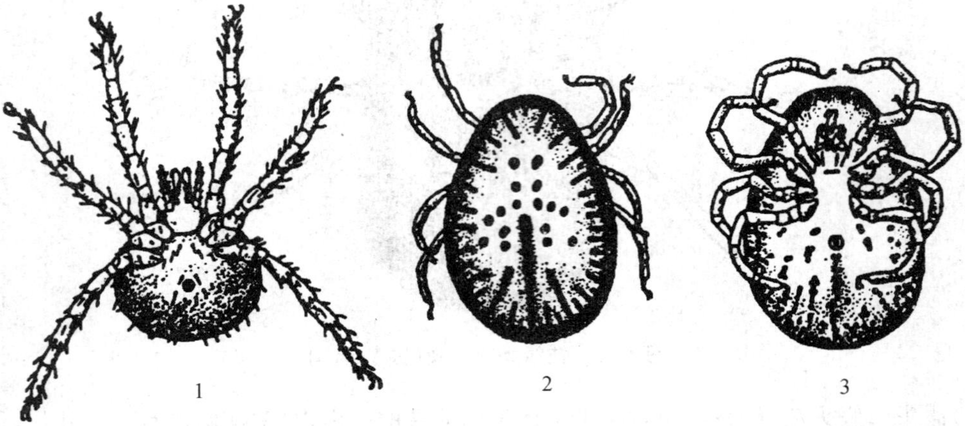

图 11-6 波斯锐缘蜱(仿杨光友)

1. 幼蜱 2. 雌蜱背面 3. 雌蜱腹面

主要寄生于鸡，也侵袭人。成蜱、若蜱有群聚性。白天隐伏。夜间爬出活动，叮附在鸡的腿趾部吸血。幼蜱活动不受昼夜限制，在鸡的翼下无毛部附着吸血，可连续附着 10 余天，侵袭部位形成褐色结痂。成蜱活动季节为 3—11 月份，以 8—10 月份最多；幼蜱于 5 月份大量出现活动。本蜱分布于全国，尤以华北、西北最为常见。

(2)拉合尔钝缘蜱(*Ornithodoros lahorensis*) 土黄色，体椭圆形。前端尖窄，形成锥状顶突，雄蜱较为明显，后端宽圆。表皮呈皱纹状、密布星状小窝。前半部中段有 1 对长形盘窝。中部及后部两侧有几对圆形盘窝。肛前沟浅而不完整，无肛后横沟。第一对足的跗节背缘有 2 个粗大的瘤突和 1 个粗大的亚端瘤突。主要生活在羊圈或其他牲畜棚内，寄生在绵羊或其他牲畜，有时也侵袭人。幼蜱和前两期若蜱冬季在宿主身上连续停留，第三期若蜱在春季吸饱血后离开。成蜱也在冬季活动。白天隐伏在棚圈的缝隙里、木柱树皮下或石块下，夜间爬出叮咬吸血，每次吸血 10～60 min。主要分布于新疆、甘肃和西藏等地。

4. 危害

(1)直接危害 软蜱寄生时，由于吸血和唾腺分泌毒素，使病畜消瘦，贫血，衰弱，甚至造成死亡。

(2)间接危害 软蜱还能传播各种疾病，如鸡螺旋体病、巴贝斯虫病、布氏杆菌病、钩端螺旋体病和野兔热病等。

5. 防治

本病的防治可参照硬蜱病。

二、螨病

螨病是由寄生性螨类寄生于动物的体表或体内所引起的一类寄生虫病。螨类为螨亚目(Trombidiformes)、革螨亚目(Gamasida)、疥螨亚目(Sarxcoptiformes)的所有种类,已知的3万余种,估计可能有50万种以上。它们中有的自由生活,有的寄生在植物上,有的寄生于哺乳类(包括人)、鸟类、爬行类和昆虫类,引起动物的螨病。寄生于动物的螨以疥螨亚目的疥螨科(Sarcoptidae)和痒螨科(Paoroptidae)的种类最为重要。它们分别寄生于畜、禽的皮肤表皮内或皮肤表面,引起畜、禽的慢性寄生性皮肤病,即通常所称的螨病,又称疥癣,俗称癞。以剧痒、脱毛、湿疹性皮炎和接触感染为特征。不同种的螨类引起不同的螨病,如疥螨引起疥螨病,痒螨引起痒螨病等。不同宿主的螨一般不互相感染,有其一定的宿主特异性,但它们的一些变种有时可感染人。螨病常发生于冬季,对家畜的危害很大,给畜牧业的发展造成巨大经济损失。

螨的形态与蜱相似,头、胸、腹愈合在一起,躯体呈圆形、卵圆形或亚圆形,也有的呈长形或蠕虫状。虫体由颚体(或称假头)和躯体两部分构成。颚体由背面的一对螯肢,两侧的一对须肢及腹面的一个口下板构成(有的种类无口下板)。躯体由具弹性的革状表皮构成。成螨和若螨有足4对,幼螨有足3对,躯体和足上生有许多刚毛。

(一)疥螨病

疥螨病是由疥螨科的螨虫寄生于多种畜、禽和野生哺乳动物的皮肤表皮层内所引起的慢性、寄生性皮肤病。以患部剧痒、结痂、脱毛、皮肤增厚、患部逐渐向周围扩展和具有高度传染性为本病特征。

1. 病原形态

疥螨科中与兽医关系密切的有疥螨属(*Sarcoptes*)的人疥螨(*Sarcoptes scabiei*),背肛螨属(*Notoedres*)的猫背肛螨(*N. cati*)和兔背肛螨(*N. cati* var. *cuniculi*),膝螨属(*Cnemidocoptes*)的突变膝螨(*C. mutans*)和鸡膝螨(*C. gallinae*)等。

(1)疥螨　疥螨的种类很多,差不多每一种家畜和野兽体上都有疥螨寄生。各种疥螨在形态上极为相似,但近年研究倾向于单种说法,即只有人疥螨(*Sarcoptes scabiei*)一个种,其他均为人疥螨的亚种(变种),如马疥螨(*S. scabiei* var. *equi*)、牛疥螨(*S. scabiei* var. *bovis*)、猪疥螨(*S. scabiei* var. *suis*)、驼疥螨(*S. scabiei* var. *cameli*)、山羊疥螨(*S. scabiei* var. *caprae*)、绵羊疥螨(*S. scabiei* var. *ovis*)、兔疥螨(*S. scabiei* var. *cuniculi*)、犬疥螨(*S. scabiei* var. *canis*)等亚种或变种。各变种虽然也可偶然传染给本宿主以外的其他动物,但在异宿主身上存留时间不长。

疥螨呈龟形,浅黄色,背面隆起,腹面扁平。雌虫(0.33～0.45)mm×(0.25～0.35)mm,雄虫(0.2～0.23)mm×(0.14～0.19)mm。腹面有4对粗短的肢;每对足上均有角质化的支条,第一对足上的后支条在虫体中央并成一条长杆,第3、4对足上的后支条,在雄虫是互相连接的。足上的吸盘呈钟形。雄虫的生殖孔在第4对足之间,围在一个角质化的倒"V"形的构造中。雌虫腹面有两个生殖孔,一个为横裂,位于后两对肢前之中央为产卵孔;另一个纵裂在体末端为阴道,但产卵孔只在成虫时期发育完成。肛门为一小圆孔,位于体端,在雌螨系居阴道之背侧(图 11-7)。

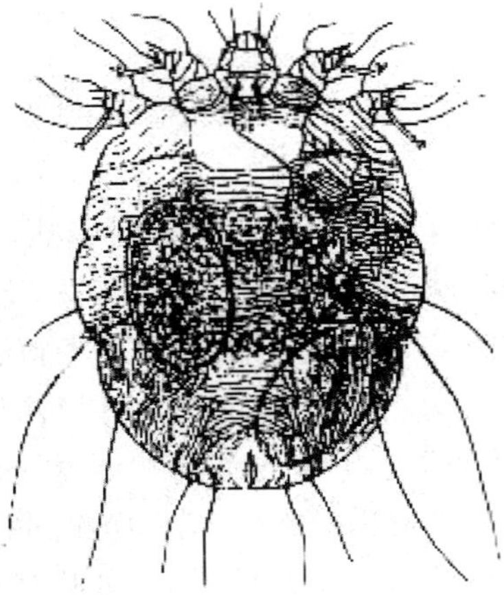

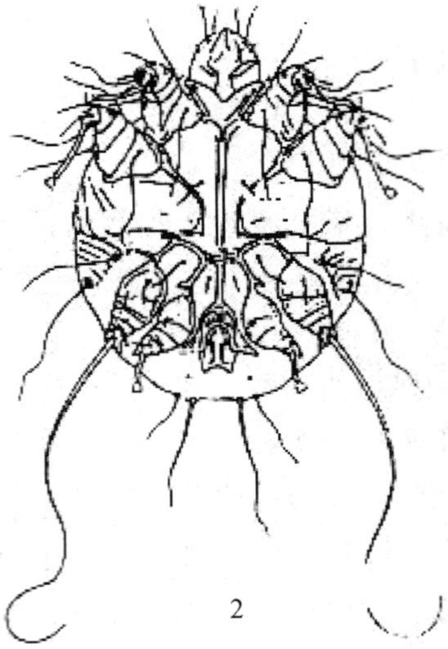

1　　　　　　2

图 11-7　疥螨成虫(仿 Hirst)

1. 雌螨背面观　2. 雄螨腹面观

(2)猫背肛螨(*N. cati*)　躯体呈圆形。雌螨体长为 0.17～0.24 mm，雄螨体长为 0.12～0.14 mm。躯体上的指状刺、锥状刺和棘突均细小或较少。肛门位于虫体背面(图 11-8)。常寄生于猫的面部、鼻、耳及颈部等处。

(3)兔背肛螨(*N. cati* var. *cuniculi*)　形态与猫背肛螨相似，虫体也较小。常寄生于兔的头部、鼻、口及耳，也可蔓延至腿及生殖器。

(4)突变膝螨(*C. mutans*)　俗称鳞足螨或鸡腿疥螨。雄螨的大小为(0.19～0.20)mm×(0.12～0.13)mm。躯体呈卵圆形，足较长，呈圆锥状，各足端均有带柄的吸盘。雌螨虫体大小为(0.408～0.44) mm×(0.33～0.38)mm，躯体近圆形，足极短，不突出体缘，足端全无吸盘。雄螨和雌螨的肛门均在虫体末端；躯体背面无鳞片和棒状刺，仅有皱纹，呈间断状；第一对足基节的基内突延及背面(图 11-9)。

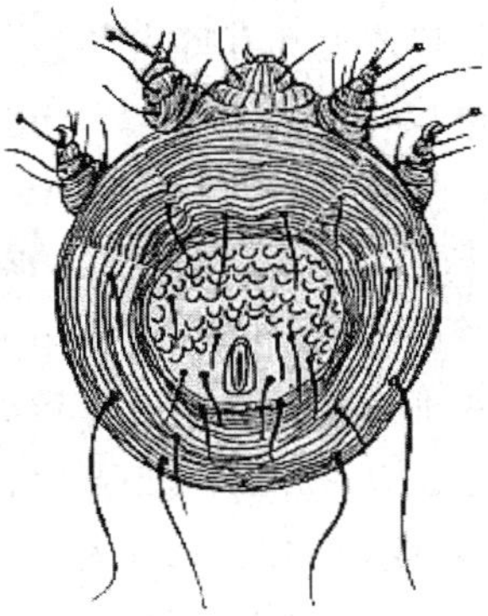

图 11-8　猫背肛螨背面观(仿 Urquhart)

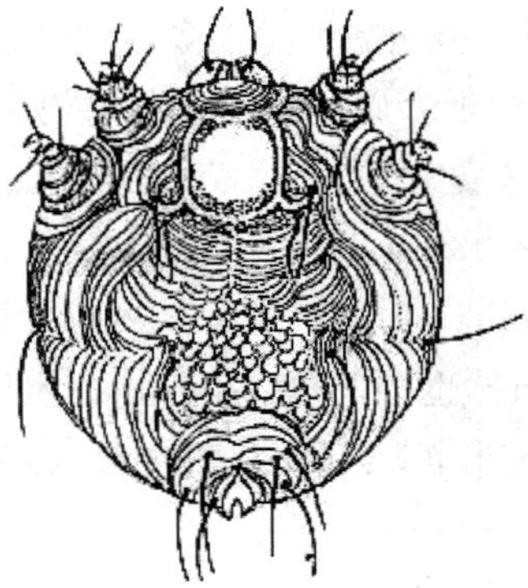

图 11-9　膝螨背面观(仿 Urquhart)

(5)鸡膝螨(*C. gallinae*)　鸡膝螨比突变膝螨小，雌螨体长约为 0.3 mm。躯体较圆，后端有 1 对长刚毛；各足均无吸盘。雄螨各足端均有吸盘。雌螨和雄螨虫体背面均无鳞片和棒状刺，仅有整齐的皱纹，第一对足基内突亦延续及背面。它们侵袭鸡、鸽和雉鸡表皮的有羽毛区，特别是羽基部的周围，并可钻进羽干内。

2. 生活史

疥螨科的螨类全部发育过程都在动物体上进行，包括卵、幼虫、若虫、成虫 4 个阶段。

疥螨的口器为咀嚼式，在宿主表皮挖凿隧道，以角质层组织和渗出的淋巴液为食，在隧道内进行发育和繁殖。雌螨在隧道内产卵，每两三天产卵一次，一生可产 40～50 个卵。卵呈椭圆形、黄白色、长约 150 μm，初产卵未完全发育，后期卵透过卵壳可看到发育的幼螨。卵经 3～8 d 孵出幼螨。幼螨 3 对肢，很活跃，离开隧道爬到皮肤表面，然后钻入皮内造成小穴，在其中蜕变为若螨。若螨似成螨，有 4 对肢，但体型较小，生殖器尚未显现，蜕化为成螨。雄螨在宿主表皮上与雌螨进行交配，交配后的雄螨不久即死亡，受精后的雌螨非常活跃，在宿主表皮找到适当部位以螯肢和前足附节末端的爪挖掘虫道，经 2～3 d 后开始产卵，产完卵后死亡，寿命 4～5 周，疥螨整个发育过程为 8～22 d，平均 15 d。

背肛螨生活史与疥螨属的相同。

膝螨生活史与疥螨属的相似，全部生活史过程均在鸡体上进行。突变膝螨寄生于鸡腿上的无毛处及脚趾部，开始从胫部的大鳞片上感染，钻入皮肤后在坑道中产卵，孵出的幼螨经蜕化后发育为成螨。

3. 流行病学

疥螨在宿主体外的生活期限，随温度、湿度和阳光照射强度等多种因素的变化而有显著的差异。一般仅能存活 3 周左右，在 18～20℃和空气湿度为 65%时经 2～3 d 死亡，而在 7～8℃时则经 15～18 d 才死亡。疥螨在动物体外经 10～30 d 仍不失去侵袭特性。

螨病主要由于健畜与病畜直接接触或通过被螨及其卵污染的厩舍、用具、鞍挽具等间接接触引起感染。另外，工作上不注意，也可由饲养人员或兽医人员的衣服和手传播病原。

螨病主要发生于冬季和秋末春初，因为这些季节，日光照射不足，家畜毛长而密，特别是在厩舍潮湿，畜体卫生状况不良，皮肤表面湿度较高的条件下，最适合螨的发育繁殖。夏季家畜绒毛大量脱落、皮肤表面常受阳光照射、皮温增高，经常保持干燥状态，这些条件都不利于螨的生存和繁殖，大部分虫体死亡，仅有少数螨潜伏在耳壳、系凹、蹄踵、腹股沟部以及被毛深处，这种带虫家畜没有明显的症状，但到了秋季，随着条件的改变，螨又重新活跃起来，不但引起症状的复发，而且成为最危险的传染来源。

狐狸、狼、虎、猴等野生动物也患疥螨病。尤其幼畜发病比较严重，在幼畜体上繁殖，比在成年畜体上为快。随年龄的增长，抗螨免疫性增强。免疫力的强弱，取决于家畜的营养、健康状况和有无其他疾病等。

4. 致病作用和症状

剧痒：是螨病的主要症状。病势越重，痒觉越剧烈。之所以发生剧痒是因为螨的体表长有很多刺、毛和鳞片，同时还能由口器分泌毒素，当它们在家畜皮肤采食和活动时能刺激皮肤神经末梢而导致痒觉。螨病病畜发痒有一个特点，即病畜进入温暖场所或运动后，痒觉更加增剧，这是由于螨随着周围温度增高而活动增强的结果。剧痒使病畜不停地啃咬患部，并向各种物体上用力摩擦，因而越发加重患部的炎症和损伤，同时还向周围环境散布大量病原。

结痂、脱毛和皮肤肥厚：也是螨病病畜必然出现的症状。在虫体的机械刺激和毒素的作用下，皮肤发生炎性浸润，发痒处皮肤形成结节和水疱，当病畜蹭痒时，结节、水疱破溃，流出渗出液。渗出液与脱落的上皮细胞、被毛及污垢混杂在一起，干燥后就结成痂皮。痂皮被擦破或除去后，创面有多量液体渗出及毛细血管出血，又重新结痂。随着病情的发展，毛囊、汗腺受到侵害，皮肤角质层角化过度，患部脱毛，皮肤肥厚，失去弹性而形成皱褶。

消瘦：由于皮肤发痒，病畜终日啃咬，摩擦和烦躁不安，影响正常的采食和休息，并使胃肠消化、吸收机能降低。加之在寒冷季节因皮肤裸露，体温大量散失，体内蓄积的脂肪被大量消耗，所以病畜日渐消瘦，有时继发感染，严重时甚至死亡。

各种动物螨病的特征：

(1)牛疥螨病　开始于牛的面部、颈部、背部、尾根等被毛较短的部位，病情严重时，可遍及全身，特别是幼牛感染疥螨后，往往引起死亡。

(2)猪疥螨病　仔猪多发，初从头部的眼周、颊部和耳根开始，以后蔓延到背部、身体两侧和后肢内侧，患部剧痒，被毛脱落，渗出液增加，粘成石灰色痂皮，皮肤呈现皱褶或龟裂。

(3)兔疥螨病　先由嘴、鼻孔周围和脚爪部位发病。病兔不停用嘴啃咬脚部或用脚搔抓嘴、鼻孔等处解痒，严重发痒时有前、后脚抓地等特殊动作。病兔脚爪上出现灰白色痂块，嘴唇肿胀，影响采食。

(4)犬疥螨病　先发生于头部，后扩散至全身，小狗尤为严重。患部有小红点，皮肤也发红，在红色或脓性疱疹上有黄色痂，奇痒，脱毛，然后表皮变厚而出现皱纹。

(5)猫疥螨病　由猫背肛螨引起，寄生于猫的面部、鼻、耳及颈部，可使皮肤龟裂或形成黄棕色痂皮，常可使猫死亡。

(6)鸡突变膝螨病　通常寄生于鸡、火鸡的胫部和趾部等无羽毛部，开始是胫上的大鳞片感染，当虫体钻入皮肤后，其隧道也只在小腿部鳞片的下方，因其寄生引起发炎，胫上起鳞片状屑，接着皮肤增生而变粗糙、裂缝、发痒。由于病变部渗出液的干涸而形成灰白色痂皮。外观上像涂上了一层石灰状，故有“石灰脚”之称。严重时可引起鸡的行动困难，甚至发展成为关节炎、趾骨坏死。

(7)鸡膝螨病　鸡膝螨沿羽轴穿入皮肤，其隧道通常侵入羽毛的根部，以致诱发炎症、羽毛变脆、脱落，体表形成了赤裸裸的斑点。皮肤发红，上覆盖鳞片，抚摸时感觉有脓疮。因其寄生部奇痒，故鸡常有啄食羽毛的习性，以致羽毛脱落，故通常称脱羽痒症。一般病灶常见于背部、臀部、腹部及翅膀等处。本病多发生于春夏季节。

5. 诊断

对有明显症状的螨病，根据发病季节、剧痒、患部皮肤的变化等，确诊并不困难。但症状不够明显时，则需采取患部皮肤上的痂皮，检查有无虫体，才能确诊。除螨病外，钱癣、湿疹、马骡过敏性皮炎等皮肤病以及虱与毛虱寄生时也都有皮炎、脱毛、落屑、发痒等症状，应注意鉴别。

①钱癣(秃毛癣)：由真菌引起，在头、颈、肩等部位出现圆形、椭圆形、边界明显的患部，上面覆盖着浅灰色疏松的干痂，容易剥脱，创面干燥，痒觉不明显，被毛常在近根部折断。在健患交界处拔取毛根或痂皮，用10％苛性钠处理后，镜检可发现病原菌(癣菌芽孢或菌丝)。

②湿疹：无传染性，痒觉不剧烈，在温暖场所也不加剧。

③虱和毛虱：发痒、脱毛和营养障碍与螨病相似，但皮炎、落屑程度都不如螨病严重且容易检出虫体和虱卵。

6. 治疗

(1)局部用药　对已经确诊的螨病病畜，应及时隔离治疗。治疗螨病的药物有很多种，可选用螨净、双甲脒、溴氰菊酯、20%碘硝酚注射液、1%伊维菌素注射液等。具体使用方法是：0.025%浓度的螨净喷洒；0.05%浓度的双甲脒喷洒；0.05%浓度的溴氰菊酯药液喷洒。20%碘硝酚注射液，以每千克体重 10 mg 剂量皮下注射；1%的伊维菌素注射液均以每千克体重 0.2 mg 剂量皮下注射。

螨病有高度的接触传染性，遗漏一个小的患部，散布少许病料，都有可能造成继续蔓延。因此，在应用药液喷洒治疗之前，应详细检查所有病畜，找出所有患部，以免遗漏。为使药物能和虫体充分接触，应将患部及其周围 3～4 cm 处的被毛剪去（收集在污物容器内，烧掉或用消毒水浸泡），用温肥皂水彻底刷洗，除掉硬痂和污物，擦干后用药。

治疗螨病的药物，大多数对螨卵没有杀灭作用。因此，对患有螨病家畜的治疗须进行 2～3 次（每次间隔 7～10 d），以便杀死新孵出的幼虫。在处理病畜的同时，要注意场地、用具等彻底消毒，防止散布病原，经过治疗的病畜应安置到已经消毒的厩舍内饲养，以免再感染。螨病多发生在寒冷的季节，因此，用注射剂型的药物来治疗更为方便。

(2)药浴疗法　最适用于羊，此法既可用于治疗螨病也可用于预防螨病。药浴可用木桶、旧铁桶、大铁锅或水泥浴池进行，应根据具体条件选用。山羊在抓绒后，绵羊在剪毛后 5～7 d 进行。除羊外，其他家畜在必要时亦可进行药浴。药浴应选择无风晴朗的天气进行。老弱幼畜和有病羊应分群分批进行。药浴前让羊饮足水，以免误饮中毒。药浴时间为 1 min 左右，注意浸泡羊头。药浴后应注意观察，发现羊只精神不好、口吐白沫，应及时治疗，同时也要注意工作人员的安全。如一次药浴不彻底，可过 7～8 d 后进行第二次。药浴可用 0.05%浓度的双甲脒药液；0.005%浓度的倍特药液；0.025%浓度的螨净药液；0.025%～0.03%林丹乳油水乳液等。药液温度应保持在 36～38℃，药液温度过高对羊体健康有害，过低影响药效，最低不能低于 30℃，大批羊只药浴时，应随时增加药液，以免影响疗效。药液的浓度要准确，大群药浴前应先做小群安全试验。

7. 预防

①畜舍要宽敞、干燥、透光、通风良好，不要使畜群过于密集。畜舍应经常清扫，定期消毒（至少每 2 周一次），饲养管理用具亦应定期消毒。

②经常注意畜群中有无发痒、掉毛现象，及时挑出可疑患畜，隔离饲养，迅速查明原因。发现患畜及时隔离治疗。中小家畜无种用或经济价值者应予以淘汰。隔离治疗过程中，饲养管理人员应注意经常消毒，以免通过手、衣服和用品散布病原。治愈病畜应继续隔离观察 20 d，如未复发，再一次用杀虫药处理，方可合群。

（二）痒螨病

痒螨病是由痒螨科的螨虫寄生于多种家畜和野生哺乳动物的皮肤表皮层内所引起的慢性、寄生性皮肤病。在家养动物中，痒螨多寄生于绵羊、马、牛、水牛、山羊、犬、猫和兔等动物，其中以绵羊、牛、水牛和兔最为常见。

1. 病原形态

痒螨科中与兽医有关的有痒螨属（*Psoroptes*）的各种痒螨，足螨属（*Chorioptes*）的各种足螨和耳痒螨属（*Otodecctes*）的犬耳痒螨（*O. canis*）和猫耳痒螨（*O. cati*）。

(1)痒螨　不同动物各有其特殊的痒螨（亚种或变种）寄生。它们形态上很相似，但有严格的宿主特异性，彼此不易交互感染，即使感染，寄生时间也短。该属目前认为仅有马痒螨（*Pso-*

roptes equi)一个种,但根据宿主不同而分为不同亚种(变种),如绵羊痒螨(*P. equi* var. *ovis*)、牛痒螨(*P. equi* var. *bovis*)、山羊痒螨(*P. equi* var. *caprae*)、水牛痒螨(*P. equi* var. *natalensis*)和兔痒螨(*P. equi* var. *cuniculi*)等。痒螨对绵羊的危害性最大,给养羊业造成巨大的损失。

痒螨呈长圆形,体长 0.5～0.9 mm。口器呈长圆锥形;螯肢细长,趾上有三角齿;须肢也细长;体表有细皱纹;肛门在躯体末端;足较长,尤其是前两对足。雄虫前 3 对足和雌虫第 1、2、4 对足都有吸盘,吸盘长在一个分三节的柄上。雄虫第 4 对足很短,没有吸盘和刚毛;雌虫第 3 对足上各有两根长刚毛。雄虫体末端有两个大结节,结节上各有长毛数根;腹面后部有两个性吸盘;生殖器居在第 4 基节间。雌虫腹面前部有一个生殖孔,后端有纵裂的阴道,阴道背侧为肛门(图 11-10)。

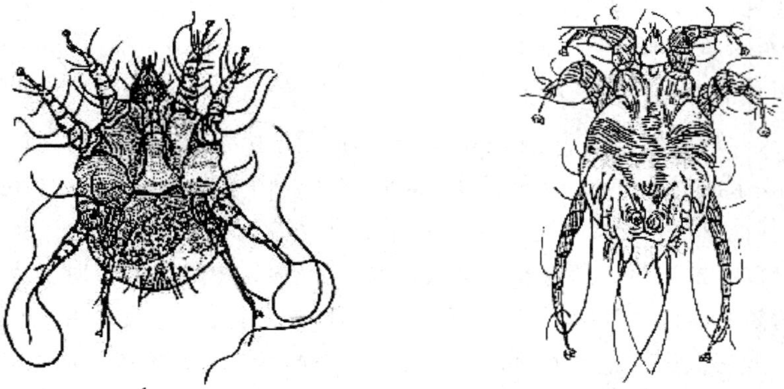

1　　2

图 11-10　痒螨(仿 Urquhart)

1. 雌螨　2. 雄螨

(2)足螨　足螨主要有马足螨(*C. equi*)、牛足螨(*C. bovis*)、绵羊足螨(*C. ovis*)、山羊足螨(*C. caprae*)和兔足螨(*C. cuniculi*)。足螨与痒螨的形态相似,虫体呈卵圆形,长为 0.3～0.5 mm,体表有细纹。口器较短,呈锥形,足长,跗节吸盘的柄短而不分节。肛门位于虫体末端。雄螨的第 4 对足极小,4 对足都有吸盘,雌螨的第 1、2、4 对足有吸盘。雄螨躯体末端有两个结节,并有一对性吸盘(图 11-11)。

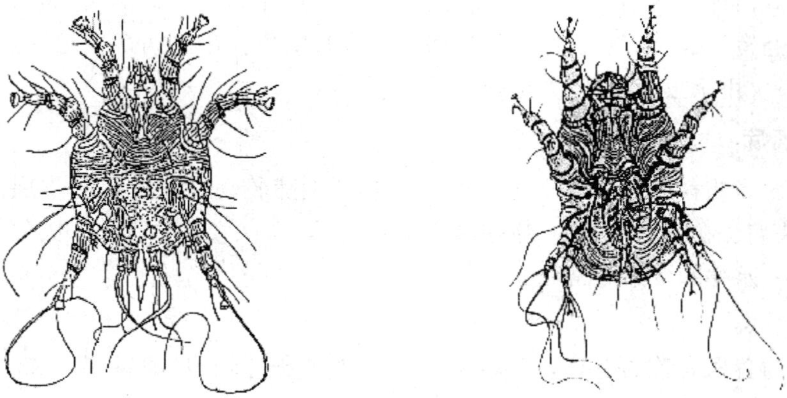

1　　2

图 11-11　足螨

1. 雄螨(仿 Urquhart)　2. 雌螨(仿 Hirst)

(3)犬耳痒螨(*O. canis*)　雄螨大小(0.35～0.45)mm×(0.30～0.35)mm,4 对足末端均具有短柄的吸盘,柄不分节,其第 3 对足端部有两根较细长的刚毛。雌螨大小为(0.45～0.55)mm×(0.33～0.37)mm,第 1、2 对足末端有吸盘,第 4 对足不发达(图 11-12)。寄生于犬、猫、狐和貂的外耳道及脚、尾部皮肤。有时由于细菌的继发感染,病变可深入中耳、内耳及脑膜等处。

(4)猫耳痒螨(*O. cati*)　雄螨大小为(0.20～0.30)mm×(0.12～0.16)mm,雌螨大小为(0.25～0.47)mm×(0.22～0.33)mm。不仅寄生于猫,而且还可寄生于犬、兔及人的外耳道和头颈部皮肤。

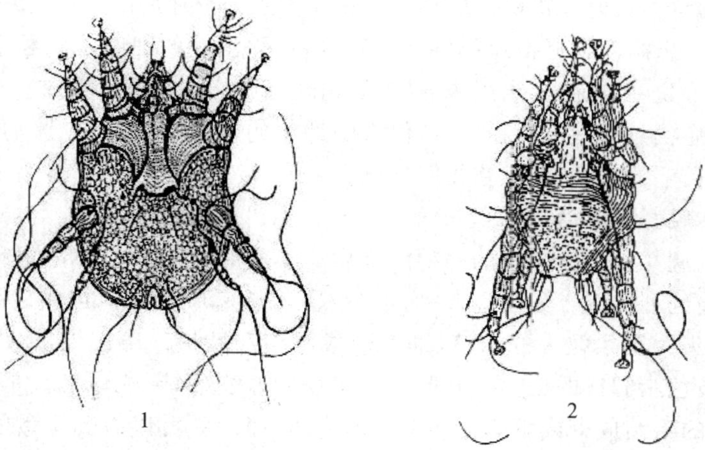

1　　2

图 11-12　耳痒螨(仿 Urquhart)

1. 雌螨　2. 雄螨

2. 生活史

痒螨科的螨类发育过程都在动物体上度过,包括卵、幼虫、若虫、成虫 4 个阶段,其中雄螨为一个若虫期,雌螨为两个若虫期。

痒螨口器为刺吸式,寄生于皮肤表面,吸取渗出液为食,雌螨在皮肤上产卵约经 3 d 孵化为幼螨;采食 24～36 h 进入静止期后脱皮成为第一若螨;再采食 24 h,经过静止期脱皮成为雄螨或第二若螨(青春雌)。雄螨通常以其肛吸盘与第二若螨躯体后部的一对瘤状突起相接,抓住第二若螨。这一接触约需 48 h。第二若螨脱皮变为雌螨,雌雄才进行交配,雌螨采食 1～2 d 后开始产卵,一生可产卵约 40 个,寿命约 42 d。痒螨整个发育过程 10～12 d。

足螨、耳痒螨生活史与痒螨相似。

3. 流行病学

痒螨终身寄生于动物体表皮肤,不在表皮挖凿隧道。动物体表的温度和湿度,对痒螨发育有很大影响。畜体瘦弱,皮肤抵抗力差时就易感染,营养良好时抵抗力强。

痒螨具有坚韧的角质表皮,对不利因素的抵抗力超过疥螨,如在 6～8℃和 85%～100%空气湿度条件下,在畜舍内能活 2 个月,在牧场上能活 35 d,在－2～－12℃经 4 d 死亡,在－25℃时经 6 h 死亡。

本病为接触感染,病畜和健畜混在同一畜舍、牧地和饮水处可造成相互感染。也能通过用具、挽具、工作人员的衣物等传播。犬及其他动物也可成为传播媒介。尤其是在潮湿阴暗相互拥挤的畜舍中,传染和发病更为严重。

夏天对痒螨的发育不利，在羊剪毛及其他家畜换毛后皮肤湿度下降，光照和干燥，对痒螨发育和存在不利，所以它们潜伏在皮肤皱襞中及阳光照不到的部位，如耳壳、眼下窝、毛根下，会阴及蹄间隙等处，使动物患上潜伏型的痒螨病。但一到秋冬，它们就重新活跃起来，仍可引起疾病。

4. 致病作用和症状

痒螨寄生在毛根部，在适宜条件下，感染后2～3周呈现致病作用。痒螨在以口器穿刺宿主皮肤采食时，除机械性的刺激外。还可分泌有毒物质，使表皮的神经末梢同时遭到化学性的刺激，引起皮肤的营养障碍和机能的破坏。其皮肤发生的炎症局限于上皮基底层，因而皮肤上形成小结和水疱。患病动物搔擦痒部，造成患部出现弥漫性的细胞浸润和水肿。汗腺和毛囊也受到破坏。随后脱毛，皮肤上出现鳞屑，继后出现脂肪样的浅黄色痂皮。

痒螨引起的症状与疥螨不同在于：被侵害的部位的被毛易脱落，皮肤的皱褶形成不明显。病灶最先发生于长毛的部位；痒觉在夜间加剧。

各种动物痒螨病的临床特征如下。

(1)绵羊痒螨病　是最为常见的一种痒螨病。多发生在长毛的部位，开始局限于背部和臀部，以后很快地蔓延到体侧。先发生奇痒，常在木柱、墙壁等处擦痒，或用后肢搔抓患部。患部皮肤最初形成针头大至粟粒大的结节，继而形成水疱和脓疱。患部渗出液增多，皮肤表面湿润，最后结成浅黄色脂肪样的痂皮。有些患部皮肤肥厚变硬，形成龟裂。羊群发病时，首先看到的是患羊体上的毛结成束或躯体下部泥泞不清洁，而后就可以看到零散的毛丛悬垂在羊体上。以后毛束逐渐地大片脱落，甚至全身脱光。病羊呈现贫血症状，高度营养障碍，在寒冷季节，加上皮肤脱毛，多引起大批死亡。

(2)牛痒螨病　一般从颈部、角基部及尾根开始；此后延及垂肉及肩侧，严重时头部、颈部腹下及四肢内侧也有发生，有的可蔓延至全身。病牛表现为奇痒，常靠木柱等摩擦，或用舌舔吮患部，皮肤损伤，脱毛，渗出液凝固形成痂皮。皮肤增厚，失去弹性。严重感染时，病牛精神委顿，食欲大减，卧地不起。终归死亡。

(3)水牛痒螨病　感染部位和症状与牛痒螨相似。但其寄生部位的皮肤在体表形成很薄的“油漆起爆”状的痂皮，此种痂皮薄似纸，干燥，表面平整，一端稍微翘起，另一端则与皮肤紧贴。如果轻轻揭开，则在皮肤相连端的痂皮下可见许多黄白色的螨虫在爬动。

(4)马痒螨病　常在鬃部、鬣部、尾部、颌间部、股内侧及鼠蹊部的皮肤上发生。乘马及挽马常发生于装置鞍具、颈套、鞍褥的部位。邻近的皮肤亦迅速脱毛。患部盖有浅黄色脂肪样的柔软痂皮，容易剥离。

(5)兔痒螨病　兔患病时主要发生在外耳道内，可引起猛烈的外耳道炎；耵聍过盛分泌，干固成痂，厚厚地嵌在耳道内如纸卷样，甚至完全堵塞耳道；耳变重下垂；病变部发痒，病兔摇头，搔耳；还可能延至筛骨及脑部，引起癫痫发作。

(6)山羊痒螨病　也发生在耳壳内面，患部形成硬的、坚实的、紧贴皮肤的黄白色痂皮块，炎症常蔓延至外耳道。病羊常摇动耳朵；病变部发痒，常在硬物上摩擦。病羊食欲不佳。缺乏治疗时，可引起死亡。

(7)足螨　马足螨寄生于四肢的球系部；牛足螨多寄生于牛的尾根、肛门附近及蹄部等处，可使皮肤发生白色鳞片或脱毛现象；兔足螨寄生于兔的外耳道；绵羊足螨寄生于绵羊的蹄部及腿外侧；山羊足螨寄生于山羊的颈部、耳及尾根等处。症状与痒螨相似。

(8)犬猫耳痒螨病 耳痒螨具有高度的接触传染性。临床表现为耳部奇痒,患病动物不时用爪搔抓耳部。常可见到皮肤损伤、耳血肿、摇头不安。耳道中可见棕黑色的分泌物及表皮增殖症状。当继发细菌感染时可造成化脓性外耳炎及中耳炎,深部侵害时可引起脑炎,出现神经症状。患病动物耳部疼痛明显,有压痛,拒绝检查耳部。

5. 诊断、治疗与预防

诊断、治疗、预防方法与疥螨病相同。

(三)蠕形螨病

蠕形螨病又称毛囊虫病或脂螨病,是由蠕形螨属的各种蠕形螨寄生于动物或人的皮脂腺或毛囊而引起的一种常见而又顽固的皮肤病。各种动物的蠕形螨种类不同,各种家畜各有其专一的蠕形螨,宿主有犬、猪、牛、羊和人等,寄生于宿主毛囊和皮脂腺中。

1. 病原形态

蠕形螨属于蜘蛛纲螨目,为蠕形螨科的代表。病原主要有犬蠕形螨(*D. cnais*)、牛蠕形螨(*D. bovis*)、猪蠕形螨(*D. phylloides*)、绵羊蠕形螨(*D. ovis*)、马蠕形螨(*D. equi*)、人毛囊蠕形螨(*D. folliculorum*)等。

虫体细长呈蠕虫样,半透明乳白色,雄螨一般大小为(0.22～0.25) mm×0.045 mm;雌螨大小为(0.25～0.30) mm×0.14 mm。蠕形螨外形上可分为头、胸、腹三部分,胸部有4对很短的足。腹部长,有横纹,口器由一对须肢、一对螯肢和一个口下板组成(图11-13)。雄虫的雄茎自胸部的背面突出,雌虫的阴门则在腹面。卵呈梭形,长70～90 μm,可见卵内发育中的幼胚。

图11-13 蠕形螨
(仿 Mönnig)

2. 生活史

蠕形螨寄生在家畜的毛囊和皮脂腺内,全部发育过程都在畜体上进行。雌虫在寄生部位产卵,卵孵化出3对足的幼虫,然后变为4对足的若虫,最后蜕化而成为成虫。据研究证明,犬蠕形螨还能生活在犬的组织和淋巴结内,并部分在那里繁殖,转变为内寄生虫。正常的犬身上,常有蠕形螨存在,但不发病,当虫体遇有发炎的皮肤,较好的入侵条件,并有足够的营养时,才大量繁殖,并引起发病。

3. 流行病学

蠕形螨能够在外界存活多日,因此不仅可以直接感染,而且还可以通过媒介物间接感染。

4. 症状

(1)犬的蠕形螨 本病多发于5～6个月的幼犬,主要见于耳面部,重症时躯体各部亦受感染。分两型,即鳞屑型和脓疱型。鳞屑型主要是在眼睑及其周围、额部、鼻部、嘴唇、颈下部、肘部、趾部等处发生脱毛、秃斑,界限极明显,并伴以皮肤的轻度潮红和脱屑,皮肤可能显得粗糙而龟裂,或者带有小结节。后来成为蓝灰白色,患部几乎不痒。有的长时间保持本型,有的转为脓疱型。脓疱型有的是从鳞屑型转变而来,有的病初就是脓疱型。发生于颈、胸、股内侧及其他部位,严重病例可蔓延全身。患部充血肿胀,产生麻子大的硬结节,逐渐变为脓肿,脓疱呈蓝红色,压挤时可排出脓汁,内含大量的螨虫和螨卵。皮肤肥厚,往往形成皱褶,被覆有痂皮和鳞屑,被毛脱落,脓疱破溃后形成溃疡,多数有恶臭味。脓疱型几乎也没有瘙痒,如有剧痒可能是混合感染。病犬身体消瘦，最终死于营养衰竭、中毒或脓毒症。

(2)猪蠕形螨病　多发生于嫩细皮肤的毛囊、皮脂腺或皮下结缔组织中。一般先发生于眼周围、鼻部和耳基部，而后逐渐向其他部位蔓延。痛痒轻微，或没有痛痒，仅在病变部位出现针尖、米粒大甚至核桃大的白色的囊，囊内含有很多蠕形螨、表皮碎屑及脓细胞，细菌感染严重时，成为单个的小脓肿。有的患猪皮肤增厚，不洁，凹凸不平而覆以皮屑，并发生皱裂。

(3)牛蠕形螨病　一般初发于头部、颈部、肩部或臀部。形成小如针尖至大如核桃的白色小囊瘤，常见的为黄豆大。内含粉状物或脓状稠液，并有各期的蠕形螨。也有只出现皮鳞屑而无疮疖的。

(4)山羊蠕形螨病　成年羊较幼羊症状明显。病变主要发生在肩胛、四肢、颈、腹等处，患部皮下可触摸到黄豆大至蚕豆大、圆形或近圆形、高出皮肤的结节，有时结节处皮肤稍呈红色。部分结节在皮肤上形成小孔，挤压时可经小孔挤压出干酪样内容物。严重感染时，患羊呈现消瘦，被毛粗乱。本病严重影响皮革质量，带来很大的经济损失。

5. 诊断

切开皮肤上的结节或脓疱，取其内容物作涂片镜检，可见到大量的虫体或虫卵。

6. 治疗

①25%和50%苯甲酸苄酯乳剂，涂擦患部。对于犬的鳞屑型病例，应先用酒精或乙醚等量混合液擦洗患处，或者用锐匙将其刮净，然后再用药。

②伊维菌素类药物，剂量为每千克体重 0.2～0.3 mg 皮下注射，间隔 7～10 d 重复给药一次。

③脓疱型，先切开脓疱，用 3%过氧化氢溶液洗涤，再用 3%碘酊或 3%龙胆紫溶液涂擦，然后按鳞屑型治疗。

7. 预防

发现患畜应及时隔离，直到完全康复为止，对畜舍、垫草等物要进行清理和消毒。

(四)皮刺螨病

皮刺螨病是由皮刺螨科(Dermanyssidae)皮刺螨属(*Dermanyssus*)的鸡皮刺螨(*D. gallinae*)，禽刺螨属(*Ornithonyssus*)的林禽刺螨(*O. sylviarum*)和囊禽刺螨(*O. bursa*)等侵袭动物，吸食血液而引起的一种寄生虫病。皮刺螨通常寄居于鸡、鸽、家雀等禽类的窝巢内，吸食禽血，有时也吸食人血。严重侵袭时，可使禽类日渐消瘦、贫血和生产性下降。

1. 病原形态

(1)鸡皮刺螨(*D. gallinae*)　虫体呈黄色，吸血后变为红色或褐色。体椭圆形，后部稍宽，体表密布细毛。雄虫大小为 0.6 mm×0.32 mm，雌虫大小为(0.72～0.75)mm×0.4 mm。假头和附肢细长，螯肢呈细针状。足很长，有吸盘。背板为一整块，后部较窄。雌虫肛板较小，与腹板分离，但雄虫肛板较大，与腹板相接(图 11-14)。

(2)林禽刺螨(*O. sylviarum*)　虫体卵圆形。盾板后端突然变细呈舌状，盾板后端有 1 对发达的刚毛，肛板卵圆形，肛孔位于前半部，螯肢呈剪状。

(3)囊禽刺螨(*O. bursa*)　雌螨盾板狭长，两侧自足第二基节水平逐渐向后收窄，盾板后端有两对发达的刚毛，螯肢呈剪状。

2. 生活史

皮刺螨属于不完全变态的节肢动物，其发育过程包括卵、幼虫、若虫和成虫 4 个阶段，其中若

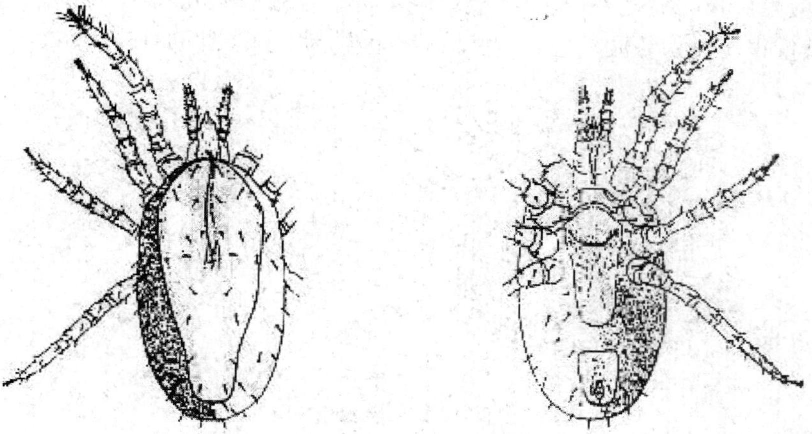

1　　　　2

图 11-14　鸡皮刺螨(仿 Mönnig)

1. 雌虫背面　2. 雌虫腹面

虫为 2 期。侵袭禽类的雌虫在每次吸饱血后 12～24 h 内在禽窝的缝隙或碎屑中产卵，每次产卵 10 多粒。在 20～25℃条件下，卵经 48～72 h 孵出幼虫，幼虫不吸血，在 24～48 h 内蜕化变为第 1 期若虫；第 1 期若虫吸血后 24～48 h 内蜕化变为第 2 期若虫；第 2 期若虫吸血后 24～48 h 内蜕化变成虫。从卵到成虫需经过 7 d。

3. 致病作用和症状

皮刺螨白天隐藏在禽舍地板、墙壁、天花板等裂缝内，夜晚则成群爬行于禽体上，吮吸血液，影响禽类休息，出现贫血、消瘦，生长发育缓慢，生产性能降低。在密集型的笼养鸡群，极易发生本病。同时皮刺螨还能传染禽霍乱和螺旋体病。

4. 防治

①应保持禽舍巢窝的清洁，定期清理粪便，进行无害化处理，及时维修畜舍，堵塞墙缝并进行粉刷，减少禽舍内螨虫的数量。

②定期使用杀螨剂，消灭禽舍内和禽体中的螨虫。目前对禽类有效而安全的杀虫剂，主要是有机磷和氨基甲酸酯等。

③杀虫脒：以 0.1%～0.2%的水溶液，可局部涂搽或喷洒。

(五)大蜂螨病

大蜂螨病是由瓦螨属的雅氏瓦螨(*Varroa jacobsoni*)寄生于蜂体外引起的疾病。由于该螨吸取血淋巴，造成蜜蜂寿命缩短，采集力下降，影响蜂产品的质量，受害严重的蜂群可出现幼虫和蜂蛹大量死亡。

1. 病原形态

雌螨和雄螨的体型大小、颜色等有明显的区别。雌螨呈横椭圆形，体长约 1.17 mm，体宽 1.77 mm，体色为暗红至褐色。背部为一整块角质化的背板所覆盖。背板具有网状花纹和浓密的刚毛。腹面有胸板、生殖板、肛板、腹股板、腹侧板等结构。螯肢角质化，不动趾退化短小；动趾长，其上有 3 个齿。足 4 对，第 1 对足短粗，第 2～4 对足稍长于第 1 对，全部跗节末端均有钟形爪垫。雄螨比雌螨小，大小约为 0.85 mm×0.72 mm，呈卵圆形，淡黄色，背板与腹板愈合，腹面各板除肛板明显之外，其余各板界限不清。雄性生殖孔位于第 1 基节间，凸出于板之前缘。导精管很明显。螯肢较短，不动趾退化短小，动趾长(图 11-15)。

图 11-15 大蜂螨

1. 雌虫 2. 雄虫

2. 生活史

雅氏瓦螨属于不完全变态，其发育过程经过卵、若螨、成螨 3 个阶段，在生活史中大体可分为两个时期，即蜂体寄生期和蜂房繁殖期，分别以蜜蜂的血淋巴和幼虫、蛹的体液为食(图 11-16)。

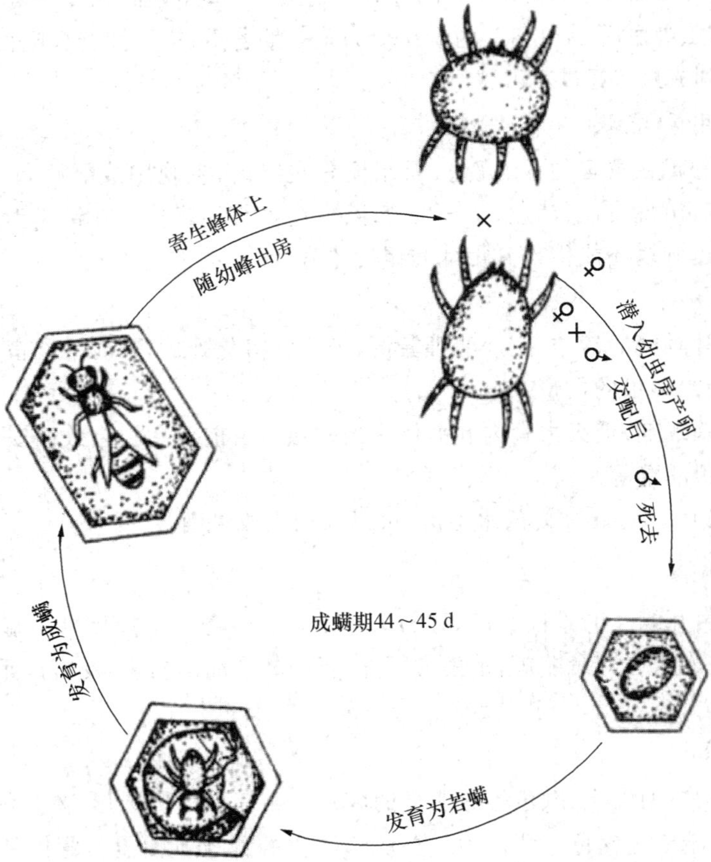

图 11-16 大蜂螨生活史

发育成熟的雌螨和雄螨在蜂体上或巢脾上交配后，雄螨死去，而受精的雌螨便潜入快要封盖的幼虫房内生活，并产卵 1～3 粒在幼虫房内，尤其喜欢在雄蜂幼虫房里寄生产卵。卵在巢内经 1～2 d 孵化成若螨。若螨寄生在封盖的幼虫和蛹体上，经过 7～8 d 的生长发育，两次蜕皮即成为成螨。等到幼蜂出房时，成螨附在幼蜂体上跟着出房，在蜂体上靠吸吮血淋巴生活，到此便完成了整个生活周期。

3. 流行病学

雅氏瓦螨一年四季在蜂群中都可见到。蜂螨的消长与蜂群群势、气温、蜜源及蜂王产卵时间均有关系。在北京地区，雅氏瓦螨在春季蜂王开始产卵，蜂群内有封盖子脾时，就开始繁殖。夏季蜜源充足，蜂王产卵力旺盛，蜂群进入繁殖盛期，这时蜂螨的寄生率保持相对稳定。到了秋季，外界气温低，蜜源缺乏，蜂群群势下降，而蜂螨仍继续繁殖，并集中在少量的封盖子脾和蜂体上，寄生率急剧上升；到冬季蜂王停止产卵，蜂群内无子脾时，蜂螨停止繁殖，以成螨形态在蜂体上越冬。

在蜂群内，蜜蜂间的接触和拥挤，使大蜂螨很容易由一只蜂体转移到另一只蜂体上；而盗蜂和迷巢蜂则是大蜂螨在蜂群间相互传播的主要途径。此外，合并蜂群或调换子脾时都会造成蜂螨的传播。

雅氏瓦螨发育的最适温度为 32～35℃，10～13℃冻僵，18～20℃开始活动，42℃时出现昏迷，43～45℃时出现死亡。据室内观察，成螨平均寿命为 45 d。在北京地区，越冬蜂群内螨寿命在 3 个月以上；在寒冷地区，其寿命可长达 6 个月之久。

4. 致病作用

雅氏瓦螨吸食蜜蜂体液，可使蜜蜂体重减轻，飞行能力大大降低，寿命缩短，蜜蜂由于身体被刺穿，很易造成病毒感染引起麻痹病。被寄生的蜜蜂经常扭动身体，企图摆脱，造成精疲力竭，虚脱死亡。

5. 症状

主要表现不安、振翅、摇尾，用足擦胸部，体质衰弱，很少出巢采集，营养不良，寿命缩短。严重时肉眼可见到蜂体上的蜂螨，幼虫和蛹发育不良，大批的死去或被工蜂拖出巢外。初出房的幼蜂有的体弱，爬行无力；有的发育不全，无翅或翅残缺，不能飞翔，从巢门爬出或被工蜂拖出；有的试飞时坠落地面，在地上草丛中或低洼处乱爬、聚集，不久死去。被蜂螨危害的蜂群繁殖缓慢，群势减弱，甚至垮掉。

6. 诊断

当怀疑蜂群遭受螨害时，可用下列方法进行检查：

(1)肉眼直接检查　打开蜂箱，提出蜂脾，用拇指和食指抓捉蜜蜂仔细观察，看胸腹部有无成螨寄生；挑开蜂盖的雄蜂房、工蜂房若干，用镊子拉出幼虫或蛹，观察有无螨的存在。

(2)药物检查　在箱底放一张硬纸，用常用治螨药熏治，第二天早晨抽去硬纸，查落螨情况。也可以捉 50～100 只蜜蜂，放入 500 mL 玻璃瓶内，用棉花球蘸取 0.5 mL 乙醚迅速放在瓶内，密闭熏 5 min。然后把蜜蜂轻轻倒在白纸上，蜜蜂苏醒后飞回巢，再查瓶内和白纸上螨数。用以上办法查出落螨数，计算蜂螨寄生率和螨害程度。

寄生率＝有螨蜂数（或蜂房数）/检查的蜂数（或蜂房数）×100％

寄生密度＝螨数/检查蜂数（或蜂房数）

7. 防治

根据蜂螨寄生于蜂体繁殖于蜂盖房的特点，选择在早春蜂王尚未产卵和秋末蜂王停止产卵的有利时机进行防治。治螨药物种类很多，现将常用的药物作一介绍。

(1)速杀螨　以每千克 25 mg 浓度喷洒带螨的蜜蜂，4 h 内全部击落，杀螨效果达 100%。

(2)敌螨 1 号　每千克 25 mg 浓度杀螨效果 100%，蜂群中将敌螨 1 号药用水稀释 1 500 倍，每周用药 1 次，连用 2 次，杀螨效果达 100%。巢房内的蜂螨也死亡，说明该药杀螨力可达封盖幼虫房。

(3)螨扑　20 片为一个包装。使用时用图钉固定于蜂群内第 2 个蜂路间，强群挂 2 片呈对角线悬挂，弱群一片，3 周为一疗程。

(4)敌螨熏烟剂　其有效成分是硫化二苯胺(酚噻嗪)。此药外购或自配均可。配制方法是：硫化二苯胺 20%、硝酸钾 25%、细锯木屑 55%。先用适量的热水将硝酸钾溶化后加入锯木屑，充分拌匀，晒干或烘干，再拌入硫化二苯胺，充分拌匀后即可分装使用。一般用药量为标准箱单箱群，每群 2 g，继箱群或十六框卧式箱群，每群 3～4 g，每隔 5～7 g 熏治 1 次，连用 3～4 次。该药的杀螨效果良好，但有伤蜂和引起围王的缺点。

8. 预防措施

健康群和有螨群不要随便合并和调换子脾；购置蜂群要经过一段时间单独饲养观察，确认无螨后放在一起；勤割封盖的雄蜂房等。

(六)小蜂螨病

小蜂螨病是由热厉螨属的亮热厉螨(*Tropilaelaps clareae*)，即小蜂螨寄生于蜂体所引起。它主要寄生于蜜蜂幼虫和蛹体上，很少寄生于成蜂，存活时间仅为 1～2 d。不但可以造成幼虫大批死亡，腐烂变黑，而且还会造成蜂蛹和幼蜂死亡。

1. 病原形态

雌螨呈卵圆形，体长约 1.02 mm，体宽约 0.53 mm，前端较窄，后端钝圆。体色为淡黄色至褐色，体背密布细小刚毛，腹面具马蹄形胸板，棒状生殖板，钟形肛门板，肛门开口于中央。有钳状螯肢，不动趾有 2 个钩齿，各足跗节的末端有爪垫。

雄螨略小于雌螨，体长约 0.95 mm，宽约 0.56 mm，体色淡褐色，腹面的胸板与生殖板合并，后端呈楔形，生殖孔紧接胸叉之后，螯肢可动趾特化为输精突(图 11-17)。

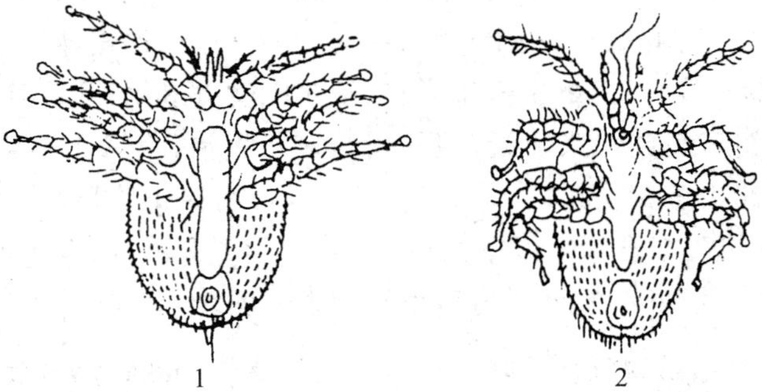

图 11-17　小蜂螨(仿瞿守睦)

1. 雌虫　2. 雄虫

2. 生活史

小蜂螨具有卵、若虫和成虫 3 种形态，3 期均很短，尤其是卵期极短，雌螨将卵产在巢房内，经过 15 min 即可孵化为若螨。若螨期 4～4.5 d，最长不超过 5 d。成虫寿命长短与温度关系很大。最适宜的温度为 31～36℃，能存活 8～10 d，最长的 13～17 d。整个生活周期都是在子脾上完成的，靠吸食蜜蜂幼虫体液为生，交配后的雌螨潜入即将封盖的幼虫房内产卵繁殖，发育为成螨，随同羽化后的幼蜂出房，再潜入其他幼虫房内寄生和繁殖。如果小蜂螨在幼虫房内寄生，而被寄生的蜜蜂幼虫死亡，小蜂螨便从封盖房的穿孔内爬出，再潜入另一个幼虫房内繁殖。雌螨每次产卵 1～5 粒，产卵期一般为 4 d，加上从卵发育到成虫时间很短，故小蜂螨繁殖速度相当快。

3. 流行病学

小蜂螨的发生与蜂群群势、气温变化有密切联系。在 6 月份之前和 10 月份以后，蜂群较弱，气温低，基本上见不到小蜂螨。每年的 7—9 月份是小蜂螨的猖獗时期（南北方不同，可能有早有迟），寄生的密度很大。有小蜂螨寄生的蜂群是传染源，通过小蜂螨活动传播整个群内子脾，而通过人们抽调子脾，将小蜂螨在群间传播开来。

4. 致病作用和症状

小蜂螨主要寄生在子脾上，很少寄生在蜂体上，因此对蜜蜂幼虫、蛹的危害特别严重。危害轻者出现“花子脾”，重者蜜蜂幼虫和蛹大批死亡。封盖巢房很多穿孔，巢房内有成螨、若螨，有的一个房内有 4～8 只或更多。被致死的幼虫或蛹腐烂，能羽化的幼蜂蜂体弱小，无翅或残翅，不能飞翔，在巢门前或地面乱爬。严重时蜂群内无健康幼虫，群势陡然下降，甚至全群覆没。

5. 诊断

主要采用熏蒸检查法和封盖巢房检查法。

(1)熏蒸检查法　用一玻璃杯从中间巢脾上扣取 50～100 只蜜蜂，其内放一浸渍 0.5～1 mL 乙醚的棉球，熏蒸 3～5 min，待蜜蜂昏迷后，轻轻振摇几下，再将其送回原群内，如有蜂螨则粘在玻璃杯壁上或掉落下来，据蜂数计算寄生率。

(2)封盖巢房检查法　提取封盖子脾，用镊子挑取封盖巢房，由于该螨具有较强趋光性，可迎着阳光，仔细观察巢房内爬出的螨数，计算其寄生率。

6. 防治

防治小蜂螨的方法基本同大蜂螨。除此以外，升华硫黄对小蜂螨的杀伤效果也较好。使用时，先将封盖子脾上的蜜蜂抖掉，然后用纱布将升华硫粉包着，均匀涂布在封盖子脾的表面。每隔 7～10 d 一次，连续 2～3 次，也可结合取蜜后进行。

另外，根据小蜂螨的生物学特性，采用断子防治法亦可取得比较理想的效果。具体做法是采用一个与隔王板大小一样的隔离板置于继箱和巢箱间（若为卧式箱，则采用框式隔离板），将蜂王留在一区继续产卵繁殖，将子脾全部调到另一区，造成有王区内绝对无大幼虫 2～3 d，待无王区子脾全部出房后造成该区绝对断子 2～3 d，使螨全部自然死亡，以达到彻底防治的目的。

(七)蜂气管螨病

蜂气管螨病是由跗线螨属的伍氏跗线螨（*Acarapis woodi*）即气管螨（伍氏蜂盾螨），寄生在成年蜂的胸部气管中，1904年首先在英国的怀德岛发现，又称怀德岛病。目前世界上许多国家都有发生。此病对蜂群危害很大，是成年蜂的一种毁灭性寄生虫病，列为国际检疫对象。

1. 病原形态

雌虫长123～180 μm，宽76～100 μm，呈椭圆形，背板5节，头胸节的背板上着生8对长刚毛，尾节着生5对刚毛。雄虫虫体长96～100 μm，宽60～63 μm，椭圆形，背板上着生6对刚毛，成虫有4对足，由6节组成；口器为棘状小管，管内有2根棘刺，口器由上唇须、下颚须和触须组成。

2. 生活史

雌螨由气门侵入气管，受精后3～4 d开始产卵，一般产5～7粒，卵呈椭圆形，珍珠色，长110～128 μm，宽54～67 μm，卵膜薄而透明。卵经3～6 d孵化为幼螨，具3对足，另一对足仍包在卵壳内，经过一段时间采食，蜕皮发育为成螨。雌螨发育历时14～15 d，雄螨发育历时11～12 d。幼螨、成螨均靠吸食蜜蜂气管血淋巴而生活，为专性内寄生螨，不能生活在蜂箱、巢脾上，离开蜂体24 h后即死亡（图11-18）。

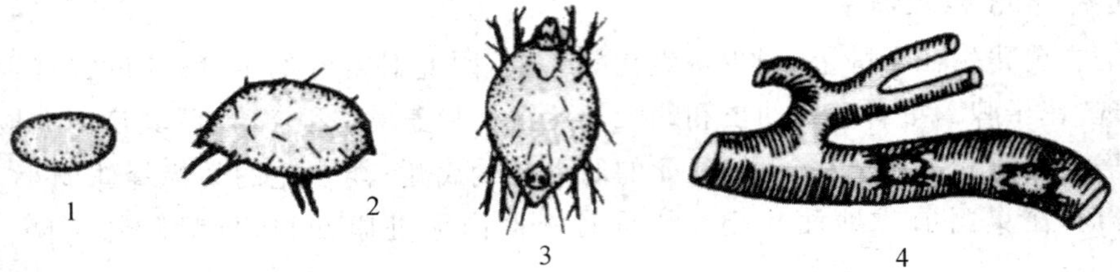

图11-18 伍氏跗线螨

1. 卵 2. 幼螨 3. 成螨 4. 寄生在蜜蜂气管中的螨

3. 流行病学

该病的发生与蜜蜂的年龄、蜂种及环境条件均有关系。

(1)蜜蜂品种 不同蜂种感染程度不同，一般来说，胸围较窄，胸部气孔较小的蜂种不易感染。

(2)蜜蜂年龄 螨多寄生于9日龄以下的青年蜂，很少寄生于15～18日龄的蜜蜂，老年蜂寄生率更低；但可寄生于任何年龄的蜂王。

(3)季节变化 在一年之中，早春和晚秋蜂群受害严重，此时蜂群停止繁殖，而受寄生的青年蜂大量死亡，蜂群群势下降。

(4)温度影响 4℃下在蜂尸体上可存活5～6 d，12～20℃存活30～35 h，在相对湿度40%、温度为30℃时，可存活3～4 h，45℃时存活2 h。

(5)传播途径 伍氏跗线螨是一种典型的体内寄生螨，它的传播主要靠蜜蜂的直接接触而感染。受精的雌螨爬出蜜蜂气管，附在蜜蜂体壁绒毛上，当健康蜂和病蜂接触时，螨便迅速地爬到健康蜂身上，当蜜蜂呼吸时，由中胸气门进入气管，这样便形成了群内感染渠道。发生盗蜂、迷巢、合并蜂群、调整巢脾，出售病蜂等是群间和场间的传染方式。场地潮湿、阴雨、越冬蜂箱和保温物受潮，均能促使本病发生。

4. 致病作用和症状

螨刺穿蜜蜂的气管壁吸取血淋巴，气管壁损伤后很容易造成细菌感染，引起蜜蜂相应的病变。病初症状不明显，随着螨的繁殖，气管逐渐出现病变，失掉弹性并由白色变为黄褐色至黑色，易破裂。气管内充满不同发育阶段的螨，堵塞气管，造成蜜蜂呼吸困难，供氧不足，体质衰弱，出现典型的症状，前后翅错位，形成"K"字形；在地面上缓慢爬行，有的病蜂腹部膨大，出现下痢。有些病蜂身体出现颤动和痉挛，最后衰竭而死。

5. 诊断

主要根据蜂场观察和实验室检查，患病蜂群越冬后解除包扎物时可以观察到螨病的症状；抓取可疑病蜂 30 只左右，逐个检查气管的变化，若发现胸部气管呈黄色或褐色，此时则可取出气管，置载玻片上，滴加一滴甘油胶固定液，盖上盖玻片，在高倍镜下检查，如发现有不同发育阶段的螨即可诊断为该病。

6. 防治

(1)严格检疫　蜜蜂气管螨病在许多国家普遍发生，目前在我国尚未发现，国家将其列为对外检疫对象。因此，对进口的蜜蜂要实行严格检疫。在国内一旦发现病情，应及时报告主管部门和检疫部门，采取封锁、隔离措施，并尽快组织扑灭，防止传播蔓延。

(2)加强饲养管理　要及时更换病群蜂王，淘汰并集中烧毁病蜂，消灭传染源；选择通风、干燥、向阳的地方，作为越冬场地；早春提早进行蜂群的排泄飞行，以淘汰患病蜜蜂，秋季加速培育越冬适龄蜂，不用病群蜂王分蜂，勿将病群和健康群合并。

(3)药物熏杀

硝基苯合剂：硝基苯 5 份，汽油 3 份，植物油 2 份，混匀，傍晚将药液 3 mL 洒在吸水纸上，放在蜂群巢脾框梁上熏蒸。

水杨酸甲酯(冬青油)：使用方法同上，中等蜂群每次用药 6 mL，每隔 3 d 用药一次，连续 3 次为一疗程，炎热天气不宜使用。

薄荷脑：用薄荷脑 20 g，加 5 mL 95%酒精，完全溶解后洒在预先放在框梁上的棉花上，盖严盖布和箱盖，让药液挥发熏治。放置 20 d 后再加一次同样药液。

(八)蚕虱螨病

虱螨病俗称蚕壁虱病，是由赫氏蒲螨(*Pyemotesher fsioudemans*)寄生于家蚕体表引起的疾病。本病分布于中国、日本、欧洲、美洲等地，在我国很多地区都有发现，危害程度不一，特别是与棉区相邻的蚕区较为普遍，以春夏蚕期受害严重。

1. 病原形态

初产的雌螨为淡黄色，体柔软透明，纺锤形，两端略尖。长约 0.25 mm，宽约 0.082 mm。头部小，略呈三角形，生有针状螯肢，其基部两侧有气门 1 对。生殖孔呈纵沟状，位于躯体末端腹面。体表及足疏生长毛，第 1 对足末端有锐爪，第 4 对足末端各生有肢毛一根，与足呈直角。雌螨交配后寻找宿主吸血，体部逐渐膨大，由瓢形变成球形，直径达 1.3～2 mm，较原来增大约 30 倍，称大肚雌螨。

雄螨椭圆形，大小约为 0.18 mm×0.094 mm，头部近圆形，口器似雌螨。躯体前端近三角形，背面生有长刚毛，气门退化，无气管，仅有贮气囊。躯体后部呈拱形，边缘凹入，前、后缘直。末端腹面有琴形板一块，板上有交配吸盘 1 个。第 1、2、3 对足类似雌螨，第 4 对足末端有粗壮的爪 1 对(图 11-19)。

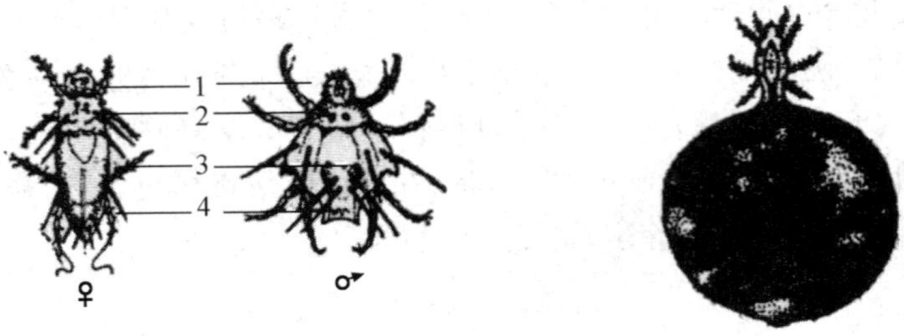

图 11-19 赫氏蒲螨成螨形态

a. 雌雄螨形态 b. 大肚雌螨

1. 颚体段 2. 前肢体段 3. 后肢体段 4. 末体段

2. 生活史

赫氏蒲螨属卵胎生,其发育经历卵、幼螨、若螨和成螨 4 个阶段。卵、幼螨和若螨的发育都在母体内完成。刚产出来的成螨,雌多而雄少。雌雄比例一般为 93∶7。产出的雄螨群集在母体生殖孔周围,等候雌虫产出后陆续与之交配,交配后的雄虫 1～2 d 死亡。交配后的雌虫迅速寻找宿主寄生。若找不到宿主时约经 2～3 d 死亡。雌螨找到宿主时,用它脚上的爪和吸盘,紧抓着宿主身体,以其针状螯肢刺入宿主体内吸食血液,同时注入毒素。如宿主营养丰富时,雌螨继续吸食其血液,末体不断膨大,成为大肚雌螨,不再爬行和取食,黏附宿主体上,待产螨完后,球形腹部萎缩,由褐色变为黑褐色而死亡。一头大肚雌螨可产螨 100～150 头。

虱螨的世代数,因温度和寄主不同而异。一世代所需天数,在温度为 16～17℃时需 17～18 d;20～21℃时需 14～15 d;22～24℃时约需 10 d;26～28℃时约需 7 d。以大肚雌螨越冬。

3. 流行病学

赫氏蒲螨宿主范围广,能寄生于鳞翅目、鞘翅目、膜翅目等多种昆虫的幼虫、蛹及成虫。鳞翅目昆虫中除桑蚕外,棉红铃虫是最喜好的宿主。其次,蓖麻蚕、柞蚕、麦蛾、桑螟、水稻二化螟、菜粉蝶、米象和大豆象的幼虫都能被其寄生。

虱螨抵抗力强,在宿主体上经 40℃高温 24 h 不会死,在零下低温 3 d 也能复活。在水中浸泡 24 h,对大小虱螨无杀灭作用。养蚕生产上常用的一般消毒剂,不能杀灭虱螨。20%福尔马林液,也要 11 h 以上才能杀死虱螨。太阳光直接照射,对虱螨生长发育不利,容易死亡,但虱螨喜欢光线充足而阳光直射不到的地方。在多湿环境中易遭霉菌寄生而死。

传播途径主要是随棉花红铃虫进入蚕室、蚕具,在当年(晚秋蚕期)或越冬后于来年危害家蚕。

4. 致病作用和症状

虱螨用长有锐利的螯肢刺入宿主体内,注入毒素,使宿主中毒发病死亡;同时又吸食宿主体内血液,给家蚕带来严重危害。受害蚕食欲减退,行动不活泼,吐液,胸部膨大并向左右摆动,排粪困难,有时排念珠状粪,病蚕皮肤上常有粗糙不平的黑斑。眠中被寄生时,多成半蜕皮蚕而死,尸体一般不腐烂,由于蚕的发育阶段不同,症状略有差异。

小蚕受害,病势很急,立即停止食桑,痉挛,吐液。有的躯体弯曲呈假死状,头部突出,胸部膨大,静伏不动,经数小时至十多小时即行死亡,尸体干枯不腐烂。

大蚕受害,发病较慢,多发生起缩、缩小、脱肛等症状。起蚕被害,身体缩短,皮肤起皱,并有脱肛现象;盛食期受害,表现软化而伸长,节间膜附近往往有黑色斑点,尾部被黑褐色或红褐色黏液污染,头胸突出,吐水,脱肛严重。

眠蚕受害,头胸左右摆动,呈不安状,吐液,尾部常有红褐色黏液污染,蚕体腹面和胸、腹足褶皱处的黑斑最明显,常呈不蜕皮或半蜕皮而死。

蚕蛹受害,在蛹体腹面,节间膜等处肉眼可见黄色珠状的大肚雌螨,蚕蛹呈现较多的黑斑,常不能羽化而死。尸体黑褐色,腹面凹陷,干瘪不腐烂。

蚕蛾受害,症状不明显,雌螨多寄生在蛾体的环节处,蛾体的腹部弹力减弱。雄蛾受害后狂躁,雌蛾受害后产卵极少,且多为不受精卵和死卵。

5. 诊断

根据病蚕、蛹、蛾各期症状进行鉴别,如怀疑为本病时,可取蚕座内频繁摇动胸部的蚕放在盛有清水的碗内,或放在清洁的玻璃上轻轻振拍,然后用放大镜仔细观察水面上或玻璃上有无淡黄色针尖大小的螨在爬动。若看到雌螨,可确诊为本病。

6. 防治

防治本病可采用浸、蒸、堵、杀等综合防治措施。

(1)严防棉红铃虫在蚕室、蚕具越冬 由于棉红铃虫是赫氏蒲螨的越冬宿主,因此蚕室、蚕具最好不要贮藏、堆放棉花,若急需蚕室堆放棉花,必须在春蚕前严格消毒。此外,蚕室及蚕室附近不能堆放棉花、稻草、麦秆及谷物等,以防赫氏蒲螨随宿主侵入蚕室越冬。用稻草、麦秆等作隔离材料,必须经日光充分暴晒后使用。

(2)严格消毒 蚕室消毒采用扫、刮、填、消(常规消毒)、熏(蚕房用硫黄 4 g/m^3 杀灭虱螨)。蚕具应先浸泡水中,充分洗刷暴晒,再行蒸汽消毒。消毒方法是,先挖一坑灶,上放铁锅,盛满水,上放木竹十字架,周围用砖石作墙桶,内放蚕具,并用塑料薄膜围遮紧闭。煮至水沸腾,至蒸温达 70℃以上,维持 0.5 h 以上。必要时,用 500 倍三氯杀螨醇稀释液喷洒蚕室、蚕具杀螨,以喷匀、喷湿为度。

(3)应急处理 养蚕期间发现病害,可用 1%杀虱灵或甲酚皂液喷蚕杀虱;或用灭蚕蝇乳剂,1 龄蚕用 1 000 倍,2 龄蚕用 500 倍,3 龄蚕以上用 300 倍稀释液;喷布蚕体以略湿为宜,喷药后及时除沙换匾,撤离虱源。同时及时查清虱源,如来自蚕具或蚕室,均按前法杀虫消毒;如不能及时杀虫消毒,应调换蚕室、蚕具饲养。

第三节 动物昆虫病

昆虫属于节肢动物门,昆虫纲。虫体两侧对称,被有外骨骼。多数昆虫分头、胸、腹三部,全部虫体分为 20 节(头部 6 节,胸部 3 节,腹部 11 节)。头部各节融合成为头壳,其中第 1 节附肢变为眼,第 2 节附肢变为触角,第 4～6 节附肢变为上颚、下颚和下唇,并由其组成口器。胸部 3 节(前胸、中胸、后胸)尚清晰,每节上有足 1 对,中胸及后胸上各有翅 1 对,但有些昆虫的后翅退化(如双翅目昆虫),有些则翅完全消失(如虱目、食毛目和蚤目)。腹部的节明显,其最后数节可变成外生殖器。雌雄异体。

昆虫的种类极多,已知有 100 万种以上,但在兽医上具有重要意义的,仅有属于双翅目、虱目、食毛目和蚤目的一些种类,它们寄生于动物的体内或体表,引起动物的昆虫病,有的还同时作为传播者传播动物的传染病和其他寄生虫病。

一、蝇蛆病

蝇类通常指双翅目(Diptera)、环裂亚目(Cyclonhapha)的昆虫,蝇类的幼虫称为蛆,由蝇蛆寄生于动物体内或体表所引起的寄生虫病称为蝇蛆病。引起畜、禽及其他经济动物蝇蛆病的病原主要有7个科:蝇科(Muscidae)、丽蝇科(Calliphoridae)、麻蝇科(Sarcophagidae)、皮蝇科(Hypodermatidae)、胃蝇科(Gasterophildae)、狂蝇科(0estridae)和虱蝇科(Hippoboscidae)。

(一)皮蝇蛆病

牛皮蝇蛆病是由皮蝇科皮蝇属(*Hypoderma*)的牛皮蝇(*H. bovis*)和纹皮蝇(*H. lineatum*)的幼虫,寄生于牛的背部皮下组织内所引起的一种慢性寄生虫病。该病偶尔也能发生于马、驴和野生动物的背部皮下组织,而且可发生于人,个别地区人的感染率可高达7%,成为人兽共患病之一。本病在我国西北、东北、内蒙古牧区及四川西北部高原等牧区广为分布,其他地区由流行区引进的牛只也有发生。

1. 病原形态

为牛皮蝇或纹皮蝇,二者形态大同小异,成蝇都形似蜜蜂,大小在13～15 mm。其中牛皮蝇腹部绒毛为白、黑、橙色相间的花纹,纹皮蝇腹部颜色为灰白、黑、橙黄相间的花纹,牛皮蝇胸部颜色为前后端淡黄,中间黑色,纹皮蝇胸部全部淡黄色或灰白色,胸背部除有灰白色绒毛外,还有光亮的4条黑色纵纹,纹上无毛,极为清晰。卵都长圆形,淡黄白色,(0.76～0.8)mm×(0.22～0.29)mm。一、二、三期幼虫也大同小异,其中三期幼虫体粗壮,长可达26～28 mm,棕褐色,体分11节,体表满是疣状带刺的结节(图11-20)。

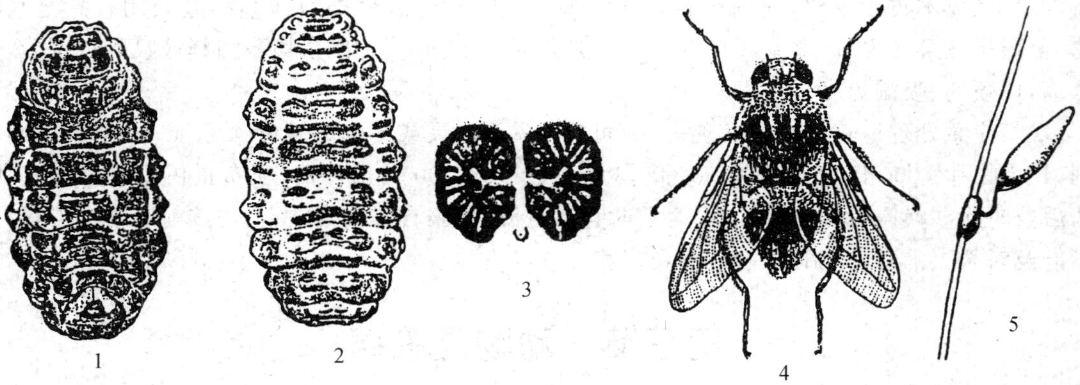

图 11-20 牛皮蝇(仿杨光友)

1. 第三期幼虫腹面 2. 第三期幼虫背面 3. 第三期幼虫后气门板 4. 成蝇 5. 产于牛毛上的卵

2. 生活史

两种皮蝇的生活史基本相同,属于完全变态,整个发育过程须经卵、幼虫(分3期)、蛹和成虫4个阶段。

成蝇不采食,在外界只能生活5～6 d,飞翔攻击牛,在其身上产卵。牛皮蝇在牛体的四肢上部、腹部、乳房和体侧产卵。纹皮蝇在牛体的后肢球节附近和前胸及前腿部产卵。活动产卵时间纹皮蝇在4—6月份,牛皮蝇在5—8月份。卵经4～7 d孵出第一期幼虫,幼虫由毛囊钻入皮下。

牛皮蝇的幼虫钻入皮下后沿外围神经的外膜组织移行到椎管硬膜外的脂肪组织中,在此停留约5个月,然后从椎间孔爬出移行到腰背部皮下。由食道黏膜或椎管下钻出移行至背部皮下的幼虫为第二期幼虫,经蜕皮后变为第三期幼虫。纹皮蝇的幼虫钻入皮下后,沿疏松结缔组织走向胸、腹腔后到达咽、食道、瘤胃周围结缔组织中,在食道黏膜下停留约5个月,然后移行到背部前端皮下。

皮蝇幼虫到达背部皮下后,皮肤表面呈现瘤状隆起,随后隆起处出现直径为0.1～0.2 mm的小孔,并逐渐增大,第三期幼虫在其中逐步长大成熟,第二年春天,则由皮孔蹦出,离开牛体入土中化蛹,蛹期1～2个月,之后羽化为成蝇(图11-21)。幼虫在牛体内寄生10～11个月,整个生活史约1年。

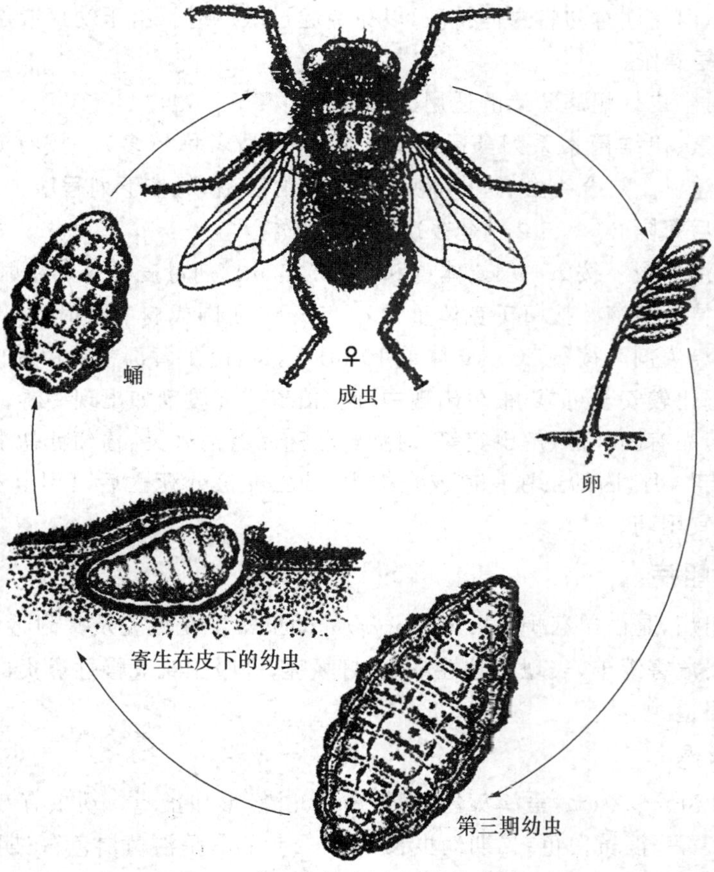

图11-21 牛皮蝇的生活史(仿李国清)

3. 致病作用和症状

(1)产卵骚扰 牛皮蝇飞翔产卵时,引起牛极度惊恐不安(俗称"跑蜂"),表现踢、狂跑、站在水坑中不出来等,不仅严重影响牛的采食休息,而且可造成摔伤、流产、窝死等。有资料统计可造成1%左右的死亡率。

(2)机械作用 幼虫钻入皮肤,在组织中移行,在食道黏膜下寄生,从皮肤中钻孔蹦出,都可引起组织破损,局部肿胀发炎,从而引起相应的症状。其中三期幼虫在最有价值的牛背部造成大量穿孔,使皮张利用价值降低30%～50%。

(3)争夺营养 幼虫在体内寄生时大量夺取患畜营养,寄生多量时可造成严重的消瘦、贫血。

(4)毒素作用 幼虫分泌的毒素可引起贫血和肌肉稀血症,加重患畜的消瘦、贫血的进程,严重的可造成患畜恶病质，陷于死亡。

4. 诊断

个体诊断根据三期幼虫寄生在牛背造成的肿瘤易于确诊，也可在食道等部位解剖发现虫体，结合流行病学情况对群体进行诊断。

5. 防治

消灭寄生于牛体内的幼虫，对防治牛皮蝇蛆病具有极其重要的作用，既可减少幼虫的危害，又可以防止幼虫发育为成虫。消灭幼虫可用机械的或药物治疗的方法。

在牛数不多和虫体寄生数量少的情况下，可用机械法，即用手指压迫皮孔周围，将幼虫挤出，并将其杀死，但需注意勿将虫体挤破，以免引起过敏反应。由于幼虫成熟的时间不同，故每隔 10 d 需要重复操作。

目前我国对牛皮蝇蛆病防治的适用药物有：

(1)阿维菌素、伊维菌素系列药品(厂家较多，商品名称较多) 按有效成分每千克体重 0.2 mg 口服或注射。结合线虫病，疥癣病、虱病等的防治，可按下列程序进：每年 10 月份开始用本药驱治，以后每隔 20～25 d 用药 1 次，连用 3 次。

(2)碘硝酚注射液 按每 10 kg 体重 0.5～0.75 mL 剂量皮下分点注射。

(3)佳灵三特注射液 按每千克体重 10～15 mL，肌肉或皮下注射。

(4)倍硫磷浇泼剂 按每 100 kg 体重 10 mL 剂量，沿牛背部中线由前向后浇泼。

以上药物都比较安全可靠，很少出现中毒。倍硫磷浇泼剂如出现中毒，可按有机磷中毒解救。特效解毒药品有阿托品、解磷定等，对症解救药品有消气灵、葡萄糖盐水、强心剂。

12 月至翌年 3 月，因幼虫在食道或脊椎中，幼虫在该处死亡后可引起相应的局部严重反应，故此期间不宜用药。

(二)鼻蝇蛆病

又称狂蝇蛆病，是由羊狂蝇(*Oestrus ovis*)的幼虫寄生在鼻腔及其附近的腔窦内所引起的慢性疾病。主要危害绵羊，表现流脓性鼻液，打喷嚏，呼吸困难等慢性鼻炎的症状。人的眼、鼻也有被侵袭的报道。

1. 病原形态

成蝇体长 1.0～1.2 cm，呈淡灰色，略带金属光泽，形如蜜蜂。幼虫有 3 个发育时期，一期幼虫长约 0.1 cm，呈淡黄白色；二期幼虫长 2.0～2.5 cm，呈淡黄白色；三期虫长约 3.0 cm，呈棕褐色，前端尖，有两个强大黑色的口钩，虫体分节，各节背部有深棕色的横带，虫体背拱腹平，后端齐平，有两个黑色后气孔(图 11-22)。

2. 生活史

成蝇——羊鼻蝇将一期幼虫直接产在羊鼻孔周围，一期幼虫爬入鼻腔并向鼻腔深部移行，在鼻腔、鼻窦或额窦内(少数也能进入颅腔内)经两次蜕化变成第三期幼虫。翌年春天，发育成熟的第三期幼虫被喷落地面，钻入土内或羊粪内变为蛹，蛹经 1～2 个月后羽化为成蝇。

3. 临床症状

羊鼻蝇侵袭羊群产幼虫时，羊群骚动，惊慌不安，食欲减退，羊只消瘦。羊鼻蝇的一、二、三期幼虫在鼻腔内等处寄生时，病羊开始分泌浆液性鼻液，以后流出脓性鼻液，有时带血，在鼻孔周围形成硬痂，使鼻孔堵塞，呼吸困难，表现为摇头、甩鼻、打喷嚏，食欲不振，畜体更加消瘦。

如果一期幼虫进入颅腔，病羊可出现回旋、痉挛、麻痹等神经症状，最后极度衰竭而死。

4. 诊断

根据临床症状及在鼻腔、鼻窦或额窦发现幼虫即可确诊。

5. 防治

防治羊鼻蝇蛆病，应以消灭寄生在羊鼻腔等处的第一期幼虫为主要措施，这不仅可阻断病情发展使羊只危害减轻，同时，也可防止三期幼虫落地成蛹再羽化为成蝇。消灭羊鼻蝇的一期幼虫用“敌敌畏”烟雾驱杀的方法很好。具体的做法是：将羊只赶入一个密闭的烟雾室，以每立方米的容积用“敌敌畏”原液 1 mL 的剂量计算好总的药用量后，将其倒在烤热但不红的铁板上，使药液挥发为烟雾。羊只在此烟雾室内吸雾在 10～15 min 为宜。此法可 100％驱杀羊鼻蝇一期幼虫。其他方法是：20％碘硝酚注射液以每千克体重 10 mg 的剂量皮下注射，经 1～2 d 后可 100％驱杀羊鼻蝇的一、二、三期幼虫；每千克体重 0.3 mL 的伊维菌素皮下注射，可驱杀羊鼻蝇各期幼虫为 99％～100％。

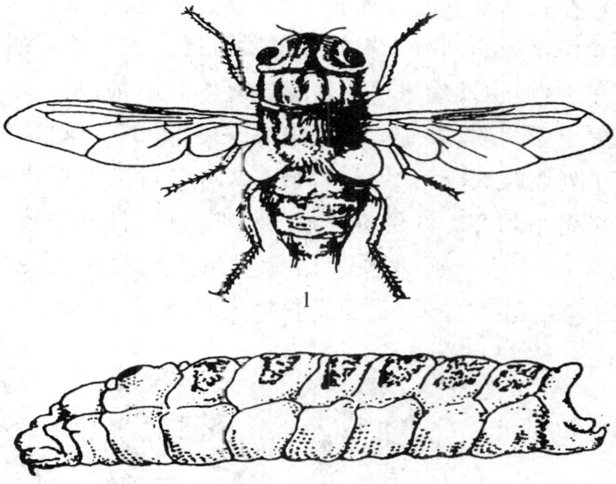

1

2

图 11-22　羊狂蝇(仿孔繁瑶，1997)

1. 成虫　2. 第三期幼虫

(三)马胃蝇蛆病

本病是由双翅目胃蝇科胃蝇属(*Gasterophlis*)的幼虫寄生于马属动物胃肠道内引起的一种慢性寄生虫病。病马高度贫血、消瘦、中毒、使役力下降，严重时衰竭死亡。我国各地普遍流行。除马属动物寄生外，还可偶尔寄生于兔、犬、猪和人胃中。

1. 病原形态

马胃蝇成虫自由生活，形似蜂，全身密布有色绒毛，故俗称“螯驴蜂”。口器退化。两复眼小而远离。触角小，藏于触角窝内。翅透明，有褐色斑纹或不透明呈烟雾色。雌虫尾部有较长的产卵管，并向腹下弯曲。蝇卵呈浅黄色或黑色，前端有一斜的卵盖。第三期幼虫(成熟幼虫)粗大，长度因种的不同而异，13～20 mm。有口前钩，虫体由 11 节构成，每节前缘有刺 1～2 列，刺的多少因种而异。虫体末端齐平，有 1 对后气门，气门每侧有背腹直行的 3 条纵裂(图 11-23)。

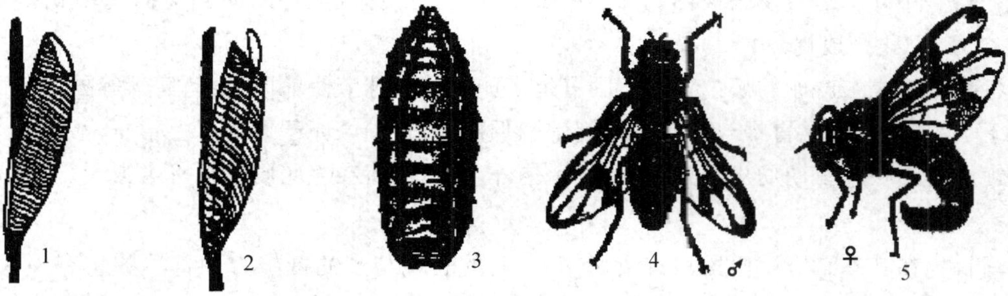

1　2　3　4 ♂　♀ 5

图 11-23　马胃蝇各发育阶段的形态图(仿杨锡林，1984)

1. 虫卵　2. 第一期幼虫　3. 第三期幼虫　4. 雄虫　5. 雌虫

在我国常见的胃蝇有 4 种，即肠胃蝇、红尾胃蝇亦称痔胃蝇、鼻胃蝇亦称喉胃蝇或烦扰胃蝇和兽胃蝇亦称东方胃蝇或黑腹胃蝇。此 4 种胃蝇的第三期幼虫在形态上易于鉴别，主要区别在于：烦扰胃蝇蛆每节前缘仅有 1 列小刺；其余 3 种，每节均有刺 2 列。肠胃蝇蛆前列刺明显大于后列刺，第 9 节背面中央缺刺，第 10 节则缺刺更多，假头表面具 2 组小刺突。兽胃蝇蛆第 1 列刺略大于第 2 列刺，第 6，7，8 节背部中央缺刺，第 9 节两侧只具 1～2 个小刺，假头表面具 3 组小刺突。红尾胃蝇蛆的小刺虽两列，但均较小，第 7，8 节背部中央缺刺，第 9 节亦仅两侧具 1～2 个小刺，假头表面具 2 组小刺突（图 11-24）。

除上述 4 种外，我国尚曾报道有黑角胃蝇和红小胃蝇。

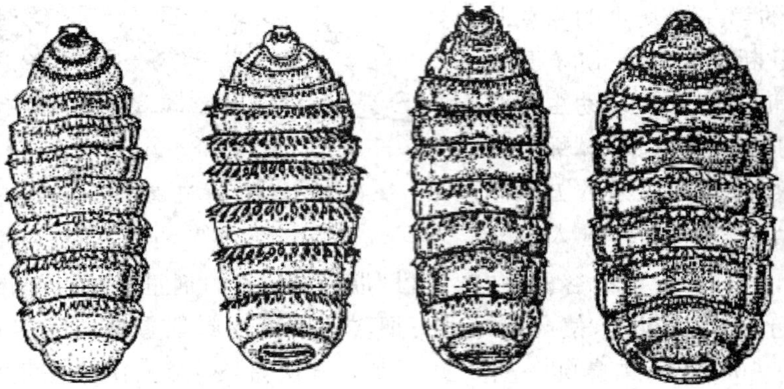

1　　2　　3　　4

图 11-24　4 种马胃蝇第三期幼虫腹面（引自杨光友，2005）

1. 烦扰胃蝇　2. 肠胃蝇　3. 红尾胃蝇　4. 兽胃蝇

2. 生活史

胃蝇属的发育属完全变态，经过卵、幼虫、蛹和成虫 4 个阶段。每年完成一个生活周期，仅以肠胃蝇为例说明如下。

肠胃蝇成虫不营寄生生活，也不采食，在自然界交配后，雄虫即死亡，雌虫则于炎热的白天，飞近马体，产卵于被毛上，每根毛上附着卵一枚，每一雌蝇一生可产卵 700 枚左右，尔后死亡。成蝇活动的季节多在 5—9 月份，在 8—9 月份活动最盛。卵经 5～10 d 或更久一些，孵化成第一期幼虫，在外力的作用下幼虫逸出，在皮肤上爬行，引起痒感，马啃咬时被食入。第一期幼虫在口腔黏膜下或舌的表层组织内寄生 3～4 周，经一次蜕化变为第二期幼虫，移入胃内，用口前钩固着在胃和十二指肠黏膜上寄生。约 5 周后，再次蜕化变为第三期幼虫并继续在胃内寄生。到翌年春季幼虫发育成熟，自动脱离胃壁，随粪便排出体外，落到地面土中化蛹，蛹期 1～2 个月，羽化为成蝇。

各种胃蝇成虫产卵的部位各异。肠胃蝇产卵于前肢球节及前肢上部、肩部等处；烦扰胃蝇产卵于下颌间隙；红尾胃蝇产卵于口唇周围和颊部；兽胃蝇产卵于地面草上。

红尾胃蝇在第三期幼虫离开胃部、排出体外之前，还将在直肠肠壁上寄生数天。

3. 危害

马胃蝇在其整个寄生阶段均有致病作用，病的表现与马的抵抗力和寄生数量有关。成虫产卵时，对马引起骚扰，不能安心休息和采食。寄生初期在口腔、舌部和咽喉部，引起该部位的水肿、炎症或溃疡。病马表现咳嗽，流涎，打喷嚏，咀嚼和吞咽困难。尔后幼虫移行到胃，间或十二指肠，以强大的口前钩，深刺入胃黏膜，形成火山喷口状的损伤，引起寄生部位的黏膜水肿、炎症和溃疡，表现为慢性胃肠炎或出血性胃肠炎，长期寄生使胃的运动机能和分泌机能发生障碍。幼虫尚吸食血液，第三期幼虫更甚；加之虫体还有毒素作用，综上各点，病马呈现以营养障碍为主的症状群，表现为食欲减退，消化不良，贫血，周期性疝痛，多汗，消瘦，使役能力下降，严重的可因渐进性衰弱而死亡。有时大量幼虫在幽门部或十二指肠部寄生，引起局部阻塞。个别可引起胃或十二指肠穿孔，并出现相应症状。在幼虫向体外排出阶段，幼虫在直肠壁短暂地附着，引起直肠黏膜充血、发炎，表现排粪频繁或努责。由于幼虫对肛门的刺激，病马常摩擦尾部，引起尾根和肛门部擦伤和炎症。

4. 诊断

本虫寄生时以消化扰乱与消瘦为主，很难与其他消化系统疾病加以区别。因此，在诊断本病时，除根据临诊表现外，必须考虑流行病学的情况，如当地是否有本虫流行，马匹是否来自流行区，引进的时间，马的体表是否有蝇卵；在感染早期尚可打开口腔，直接检查口腔及咽部是否有虫寄生。当虫体寄生胃部时，无法证实其存在。

5. 防治

在本虫严重流行地区，应在每年秋冬两季进行预防性驱虫。可用兽用精制敌百虫，按每千克体重 30～40 mg，一次投服。亦可用敌敌畏每千克体重 40 mg，一次投服。伊维菌素，按每千克体重 0.2 mg，皮下注射，也有一定效果。

在幼虫尚位于口腔或咽部阶段，可用 5%敌百虫豆油（将敌百虫溶于豆油内）喷涂于虫体寄生部位，可将虫杀死。

（四）伊蝇蛆病

伊蝇属丽蝇科，本属中三色伊蝇（*Idiella tripartita*）的蛆蛆阶段，叮咬猪只吸血，引起猪只不安，消瘦，贫血，对养猪业造成危害。成蝇体长 8～9 mm，舐吸式口器，以花蜜果汁为食，对家畜不形成危害。在每年 6—9 月份活动，雌蝇产卵于阴暗潮湿的猪舍地面缝隙中，孵化成蛆后，昼伏夜出，爬至猪体腹部吸血。未吸血幼虫乳白色，吸血后变为红色。有 1 对锐利的口前钩。幼虫经 20 d、两次蜕化后入土内化蛹，蛹期数天。由于幼虫吸血，白天检查猪只时可发现猪的腹下、腹内侧、腋窝留有出血小点，但欲发现虫体则必须在夜晚黑暗时检查猪体，方能见有蛆虫附于猪体表，叮咬吸血。阴暗潮湿的猪舍是本病发生的先决条件，因此，保持猪舍的干燥，将猪舍地面垫土压实是重要的防治措施。以 5%敌百虫水溶液喷洒猪舍，亦可有效地防治本病。

（五）伤口蛆病

伤口蛆是指寄生于家畜伤口的蝇类幼虫。这些蝇类属丽蝇科的丽蝇属（*Calliphora*）、绿蝇属（*Lucilia*）和麻蝇科的污蝇属（*Wohlfahrtia*）。牛、马、猪、羊、骆驼、犬、猫等各种动物的伤口组织均可见有寄生，而尤以管理不善的羊群最为常见，造成一定的损失。

(1)丽蝇　是一种体色青黑，有金属色泽的大型蝇种，体上毛刺较多，其中红头丽蝇最为常见。头部两颊为红棕色，舐吸式口器，胸背前缘中央为两细窄的黑色条纹，第三期幼虫前细后粗，位于第一胸节两侧的前气门，具 8～10 个孔突，体后端平齐，凹窝内有两个后气门。

(2)绿蝇　成蝇体表呈绿色或铜绿色，并有金属光泽，中型蝇类，体长 5～10 mm。头部两颊为银色或金色，舐吸式口器，体表毛刺较少。常见种有丝光绿蝇和凯撒绿蝇。第三期幼虫体型较小，似丽蝇蛆，前气门有 10～12 个孔突。

(3)污蝇 成蝇为灰白色，具有黑色斑纹，无金属光泽的大型蝇，体长 10～18 mm。胸部背面有 3 条黑色纵带，腹部背面浅灰色。常见种为黑须污蝇，第三期幼虫长 10～17 mm，前端尖细，到第 8 节处最宽，每节上有向后的小刺。前气门有 5～6 个孔突，后气门环不完整。

以上各属的蝇类均系完全变态，其发育过程包括卵、幼虫、蛹、成虫 4 个阶段，但丽蝇和绿蝇产卵；污蝇卵在体内发育成幼虫后产出。产卵习性：丽蝇和绿蝇一般在腐败的物质中及人畜的粪便中产卵，但也可在活组织中发育；污蝇则只在流血的创口及动物的耳、鼻、尿道和阴道产幼虫。这些幼虫在动物体表创口寄生，经过两次蜕皮，变为第三期幼虫。第二期幼虫和第三期幼虫有时能钻入伤口深处，甚至侵入正常组织内发育，待成熟后落地化蛹。幼虫在体表寄生的时间，丽蝇和绿蝇为 4～9 d，污蝇为 4～5 d。蛹期，丽蝇和绿蝇为 10～17 d，污蝇为 5～7 d。成蝇寿命 1～2 个月。一个夏季可繁殖 7～8 个世代，成蝇飞翔能力较强。

这些蝇类的幼虫不仅寄生于因去势及其他手术创口、外伤、腐蹄病等的伤口内，污蝇还常寄生于肮脏的耳孔、鼻孔、眼周、阴道和尿道内；绵羊的被毛潮湿结毡而腐败，也可招致蝇类产幼虫于该处。幼虫有时还向深部组织侵入，再加上幼虫毒素的作用，给宿主造成严重的损害，常可见伤口周围组织肿胀，伤口恶化，并往往伴发细菌感染，引起创伤周围发炎、坏死和化脓，难以愈合。患畜表现不安，消瘦，生长发育受阻。

检查创伤时，发现蝇蛆的存在即可确诊。应将创伤中的蝇蛆清除。药物防治可用舒利保，为美国 Young's Animal Heahh Products 产品，内含巴胺磷 40%，用 1∶2 000 的稀释液在桶内浸洗。此外，可人工清除创伤内的蝇蛆，并涂以鱼石脂软膏或碘软膏。

(六)蜂肉蝇病

肉蝇病是由双翅目麻蝇科的宽额诺蝇(*Senotainia tricuspis*)的幼虫寄生在蜜蜂体内所引起的疾病。

1. 病原形态

宽额诺蝇又叫肉蝇或麻蝇。成蝇银灰色，体长 6～8 mm，头部复眼之间有白色条纹，侧额和侧颜均覆有黄色的绒毛。腹部第二节背片边缘有两根长的刚毛，翅下有白色的平衡棒。触角为黄色，第Ⅲ节较第Ⅱ节长 2 倍；两复眼间有白色条纹。早龄幼虫体长 0.7～0.8 mm，宽约 0.17 mm，发育到后期的幼虫长达 11～15 mm。

2. 生活史

雄性肉蝇成虫和雌性幼虫生活在蜂场以外的地方，而成熟的雌虫生活在蜂场里，并且盘旋在蜂巢的入口处附近，当蜜蜂从蜂箱里飞出时，雌蝇迅速飞行追赶蜜蜂，向下猛扑并在蜂体上产下幼虫。一个肉蝇体内有 700～800 条幼虫，每 6～10 s 产一个幼虫。幼虫具有尖锐的大颚，刺穿蜂体体节之间的节间膜进入血淋巴里，一般在胸部和腹部的血淋巴内寄生，吸取宿主的营养。当蜂死后幼虫以胸部和腹部的柔软组织为食，最后离开宿主的外壳化蛹。如果它再遇到另一个死蜂时，先吃蜂体内的内容物，然后再化蛹。但是幼虫在离开死蜂宿主时，不再进入活蜂体内。幼虫在土壤里化蛹，需要 7～16 d 变为成虫，整个生活周期需要 15～35 d。以蛹越冬。

3. 流行病学

肉蝇病在前苏联、法国、意大利、南非、澳大利亚和中国均有报道，主要侵袭青壮年蜂。严重危害的蜂群，每天死亡蜂可达几百只至上千只，造成蜂群群势急剧下降。本病的传播是由肉蝇成虫在飞行中或在花上追蜜蜂时将幼虫产在蜜蜂身上所致。常出现于 6—9 月份，以 7 月下旬和 8 月流行较为严重。

4. 症状

受肉蝇侵袭的蜜蜂开始表现为倦怠，飞行速度减慢，以后逐渐失去飞翔力，在巢门附近的地面爬行，到了后期，病蜂不能爬行，蜂体痉挛，最后仰卧而死。其死亡的时间与钻入体内幼虫的数量有关，幼虫多，死亡就快。在一只蜂体内一般有 2～3 个幼虫，有时 4～6 个，最多可达 7～8 个。一个肉蝇能致死几百只蜜蜂(按所产幼虫数计算)，在夏季肉蝇大量繁殖时，蜂场上可见到很多蜜蜂受害死亡，死亡蜜蜂的内部器官都被肉蝇幼虫吃掉。

5. 诊断

取病蜂或死蜂 20～30 只，去掉头、足，再打开胸腔，用扩大镜观察，若在胸部肌肉中看到白色能运动的肉蝇幼虫即可确诊。

6. 防治

(1)捕杀成蝇　利用肉蝇喜欢栖息于蜂箱盖的习性而又不能辨别水面或其他物面的特点，可在蜂箱上放一白瓷盘，其内盛满水，使其落入水中淹死。

(2)清除病蜂和死蜂　将蜂群内的蜜蜂抖落于蜂箱外，健康蜂则迅速回巢，而被肉蝇寄生的病蜂行动缓慢留在蜂箱外，然后将病蜂、死蜂集中起来烧毁，消灭其幼虫。

(七)蜂驼背蝇病

驼背蝇(*Phora incrassata*)属双翅目蚤蝇科，以幼虫危害蜜蜂的一种内寄生蝇。

成蝇呈黑色，个体小。体长仅 3～4 mm，胸部大而隆起，腹部黑灰色，足发达，行动敏捷。

驼背蝇由巢门潜入蜂群，在未封盖的幼虫房内产卵。卵淡红色，经 3 h 卵孵化为幼虫，穿透蜜蜂幼虫体壁进入体内，吸取血淋巴为食，经 6～7 d 后离开尸体，咬破巢房盖，从巢房中爬出并潜入到蜂箱底部脏物中或土壤中化蛹，经 12 d 羽化为成虫。

防治措施：饲养强群，保持蜂多于脾或蜂脾相称，以抵御驼背蝇侵入蜂群；经常保持蜂巢内的清洁，将箱底上的脏物清除烧掉。

(八)蚕蝇蛆病

多化性蚕蝇蛆病，简称蝇蛆病，是由寄生蝇科追寄蝇属的多化性蚕蛆蝇(*Exorista sorbillams*)寄生而引起的一种常见蚕病。分布于中国、日本、印度、朝鲜等蚕茧主产国以及欧洲、大洋洲、非洲等地，我国所有蚕区都有分布。每年春蚕期开始发生，夏秋季最烈，整个养蚕季节均受其威胁。

1. 病原形态

成蝇雄大于雌，雄蝇体长约 12 mm，雌蝇体长约 10 mm，由头、胸、腹三部组成。头呈三角形，附属器有单眼、复眼、触须和口器。单眼倒“品”字形，排列于头顶，复眼被密毛。触角芒状，由 3 节组成，第 3 节大，有芒，不分枝。口器为舐吸式，马蹄形。胸部三环节，腹面有 3 对足，背面有 4 条黑色纵带，中胸有翅 1 对，膜状，后胸有 1 对由后翅退化的平衡棒。腹部圆锥形，共 9 个环节，外观只见 5 个环节，其余为外生殖器。第 1 节为黑色，其余各节前半部灰黄色，后半部灰黑色相间似虎斑。雌蝇腹部末端圆形，雄蝇腹部后部稍尖而末端平。雌蝇外生殖器为圆筒形的产卵管，末端有两丛感觉毛。雄蝇外生殖器为阳具及 2 对抱握钩，肛尾叶为三角形，黄色。其幼虫长圆锥形、淡黄色，老熟时大小为(10～14)mm×(4～4.5)mm，由头部及 12 个环节组成，头部尖，有角质口钩及 2 对突起感觉器。第 2 环节两侧有前气门 1 对。末节呈截断状，有后气门 1 对，肛门在第 11 环节腹面中央(图 11-25)。

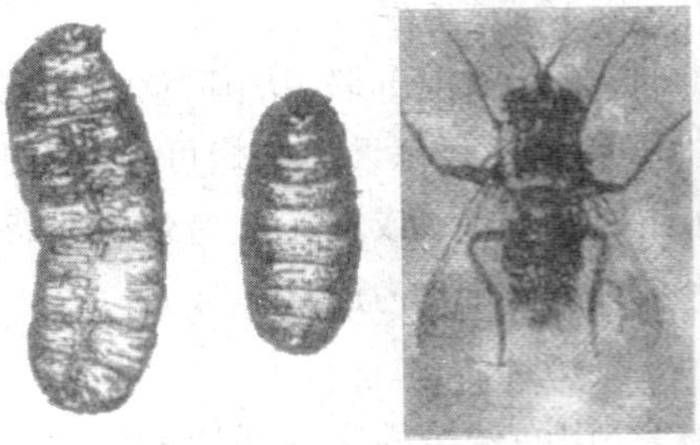

1 2 3

图 11-25 蚕蝇蛆形态

1. 幼虫 2. 蛹 3. 成虫

2. 生活史

蚕蛆蝇是完全变态的昆虫，一个世代经卵、幼虫、蛹、成虫 4 个阶段。年世代数因地而异，热带、亚热带一年发生 11～14 世代，温带 6～7 世代。我国东北、华北地区，一年发生 4～5 代，华东地区一年 6～7 代，华南地区一年 10～14 代。以广东为例，大抵每年 3 月下旬开始，越冬蛹相继羽化，开始营寄生生活。11 月底 12 月初，幼虫入土化蛹越冬，全年发生 12 个世代，在野外由于世代重叠，可发生 13～14 世代。一个世代经过的时间，在 25℃时经 25～30 d，20℃以下需 35～40 d。各阶段的发育时间(温度 25℃)：成虫期 6～10 d，卵期 1.5～2 d，幼虫在 5 龄蚕体内寄生 4～5 d，蛹期 10～12 d。越冬蛹在土中可达数月之久。

每年春暖时，越冬蛹开始羽化，羽化后通常栖息在竹林、桑园等树林花草间，以植物的花蜜汁液和叶面露水为食饵。刚羽化时雌蝇的生殖腺尚未成熟，取食 1～2 d 后发育成熟，开始交尾。雌蝇交尾后，受蚕气味引诱飞进蚕室，停在蚕体上产卵，产卵数一般为 10～300 粒，产卵完毕后，存活 4～7 d 便自然死亡。雄蝇交尾后可存活 2～5 d。初产下的卵以卵胶黏附于蚕体上，6～8 h 后，卵壳变硬，正常情况下 1 d 左右开始孵化，孵化期可持续 72～102 h。孵化时，卵壳内的幼蛆以口钩在卵的腹面咬破卵壳，再咬破蚕体皮肤，开一纵裂小孔，钻入蚕体内，先在蚕的表皮和 真皮之间营寄生生活，而后进入体腔。蛆体在蚕体内经过 3 龄而成熟。寄生天数与蚕发育时期有关，如寄生在 3、4 龄蚕体内，发育较慢，寄生时间可长达 7～8 d；寄生在 5 龄蚕体内的蛆发育较快，每日增长 1 倍以上。蝇蛆成熟后从病斑附近蜕出，但蚕死亡后蛆体不论成熟与否均离开尸体。蜕出的蛆体有背光性和向地性。借助环节间的小棘蠕动，头部作探索状以寻找化蛹的场所。一般入土化蛹的深度为 2.5～4 cm。自蜕出至形成围蛹的时间在夏季需 5～6 h，春秋季则需 12～24 h。

3. 流行病学

病的发生与蝇口密度、气候环境有密切关系。每年春暖开始，越冬蛹羽化成蝇，开始产卵危害。随着气温逐渐上升，养蚕数量增多，蝇的世代数量递进，蝇密度增加，蝇蛆病对养蚕的危害也日趋严重；接近晚秋，气温降低，蝇蛆寄生危害也逐渐减少。一般来说，华东蚕区夏蚕、夏秋蚕期发生较多，春蚕，晚秋蚕期发生少。华南蚕区第 2～6 龄发病率较高，头、尾造成危害较少。

4. 致病作用和症状

该病常发生于 3～5 龄蚕期，蝇卵产于蚕体皮肤上，孵化后幼蛆钻入蚕体内寄生，形成黑色喇叭状病斑。病斑上常常有未脱落的白色卵壳。卵壳脱落，则见一小孔，黑斑多出现于腹部环节。随着蛆体在蚕体内的成长，被寄生环节肿胀或向一侧弯曲，用手可触感蚕体内有一稍硬的小软物即蛆体；撕破体皮，轻轻挤压蚕体组织，可看到被挤出的白色小蛆体。被寄生的蚕儿，有时体色变成紫褐色，易诊为败血病。死后尸体变黑腐烂，发出恶臭。5龄被寄生的蚕，一般都有早熟现象，故始熟蚕中寄生率较高。如蚕结茧后蛆体始行脱出，则使蛹体死亡，成为死笼茧或薄皮茧。5龄中、后期寄生的蚕儿，可以营茧，化蛹，但不能羽化。蝇蛆体以其口钩撕开茧壳，穿孔而出，茧成为蛆孔茧。茧层厚不能突破时，则成锁蛆茧，蛹体因蜕蛆死亡，茧又成为内污茧。

5. 诊断

根据病斑的特征，呈喇叭状，周围体壁呈现油迹状半透明，并且随蛆体成长而增大。解剖病斑部位体壁，发现蝇蛆即可确诊。

6. 防治

(1)化学防治　我国研制的“灭蚕蝇”是杀蛆保蚕的特效药剂，施用方法有体喷与添食两种，施用剂量各地略有不同，华东和四川蚕区，用25%的乳剂加水稀释成300倍液喷布于蚕体，500倍液喷桑添食；广东蚕区因蚕蛆蝇已产生低度抗药性，采用25%乳剂的200倍液或40%乳剂的300倍液喷体，以25%乳剂的300倍液或40%乳剂的400倍液添食。喷体法在给桑前10 min，蚕体充分暴露时，均匀喷布于蚕体体表，4～5龄隔天使用1次。每张蚕种约喷“灭蚕蝇”稀释液1.5～2 kg；添食法是将“灭蚕蝇”稀释液均匀喷布于10倍重量的桑叶上喂蚕。

(2)饲养管理　蚕室门窗设置纱窗与门帐，防止蚕蛆蝇飞入蚕室产卵；丝茧育及时烘茧杀蛹，将尚未从蛹体蜕出的蛆杀死，既可避免蛆孔茧损失，又可减少蛆体蜕出后的成虫基数，降低蝇口的密度；堆放蚕沙时以湿土封固，使蚕沙中的蛆、蛹因蚕沙发酵而窒息死亡；及时清除上蔟室的落地蛆、蛹并予以杀灭；收茧站是蛆、蛹聚合最多的场所，应及时捕杀。

(3)生物防治　利用天敌来灭蚕蛆蝇，已知大腿小蜂(*Brachymeria* sp.)可在蝇蛆尚未蜕出蚕体前，产卵其体内，使重寄生的蝇蛆死亡。巨胸小蜂(*Perilampus* sp.)也可重寄生于蝇蛆体。印度报道一种蚤蝇的成虫，可在蚕蛆蝇幼虫体上产卵，蚤蝇幼虫可取食蚕蛆蝇幼虫，而对家蚕无害。此外，在土壤中的蝇蛹，常被蚂蚁步行虫消灭；在潮湿条件下，易被曲霉菌及赤僵菌寄生。

二、吸血昆虫

(一)虻

虻属于双翅目虻科，我国已记载的约有151种，分属于3个亚科9个属，与兽医关系密切的有虻属、麻虻属和斑虻属。为大、中型吸血昆虫，具刮舐式口器，刮刺家畜皮肤吸血。头部大，呈半球形。复眼大，几乎占有头部的绝大部分，雄虫两复眼相互接近，雌虫两复眼分离，中间形成额带，额带常有粉被和毛覆盖。触角3节，第3节末端上有4～5个环节。胸部3节，有翅1对和足3对。在翅脉的分布上，形成明显的中室，乃由第二中脉与第三中脉及其间的横脉所围成。

发育属于完全变态，包括卵、幼虫、蛹和成虫4个阶段(图11-26)。雌虻吸血后在水面悬垂植物的枝、叶或潮湿的场所产卵，卵聚成块状，卵数达300～1 000个。虫卵经4～6 d，即孵出幼虫。幼虫落入水内或潮湿土中，以残杀其他动物如昆虫的幼虫、蚯蚓、甲壳类或软体类等，吸食其体液为生。幼虫期很长，一般需经7～8次蜕皮。幼虫成熟后，爬到水边干燥的泥土内化蛹，蛹经7～

15 d孵化为成虫。如天气寒冷时，幼虫需至翌年春季再行化蛹。自卵至成虫需 60～417 d。

雄性成虻不吸血，只吸植物汁液。雌虻除吸植物汁液外，产卵前必须吸血，主要侵犯家畜，偶尔也吸人血。一般不侵入畜舍和居室；在炎热季节的白天活动。虻类出现的季节、地区、活动时间和活动范围因种的不同而略有差异。雌虻叮咬动物吸血时，先以强大的口器刺入并撕裂皮肤，注入唾液，待血液流出而舐吸，故有强烈的痛觉及长时间的出血。对家畜的骚扰严重，在吸血的同时，还能机械地传播一些病原体，如伊氏锥虫、炭疽、马传染性贫血等。由于虻类数量常很多，飞翔能力强，活动范围大，因此，对家畜危害严重，使畜群不能安宁、休息和进食，生产性能下降，不易管理，经济损失很大，甚至达到白天不能外出放牧的程度。

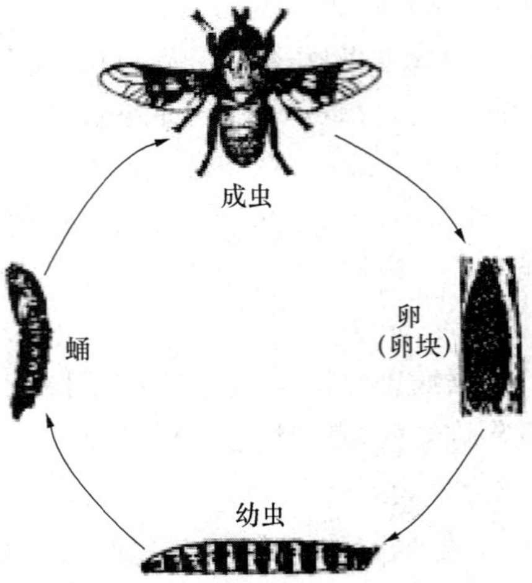

图 11-26 虻的生活史(仿陈佩惠，1998)

目前还没有切实有效的防治方法。在虻多、活动集中的季节，应避开中午，在早晚放牧，或将牛赶入树荫下避虻。结合农事，做好排水和土壤改良。排出积水，填平洼地，铲除水边杂草，以减少或消除虻的滋生地，可以收到一定效果。利用天敌及驱避剂、杀虫剂灭虻，也正在研究中。

(二)蝇

1. 形态特征

家蝇为不吸血蝇，属双翅目，蝇科，家蝇属，在我国常见的为舍蝇和家蝇。两种形态相似，长 6～9 mm，深灰色，眼红褐色，触角芒的上下面均有毛。口器舐吸式，有 4～10 对喙齿，悬垂于头下部，末端膨大。胸部背侧有 4 条宽度相等的黑色条纹，有时合并为两条宽纵纹。翅脉上的第 4 翅脉急剧弯曲形成角度，末端在翅缘与第 3 翅脉相接近。腹黄色，背面中央有一暗色纵纹。

2. 生活史与习性

家蝇的生活史属于完全变态，其发育过程包括卵、幼虫、蛹和成虫 4 个阶段(图 11-27)。

大多数家蝇是直接产卵于滋生物内；少数种类的卵在母体内进行发育，然后直接产出第一龄幼虫，如突额家蝇、孕幼家蝇等。舍蝇多产卵于马、人、牛、猪、鸡等粪便、垃圾堆以及各种腐烂发酵的植物堆内。雌蝇一生可产卵 4～6 次，每次能产数十至 100～150 个卵，一生共产 400～600 个卵。

螯蝇主要吸食牛、马等家畜的血液，有时也叮人吸血，雌蝇必须有 3 次以上吸血后，才能使体内虫卵发育成熟。在黄昏产卵，卵多产在潮湿的稻草堆、杂草堆、发酵的蔬菜堆、垃圾堆、家畜粪便里。产卵数随吸血量而定，一般雌蝇一生产卵约 3 次，每次能产 120 粒左右，卵呈堆状。蛹期一般需 6～9 d。在适宜条件下，整个发育周期约需 12 d 以上，在气温 21℃时需 33～36 d。以幼虫或蛹越冬。

3. 危害与防治

家蝇虽不吸血，但以脚和身体上的绒毛黏附和传染一些传染病和寄生虫病的病原体。更

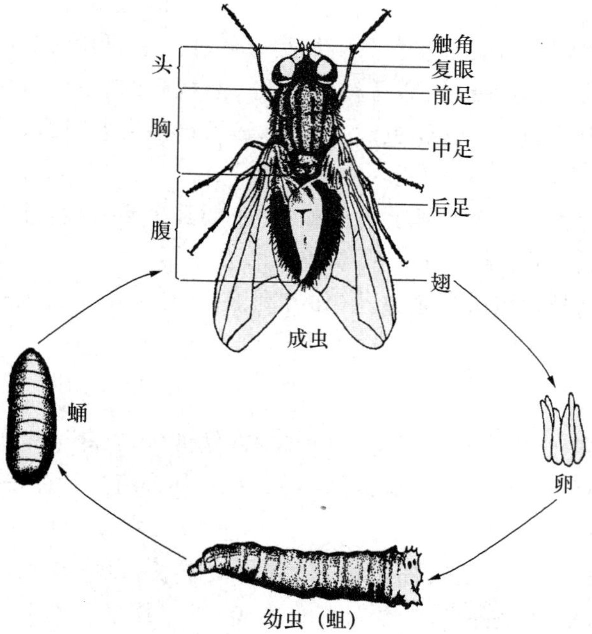

图 11-27　蝇的生活史(仿陈佩惠,1998)

由于其舔食粪便,各种污物及动物的血、痰、唾液、脓液及各种腐败物,就更易成为一些传染病的传播媒介。家蝇还是马的柔线虫的中间宿主。

蝇类的防治:对成蝇可以采用扑打、药物诱杀等方法;对蝇蛆的滋生地,可喷洒杀虫药以杀灭之。

(三)蚊

1. 形态特征

蚊属双翅目,蚊科,我国已记载的有 300 种以上,分属于 3 个亚科 14 个属,与兽医关系密切且常见的有按蚊属、库蚊属和伊蚊属;此外阿蚊属中少数种也具有重要性。蚊体长 5～9 mm,分头、胸、腹三部分。头部略呈球形,两侧各有一对大的复眼。头部前下方正中有一个细长的喙(口器),口器为刺吸式,由上唇、下唇、舌各一个和上颚、下颚各一对组成。雌蚊的上、下颚发达,能穿刺皮肤吸血,而雄蚊上、下颚不发达,不能穿刺吸血。在喙的两侧有下颚须一对,由 3～5 节组成。在下颚须两侧有一对触角,系由 15～16 节组成,雄蚊在触角上的毛密而长,而雌蚊触角上的毛则稀而短。胸部的前、后胸退化,仅中胸发达,中胸背部有一对翅膀,在翅膀上有翅脉和鳞毛。后翅退化成一对平衡棍。胸部下面有 3 对足。腹部由 10 节组成,通常仅 8 节,末端 2 节特化为外生殖器。腹部前 8 节的两侧各有一对气孔。

2. 生活史与习性

蚊的发育属于完全变态(图 11-28)。蚊的卵、幼虫(孑孓)和蛹在水中发育,最后变为成虫。蚊的栖息场所是较清凉、阴暗、潮湿、通风不良的地方,在野外多栖息于积水中,卵小,长不到 1 mm。初孵的幼虫长约 1.5 mm,经 3 次蜕皮,成为第四期幼虫时,体长可增长 8 倍。幼虫期的长短随水温和食物而异。在气温 30℃和食物充足的条件下,需 5～8 d,经 4 次蜕皮而化为蛹。蚊蛹不食能动,常停息在水面,若遇到惊扰时即潜入水中。蛹的抵抗力强,在无水情况下,只要保持一定的湿润,仍能发育,羽化为成蚊。成蚊羽化后不久,即行交配、吸血、产卵。自卵发育至成蚊所需时间取决于湿度、食物及环境等因素,在适宜条件下需 9～15 d,一年可繁殖 7～8 代。

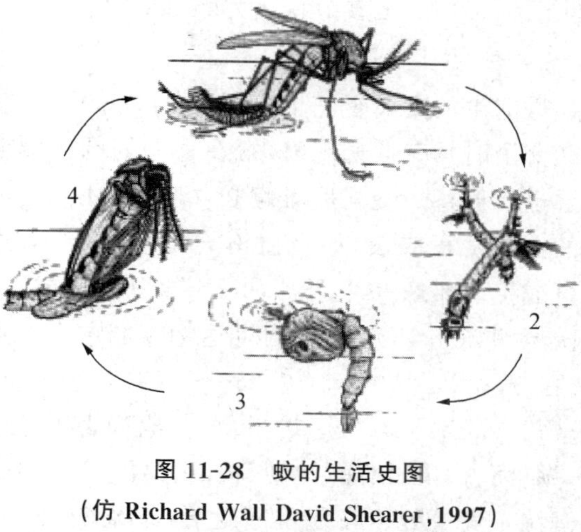

图 11-28　蚊的生活史图

(仿 Richard Wall David Shearer,1997)

1. 产卵的成虫　2. 浮在水面的幼虫

3. 浮在水中的蛹　4. 羽化的成虫

3. 危害与防治

蚊虫吸食人、畜血液，在叮咬部位发生红肿，剧痒，使畜禽不能很好休息。不同种的蚊还是畜禽疾病的传播者，如埃及伊蚊、奔巴伊蚊、淡色库蚊传播马丝状线虫。骚扰阿蚊、东乡伊蚊和淡色库蚊传播指形丝状线虫病(包括马、山羊的脑脊髓丝虫病)，此外，还可传播犬恶丝虫、马流行性脑脊髓炎等。

灭蚊应以消灭蚊幼虫滋生地的孑孓为主。了解当地流行的蚊种，查明其生活习性，排出不必要的积水，在水中喷洒菊酯类等杀虫剂。还可结合鱼、蛙的饲养以吞食孑孓。

消灭成蚊，可安装纱窗，在纱窗上喷洒长效接触性杀虫药(如吉利 33)，室内喷洒杀虫药气雾剂等，可收到一定效果。

(四)蠓

蠓俗称墨蚊，属双翅目，蠓科，种类极多，全世界已知有 4 000 种左右，分属 90 个属，而有吸血习性叮咬动物的只有 6 个属，我国兽医上有重要性的是库蠓属、细蠓属，拉蠓属亦有少量存在。

1. 形态特征

蠓体小，粗短，黑色或灰褐色，体长 1～3 mm。头部半球形，宽略大于长，位于胸部前下方，后头部圆形。复眼 1 对，呈肾形，触角 1 对，细长呈丝状，由 15 节组成；雄蠓的柄节和梗节均大于雌蠓，后面的 13 节统称鞭节。胸部稍微隆起，前、后胸退化，中胸背板最发达。前翅发达，后翅退化为平衡棒，静止时两翅重叠，平覆于腹背上，翅面覆以细毛，翅周缘有缨状毛，翅面具有不同数目和形状的暗斑和明斑。翅脉较简单。足细长，后足较短，跗节又分 5 节，最末一节有爪 1 对，爪有齿或无齿，爪等长或不等长，足各节上生有鬃或毛，后足胫节端部有胫节鬃数根。腹部细长共 10 节，各节表面生有鬃或毛，第一腹节有薄膜与后胸相连，第二腹节腹板退化，第三至第八腹节背、腹板均有侧膜相连，第七、八腹节背、腹板骨化较强，第九、十腹节特化为雌、雄外生殖器。

2. 生活史与习性

蠓的生活史属于完全变态(图 11-29)。多数库蠓在交配时具有群舞现象，常在畜舍周围于黎明或黄昏进行群舞。交配后雌蠓必须吸血，才能使卵巢内的虫卵发育成熟，如吸血不充足，只有部分虫卵发育成熟。雌蠓一生可产卵 2 或 3 次，甚或 4 次，每次产卵 50～150 粒，有的可达 200 粒左右。虫卵呈香蕉状，大小(0.35～0.65) mm ×(0.02～0.07) mm。库蠓的滋生地极其广泛，如江、湖、河、山溪、沼泽、池塘、稻田、菜田、污水沟、水坑、洼地、树洞、石穴积水处以及富于有机质的潮湿土壤等处。在夏季气温下，卵经 3～6 d 孵出幼虫。幼虫体细长，呈蠕虫状，在水底、水位上下泥层浅表或湿的土壤内挖掘洞穴，营洞居生活。一般常在泥土表层 1～2 cm 范围内。幼虫的发育期很长，共 4 龄，发育所需要的时间取决于温度和食物，在夏季气温下，有的幼虫在 1～3 周或 6 周内完成发育。蛹期很短，夏季一般为 3～4 d。在热带和亚热带地区一年可发生

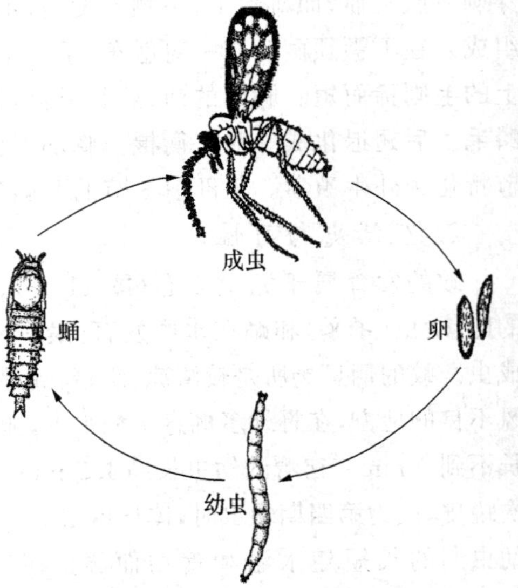

图 11-29 库蠓的生活史(仿陈佩惠，1998)

多代，多数以第四龄成熟幼虫越冬；有的蠓种如陈旧库蠓能以卵越冬，原野库蠓各虫期均能越冬。

成虫后，在无风温暖的晴天，多在近水的田野间成群活动，以日出前 1 h 和日落后 1 h 最常见，称为“群舞”，也即雌雄蠓进行交配之时。在群舞和交配后，雌蠓即寻找人、畜吸血。

3. 危害与防治

雌蠓在白天和黄昏，在野外和舍内均能侵袭畜、禽，大量出现时使畜、禽不安，被叮咬处红肿，剧痒，皮下水肿，有明显的皮炎症状。一些种还可传染盘尾线虫、住白细胞虫和血变虫，是其中间宿主或终末宿主。是牛、羊的蓝舌病的主要传播者，该病毒在蠓的体内经 7～10 d 寄生增殖后，再传染给健畜。此外，尚可传播多种病毒病和细菌病。

防治蠓的危害，主要应消除蠓的滋生地；或在幼虫滋生处喷洒杀虫药（如 1/500 的 DDVP）。在成蠓多时可燃烧艾蒿、树叶，以烟熏驱除。

（五）蚋

蚋又名黑蝇，属双翅目，蚋科，我国已记载的有 50 余种，分属于 14 个属，我国常见而且与兽医密切相关的有 4 个属，即蚋属、原蚋属、维蚋属和真蚋属。

1. 形态特征

成蚋体小，粗短，黑色或褐色，体长 2～5 mm，体表具银白色粉被。翅脉透明，无色斑，第二径脉末端不分枝，前缘脉有毛和短刺，喙短。后足基跗节有跗突，第二跗节常有跗沟。复眼大，呈肾形，雄蚋接眼式，雌蚋离眼式，无单眼。两复眼之间为额，额的宽度、高度、色泽和粉被依种类而异。触角 1 对，11 节，呈短圆柱形，通常不及头的长度长。口器刺吸式。中胸特别发达，前、后胸小，盾片凸出隆起呈驼背状。中胸侧面膜上毛的有无是分属的重要依据。翅宽阔，翅脉透明，翅端钝圆，有发达的纵脉，尤以前缘的脉粗壮而显著。足 3 对，跗节分 5 节，跗节末端有爪 1 对。腹部呈卵圆形，由 11 节组成，第 9～11 腹节特化为雌、雄外生殖器。

2. 生活史与习性

蚋的生活史属于完全变态（图 11-30）。卵、幼虫和蛹在流水中发育，成蚋在山区、林区、草原的河流、沟渠、泉水等清洁流水中，以及大的江河中羽化后，雌雄交配。雄蚋交配后常在几天内死亡，雌蚋在适宜的条件下可生存 3～4 周。交配后，雌蚋开始叮咬刺吸哺乳类（人、牛、马、羊、犬、鹿）和啮齿类、鸟类（鸭、鸡、潜水鸟和火鸡）等温血动物的血液。雌蚋吸饱血后，飞离宿主，在植物丛中隐蔽。经数天发育，体内卵发育成熟，雌蚋即开始飞翔，选择清洁流水产卵，一般都在黄昏产卵。卵产于岸边或水面潮湿或部分潮湿的树叶及茎枝上，或产在潮湿的石块上。卵聚成块状，呈单层排列。每个雌蚋能产卵 150～500 粒。幼虫的孵出，随外界水温和水流速度而定，在 20～22℃ 的流水中，需 4～5 d；在 7℃ 时，约需 27 d。幼虫期一般有 6 或 7 龄期，有的可达 9 龄期。幼虫期的长短，随种类、季节、水温以及水流速度而定，在春季寒冷的水里，幼虫发育可延长至 1.5～2 个月；冬季幼虫期可达

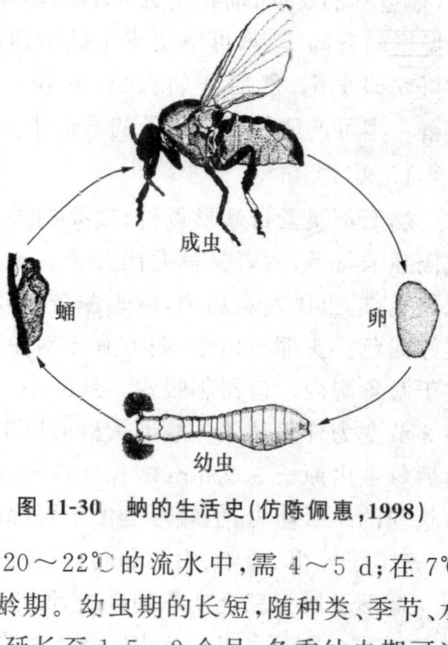

图 11-30　蚋的生活史（仿陈佩惠，1998）

4个月。末龄幼虫吐丝结成前端开口的茧,在茧内最后蜕一次皮变为蛹。蛹期在夏、秋两季需2～10 d,10℃时则延长至2周,有的可长达1个月或更长。从卵发育到成虫需2～4个月。

3. 危害与防治

蚋吸血,不但引起被吸血动物不安,且唾液中含有毒素,在吸血部引起红肿,剧痒,皮肤柔嫩部发生水肿,有时还可出现水泡或溃烂,国外甚至有大量侵袭引起牲畜死亡的报道。蚋还是家畜盘尾丝虫和某些住白细胞原虫的传播者。

蚋的防治应考虑蚋的叮咬习性。蚋的活动多在白昼阳光明亮处,在蚋大量侵扰的地区,避开白天放牧,或在畜群周围焚烧艾蒿、树叶等,以烟熏驱走成蚋。驱避剂——邻苯二甲酸二甲酯涂擦体表,可在3～4 h内防止蚋的侵袭,但实际应用时有一定困难。土地修整,排出不必要的地面积水,消灭蚋的滋生地,可减少蚋的密度。在蚋大量滋生的水中,投入倍硫磷或除虫菊酯类药物,可有效地杀死幼虫。

(六)蚤

蚤目昆虫为小型无翅昆虫。虫体左右扁平,体表覆盖有较厚的几丁质,呈棕色。头部三角形,侧方有一对单眼;触角3对,收于触角沟内。刺吸式口器,胸部小,3节,有3对粗大的肢。腹部分为10节,有7节清晰可见,后3节变为外生殖器。发育属完全变态。蠕形蚤科的昆虫,吸血后雌虫腹部显著增大,并呈卵圆形。

蚤的发育属完全变态,经过卵、幼虫、蛹、成虫4个阶段(图11-31)。卵椭圆形,长0.4～1.0 mm,在适宜的温度、湿度条件下,约经5 d孵出幼虫。幼虫有3龄,经2～3周发育,蜕皮2次变为成熟幼虫,体长可达4～6 mm。成熟幼虫吐丝作茧,蜕第三次皮后化蛹。蛹期一般为1～2周。蛹羽化时需要外界的刺激,如空气的震动,动物走近时的扰动和接触压力,以及温度的升高等,都可诱使成虫破茧而出。成虫羽化后可立即交配,然后开始吸血,并在一二天后产卵。雌蚤一生可产卵数百个。蚤的寿命1～2年。

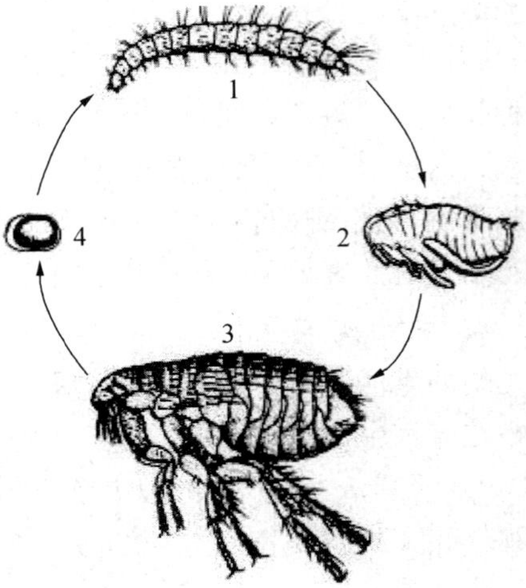

图11-31 蚤的生活史(仿Richard Wall David Shearer,1997)

1. 幼虫 2. 蛹 3. 成虫 4. 卵

1. 蠕形蚤

蠕形蚤属蚤目蠕形蚤科,重要的种有花蠕形蚤和尤氏独卡特蚤,后者又称尤氏羚蚤。蚤目昆虫为小形无翅昆虫,虫体左右扁平,体表覆盖有较厚的几丁质,呈棕褐色。头部三角形,侧方有1对单眼;触角3节,收于触角沟内。口器刺吸式。胸部小,3节,有3对肢,肢粗大。腹部10节,有7节清晰可见,后3节变为外生殖器。蠕形蚤科的昆虫,吸血后雌虫腹部显著增大,并呈长卵形。花蠕形蚤吸血后雌虫由原长3.9 mm增长到6 mm;羚蠕形蚤吸血后雌虫可增大到16 mm。蚤类多数具有很强的跳跃能力,但蠕形蚤由于腹部的增大,而行动缓慢。本虫分布于我国西北、内蒙古地区,寄生于牦牛、绵羊、山羊和马、骡体表。

蠕形蚤属于完全变态的昆虫,经过卵、幼虫、蛹、成虫4个阶段。除成虫外,其余3个阶段均在夏季于地面完成。高山牧场上特有的温度、湿度条件均适于其发育;在晚秋变为成虫,开始侵袭动物，冬季落地面产卵，初春死亡。据青海报道，成虫 10 月份起，先后发现于灌木林、石头窝、石缝、帐篷内与牛粪堆中。并向畜体转移，12 月份畜体上最多，到翌年青草生长时消失(即落入地面产卵)。

蠕形蚤既不营固着的寄生生活，亦不经常更换宿主。在畜体大量吸血后，排出含有血色的粪便，引起皮肤炎症，痒感，影响采食和休息。在牦牛多寄生在颈部、下颌部和肩部。在马为头部、颈部、鬃毛下、臀部、腿内侧及飞节上部。绵羊和山羊则寄生于尾、尾根、臀部、颈部、股内侧、肩部、胸部。大量寄生时可致患畜贫血、消瘦或死亡。

防治：在流行地区，蚤的幼虫滋生场所，清扫地面并喷洒杀虫药；在畜体发现虫体寄生时，可用菊酯类、有机磷类或甲萘威等杀虫药喷洒杀虫。

2. 栉首蚤

栉首蚤属蚤目蚤科栉首蚤属，常见的有犬栉首蚤和猫栉首蚤。基本形态如前所述，但雌蚤吸血后腹部不膨大。跳跃能力极强。此两种并无严格的宿主特异性，可在犬、猫间相互流行，并可寄生于人体。为完全变态，分卵、幼虫、蛹、成虫 4 个阶段。成虫寄生于动物体表，其他 3 个阶段均在动物活动场所的地面或犬、猫的窝内完成。

蚤除咬啮宿主吸血外，尚为犬复孔绦虫的中间宿主，并能传播一些疾病。特别是作为人的宠物的寄生虫，可跳至人体引起瘙痒。故为宠物饲养者所关注。

在蚤的防治上，除了对畜体喷洒杀昆虫药外，可给犬、猫佩戴“杀蚤药物项圈”，一般为含有有机磷杀虫剂或甲萘威的项圈。由于虫卵、幼虫、蛹阶段均在地面，因此，在杀灭畜体蚤类的同时，对地面的清洁灭虫工作更为重要。要经常清扫、更换其睡卧处的铺垫物，并在地面喷洒杀虫药(如敌敌畏、敌百虫、马拉硫磷、乐果等)。

(七)血(颚)虱

1. 形态特征

血(颚)虱属昆虫纲虱目，是以吸食哺乳动物的血液为生，故通称为兽虱。体背腹扁平，头部较胸部为窄，呈圆锥形。触角短，通常由 5 节组成。口器刺吸式，不吸血时缩入咽下的刺器囊内。胸部 3 节，有不同程度的愈合；足 3 对，粗短有力，肢末端以跗节的爪与胫节的指状突相

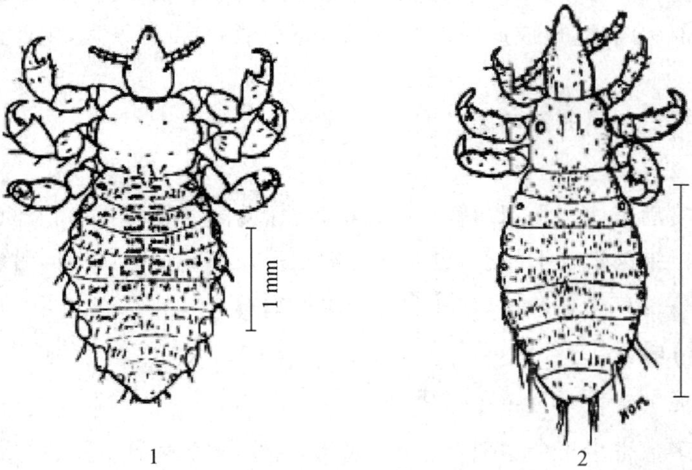

1　　2

图 11-32　血(颚)虱(仿孔繁瑶，1997)

1. 牛血虱　2. 牛颚虱

对，形成握毛的有力工具。腹部由 9 节组成。与兽医关系密切的主要有：血虱属的猪血虱、牛血虱(图 11-32)、水牛血虱和驴血虱，它们均因宿主特异性而区分；颚虱属的牛颚虱(图 11-32)、绵羊颚虱、绵羊足颚虱、山羊颚虱。血虱与颚虱的区别在于：血虱属的腹部，每节两侧有侧背片，而颚虱属则缺；血虱属每一腹节上有一列小刺，而颚虱属则有多列小毛。

2. 生活史与习性

兽虱为不完全变态。其发育过程包括卵、若虫和成虫(图 11-33)。成虫雌雄交配后雄虱即死亡，雌虱于 2～3 d 后开始产卵，每虱一昼夜产卵 1～4 枚：卵黄白色；(0.8～1)mm×0.3 mm，长椭圆形，黏附于家畜被毛上。卵经 9～20 d 孵化出若虫，若虫分 3 龄，每隔 4～6 d 蜕化 1 次，3 次蜕化后变为成虫。雌虱产卵期 2～3 周，共产卵 50～80 枚，卵产完后即死亡。

各种兽虱都有一定的宿主，如寄居于非天然宿主体上不能长期寄生。如离开宿主落到地面或其他地方，短期生活后死亡。秋冬季节，家畜被毛增长，绒毛增多增厚，体表湿度增加，造成有利于兽虱生存的条件，因而数量增多，虱病较重。夏季家畜体表兽虱显著减少。

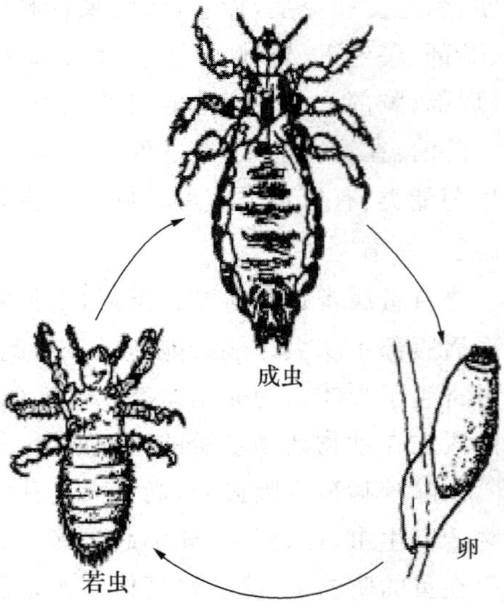

图 11-33 虱的生活史(仿陈佩惠，1998)

兽虱除有一定的宿主特异性外，在畜体上的分布，不同种也有特定的部位，如猪血虱多寄生在耳基部周围、颈部、腹下部和四肢内侧；绵羊颚虱多寄生于绵羊腹下、尾部和头部；而绵羊足颚虱则多寄生于四肢的近蹄处。

兽虱的传播方式，主要是动物与动物的直接接触，有时亦可通过混用的管理用具和褥草等间接传染。

3. 危害

兽虱吸血时分泌含有毒素的唾液，使被吸血部发生痒感，动物蹭痒，不安，影响采食和休息。患畜因啃咬患部和蹭痒，造成皮肤损伤，脱毛，患畜消瘦，发育不良，生产性能降低。

4. 诊断

在畜体表面发现虱或虱卵即可确诊。

5. 防治

可用杀昆虫药喷洒畜体。常用药物有菊酯类(溴氰菊酯、氰戊菊酯)，有机磷(敌百虫、敌敌畏、倍硫磷)，此外，伊维菌素皮下注射，也有很好的效果。在药物除虱的同时应加强饲养管理，保持畜舍清洁，通风，垫草要勤换，对管理用具要定期消毒。

(八)食毛(羽)虱

1. 形态特征

食毛目的种类多数寄生于禽类羽毛上，故称羽虱；少数寄生于哺乳动物毛上，称毛虱。营终生寄生生活，以啮食羽、毛及皮屑为生。主要特征是体长较虱目小，0.5～1.0 mm，体扁平，无翅，多扁而宽，少数细长。头部钝圆，其宽度大于胸部。咀嚼式口器。头部侧面有触角 1 对，由 3～5 节组成。胸部分前胸、中胸和后胸。中、后胸常有不同程度的愈合,每一胸节上着生 1 对足,足粗短,爪不甚发达(图 11-34)。腹部由 11 节组成,但最后数节常变成生殖器。

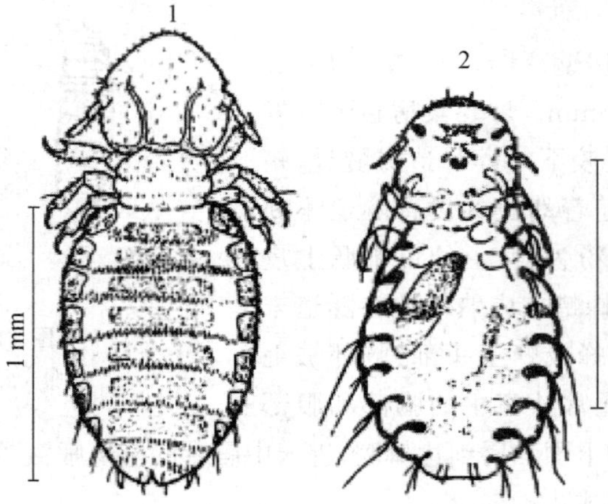

图 11-34 食毛(羽)虱(仿孔繁瑶,1997)

1. 牛毛虱 2. 鸡圆羽虱

2. 习性与危害

每一种毛虱(或羽虱)均有一定的宿主,具宿主特异性;而一种动物又可寄生多种,每种又有其特定的部位。如鸡圆羽虱寄生于鸡背部、臀部的绒毛上,鸡翅长羽虱寄生于翅部下面,广幅长羽虱寄生于头部和颈部等。

在畜体上常见的有毛虱科的牛毛虱、马毛虱、绵羊毛虱、山羊毛虱、犬毛虱。

在鸡体上常见的有长角羽虱科 (触角由 5 节组成)的广幅长羽虱、鸡翅长羽虱、鸡圆羽虱、大角羽虱以及短角羽虱科的鸡羽虱。

在鸭、鹅等亦有多种羽虱寄生。

毛虱和羽虱的发育和传播方式和虱基本相似。它们在寄生时虽不刺吸血液,但亦引起畜禽痒感,精神不安,特别是禽类,常啄食寄生处,引起羽毛脱落.食欲衰退,生产力降低。

3. 防治

对羽虱的控制,在肉用鸡的生产中,更新鸡群时,应对整个禽舍和饲养用具进行灭虱。常用药物有甲萘威(5%)及其他除虫菊酯类药物。在饲养期较长的鸡,可在饲养场内设置砂浴箱,砂浴箱中放置含 10%硫黄粉或 4%的马拉硫磷粉。

对畜禽体毛(羽)虱还可用上述杀虫药直接喷于体表,并可参阅血虱的防治措施。

(九)蜂虱病

蜂虱(*Braula coeca*)属于双翅目蜂虱蝇科(Braulidae),常寄生于蜂王和工蜂的头部、胸部背面绒毛处,摄取工蜂饲喂蜂王的饲料,由于饲料缺少造成蜂王产卵力下降。主要分布于前苏联、罗马尼亚、保加利亚、土耳其、阿联酋、刚果、坦桑尼亚、南非、以色列等国。我国目前尚未发现,故将蜂虱列为对外检疫对象。

1. 病原形态

蜂虱是一种翅退化的蝇类,成虫体呈卵圆形,红褐色,周身生有浓密绒毛,体长约 1.5 mm,宽约 1.0 mm,头呈三角形,口器呈管状,由上唇、下唇和上颚组成。触角 3 节,靠近口器。胸部短宽，无盾片；腹部卵圆形，由 5 节组成，其上着生许多刚毛。具 3 对足，腿节粗大，跗节末端具有齿状梳（图 11-35）。

2. 生活史

雌蜂虱在巢房盖和巢房壁产卵，卵呈椭圆形，乳白色，长 0.77 mm，宽 0.37 mm。卵在巢房盖下方发育，孵出的幼虫从巢房盖上咬下蜡碎片造成隧道，蜡质的隧道穿过几个巢房，随着幼虫的发育隧道不断扩大。幼虫摄取蜂蜡和花粉为食，由幼虫中肠上皮细胞内的微生物帮助消化蜂蜡。成熟幼虫在隧道末端化蛹。成虫期寄生于工蜂或蜂王头部、胸部绒毛处。当宿主进食时，蜂虱通常从宿主的胸部和腹部移动到头部，由宿主张开的上颚和唇到达口腔，进入中唇舌的基部唾液管开口处摄取食物。从卵发育到成虫要 16～23 d，以成虫越冬。

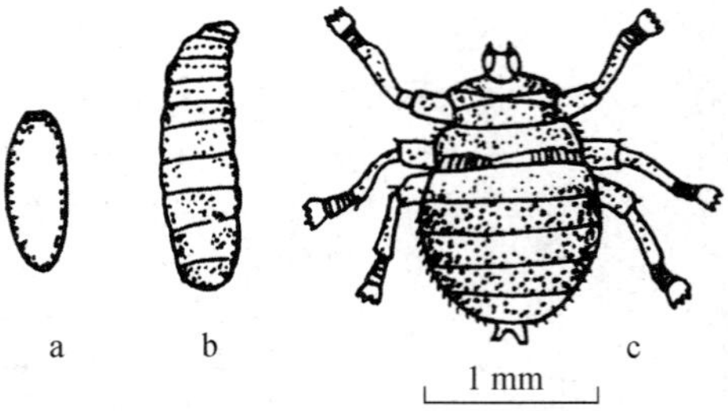

图 11-35 蜂虱

1. 卵 2. 幼虫 3. 成虫

3. 流行病学

蜂虱在蜂群之间的传播，主要通过蜜蜂的相互接触，盗蜂、迷巢蜂以及调换巢脾等。另外，通过出售蜂王和转地放蜂也可以造成传播。

蜂虱的发生随季节和蜂群的群势而变化，春季蜂虱比较少，夏末和秋季外界蜜源缺少，蜂群群势下降，蜂虱的寄生率就增高。

4. 症状

蜂虱常寄生于工蜂和蜂王的头、胸部，使它们不安，造成身体异常虚弱。蜂王被严重寄生后，行动缓慢，停止产卵，衰弱而死亡。工蜂被害后，停止采集，严重的引起死亡。

5. 防治

饲养强群，淘汰陈旧巢脾，寄生在蜂体上的成虫可用萘、樟脑、烟草叶、敌螨熏烟剂熏治。定期地切割封盖蜜房盖，并把这些蜜盖化蜡，每隔 7～10 d 一次，从春季一直进行到主要采蜜期来临为止，以消灭蜂虱的卵、幼虫和蛹。

（十）蜂芫菁病

芫菁病是一种季节性寄生虫病，它是由鞘翅目芫菁科的幼虫侵袭蜜蜂幼虫引起的，在北美和欧洲的一些国家发生，在我国局部地区（如安徽、黑龙江等省）每年夏季发生。

1. 病原形态

通常危害蜜蜂的有复色短翅芫菁（*Meloe variegatus*）和曲角短翅芫菁（*M. proscarabaeus*）。复色短翅芫菁成虫为铜绿色或紫红色，体长 19～33 mm，其幼虫为黑色，头部呈三角形，体长为 3～3.3 mm，曲角短翅芫菁成虫为蓝黑色，体长 16～33 mm，其幼虫为黄色，头圆形，体长为 1.3～1.8 mm。

2. 生活史

芫菁在土壤里产卵，繁殖力很强，每只能产 4 000 粒卵，这些卵经过 30～40 d 孵化为幼虫。幼虫栖息于十字花科、菊科、豆科、蝶形花科和唇形花科植物上生活，当蜜蜂前往采集花蜜、花粉时，幼虫便爬到蜂体上，到巢房后爬到卵上，用贮藏的花粉和花蜜封闭巢房，先以卵为食，发育成蛴螬状的幼虫，然后摄取贮藏的食物，化蛹，羽化为成虫，以成虫越冬。它们的发育周期不依靠蜜蜂，蜜蜂只是被偶然侵袭的。

3. 流行病学

当蜜蜂在花上采集花蜜和花粉时，芫菁的幼虫就爬到蜜蜂身上，并寄生在腹部节片之间。采集蜂把芫菁带到巢内时，内勤蜂也同样受害。芫菁幼虫不能长久地生活在蜜蜂身上，经过几昼夜就死亡，然后蜜蜂就把它们拖出蜂箱。芫菁幼虫真正的宿主是孤独蜂，因此，当蜂场周围有大量的芫菁和孤独蜂时，被侵袭的蜂群就多。

4. 致病性与症状

芫菁幼虫破坏蜜蜂表皮组织，吸取血淋巴，使蜜蜂不安，机体衰弱，在地上跳跃打转，痉挛而死。严重时，蜂群衰落，采集力下降。

5. 诊断

观察病蜂有无不安和抽搐等症状，并检查其腹节间有无芫菁的幼虫。若发现有幼虫叮咬时，即可确诊。

6. 防治

①在春天消灭芫菁成虫，成虫身体大，很容易发现，消灭一只雌虫就等于消灭了大量后代。

②收集蜂箱底、巢门前和场地上的死蜂烧毁，杀灭芫菁幼虫。

③药物熏杀：傍晚蜜蜂回巢后，取3～5 g萘粉均匀地撒在纸板上放入箱底，次日清晨将纸板取出，收集落下的芫菁幼虫烧毁。用烟叶熏杀时，事先在蜂群内铺好纸板，然后将燃烧的烟叶放入喷烟器内，向巢门喷烟3～4下，3～5 min后取出纸板，烧毁落下的芫菁幼虫，连续熏杀几次即可除净芫菁。

（十一）中华鱼蚤病

由中华鱼蚤寄生于鱼类鳃部引起的疾病称之中华鱼蚤病，主要危害草鱼、鲶、青鱼、淡水鲑、鲢、鳙等。

1. 病原形态

中华鱼蚤隶属于鱼蚤科(Ergasilidae)。主要危害鱼类的种类有：大中华鱼蚤(*Sinergasilus major*)、鲢中华鱼蚤(*S. polycolpus*)等。

中华鱼蚤雌雄异体，雌体大于雄体，仅雌体营寄生生活。虫体细长，圆柱形，分头、胸、腹三部分。头部呈三角形或半圆形，前端中央有一中眼，口位于头部腹面后缘的中央，口四周被口器包围，头部最前端有2对触角，其中第2对已特化成为锐利的爪，用以钩住宿主的鳃组织。胸部6节，每一胸节腹面都有1对游泳足。第6胸节为生殖节，成熟个体挂有1对长条形的卵囊，几乎与虫体等长，外包透明薄膜，内部卵小而多。腹部3节，明显比胸节短小。

2. 生活史

雌鱼蚤在寄生于鳃上以前进行交配，一生只交配1次，卵在子宫内受精并分批成熟，生殖季节较长，一般从4月中旬至11月上旬。产出的卵囊挂在生殖节上，随水温的高低，经几天或十几天孵出无节幼虫。无节幼虫蜕皮5次，发育为第一桡足幼虫，再蜕皮4次，发育为第五桡足幼虫，这时雄虫性腺已成熟，雌雄虫体在水中交配，交配后，雄鱼蚤在水中自由生活一直到死亡。雌鱼蚤则遇到适合的宿主即以特化的第二触角钩住鳃组织，开始寄生生活，再经一次蜕皮发育为成虫。

3. 流行情况

本病流行很广,我国北起黑龙江,南至海南省都有发生。在长江流域一带,每年从 4 月份至 11 月份都是中华鱼蚤的繁殖季节。主要危害 1 龄以上的草鱼、青鱼、鲢、鳙、鲤等。不同种类的中华鱼蚤对宿主有严格的选择性。该病主要是靠幼虫随水的流动而传播。

4. 症状和病变

轻度感染无明显症状。严重感染时,病鱼呼吸困难,焦躁不安,在水表层打转或狂游,尾鳍上叶常露出水面称为"翘尾巴病",最后消瘦、窒息而死。病鱼由于中华鱼蚤用第二触角钩入鳃组织,造成机械损伤,黏液分泌增多,鳃丝末端肿大发白,肉眼可见鳃瓣边缘挂满白色像蝇蛆似的虫体。由于虫体寄生,损伤了鳃丝,致使鳃丝发炎,引起细菌性烂鳃病的并发症。

5. 诊断

用镊子揭开鳃盖,肉眼观察鳃丝末端内侧有乳白色虫体,也可将病鱼鳃片取出,置于盛有清水的培养皿内,在解剖镜下观察,可确诊。

6. 防治

在疾病流行季节,用硫酸铜和硫酸亚铁合剂在食场周围挂袋;发病鱼池用硫酸铜和硫酸亚铁合剂(5∶2)全池泼洒,浓度为 0.7 mg/kg;用晶体敌百虫 0.3～0.5 mg/kg,全池泼洒。

(十二)鱼锚头蚤病

锚头蚤病由锚头蚤寄生于鱼类的鳃、体表、口腔等处引起的疾病。草鱼锚头蚤寄生于草鱼体表;多态锚头蚤寄生于鲢、鳙的体表及口腔;鲤锚头蚤寄生于鲤、鲫、乌鳢、青鱼等鱼的体表、鳍、眼上。

1. 病原形态

锚头蚤(*Lernaea*)隶属于锚头蚤科(Lernaeidae)。锚头蚤身体细长,呈圆筒状,虫体分头、胸、腹三部,但体节已合成一体,并且发生了扭转。头部触角和胸部附肢(游泳足)萎缩退化,头胸部长出腹角和背角,顶端中央有一个圆形头叶。成熟的虫体在生殖季节,常在后面挂着 1 对长条形的卵囊,肉眼观察为灰白色,卵多行排列于囊内,含卵量有几十个至数百个。主要危害鱼类的种类有:草鱼锚头蚤(*Lernaea cetnophaaryngodontic*),多态锚头蚤(*L. polymorpha*)和鲤锚头蚤(*L. cyprinacea*)。

2. 生活史

锚头蚤的生活史与中华鱼蚤相似,卵孵化后为无节幼虫,经 5 次蜕皮发育为第一桡足幼虫,再经 4 次蜕皮,成为第五桡足幼虫。交配后,雄虫不久死去,雌虫则寄生于适宜的宿主鱼上,并随寄生时间的推移,从形态上可分为"童虫"、"壮虫"、"老虫"3 个阶段。

3. 流行情况

锚头蚤病主要发生在鱼种和成鱼阶段,引起鱼种死亡和影响亲鱼的性腺发育。对鲢、鳙危害最大,在发病高峰季节,鱼种能在短期内出现暴发性感染,而造成鱼种大批死亡。全国各地均有发生,其中以广东、广西地区最为严重。

4. 症状和病变

锚头蚤以头胸部插入宿主鳞片下和肌肉里,而胸腹部则裸露于鱼体之外,在寄生的部位,肉眼可见到针状的病原体。"老虫"阶段,虫体表面常有原生动物及藻类附生,肉眼观察好像一束束灰色的旧棉絮。发病初期,病鱼呈现急躁不安,食欲减退,继而逐渐消瘦,游动迟缓,终至死亡。在多态锚头蚤寄生部位，其周围组织发炎、红肿，又医溢血出现红斑；在草鱼锚头蚤和鲁鲤锚头蚤的寄生部位，可看到靠近虫体的一块鳞片被"蛀"成缺口，鳞片色泽变淡，在虫体寄生处亦出现充血的红斑，但一般不肿成瘤状。

5. 诊断

将患锚头蚤病的鱼取出放在解剖盘里，仔细检查病鱼的体表、鳃弧、口腔和鳞片等处，若看到一根根似针状的虫体即是锚头蚤的成虫；锚头蚤的"童虫"体细如毛发，白色透明无卵囊，如不细心检查，不易发现，需用放大镜或将病鱼直接放在解剖镜下观察；锚头蚤寄生在草鱼和鲤鱼的鳞片下，检查时仔细观察鳞片腹面或用镊子取去鳞片即可看到虫体。

6. 防治

①用生石灰清塘，杀死水中锚头蚤幼虫和带有成虫的鱼种和蝌蚪。

②在放养鱼种或越冬并塘时，如发现锚头蚤，可根据不同水温及草鱼、鲢、鳙对高锰酸钾的不同耐药力，分别用 33 mg/kg 或 10 mg/kg 的高锰酸钾浸洗 30～60 min。低温用高浓度，高温用低浓度，可杀死锚头蚤成虫。

③若在饲养管理期间发病，可用 0.3～0.5 mg/kg 晶体敌百虫(90%)进行全池泼洒，能有效地杀死锚头蚤幼虫，以控制病情发展，减少鱼种的死亡。下药次数可根据虫体的寿命和鱼种病后获得性免疫的原理及成虫 3 种形态来决定。如果鱼种感染的锚头蚤多为"童虫"时，可在半个月内连续施药 2 次，若为"壮虫"时，施药一次即可，若是"老虫"则可以不下药。

(十三)鲺病

鲺病是由鲺寄生于鱼类的体表和鳃上引起的疾病，主要危害草鱼、青鱼、鲢、鳙、鲤、鳊等多种淡水鱼类。

1. 病原形态

鲺隶属于鲺科(Argulidae)，常见种有日本鲺(*Argulus japonicus*)。其鲺体背腹扁平，略呈椭圆形或圆形。生活时颜色常与宿主体色接近，具保护作用。通常雌体大于雄体。鲺由头、胸、腹三部组成。胸部第一节与头部愈合成头胸部，其两侧向后延伸成马蹄形或盾形的背甲。在头胸部的背面有一对被血窦包围的大而能动的复眼，及一个由 3 个单眼组成的中眼。在腹面有附肢 5 对，即 2 对触角，大颚、小颚(成体时特化成吸盘)和颚足各 1 对。口器由上、下唇和大颚组成，在口器前面有一个圆筒形口管。口管内有一口前刺，基部有一堆多颗粒毒腺细胞。胸部 4 节，第 1 节与头部愈合，第 2～4 节为自由胸节。有游泳足 4 对，均为双肢型，系鲺的主要行动器官，雄性的后 3 对游泳足上具有副性器官。腹部不分节，为 1 对扁平长椭圆形的叶片，前半部分愈合，是充满血窦的呼吸器官。雄性的睾丸及雌性的受精囊都位于腹部。在腹部二叶中间凹陷的地方有 1 对很小的尾叉，其上具有刚毛数根。

2. 生活史

鲺一生只交配一次，但雌体可产卵数次。卵直接产在水中基物上，其孵化速度与水温密切相关，在一定温度范围内，水温高孵化快；反之，则慢。卵粒将近孵化时，渐变为透明，可见其黑色眼点，最后幼虫在卵壳内剧烈扭动，终至破壳而出。幼虫孵化后，立即寻找鱼体寄生，在平均水温 23.3℃时，幼虫如在 48 h 内找不到宿主鱼即死去。幼鲺经数次蜕皮(5～6 次)发育为成虫，小颚完全特化成吸盘，游泳足上的副性器官也趋于完善。鲺的寿命随水温高低而异，如在炎热夏季的水温，仅能生活 31 d 左右；当水温在 16.2℃时，则可生活 135 d 左右。

3. 流行情况

鲺病流行地区很广,呈世界性分布。我国许多鱼类经常被侵袭;从幼鱼到成鱼都可被寄生。幼鱼受害严重。流行季节一般在5—10月份。

4. 症状和病变

鲺寄生在鱼的体表,主要用吸盘附着,并常移动位置或暂时离开宿主,游泳于水中,再附着到另一宿主上。在宿主体表用口前刺刺入宿主皮肤,将口前刺基部毒腺产生的毒液注入鱼体,使其产生炎症和出血,以便用口吸食。由于吸食的刺激和口前刺的损伤和毒害,鱼体皮肤受破坏,黏液增多,并发生溃疡或继发细菌感染,严重时引起鱼体死亡。

5. 诊断

肉眼仔细观察鱼的体表,如能看到圆形或椭圆形、身体扁平的虫体附着,即可诊断。

6. 防治

用90%晶体敌百虫全池泼洒,使池水敌百虫浓度为0.2~0.5 mg/kg。注意鱼虾混养的池塘不能用敌百虫,否则会把虾毒死。

本章小结

(1)蜱不仅吸食宿主血液,释放毒素,还传播多种疾病,所以要重视灭蜱。

(2)螨病是畜禽最常见的一种寄生虫病,尽管已经研制出许多杀虫药,但由于本病具有高度接触传染性,加上集约化生产方式的采用,给本病的传播创造了有利条件,所以本病至今仍然不容易控制。

(3)牛蜱蝇蛆病在我国北方流行严重,虽经多年防治,感染率有所降低,但难以根除。

(4)昆虫本身作为病原的传播者的意义比其作为病原的意义要更大。

复习思考题

1. 简述硬蜱的形态特征,何谓一、二、三宿主蜱?
2. 简述硬蜱的危害,如何防治?
3. 软蜱形态和发育与硬蜱如何区别?
4. 疥螨、痒螨、蠕形螨的形态有何不同,主要有哪些区别?
5. 简述疥螨、痒螨的发育,主要侵害哪些动物?怎样诊断和防治?
6. 怎样区别牛皮蝇、羊狂蝇第三期幼虫?其发育有何异同?
7. 牛皮蝇幼虫、羊狂蝇幼虫有哪些危害?怎样防治?
8. 毛虱、血虱、羽虱和绵羊虱蝇的形态有何不同?主要有哪些危害?
9. 比较虻、蚊、蚋、蠓的形态和发育特点。
10. 蜂、蚕、鱼主要有哪些节肢动物病?应如何防治?

各论(三)　动物原虫病

第十二章
动物原虫病

本章学习目的与要求：通过本章的学习，要求深刻理解与掌握原虫的形态结构与原虫的生物学特性；掌握组织滴虫病、巴贝斯虫病、泰勒虫病、球虫病、猪弓形虫病、鸡住白细胞虫病、结肠小袋纤毛虫病的生活史、流行特点、临床特征以及防治措施；要求一般掌握伊氏锥虫病、贾第虫病、隐孢子虫病、环孢子虫病、肉孢子虫病、卡氏肺孢子虫病、新孢子虫病。

第一节　原虫的形态、分类和生活史

一、原虫的形态

原虫是单细胞动物，整个虫体由一个细胞构成。原虫的种类很多，大部分营独立的自由生活，只有少数种类营寄生生活。原虫虫体微小，大小由 2～3 μm 至 100～200 μm 不等，在光学显微镜下才能看清楚。形态因种而异，在生活史的不同阶段，形态也可完全不同，呈柳叶状、长圆、椭圆或梨形等，有的原虫无固定形状，经常变形，具有多形性。

原虫的基本结构主要包括表膜(pellicla)、胞质(cytoplasm)及胞核(nucleus)3 部分。

(一)细胞结构

1. 表膜

即细胞膜，位于虫体表面，由单位膜构成。电镜下可见单位膜分成外、中、内 3 层。内、外两层电子致密，中层透明。有的虫体只有一层单位膜，叫质膜(plasmolemma)。有的虫体有一层以上单位膜，表膜主要成分是类脂分子，分子间镶嵌许多蛋白质分子，外层上结合有绒毛状的多糖分子。多糖分子一端游离在外，似绒毛，覆盖虫体表面，称为细胞被(cell coat)或表被(surface coat)。表膜的存在可以使虫体保持一定的形状，并参与虫体的摄食、排泄、感觉、运动等生理活动。表膜可不断更新并有很强的抗原性。

2. 胞质

胞质是由基质(stroma)和细胞器(organelle)组成。

(1)基质　主要成分是蛋白质，电镜下基质呈颗粒状、网状或纤丝状。蛋白质分子互相联结成网状，网眼中有水分子和其他分子。此种结合是疏松的，易断裂也易再联合。蛋白质分子可以平行排列聚集成纤维丝。原虫的收缩性可能与这类亚纤维丝有关。胞质有外质、内质之分，外质呈凝胶状，内质中有各种各样的细胞器，执行各种生活机能。

(2)细胞器 在长期的进化过程中,原虫获得了高度发达的细胞器,具有与高等动物器官相类似的功能。有线粒体、内质网、高尔基复合体、核蛋白体、溶酶体、纤丝、动基体和副基体等。细胞器因虫种不同而不同。

①线粒体:是由两层单位膜包围形成的封闭结构。两层膜分别叫外膜和内膜,内膜可向内部突伸,形成管或嵴。内、外膜间有腔。嵴与嵴间的腔称为嵴间腔,其内充满线粒体基质,线粒体结构因虫体不同而不同,有的弯曲复杂,有的极为简单,线粒体内有多种酶参与细胞内物质的分解、代谢和高能磷酸物质的形成。

②内质网:是由膜形成的网状结构,其数量、大小和形状均变化较大。其表面有或无核蛋白体附着,形成粗面或光面的内质网。内质网的功能主要为蛋白质的合成和贮存,对原虫的生长与生命活动起重要作用。

③高尔基复合体:通常为4~8个单位膜形成的碟状扁囊重叠在一起构成,囊腔与内质网管道相通。蛋白质先由核蛋白体合成,再运输到高尔基体,并在此加工并形成分泌颗粒。

④核蛋白体:由蛋白质及核糖核酸构成,呈小的颗粒状,常附着内质网的外缘,或聚集成小块分散在胞质中。它的功能是合成蛋白质。

⑤溶酶体:是由一层单位膜包围而形成的囊状结构,形态、大小极不一致。囊内含有多种酸性水解酶,能对外源性食物或有害物质及细胞内衰老或破损的细胞器起分解作用。

⑥纤丝:许多原虫的胞质中都有纤丝,它们和微管都是非膜相结构,电镜下其直径为5~15 nm,均匀分散或排列成堆。纤丝的功能是保持原虫的形态及伸缩运动。

⑦微管:它是构成鞭毛、纤毛的亚单位。也有独立存在于胞质中的微管,在电镜下其横切面呈管状。微管的"壁"由管蛋白(tubuline)构成。微管有一定强度和弹性,其功能与支架作用有关,还可能是颗粒物质运输的"管道"。当它们构成鞭毛线纤维时,则执行运动功能。

⑧动基体:它是另一种有嵴的膜相结构。有两层膜,膜上无孔,内外膜间有间隙,内膜向内腔伸出少量的嵴,嵴为板状。内腔中有一束高度弯曲的DNA纤丝,与动基体的长轴平行。由于其基本结构与线粒体类似,故普遍认为它是一种特殊的线粒体。有时也称其为核样体(nucleoid)。一个原虫只有一个动基体,常位于鞭毛基部的后方。动基体能合成DNA,但与胞核的DNA是不同的。

⑨伸缩泡:它是一种周期性收缩和舒张泡状结构,具有调节细胞内水分的功能,寄生性原虫中仅纤毛虫有伸缩泡。

(3)细胞核 是原虫生存、繁殖的主要构造。多数原虫只有一个核,有些可有两个大小相仿或大小不同的核,甚至多核。胞核由核膜、核质、核仁及染色体组成,按结构可分为二型:泡状核和实质核。除纤毛虫外都为泡状核。核膜双层,上有核孔,故胞核与胞质可以相交换。核仁含RNA,染色质含DNA及少量的RNA,均偏酸性,故可被碱性染料着染。一般的原虫只有在胞核分裂时染色质才浓集为染色体,在分裂期间各种原虫的染色体缠绕程度不同,加之上述几种成分的比例有差别,当染色质数量少又不互相缠绕时,碱性染料染色后着色很浅,呈现为泡状核;反之,染色质数量多又互相缠绕,则着色很深,为实质核。

(二)运动器官

原虫的运动器官有4种,分别是鞭毛、纤毛、伪足和波动嵴。

①鞭毛:很细,呈鞭子状。由中央的轴丝和外鞘组成。外鞘是细胞膜的延伸。轴丝由9个外周微管和2个中央微管组成。中央微管也有鞘。两根中央微管左右排列,鞭毛波动的平面

由此而定。鞭毛全长的大部分可能包埋在虫体一侧延伸出来的细胞膜中，从而形成一个鳍状波动膜。鞭毛可以做多种形式的运动，快与慢，前进与后退，侧向或螺旋形。拍打动作可起始于基部或末端。轴丝的基部终止于一个复杂程度不一的“根系系统”。整个鞭毛基部包在一个长形的盲囊中，称鞭毛囊。轴丝起始于细胞质中的一个小颗粒，称基体 。

②纤毛：其结构与鞭毛相似。纤毛与鞭毛唯一不同的地方是运动时的波动方式。纤毛平行于细胞表面推动液体，鞭毛平行于鞭毛长轴推动液体。由于纤毛虫的纤毛数很多，故其根系系统很复杂。鞭毛和纤毛的运动机制尚不明了。

③伪足：是肉足鞭毛亚门虫体的临时性器官，它们可以引起虫体运动以捕获食物。除了一些阿米巴无特定的身体延伸之外，其他肉足虫有 4 种形式的伪足，即叶状伪足，呈指形，含有外质和内质。线状伪足，纤细，末端尖，只含有外质。根状伪足，与线状伪足相似，但有很多分枝，相互交错，形成网状。轴足，相似于线状伪足，但含有细长的轴丝。

④波动嵴：是孢子虫定位的器官，只有在电镜下才能观察到。

(三)特殊细胞器

一些原生动物还有一些特殊细胞器，即动基体和顶复体。

(1)动基体 为动基体目原虫所有。

光镜下动基体嗜碱性，位于基体后，呈点状或杆状。Feulgen 反应阳性。电镜下可见四周为双层膜，中央是 DNA 纤维形成的高电子致密度片层样结构。与基体相邻但不相连。分子生物学研究表明，动基体内含有大量 DNA，称 kDNA。kDNA 为环状，相互联锁，形成网络状结构。kDNA 环有大环和小环两种，大环一般 14.3～39 kb，小环一般为 0.5～2.5 kb。大环数目极少，小环占绝对多数。但有些虫株无大环，如伊氏锥虫。有些虫株无 kDNA，如马锥虫和某些伊氏锥虫。kDNA 大环含有一些结构基因，如 9S 和 12S rRNA 基因，细胞色素氧化酶亚基Ⅰ、Ⅱ、Ⅲ基因，细胞色素 b 基因，NADH 脱氢酶亚基 1、4、5 基因等。kDNA 小环目前尚未发现结构基因，但已经证明，小环参与大环某些基因的 RNA 编辑。由此可见，动基体是一个重要的生命活动器官，而非仅仅是传统意义上的分类依据。

(2)顶复合器 是顶复门虫体在生活史的某些阶段所具有的特殊结构，只有在电镜下才能观察到。典型的顶复体一般含有一个极环，多个微线体，数个棒状体，多个表膜下微管，一个或多个微孔，一个类锥体。

在寄生虫侵入宿主细胞时，往往是顶复体一端与宿主细胞接触。以球虫子孢子为模型所进行的研究表明，能够识别顶复体的单克隆抗体可以抑制子孢子侵入 $CD8^+$ 细胞。同时还证明，子孢子可以产生一种含有钙调蛋白功能域的蛋白激酶。该酶主要定位于顶复体端。子孢子一旦进入细胞后，该酶被遗留在侵入部位的宿主细胞膜上，子孢子同时停止表达该酶，顶复体除微孔外的各种结构均消失，直到形成裂殖子后顶复体重新出现。这表明，顶复体与虫体侵入宿主细胞有着密切的关系。因此，将顶复体看做一种特殊的细胞器比仅仅看做一种分类标志更合适。

二、原虫的分类

自 1674 年列文虎克首先发现原生动物以来，已经记载的原生动物有 65 000 种以上，其中 10 000 多种为寄生。如何将如此众多的虫体按某种关系分类，一直是几个世纪以来众多寄生虫学和生物学工作者努力要解决的问题。

本书采用国际原生动物学家协会分类与进化委员会1980年公布的分类系统，主要介绍与兽医关系密切的种类。在这一分类系统中，原生动物为原生生物界的一个亚界。以下仅叙述与兽医有关的原虫分类。

1. 肉足鞭毛门 Sarcomastigophora

鞭毛亚门 Mastigophora

动鞭毛纲 Zoomastigophorea

动基体目 Kinetoplastida

锥虫亚目 Trypanosomatina

锥虫科 Trypanosomatidae　利什曼属 *Leishmania*

锥虫属 *Trypanosoma*

双滴虫目 Diplomonadida

双滴虫亚目 Diplomonadina

六鞭科 Hexamitidae　贾第属 *Giardia*

毛滴虫目 Trichomonadida

毛滴虫科 Trichomonadidae　三毛滴虫属 *Tritrichomonas*

单毛滴虫科 Monocercomonadidae　组织滴虫属 *Histomonas*

2. 顶复器门 Apicomplexa

孢子虫纲 Sporozoea

球虫亚纲 Coccidia

真球虫目 Eucoccidiida

艾美耳亚目 Eimeriina

艾美耳科 Eimeriidae　艾美耳属 *Eimeria*

等孢属 *Isospora*

温扬属 *Wenyonella*

泰泽属 *Tyzzeria*

隐孢子虫科 Cryptosporidiidae　隐孢子属 *Cryptosporidium*

肉孢子虫科 Sarcocystidae　肉孢子虫属 *Sarcocystis*

弓形虫属 *Toxoplasma*

贝诺孢子虫属 *Besnoitia*

新孢子虫属 *Neospora*

血孢子虫亚目 Haemosporina

疟原虫科 Plasmodiidae　疟原虫属 *Plasmodium*

血变原虫科 Haemoproteidae

住白细胞虫科 Leucocytozoidae　住白细胞虫属 *Leucocytozoon*

梨形虫亚纲 Piroplasmia

梨形虫目 Piroplasmida

巴贝斯科 Babesiidae　巴贝斯属 *Babesia*

泰勒科 Theileriidae　泰勒属 *Theileria*

3. 微孢子虫门 Microspora
  微孢子虫纲 Microsporea
    微孢子虫目 Microsporida
4. 囊孢子虫门 Ascetospora
5. 黏孢子虫门 Myxozoa
6. 纤毛门 Ciliphora
  动基裂纲 Kinetofragminophorea
    前庭亚纲 Vestibuliferia
      毛口目 Trichostomatida
        毛口亚目 Trichostomatina
          小袋科 Balantidiidae 小袋虫属 *Balantidum*

三、原虫的生活史

一个原虫个体发育到一定大小和一定时间就开始繁殖。原虫的繁殖方式有无性繁殖和有性繁殖两种。

(一)无性繁殖

无性繁殖方式有多种。

(1)二分裂 即一个虫体分裂为两个。分裂顺序是先从基体开始,而后动基体、核,再细胞。鞭毛虫常为纵二分裂,纤毛虫为横二分裂。

(2)裂殖生殖 也称复分裂。细胞核和其基本细胞器先分裂数次,而后细胞质分裂,同时产生大量子代细胞。裂殖生殖中的虫体称为裂殖体,后代称裂殖子。一个裂殖体内可包含数10个裂殖子。球虫常以此方式生殖。

(3)孢子生殖 是在有性生殖配子生殖阶段形成合子后,合子所进行的复分裂。经孢子生殖,孢子体可以形成多个子孢子。

(4)出芽生殖 即先从母细胞边缘分裂出一个小的子个体,逐渐变大。梨形虫常以这种方法生殖。

(5)内出芽生殖 又称内生殖,即先在母细胞内形成两个子细胞,子细胞成熟后,母细胞被破坏。如经内出芽生殖法在母体内形成2个以上的子细胞,称多元内生殖。

(二)有性繁殖

有性繁殖首先进行减数分裂,由双倍体转变为单倍体,然后两性融合,再恢复双倍体。有两种基本类型。

(1)接合生殖 多见于纤毛虫。两个虫体并排结合,进行核质的交换,核重建后分离,成为两个含有新核的虫体。

(2)配子生殖 虫体在裂殖生殖过程中,出现性的分化,一部分裂殖体形成大配子体(雌性),一部分形成小配子体(雄性)。大小配子体发育成熟后,形成大、小配子。一个小配子体可以产生许多个小配子,一个大配子体只产生一个大配子。小配子进入大配子内,结合形成合子。合子可以再进行孢子生殖。

(三)包囊形成

许多原虫可以分泌一种保护性外膜,并进入静止阶段。这种静止期虫体称作包囊。包囊形成在自由生活的原虫和寄生原虫转换新宿主期间非常普遍。包囊形成有利于原虫在不利的环境中生存。促进包囊形成的条件尚不完全明了,但一般认为与环境的逆性改变有关,如食物缺乏,干燥,张力增高,氧浓度降低,pH 和温度改变等。

在包囊形成过程中,囊壁由虫体分泌形成,同时,虫体还蓄积贮备一些食物,如淀粉和糖原等。运动器官的放射部位可部分或全部消失,一些其他结构如伸缩泡也难以辨认。孢子虫的包囊阶段是卵囊。

不利环境条件的消失可以刺激虫体脱囊。寄生种类的原虫脱囊有一定程度的特异性,需要与宿主肠道内一样的条件。脱囊的机制包括吸收水分,使包囊肿大,原虫分泌溶解酶,宿主消化酶对囊壁的消化作用等。脱囊必须重新活化在静止期已经关闭的酶系,细胞器和运动器官也必须进行内部重组和再分化。

第二节　鞭毛虫病

一、伊氏锥虫病

伊氏锥虫引起的疾病称伊氏锥虫病,亦称苏拉病。是马属动物、牛、水牛、骆驼的常见疾病。马属动物感染后,取急性经过,病程一般 1～2 个月,死亡率高。牛及骆驼,虽有急性并死亡的病例,但多数为慢性,少数呈带虫状态。

本虫的宿主范围很广,除上述动物外,犬、猪、羊、鹿、象、虎、兔、豚鼠、大白鼠、小白鼠均能感染。

(一)病原形态

伊氏锥虫为单型锥虫,细长柳叶形,长 18～34 μm,宽 1～2 μm,前端比后端尖。细胞核位于虫体中央,椭圆形。距虫体后端约 1.5 μm 处有一小点状动基体。靠近动基体为一生毛体,自生毛体生出鞭毛 1 根,沿虫体伸向前方并以波动膜与虫体相连,最后游离,游离鞭毛约长 6 μm(图 12-1)。在压滴标本中,可以看到虫体藉波动膜的活动而使虫体活泼运动。

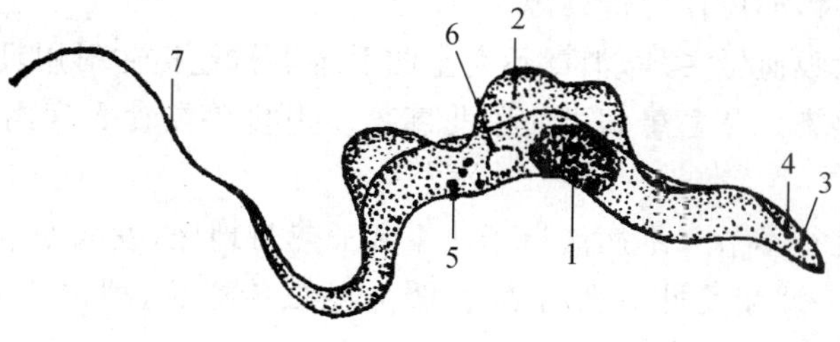

图 12-1　锥虫模式图

1. 核　2. 波动膜　3. 副基体　4. 生毛体　5. 颗粒　6. 空泡　7. 鞭毛

(二)生活史

伊氏锥虫寄生在动物的血液中(包括淋巴液)和造血器官中以纵二分裂法进行繁殖。由虻及吸血蝇类(螯蝇和血蝇)在吸血时进行传播。这种传播纯粹是机械性的,即虻等在吸食家畜血液后,锥虫进入其体内并不进行任何发育,生存时间亦较短暂,而当虻等再吸其他动物血时,即将虫体传入后者体内(图 12-2)。人工抽取病畜的带虫血液,注射入健畜体内,能成功地将本病传给健畜。

图 12-2 伊氏锥虫传播途径

(三)流行病学

(1)易感动物 马、驴、骡、犬易感性最强,在实验动物中,大白鼠、小白鼠也具有极强的易感性。马感染后一般呈急性发作。小白鼠在人工接种后多在 10 d 内发病死亡。驼、牛则易感性较弱,虽有少数在流行之初因急性发作而死亡,但多数呈带虫状态而不发病;但待畜体抵抗力减低时,特别是天冷、枯草季节则开始发作,并呈慢性经过,最后陷于恶病质而死亡。在国外多认为猪带虫而不发病,但近年来江苏、安徽、江西等地偶有发病致死的报道。

(2)传染来源 由于本虫宿主广泛,对不同种类的宿主,致病性差异很大,一些感染而不发病的动物可长期带虫,成为传染源。此外如骆驼、牛等,在感染而未发病阶段或药物治疗后未能完全杀灭其中虫体时,亦可作为传染源。

(3)感染途径 除吸血昆虫外,消毒不完全的手术器械包括注射用具,给病畜使用后,再用于健畜时,也可造成感染。孕畜患病可使胎儿感染。肉食兽在食入病肉时可以通过消化道的伤口而感染。

(4)地理分布和流行季节 本病流行于热带和亚热带地区,发病季节和传播昆虫的活动季节相关。但在牛只和一些耐受性较强的动物,吸血昆虫传播后,动物常感染而不发病,待到枯草季节或劳役过度、抵抗力下降时,才引起发病。

(四)致病作用

锥虫在血液中寄生,迅速增殖,产生大量有毒代谢产物,宿主亦产生溶解锥虫的抗体,使锥虫溶解死亡,释放出毒素。伊氏锥虫体表的表面可变糖蛋白,具有极强的抗原变异性。虫体在血液中增殖的同时,宿主的抗体相应产生,在虫体被消灭时,却有一部分可变糖蛋白发生变异的虫体，逃避了抗体的作用，重新增殖。从而出现新的虫血症高潮，如此反复致使疾病出现周期性的高潮。

虫体毒素作用的结果，首先是中枢神经系统受损伤，引起体温升高和运动障碍；对造血器官的损伤则引起贫血。红细胞的溶解，出现贫血与黄疸。对血管壁渗透作用的损伤，导致皮下水肿，肝脏的损伤。虫体对糖的大量消耗，出现低血糖症和酸中毒现象。

(五)症状

因各种家畜的易感性不同而表现各异。

马属动物易感性较强，经过 4～7 d 的潜伏期，体温升高到 40℃以上，稽留数日，体温回到正常，经短时间的间歇，体温再度升高，如此反复。随着体温升高，病马精神不振，呼吸急促脉搏频数，食欲减退；数日后体温暂时正常时，以上症状亦有所减退或消失。间歇 3～6 d 后，体温再度上升，以上症状也再次出现，如此反复。病马逐渐消瘦，被毛粗乱，眼结膜初充血，后变黄染，最后苍白，且在结膜、瞬膜上可见有米粒大到黄豆大的出血斑，眼内常附有浆液性到脓性分泌物。疾病后期体表水肿，水肿多见于腋下、胸前。精神沉郁日渐发展，终至昏睡状，最后可见共济失调，行走左右摇摆，举步困难，尿量减少，尿色深黄、黏稠，含蛋白和糖。体表淋巴结轻度肿胀。消化道的变化似无一定规律。

血液检查，红细胞数急剧下降，白细胞变化无规律，有时血片中可见锥虫，锥虫的出现似有周期性，且与体温的变化有一定关系。在体温升高时较易检出虫体。

牛有较强的抵抗力，多呈慢性经过或带虫而不发病，但如果饲养管理条件较差，牛只抵抗力减弱，则可呈散发。发病时体温升高，数日后体温回复，经一定时间间歇后，体温再度升高。牛发病后其症状与马的症状基本相似，但发展较慢。水肿可由胸腹下垂部延伸到四肢下部。在发生水肿后，皮肤常龟裂，并流出淋巴液或血液。牛的另一特有症状是耳、尾的干性坏死，这种干性坏死发生在尾尖和耳尖，能致尾端和耳壳边缘坏死后脱落。但亦有认为本症状与本病无关者。

骆驼伊氏锥虫病，当地俗称“驼蝇疫”、“青干病”，多为慢性病程，可长达数年，如不治疗常最终死亡。人工感染潜伏期 11～14 d，尔后体温升高到 40℃，稽留 1～2 周，体温逐步恢复，一段时间后体温再度上升，如此反复后，病驼逐渐消瘦，精神沉郁，使役无力，不爱活动，嗜伏卧。伏卧时常伸颈并贴于地面，眼半闭。被毛干枯，脱落，眼结膜初充血，后淤血，有黏液性到黏液脓性分泌物，瞬膜上有时可见出血斑点。驼峰萎缩，淋巴结肿大，腹下四肢可见水肿。病后期食欲废绝，反刍停止，磨牙，腹痛，心音亢盛，终至死亡。

(六)病理变化

皮下水肿为本病的主要特征，最多发部位是胸前、腹下、公畜的阴茎部分。体表淋巴结肿大充血，断面呈髓样浸润，血液稀薄，凝固不良。胸、腹腔内常有大量浆液性液体，胸膜及腹膜上常有出血点。骨骼肌混浊肿胀。脾肿大，表面有出血点。肝肿大淤血，表面粗糙，质脆，有散在性脂肪变性。肾肿大，混浊肿胀，有点状出血，被膜易剥离。反刍兽第三、四胃黏膜上有出血斑。心脏肥大，有心肌炎，心包膜有点状出血。有神经症状的病畜，脑腔积液，软脑膜下充血或出血，侧脑室扩大，室壁有出血点或出血斑。腰背部脊椎出现脊髓灰白质炎。

(七)诊断

可根据流行病学、症状、血液学检查、病原学检查和血清学诊断，进行综合判断，但以病原学检查最为可靠。

1. 流行病学诊断

在本病流行地区的多发季节,发现有可疑症状的病畜,应进一步考虑是否本病。

2. 症状

首先应注意体温变化,如同时呈现长期瘦弱、贫血(最好进行血液学检查)、黄疸、瞬膜上常可见出血斑,体下垂部水肿,在牛只耳尖及尾梢出现干性坏死等,多可疑为本病。

3. 病原学检查

在血液中查出病原,是最可靠的诊断依据。但由于虫体在末梢血液中的出现有周期性,且血液中虫体数量忽高忽低,因此,即使是病畜也必须多次检查,才能发现虫体。血液中虫体的检查方法有数种,介绍如下:

(1)压滴标本检查 耳静脉或其他部位采血一滴,于洁净载玻片上,加等量生理盐水,混合后,覆以盖玻片,用高倍镜检查。如为阳性可在血细胞间见有活动的虫体。此法检查时,因血片未经染色,故采光时,视野应较暗,方易发现。

(2)血片检查 按常规制成血液涂片,用姬姆萨染色或瑞氏染色后,镜检。

(3)试管采虫检查 采血于离心管中,加抗凝剂在离心机中,以 1 500 r/min 离心 10 min,则红细胞下沉于管底,因白细胞和虫体均较红细胞轻,故位于红细胞沉淀的表面。用吸管吸取沉淀表层,涂片、染色、镜检,可提高虫体检出率。

(4)毛细管集虫检查 以内径 0.8 mm,长 12 cm 的毛细玻管,先将毛细管以肝素处理,吸入病畜血液插入橡皮泥中,以 3 000 r/min 离心 5 min,尔后将毛细管平放于载玻片上,在 10×10 倍显微镜下,检查毛细管中红细胞沉淀层的表层,即可见有活动的虫体存在。

(5)动物接种试验 采病畜血液 0.1~0.2 mL,接种于小白鼠的腹腔。隔 2~3 d 后,逐日采尾尖血液,进行虫体检查。如病畜感染有伊氏锥虫,则在半个月内,可在小白鼠血内查到虫体,此法检出率极高。

4. 血清学诊断

检查伊氏锥虫病的血清学诊断法,种类很多,但经实际推广并被采用的,早期是补体结合反应,近年来基层兽医站多采用间接血凝反应。该法敏感性高,操作简单。在人工接种后 1 周左右,即呈现阳性,并可维持到 4~8 个月。

(八)治疗

治疗要早,用药量要足,现在常用的药物有以下几种:

①萘磺苯酰脲商品名纳加诺(Naganol)或拜尔 205(Bayer-205)或苏拉明(Surarain)以生理盐水配成 10%溶液,静脉注射。用药后个别病畜有体表水肿、口炎、肛门及蹄冠糜烂,跛行,荨麻疹等副作用,静脉注射下列药物可以缓解:$CaCl_2$ 10.0 g,苯甲酸钠咖啡因 5.0 g,葡萄糖 30.0 g,生理盐水 1 000.0 mL,混合。

②喹嘧胺商品名为安锥赛(Antrycide),有两种盐类,即硫酸甲基喹嘧胺和氯化喹嘧胺。前者易溶于水,易吸收,用药后能很快收到治疗效果;后者仅微溶于水,故吸收缓慢,但可在体内维持较长时间,达到预防的目的。一般治疗多用前者,按每千克体重 5 mg,溶于注射用水内皮下或肌肉注射。预防时可用喹嘧胺预防盐(antrycide pro-salt),国外生产者有两种不同比例产品,均由硫酸甲基喹嘧胺与氯化喹嘧胺混合而成,其混合比例为 3∶2 或 3∶4,使用时应以

其中硫酸甲基喹嘧胺含量计算其用量，可同时收到治疗及预防效果。

③三氮脒（Berenil，亦称贝尼尔，国产品名为血虫净），以注射用水配成7%溶液，深部肌肉注射，马、牛按每千克体重3.5 mg，每天一次，连用2～3 d。骆驼对本药较敏感，不宜用。

④氯化氮胺菲啶盐酸盐（商品名Samorin沙莫林，isometamidium chloride）是近年来非洲家畜锥虫病常用治疗药，按每千克体重1 mg，用生理盐水配成2%溶液，深部肌肉注射。当药液总量超过15 mL时应分两点注射。对牛有较好的治疗效果。

锥虫病畜经以上药物治疗后，易于产生抗药虫株。因此，在治疗后复发的病例，常建议改用其他药物，建议改用的药物如下：曾用萘磺苯酰脲者改用喹嘧胺；曾用喹嘧胺或三氮脒者改用沙莫林；曾用沙莫林者改用三氮脒。

（九）预防

加强饲养管理。尽可能地消灭虻、厩蝇等传播媒介。经常注意观察动物采食和精神状态，发现异常随即进行临床检查和实验室诊断，尽早确诊，及时治疗。

长期外出或由疫区调入的家畜，需隔离观察20 d，确定健康后，方可使役和混群。改善饲养管理条件，搞好畜舍及周围环境卫生，消灭虻、蝇等吸血昆虫。准备进入疫区的易感动物，需进行预防注射。定时在家畜体表喷洒灭害灵等拟除虫菊酯类杀虫剂，以减少虻、蝇叮咬。药物预防常用安锥赛预防盐，注射一次有效期3～5个月。一般仅用于当年或头一年发过病的单位，这样既可防止锥虫产生抗药性，又可节约药品。配制时先在200 mL玻璃瓶内，装入灭菌蒸馏水120 mL，然后加入安锥赛预防盐35 g，用力振荡10 min，再加入灭菌蒸馏水补足全量为150 mL，充分振荡后即可使用。剂量：体重150 kg以下，按每千克0.5 mL；体重150～200 kg用10 mL；体重200～350 kg用15 mL；350 kg以上用20 mL。注射后有的马会出现腹痛、出汗、呼吸迫促和心搏动亢进等副作用。为减轻副作用可在注射前15 min，颈部皮下注射0.5%普鲁卡因80～100 mL。萘磺苯酰脲用药一次有1.5～2个月的预防效果；沙莫林预防期可达4个月。

二、组织滴虫病

组织滴虫病亦称传染性盲肠肝炎或黑头病，是由火鸡组织滴虫寄生于禽类盲肠和肝引起的疾病。多发于火鸡和雏鸡，成年鸡也能感染。孔雀、珍珠鸡、鹌鹑、野鸭也有本病的流行。

（一）病原形态

火鸡组织滴虫为多形性虫体，大小不一，近圆形或变形虫形，伪足钝圆。无包囊阶段。盲肠腔中虫体的直径为5～16 μm，常见一根鞭毛；虫体内有一小盾和一个短的轴柱。在肠和肝组织中的虫体无鞭毛，初侵入者8～17 μm，生长后可达12～21 μm，陈旧病变中的虫体仅4～11 μm，存在于吞噬细胞中（图12-3）。

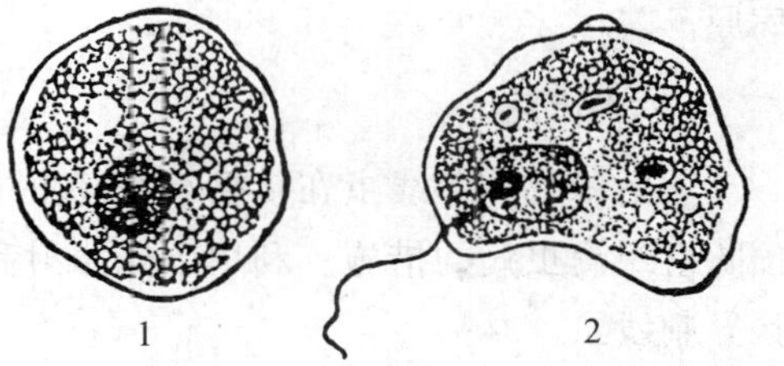

图12-3　火鸡组织滴虫（仿杨光友）

1　组织型虫体　2. 肠腔型虫体

（二）生活史

火鸡组织滴虫以二分裂法繁殖。寄生于盲肠内的组织滴虫，被盲肠内寄生的异刺线虫吞食，进入其卵巢中，转入其虫卵内；当异刺线虫排卵时，组织滴虫即存在卵中，并受卵壳的保护。

当异刺线虫卵被鸡吞入时,孵出幼虫,组织滴虫亦随幼虫走出,侵袭鸡只。

(三)流行特点

自然感染情况下,火鸡最易感,尤其是3～12周龄的雏火鸡。鸡和火鸡的易感性随年龄而变化,鸡在4～6周龄易感性最强,火鸡3～12周龄的易感性最强。许多鹑鸡类都是火鸡组织滴虫的宿主。

火鸡组织滴虫感染禽类后,多与肠道细菌协同作用而致病,单一感染时,多不显致病性。死亡率常在感染后第17天达高峰,第4周末下降。火鸡饲养在高污染区的发病率较高,人工感染的死亡率可达90%。鸡的组织滴虫死亡率较低,也有死亡率超过30%的报道。鸡常常作为组织滴虫的隐性宿主,可以散播组织滴虫给其他更易感的禽类,如火鸡,引起发病。

寄生于盲肠的火鸡组织滴虫被鸡异刺线虫吞食,进入异刺线虫卵内,得到虫卵的保护,能在虫卵及其幼虫中存活很长时间。当鸡感染异刺线虫时,同时感染组织滴虫。

(四)症状和病变

组织滴虫侵入盲肠壁繁殖后进入血流和寄生于肝脏引起的。潜伏期7～12 d,最短5 d,常发生于第11天。以雏火鸡易感性最强。病禽呆立,翅下垂,步态蹒跚,眼半闭,头下垂,畏寒,下痢,食欲缺乏。疾病末期,有些病禽因血液循环障碍,鸡冠、肉髯发绀,呈暗黑色,因而有“黑头病”之名,病程1～3周,病愈鸡的体内仍有组织滴虫,带虫者可达数周或数月向外排虫,而成年鸡很少出现症状。

病变主要在盲肠和肝脏,引起盲肠炎和肝炎。剖检见一侧或两侧盲肠肿胀,肠壁肥厚,内充满浆液性或出血性渗出物,渗出物常发生干酪化,形成干酪状的盲肠肠芯,间或盲肠穿孔,引起腹膜炎。肝脏肿大,紫褐色,表面出现黄绿色圆形、下陷的坏死灶,直径可达1 cm,单独存在或融合成片状。

(五)诊断

根据流行病学和病理变化,发现本病的典型病变,可做出初步诊断。刮取盲肠膜或肝脏组织检查,发现虫体即可确诊。

当并发有球虫病、沙门氏菌病、曲霉菌病或上消化道毛滴虫时,需进行鉴别诊断,找出病原。

(六)防治

①由于鸡异刺线虫在传播组织滴虫中起重要作用,因此减少和杀灭异刺线虫虫卵是有效预防组织滴虫病的措施。利用阳光照射和干燥可最大限度地杀灭异刺线虫卵。成禽应定期驱除异刺线虫。

②鸡和火鸡隔离饲养;成年禽和幼禽单独饲养。

③对鸡组织滴虫病可选用下列药物进行防治:

a.痢特灵。治疗用剂量为0.04%混饲,连用7 d;预防用0.011%～0.022%混饲,休药5 d。

b.甲硝唑。治疗按250 mg/kg的比例混于饲料中,每天3次,连用5 d;预防用200 mg/kg比例混于饲料中,休药5 d;

c.洛硝哒唑。预防按500 mg/kg的比例混于饲料中,休药5 d。

三、贾第虫病

贾第虫病是由贾第虫属(*Giardia*)的蓝氏贾第鞭毛虫(*G. lamblia*)寄生人体和动物的小肠、胆囊引起的一种以腹泻为主要症状的肠道疾病。贾第鞭毛虫是世界各地人类和绝大多数家畜肠道内的原虫。起初,贾第虫仅被视为一种共生性的肠道原虫,自1976年以来,世界各地相继发生本病的流行,甚至暴发流行,人们才真正认识到它的致病性。

(一)病原形态

本虫的发育阶段包括滋养体和包囊两种形态(图12-4)。

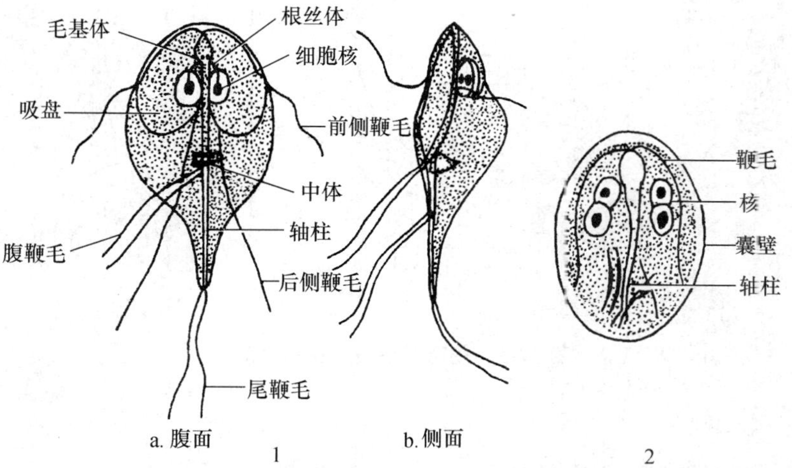

图12-4　蓝氏贾第鞭毛虫的滋养体和包囊

1. 滋养体　2. 成熟包囊

滋养体:呈倒置梨形,长9～21 μm,宽5～15 μm,厚2～4 μm。虫体前端钝圆,后端尖细,背面隆起,腹面扁平。1对细胞核位于虫体前端1/2的吸盘部位。有前侧、后侧、腹和尾鞭毛4对,依靠鞭毛的摆动,可活泼运动。虫体有轴柱1对,纵贯虫体中部,不伸出体外。在轴柱的中部可见2个半月形的中体(median body)。轴柱前端,介乎二盘状陷窝前缘之间有基体复合器(kinetosomal complex),为4对鞭毛的发源处。滋养体期无胞口,胞质内也无食物泡,以渗透方式从体表吸收营养物质。

包囊:椭圆形,囊壁较厚,包囊大小(8～14) μm×(7～10) μm,内含2个或4个核,多偏于一端,囊内可见到鞭毛、丝状物、轴柱等。

(二)生活史

成熟的4核包囊是感染期,包囊随污染饲料或饮水被宿主吞食后,在胃酸和胰酶的作用下于十二指肠内脱囊,释放出2个滋养体。滋养体主要寄生于人和某些动物的十二指肠或上段小肠,有时也可在胆道和胰管。在小肠内,以其吸盘吸附于小肠绒毛表面,以二分裂方式进行繁殖(图12-5)。在一定条件下,滋养体分泌囊壁形成包囊并随粪便排出。

一般在硬度正常粪便中只能找到包囊,滋养体则可在腹泻者粪便中发现。包囊在外界抵抗力较强,为贾第虫的传播阶段。据估计,人一次腹泻粪便中滋养体可超过140亿个,一次正常粪便中可有包囊9亿个。

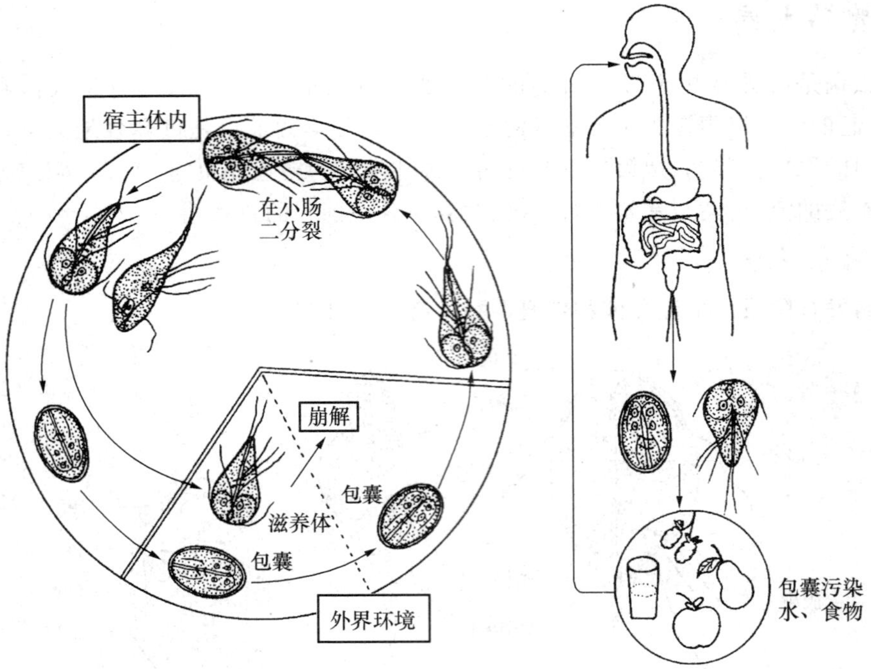

图 12-5　蓝氏贾第鞭毛虫的生活史

(三)流行病学

贾第虫呈世界性流行,我国较常见,人的总感染率 2.52%,其中以新疆(9.26%)、西藏(8.22%)、河南(7.18%)为高。儿童感染率较高,并有家庭聚集性。很多动物,如犬、猫、大鼠、小鼠、牛、羊、猪、兔等均可发生感染。

传染源为排出包囊的人和动物粪便,人在吞食 10 个具有活力的包囊即可获得感染。在一次粪便中,感染者排出的包囊数目可达 4 亿个,一昼夜可排 9 亿个。包囊在外界有一定抵抗力,在潮湿粪便中可活 3 周,在 4℃可存活 2 个月以上,在 37℃环境中尚能存活 4 d。但在 50℃或干燥环境中极易死亡。

粪便中的包囊污染了人和动物的食物或饮水而引起感染。水源污染是引起贾第虫病流行的重要途径,在国外尤其是旅游者屡有报道。由于包囊可以在蝇、蟑螂的消化道内短期存活,表明昆虫在某些情况下可能成为传播媒介。旅游者、男性同性恋者、胃切除病人、胃酸缺乏及免疫球蛋白缺陷病人易受感染,儿童患者多见。

(四)致病作用与症状

由于大量滋养体吸附于肠黏膜上,妨碍了肠的吸收功能,使大部分可溶性脂肪不能被吸收,引起腹泻,粪便稀、无脓血,内含较多脂肪颗粒。典型病人有暴发性水泻,粪便恶臭味,伴腹胀、腹痛、嗳气、呕吐、发热、疲乏、厌食等症状。儿童久病不愈可致营养不良,甚至引起贫血。

(五)诊断

从粪便中查到包囊或滋养体是确诊的依据。腹泻病人查滋养体用生理盐水涂片法。成形粪便用碘液涂片法查包囊。

另外，免疫学诊断如酶联免疫吸附试验，方法简单易行，检出率为 92%～98.9%；对流免疫电泳检出率高达 98.5%，敏感性和可靠性可与粪检及十二指肠引流液检查相一致。

(六)防治

①处理好人和动物的粪便；避免人和动物接触；开展卫生宣传教育，注意个人卫生和饮食卫生，不饮生水，不吃不洁净的瓜果。

②治疗病人和带虫者，常用药物有甲硝唑、痢特灵、甲硝磺酰咪唑和硝基吗啉咪唑等。

四、蜂变形虫病

变形虫病是由马氏管变形虫(*Malpighamoeba mdlificae*)寄生于成年蜂的马氏管内所引起的疾病。该病常与微孢子虫病并发。患病蜂群发展缓慢，采集力降低。

(一)病原形态

马氏管变形虫属于原生动物门、肉鞭毛虫亚门、肉足纲。这种变形虫没有伸缩泡，只有一个细胞核。伪足是它的分类特征，可随不同的情况而改变。当环境因素不良时，可形成孢囊。孢囊呈卵形或球形，大小为 6～7 μm，孢囊可随病蜂粪便排出体外。它的营养体(亦称游走体)具有指形的伪足和可动的鞭毛(图 12-6)。

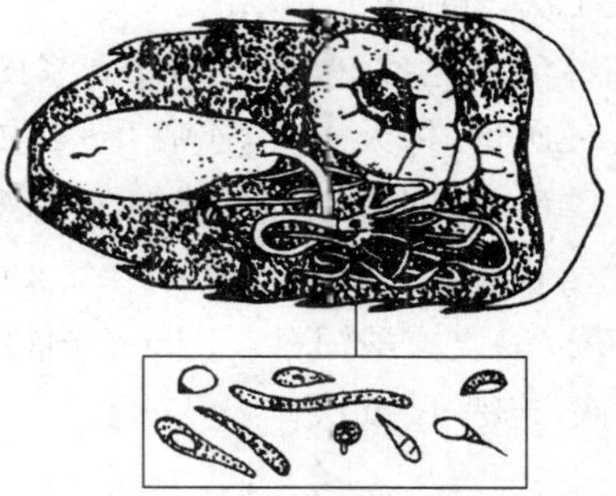

图 12-6　马氏管变形虫

(二)流行病学

当蜜蜂取食混有变形虫的孢囊的饲料和饮水时或在清理被病蜂粪便污染的巢脾、蜂箱、隔离板时，孢囊经口器进入蜂体而变成营养型，以后深入到马氏管繁殖，经过 24～28 d 形成新的孢囊。随粪便排出，又继续传播。

此病主要是工蜂感染，蜂王很少感染。在一年内 4—7 月份易发生，春天多雨，气候多变，场地潮湿，饲料不良等可使本病发展加快。

(三)致病作用与症状

变形虫寄生在蜜蜂的马氏管中，繁殖迅速，能阻塞马氏管的管腔，破坏马氏管的正常功能。此外，变形虫还以代谢产物毒害蜜蜂机体，破坏上皮细胞，促使病原微生物的侵入，往往造成微孢子虫病的并发。

病蜂腹部膨大，有下痢现象，体质衰弱，无力飞行，不久死亡。病群发展缓慢，群势逐渐削弱，采集力下降，蜂蜜产量降低。若与微孢子虫病并发，死蜂数量增加。

(四)诊断

取病蜂肠道上的马氏管作涂片检查，若发现马氏管膨大，近于透明状，管内充满如珍珠般孢囊；压迫马氏管时，见到孢囊散落在水中，即可确诊。

(五)防治

本病初期症状不明显，一旦发现症状病情已很严重，因此应采取科学管理、药物治疗和严格消毒相结合的综合性防治措施。必要时更换蜂王。

1. 科学管理

蜂群的越冬饲料要求不含甘露糖，北方蜂群越冬室温保持在 2～4℃，并有干燥和通风环境。早春及时更换病群的蜂王。

2. 消毒措施

对养蜂用具、蜂箱、巢脾等在春季蜂群陈列以后要进行彻底消毒。蜂箱、巢柜可用2%氢氧化钠清洗,或用喷灯进行火焰消毒。巢脾可采用40%福尔马林溶液或福尔马林蒸气、冰醋酸消毒。

3. 药物治疗

可饲喂下列药物配方进行治疗:

(1)灭滴灵糖浆 1 kg浓糖浆(糖与水之比为1∶1)中加入灭滴灵1片(0.5 g)调匀,每群每次喂0.3~0.5 kg,3 d喂1次,连喂4~5次。

(2)黄色素糖浆 1 kg糖浆中,加入黄色素1~2 g,调匀。每群每次喂0.3~0.5 kg,3~5 d喂1次,连喂4~5次。

(3)抗生素糖浆 1 kg糖浆内溶解四环素10片(50万U),或土霉素1片(0.5 g)配制成一群一次量,每天1次,连喂2~4次。

(4)酸饲料 1 kg糖浆或蜜液内,加入1 g柠檬酸或米醋50 g调制均匀;或1 kg山楂煮成1 kg山楂汁。每群每次喂0.5 kg,2 d喂1次,连喂4~5次。

(5)复方酸饲料 1 kg酸饲料加入20万U的氯霉素,调匀,每群每次喂0.3~0.5 kg,2 d喂1次,连喂4~5次。

五、隐鞭虫病

隐鞭虫病是由隐鞭虫寄生鱼的鳃、皮肤等部位引起的疾病。鳃隐鞭虫主要危害青鱼、草鱼、鲢、鳙、鲫、鳜、乌鳢、鲶等。

(一)病原形态

隐鞭虫(*Cryptobia* spp.)隶属于动基体目的波豆科(Bodonnidae)。我国危害较大的主要种类有鳃隐鞭虫(*Cryptobia branchialis*)、颤动隐鞭虫(*C. agiatata*)等。

(1)鳃隐鞭虫 其虫体呈柳叶状。由生毛体从身体前端长出两根鞭毛,一根向前伸出为前鞭毛,另一根沿身体表面构成波动膜之后,再游离体外,为后鞭毛。身体中央或稍微向前,有一个接近圆形的胞核,胞核前面,有一个同胞核大小和形状差不多的动核,这种寄生虫用后鞭毛插入宿主的鳃组织,把身体固定在鳃上。脱离宿主后贴近水底,用扭动身体和不断颤动波动膜的动作,使身体缓慢地前进。大量寄生时,满布在鳃丝或鳃耙上,体长7.7~10.8 μm(不包括前后两根鞭毛),体宽3.9~4.8 μm。

(2)颤动隐鞭虫 与鳃隐鞭虫的主要区别:①体形略呈三角形;②动核呈稍微弯曲的球棒状。流行于两广、江浙一带。

(二)流行情况

鳃隐鞭虫病在华东、华南、华中、东北等地均有发生,主要危害夏花草鱼,发病急,病程短,死亡率高。流行于5—10月份,尤以7—9月份为严重。本虫离开宿主后,一般可在水中生活1~2 d,这种自由状态下的鳃隐鞭毛虫,有可能从一个宿主转移到另一个宿主,或随水流向另外地方蔓延。在冬季,鲢、鳙的鳃弓上常有大量鳃隐鞭虫寄生,但对鱼没有什么危害,可能鲢、鳙为其“保虫宿主”。

(三)症状及病变

当病情严重时,则病鱼游动缓慢、呼吸困难、吃食减少(直至完全不吃食)、鱼体发黑、鳃或皮肤上有大量黏液而死。

患鳃隐鞭毛虫病的夏花草鱼鳃组织切片,可见鳃隐鞭毛虫用后鞭毛插入鳃上皮细胞,疾病早期鳃小片的毛细血管轻度充血、渗出,嗜酸粒细胞及淋巴细胞少量浸润,鳃丝轻度肿胀,黏液细胞增生,分泌亢进。当严重感染时可引起病鱼溶血,血管内有很多正在溶解及已溶解的红细胞,不仅呼吸上皮细胞大量发生肿胀、玻璃样变,以至坏死,甚至少量软骨细胞也发生核碎裂、核溶解;鳃弓上的横纹肌纤维肿胀、横纹消失、玻璃样变,以至坏死。

(四)诊断

在清洁的载玻片上,加一滴自来水,然后剪取少量鳃丝或刮取体表少量黏液,盖上盖玻片,轻压后镜检。当发现有大量鳃隐鞭毛虫寄生时,结合症状及流行情况即可作出诊断。

(五)防治

发病时全池遍洒硫酸铜或硫酸铜和硫酸亚铁合剂(5∶2)使池水浓度为0.7 mg/kg。

六、波豆虫病

鱼波豆虫病是由飘游鱼波豆虫(*Ichthyobodo necator*)寄生于鲤、鲮及多种温水性及冷水性鱼类的鳃、皮肤引起的疾病。

(一)病原形态

虫体固着时,背腹侧扁作梨形,自由游动时的个体呈卵圆形,背面隆起,腹面凹陷。虫体长5～12 μm,宽3～9 μm。体侧有一鞭毛沟,斜向伸达体长的2/3,鞭毛2根,从沟端的基体伸出,游离于体外,称后鞭毛。

(二)生活史

飘游鱼波豆虫只有一个宿主,传播是直接从宿主到宿主,如遇不到宿主,可形成包囊。

(三)流行情况

此病全国各地均有发现。流行季节为冬末至初夏,水温12～20℃时。高温季节不大出现。主要危害鱼种阶段,发病急,病程短,死亡率高。2龄鱼大量感染时,对鱼的生长发育有一定影响。

(四)症状及病变

疾病早期没有明显症状,当病情严重时,则病鱼离群独游,游动缓慢,食欲减退,以至不吃食,呼吸困难而死。病鱼皮肤和鳃细胞由于寄生虫的穿透可引起坏死,造成马耳丕基氏细胞(malpoghian cells)增生和杯状细胞衰竭,继之其下表皮的海绵层水肿,表皮蚀斑脱落,剩下一层细胞附着于基底膜上。感染的鳃小片上皮坏死、脱落。脱落的上皮细胞充塞鳃小片之间或在外缘形成浅层,使鳃器官丧失正常的生理功能。寄生部位充血、发炎、糜烂,引起鳞囊内积水、竖鳞等症状。

(五)诊断

镜检发现有大量鱼波豆虫寄生,结合症状及流行情况,做出诊断。

(六)防治

同鳃隐鞭虫。

第三节 梨形虫病

一、绪论

梨形虫病是由顶复门(Apicomplexa)孢子虫纲(Sporozoasida)梨形虫亚纲(Piroplasmasina)的巴贝斯科(Babesiidae)和泰勒科(Theileriidae)原虫所引起的一类血液原虫病,过去曾称为焦虫病或血孢子虫病。梨形虫病为蜱传性疾病,一般呈急性经过,通常表现为贫血,也会出现血红蛋白尿和黄疸。本病在世界各地流行,我国各地也常有发生,且死亡率高,给畜牧业生产和国民经济造成极大的经济损失。

(一)形态学与种类

(1)形态 寄生于哺乳动物红细胞内的梨形虫呈圆形、梨形、杆形、阿米巴等多种形态,虫体的大小和形态因种类不同而有差异,而且不同形态的虫体常常同时存在于红细胞内。尽管同一种梨形虫经常出现多种形态,但就一种梨形虫来讲,总有其中的一种或几种形态是该种梨形虫的固有形态,即称为典型形态或虫体。姬氏液染色后,虫体的原生质呈浅蓝色,边缘着色较浓,中央较浅或呈空泡状的无色区,染色质呈暗红色,成1～2个团块。寄生于巨噬细胞和淋巴细胞内的泰勒虫,在寄生细胞的胞浆内形成多核的虫体,称为石榴体或柯赫氏蓝体(Koch's blue bodies),其核的数目可多达数十个。虫体的大小、在红细胞中的位置、染色质团块的数目和位置以及各种形态虫体的比例,是进行虫种鉴定的主要依据。

(2)种类 目前,全世界已记载各种哺乳动物的巴贝斯虫(*Babesia*)有67种,泰勒虫(*Theileria*)有13种。在我国的马、牛、羊、犬中已发现有13种梨形虫病的病原虫种。其中,巴贝斯科中有牛的双芽巴贝斯虫(*Babesia bigemim*)、牛巴贝斯虫(*B. bovis*)、卵形巴贝斯虫(*B. ovata*)和水牛的东方巴贝斯虫(*B. orientalis*);马的驽巴贝斯虫(*B. caballi*)和马巴贝斯虫(*B. equi*);羊的莫氏巴贝斯虫(*B. motasi*)和犬的吉氏巴贝斯虫(*B. gibsoni*)、犬巴贝斯虫(*B. canis*)。属泰勒虫科的有牛的环形泰勒虫(*Theileria annulata*)、瑟氏泰勒虫(*T. sergenti*)和中华泰勒虫(*T. sinensis*);羊的山羊泰勒虫(*T. hirci*)和绵羊泰勒虫(*T. ovis*)。

(二)生活史

梨形虫的生活史需要通过两个宿主的转换才能完成,且只能由硬蜱传播,其他传播媒介尚未证实。梨形虫具有典型的孢子虫的三阶段生活史。

(1)裂殖生殖 裂殖生殖是在哺乳动物体内的无性繁殖阶段。大多数巴贝斯科的虫体的子孢子随蜱的唾液接种到家畜体后,直接进入红细胞中,以二分裂或成对出芽生殖的方式进行分裂增殖,产生裂殖子,当红细胞破裂后,虫体逸出再进入新的红细胞,又重复分裂,产生新的裂殖子,最后形成配子体。泰勒科的虫体的子孢子随蜱的唾液接种到家畜体后,立即进入巨噬细胞和淋巴细胞中进行裂殖生殖,反复分裂多次后进入红细胞中形成配子体。

(2)配子生殖 在蜱肠管里进行的有性繁殖阶段,当梨形虫的配子体随蜱叮咬吸血进入蜱肠管后,大部分虫体死亡,部分虫体形成大配子和小配子。大配子与小配子配对并融合而形成合子。球形的合子转变为长形的、能活动的动合子(oozygote)。

(3)孢子生殖 孢子生殖是梨形虫在蜱唾液腺及其他器官内的无性生殖阶段。巴贝斯虫的动合子先侵入蜱的肠上皮、血淋巴细胞、马氏管、肌纤维等器官内反复进行无性分裂的孢子生殖,形成更多的动合子。动合子侵入雌蜱的卵母细胞后保持休眠状态,必须等子蜱发育成熟或采食时,才开始出现与成蜱体内相似的孢子生殖过程。在蜱叮咬吸血 24 h 内,动合子进入蜱的唾液腺细胞内转为多形态的孢子体,反复进行孢子生殖,形成了成千上万个对哺乳动物宿主有感染性、形态不同于动合子的子孢子。而泰勒焦虫的动合子则直接的侵入蜱的唾液腺细胞内进行孢子生殖,产生子孢子。

(三)流行病学

梨形虫病流行的三个基本环节包括病原(梨形虫)、传播媒介(硬蜱)和易感动物。

1. 病原

梨形虫不仅存在于患病动物的体内,而且也长期存在于带虫动物的体内。据报道,患过环形泰勒虫病的牛可带虫长达 6 年之久。梨形虫在传播媒介硬蜱体内也可以长期存活。例如,伞形扇头蜱可将绵羊梨形虫病传递 7 个世代。因此,病畜、带虫者和蜱是梨形虫病流行的病原来源。

2. 传播媒介

梨形虫的传播媒介为硬蜱,一种梨形虫往往只能在一定种属的硬蜱体内完成繁殖和发育,并将病原体从一个动物传给另一个动物。不同种属硬蜱的生存和繁衍需要不同的生态环境,因此,不同地区有不同的蜱种分布。而且,硬蜱一个世代的发育需要经卵、幼蜱、若蜱和成蜱四个阶段,每一个阶段受环境和气候条件的制约,故蜱的活动和出没均具有明显的季节性。由于蜱的分布地区性和活动的季节性,导致梨形虫病的发生与流行也具有地区性和季节性的特点。蜱传播梨形虫的方式有两种:

(1)经卵传播(transovarian transmission) 梨形虫随雌蜱吸血进入蜱体内发育繁殖后,转入蜱的卵巢,经过蜱卵传给蜱的下一代,尔后由下一代蜱的幼虫、若虫或成虫经吸血进行传播。大多数巴贝斯科的虫体以这种方式进行传播。

(2)期间传播(stage to stage transmission) 幼蜱或若蜱吸食了含有梨形虫的血液,由其下一个发育时期——若蜱或成蜱进行传播,即在蜱的同一世代内进行传播。泰勒科虫体以这种方式进行传播。

3. 易感动物

梨形虫对宿主具有较严格的选择性,一种梨形虫往往只寄生于一定种类的动物,不能感染其他种的动物。易感动物的年龄、个体的免疫和营养状况以及多种应激因素(如长途运输、地理环境、气候条件的改变等)对本病的暴发与流行也有密切的关系。

(四)致病机理与临床特征

动物患巴贝斯虫病时,虫体代谢产物的毒素作用可引起动物出现高热;虫体繁殖过程中大量破坏红细胞而出现溶血性贫血;红细胞被破坏后,血红蛋白一部分进入肝脏变成胆红素滞留于血中而出现黄疸,另一部分血红蛋白经肾随尿排出,产生血红蛋白尿。因此,病畜大多表现为高热、贫血、黄疸与血红蛋白尿等症状群。

动物患泰勒虫病时,虫体在淋巴结和脾、肝、肾等器官的巨噬细胞及淋巴细胞中反复进行裂殖生殖，造成淋巴结肿大、器官充血、出血和细胞坏死。大量出血和细胞坏死所产生的崩解产物及虫体代谢产物进入血液，导致严重的毒血症。虫体触发宿主的自身免疫机制，使循环血液中的红细胞被大量吞噬，引起贫血。因此，病畜出现高热稽留、贫血和体表淋巴结肿大等主要症状。

(五)免疫

动物感染梨形虫病后，机体主要是通过体液免疫和细胞免疫的相互配合来抵抗虫体的侵害，其中特异性抗体起着主要作用，它封闭虫体表面抗原或受体，使虫体不能侵入红细胞，而很快被宿主的免疫系统所清除。特异性抗体还能中和虫体在增殖过程中所产生的一些有害的抗原物质，有利于毒素的清除。此外，抗体与虫体特异结合后，有利于巨噬细胞将其吞噬。在细胞免疫方面，除了巨噬细胞、辅助性T淋巴细胞的作用外，由非特异性免疫细胞所释放的细胞因子，如肿瘤坏死因子(TNF)、干扰素(IFN)、白细胞介素(IL)和其他单核细胞因子(MK)等都起着重要的抗虫作用。

动物患梨形虫病耐过后，体内的虫体并未完全消失，还有一小部分虫体残留在体内，使动物对再感染具有免疫力，这种感染期的免疫称为带虫免疫(premunition)。带虫免疫是机体的防御力与梨形虫之间的一种暂时的“平衡”状态，如果由于营养不良、环境条件突变或并发其他疾病等原因，致使动物机体防御能力下降时，这种“平衡”即可被破坏，从而使本病复发或重复感染同样的梨形虫。

动物梨形虫的免疫具有种的特异性，各种梨形虫之间没有交叉免疫现象。同时，梨形虫的免疫还具有虫株间的差异，动物受某一地区的梨形虫虫株感染所产生的免疫力，只能抵抗当地的同一虫株。如将动物转移至另一地区，而这两个地区的梨形虫存在虫株间差异时，动物仍可感染与发病。

二、巴贝斯虫病

巴贝斯虫病是由巴贝斯科巴贝斯属(*Babesia*)的梨形虫寄生于家畜的红细胞内引起的。多种家畜虽然均可发生巴贝斯虫病，但不同动物所感染的虫体种类和疾病表现形式不同。在此就牛、犬和马属动物的巴贝斯虫病做以介绍。

(一)牛双芽巴贝斯虫病

牛双芽巴贝斯虫病是由巴贝斯科巴贝斯属(*Babesia*)的双芽巴贝斯虫(*B. bigemina*)寄生于黄牛、水牛的红细胞内所引起的一种急性、热性、季节性血液原虫病。本病最早发现于美国得克萨斯州，是一种蜱媒疾病，临床上常出现血红蛋白尿，因此又称为得克萨斯热(texas fever)或蜱热病(tick fever)、红尿热(redwater)。本病常造成牛的发病与死亡，是严重危害养牛业的主要疾病之一。

1. *病原形态*

双芽巴贝斯虫寄生于牛的红细胞中，是一种大型的虫体(图12-7)，大小为4.5 μm×2.1 μm，虫体长度大于红细胞半径；其形态有梨籽形、圆形、椭圆形或不规则形等，虫体的形态随病情的发展而有变化，虫体开始出现时以单个虫体为主，随后双梨籽形虫体所占比例逐渐增多。典型的虫体形态是一个红细胞里有两个梨籽形虫体，尖端以锐角相连，每个虫体内有一团染色质块。虫体多位于红细胞中央，一个红细胞内虫体的数目为1～2个，很少有3个以上，红细胞的染虫率一般为2%~15%。

图 12-7 红细胞内的双芽巴贝斯虫(仿 MarkovA. A.)

2. 生活史

本病的传播媒介为硬蜱,在我国为微小牛蜱与镰形扇头蜱。含有双芽巴贝斯虫子孢子的蜱叮咬牛时,子孢子随蜱的唾液进入牛体内,在牛的红细胞内以成对出芽的方式进行繁殖,当红细胞破裂后,虫体逸出,侵入新的红细胞,反复分裂,最后形成配子体。当蜱在牛体吸血时,双芽巴贝斯虫连同牛的红细胞进入蜱体,在蜱的肠内进行配子生殖,以后再进入蜱和下一代幼蜱的肠壁、血淋巴、马氏管等处反复进行孢子生殖,最后进入子代若蜱的唾液腺产生许多子孢子(图 12-8)。因此,牛是巴贝斯虫的中间宿主,蜱是双芽巴贝斯虫的终末宿主。

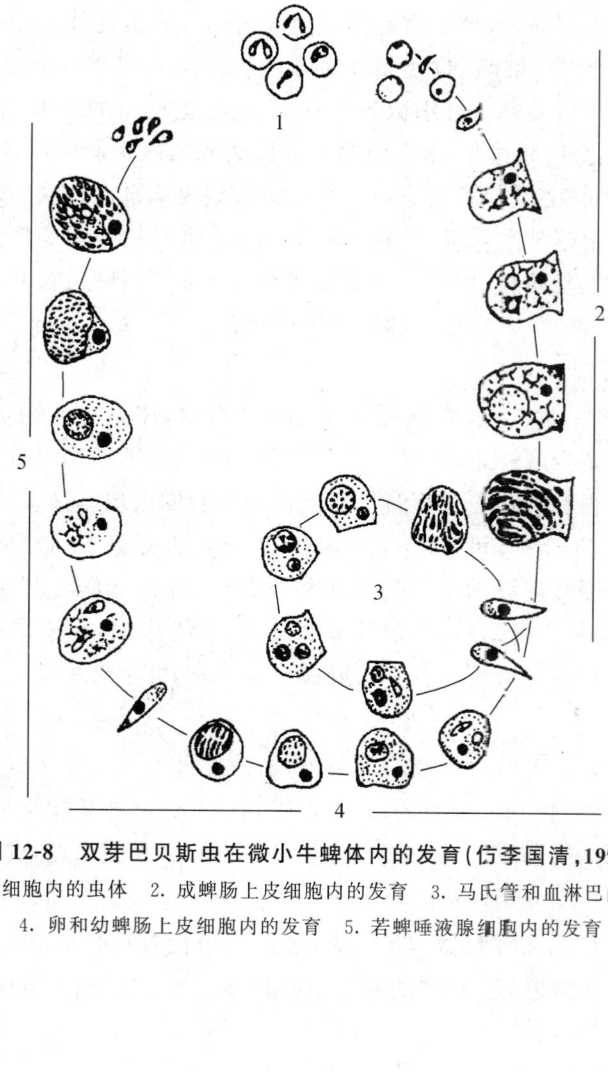

图 12-8 双芽巴贝斯虫在微小牛蜱体内的发育(仿李国清,1999)

1. 牛红细胞内的虫体 2. 成蜱肠上皮细胞内的发育 3. 马氏管和血淋巴内的发育 4. 卵和幼蜱肠上皮细胞内的发育 5. 若蜱唾液腺细胞内的发育

3. 流行病学

牛的双芽巴贝斯虫寄生于黄牛、水牛、瘤牛和牦牛的红细胞内，广泛地分布于世界各地，该病在流行病学方面具有以下特征。

(1)传播方式 微小牛蜱是我国牛双芽巴贝斯虫的主要传播媒介，以经卵传播的方式，由次代若蜱和成蜱阶段传播，幼蜱阶段无传播能力。双芽巴贝斯虫在牛蜱体内可继代传播 3 个世代之久。双芽巴贝斯虫也可经胎盘垂直传播。由于微小牛蜱在野外发育繁殖，因此本病多发生于放牧时期，舍饲牛发病较少。

(2)发病季节 微小牛蜱为一宿主蜱，每年可繁殖 4～5 代，每代所需的时间约为 2 个月。本病的发生与蜱在当年出现的次数基本相一致。在南方本病主要发生在 6—9 月份，但有的地区蜱活动时间长，在冬季也可能发病。

(3)发病特点 一般情况下，2 岁以内的牛发病率高，但症状轻微，死亡率低。成年牛发病率低，但症状明显，死亡率高。纯种牛和非疫区引进牛发病率高，疫区牛有带虫免疫现象，发病率低。

4. 致病作用

双芽巴贝斯虫在红细胞内繁殖的过程中，因机械性损伤作用和掠夺营养，可造成动物红细胞大量破坏，发生溶血性贫血，致使病畜黏膜苍白和黄染。染虫红细胞和非染虫红细胞大量发生凝集及附着毛细血管内皮细胞，致使循环血液中红细胞数和血红蛋白量显著降低，血液稀薄，血内胆红素增多而导致黄疸。红细胞数目减少、血红蛋白量的降低，会引起动物机体组织的供氧不足，正常的氧化-还原过程破坏，全身代谢障碍和酸碱平衡失调，因而出现实质细胞如肝细胞、心肌细胞、肾小管上皮细胞变性，甚至坏死，某些组织淤血、水肿；加之毒素和代谢产物在体内蓄积，可作用于中枢神经系统和植物神经系统，引起动物体温中枢的调节功能障碍及植物神经机能紊乱，动物出现高热、昏迷。上述症状和病变随高温的持续和虫体的进一步增殖而加重，最后因严重贫血、缺氧、全身中毒和肺水肿而死亡。

5. 症状

该病的潜伏期为 8～15 d。病牛首先表现为高热稽留，体温升高达 40～42℃，精神沉郁，食欲减退或消失，反刍减少或停止，呼吸困难，便秘或腹泻，有的还排出黄褐色带黏液的恶臭粪便。病牛迅速消瘦、可视黏膜苍白并逐渐发展为黄染。后期出现血红蛋白尿，尿的颜色由淡红至暗红色。重症病例如不治疗，可在 4～8 d 内死亡，死亡率可达 50%～80%。

慢性病例，体温持续数周波动于 40℃以下持续数周，减食、消瘦、出现渐进性贫血，需经数周或数月才能康复。幼年牛发病后，仅数日中度发热，心跳略快，食欲减退，稍见虚弱，黏膜苍白或黄染，一般在退热后迅速康复。乳牛泌乳减少或停止，怀孕母牛常发生流产。

6. 病理变化

尸体消瘦，尸僵明显。可视黏膜苍白或黄染，血液稀薄如水。皮下组织、肋间、结缔组织和脂肪呈黄色胶冻样水肿。脾、肝、肾肿大，胆囊扩张，胆汁浓稠，脾髓软化呈暗红色，白髓肿大呈颗粒状突出于切面。胃、肠黏膜充血，有出血点。膀胱肿大，黏膜出血，内有红色尿液。

7. 诊断

根据流行病学资料、临床症状做初步判断，这主要包括特征性症状(如高热、贫血、黄疸和血红蛋白尿)、发病季节与地点、动物的年龄、来源与饲养方式等。但确诊必须进行实验室检查。

(1)血涂片检查　在牛体温升高的头一两天，采集外周血液(一般为牛耳静脉)制成薄的血涂片，甲醇固定后染色镜检，若发现红细胞内特征性虫体即可确诊。为了提高检出率，也可采用集虫的方法。即将可疑血液经抗凝处理后，低速离心，取上层红细胞涂片检查。

(2)血清学检查　用于诊断的血清学方法很多，其中间接荧光抗体试验(IFAT)、酶联免疫吸附试验(ELISA)、间接血凝试验(IHA)和乳胶凝集试验等方法显示出较强的特异性和敏感性而得到较广泛的应用。这些方法也常作为带虫牛的检疫和疫区的流行病学调查。

(3)基因诊断　随着分子生物学技术的发展，近年来核酸探针技术和 PCR 技术均成功地用于牛的双芽巴贝斯虫病诊断。

8. 治疗

应尽量做到早诊断，早治疗。除应用特效药物杀灭虫体外，还应根据病情进行强心、补液、健胃等对症和支持疗法。常用的杀虫药物有以下几种：

(1)三氮脒(diminazene)　又名贝尼尔(berenil)，血虫净。本品为粉剂，临用时配成 5%的溶液做深部肌肉注射，黄牛剂量为每千克体重 3～7 mg，水牛为每千克体重 1 mg，乳牛剂量按每千克体重 2～5 mg。黄牛偶尔出现起卧不安，肌肉震颤等副作用，但很快消失。水牛对本药较敏感，一般用药一次较安全，连续使用常出现毒性反应，甚至死亡。

(2)黄色素　又名锥黄素，吖啶黄(acriflavine)。牛的剂量为每千克体重 3～4 mg，配成 0.5%～1.0%溶液静脉注射，症状未减轻时，24 h 后再注射一次，病牛在注射后的数日内，避免烈日照射。

(3)咪唑苯脲(imidocarb，imizol)又名咪唑啉卡普。配成 10%的水溶液肌肉注射或皮下注射。牛的治疗剂量为每千克体重 1～3 mg。该药安全性较好，必要时每天 1～2 次，连用 2～4 d。

(4)硫酸喹啉脲 (quinuronium sulfate)本品又名阿卡普林，抗焦素。按每千克体重 0.6～1 mg 的剂量，配成 5%溶液做皮下注射。有时注射后数分钟出现起卧不安、肌肉震颤、流涎、出汗、呼吸困难等副作用，一般于 1～4 h 后自行消失，严重者可皮下注射阿托品来解毒。妊娠使用后可能出现流产。

9. 预防

主要采用以下综合性预防措施：

(1)灭蜱　在流行区，可根据蜱的活动规律，利用杀蜱药物杀灭牛体和牛舍内的蜱。铲除牛舍附近的杂草，喷洒灭蜱药物。尽量避免在蜱滋生地的草地上进行放牧，必要时改放牧为舍饲。另外，澳大利亚研制出蜱的疫苗，通过降低蜱的繁殖力来控制蜱的数量也取得了一定的成功。

(2)药物预防　由于咪唑苯脲在体内代谢缓慢，导致长期在体内残留，因此可常将该药用于药物预防。据报道，该药的保护期为 21～60 d。罗建勋等将该药制成缓释剂应用于临床也取得了很好的效果

(3)免疫预防　澳大利亚牛的牛双芽巴贝斯虫的弱毒疫苗已在临床上应用了半个世纪，分泌性抗原疫苗也已在多个国家应用，基因工程疫苗也已研究成功。

(二)牛巴贝斯虫病

牛巴贝斯虫病是由巴贝斯科巴贝斯属(*Babesia*)的牛巴贝斯虫(*B. bovis*)寄生于红细胞内

所引起的一种血液原虫病。

1. 病原形态

为小型虫体，呈环形、椭圆形、单梨籽形或双梨籽形、边虫形及阿米巴形等。虫体长度小于红细胞的半径，大小为 2.0 μm×1.5 μm。典型形状为成双的梨籽形虫体以尖端相连成钝角，虫体位于红细胞边缘或偏中部。每个虫体内含有一团染色质块，呈红色，位于虫体一端或边缘部。牛巴贝斯虫在外周血中的红细胞染虫率很低，一般不超过 1%，每个红细胞内有 1～3 个虫体(图 12-9)。

图 12-9 红细胞内的牛巴贝斯虫(仿 Markov A. A.)

2. 生活史

牛巴贝斯虫的传播媒介为硬蜱、扇头蜱等。我国已证实微小牛蜱可以传播牛巴贝斯虫，以经卵传递方式由次代幼蜱传播，次代若蜱和成蜱无传播能力。其发育过程与双芽巴贝斯虫相似。

3. 流行病学

(1)疾病分布 牛巴贝斯虫引起黄牛、水牛感染。该病主要分布于澳大利亚、墨西哥等中美洲国家以及南欧、亚洲、非洲等地。在我国河南、河北、陕西、安徽、江西、西藏、云南、贵州、湖南、湖北、江苏、浙江、福建等地均有本病发生。

牛巴贝斯虫各虫株之间致病性互有差异，澳大利亚株和墨西哥株致病性强，其危害性超过双芽巴贝斯虫。

(2)传播媒介 本病的传播媒介国外报道为篦子硬蜱(*Ixodes ricinus*)、全沟硬蜱、肛棘牛蜱、微小牛蜱和囊性扇头蜱，以经卵传播方式传播本病。我国已发现微小牛蜱和镰形扇头蜱为传播者，后者为三宿主蜱，一年繁殖一代。

(3)发病季节 发病季节与蜱的活动季节基本一致。镰形扇头蜱的成虫每年出现于 4 月上旬，最早可出现于 3 月底，4 月下旬至 5 月中旬达高峰，6 月份减少，7 月份即从牛体上消失。因此，本病在水牛于 4 月初开始发病，5 月为高峰，6 月下降，7 月停止。如传播媒介为微小牛蜱的地区，则发病(多为黄牛)随蜱的季节动态而在每年的 5、7、9 月份出现 3 个高峰。

(4)发病特点 水牛多发生于 2～12 岁的青壮年牛，黄牛则多发于 1～7 月龄的犊牛，但有些地方不受年龄限制。无论水牛或黄牛，凡外地引入者，其发病率均高于本地牛。微小牛蜱与镰形扇头蜱均在野外活动，因此，黄牛、水牛均在放牧时感染。有报道称，牛感染牛巴贝斯虫后，尽管 4 年未接触蜱，仍然对异源虫体的攻击有免疫力。

4. 临床症状

本病的潜伏期为 4～10 d，病初体温升高，可达 41℃，呈稽留热型；精神不振，食欲和反刍减退。随着病程的发展，脉搏增快而弱，呼吸促迫；出现贫血、黄疸症状。病的后期，病牛极度虚弱，食欲废绝，可视黏膜苍白，小便频数，尿呈红色。急性病例的病程持续 1 周。轻度病例在血红蛋白尿出现后 3～4 d 出现体温下降，尿色变清，病情逐渐好转，但血液指标要经 2～3 个月后才能恢复正常。病牛的死亡率较低，一般为20%左右。

5. 病理变化

病理剖检变化与双芽巴贝斯虫病基本相似。不同之处在于本病的脾脏病变比较严重，有时出现脾脏破裂，脾髓色暗，脾细胞突出。胃及小肠有卡他性炎症；肝脏黄染、肿大；各内脏器官有不甚明显的溢血点。

6. 诊断

诊断方法与双芽巴贝斯虫病相同，确诊必须在血片中查到典型虫体。

7. 治疗及预防

治疗原则和药物以及预防措施可参照双芽巴贝斯虫病。国外除使用牛巴贝斯虫弱毒苗和分泌抗原苗进行免疫预防外，目前牛巴贝斯虫基因工程苗也已研究成功。

(三)犬巴贝斯虫病

犬巴贝斯虫病是由巴贝斯科、巴贝斯属(*Babesia*)的虫体寄生于犬的红细胞内引起一种热性、蜱传性血液原虫病，临床上以高热、贫血、黄疸和血红蛋白尿为特征。本病在我国江苏、河南、湖北和安徽的部分地区流行，对良种犬，尤其是军犬、警犬和猎犬危害严重。

1. 病原形态

寄生于犬的巴贝斯虫有3种，即吉氏巴贝斯虫(*B. gibsoni*)、犬巴贝斯虫(*B. canis*)和韦氏巴贝斯虫(*B. vitalii*)。前两种已在我国犬体内发现，但以吉氏巴贝斯虫为流行于我国的主要虫种。

(1)吉氏巴贝斯虫　虫体很小，多位于红细胞边缘偏中央，以圆点形、环形及小杆形最为多见(图12-10)，偶尔可见十字形的四分裂虫体和成对的小梨籽形虫体。在感染初期，虫体均呈圆点状，细胞核几乎充满整个细胞，以后胞浆开始增多，核逐渐移向边缘。部分虫体转化为指环形，即染色质位于虫体的边缘，着色较深，而虫体的大部分着色较浅。部分虫体转化为小杆形，即两端着色较深，中间着色较浅，呈巴氏杆菌样。圆点形和指环形虫体的直径为0.5～1.5 μm和1.5～2.5 μm；小杆形虫体的宽长分别平均为1.5 μm和2.08 μm。在一个红细胞内可寄生有1～13个虫体，以寄生1～2个虫体者多见。

图12-10　红细胞内的吉氏巴贝斯虫(仿 Markov A. A.)

(2)犬巴贝斯虫　为大型虫体，虫体长度大于红细胞半径，大小为5.0 μm×(2.5～3.0) μm。其形态有梨籽形、圆形、椭圆形及不规则形等。典型的形状是呈双梨籽形，尖端以锐角相连，每个虫体内有一团染色质块。虫体的形态随病情的发展而有变化，虫体开始出现时以单个虫体为主，随后双梨籽形虫体所占比例逐渐增多。本虫曾发现于安徽犬体内。

2. 生活史和流行病学

生活史与牛双芽巴贝斯虫相似，其传播媒介为多种蜱，但两种犬的巴贝斯虫的传播媒介有一定差异。吉氏巴贝斯虫的传播媒介为长角血蜱(*Haemaphysalia longicornis*)、镰形扇头蜱

(*Rhipicephalus haemaphysaloides*)和血红扇头蜱(*R. sanguineus*);犬巴贝斯虫的传播媒介为血红扇头蜱、网纹革蜱(*D. reticulates*)、李氏血蜱(*H. leachi*)、安氏革蜱(*D. andersoni*)和边缘璃眼蜱(*Hyalomma marginatum*)。以经卵传播和期间传播两种方式进行传播。犬巴贝斯虫在自然条件下,主要以成蜱传播,但是幼蜱、若蜱也可传播。另外,两种犬的巴贝斯虫均可经过胎盘传播。

犬巴贝斯虫的分布范围广,覆盖大部分南欧、非洲、美洲以及亚洲的印度等。吉氏巴贝斯虫最初认为只存在于南非、印度、斯里兰卡、马来西亚等地,近年来在欧洲、美国及远东地区均有报道,事实上,吉氏巴贝斯虫和犬巴贝斯虫常常混合感染,只是由于吉氏巴贝斯虫较小和引起的临床危害较轻而常被忽视。

3. 临床症状

犬的吉氏巴贝斯虫病常呈慢性经过。潜伏期为 14~28 d。病初精神沉郁,喜卧厌动,走路时四肢无力,身躯摇晃。体温升高至 40~41℃,持续 3~5 d 后转为正常,5~7 d 后再次升高,呈不规则间歇热型。病犬食欲逐渐减少或废绝,可视黏膜苍白至黄染。尿呈黄色,少数病犬有血红蛋白尿。部分病犬呈现呕吐症状,眼有炎性分泌物。触诊脾肿大,肾脏(单或双侧)肿大且有痛感。

犬巴贝斯虫病分急性型和慢性型。急性型的潜伏期为 2~10 d,病初表现为体温升高,在 2~3 d 内达到 40~43℃,随后食欲降低至废绝,呼吸和脉搏加快,可视黏膜由淡红,苍白,逐渐黄染。部分病犬会出现血红蛋白尿,有的病犬脾脏肿大。慢性型只在病初体温升高,少数病例会出现间歇热。病犬渐进性贫血,但常无黄疸,尽管食欲正常,但精神差,极度消瘦。尿中含有蛋白,红细胞数可减少至正常值的 1/5~1/4。白细胞数增加。如病犬耐过,贫血可在 3~6 周后逐渐消失。耐过病犬常为带虫免疫,长者可达 2 年。

4. 诊断

根据流行病学资料、临床症状,在血涂片中查到典型虫体可确诊。已经建立了多种血清学诊断方法用于该病的诊断,但我国还没有临床推广应用。体外培养技术和 PCR 技术都具有较高的检出率,可以在有条件的实验室进行。

5. 治疗

在使用特效药物的同时,还应采取强心、补液、应用广谱抗菌药,防继发或并发感染等措施进行对症治疗。针对虫体的特效药物如下:

(1)咪唑苯脲 按每千克体重 5 mg,配成 10%溶液皮下或肌肉注射,间隔 24 h 再用一次。或按每千克体重 5~7 mg 的剂量,配成 10%溶液肌肉注射,间隔 14 d 再用一次。

(2)硫酸喹啉脲 按每千克体重 0.25~0.5 mg,皮下或肌肉注射,有时需隔日重复一次。该药有时出现较为明显的副反应,如兴奋、流涎、呕吐等。剂量降低至每千克体重 0.3 mg 可减轻不良反应。故可低剂量多次给药。

(3)氧二苯脒 按每千克体重 15 mg 的剂量,配成 5%溶液皮下注射,连用 2 d。

6. 预防

预防本病的关键在于防止蜱的叮咬,应注意观察犬的体表,用人工摘除或化学药物法灭蜱,也可给犬带上驱蜱项圈,预防期可达 3 个月。在免疫预防方面,法国利用犬巴贝斯虫体外培养的可溶性抗原生产的疫苗已经商品化,临床应用的保护率超过 80%。我国还没有相关的疫苗。

(四)马巴贝斯虫病

马的巴贝斯虫病是由巴贝斯科巴贝斯属(*Babesia*)的驽巴贝斯虫(*B. caballi*)和马巴贝斯虫(*B. equi*)寄生于马属动物(马、骡、驴、斑马)的红细胞内引起的一种血液原虫病。临床呈现高热、贫血、黄疸、出血和呼吸困难等症状,如诊治不及时死亡率很高。

1. 病原形态

(1)驽巴贝斯虫　为大型虫体,虫体长度大于红细胞半径。其形状有梨籽形(单个或成双)、椭圆形、环形等,典型的形状为成对的梨形虫体以其尖端连成锐角(图 12-11)。每个虫体内有两团染色质块。在一个红细胞内通常只有 1～2 个虫体,偶尔有 3 或 4 个。红细胞的染虫率为 0.5%～10%。

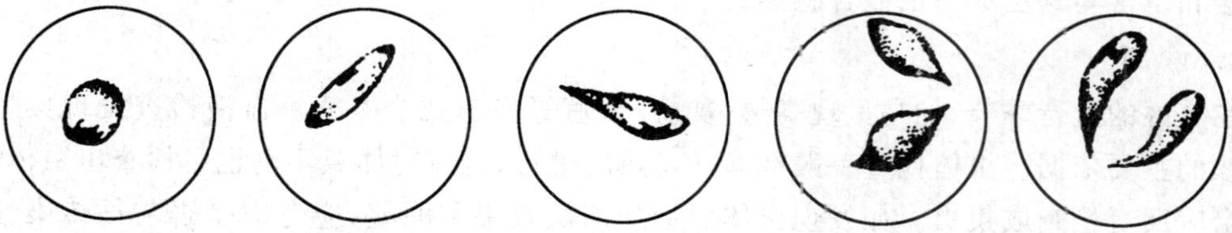

图 12-11　红细胞内的驽巴贝斯虫(仿 Markov A. A.)

(2)马巴贝斯虫　为小型虫体,虫体长度不超过红细胞半径。呈圆形、椭圆形、单梨籽形、纺锤形等多种形态,其中以圆形、椭圆形占多数,典型形状为 4 个梨籽形虫体以尖端相连构成十字形,每个虫体内只有一团染色质(图 12-12)。

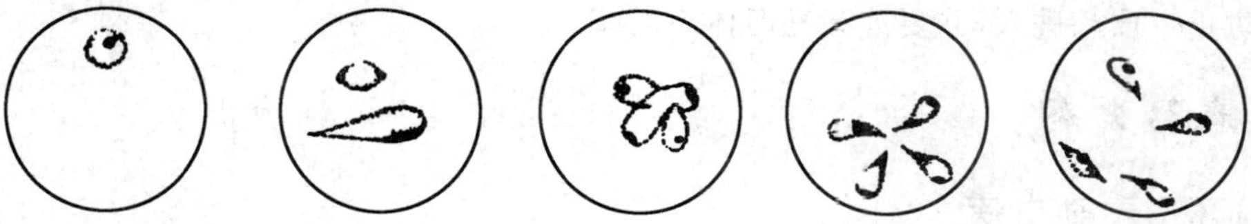

图 12-12　红细胞内的马巴贝斯虫(仿 Markov A. A.)

2. 生活史与流行病学

与双芽巴贝斯虫相似,多种硬蜱可以作为传播媒介。驽巴贝斯虫的媒介蜱有 3 属 14 种,在我国已查明草原革蜱、森林革蜱(*Dermacentor silvarum*)、银盾革蜱(*D. niveus*)、中华革蜱(*D. sinicus*)为本病的传播者;文献报道有 3 属 17 种蜱可传播马巴贝斯虫,我国已查明草原革蜱、森林革蜱和镰形扇头蜱为马巴贝斯虫的传播者。革蜱以经卵方式传播驽巴贝斯虫。实验证明次代革蜱的幼虫、若虫和成虫都具有传播驽巴贝斯虫的能力,但由于革蜱为三宿主蜱,只有成虫阶段寄生于马匹等大型哺乳动物。因此,在自然条件下,次代成虫起传播作用,除经卵传播外,还有经蜱期间传播和经胎盘传播的报道。

驽巴贝斯虫分布于亚洲、非洲、南欧、前苏联和中美洲等地,在我国黑龙江、吉林、辽宁、内蒙古、新疆、青海、甘肃、宁夏、山西、河南和云南等地均有报道。

马巴贝斯虫分布于亚洲、非洲、南美洲、美国和前苏联。在我国黑龙江、吉林、内蒙古、安徽、新疆、青海、甘肃、宁夏、陕西、云南、贵州、广东等地均有报道。

革蜱一年发生一代，以饥饿成虫越冬。成蜱出现于春季草刚冒尖出芽时。驽巴贝斯虫病一般在2月下旬开始出现，3、4月份达到高峰，5月下旬逐渐停止流行。

3. 临床症状

驽巴贝斯虫的症状明显，潜伏期为7～19 d。病初体温稍升高，精神不振，食欲减退，眼结膜充血或稍黄染，随后逐渐体温升高(39.5～41.5℃)，呈稽留热型。呼吸、心跳加快，精神沉郁，病情发展很快，最注目的症状是黄疸现象，尤其是唇、舌、直肠、阴道黏膜黄染更明显，有时黏膜上出现大小不等的出血点。发病后期，病马显著消瘦，步伐不稳，黏膜呈苍白黄染，后心力衰竭，潮式呼吸，由鼻孔流出多量黄色带泡沫的液体。病程8～12 d，不经治疗而自愈的病例很少。

马巴贝斯虫病与驽巴贝斯虫病的基本症状相似，但往往表现出的病程较长，程度较轻，症状较缓和。常与驽巴贝斯虫混合感染。

4. 诊断

在疫区的流行季节，如马呈现高热、贫血、黄疸等应考虑为本病。血液检查发现典型虫体是确诊的主要依据。虫体检查一般在病马发热时进行，但有时体温不高也可检查出虫体，一次未检出应反复检查或集虫。如发现虫体而治疗两次效果不明显，应考虑是否与马传染性贫血混合感染。

5. 防治

在初发或病势较轻的马，可立即注射巴贝斯虫的特效药物，病重的马应同时进行强心、补液等对症治疗方法。在巴贝斯虫病疫区，要做好防蜱灭蜱工作，出现第一批病例后，为了防止易感马匹发病，可采取药物预防注射。在没有疫情但有蜱类活动的地区，对外来马匹要严格进行检疫，防止带虫马进入，并要消灭马匹体表的蜱。

三、泰勒虫病

(一)环形泰勒虫病

环形泰勒虫病是由泰勒科(Theileriidae)泰勒属(*Theileria*)的环形泰勒虫(*T. annulata*)寄生于牛的红细胞、巨噬细胞、淋巴细胞内引起的血液原虫病。本病是由蜱传播的一种季节性、地方流行性疾病，多呈急性经过，发病率和死亡率均很高，可造成巨大的经济损失。

1. 病原形态

寄生于红细胞内的环形泰勒虫称为血液型虫体，虫体很小，形态多样。有圆环形、杆形、卵圆形、梨籽形、逗点形、圆点形、十字形、三叶形等各种形状(图12-13)。其中以圆环形和卵圆形为主，占总数的70%～80%，染虫率达高峰时，所占比例更高。杆形的比例为1%～9%，梨籽形的比例为4%～21%，其他形态所占比例很小，最高不超过10%，一般维持在5%左右。红细胞的染虫率一般为10%～12%，严重者可达80%以上。当染虫率高时，红细胞中一般寄生1～3个虫体，最多者为11个。

在淋巴结和脾脏的淋巴细胞中，可见裂殖体，有时称作石榴体或柯赫氏蓝体(Koch's blue bodies)，有时叫石榴体(图12-14)。用姬姆萨染色可看到两种类型的裂殖体，一种为大裂殖体(无性生殖体)，直径大约8.0 μm，呈蓝色，内含8个核，并产生直径为2～2.5 μm的大裂殖子；一种为小裂殖体(有性生殖体)，比前者小，含36个小核，并产生直径为0.7～1.0 μm的小裂

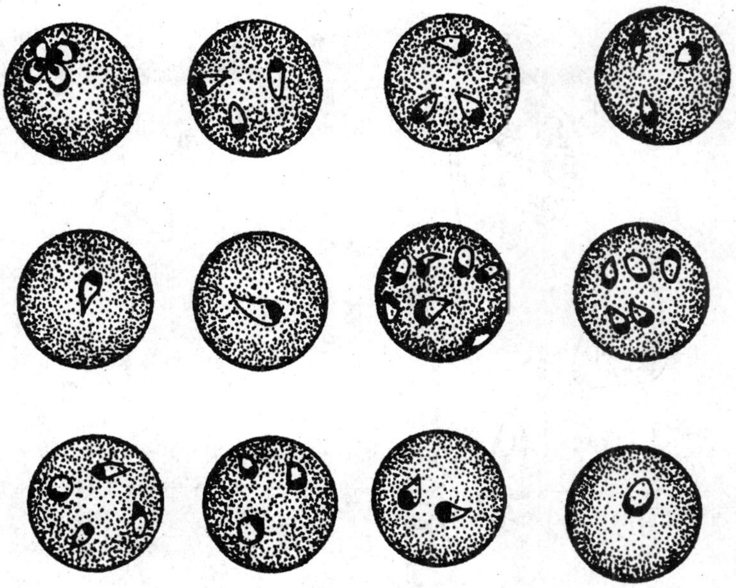

图 12-13　红细胞内的环形泰勒虫(仿张西臣)

殖子。小裂殖体破裂后,小裂殖子侵入红细胞,发育为配子体。

2. 生活史

带虫蜱吸血时,子孢子随蜱唾液进入牛体后,首先进入局部淋巴结的巨噬细胞和淋巴细胞,在其中裂殖生殖,形成无性的大裂殖体。成熟的裂殖体释放出裂殖子,重复上述的增殖过程。在这一过程中,虫体随淋巴和血液循环向全身扩散,并侵袭到其他的内脏器官。裂殖生殖进行到一定代数后,部分形成小裂殖体,成熟的小裂殖体释放出小裂殖子,侵入红细胞内变为环形的配子体。

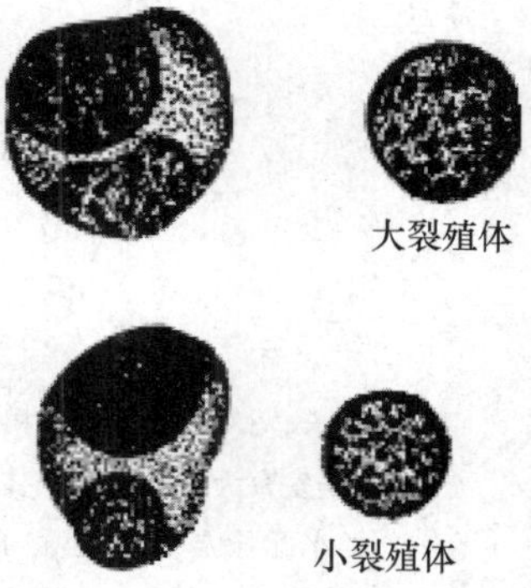

图 12-14　环形泰勒虫裂殖体(仿张西臣)

当幼蜱和若蜱吸血时,把带有配子体的红细胞吸入胃内后,配子体逸出并发育成大、小配子体,两者受精结合成为合子。进一步发育成为棍棒状能动的动合子。当蜱完成蜕皮时,动合子进入蜱的唾液腺并开始孢子生殖,产生许多感染性子孢子。在蜱吸血时,子孢子随蜱唾液被接种到牛体内,重新开始在牛体内的发育和繁殖(图 12-15)。

3. 流行病学

环形泰勒虫可寄生于黄牛、水牛、瘤牛、牦牛和犏牛,呈世界性分布。我国内蒙古、浙江、江西、福建、广东、重庆、云南、新疆、甘肃、宁夏、陕西、山西、河南、河北、北京、湖南、湖北等地区均有该病的报道,但主要流行于北方地区。

(1)传播媒介与传播方式　环形泰勒虫的传播媒介为璃眼蜱属的蜱种,为二宿主蜱,主要寄生于牛,以期间传播方式传播本病,幼蜱或若蜱在病牛或带虫牛体上吸入病原体,成蜱将病原传给易感牛而引起发病。这类蜱主要在牛圈内生活,因此,感染主要在舍饲条件下发生。我国主要为有两种,一种是残缘璃眼蜱,为我国该病的主要传播者,分布于内蒙古、甘肃、宁夏、陕西、山西、河南、河北和新疆的大部分地区;另一种为小亚璃眼蜱,是新疆南部流行区的媒介蜱。

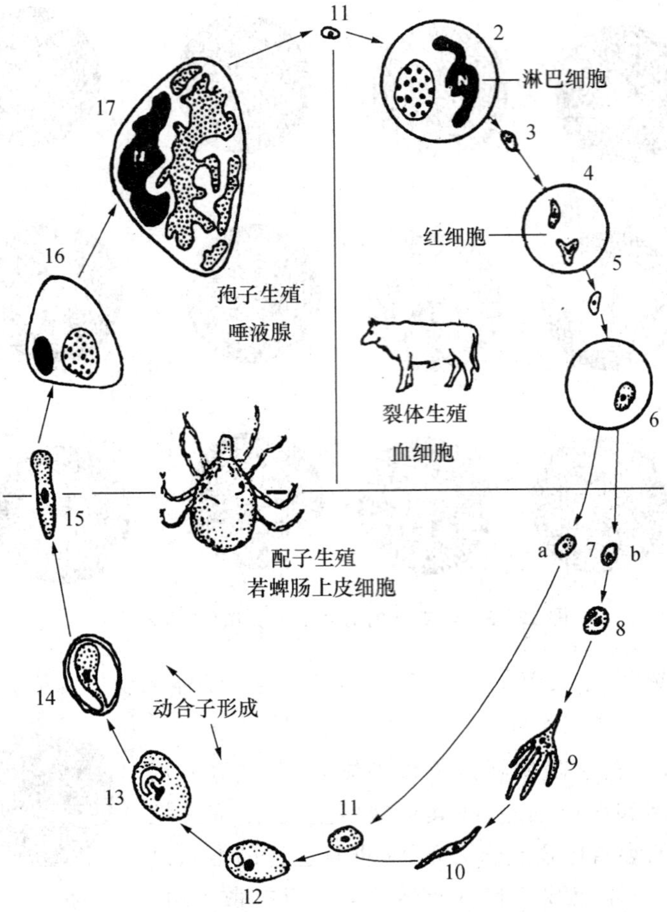

图 12-15 环形泰勒虫生活史(仿张西臣)

1. 子孢子 2. 在淋巴细胞内的裂体生殖 3. 裂殖子 4.5. 红细胞内裂殖子的出芽增殖分裂 6. 红细胞内裂殖子发育为球形的配子体 7. 在蜱肠内的大配子(a)和早期小配子(b) 8. 发育着的小配子 9. 成熟的小配子体 10. 小配子 11. 受精 12. 合子 13. 动合子形成开始 14. 动合子形成接近完成 15. 动合子 16,17. 在蜱唾腺细胞内形成的大的母细胞,内含无数的子孢子

(2)发病季节 环形泰勒虫的发病季节与残缘璃眼蜱侵袭牛体的消长规律是完全一致的,在内蒙古和西北地区,本病主要流行在5—8月份。

(3)发病特点 本地牛发病率和死亡率较低,外地引入疫区牛的易感性高,发病率为61%,死亡率为16%~60%。牦牛的发病率和死亡率可达90%以上。纯种牛和改良杂种牛对本病易感,即使红细胞的染虫率很低(2%~3%)亦可出现明显的临床症状。

4. 症状

该病潜伏期为14~20 d,在临床上可表现出多种病型,但常呈急性经过。病初牛的体温升高,呈稽留热(40~42℃),随之出现精神沉郁,食欲不振、反应迟钝等一般病症,而体表淋巴结肿大是本病的特征性病症,病牛的肩前、腹股沟浅淋巴结肿大,初为硬肿,有压痛感,后逐渐变软,不易推动。病牛出现迅速消瘦,血液稀薄,濒死前体温降至正常之下,卧地不起,在发病后3~20 d因衰弱而死亡。

最急性型的病例,动物在发病后3~4 d即出现死亡。在亚急性型,发热常呈不规则的间歇热并持续至 10～15 d,之后动物常常恢复;怀孕动物有时流产。慢性型为间歇热型,食欲不振,显著消瘦,出现某种程度的贫血和黄疸,可持续 4 周或更长时间,但动物恢复正常需要 2 个月时间。温和型除了低热,其他病症少见,食欲不振、倦怠、轻度消化紊乱和流泪持续几天时间,还可能有中度贫血。

5. 病理变化

最急性型病例,死后剖检常见淋巴组织超常增生和广泛出血。大多数典型的急性型病例,剖检常见皮下组织有较多的出血点、出血斑和淤血点。淋巴结常肿大,但慢性病例可能萎缩。肝、脾、肾肿大,肝、肾出现淋巴样组织浸润。常见有出血性心肌变性。胃肠道有出血和溃疡,尤其见于小肠和皱胃,内脏器官的浆膜面也可见到淤血点和淤斑状出血。皱胃黏膜肿胀、充血,有针头至黄豆大、暗红色或黄白色结节,结节处上皮细胞坏死后形成糜烂和溃疡,溃疡由针头大、粟粒大乃至高粱米大,其中央凹陷呈暗红色或褐红色,边缘稍隆起,周围黏膜有出血点,皱胃的病变具有诊断意义。

6. 诊断

根据临床症状和流行病学情况可作初步判断,体表淋巴结的肿大可作为诊断依据之一。采血涂片查出血液型虫体或淋巴结穿刺查到石榴体(大裂殖体和小裂殖体)可以确诊。死后剖检变化也有诊断意义。

7. 治疗

(1)磷酸伯氨喹啉(primaquine,PMQ) 按每千克体重 0.75～1.5 mg 的剂量,每日口服 1 次,连用 3 d。该药对环形泰勒虫配子体有迅速的杀灭作用,治疗 2～3 d 后,染虫率可显著下降。

(2)三氮脒(贝尼尔) 按每千克体重 7～10 mg 的剂量,配成 7%溶液进行分点深部肌肉注射,每日 1 次,连用 3 次,如红细胞染虫率未下降,还可继续注射 2 次。

(3)布帕伐醌(Buparvaquone) 为羟萘醌的第 2 代化合物,可治疗和预防多种梨形虫病。5%注射剂(Butalex)按每千克体重 2.5 mg 的剂量肌肉注射,对环形泰勒虫安全有效。

为了促使临床症状的缓解,还应根据症状给予强心、补液、补血、健胃缓泻、舒肝利胆等中西药物以及抗生素药物。对红细胞数、血红蛋白量显著下降的牛可进行输血,每天的输血量,犊牛不少于 500～2 000 mL,成牛不少于 1 500～2 000 mL,每天或隔 2 d 输 1 次,连输 3～5 次。所输的血液必须与病牛血无交叉凝集反应。

8. 预防

预防本病的关键是杀灭牛舍和牛体上的蜱。残缘璃眼蜱是一种圈舍蜱,在每年 9—10 月份及 4 月份用灭蜱药物向圈舍、运动场及墙缝内喷洒灭蜱,在蜱活动季节采用人工捕捉或药物喷洒法杀死牛体上的蜱。在引入牛时,应加强检疫,防止引入病原或传播媒介(蜱)。在流行区,可应用国产环形泰勒虫裂殖体胶冻细胞疫苗对牛进行预防接种。接种后 20 d 即可产生免疫力,免疫持续时间可达 1 年以上。

(二)瑟氏泰勒虫病

瑟氏泰勒虫病是由泰勒科泰勒属(*Theileria*)的瑟氏泰勒虫(*T. sergenti*)寄生于牛的红细胞和淋巴细胞内引起的一种血液原虫病。该虫于 1931 年首次发现于俄罗斯远东地区,后来在日本、朝鲜和我国也被证实,危害也比较严重,必须给予足够的重视。

1. 病原形态

寄生于红细胞内的瑟氏泰勒虫，除有特别长的杆状形外，其他的形态和大小与环形泰勒虫相似，有杆形、梨形、圆环形、卵圆形、逗点形、圆点形、十字架形等各种形状(图 12-16)。它与环形泰勒虫的主要区别在于虫体的各种形态中以杆形、梨籽形虫体为主，占 67%～90%。杆形虫体的一端粗钝，另一端尖细，大小为 1.7～6.0 μm。

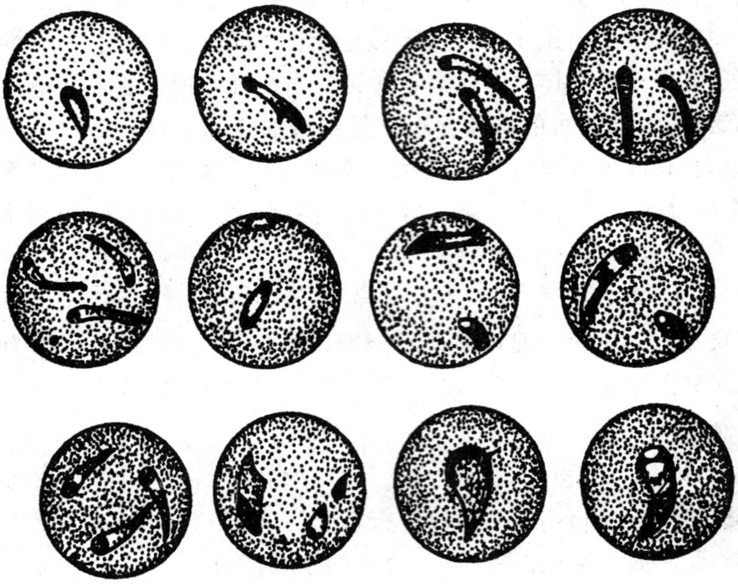

图 12-16 红细胞内的瑟氏泰勒虫(仿张西臣)

瑟氏泰勒虫的红细胞染虫率较环形泰勒虫低，自然感染牛的染虫率为 0.11%～7.6%，严重发病的牛可达 33.5%。红细胞中的虫体数量一般为 1～2 个，在高染虫率的情况下一个红细胞中可见到 7 个虫体。

2. 生活史和流行病学

瑟氏泰勒虫的生活史尚未完全阐明。已经证实该病的传播媒介为长角血蜱(*Haemaphysalis longicornis*)、嗜群血蜱(*H. concinna*)和日本血蜱(*H. japonica*)。其中，长角血蜱为我国的主要传播媒介，该蜱为三宿主蜱，当幼虫在带虫牛或病牛体上吸血后，若蜱将病原传给健康牛，若蜱吸到含虫血液，成蜱则可传播病原体。

长角血蜱主要生活在山野或农区，每年只产生一个世代。在宿主体寄生最多的季节为若蜱在 5 月上旬，成蜱在 6 月下旬，幼蜱在 8 月下旬至 9 月上旬。主要以未吸血的若蜱在牛圈附近和牧场的石块下或杂草堆中越冬。牛的感染主要发生在舍外放牧的过程中。

瑟氏泰勒虫病在我国的吉林、辽宁、甘肃、河北、河南、湖北、湖南、贵州、云南、内蒙古等地有报道，该病的流行具有明显的季节性，一年常出现 2 次发病高峰。一般 5 月份开始发病，6—7 月份发病最多，形成第 1 个高潮。8 月份减少，9 月份又增加出现第 2 个高潮，10 月份逐渐停止。以 2～3 岁的小牛最易感，年龄越大，发病率越低。

我国许多地区瑟氏泰勒虫常与双芽巴贝斯虫、环形泰勒虫，有时也与边缘无形体(边缘边虫)混合感染，可使病情加重和死亡率增加。

3. 临床症状

自然感染病例的潜伏期为15～35 d。该病在临床上呈现急性和亚急性两种类型。

(1)急性型 有的病牛体温升高至41.8℃,随后急剧下降,在发病的第3～4天突然死亡。有的病牛高热可持续2周。随着体温升高,病牛食欲废绝,精神沉郁,产奶量剧减,心跳和呼吸加快。可视黏膜充血,常伴有点状或片状出血。腹前和肩前淋巴结肿大、发硬和疼痛。3～4 d后,可视黏膜苍白和黄染。随后全身黏膜和皮肤黄染加重,阴部、乳房及耳内侧尤为明显。病牛瘤胃蠕动减弱或停止,迅速消瘦,反应极度迟钝,最终导致死亡。

(2)亚急性型 体温升至39.6～39.8℃,持续1～2 d。患牛食欲不振,喜卧,产奶量下降。然后体温恢复正常,症状消失。经5～16 d后,患牛体温再度上升,重复上述症状,并出现黏膜苍白或黄染,迅速消瘦,粪便干燥或腹泻,少数病例可见两侧体表淋巴结肿大。有些病例可出现第3、第4次甚至第5次体温升高,且症状越来越重。病牛恢复较慢,如不及时治疗,有可能导致死亡。

4. 病理变化

可视黏膜黄染;皮下组织和浆膜轻度黄染,并有出血点。血液稀薄,血凝不全。肝脏肿大,呈土黄色,胆囊中充满黄绿色油状胆汁。脾脏肿大。皱胃黏膜上有出血点和溃疡,小肠黏膜上有出血点,肠黏膜淋巴结出血。

5. 诊断

诊断方法与环形泰勒虫病基本相同。需注意的是做淋巴结穿刺时,在淋巴细胞内查到的石榴体很少,往往见到的是游离于细胞外的石榴体。

6. 防治

本病防治方法与环形泰勒虫病基本相同。但不能使用环形泰勒虫胶冻细胞疫苗进行本病的免疫预防,因为这两个虫种之间不发生交叉免疫保护。

(三)羊泰勒虫病

羊泰勒虫病是由泰勒科(Theileriidae)泰勒属(*Theileria*)的山羊泰勒虫(*T. hirci*)和绵羊泰勒虫(*T. ovis*)寄生于绵羊和山羊的红细胞和淋巴细胞内引起的一种血液原虫病。其中,山羊泰勒虫致病性强,可引起羊的严重疾病,死亡率高,给养羊业造成很大的经济损失。绵羊泰勒虫的致病性弱或无病原性,如能引起羊只发病,其病程往往是良性的,该病原在我国尚未证实。因此,这里主要介绍山羊泰勒虫。

1. 病原形态

山羊泰勒虫寄生于绵羊、山羊的红细胞和淋巴细胞内。形态有环形、椭圆形、短杆形、逗点形、钉子形、圆点形等,以圆形或卵圆形居多,约占80%,杆状形占18%,球菌形占2%。圆形虫体的直径为0.6～2.0 μm,卵圆形虫体长1.6 μm。在一个红细胞内一般只有1个虫体,有时可见2～3个,红细胞染虫率为0.5%～30%,最高达90%以上。石榴体寄生于脾脏和淋巴结的淋巴细胞中或游离于细胞之外。

2. 生活史

传播媒介为蜱,其生活发育过程尚未完全弄清楚。

3. 流行病学

(1)分布 本病分布于北非、东地中海沿岸、中东地区、前苏联南部和印度。在我国四川、甘肃、青海等省区均有报道,呈地方性流行。

(2)传播媒介 在我国,羊泰勒虫的传播媒介为青海血蜱。幼蜱和若蜱吸食了含有羊泰勒虫的血液,在成蜱阶段传播本病。已经证实本病不能经卵传播。

(3)发病特点 本病发生在每年的4—6月份,5月份为高峰。1—6月龄羔羊发病率高,死亡率也高;1～2岁的羊次之,成年羊很少发病。有些地区的发病率高达36%～100%,病死率高达13.3%～92.3%。

4. 临床症状

本病的潜伏期为4～12 d,临床上表现为急性、亚急性和慢性3种病型。急性型最常见,患羊体温升高至40～42℃,稽留4～7 d,体温升高后出现流鼻液,呼吸迫促,反刍及胃肠道蠕动减弱或停止。结膜苍白或轻度黄染。常出现短时间的血红蛋白尿。全身体表淋巴结肿大,有痛感。羔羊常出现肢体僵硬,行走困难。有的羔羊四肢发软,卧地不起,病程为6～12 d。

5. 病理变化

尸体消瘦,血液稀薄,皮下脂肪胶冻样,有点状出血。全身淋巴结呈不同程度肿胀,以肩前、肠系膜、肝、肺等处较为明显。切面多汁、充血,有些淋巴结呈灰白色,有时表面有颗粒状突起。肝、脾肿大,肺水肿。肾脏呈黄褐色,表面有结节和小出血点。皱胃黏膜上有溃疡斑,肠系膜上有少量散在出血点。

6. 诊断

根据流行病学资料,临床症状以及病理剖检变化可做出初步诊断,在血片找到虫体,以及在淋巴结或脾脏涂片上发现石榴体即可确诊。

7. 治疗

可选用贝尼尔、阿卡普林、咪唑苯脲和硫酸喹啉脲等药物治疗。贝尼尔剂量为每千克体重7～10 mg,用蒸馏水配成1%～5%的溶液,肌肉注射,1～2次即可治愈,羊多无不良反应。

8. 预防

预防重点是灭蜱,在发病季节对羔羊可应用贝尼尔、阿卡普林、咪唑苯脲等进行药物预防。

第四节 孢子虫病

一、球虫病

球虫病(coccidiosis)是畜牧生产中重要的和常见的一类原虫病。由孢子虫纲、球虫亚纲、艾美耳科的各种球虫所引起。在自然界中,球虫病的分布极为广泛,家畜、野兽、禽类、爬行类、两栖类、鱼类和某些昆虫都有球虫寄生。在家畜中,马、牛、羊、猪、犬、骆驼、兔、鸡、火鸡、鸭、鹅和鹌鹑都发生球虫病。其中以鸡、火鸡、兔、牛和猪的球虫病危害最大,尤其是幼龄动物,常有本病流行,可引起大批死亡,从而对畜牧业造成巨大的经济损失。

(一)球虫的形态、发育与分类

1. 球虫卵囊的形态特征

艾美耳科的球虫从宿主体内新鲜排出者称未孢子化的卵囊,在外界适宜温度下即可进行孢子生殖,形成数个子孢子(sporozoite),此过程称为孢子化(sporulation)。在外界环境中常见到的球虫是其孢子化阶段的虫体——卵囊(oocyst)。

未孢子化的卵囊呈卵圆形或近似圆形,少数呈椭圆形或梨形等。多数卵囊无色或灰白色,个别的种可带有黄色、红色或棕色。其大小因种而异,多数长为 25～30 μm,最大的种长度可达 90 μm(如马的鲁氏艾美耳球虫),最小的种只有 8～10 μm。卵囊壁一般有 2 层,外层为保护性膜,结实,有较大的弹性,化学成分类似角蛋白;内层是由大配子在发育过程中形成的小颗粒构成的,其化学成分属类脂质。某些种在卵囊的一端具有微孔或称卵膜孔(micropore),有些种的卵囊内膜突出于卵膜孔外形成极帽(polar cap),也有的称微孔极帽(micropyle cap)。在卵囊中含有一圆形的原生质团,即合子。此时对宿主无感染性。

合子发育后形成孢子化卵囊,在卵囊中形成若干孢子囊,在孢子形成的过程中有时可见到极粒(polar granule)。有些种在孢子囊形成后余下一团颗粒状的团块,称为卵囊残体或称卵囊余体(oocyst residual body)。一些种在孢子囊的一端有一折光性小体,称为斯氏体(stieda body)。孢子囊一般呈椭圆形、圆形或梨形,孢子囊内含有一定数量的子孢子(sporozoites)(因种而异)。子孢子呈香肠形或逗点形,中央有一个核,在两端可见有强折光性的、球状的折光体(refractile grobule),其功能不祥。有些种的孢子囊内子孢子之间有一团颗粒状的团块,称为孢子囊残体或称孢子囊余体(sporocystic residual body)(图 12-17)。孢子化卵囊对宿主具有感染性,又称为感染性卵囊。

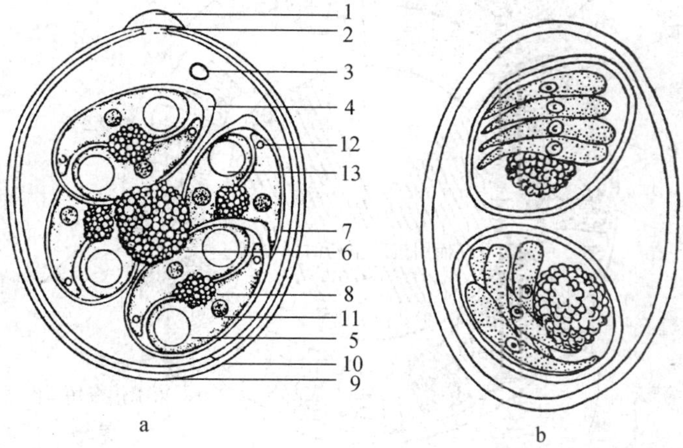

图 12-17　球虫卵囊(仿 Levine)

a. 艾美耳属球虫卵囊　b. 等孢属球虫卵囊

1. 极帽　2. 卵膜孔　3. 极粒　4. 斯氏体　5. 子孢子　6. 卵囊残体　7. 孢子囊　8. 孢子囊残体　9. 卵囊壁外层　10. 卵囊壁内层　11. 子孢子核　12. 小折光体　13. 大折光体

球虫卵囊的形态特征是球虫虫种鉴定的主要依据之一,在种的鉴别时应着重注意观察。每个属的球虫卵囊内的孢子囊和每一孢子囊内含有的子孢子数目是恒定的,而不同的属则有差异,并以此作为艾美耳科中各属鉴定的主要根据。

2. 球虫的发育

艾美耳科球虫对宿主和寄生部位有严格的选择性。多数寄生在宿主的肠道上皮细胞,只有兔球虫中斯氏艾美耳球虫(*Eimeria stiedae*)寄生在肝脏,鹅球虫中截形艾美耳球虫(*Eimeria truncata*)寄生在肾脏等少数例外。艾美耳属球虫的发育史最具有代表性,属直接发育型,在其生活史中只需单一宿主，不需要中间宿主，其发育经历三个阶段：①无性生殖阶段，寄生前期行裂体生殖（schizogony），在其寄生部位的上皮细胞内进行。②有性生殖阶段，寄生后期行配子生殖（gametogony），以配子生殖法形成雌性配子，即大配子；雄性配子，即小配子。大配子和小配子结合形成合子。这一阶段也是在宿主的上皮细胞内进行的。③孢子生殖阶段，在宿主体外行孢子生殖（sporogony），是指合子变为卵囊后，在卵囊内发育形成孢子囊和子孢子。含有成熟的子孢子的卵囊称为孢子化卵囊，此阶段具有感染宿主的能力，故又称为感染性卵囊。裂体生殖和配子生殖在宿主体内进行，称内生性发育；孢子生殖是在外界环境中完成，称外生性发育。

家畜家禽感染球虫，是由于吞食了散布在土壤、地面、饲料和饮水等外界环境中的感染性卵囊而引起的。艾美耳科球虫的生活史基本相似，不同种球虫的发育过程稍有差异，下面用柔嫩艾美耳球虫（*E. tenella*）7 天的生活周期来说明球虫的典型生活史（图 12-18）。

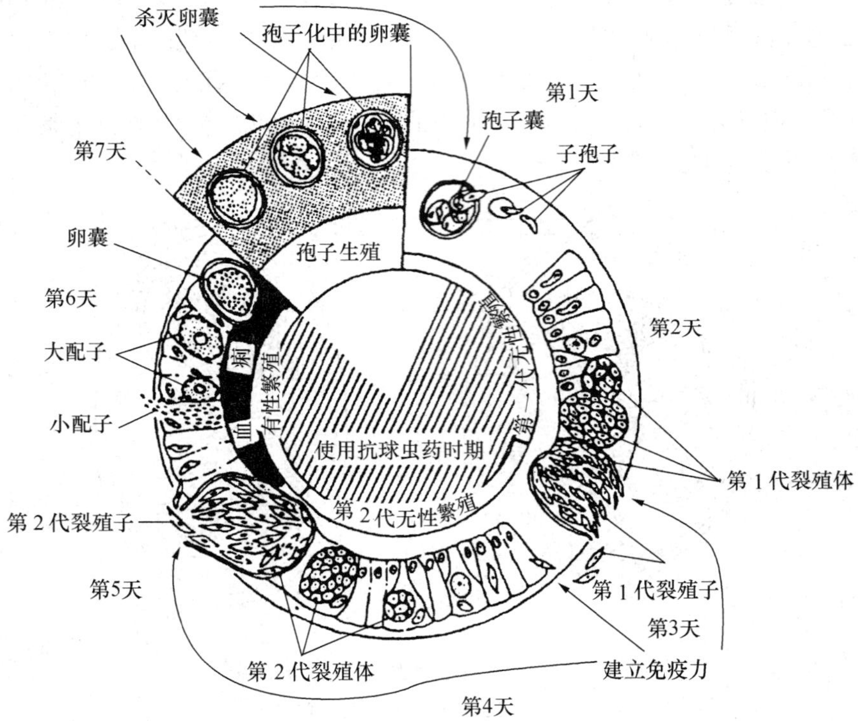

图 12-18 柔嫩艾美耳球虫的 7 天生活史

当鸡通过饲料或饮水摄食了孢子化卵囊后，进入肌胃中的卵囊，由于一些酶的影响和肌胃的机械作用，卵囊壁和孢子囊破裂，释出子孢子；小肠中的胰蛋白酶和胆汁的作用，促进子孢子的释放。释放出来的子孢子被肠内容物带到盲肠，子孢子首先进入表层上皮细胞，再通过基底膜到达固有层。在上皮细胞内虫体变圆，称之为滋养体（trophozoite）。滋养体的细胞核进行无性的复分裂，称作裂体生殖（schizogony），这时虫体称为裂殖体（schizont）。一个裂殖体分裂成大约 900 个第 1 代裂殖子（merozoite），后者呈香蕉形，长 2～4 μm，这时宿主细胞即遭破坏，裂殖子进入肠腔，这发生于鸡感染后的 2.5～3 d。每一个第 1 代裂殖子进入一个新的上皮细胞，它们在上皮细胞核与游离缘之间，也有许多在基底膜下的固有层中，发育为第 2 代裂殖体。其后每个裂殖体分裂为 200～350 个长约 16 μm 的第二代裂殖子，并再度破坏宿主细胞进入肠腔，此阶段是鸡感染后第 5 天左右。有一些第 2 代裂殖子再进入上皮细胞进行第 3 代裂殖生殖，每个裂殖体生成 4～30 个第 3 代裂殖子，其长度约为 7 μm。而大多数第 2 代裂殖子在上皮细胞内发育为大配子体（macrogametocytes）和小配子体（microgametocytes）。大配子体的体积继续增大，内部的细胞器的数量和体积也相应地增加，最后发育为大配子（macrogametes）。小配子体的数量要少得多。由小配子体产生数量众多的小的具有两根鞭毛的小配子（microgametes）。小配子离开宿主细胞，进入含大配子的细胞，使大配子受精而成为合子（zygote）。合子周围形成一厚壁成为卵囊（oocyst）。宿主细胞破裂后，卵囊从肠黏膜脱落，随宿主的排泄物排出体外。第一批卵囊排出宿主体外的时间约在感染后第 7 天。从宿主吃进感染性卵囊到粪便中出现新世代卵囊所需的时间称之为潜在期（prepatent period），潜在期的长短取决于球虫种类，因而潜在期是虫种分类的重要根据之一。之后卵囊仍在相当时间内不断排出，从随粪便开始排卵囊到停止随粪便排卵囊的时间称显露期（sheduled period）。如不发生重复感染，球虫感染为自限性的。即球虫无性生殖不会无限进行下去。不同种可能有 1 代、2 代或更多。在完成无性生殖之后，即进入有性生殖，形成卵囊从宿主体内排出，感染即告结束。可能会发生重复感染，但初次感染后宿主对重复感染可产生或强或弱的免疫力。

卵囊随宿主粪便排到外界后，在适宜的温度、湿度和氧气条件下，细胞核和细胞质发生分裂，形成 4 个孢子囊，每个孢子囊中含有 2 个子孢子，共含 8 个子孢子。完成孢子化过程经过 2 d，最短需要 18 h。卵囊呈椭圆形、圆形、卵圆形等不同形状。

3. 球虫的分类

家畜球虫病的病原体属于顶复门（Apicomplexa）、孢子虫纲（Sporozoa）、球虫亚纲（Coccidiasina Leuchart，1879）、真球虫目（Eucoccidiorida Lger et Duboscq，1910）、艾美耳亚目（Eimeriorina Leger，1911）的原虫。它包括有 10 个科 37 个属约 1 500 种球虫，有些学者将球虫亚纲中的所有原虫都定义为球虫，均系细胞内寄生。各种家畜都有其专性寄生的球虫，不相互感染。根据球虫发育史的宿主体外阶段——卵囊的构造，卵囊中孢子囊的有无、数目和每个孢子囊内所含子孢子数目将球虫分为不同的属。在兽医学上，艾美耳科（Eimeridae）重要的球虫有 4 个属，各属特征如下：

（1）艾美耳属（*Eimeria*）　每个卵囊内有 4 个孢子囊，每个孢子囊内含 2 个子孢子，（即 1 个卵囊内共含 8 个子孢子）。种类很多，可以感染多种动物。其中鸡 9 种、鸭 22 种、鹅 16 种，兔 15 种，牛 19 种，山羊 15 种、绵羊 16 种，猪 17 种，马 3 种。其他禽鸟类、哺乳类多有此类球虫寄生。

（2）等孢属（*Isospora*）　孢子化卵囊内含 2 个孢子囊，每个孢子囊内含 4 个子孢子（即 1 个卵囊内共含 8 个子孢子）。种类很多，可以感染多种动物。对猪、犬、猫等危害较大。亦见于人。

（3）温扬属（*Wenyonella*）　卵囊含有 4 个孢子囊，每个孢子囊内含有 4 个子孢子（即 1 个卵囊内共含 16 个子孢子）。我国流行的有菲莱氏温扬球虫（*Wenyonella philiplevinei*），主要感染北京鸭。

（4）泰泽属（*Tyzzeria*）　8 个子孢子直接位于卵囊内。我国流行的为毁灭泰泽球虫（*Tyzzeria perniciosa*），主要感染鸭和鹅。

在艾美耳亚目中还有隐孢科（Cryptosporidiidae）的隐孢属（*Cryptosporidium*），住肉孢子虫科(Sarcocystidae)中的住肉孢子虫属(*Sarcoystis*)和贝诺孢子虫属(*Besnoita*),弓形虫科(Toxoplasmatidae)的弓形虫属(*Toxoplasma*),在公共卫生和畜牧生产上都具有十分重要的地位,而且近年来研究的进展很快,我们将在后面逐一加以叙述。

(二)鸡球虫病

鸡球虫病是由艾美耳科的艾美耳属(*Eimeria*)的球虫寄生于鸡的肠道中引起的疾病,在养禽业中是一种重要的常见疾病。它对养鸡生产的危害十分严重,引起出血性肠炎。15～50日龄的雏鸡发病率高,死亡率可高达80%。病愈的雏鸡,生长发育受阻,长期不能康复。成年鸡多为带虫者,但增重和产蛋受到一定的影响。本病分布很广,世界各地普遍发生。

1. 病原形态

常依据球虫的种属特异性、卵囊的形态结构(形状、大小和颜色,卵囊壁表面特征和极帽或微孔的外形,卵囊残体和孢子囊残体的有无)、潜在期的长短、最短孢子化时间、寄生部位和眼观病变等来区分不同的种。寄生于鸡的艾美耳球虫全世界报道的有9种,但被世界所公认的有7种。我国报道至少有7种艾美耳球虫(图12-19)。

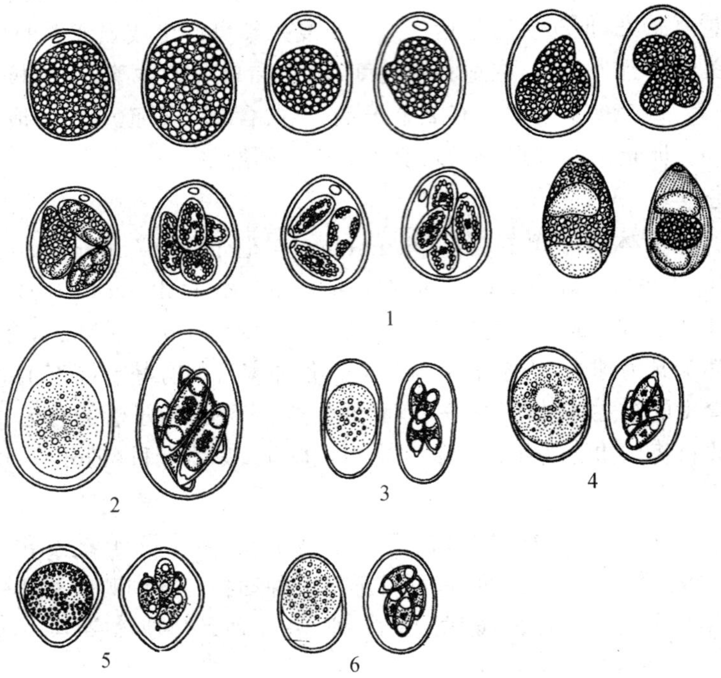

图12-19 各种鸡球虫卵囊

1. 柔嫩艾美耳球虫 2. 巨型艾美耳球虫 3. 早熟艾美耳球虫 4. 堆型艾美耳球虫 5. 毒害艾美耳球虫 6. 和缓艾美耳球虫

(1)柔嫩艾美耳球虫(*E. tenella*) 寄生于盲肠,致病力最强。卵囊为宽卵圆形,少数为椭圆形,大小为(19.5～26.0) μm×(16.5～22.8) μm,平均为22.0 μm×19.0 μm,卵囊指数为1.16。原生质呈淡褐色,卵囊壁为淡绿黄色,厚度约1 μm,孢子化的最短时间为18 h,最长为30.5 h,最短的潜在期为115 h。

(2)毒害艾美耳球虫(*E. necatrix*) 寄生于小肠中1/3段,致病力强。其卵囊只发现于盲肠中,有性生殖阶段不在小肠中进行,而在盲肠中发育。发育中的配子体是分散存在的,未发现成群分布。卵囊中等大小,呈长卵圆形,大小为(13.2～22.7) μm×(11.3～18.3) μm,平均为20.4 μm×17.2 μm。卵囊指数为1.19。孢子化的最短时间为18 h。最短的潜在期为138 h。

(3)堆型艾美耳球虫(*E. acervulina*) 寄生于十二指肠和小肠前段,主要在十二指肠。有较强的致病力。卵囊中等大小,大小为卵圆形(17.7～20.2) μm×(13.7～16.3) μm,平均为18.3 μm×14.6 μm,原生质无色,卵囊壁呈浅绿黄色,厚度约1 μm。孢子化的最短时间为17 h。最短的潜在期为97 h。

(4)巨型艾美耳球虫(*E. maxima*) 寄生于小肠,以中段为主,有较强的致病作用。卵囊大,是所有鸡球虫中最大的卵囊。卵圆形,大小为(21.5～42.5) μm×(16.5～29.8) μm,平均为30.5 μm×20.7 μm。卵囊指数为1.47。原生质呈黄褐色,卵囊壁为浅黄色,厚0.75 μm。孢子化的最短时间为30 h。最短的潜在期为121 h。

(5)布氏艾美耳球虫(*E. brunetti*) 寄生于小肠后段、直肠和盲肠近端区,致病力较强。卵囊较大,是仅次于巨型艾美耳球虫的第二大型卵囊,呈卵圆形,大小为(20.7～30.3) μm×(18.1～24.2) μm,平均大小为24.6 μm×18.80 μm。卵囊指数为1.31。孢子化的最短时间为18 h。最短的潜在期为120 h。

(6)和缓艾美耳球虫(*E. mitis*) 寄生于小肠下段,致病力弱,一般不引起明显的病变。卵囊小,近于圆形,大小为(11.7～18.7) μm×(11.0～18.0) μm,平均为15.6 μm×14.2 μm。原生质无色,卵囊壁呈淡绿黄色,厚度约1 μm。孢子化的最短时间为15 h。最短的潜在期为93 h。

(7)早熟艾美耳球虫(*E. praecox*) 寄生于十二指肠和小肠的前1/3段,致病力弱,一般不引起明显的病变。卵囊较大,多数为卵圆形,其次为椭圆形,大小为(19.8～24.7) μm×(15.7～19.8) μm,平均为21.3 μm×17.1 μm。卵囊指数为1.24。原生质无色,囊壁呈淡绿黄色,厚度约1 μm。孢子化的最短时间为12 h。最短的潜在期为84 h。该虫种的种名就是根据它有短的潜伏期而命名的。因而是一种"早熟型"的球虫。

另外,还有变位艾美耳球虫(*E. mivati*)和哈氏艾美耳球虫(*E. hagani*)两种,因目前其各自的独立性仍值得怀疑,尚需作进一步的研究才能确定它们的分类地位。除非通过进一步的研究确定它们的特点和现场感染的存在,否则可能会被宣布无效。

2. 流行病学

(1)易感日龄 刚孵出的小鸡由于小肠没有足够的胰蛋白酶和胆汁使球虫脱去孢子囊,或者因为有很高的母源抗体,有时对球虫完全无易感性。球虫病一般暴发于3～6周龄的雏鸡,发病率和死亡率都高。在一般情况下,堆型艾美耳球虫、柔嫩艾美耳球虫、巨型艾美耳球虫的感染常发生在3～6周龄的鸡,而毒害艾美耳球虫常见于8～18周龄的鸡。布氏艾美耳球虫可见于早期,也可见于晚期。鸡因品种不同,对球虫的易感性也不同,如肉鸡的发病率明显高于蛋鸡。

(2)感染来源和感染途径 鸡经口摄入有活力的孢子化卵囊而感染是艾美耳球虫唯一的自然感染途径。病鸡携带并排出卵囊达数月之久,被病鸡或带虫鸡的粪便污染过的饲料、饮水、土壤或用具等带有大量卵囊是鸡的主要感染来源。粪便中的卵囊经2 d内的孢子化过程逐渐发育为感染性卵囊。同群的易感鸡通过啄食含卵囊的垫料、饲料和饮水而被感染。此外,由于卵囊极小,容易与灰尘一起飘浮于空气中,散布到临近区域内。其他家畜、啮齿类、野鸟、昆虫(苍蝇、甲虫、蟑螂等)、污染的设备、用具以及管理人员的衣物都可机械传播球虫卵囊。

(3)病原特性 卵囊对外界环境和消毒剂具有很强的抵抗力。在土壤中可以存活4～9个月,在有树荫的运动场上可达15～18个月,在室外潮湿的土壤中可存活2年。温暖潮湿的地区最有利于卵囊的发育,当气温在22～30℃时,一般只需18～36 h,就可发育为孢子化卵囊。但卵囊对高温、低温和干燥的抵抗力较弱。55℃或冰冻能很快杀死卵囊。即使在37℃情况下连续保持2～3 d也是致命的。在相对湿度为21%～30%时,柔嫩艾美耳球虫的卵囊,在18～40℃下,经1～5 d死亡。故在热而干燥的气候条件下,球虫病的威胁较小。而在较冷和较潮湿的气候条件下,则威胁较大。在鸡舍内由于粪便产生的氨和细菌、真菌的作用卵囊只能存活几天。常用消毒剂对卵囊的杀灭效果差,甲醛熏蒸无效。孵化时的温度几天即将卵囊杀死,因此由孵化传给雏鸡的可能性实际上是不存在的。

球虫具有自限性,球虫卵囊的数量在鸡的生长过程中逐渐达到高峰,然而随着鸡逐渐对再感染产生免疫力而下降。但由于球虫虫种之间无交叉免疫作用,因此,同一鸡群可因感染不同的球虫虫种而暴发数种球虫病。对中等毒力的虫株而言,感染数量过多时,所产生新的卵囊数却相应减少,称为拥挤效应(congestion effect)。

(4)发病时间 卵囊在外界环境中生存的基本条件是要有适宜的温度、湿度和氧气,故球虫病好发于温暖潮湿的季节。在我国北方,在高温和高湿的春季和夏季,鸡球虫病的发病率较高,4—9月份为流行季节,7—8月份最严重。发病时间也与雨量有密切关系。在南方湿度大的梅雨季节前后为多发时期,在这个时期,由于垫料较潮湿,球虫病反复发作。一般在南方可全年流行。当冬季鸡舍温度低于17～18℃,或非常干燥时,因卵囊孢子化不良,鸡球虫病的发生也随之减少。在全年孵化的、笼养的现代化养鸡场中,一年四季均有发病。是否发病还与饲养方法有关,实验表明,平养的鸡间断光照比连续光照感染球虫的危险性要高,原因是前者会造成鸡积极翻动垫料而致感染机会增加,同时改善了卵囊孢子化条件。对网上饲养的鸡群而言,由于不容易接近地面感染源,感染球虫病的机会相对较小。

(5)诱发因素 饲养管理条件不良是诱发因素。阴雨潮湿,育雏鸡群过分拥挤、营养缺乏、饲养管理不当和卫生条件恶劣时,最易发病,而且往往可迅速波及全群。

3. 临床症状、致病作用和病理变化

鸡球虫病的发生与球虫的种类、数量以及寄生部位有密切关系。每种球虫在肠道都有其特定的寄生部位,分别寄生于盲肠、十二指肠或回肠,如果寄生部位发生改变其致病力会下降乃至消失。虫种不同,其致病力也不同,柔嫩艾美耳球虫的致病性最强,其次为毒害艾美耳球虫。多为混合感染。其暴发流行往往是在短期内遭受到强烈感染所致。

球虫在肠上皮细胞内裂体增殖时引起肠管发炎和肠黏膜的大量破坏,致使肠管的分泌、运动和吸收功能发生障碍,出现消化不良,食欲减退等症状。肠细胞的崩解、肠道炎症继之引起盲肠损伤,大量的体液和血液流入肠管中,导致发生贫血、下痢、血便。炎症和细胞产物而造成的有毒物质蓄积在肠管中不能迅速排出,使机体发生自体中毒,从而出现严重的神经症状或死亡,表现为精神沉郁、运动失调,昏迷和足、翅轻瘫。肠壁破坏为病原微生物侵入机体打开了门户,导致各种继发感染。其临床症状和病理变化按病程长短可分为急性型和慢性型。

(1)急性球虫病

①盲肠球虫病:对雏鸡危害最大的是柔嫩艾美耳球虫,它寄生于盲肠及其附近区域,因此,又称盲肠球虫,可引起严重的盲肠球虫病,多见于幼鸡。病程约数日至2～3周,感染后潜在期

4 d,第4天末出现症状,病初精神不佳,羽毛逆立,缩头闭眼,嗉囊胀满,常立一隅,食欲减退,喜饮水,继之由于盲肠损伤,发生下痢,排血便,以致排出鲜血。泄殖孔周围的羽毛被排泄物污染、粘连。病鸡拥簇成堆,战栗,临死前体温下降。重症者常表现为严重的贫血,鸡冠和可视黏膜苍白,血液中的红细胞比正常减少一半。随之由于自体中毒而出现严重的神经症状或死亡,表现为精神沉郁、运动失调,足、翅轻瘫或昏迷。多数鸡排血便后1～2 d死亡。在急性感染时,从出现症状到死亡仅几个小时,死亡率可达到50%～80%。耐过的鸡7 d后停止排血便,如饲养管理良好即转向康复,但影响生长发育。剖解病、死鸡,可见鸡尸消瘦,肌肉色淡。盲肠的病变程度与虫体增殖过程相关,随着第1世代和第2世代裂殖体的出现而逐渐加剧,感染后第4天末,盲肠高度肿大,在急性型病例,两侧盲肠显著肿大2～3倍,由于严重出血整个盲肠呈樱红色,外观为暗红色的或连片的淤斑。切开盲肠,可见肠腔中充满凝血块或新鲜血液,盲肠黏膜增厚,常坏死、脱落。至感染后的第6～7天,盲肠心逐渐变硬变脆和干涸,出现干酪样肠芯,在感染后第8天可从黏膜上剥脱下来。感染后8～10 d的病鸡盲肠明显缩短,有时比直肠还短,内容物少,呈粉红色。上皮的更新是迅速的,轻症病例,遭破坏的上皮和肠腺可在10 d修复,较重者,往往需3周左右。严重感染的病死鸡,直肠可见有灰白色环状坏死灶。

②小肠球虫病:毒害艾美耳球虫的致病力也很强,其寄生于小肠中段,引起小肠球虫病。可能是由于毒害艾美耳球虫的繁殖力低,难以与其他球虫竞争,故大多数毒害艾美耳球虫主要感染较大年龄的鸡,如9～14周龄的青年母鸡。潜在期4～5 d,然后突然排出大量的黏稠血便,色稍暗,并伴有多量黏液。第9～10天出血减少并渐止。由于发生于小肠,对消化机能影响大,并易于继发感染和失去色素。一部分病鸡在出现血便后1～2 d开始死亡。出血停止后也有零星死亡。在商品化的养鸡场,自然感染引起的死亡率超过25%。引起的病变是小肠缩短、变粗,肠壁增厚,肠管显著充血,出血和坏死,外观呈淡红色或紫红色。小肠中段高度肿胀,严重感染时病变可扩展到整个小肠。有时肿胀可达正常体积的两倍以上(胀气)。肠内容物中含有多量的血液和液体、血凝块、脱落的黏膜组织碎片。从浆膜面观察,在病灶区裂殖体繁殖的部位,可见到小的白斑和红淤血点相间。在感染后的4～5 d,在作黏膜表面涂片镜检时可见到成簇的第二代大裂殖体(66 μm),每个裂殖体通常含有数百个裂殖子。这种大裂殖体是本虫种的特征。借以区别于寄生部位重叠的其他虫种。感染鸡中部肠道的病理组织学变化表现为肠黏膜下层和基底膜充满裂殖体和配子体。黏膜经常发生大面积脱落,病变可扩展到肌层甚至浆膜层。在上皮再生不完全的部位可出现疤痕组织。

(2)慢性球虫病 一般由除柔嫩艾美耳球虫和毒害艾美耳球虫以外的其他几种球虫引起,主要是堆型、巨型艾美耳球虫引起的。常发生于3～7周龄的鸡。症状不是大量便血,迅速导致死亡,而是比较持久的消化机能障碍,故称慢性球虫病。

①堆型艾美耳球虫:感染后潜在期3 d。可引起饲料转化率下降,胡萝卜素的吸收减少而导致皮肤退色。排出大量水样粪便,并混有未消化的饲料。到第6天,粪便中充满黏液,病鸡大量饮水。病变可以从十二指肠的浆膜面观察到,病初肠黏膜变薄,覆有横纹状的白斑,外观呈梯状;肠道苍白,含水样液体。但在严重感染时,病变可沿小肠扩展一段距离,并可能融合成片。

②巨型艾美耳球虫:人工感染可引起增重下降和下痢,感染6 d后排带黏液粪便的症状较多,有时出现轻微血便,有时出现死亡。常出现严重的消瘦、苍白、羽毛蓬松和食欲下降。病变发生在小肠中段,从十二指肠袢以下直到卵黄蒂以后,严重感染时,病变可能扩散到整个小肠。

主要病变为出血性肠炎，小肠壁增厚、充血和水肿，肠内容物为黏稠的液体，呈淡灰色、淡褐色或红褐色，有时混有很小的血凝块。严重感染时，肠黏膜大量崩解。由于它有特征性的大卵囊，故很易鉴别。

③布氏艾美耳球虫：具有较强的致病力，引起中等的死亡率，增重下降和饲料转化率下降。人工感染常引起10%～30%的死亡率和存活鸡的增重下降。该种寄生于小肠下段直肠和盲肠近端区。在感染的早期阶段，小肠下段的黏膜可被小的淤点所覆盖，黏膜稍增厚和褪色。在严重感染时，黏膜严重受损，凝固性坏死出现在感染后5～7 d，整个小肠黏膜呈干酪样病变斑，在粪便中出现凝固的血液和黏膜碎片。黏膜增厚和水肿，尤其是在感染后的第6天。

④和缓艾美耳球虫：寄生于小肠下端，从卵黄蒂到盲肠颈。致病力弱，其肉眼病变一般不明显，但现已证明该种对增重有一定的影响，具有潜在的致病作用。大量感染时可引起轻度发病。小肠下端苍白、弛缓。对肠黏膜涂片镜检时，发现有大量的圆形小卵囊。具此很容易与布氏艾美耳球虫相区别。

⑤早熟艾美耳球虫：致病力弱，仅引起增重减少，色素沉积不良，严重脱水和饲料报酬下降。感染大多局限于十二指肠，可在黏膜表面见有针尖大的出血点。产生的肠道病变为肠道内为水样的内容物，有时为黏液和黏液样的管型。

在实际生产中，球虫病的症状是由数种球虫混合感染所引起的。

4. 诊断

因为成年鸡和雏鸡的带虫现象极为普遍，所以不能只根据从粪便和肠壁刮取物中发现卵囊，就确定为球虫病。而且在鸡盲肠型球虫病的感染初期临床症状明显时，粪便检查不一定能发现卵囊，而要到感染的第5～7天才能发现卵囊。在发病的末期，虽然剖检可见严重病变，但卵囊已经排出，在粪便内亦只能见到少量卵囊。应根据流行病学调查、临床症状和病理变化等多方面因素，结合粪便检查加以综合分析。鉴定球虫的种类，用饱和盐水漂浮法或直接涂片法镜检粪便中的卵囊，根据卵囊特征可做出初步鉴定。或将肠黏膜刮取物制成涂片，镜检球虫裂殖体、裂殖子和卵囊。

5. 治疗

在球虫病高发日龄，使用敏感抗球虫药物是预防该病的重要手段之一。当前使用的抗球虫药，多是抑杀球虫发育史的早期阶段，而出现血便症状时，球虫发育基本完成了无性生殖而开始进入有性生殖阶段，此时用药，只能保护未出现明显症状或未感染的鸡，而对出现严重症状的病鸡，很难收到效果。早期治疗的重点是在不晚于感染后96 h或见到血便出现时，马上用磺胺药（注意产蛋鸡禁用磺胺类药物）或其他化学药物进行治疗。常用的治疗药物有以下几种：

①磺胺二甲基嘧啶（SM_2）：按1 g/kg混入饮水，连用2 d；或按0.5 g/kg混入饮水，饮用4 d，休药期为2 d。

②磺胺喹恶啉（SQ）：按1 g/kg混入饲料，喂2～3 d，停药3 d后用0.5 g/kg混入饲料，喂药2 d，停药3 d，再给药2 d，休药期为10 d。

③磺胺氯吡嗪（Esb_3，商品名为三字球虫粉）：按0.3 g/kg混入饮水，连用3 d，最多不超过5 d。也可按2 g/kg拌料投喂，连用3～5 d。休药期为8 d。

④磺胺二甲氧嘧啶（SDM）：按0.5 g/kg混入饮水，连用6 d，休药期为5 d。

⑤氨丙啉（amprolium）：按0.12～0.24 g/kg混入饮水，连用3 d，休药期为7 d。

⑥百球清(baycox):2.5%溶液,按0.0025%混入饮水,即1 L水中用百球清1 mL。在后备母鸡群可用此剂量混饲或混饮3 d。休药期为8 d。

在治疗过程中应该采取适当的辅助性治疗措施,配合使用止血和消炎的药物,如补充维生素K和维生素A,以缓解肠道的出血和炎症;注意补充充足的营养,以降低死亡率,尽快促进病鸡的康复和恢复其生产性能。

6. 预防

(1)药物预防　因为卵囊对普通的消毒药有极强的抵抗力,在生产上也无法对鸡舍进行彻底消毒,再者无卵囊的环境对平养鸡不能较早地建立免疫力。所有的肉鸡场都应无条件地进行药物预防。即到了易感日龄或流行季节,应在饲料或饮水中投药进行预防。一般应从雏鸡出壳后第1天即开始使用预防药。使用的抗球虫药物有下列几种:

①氨丙啉(amproline):按每千克饲料0.125 g添加,从雏鸡出壳第1天用到屠宰上市为止,无休药期。

②尼卡巴嗪(nicarbazinum):按每千克饲料0.125 g添加,休药期为4 d。

③球痢灵(zoalene):按每千克饲料0.125 g添加,休药期为5 d。

④克球多(clopidol):按每千克饲料0.125 g添加,无休药期;或按0.25 g/kg混饲,休药期为5 d。

⑤氯苯胍(robenidine):按每千克饲料0.033 g添加,休药期为5 d。

⑥常山酮(halofuginone):按每千克饲料0.003 g添加,休药期为5 d。

⑦地克珠利(diclazuril):按每千克饲料0.001 g添加,无休药期。

⑧莫能菌素(monensin):按每千克饲料0.1～0.12 g添加,无休药期。

⑨拉沙里菌素(lasalocid):按每千克饲料0.075～0.125 g添加,休药期为3 d。

⑩盐霉素(salinomycin):按每千克饲料0.05～0.06 g添加,无休药期。

⑪甲基盐霉素(narasin):按每千克饲料0.05～0.07 g添加,无休药期。

⑫马杜拉霉素(maduramycin):按每千克饲料0.05～0.06 g添加,无休药期。

生产实践证明,各种抗球虫药在使用一段时间后,都会引起虫体的抗药性,甚至产生抗药虫株,有时可对与该药同类的其他药物也产生抗药性。因此除选用高效抗球虫药外,正确合理的使用方法,才能长时间保持抗球虫药物添加剂的效能,推迟球虫耐药性的产生。国际上通常采用轮换用药或穿梭用药的方案。

①穿梭用药:即在同一饲养期内不同的生长阶段交替使用不同的药物。一般在同一批鸡的育雏阶段和生长阶段进行两种药物穿梭使用。如在1～4周龄时使用一种化学药物(如尼卡巴嗪或常山酮),自4周龄至屠宰前使用一种离子载体抗生素(如盐霉素或马杜拉霉素)。

②轮换用药:即季节性地或定期地变换使用抗球虫药,一般以鸡的批次或3个月至半年为期限进行轮换。如在春季和秋季轮换药物可避免抗药性的产生,从而改善鸡群的生产性能。

③还要注意配合用药:即将两种,甚至更多种的抗球虫药按最佳比例配合使用。这既可提高疗效,又可降低单一药物的使用浓度,从而间接地解决了药残和耐药性的问题。实验证明,盐霉素和氯吡啶,球痢灵和大蒜素,磺胺间甲氧嘧啶和二甲氧苄氨嘧啶、地克珠利和氨丙啉、克球粉和莫能菌素联合使用可提高抗球虫效果。抗球虫指数均比单独使用高。球虫阳性率下降,球虫卵囊更是大量减少。

对于一直饲养在金属网上的后备母鸡和蛋鸡,一般不需采用药物预防。对于从平养移至笼养的后备母鸡，在上笼之前，需使用常规用量的抗球虫药进行预防。但在上笼之后一般就不需再使用药物预防。

(2)免疫预防 即使用抗球虫疫苗。为了避免药物残留对环境和食品的污染和抗药虫株的产生。现已研制了数种球虫疫苗。一种是利用少量未致弱的活卵囊制成的活虫苗(coccivac 或 immucox)，包装在藻珠中，混入幼雏的饲料中或是将活虫苗直接喷入鸡舍的饲料或饮水中服用。另一种是连续选育的早熟弱毒虫株制成虫苗，已选育出 7 种早熟虫株并混配成疫苗(paracox)，并已在生产中推广使用。上述两种疫苗均已在生产上取得了较好的预防效果。目前，在国内疫苗的使用还不普遍。国内研制成功了晚熟系球虫苗 einerivac，以及早、中、晚熟系联合球虫苗 einerivac plus，在 1～3 日龄采用拌料或混饮接种，通过临床应用，具有良好的效果。

(3)其他预防措施 球虫病的感染是经口吃进了相当量的孢子化卵囊，因此，只要能够避免孢子化卵囊的形成与大量食入，就可以控制球虫病的发生。为达到此目的，宜采用以下措施。

①雏鸡与成鸡分群饲养：实行全进全出制，有效隔绝病原体。

②加强饲养管理：保持鸡舍清洁、卫生、干燥，定期清除粪便更换垫料。对发病鸡群，投药期间要每日清粪，投药结束后最好彻底清理粪便及垫料或垫上厚厚的一层铺垫物，使鸡群与粪便彻底隔离。供应雏鸡以富含维生素 A、维生素 K 的饲料，以增强机体的抵抗力。消灭蚊蝇、鼠类等病原传播者。

③选择有效的消毒方法：一般消毒药很难杀死球虫卵囊，对饲养环境和用具、饲槽、饮水器要经常清洗、消毒，用开水烫、热碱水洗等。对空鸡舍最好选用火焰消毒法，可以彻底消灭球虫卵囊。

④为保障动物性食品消费者的健康，应严格遵守有关规定，严格按照我国《动物性食品中兽药最高残留限量》的规定，认真监控抗球虫药物残留；遵守《中国兽药典》关于抗球虫药物休药期的规定以及其他有关注意事项。

(三)鸭球虫病

鸭的球虫病是由艾美耳科的艾美耳属、泰泽属、温扬属和等孢属的多种球虫寄生于鸭肠道和肾脏引起的。目前全世界已报道寄生于鸭的球虫有 22 种之多。寄生于我国京津地区北京鸭的主要致病种是毁灭泰泽球虫(*Tyzzeria pernicioca*)和菲莱氏温扬球虫(*Wenyonella philiplevinei*)，寄生于鸭的小肠上皮细胞内。致病性以前者最为严重，临床上多为混合感染。其发病率和死亡率均较高，耐过的病鸭生长发育受阻，体重减轻，对养鸭业造成巨大经济损失。

1. 病原形态

(1)毁灭泰泽球虫(*Tyzzeria pernicioca*) 寄生于十二指肠、空肠和回肠。卵囊椭圆形，浅绿色。无卵膜孔，是薄壁型的卵囊，大小为(10～13.2) μm×(9～9.9) μm，平均为 11 μm×8.8 μm。卵囊指数为 1.2。孢子化卵囊内无孢子囊，8 个裸露的子孢子游离于卵囊内。子孢子呈香蕉形，有一个大的卵囊残体。孢子化时间为 17～19 h。潜在期 138～158 h(图 12-20)。

(2)菲莱氏温扬球虫(*Wenyonella philiplevinei*) 发现于空肠环形带至泄殖腔的肠道后端。卵囊大，卵圆形，浅蓝绿色。卵囊有 3 层壁，卵囊大小为(13.3～22) μm×(10～12) μm，平均为 17.2 μm×11.4 μm，卵囊指数为 1.5。孢子化卵囊内含 4 个孢子囊，每个孢子囊内含

4个子孢子，无卵囊残体。孢子化时间为24～33 h。潜在期95 h(图12-20)。

此外，还有2种鸭球虫(*Eimeria boschadis* 和 *E. somateriae*)寄生于野鸭的肾脏，也有较强的致病性。

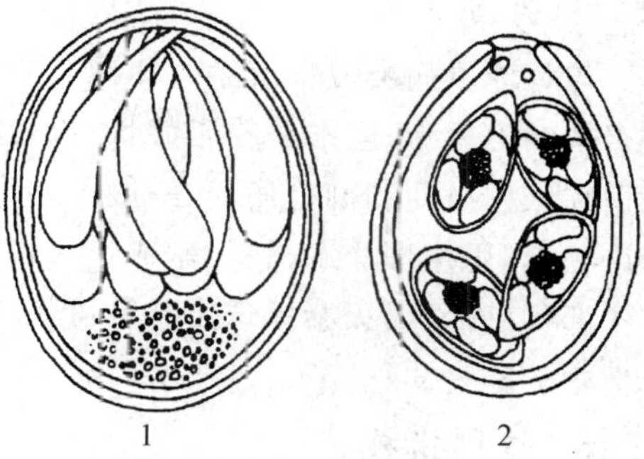

图12-20　两种鸭球虫孢子化卵囊(仿殷佩云)

1. 毁灭泰泽球虫　2. 菲莱氏温扬球虫

2. 流行病学

(1)易感日龄　各种年龄、品种的鸭均具易感性，但对雏鸭的危害较大，以20～40日龄鸭较易感。

(2)感染来源和感染途径　通过消化道感染。主要是鸭摄食了被球虫卵囊污染的饲料、饮水和垫料而发病。有时饲养管理人员本身也可能成为鸭球虫卵囊的机械传播者。

(3)病原特性　鸭毁灭泰泽球虫卵囊的抵抗力较弱，在外界环境下发生孢子化的适宜温度为20～28℃，最适温度为26℃。在0℃和40℃时，卵囊停止发育。

(4)发病时间　鸭球虫病多发生于每年的春季和秋季，南方地区多发于5—9月份，而北方的天津和北京地区的流行季节为5—11月份，9—10月份发病率最高。网上饲养的雏鸭极少发病。但当雏鸭于2～6周龄，由网上转为地面饲养时，由于雏鸭接触地面和粪便迅速感染了大量球虫卵囊，经4～5 d常常暴发鸭球虫病。

(5)感染率、发病率和死亡率　雏鸭于2～3周龄，由网上转为地面饲养时，感染率可达100%，但育肥鸭在9周龄后的感染率较低，约为10%。发病率可达30%～90%。死亡率一般为20%～30%，可达80%。

3. 临床症状

毁灭泰泽球虫和菲莱氏温扬球虫均寄生于小肠上皮细胞内引起小肠型鸭球虫病，其发育过程与鸡球虫类似。前者致病性较强，后者致病性轻微。临床上多为混合感染。发病初期，病鸭精神委顿，缩脖。食欲下降，渴欲增加。随后出现急性出血性下痢，排血便，粪便呈巧克力色或暗红色，腥臭。严重者在发病当日或第2天或第3天发生死亡，死亡率一般为20%～30%，严重感染时可达80%。耐过病鸭生长发育受阻。成年鸭很少发病，但常常成为球虫的携带者和传染源。

菲莱氏温扬球虫的致病性较弱，其症状一般比较轻微，但在严重感染时，可出现下痢，精神倦怠等症状，未见血便和死亡。但Leibovitz(1986)报道，试验感染雏鸭曾引起厌食，感染后72～96 h排出的粪便带有血液，严重感染时也能引起球虫病，并在第4天发生死亡。

4. 病理变化

毁灭泰泽球虫常引起严重的病变，小肠呈泛发性出血性肠炎，尤以小肠中段最为严重。肠壁肿胀出血，黏膜上密布针尖大小的出血点，或上覆一层麸糠样或奶酪样黏液，或有红色胶冻样黏液，但不形成肠芯。肠道中有带血或干酪样的渗出物，肠黏膜上皮呈长片状脱落。感染严重时盲肠和直肠也见有虫体。

菲莱氏温扬球虫病的肉眼病变一般不明显；较为严重的人工感染，病变出现在感染后的72～96 h，仅见回肠后部和直肠部有轻度充血，偶见后部回肠黏膜出现淤斑性出血。直肠黏膜红肿。

5. 诊断

与鸡球虫病类似。成年鸭和雏鸭的带虫现象极为普遍,所以不能仅根据粪便中卵囊存在与否来做出诊断,应根据临床症状、流行病学资料和肠道病理变化综合判断。急性死亡的病例根据临床排血便和剖检病变,一般可初步诊断。实验室诊断:从具有特征病变的肠黏膜处刮取少许黏膜,用生理盐水稀释,制成涂片,加盖玻片后用高倍镜观察,见到大量卵囊、裂殖体和裂殖子即可确诊;毁灭泰泽球虫感染可见典型的香蕉状子孢子。亦可用饱和硫酸镁漂浮法检查粪便中的卵囊。

6. 防制措施

(1)预防 在球虫病流行季节,当雏鸭由网上转为地面饲养时,或已在地面饲养 2 周龄时,或鸭群中有个别鸭发病时,可采用下列药物预防。

①磺胺六甲氧嘧啶(SMM):每千克饲料 1 g,混饲,连喂 5 d,停 3 d,再喂 5 d。

②复方磺胺六甲氧嘧啶[SMM+甲氧苄胺嘧啶(TMP),二者比例为 5∶1]:按每千克饲料 0.2 g 混饲,连喂 5 d,停 3 d,再喂 5 d。

③磺胺甲基异噁唑(SM_2):每千克饲料 1 g 混饲,或用 SMZ+TMP(二者比例为 5∶1)按每千克饲料 0.2 g 混饲,连喂 5 d,停 3 d,再喂 5 d。

④地克珠利(diclazuril):按每千克饲料 0.001 g 混饲,连喂 4~5 d。

⑤克球多(clopidol):按每千克饲料 0.5 g,混入饲料,连喂 10 d。

(2)治疗 当发生球虫病时,可用 SMM+TMP 或 SMZ+TMP 预防量的 2 倍进行治疗,连用 7 d,停 3 d,再用 7 d。

(3)加强饲养管理和改善环境卫生 保持鸭舍干燥和清洁,避免鸭摄入球虫卵囊。定期清粪,防止饲料和饮水及其用具被鸭粪污染。饲槽、水槽和用具等要经常消毒。球虫病流行严重时应定期更换垫料,铲除表土,换垫新土。

(四)鹅球虫病

鹅球虫病是由鹅的多种球虫寄生于鹅小肠内和肾脏所引起的一种原虫病。鹅球虫的分布很广,种类较多,已报道(1982)的鹅球虫有 16 种,分别属于艾美耳属、等孢属和泰泽属,其中以寄生于肾小管的截形艾美耳球虫(*Eimeria truncata*)致病性最强,主要危害 3 周至 3 月龄幼鹅,病程 2~3 d 不等,死亡率很高。其他 15 种均寄生于肠道上皮细胞,致病力不等。以鹅艾美耳球虫(*E. anseris*)和柯氏艾美耳球虫(*E. kotlani*)致病性较强,出现消化道症状,其余种单独感染时致病性较小或无致病力。但在混合感染时也可引起严重感染。

1. 病原形态(图 12-21)

(1)截形艾美耳球虫(*Eimeria truncata*) 寄生于肾小管上皮细胞,可引起雏鹅严重死亡。卵囊呈椭圆形,大小为(14~27) μm×(12~22) μm,平均大小为 21.3 μm×16.7 μm。两端截平,较狭窄。囊壁光滑,具微孔及极帽。孢子囊具有残体。孢子化时间为 1~5 d。潜在期为 5~6 d。

(2)鹅艾美耳球虫(*E. anseris*) 寄生于小肠后段,严重时可延至盲肠和直肠。卵囊呈球状,顶端截平,囊壁一层,光滑无色。具微孔。大小为(23.4~32.4) μm×(18.0~21.6) μm,平均为 27.5 μm×20.7 μm。卵囊指数 1.28。孢子囊呈卵圆形,大小为 8.6 μm×11.8 μm。孢子化时间 1~2 d。潜在期为 7~8 d。

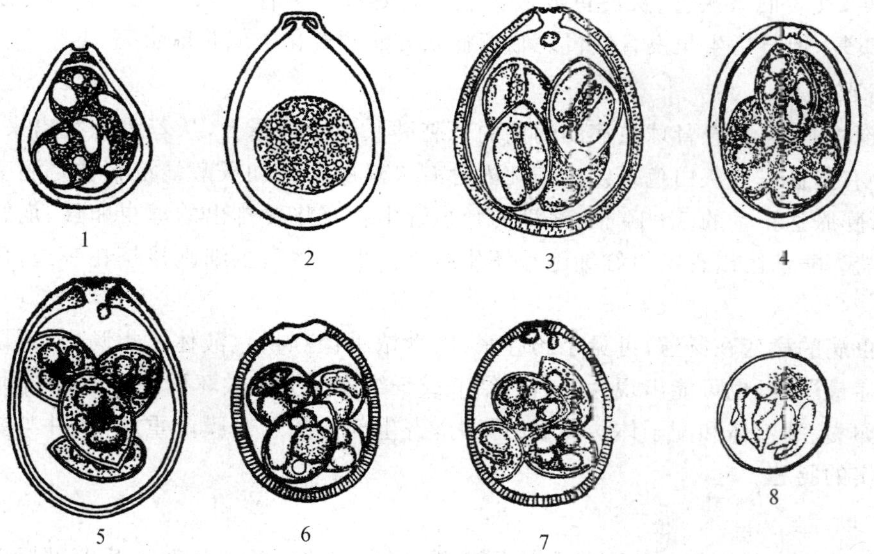

图 12-21　各种鹅球虫卵囊(仿谢明权等,1985)

1. 鹅艾美耳球虫　2. 瓶性艾美耳球虫　3. 黄褐艾美耳球虫　4. 哈氏艾美耳球虫　5. 柯氏艾美耳球虫　6. 大唇艾美耳球虫　7. 斑点艾美耳球虫　8. 微小泰泽球虫

(3)柯氏艾美耳球虫(*E. kotlani*)　寄生于小肠后段、直肠,严重时可延至盲肠、泄殖腔和小肠中段。卵囊呈长椭圆形,淡黄色,顶端截平,卵囊壁两层,大小为(27.5～32.8) μm×(20～22.5) μm,卵囊指数为 1.37。具微孔和极粒。孢子化时间 3 d。潜在期 10 d(236 h)。

2. 生活史

截形艾美耳球虫子孢子侵入肠管后再到达肾脏,在肾小管上皮细胞内发育,破坏肾功能,引起雏鹅严重死亡。但截形艾美耳球虫的生活史至今尚不清楚,虫体从肠道移行至肾脏的途径也未阐明,仅在肾脏和靠近输尿管及输尿管联合处的泄殖腔处发现卵囊和内生性发育阶段的虫体。

柯氏艾美耳球虫的内生发育阶段出现在直肠、泄殖腔和盲肠部。有 4 代裂殖生殖阶段及 1 代配子生殖阶段。虫体在宿主细胞核内进行裂体生殖和配子生殖。

3. 流行特点

鹅球虫病不像鸡球虫病那样广泛,但国内也时有报道。截形艾美耳球虫引起的鹅肾球虫病通常多发于 3～12 周龄的小鹅。家鹅的球虫可通过迁移的或定居的野鹅而传入鹅群中。

4. 临床症状

鹅球虫只有在感染严重时,才具有致病性。患肾球虫病的幼鹅,临床上多呈现急性症状。表现出精神委靡、食欲下降、衰弱、消瘦、腹泻、粪带白色、双翅下垂、眼迟钝和下陷,步态蹒跚,颈扭转或把颈贴在背上。最终可由于鹅的肾功能障碍而导致死亡,幼鹅死亡率高达 87%。

鹅肠道球虫病常由 15 种小肠球虫混合感染,国内研究证明,以柯氏艾美耳球虫致病力最强。患肠球虫病的小鹅,临床上除了表现精神委靡,垂头闭目或离群呆立,羽毛松乱、翅下垂、衰弱等症状外,出现消化紊乱,表现为厌食,口腔积液,流涎,有的嗉囊中充满液体。病鹅迅速消瘦,腹泻,表现为出血性肠炎症状,重症者排鲜红色血粪,粪便带多量黏液,病后期排长条状腊肠样粪便，其表面呈灰色、灰白色或灰黄色。病鹅常于病后1～2 d死亡。耐过急性期的病鹅可自然康复，但日后生长发育缓慢。临床症状和病理变化类似鸡球虫病。

5. 病理变化

尸体剖检时，可见患肾球虫病的幼鹅的肾脏肿胀至大拇指大，从荐骨床突出来，呈灰黄色或红色，上有出血斑或灰白色条纹。病灶内含有大量的卵囊和尿酸盐沉积物。病变通常呈灶状，肾小管膨胀达正常的5～10倍，涨满的肾小管中含有将要排出的球虫卵囊、崩解的宿主细胞和尿酸盐。病灶区出现嗜伊红细胞和坏死组织。虫体将宿主细胞核挤在一边，使宿主细胞明显增大。

肠球虫病的病变在肠道，可见小肠肿胀，内含浓稠淡红褐色液体。小肠中、下段的卡他性出血性炎症最严重，也可能出现大的白色结节或纤维素性类白喉坏死性肠炎，在干燥的假膜下有大量的卵囊、裂殖体和配子体。严重感染时，寄生部位的肠黏膜严重脱离，并与粪便等内容物形成坚实的肠芯。

6. 诊断

先根据临床症状和解剖病变作出初步诊断，再做实验室检查。刮取病变部肾组织或肠黏膜镜检，发现裂殖体、配子体和卵囊；或粪便检查发现大量球虫卵囊即可确诊。

7. 治疗

在流行地区的发病季节，可用药物控制球虫病。发病时尽可能早期用药，方能达到较好的效果。所选用药物一个疗程以5～7 d为宜。主要应用磺胺类药物治疗鹅球虫病，如磺胺二甲基嘧啶（SM_2）和磺胺六甲氧嘧啶（SMM），具有好的疗效。剂量可参照鸡和鸭球虫病。其他药物如氨丙啉（amprolium）、克球多（clopidol）、球痢灵（zoalene）、尼卡巴嗪（nicarbazine）、盐霉素（salinomycin）和氯苯胍（robenidine）等均有较好的效果。剂量可参照鸡和鸭的球虫病治疗。

鉴于鹅群暴发严重球虫病时，病鹅往往已废食。因此，在这种情况下，最好选用SM2、SMM等水溶性药物或片剂灌服治疗，效果较好。

8. 预防

幼鹅与成鹅分开饲养。放牧时避开高度污染地区。在幼鹅尚未产生免疫力之前，应尽量避开靠近水域的、含有大量卵囊的潮湿地段。在严重发生鹅球虫病的地区，对鹅群进行药物预防，可控制鹅球虫病的暴发。

（五）兔球虫病

兔球虫病是由艾美耳属的多种球虫寄生于家兔的肠道和肝脏所引起的一种原虫病。是家兔最常见的一种寄生虫病，对养兔业的危害极大。兔球虫种类多，感染率高，且常出现混合感染，具有严格的宿主特异性和器官特异性。4～5月龄内的幼兔对球虫的抵抗力很弱，其感染率可高达100%，患病后幼兔的死亡率一般在40%～70%，有时高达80%。耐过的病兔长期不能康复，生长发育严重受阻。

1. 病原形态

兔球虫均属艾美耳属。据文献记载共有17个种，目前世界上公认的有前10种，其他种争议较大。其中前8种在我国有分布。除斯氏艾美耳球虫寄生于胆管上皮细胞内之外，其余各种都寄生于肠黏膜上皮细胞内，一般为混合感染（图12-22）。

（1）斯氏艾美耳球虫（*Eimeria stiedai*） 寄生于肝胆管上皮细胞，在兔球虫中致病力最

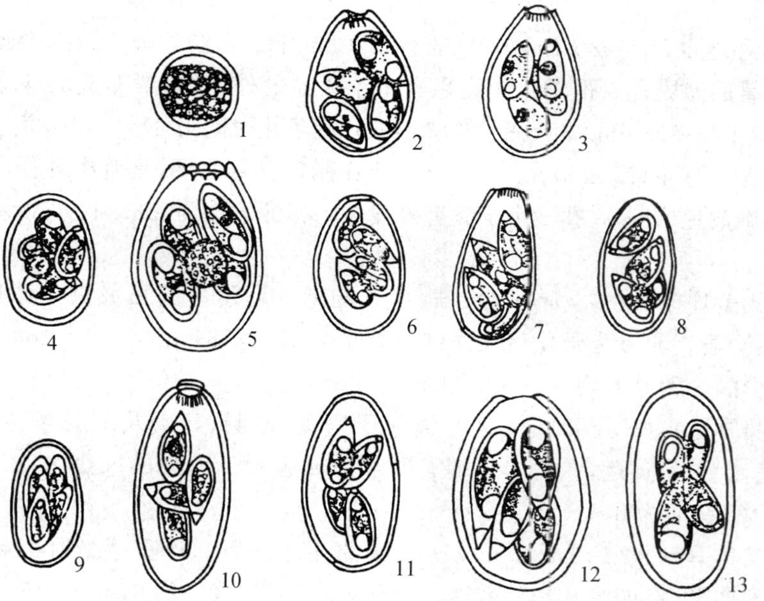

图 12-22　各种兔球虫卵囊(仿汪志楷等)

1. 小型艾美耳球虫　2. 肠艾美耳球虫　3. 梨型艾美耳球虫　4. 穿孔艾美耳球虫
5. 大型艾美耳球虫　6. 松林艾美耳球虫　7. 盲肠艾美耳球虫　8. 中型艾美耳球虫
9. 那格浦尔艾美耳球虫　10. 长形艾美耳球虫　11. 斯氏艾美耳球虫
12. 无残艾美耳球虫　13. 新兔艾美耳球虫

强,能引起严重的肝球虫病。卵囊较大,为长圆形,呈淡黄色,在卵膜孔的一端较平。卵囊大小为(26～40) μm×(16～25) μm。孢子化时间为 41～51 h。潜在期为 16 d。

(2)穿孔艾美耳球虫(*E. perforans*)　寄生于小肠上皮细胞,具有轻度或中度的致病力。卵囊小,呈椭圆形,无色,卵膜孔不明显。卵囊大小为(13.3～30.6) μm×(10.6～17.3) μm。孢子化时间为 35～51 h。潜在期为 5～6 d。这是兔球虫最短的内生发育者。

(3)中型艾美耳球虫(*E. media*)　寄生于空肠、十二指肠和大肠,可引起较严重的球虫病。卵囊为中等大小,短椭圆形,呈淡黄色,有卵膜孔。卵囊大小为(18.6～33.3) μm×(13.3～21.3) μm。孢子化时间为 42～72 h。潜在期为 6～7 d。

(4)大型艾美耳球虫(*E. magna*)　寄生于空肠和回肠,有明显的致病力。卵囊较大,卵圆形,呈淡黄色,卵膜孔明显,呈堤状突出于卵囊壁之外。这是本种卵囊最明显的特征。卵囊大小为(31～40) μm×(22～26) μm。孢子化时间为 32～48 h。潜在期为 7～8 d。

(5)梨形艾美耳球虫(*E. piriformis*)　寄生于小肠。致病作用轻微。卵囊为梨形,呈淡黄色和淡褐色,有明显的卵膜孔,位于卵囊的窄端。卵囊大小为(26.7～35.6) μm×(17.8～21.4) μm。孢子化时间为 57 h。潜在期为 9～10 d。

(6)无残艾美耳球虫(*E. irresidua*)　寄生于小肠中部,致病力较强。卵囊为长椭圆形或卵圆形,呈淡黄色。卵膜孔明显,卵囊内无外残体,卵囊大小为(25.3～47.8) μm×(15.9～27.9) μm。孢子化时间为 72～96 h。潜在期为 7 d。

(7)盲肠艾美耳球虫(*E. coecicola*)　寄生于小肠后段和盲肠,致病力不强。卵囊为卵圆形,呈淡黄色或淡褐色。卵囊大小为(25.3～39.3) μm×(14.6～21.3) μm。孢子化时间为 3 d。潜在期为 9 d。

(8)肠艾美耳球虫(*E. intestinalis*) 寄生于小肠(十二指肠除外),致病力较强。卵囊为梨形,其窄端有显著的卵膜孔。孢子化卵囊内有 1 个明显的外残体(梨形艾美耳球虫无外残体)。卵囊的大小为(24.7～31) μm×(17.8～23.3) μm。孢子化时间为 24～48 h。潜在期为 10 d。

(9)新兔艾美耳球虫(*E. neoleporis*) 寄生于小肠后部和盲肠,具有中等程度的致病性。卵囊呈长椭圆形,微黄色,有卵膜孔。孢子囊有外残体。卵囊大小为(33～44) μm×(16～23) μm。潜在期为 12 d。

(10)小型艾美耳球虫(*E. exigua*) 寄生于肠道。卵囊呈圆形或近似球形,囊壁光滑无色,卵膜孔极不明显。卵囊孢子化后无残体。大小为(10～18) μm×(9～16) μm。是所有兔球虫种类中最少的一种。其内生性发育和致病性不详。

(11)黄艾美耳球虫(*E. flavescens*) 寄生于空肠、回肠、盲肠及结肠,致病力较强。卵囊为卵圆形,囊壁光滑,呈黄色,在宽的一端有明显的卵膜孔。卵囊的大小为(25～37.4) μm×(14～24) μm。潜在期为 8～11 d。

(12)松林艾美耳球虫(*E. matsubayashii*) 寄生于回肠。严重感染时引起回肠伪膜性肠炎。卵囊呈宽卵圆形,有卵膜孔和外残体。卵囊的大小为(22～29) μm×(16～22) μm。孢子化时间为 32～48 h。潜在期为 7 d。Kheysin(1972)对本种的确切性有疑义。

(13)长形艾美耳球虫(*E. elongata*) 寄生于小肠。卵囊呈长椭圆形,有卵膜孔和外残体。卵囊的大小为(35～40) μm×(17～20) μm。孢子化时间为 4 d。生活史和致病性不详。Levine (1973)认为此种与新兔艾美耳球虫为同物异名。

(14)纳格浦尔艾美耳球虫(*E. nagpurensis*) 卵囊呈桶形,两边对称,无卵膜孔和外残体。卵囊的大小为(20～27) μm×(10～15) μm,平均为 23 μm×13 μm。内生性发育和致病性不详。

(15)长形艾美耳球虫(*E. oryctolag*) 卵囊呈椭圆形或长椭圆形。卵囊壁呈灰色。卵膜孔宽而显著。卵囊大小为(35～40) μm×(17～20) μm。孢子化时间为 4 d。

另外报道的还有野兔艾美耳球虫(*E. leporis*)和雕斑艾美耳球虫(*E. sculpa*)。

2. 生活史

兔球虫的发育和鸡球虫一样经过裂殖生殖、配子生殖和孢子生殖阶段 3 个阶段(图 12-23)。前两个阶段除斯氏艾美耳球虫是在胆管上皮细胞发育外,其余种类都在肠上皮细胞(小肠和大肠寄生的各种球虫)内发育,后一发育阶段是在外界环境中进行的。

家兔在吃食或饮水时,吞下成熟的孢子化卵囊。卵囊进入肠道后,在胆汁和小肠的胰酶的作用下,囊壁破裂,子孢子逸出,并主动钻入肠(或胆管)上皮细胞,开始变为圆形的滋养体。长大以后细胞核多次分裂变为多核体,最后发育成为球形的裂殖体,内含许多香蕉形的裂殖子。上述过程为第 1 代裂殖生殖。这些裂殖子又侵入肠(或肝胆管)上皮细胞,进行第 2 代、第 3 代,甚至第 4 代或第 5 代裂殖生殖。如此反复多次,大量地破坏上皮细胞。致使家兔发生严重的肠炎或肝炎。在 5 代裂殖生殖之后,部分裂殖子变为大配子体,部分裂殖子变为小配子体。由大配子体发育成为大配子;在小配子体内发育形成许多小配子。大配子与小配子结合形成合子。合子周围形成双层囊壁,即变为卵囊。卵囊随脱落的上皮细胞进入肠腔,并随粪便排到外界,卵囊在外界适宜的温度(20～28℃)和湿度(55%～60%)条件下进行孢子生殖,一个发育成熟的卵囊内形成 4 个孢子囊,在每个孢子囊内形成 2 个子孢子。这种成熟的卵囊即孢子化卵囊。

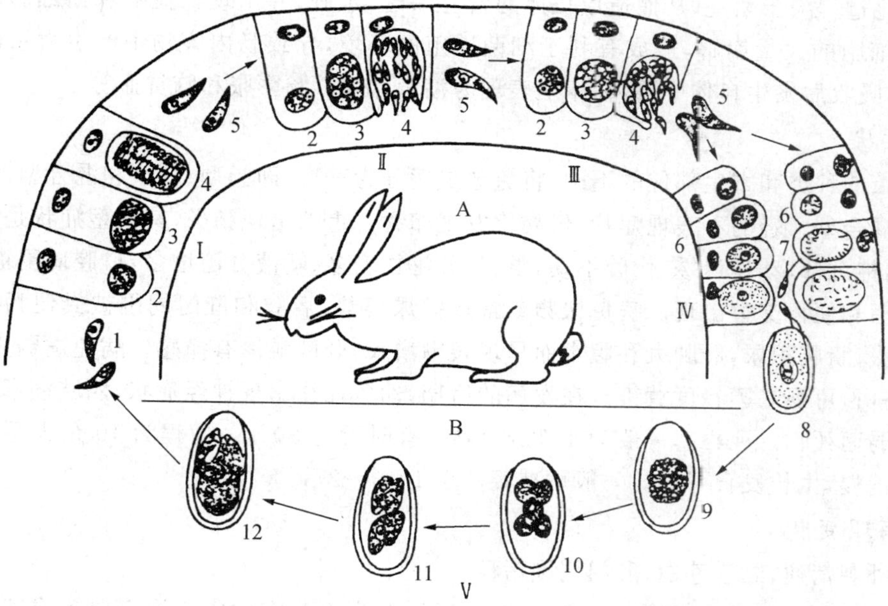

图 12-23　中型艾美耳球虫在兔肠上皮细胞内的发育(A)及在外界环境中的发育(B)(仿蒋金书)

Ⅰ. 第 1 代裂殖生殖　Ⅱ. 第 2 代裂殖生殖　Ⅲ. 第 3 代裂殖生殖　Ⅳ. 配子生殖　Ⅴ. 孢子生殖
1. 子孢子　2～4. 裂殖体发育的各个阶段　5. 第 1 代、第 2 代、第 3 代裂殖子
6. 大配子及小配子发育的各个阶段　7. 大配子和小配子正待结合　8. 合子　9. 未孢子化卵囊
10～11. 卵囊的孢子化过程　12. 孢子化卵囊，内含 4 个孢子囊，每个孢子囊内含有 2 个子孢子

3. 流行病学

兔球虫病流行于全国各地，各省只要有养兔的地方都有兔球虫病的流行。流行时间视温度和湿度条件而定，一般多在春暖多雨季节流行，如兔舍内温度经常保持在 10℃以上时，则随时可发生球虫病。

各种品种的家兔对兔球虫都有易感性，断奶后 3 月龄的幼兔感染最为严重，死亡率也高；成年兔发病轻微。但成年兔多为带虫者，是重要传染源，在幼兔球虫病的传播中起着重要的作用。

本病的感染途径经口感染。仔兔的感染主要是在哺乳时吃入母兔乳房上沾污的卵囊；幼兔的感染主要是通过吃草、吃料或饮水吞入卵囊。此外，饲养员、工具、野鼠、苍蝇也可机械地搬运球虫卵囊而传播球虫病。

营养不良，兔舍卫生条件恶劣所造成的饲料与饮水遭受兔粪等污染，最易促成本病的发生和传播。

4. 致病作用

兔球虫的致病性与虫种、寄生部位、重复感染情况、卵囊数及兔的年龄有密切关系。致病力最强的种是斯氏艾美耳球虫，通常在感染 12～40 d 死亡率较高。其次是黄艾美耳球虫和肠艾美耳球虫。通常在感染 8～22 d 死亡率较高。球虫对上皮细胞的破坏，有毒物质的产生以及肠道细菌的综合作用是致病的主要因素。病兔的中枢神经系统不断地受到刺激。使之对各个器官系统的调节机能发生障碍，从而呈现出各种临床症状。胆管和肠上皮受到严重破坏时，正常的消化过程陷于紊乱，从而造成机体的营养缺乏，水肿，并出现稀血症和白细胞减少。由于肠上皮细胞的大量崩解，造成有利于细菌繁殖的环境，导致肠内容物中产生大量的有毒物质，被机体吸收后发生自体中毒，临床上表现为痉挛，虚脱，肠膨胀和脑贫血等。

5. 症状

按球虫的种类和寄生部位的不同，将兔球虫病分为三型，即肠型、肝型和混合型，临床上所见的多为混合型。轻的不表现症状，仅粪检发现卵囊。重的出现肠炎，其典型症状是食欲减退或废绝，精神沉郁，动作迟缓，伏卧不动，眼、鼻分泌物增多，唾液分泌增多，口腔周围被毛潮湿，腹泻或腹泻和便秘交替出现。病兔尿频或常作排尿姿势，后肢和肛门周围被粪便污染。病兔由于肠膨胀，膀胱积尿，肝肿大和腹水而呈现腹围增大，肝区触诊有痛感。病兔虚弱，进行性消瘦，结膜苍白，可视黏膜轻度黄染。在发病的后期，幼兔往往出现神经症状，四肢痉挛，麻痹，多因极度衰弱而死亡。死亡率一般为40%～70%，有时可达80%。病程为10余天至数周。病愈后长期消瘦，生长发育不良。一般可减轻体重12%～27%。

6. 病理变化

尸体外观消瘦，黏膜苍白，肛门周围污秽。

剖解可见寄生组织出现结节。肝型球虫病时，肝表面和实质内有许多白色或黄白色如粟粒至豌豆大的圆形结节，沿小胆管分布。取结节作压片镜检，可看到裂殖体、裂殖子、配子体和卵囊等不同发育阶段的虫体。陈旧病灶中的内容物变稠，形成粉粒样的钙化物质。在慢性肝球虫病时，胆管周围和小叶间部分结缔组织增生，使肝硬化、萎缩、体积缩小。胆囊炎，胆囊黏膜有卡他性炎症，胆囊肿胀及胆管囊肿性肿大。镜检胆管上皮呈乳头状瘤样增生，在管腔和上皮细胞内充满配子体和卵囊。胆汁浓稠，可见内含许多崩解的上皮细胞等。

肠球虫病的病变主要在肠道，肠道血管充血，十二指肠扩张、肥厚，黏膜发生卡他性炎症，小肠内充满气体和大量黏液，黏膜充血，上有溢血点。在慢性病例，肠黏膜呈淡灰色，上有许多小的白色结节，肠黏膜上有时有小的化脓性、坏死性病灶。组织切片见肠黏膜充血水肿和干酪样坏死病灶。在黏膜绒毛上皮可见许多虫体。

7. 诊断

根据流行病学资料、临床症状及病理剖检结果，可做出初步诊断。再查粪便中卵囊或查病灶中内生发育阶段虫体，如在粪便中发现大量卵囊或在肝脏和肠壁病灶中发现大量各个不同发育阶段的球虫，即可确诊为兔球虫病。

兔肝脏型球虫病和鸡盲肠型球虫病一样，在感染的初期，也会出现已有严重病症表现，但粪便中不能检出卵囊的现象，此时若以新鲜血便或剖检取肠黏膜镜检可见到各发育期的虫体。在发病的末期，虽然剖检可见严重病变，但卵囊已经排出，在粪便内亦只能见到少量卵囊。

8. 治疗

发生家兔球虫病时，可用下列药物进行治疗。

(1)磺胺六甲氧嘧啶(SMM) 按每千克饲料1 g的剂量混饲给药。

(2)磺胺喹噁啉(SQ) 按每千克水1 g的浓度饮水给药，广泛用于兔球虫病的防治。

(3)磺胺间二甲氧嘧啶(SDM) 加入饮水中使用时，剂量为按每千克水0.05～0.07 g，拌料使用时，剂量每千克饲料0.15 g。

(4)磺胺二甲基嘧啶(SM_2)与三甲氧苄氨嘧啶(TMP) 按5∶1混合后，以每千克饲料

0.2 g 的剂量混入饲料中给药。

(5)百球清每千克水 0.025 g,连用 3 d。

(6)克球多(氯羟吡啶、clopidol)　治疗按每千克饲料 0.25 g 混饲。

(7)氯苯胍(robenidine)　按每千克饲料 0.03 g 混饲连用 5 d,隔 3 d 后再重复一次。

(8)球痢灵(dinitolmidum)按每天每千克体重 0.05 g 混饲,连用 3～5 d。

(9)地克珠利(diclazuril)　按每千克饲料 0.001 g 的剂量(按原药计算)混饲或混饮。连用 1～2 个月,可预防兔球虫病。

(10)莫能菌素(monensin)　按每千克饲料 0.002 g 混饲,连用 1～2 个月,可预防兔球虫病。

(11)盐霉素(salinomyein)　按每千克饲料 0.002 g 混饲,连用 1～2 个月,可预防兔球虫病。

以上几种药物中磺胺类药物使用时首日用量要加倍,连用 3～5 d 后,应停药 1 周,再用药 4～5 d。如果通过饮水给药,水必须清洁。兔饲喂含水量大的饲料如胡萝卜和青草时,应少饮水。

9. 预防

①养兔场应建在干燥向阳处,兔场要保持干燥,兔舍应保持清洁和通风。

②幼兔和成年兔分笼饲养,新引进兔要隔离检疫,发现病兔立即隔离治疗。合理安排母兔的繁殖,使幼兔断奶不在梅雨季节。

③加强饲养管理,注意饲料及饮水卫生,及时清扫粪便,将其堆放到固定地方发酵处理,防止兔粪污染草料和饮水。最好使用铁丝兔笼,笼底应有网眼,便粪尿流入下面的底盘之中;草架要固定在笼外,要高出兔笼底板,以减少感染球虫卵囊的机会。保证充足的营养供给,提高兔的抗病力。

④要定期进行消毒灭菌。对兔笼和食具等可用开水、蒸汽或火焰进行消毒或用 20%的新鲜石灰水或 5%漂白粉溶液消毒,杀灭球虫卵囊。或将兔笼放在阳光下暴晒以杀死卵囊。

⑤消灭兔场的鼠类、苍蝇及其他昆虫,减少球虫卵囊的传播。

⑥在球虫病的流行季节里,对断奶以后至 3 月龄的仔兔,可在饲料中拌入药物如地克珠利(diclazuril)、氯苯胍(robenidine)、克球粉(clopidol)、莫能菌素(monensin)、盐霉素(salinomycin)等,用以预防兔球虫病。

(六)猪球虫病

猪球虫病是由等孢属(*Isospora*)和艾美耳属(*Eimeria*)球虫寄生于猪肠道上皮细胞内引起的原虫病。多见于仔猪,可引起仔猪严重的消化道疾病。成年猪多为带虫者,是本病的传染源。

1. 病原形态

文献记载的猪球虫有 13 个种,等孢属(*Isospora*)球虫有 1 个种,猪等孢球虫(*Isospora suis*)是一个重要的致病种,可引起仔猪下痢和增重降低。艾美耳属(*Eimeria*)球虫有 12 个种。我国北京地区有 2 属 8 种。即等孢属的猪等孢球虫(*Isospora suis*),致病力最强。艾美耳属 7 种,有粗糙艾美耳球虫(*Eimeria scabra*)、蠕孢艾美耳球虫(*E. cerdonis*)、蒂氏艾美耳球虫(*E. debliecki*)、猪艾美耳球虫(*E. suis*)、有刺艾美耳球虫(*E. spinosa*)、极细艾美耳球虫

(*E. perminuta*)、豚艾美耳球虫(*E. porci*)。其中以蒂氏艾美耳球虫、粗糙艾美耳球虫、有刺艾美耳球虫的致病力较强。

(1)猪等孢球虫(*Isospora suis*) 卵囊呈球形或亚球形,囊壁光滑,无色。无卵膜孔。孢子化卵囊的大小为(18.67～23.88) μm×(16.9～20.67) μm,囊内有 2 个孢子囊,每个孢子囊内有 4 个子孢子,卵囊指数 1.18,子孢子呈腊肠形。孢子化的最短时间为 63 h(图 12-24)。

(2)粗糙艾美耳球虫(*Eimeria scabra*) 孢子化卵囊呈卵圆形,囊壁粗糙,具放射状条纹,黄色或褐色。大小为(23.01～35.10) μm×(16.0～25.13) μm,卵囊指数为 2.18,微孔明显,无极帽。有斯氏体,无内残体(图 12-24)。孢子化时间为 194 h。

(3)蒂氏艾美耳球虫(*E. debliecki*) 卵囊呈椭圆形或卵圆形,孢子化卵囊大小为(21.64～31.52) μm×(15.6～21.54) μm,无卵膜孔,卵囊指数 1.40,有极粒,无外残体,有斯氏体和内残体(图 12-24)。孢子化时间为 170 h。寄生于空肠和回肠。

(4)有刺艾美耳球虫(*E. spinosa*) 孢子化卵囊呈卵圆形,囊壁粗糙,上有细刺,褐色,大小为(21.75～28.32) μm×(16.25～21.24) μm,卵囊指数为 1.27。无微孔及外残体,有极粒、斯氏体和内残体(图 12-24)。孢子化时间为 260 h。

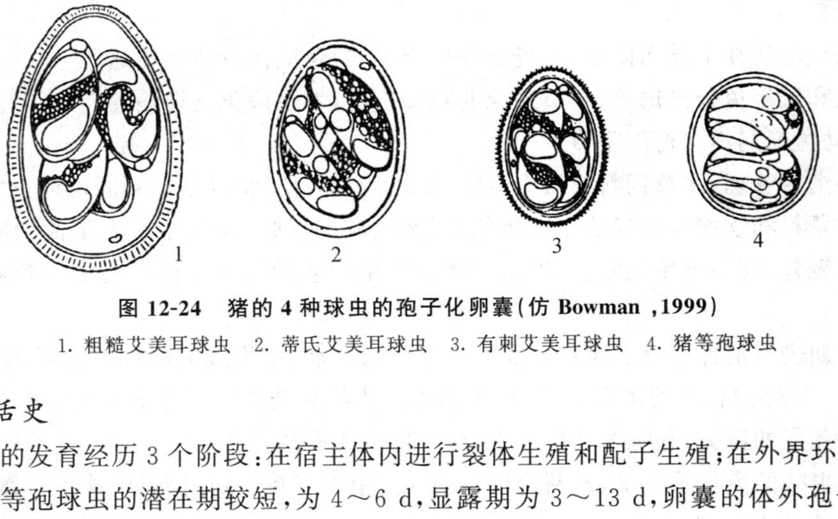

图 12-24 猪的 4 种球虫的孢子化卵囊(仿 Bowman ,1999)

1. 粗糙艾美耳球虫 2. 蒂氏艾美耳球虫 3. 有刺艾美耳球虫 4. 猪等孢球虫

2. 生活史

猪球虫的发育经历 3 个阶段:在宿主体内进行裂体生殖和配子生殖;在外界环境中进行孢子生殖。猪等孢球虫的潜在期较短,为 4～6 d,显露期为 3～13 d,卵囊的体外孢子化时间为 3～5 d。

3. 流行病学

等孢球虫主要危害初生仔猪,被列为仔猪腹泻的重要病因之一。仔猪生下后即可感染,多为混合感染。1～2 日龄感染时症状最为严重。5～10 日龄的仔猪最为易感,由于猪等孢球虫生活史短暂,感染后 5 d 粪检即可发现卵囊。7～14 日龄即可发病。并可伴有传染性胃肠炎、大肠杆菌和轮状病毒的感染。成年猪多为带虫者,是本病的传染源。在温暖潮湿季节发病严重,以夏、秋两季发病率最高。卵囊在外环境中的自然抵抗力强,能抵抗绝大多数消毒剂的作用,这也是该病难以控制的一个重要原因。

4. 症状

病程经过与转归,取决于摄入的球虫种类及感染性卵囊的数量。仔猪球虫病主要是由猪等孢球虫引起的。发病主要出现在 7～11 日龄仔猪,感染日龄越小,病情越严重。病猪主要症状是腹泻,排从淡黄到白色的粪便,初为黏性,1～2 d 后排水样稀粪,偶尔由于潜血而呈棕色。

并且会发出腐败乳汁样酸臭味。腹泻可持续 4～8 d，导致仔猪吮乳减少，被毛粗乱，脱水、失重，衰弱，一般情况下死亡率不高（10%～50%），但在其他病原体的协同作用下往往造成仔猪死亡，死亡率可达 75%。存活的仔猪表现消瘦及发育迟缓。寒冷和缺奶等因素能加重病情。

猪艾美耳球虫病，主要见于 1～3 月龄腹泻的仔猪。主要症状为食欲不振，腹泻，有时下痢与便秘交替，可持续 7～10 d。一般可自行耐过，逐渐康复。

5. 病理变化

尸体剖解可见表现为急性肠炎。病变主要见于空肠和回肠，肠黏膜充血，局灶性溃疡，有的可见整个黏膜的严重纤维素性坏死性肠炎。肠黏膜上常有黄色纤维素坏死性假膜覆盖，肠上皮细胞坏死并脱落。在组织切片上可见肠绒毛萎缩和脱落，还可见到不同内生发育阶段的虫体（裂殖体、配子体等）。

6. 诊断

根据临床症状、流行病学资料和病理剖检结果进行综合判断。对于 15 日龄以内的仔猪腹泻，用抗生素治疗无效时应考虑到仔猪球虫病的可能性。最后确诊需作粪便检查，在粪便中应查出大量的球虫卵囊，或作小肠黏膜的直接涂片，可见大量的裂殖体、配子体和卵囊即可确诊。

7. 治疗

在有本病流行的猪场，对于有等孢球虫感染的阳性猪群可实行预防性治疗。

（1）百球清（baycox）　可在仔猪 3～6 日龄（5 日龄最佳）按每千克体重 0.02～0.03 g，一次口腔灌服，不仅可治疗球虫病，而且一次服药可促进仔猪获得抗球虫终生免疫力。百球清口服液每毫升含 25 mg 甲基三嗪酮。剂量：每千克体重 20 mg 甲苯三嗪酮。用法：以体重 2.5 kg 为例，取百球清 5 mL 加水 2 mL 混匀，经口一次灌服。

（2）磺胺类药物以磺胺六甲氧嘧啶（SMM）、磺胺喹噁啉（SQ）最好；治疗量：每千克体重 20～25 mL。1 d 1 次，连用 3 d，或用每千克饲料 0.125 g 混于饲料中连服 5 d，均可获得良好的防治效果。

（3）氨丙啉（amprolium）　在产前 1 周和产后哺乳期的母猪料中添加抗球虫药物，可以预防仔猪感染。剂量为每千克体重 0.025～0.065 g，拌料或混饮喂服，连用 3～5 d；也可按此剂量给病仔猪防治。

8. 预防

对猪舍地面应及时清粪，经常清扫、冲洗，保持清洁、干燥。由于一般的消毒药不能杀死卵囊，所以用甲醛、戊二醛、环氧乙烷熏蒸法消毒；或过氧乙酸喷雾法、加热火焰法消毒；或用含氨和酚的消毒液喷洒地面，并保留数小时或过夜，尔后用清水冲去消毒液，这样也可明显降低仔猪的球虫感染率。将猪粪和垫草运往贮粪地点进行消毒处理。饲槽、饮水器要定期消毒，防止被粪便中的卵囊污染。产房采用高床分娩栏，可大大减少球虫病感染率。

（七）牛球虫病

牛球虫病是由艾美耳属的几种球虫寄生于牛肠道引起的以急性肠炎、血痢等为特征的寄生虫病。常以季节性散发或流行的形式发生。本病呈世界性分布，主要发生于犊牛，对养牛业的危害较大。在我国牛球虫除感染奶牛、黄牛外，还普遍感染水牛和牦牛。

1. 病原形态

全世界曾报道的牛球虫有 19 种，但较为公认的有 15 种（Levine，N. D. 1982）。在我国已发现 11 种牛球虫，即邱氏艾美耳球虫(*Eimeria zurnii*)、牛艾美耳球虫(*E. bovis*)、亚球形艾美耳球虫(*E. subspherica*)、椭圆艾美耳球虫(*E. ellipsoidallis*)、柱状艾美耳球虫(*E. eylindrica*)、皮利他艾美耳球虫(*E. pellita*)、加拿大艾美耳球虫(*E. canadensis*)、阿拉巴艾美耳球虫(*E. alabalnens*)、怀俄明艾美耳球虫(*E. wyomingensis*)、巴氏艾美耳球虫(*E. bareillyi*)和云南艾美耳球虫(*E. yunnanensis*)，其中以邱氏艾美耳球虫和牛艾美耳球虫的致病力最强，是引起牛球虫病的主要病原种类。

(1)邱氏艾美耳球虫(*E. zurnii*) 致病力最强，可引起血痢。寄生于回肠末端、结肠和盲肠。卵囊呈短卵圆形或亚球形，无色，大小为(12.25～20.00) μm×(17.78～19.11) μm，平均为 16.05 μm×14.21 μm(图 12-25)。无微孔、极粒及外残体，但有斯氏体及内残体。孢子化时间为 3 d。

(2)牛艾美耳球虫(*E. bovis*) 致病力较强，寄生于小肠至直肠。卵囊呈卵圆形，淡黄褐色，大小为(15.19～20.58) μm×(21.07～34.30) μm，平均为 19.24 μm×25.59 μm(图 12-25)。有微孔，无外残体和极粒，有内残体和斯氏体。孢子化时间为 3 d。

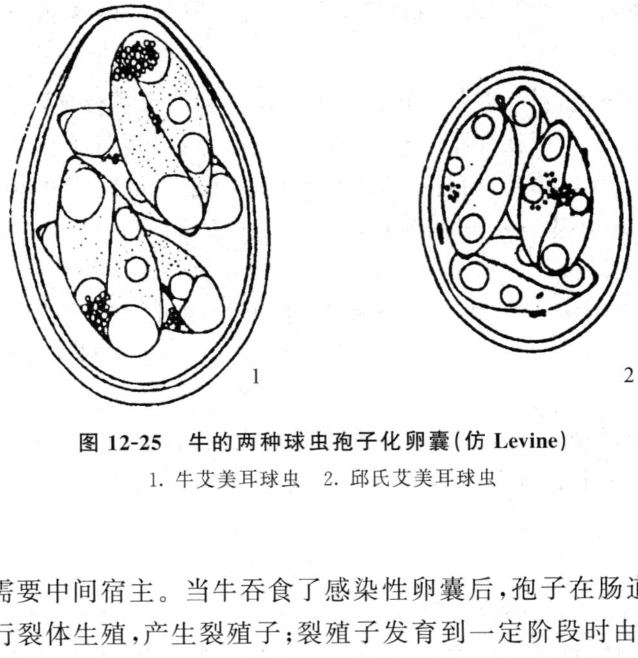

图 12-25 牛的两种球虫孢子化卵囊(仿 Levine)

1. 牛艾美耳球虫 2. 邱氏艾美耳球虫

2. 生活史

球虫之发育不需要中间宿主。当牛吞食了感染性卵囊后，孢子在肠道内逸出进入寄生部位的上皮细胞内进行裂体生殖，产生裂殖子；裂殖子发育到一定阶段时由配子生殖法形成大、小配子体，大小配子结合形成卵囊排出体外；排至体外的卵囊在适宜条件下经 48～72 h 的孢子生殖，形成孢子化卵囊，只有孢子化卵囊才具有感染性。如牛只吞食了孢子化卵囊后即发生感染重复上述发育。

3. 流行病学

各种品种的牛都有易感性，2 岁以内的犊牛发病率高，死亡率亦高，老龄牛多为带虫者。据 2003 年对上海地区的 7 个牧场调查显示，0～6 月龄犊牛球虫发病率为 14.4%，牧场之间发病率差异较大。牛球虫病主要侵害放牧的牛，特别是放牧在潮湿、多沼泽的牧场上时最易发病。本病通常流行于 4—9 月份温暖而潮湿的季节。冬季舍饲期间也可能发病。饲料、垫草和母牛乳房被粪便污染时，常引起犊牛感染。由舍饲改为放牧，或由放牧转为舍饲时，由于饲料的突然变换，容易诱发本病。患某种传染病时(如口蹄疫等)，由于机体的抵抗力减弱，也容易诱发本病。犊牛的肠道线虫有诱发球虫病的作用。牛的球虫在我国除感染奶牛、黄牛外，还普遍感染水牛和牦牛。水牛的球虫病以6月龄内的水牛犊发病较重，最早可见于4日龄，但16～40日龄、尤以20～30日龄时发病最多，死亡率可达30%左右。

4．致病作用与症状

牛球虫主要寄生于小肠下段和整个大肠的上皮细胞内. 在裂殖生殖阶段，使黏膜上皮大量遭受破坏；黏膜下层出现淋巴细胞浸润，并发生溃疡和出血。肠黏膜被大量破坏之后，造成了有利于肠道腐败细菌的生长繁殖的环境，其所产生的毒素和肠道中的其他有毒物质被吸收后，引起全身性中毒，导致中枢神经和各个器官的机能失调。

潜伏期为2～3周，有时达1个月。发病多为急性型，病程通常为10～15 d，个别情况有在发病后1～2 d内引起犊牛死亡的。病初精神沉郁，被毛松乱，体温略高或正常，粪便稍带血液，母牛产乳量减少。约1周后，精神更加沉郁，身体消瘦，喜躺卧，体温升至40～41℃。瘤胃蠕动和反刍停止，肠蠕动增强，排带血的稀粪，其中混有纤维性薄膜，有恶臭。后肢及尾部被稀粪污染。病之后期，粪便呈黑色，几乎全为血液，腹痛、脱水，体温下降，在极度贫血和衰弱的情况下发生死亡。

慢性型的病牛，一般在发病后3～5 d逐渐好转，但下痢和贫血症状仍持续存在，病程可能缠绵数月，如饲养管理不良，可因高度贫血和消瘦，形成僵牛甚至逐渐衰弱而死亡。

5．病理变化

尸体极度消瘦，可视黏膜贫血；肛门敞开，外翻，后肢和肛门周围为血粪污染。直肠黏膜肥厚，有出血性炎症变化；淋巴滤胞肿大突出，有白色和灰色的小病灶，同时在这些部位出现直径约4～15 mm的溃疡，其表面覆有凝乳样薄膜。直肠内容物呈褐色，带恶臭，有纤维性薄膜和黏膜碎片。肠系膜淋巴结肿大和发炎。

6．诊断

根据本病的流行病学资料、临床症状和病理变化等方面作综合分析；并镜检粪便和直肠刮取物，发现卵囊是做出确诊的主要根据。临床上以血痢、粪便恶臭、剖检时见直肠有特殊的出血性炎症和溃疡最具有诊断意义。应注意与大肠杆菌病作鉴别诊断，球虫病多发生于1月龄以上的犊牛；而大肠杆菌病则多发生于生后数日内的犊牛，病变特征之一是脾脏肿大。慢性球虫病与副结核病有某种相似之处，但后者的病程很长，体温不升高，粪中间或有血丝。犊牛新蛔虫病也引起腹泻，可在粪便中查到特征性的虫卵。

7．防治

(1)治疗　发现病牛及时隔离治疗。可选用：

①磺胺二甲基嘧啶(SM_2)：第1天按每千克体重0.1 g内服，以后将剂量减半，每天一次，连用10 d。

②氨丙啉(amprolium)：按每千克体重0.025～0.030 g，一次内服，连用5～6 d。

③盐霉素(salinomycin)：每天每千克体重0.002 g，连用7 d。

④对症治疗：根据病情采用止泻、强心、补液，并防止其他病原菌继发感染的疗法。

(2)预防　应从以下4方面着手：

①犊牛与成年牛分群饲养，放牧场也应分开；注意饲料和饮水卫生；以免球虫卵囊污染饲料、饲草和饮水。母牛乳房在哺乳前要清洗干净。饲喂的代乳或者初乳质量要可靠，未被

污染。

②不要突然更换饲料或突然变换饲养方式，不要到低洼潮湿地方放牧和割草喂牛。圈舍每天清扫粪便，保持清洁干燥，舍饲牛的粪便和垫草需集中消毒或生物热堆肥发酵。

③在流行地区，应当采取隔离、治疗、消毒等综合性措施。在发病时可定期用开水、3%～5%热碱水或1%克辽林消毒地面、牛栏、饲槽、饮水槽等，一般每周一次。

④添加药物预防，如氨丙啉，按每千克饲料0.04～0.08 g添加于饲料或饮水中(或每千克体重0.005 g，连用4～5 d)。或莫能霉素(monensin)或盐霉素，按每千克饲料0.02～0.03 g添加于饲料连喂7～10 d。也可用磺胺喹噁啉(SQ)。既能预防球虫又能提高饲料报酬。

(八)羊球虫病

羊球虫病又称出血性腹泻或球虫性痢疾。本病是由球虫寄生于羊肠道所引起，危害山羊和绵羊。其特征是以下痢为主，病羊发生渐进性贫血和消瘦。发育不良，甚至发生死亡，最常见于舍饲的1～4月龄的羔羊和幼羊。

球虫是羊消化道疾病的重要病原之一，能引起羊只下痢，消瘦，贫血，发育不良，甚至发生死亡，尤其对羔羊危害较大。

1. 病原形态

羊球虫病呈世界性分布，但绵羊和山羊各有自己的球虫种类，彼此不能交叉感染。

(1)绵羊球虫种类　已报道绵羊的球虫有16种，在我国北方已发现11种，它们是阿撒他艾美耳球虫(*Eimeria ahsata*)、类绵羊艾美耳球虫(*E. ovinoidalis*)、巴库艾美耳球虫(*E. bakaensis*)、小艾美耳球虫(*E. parva*)、苍白艾美耳球虫(*E. pallida*)、槌形艾美耳球虫(*E. cranjdallis*)、颗粒艾美耳球虫(*E. granulosa*)、浮氏艾美耳球虫(*E. faurei*)、错乱艾美耳球虫(*E. intricata*)、温布里吉艾美耳球虫(*E. weybridgensis*)和固原艾美耳球虫(*E. guyuanensis*)等。其中对绵羊有致病性的虫种主要为阿撒他艾美耳球虫和类绵羊艾美耳球虫。以阿撒他艾美耳球虫对绵羊致病力最强。

阿撒他艾美耳球虫(*Eimeria ahsata*)。卵囊呈椭圆形，大小为(25.0～45.5) μm×(18.8～30.0) μm，平均为33.5 μm×22.8 μm，卵囊指数为1.47，极帽突出。有微孔，其附近的衬膜常形成放射形的皱褶。有1至数个极粒，无外残体。斯氏体不明显，有内残体。在室温下，孢子化时间为3 d。

类绵羊艾美耳球虫(*E. ovinoidalis*)。卵囊呈短椭圆形或亚球形，大小为(17.5～27.5) μm×(10.0～25.0) μm，平均为23.6 μm×18.6 μm，卵囊指数为1.27。无极帽，微孔不明显。有1至数个极粒，无外残体。有斯氏体和内残体。孢子化时间为1～2 d。

(2)山羊球虫种类　全世界报道的山羊球虫有15种，比较确切的种类有阿氏艾美耳球虫(*E. arloingi*)、柯氏艾美耳球虫(*E. christenseni*)、山羊艾美耳球虫(*E. caprina*)、错乱艾美耳球虫(*E. intricata*)、雅氏艾美耳球虫(*E. ninakolyakimovae*)、提鲁帕艾美耳球虫(*E. tirupatiensis*)和艾氏艾美耳球虫(*E. alijevi*)。对山羊有明显致病性的虫种为雅氏艾美耳球虫、阿氏艾美耳球虫、山羊艾美耳球虫和艾氏艾美耳球虫，其中以雅氏艾美耳球虫的致病力最强。

①阿氏艾美耳球虫(*E. arloingi*)：卵囊呈椭圆形或稍卵圆形，大小为(25.0～37.0) μm×(20.0～28.0) μm，平均为31.6 μm×22.2 μm，卵囊指数为1.2～1.6，平均为1.4。有微孔，极帽呈圆拱形。有极粒1个至数个，无外残体。有斯氏体和内残体。孢子化时间为36 h。

②山羊艾美耳球虫(*E. caprina*):卵囊呈宽椭圆形或略显卵圆形,大小为(17～30) μm×(15～23) μm,平均为 23.7 μm×20 μm。卵囊指数为 1.2。极帽呈圆拱形,淡黄色或无色,有极粒 1 个或数个。有内残体和斯氏体。孢子化时间为 43 h。

③艾氏艾美耳球虫(*E. alijevi*):卵囊呈球形、亚球形或椭圆形,大小为(15.0～27.0) μm×(14.0～24.0) μm,平均为 18.5 μm×17.3 μm,卵囊指数为 1.0～1.2,平均 1.1。无微孔和极帽。有极粒 1 个至数个,无外残体。有斯氏体和内残体。孢子化时间为 130 h。

④雅氏艾美耳球虫(*E. ninakolyakimovae*):卵囊多呈椭圆形或亚球形,大小为(18.8～28.0) μm×(18.0～23.0) μm,平均为 24.9 μm×20.4 μm,卵囊指数为 1.2。无极帽,微孔不明显。有极粒 1 个至数个,无外残体。有斯氏体和内残体。孢子化时间为 57 h。

⑤柯氏艾美耳球虫(*E. christenseni*):卵囊呈显著的卵圆形,大小为(33.0～45.0) μm×(23.0～33.0) μm,平均为 41.4 μm×27.4 μm,卵囊指数为 1.3～1.7。有微孔,极帽呈丘形突出。有极粒数个,无外残体。有斯氏体和内残体。孢子化时间为 60 h。

2. 生活史

羊球虫寄生于羊的小肠上皮细胞中。它的发育分为羊体内和体外两个阶段:

(1)羊体内发育阶段　称为内生性发育阶段。当羊随饲料食入卵囊后,卵囊通过胃进入肠道,卵囊壁破裂,则球虫子孢子钻入肠上皮细胞中进行裂体生殖。形成的裂殖子进入新的肠上皮细胞,经过若干代裂体生殖后再进行配子生殖而形成卵囊。卵囊落入肠道,随粪便排到体外。

(2)羊体外发育阶段　称为外生性发育阶段。排到体外的卵囊,在温暖潮湿环境中,经 3～4 d 形成 4 个孢子囊。每个孢子囊中又含 2 个子孢子。此时完成孢子生殖。

当健康羊随饲料吃了排出的卵囊以后,球虫又开始新的发育周期,进行下一个生活史的循环。如此反复,逐渐扩大感染率,导致本病的流行。

3. 流行病学

各种品种的绵羊、山羊均有易感性;但山羊感染率高于绵羊。羔羊极易感染。育成羊 1 岁以下的感染率高于 1 岁以上的。成年羊一般都是带虫者。据调查,在内蒙古牧区和京、津、冀、川农区 1～2 月龄春羔的粪便中,常发现大量的球虫卵囊。本病多发生于多雨炎热季节,温暖潮湿的环境易造成本病的流行。流行季节多为春、夏、秋三季。感染率和感染强度依不同球虫种类及各地的气候条件而异。冬季气温低,不利于卵囊发育,很少发生感染。夏季骤然更换饲料,感染率往往较高。食入污染的饲料和饮水,羔羊吮吸不清洁的母羊乳房,常在低湿牧场上放牧,均易发生感染。在羊舍不卫生及羊体抵抗力降低的情况下,常易暴发流行。

4. 症状

人工感染时的潜伏期为 11～17 d。本病可能依感染的种类、感染强度、羊只的年龄、机体的抵抗力以及饲养管理条件等的不同而取急性或慢性过程。1 岁以内的幼羊症状最为明显,成年羊一般不出现明显症状。病羊精神不振,食欲减退或消失,体重下降,被毛粗乱,可视黏膜苍白,腹泻,粪便中常混有血液、剥脱的黏膜和上皮,有恶臭,粪便中含有大量卵囊。体温有时升至 40～41℃。死亡率为 10%～25%,有时可达 80%以上。急性经过病程为 2～7 d,慢性者延长至数周。

5. 病理变化

尸体消瘦,后肢及尾部被稀粪污染,有恶臭。剖解仅见小肠有明显的病变,肠黏膜上有淡白黄色圆形或卵圆形结节，如粟粒至豌豆大，常成簇分布，也能从浆膜面上观察到。十二指肠和回肠有卡他性炎症，有点状或带状出血。

6. 诊断

根据临床表现、病理变化和流行病学情况可做出初步诊断。最终确诊需生前在粪便中检到大量的卵囊，或死后镜检肠黏膜刮取物、结节病灶内容物发现大量球虫的各期虫体。

7. 治疗

(1)磺胺类药物　口服最好，因具有控制球虫和预防继发感染的双重作用。常用的是磺胺甲基嘧啶(SM_2)，用量为每千克体重 0.1 g，每天口服 2 次，连用 1～2 周。如给大批羊使用，可按每天每千克体重 0.2 g 按混入饲料或饮水中。磺胺喹噁啉(SQ)或其他磺胺类药物也具有良好的防治效果。

(2)氨丙啉(amprolium)　按每天每千克 0.025～0.050 g，混入饲料或饮水，连用 2～3 周。

(3)氯苯胍　按每千克体重 0.03 g，灌服，每天一次，连服 7 d。

(4)莫能菌素　按每千克饲料 0.02 g 加入，连服数周。或用拉沙菌素按每千克饲料 30 mg 拌入精料内饲喂。

(5)磺胺脒 1 份，次硝酸铋 1 份，矽碳银 5 份，混合成粉剂　按每天每千克体重 0.010～0.015 g 用药，一次内服，连用 3～4 d。

(6)鱼石脂 20 g，乳酸 2 g，水 80 mL，按此比例配成溶液　每只羊内服 5 mL，每天 2 次。

8. 预防

改善羊群管理。不要在潮湿低洼地方放牧和小死水池中饮水。每天清除粪便，进行堆集生物热消毒。定期进行圈舍消毒，并清洗母羊乳房和挤奶用具。对病羊及时隔离治疗。

(九)犬、猫球虫病

犬、猫球虫病是由等孢属(*Isospora*)球虫寄生于犬、猫的小肠和大肠黏膜上皮细胞内所引起的以肠炎为特征的肠道原虫病，是仔犬和幼猫的常见病之一。等孢球虫病也常见于幼龄的犬科和猫科动物。

1. 病原形态

本病的病原体等孢属球虫的形态特征是孢子化卵囊内只有 2 个孢子囊，每个孢子囊内含有 4 个子孢子。寄生于犬、猫的等孢属球虫有 7 种，其中以犬等孢球虫(*I. canis*)、俄亥俄等孢球虫(*I. ohioensis*)、猫等孢球虫(*I. felis*)和芮氏等孢球虫(*I. rivolta*)较为常见。

(1)犬等孢球虫(*I. canis*)　寄生于犬的小肠和大肠，具有轻度至中度致病力。卵囊(图 12-26)呈椭圆形至卵圆形，大小为(32.0～42.0) μm×(27.0～33.0) μm，囊壁光滑，无微孔。孢子化时间为 4 d。

(2)俄亥俄等孢球虫(*I. ohioensis*)　寄生于犬小肠，通常无致病力。卵囊呈椭圆形至卵圆形，大小为(20.0～27.0) μm×(15.0～24.0) μm，囊壁光滑，无微孔(图 12-26)。

(3)猫等孢球虫(*I. felis*)　寄生于猫的小肠，有时在盲肠，主要在回肠的绒毛上皮细胞内，具有轻微的致病力。卵囊呈卵圆形，大小为(38.0～51.0) μm×(27.0～39.0) μm，囊壁光滑，无微孔。孢子化时间为 72 h。潜在期为 7～8 d。排卵囊期(显露期)为 10～11 d。

(4)芮氏等孢球虫(*I. rivolta*)　寄生于猫的小肠和大肠，具有轻微的致病力。卵囊呈椭圆形至卵圆形，大小为(21.0～28.0) μm×(18.0～23.0) μm，囊壁光滑，无微孔。孢子化时间

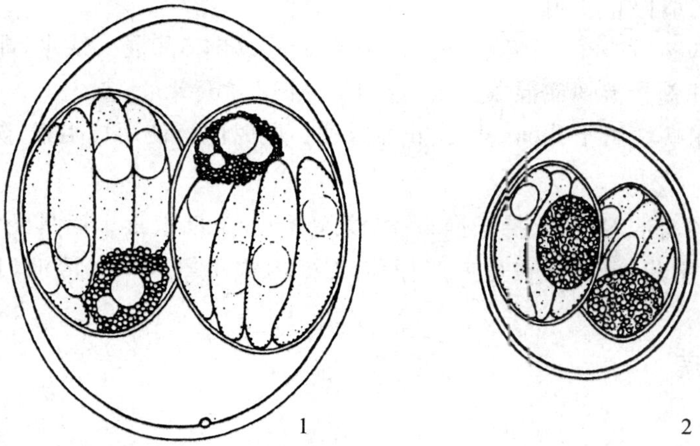

1 2

图 12-26 犬的 2 种球虫孢子化卵囊(仿 Levine)

1. 犬等孢球虫 2. 俄亥俄等孢球虫

为 4 d。潜在期为 6 d。

2. 生活史

生活史和其他动物的球虫相似。几种等孢属球虫在犬、猫的肠上皮细胞内完成裂殖生殖和配子生殖,在外环境中完成孢子生殖。

3. 流行病学

本病呈世界性分布,主要危害幼犬和幼猫,一般在温暖潮湿的季节多发,尤其在环境卫生不良、饲养密度较大的养犬场常可发生严重流行。猫、犬由于食入含孢子化卵囊的食物和饮水而感染;被卵囊污染的笼舍以及鼠类、蝇类对本病的传播有重要作用。成年犬、猫为带虫者,是重要的传染源。

4. 临床症状

1～2 月龄仔犬、幼猫感染发病率高。幼犬和幼猫感染后 3～6 d,出现水样腹泻或排出暗褐色不成形的泥状粪便,有时排带黏液的血便。患病者出现轻度发热,精神沉郁,食欲不振,消化不良,脱水、贫血、消瘦,衰弱甚至死亡。一般感染后 3 周症状逐渐消失,大多数病例可自然康复。幼犬常因极度衰竭而死亡。成年犬常呈慢性经过。成年貓可作为带虫者。以实验感染,犬、猫在感染后第 3 天开始下痢,第 4～6 天下血痢。

5. 病理变化

整个小肠出现卡他性出血性肠炎,但多见于回肠段尤以回肠下段最为严重,出现出血性肠炎。轻度感染者呈点状出血,肠黏膜增厚,黏膜上皮脱落,肠壁溃疡。

6. 诊断

根据临床症状(下痢),在粪便中若能检查到大量等孢球虫卵囊或在肠黏膜涂片中发现内生性发育的各种虫体即可确诊。可用饱和盐水浮集法检查粪便中有无大量卵囊,也可以使用直接涂片进行监测。

7. 治疗

(1)磺胺六甲氧嘧啶(SMM) 每天按每千克体重 0.05 g 口服,连用 7 d。

(2)氨丙啉(amprolium) 按每千克体重 0.11～0.22 g 混入食物中,连用 7～12 d。当出

现呕吐等副作用时，应停止使用。

(3)百球清(baycox)　2.5%溶液，按0.001 0%～0.001 5%混入饮水，即1 L水中用百球清0.5 mL。可用此剂量混饲或混饮3 d。或口服，连用2 d。

对症治疗：根据病情给予补糖、补液、止血疗法。同时配合使用抗生素，防治继发感染。

8. 预防

搞好犬、猫舍的清洁卫生，保持干燥，及时清除粪便，定期消毒。用具经常清洗消毒，防止球虫感染。还可采用药物预防，在母犬产仔前10 d内饮用氨丙啉水溶液(100 mL水中加入90 mg氨丙啉)。

(十)鱼球虫病

1. 病原形态

鱼的球虫病的病原是艾美耳科(Eimeriidae)艾美耳属(*Eimeria*)的球虫。我国淡水鱼体内寄生的艾美耳球虫已发现的有20余种，常见的有青鱼艾美耳球虫(*E. mylopharyngodoni* Chen，1956)、鲤艾美耳球虫(*E. carpelli* Leger et Stankovitch，1921)(图12-27)和草鱼艾美耳球虫(*E. ctenopharyrgodoni*)、住肠艾美耳球虫(*E. cheni*)、鳗艾美耳球虫(*E. anguillae*)、中华艾美耳球虫和鳙艾美耳球虫等。

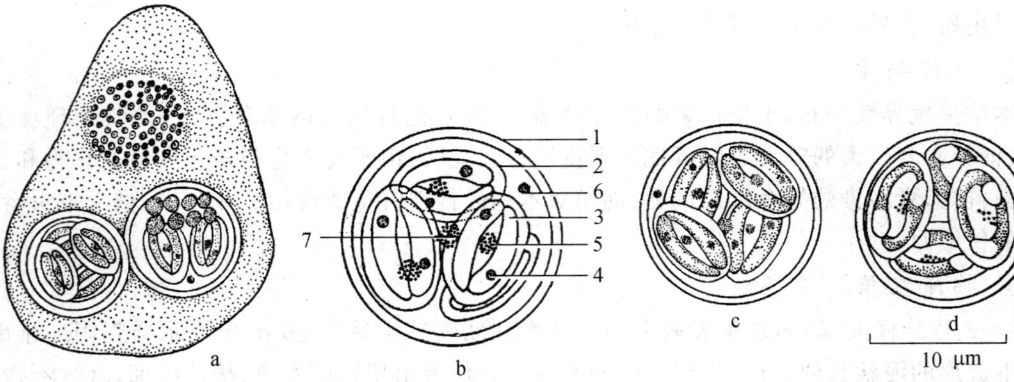

图12-27　鱼的艾美耳球虫(仿陈启鎏)

a～c. 青鱼艾美耳球虫(a. 在寄主细胞中的两个成熟卵囊和发育中的小配子；b. 卵囊模式图；c. 成熟卵囊)；d. 鲤艾美耳球虫的成熟卵囊；

1. 卵囊膜　2. 孢子与孢子膜　3. 孢子体　4. 胞核；5. 孢子残体　6. 极体　7. 卵囊残体

各种艾美耳球虫在发育过程中产生圆形或椭圆形卵囊，卵囊直径6～14 μm。卵囊外面有一层厚而透明的卵囊膜，有一小而不明显的卵孔，卵孔上有一盖，称之为极帽，但常不易看到。成熟的卵囊具有4个孢子囊，每个孢子囊内有2个子孢子和1个孢子囊残体，长而弯的子孢子，在孢子囊里互相颠倒排列。每个子孢子有一个圆形的胞核位于较宽的部位。孢子囊残体位于两个子孢子之间。成熟的卵囊有时有卵囊残体或1～2个极体。

2. 生活史

艾美耳球虫通过卵囊直接传播，不需要更换宿主，鱼误食了成熟的卵囊(孢子化卵囊)而感染，发育在一个宿主体内进行，包括无性世代和有性世代(图12-28)。

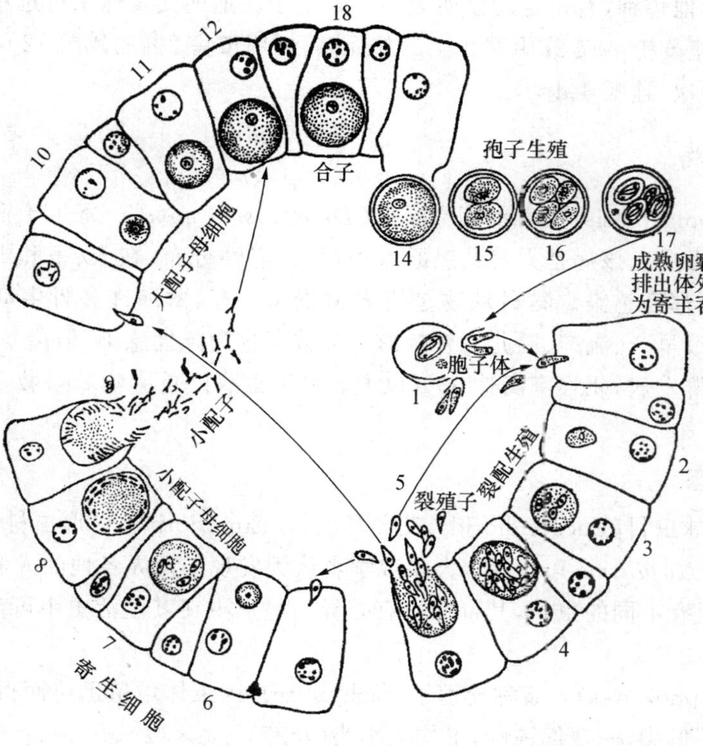

图 12-28　鱼的艾美球虫生活史图解(仿黄琪琰)

3. 流行病学

在全国各养鱼地区都可发现,能感染青鱼、鲢、鳙、草鱼、鲤鱼等鱼类。鲢、鳙、草鱼、鲤鱼虽有艾美耳球虫寄生,但未见有暴发流行病的报道。青鱼的艾美耳球虫病主要流行于江、浙地区的炎热季节,据目前已报道的材料,此病原体从夏花青鱼至成鱼均能感染,但造成大量死亡的往往是1足龄以上的青鱼。浙江菱湖地区感染率可高达80%,流行季节为4—7月份,特别是5—6月份(夏季),适宜于艾美耳球虫繁殖的水温是24～30℃。鳙艾美耳球虫大量寄生于1足龄以上的鲢、鳙鱼的肾脏,可引起病鱼死亡,此病发生在辽宁省。此外,国外报道,鲤的艾美耳球虫寄生在当年鲤的肠及胆囊;鳗艾美耳球虫(*E. anguillae*)寄生在鳗鲡的肠内,都可以引起病鱼的死亡。

艾美耳球虫不同种类对寄主有严格的选择性,但同一条鱼体内又常可寄生几种艾美耳球虫。

4. 症状及病理变化

少量寄生时,没有明显症状;大量寄生时,可引起病鱼消瘦、贫血、食欲减退、游动缓慢、鱼体发黑,腹部略为膨大,剖开鱼腹,可见前肠比正常的粗2～3倍,肠壁上有许多白色小结节,肠壁充血发炎。艾美耳球虫主要寄生在黏膜下层,肌层次之,浆膜最少,严重时可引起肠穿孔。

5. 诊断

根据症状及流行情况进行初步诊断。并用显微镜进行确诊。

6. 防治

用生石灰彻底清塘消毒,杀灭池底的卵囊和孢子;不从疫区购进鱼苗;鱼塘轮养,今年养青鱼的塘，明年改养其他鱼种，有一定的预防效果。寄生于肠道的艾美球虫可选用任一种方法治疗：每 100 kg 鱼用硫黄粉 40 g 或用碘 2.4 g(如无碘，可用市售 2%的碘酊 120 mL)，拌豆饼制成药饵投喂，每天一次，连喂 4 d。

二、弓形虫病

弓形虫病(toxoplasmosis)是由刚第弓形虫(*Toxoplasma gondii*)寄生于宿主的有核细胞内引起的一种孢子虫病。该病是人兽共患原虫病，呈世界性分布，在人、畜和野生动物中广泛传播，人和多种动物都可感染。猫科动物是终末宿主，人、畜、禽和许多野生动物都是中间宿主。孕妇感染后导致早产、流产、胎儿发育畸形。多数动物为隐性感染，但猪暴发弓形虫病时，可使整个猪场的猪群发病，死亡率高达 60%以上。弓形虫病严重影响着畜牧业的发展和人畜健康。

(一)病原形态

弓形虫属于真球虫目(Eucoccidiorida)艾美耳亚目(Eimeriorina)弓形虫科(Toxoplasmatidae)的弓形虫属(*Toxoplasma*)。目前，大多数学者认为发现于世界各地的人和各种动物的弓形虫只有一个种，但有不同的虫株，其毒性可有差异。弓形虫在其生活史中可出现数种不同的形态。

(1)滋养体(trophozoites)　又称速殖子(tachyzoite)，因虫体增殖迅速而得名。呈弓形、月牙形或香蕉形，一端偏尖，一端偏钝圆，平均大小为(4～7) μm×(2～4) μm。经姬姆萨氏液染色或瑞氏液染色后，胞浆呈淡蓝色，有颗粒。核呈深蓝色，位于钝圆的一端。电镜观察可见有类锥体(coniod)、极环(apicar ring)、5～10 条棒状体(rhoptry)及高尔基体、线粒体、溶酶体等细胞器。速殖子为急性期病例的常见形态，主要出现于急性病例的腹水中，常可见到游离的(细胞外的)单个虫体；在有核细胞(单核细胞、内皮细胞、淋巴细胞等)内可见到正在进行内双芽增殖(endodyogeny)的虫体；有时在宿主细胞的胞浆里，许多滋养体簇集在一个囊内形成“假囊”(pseudocyst)。假囊实际上就是含有数个至数十个虫体的多种吞噬细胞。由于假囊内的速殖子是由一个虫体繁殖而来的，故又称其为虫体集落或克隆(clone)(图 12-29)。

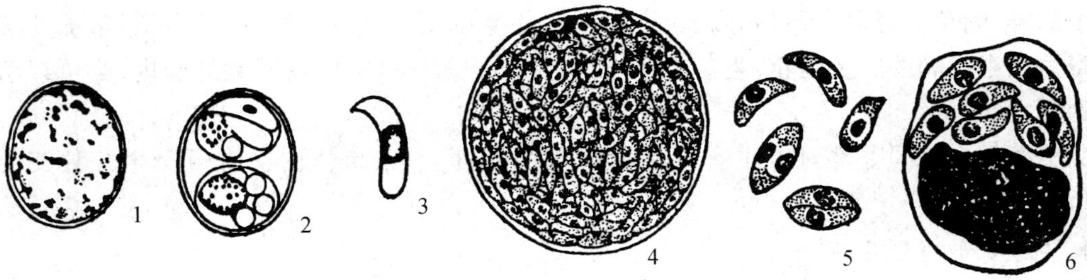

图 12-29　弓形虫(仿林孟初)

1. 未孢子化卵囊　2. 孢子化卵囊　3. 子孢子
4. 包囊　5. 速殖子　6. 细胞内的假囊

(2)包囊(cyst)　或称组织囊，包囊呈卵圆形，有较厚的囊膜，囊中的虫体称为慢殖子(bradyzoite)，即因虫体增殖缓慢而得名。数目可由数十个至数千个；包囊的直径为 50～60 μm，可在患者体内长期存在，并随虫体的繁殖而逐渐增大，可大至 100 μm。包囊在某些情况下可破裂,虫体从包囊中逸出后进入新的细胞内繁殖,再度形成新的包囊。在机体内脑组织的包囊数可占包囊总数的 57.8%～86.4%。慢殖子见于慢性病例的脑、肝、肺、骨骼肌、心肌和视网膜等处。

(3)裂殖体(schizont)和裂殖子(merozoites) 裂殖体未成熟时可见含有多个细胞核,成熟的裂殖体呈圆形,直径为 12～15 μm,内有 4～20 个裂殖子。游离的裂殖子大小为(7～10) μm×(2.5～3.5) μm,前端尖,后端钝圆,核呈卵圆形,常位于后端。见于终末宿主的肠上皮细胞内。

(4)配子体(gametocyte) 在终末宿主的肠上皮细胞内,经过数代增殖后的裂殖子变为配子体,配子体有大小两种:姬氏液染色后可见,大配子体(macrogametocyte)呈卵圆形或亚球形,直径 15～20 μm,核致密,较小,含有着色明显的颗粒,成熟后即为大配子;小配子体(microgametocyte)呈圆形,直径约为 10 μm,色淡,核疏松,后期分裂形成 12～32 个具有两根鞭毛的小配子。大小配子结合形成合子,由合子形成卵囊。

(5)卵囊(oocyst) 卵囊呈圆形或椭圆形,大小约 10 μm×12 μm,有两层透明的囊壁。早期囊内充满均匀颗粒,孢子化后每个卵囊内有 2 个孢子囊(sporocyst),大小为 3～7 μm,每个孢子囊内有 4 个子孢子(sporozoite)。子孢子一端尖,一端钝,其胞浆内含暗蓝色的核,靠近钝端。卵囊在终末宿主的肠上皮细胞内形成,随粪便排出体外。

(二)生活史

在 20 世纪 70 年代以前,人们对弓形虫的生活史尚不了解,自 1970 年在 Hutchison 等发现弓形虫在猫肠道中的有性生殖阶段之后,才基本上阐明了弓形虫的整个发育史(图 12-30)。

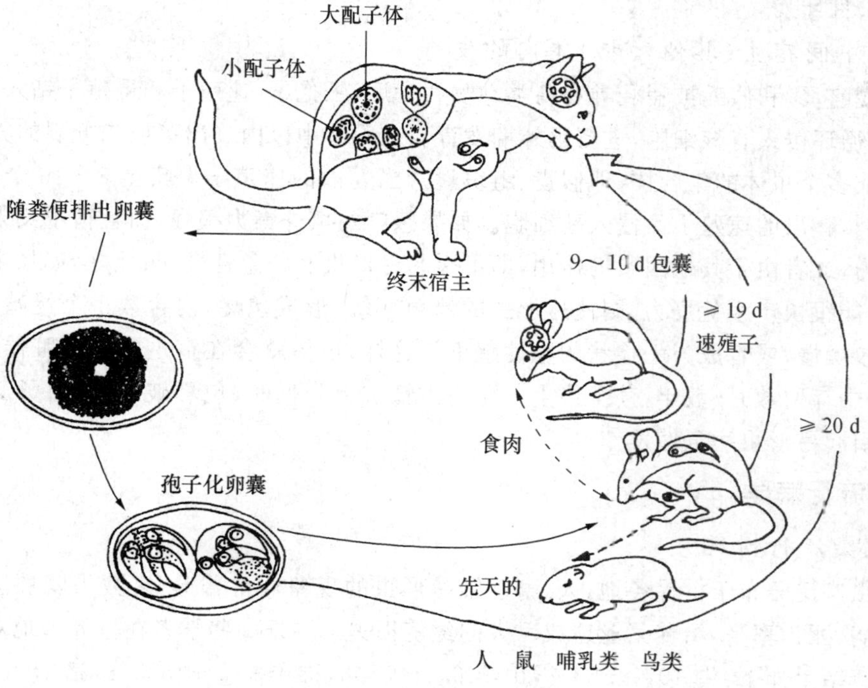

图 12-30 弓形虫生活史(仿 Dubey)

弓形虫生活史的完成需要两个宿主:在终末宿主(猫科中的猫属和山猫属动物)体内,上述 5 种形态俱存,在肠内进行球虫型发育;在其他组织中进行无性生殖(肠外期发育)。在中间宿主(包括禽类、哺乳类和人)体内则只进行无性生殖。有性生殖仅在终末宿主肠道造成局部感染，无性生殖常可造成全身感染。

1. 在终末宿主猫体内的发育

猫吞食了患弓形虫病的动物特别是鼠类尸体后，成熟的卵囊、包囊或假囊的囊壁被消化，其中的子孢子、滋养体或慢殖子释放出来。一部分侵入小肠（空肠和回肠）的上皮细胞，进行球虫型的发育和繁殖。开始是通过裂体生殖产生大量的裂殖子，肠黏膜细胞破裂后，裂殖子逸出，侵入附近的肠上皮细胞，继续裂体生殖。猫同时也是中间宿主。另一部分子孢子、滋养体或慢殖子进入肠壁淋巴、血液循环，随之被带到全身各脏器和组织内，进行肠外期发育。这些滋养体侵入有核细胞，以内二出芽（endodyogeny）或二分裂法进行繁殖，可形成虫体集落，即假囊，囊内的个体即滋养体或速殖子。经过一段时间的繁殖之后，由于宿主产生免疫力，或者其他因素，使其繁殖变慢，一部分滋养体被消灭，另一部分滋养体在宿主的脑、骨骼肌和心肌形成包囊，囊内原虫即慢殖子。包囊有较强的抵抗力，在宿主体内可存活数年之久。

经过数代裂体生殖后，一部分裂殖子侵入小肠上皮细胞转化为大、小配子体，小配子体的数量较少，约占全部配子体的2%～4%。大配子体逐渐发育长大成为1个大配子。小配子体继续发育产生多个小配子。大、小配子结合形成合子，合子发育为卵囊。后者落入肠腔，随猫的粪便排到外界。

猫吞食不同发育期的弓形虫后，排出卵囊的时间不一样。通常吞食包囊后3～20 d；吞食假囊后19 d或更长；吞食卵囊后21～24 d。吞食包囊后几乎所有猫均排出卵囊，而吞食假囊和卵囊的猫只有50%排出卵囊。在外界适宜的温度（28～32℃）和湿度环境中，卵囊经24 h，发育为感染性卵囊。

2. 在中间宿主（其他动物）体内的发育

当卵囊、包囊和假囊被哺乳类和鸟类动物吞食后，子孢子、速殖子和慢殖子钻入肠壁，通过淋巴、血液循环侵入有核细胞，进行肠外期发育。在胞浆中以内二出芽或二分裂的方式进行繁殖。可形成多个虫体的集合体，即假囊（组织囊），当囊内的速殖子聚集至8～16个时，被寄生的细胞破裂，释出的速殖子又侵入新细胞。如果感染的虫株毒力很强，而且宿主又未能产生足够的免疫力，或者由于其他因素的作用，即可引起弓形虫病的急性发作；反之，如果虫株的毒力弱，宿主又能很快产生免疫力，则使弓形虫的繁殖变缓，形成包囊，内含数千个慢殖子，此时疾病发作得较缓慢，或者成为无症状的隐性感染。这样，虫体就会在宿主的一些脏器组织（尤其是脑组织）中存留数月、数年，甚至终生。在宿主抵抗力降低时，包囊破裂，慢殖子又可转变为速殖子而引起弓形虫病急性发作。

（三）流行病学

1. 感染流行情况

弓形虫广泛分布于世界各地，人、畜感染弓形虫的现象非常普遍，多数为隐性感染。但猪可大批发病，死亡率高，给养猪业造成巨大的经济损失。国外一些学者在世界各地对家畜血清阳性率调查结果如下：牛10%～53%，山羊6.2～60%，绵羊9%～75.3%，猪28%～71%，犬26.3%～85%。国内血清阳性率以猫（15.16%～73%）为最高，其次是猪（4.78%～85.7%），余依次为牛（0.2%～43.4%）、绵羊（6.2%～25%）、山羊（3.9%～19.2%）等。至于人的感染情况，据国外报道人群的平均感染率25%～50%。我国正常人群的平均感染率8.5%，某些人群的感染率达57.6%。远低于某些西方国家，可能与生活和饮食习惯有关。以饲养员、屠宰场工作人员、医务人员和与猫接触的人等较易感。据日本统计，屠宰场工人的弓形虫血清阳性率为 68%，而一般居民仅 30%。弓形虫感染普遍的原因可能为：①弓形虫生活史中的多个时期均具传染性。②虫体对中间宿主和寄生组织的选择性不严格。③终宿主可有可无，即可在终末宿主与中间宿主之间相互感染，也可在终末宿主间、中间宿主间相互感染传播。④虫体在宿主体内保存时间长，卵囊对外界环境的抵抗力强。

2. 易感动物

弓形虫的宿主范围非常广泛，人、畜、禽以及许多野生动物对弓形虫都有易感性。其中包括 45 种哺乳动物，70 种鸟类，5 种变温动物和一些节肢动物。经血清学或病原学证实自然感染的动物已知有猫、猪、犬、羊、牛、马、驴、兔、鸽、鸡、鼠等 20 种。在家畜中对猪和羊的危害最大。实验动物中以小白鼠、地鼠最敏感。各种动物在流行病学上所起的作用不同，以猫的重要性最大，其次为猪、羊、犬、鼠等。

3. 感染来源

猫是各种易感动物的主要感染源，除家猫外，尚有几种野生猫科动物也是弓形虫的终末宿主。6 月龄以下的猫排卵囊最多。卵囊在外界短期发育便具有感染能力。卵囊可污染土壤、牧草、饲料、饮水和用具等。病人、病畜和带虫动物的尸体、肌肉、内脏、血液、渗出物以及急性期病畜的分泌物和排泄物均可带有弓形虫的假囊和包囊，也是重要的感染源。另外，在流产胎儿体内、胎盘和羊水中均有大量弓形虫存在。

4. 感染途径

(1)经口感染 为弓形虫病最主要的感染途径。自然条件下肉食动物一般是动物之间互相捕食吃到肉中的弓形虫速殖子或包囊而感染；草食兽一般是吃到污染的饮水和饲草中的卵囊而感染；杂食兽则两种方式兼有。人体感染是吃到污染的肉、乳、蛋中的速殖子及污染的水和食物中的卵囊或逗弄猫时吃到卵囊。经常接触动物的人，也可从感染动物的分泌物、排泄物等获得感染。在自然界，猫科动物和鼠类之间的传播循环是主要的天然疫源。

(2)经皮肤、黏膜感染 弓形虫各种形态的虫体可通过口、眼、鼻、呼吸道、肠道等损伤的黏膜和皮肤等途径侵入人、畜体内而引起感染。有人认为速殖子经口感染时，也是经由损伤的消化道黏膜进入血流或淋巴的。实验室工作人员和动物解剖时受伤亦可受染。

(3)经胎盘感染 弓形虫通过胎盘感染的现象是普遍存在的，孕妇和孕畜感染弓形虫后，可以经胎盘传给后代，使其后代发生先天性感染。胎儿也可通过摄入羊水而被感染。

(4)经其他途径感染 如用滋养体给动物滴鼻、腹腔注射、静脉注射、颅内注射，都能感染。此外，尚可通过输血传播。

(5)经生物媒介感染 卵囊可以被某些食粪甲虫、苍蝇、蟑螂和蚯蚓机械性的传播。吸血昆虫和蜱也有可能传播本病。

5. 发病季节

一般来说弓形虫的流行没有严格的季节性，家畜一年四季均可发病，但夏、秋季发病率高，与此季节的外界条件适合卵囊生存有关。据调查，猫在 7—12 月份排出的卵囊较多。我国大部分地区猪的发病季节在每年的 5—10 月份。温暖潮湿地区感染率也较高。

6. 病原体特性

弓形虫各个阶段的抵抗力是不同的，卵囊抵抗力很强，猫粪中的卵囊可保持感染力达数月之久；在常温下，土壤中的卵囊可保持感染能力1～1.5年，这是对卵囊排放时间较短的一种补偿。在低温情况下，未成熟卵囊的存活时间在4℃为90 d，－5℃为14 d，－20℃为1 d。成熟（孢子化）卵囊的抵抗力更强，其存活时间在－5℃为120 d，－20℃为60 d，－80℃为20 d。干燥和低温不利于卵囊的生存和发育。相对湿度82%时，孢子化卵囊30 d失去感染力，湿度21%时为3 d。滋养体的抵抗力最差，在生理盐水中几小时感染力即行消失。

弓形虫对消毒剂抵抗力很强，在4℃环境中，滋养体和包囊在下列药品中：0.1%皂酚、0.01%甲醛、50%乙醇、10%碳酸氢钠、5%石炭酸（包囊）、0.1%石炭酸（滋养体），可存活15 min。

（四）症状

动物感染弓形虫后，其症状表现取决于虫体毒力、感染数量、感染途径、动物种类、年龄和免疫力等。临床上多数动物是无症状的带虫者，仅有少数出现症状，其症状的表现和严重程度也很不一致，可从不明显的感染到急性致死性发病。

1. 猪

发病时在小范围内多呈暴发性流行，病死率高。3～5月龄的仔猪常表现为急性发作，感染后症状与猪瘟相类似。感染后3～7 d体温升高到40.5～42℃，呈稽留热型。病猪精神沉郁，食欲减退或废绝，全身发抖，呼吸困难，呈明显的腹式呼吸，呈犬坐式姿势。鼻镜干燥，流浆液性鼻液。眼内出现浆液性或脓性分泌物。初期常出现便秘，拉干粪球，粪便表面覆盖有黏液。有的病猪下痢，排水样或黏液性或脓性恶臭粪便。尿少，呈黄褐色。后期衰竭，卧地不起，后肢麻痹无力，站立时呈拖脚爬行。体表淋巴结，尤其是腹股沟淋巴结明显肿大。在嘴部、耳部、下腹部及四肢皮肤出现红紫色的斑块或间有小出血点，或有较大面积的发绀。有的病猪耳壳上形成痂皮，甚至耳尖发生干性坏死。结膜充血，有眼屎。极度兴奋或有转圈运动，或有癫痫样痉挛等神经症状。最后昏迷，病重者于发病1周左右因呼吸极度困难和体温极度下降而死亡。但多数病畜可耐过。不呈急性症状的怀孕母猪往往发生流产、死胎或胎儿畸形。亚急性病例潜伏期10～14 d或更长。慢性病例及隐性感染和病愈后的带虫者，特别在老疫区较多见。

2. 绵羊

大多数成年羊呈隐性感染，临床表现以妊娠羊流产为主。流产常出现于正常分娩前4～6周，也有一些足月产出后死亡的。病羊多数有中枢神经系统和呼吸系统症状。患畜呼吸促迫，呈明显腹式呼吸。流泪、流涎、运动失调，转圈，视力障碍，心跳加快，体温41℃以上，呈稽留热。青年羊全身颤抖，腹泻，粪恶臭。最后陷入昏迷。

3. 牛

牛弓形虫病一般较少见。1～6月龄的犊牛自然感染时有呼吸困难，咳嗽，发热，头震颤，精神沉郁和虚弱等症状，常于2～6 d内死亡。成年牛在初期极度兴奋，其他症状与犊牛相似。母牛的症状表现不一，有的只发生流产；有的出现发热，呼吸困难，虚弱，乳房炎，腹泻和神经症状；有的无任何症状，可在其乳中发现弓形虫。

（五）病理变化

1. 猪

急性病例出现全身性病变，淋巴结、肝、肺和心脏等器官肿大，并有许多出血点和坏死灶。

肠道重度充血，肠黏膜上常可见到扁豆大小的坏死灶。肠腔和腹腔内有多量渗出液。病理组织学变化为网状内皮细胞和血管结缔组织细胞坏死，有时有肿胀细胞的浸润，弓形虫的滋养体位于细胞内或细胞外。急性病变主要见于幼畜。慢性病例可见有各内脏器官的水肿，并有散在的坏死灶。病理组织学变化为明显的网状内皮细胞增生，淋巴结、肾、肝和中枢神经系统等处更为显著，但不易见到虫体。慢性病变常见于老龄家畜。隐性感染的病理变化主要是在中枢神经系统内见有包囊，有时可见有神经胶质增生性和肉芽肿性脑炎。

2. 绵羊

肺表面有散在的小出血点。胸腹腔有积液。淋巴结肿大，边缘有小结节。从肝、脾、肺、淋巴结中可查见弓形虫的速殖子。

3. 牛

第三胃干涸，皮下出血，肝脏上有大小不等的结节和坏死灶，肺脏膨大，小支气管中多量浆液性泡沫，血液稀薄，脂肪胶样浸润。可在各脏器和大脑中分离到包囊。

(六)诊断

弓形虫病的临床表现、病理变化和流行病学虽有一定的特点，但仍不足以作为确诊的依据，而必须在实验室诊断中查出病原体或特异性抗体，方可确诊。

1. 病原学诊断

(1)脏器涂片检查　取急性弓形虫病畜的肺、肝、淋巴结作涂片，其中以肺脏的涂片因背景清晰，检出率较高。经干燥、甲醇固定，然后用姬姆萨氏或瑞氏液染色镜检，检查有无滋养体。生前采用血液涂片检查；淋巴结穿刺液涂片检查。

(2)集虫法检查　取肺脏及肺门淋巴结研碎加 10 倍生理盐水滤过，以 500 r/min 离心 3 min，取上清液再以 1 500 r/min 离心 10 min，取沉渣涂片，染色镜检。

(3)动物接种　采用将受检材料取其上清液 0.5～1 mL 接种于小白鼠腹腔后，再从其腹腔液中分离虫体的方法来诊断。但此法的缺点是小鼠体内产生能检测到的弓形虫包囊需要 3 周时间。

2. 血清学诊断

国内外已研究出多种血清学诊断法供流行病学调查和生前诊断用。由于血清学阳性只能说明该猪曾受感染，因此为了弄清是否急性感染，需在第一次采血检查后的 2～4 周再采血检查一次，若血清抗体滴度高于先前 4～8 倍即可证明为急性。有的报告认为染色试验(dye test，DT)和间接血凝试验(IHT)、间接荧光抗体法(IFAT)抗体滴度超过或等于 1∶1 000 时表明是急性。

其他还有荧光抗体法(FA)、间接酶联免疫吸附试验(ELISA)、斑点 ELISA(Dot-ELISA)、放射免疫试验(RIA)、凝集试验(AT)、补体结合试验(CFT)、皮内反应(ST)、免疫酶染色试验(IEST)、免疫金银染色法(IGSSA)、斑点免疫结合试验(DIBA)、中和抗体试验、间接辣根过氧化物酶免疫组化法、抗弓形虫单克隆抗体等都曾被用作弓形虫病的诊断。

近年来 DNA 探针、PCR 等新的基因诊断技术已经应用于弓形虫病的病原检测，试验证明，具有灵敏、特异、早期诊断的特点，是兽医寄生虫研究的一个重要方向。

(七)治疗

对于本病的治疗主要是采用磺胺类药物与抗菌增效剂搭配使用。据临床报道：磺胺嘧啶

(SD)、磺胺六甲氧嘧啶(SMM)、磺胺甲氧吡嗪、三甲氧苄胺嘧啶(TMP)和二甲氧苄胺嘧啶(DVD)对弓形虫的滋养体有效。乙胺嘧啶,螺旋霉素、氯林可霉素也有效。但针对包囊的理想药物尚缺乏。应注意在发病初期及时用药,如用药较晚,虽可使临床症状消失,但不能抑制虫体进入组织形成包囊,结果使病畜成为带虫者,复发率较高。

(八)预防措施

①加强水和粪便的管理,防止水源、畜禽饲料、用具和人的食物、餐具被猫及鼠类便污染。也要尽可能避免以上物品与昆虫的接触。

②及时隔离治疗病畜,并严格处理病畜的分泌物、排泄物和污染物。防止污染环境。对被污染的环境,如饲槽、饮水器具、圈舍进行彻底消毒。大部分消毒药对卵囊无效,但可用蒸汽和加热等方法杀灭卵囊。严重流行区应对畜禽进行药物预防。

③死于本病的和可疑的动物尸体、流产胎儿、胎衣做深埋处理,绝不能用其喂猫、犬和其他肉食动物。禁止用未经煮熟的屠宰废弃物和厨房泔水喂猪。

④加强对家猫的管理。每天清除猫粪入厕所;不要用生肉、生奶喂猫;禁止猫进入厩舍;对于病猫及时治疗。养殖场严禁养猫。

⑤加强防鼠灭鼠、灭蝇、灭蟑螂工作,以防传播病原。

⑥加强宣传教育、搞好环境卫生和个人卫生。加强对肉、蛋、奶类食品的消毒、管理,不吃不熟的或生的肉类及生乳、生蛋;切生、熟肉的用具要分开等。人特别是儿童和孕妇应避免与猫接触,以防感染。花圃、菜地等猫常排粪的地方,操作时应戴手套。孕妇家中最好不养猫。有条件时应对孕妇进行弓形虫血清学检查,发现有近期感染时应及时治疗,以防止胎儿受染。当人接触各种动物的尸体和肉食时,也要注意防护,防止弓形虫感染。

三、隐孢子虫病

隐孢子虫病是一种世界性分布的人兽共患寄生虫病。隐孢子虫在分类上隶属于真球虫目、隐孢子虫科(Cryptosporidiidae)隐孢子虫属(*Cryptosporidium*),是由 Tyzzer(1907)首先在小鼠胃黏膜组织切片中发现的。已报道的有效种目前已达到 13 个。隐孢子虫广泛寄生于家畜、家禽及多种爬行动物和鱼类,它能引起哺乳动物(特别是犊牛和羔羊)的严重腹泻和禽类(特别是火鸡、鸡和鹌鹑)的呼吸道疾病,也能引起人(婴儿及免疫功能低下者)的致死性肠炎,是人类艾滋病(AIDS)患者死亡的直接原因之一。本病具有重要的公共卫生意义,同时也可给畜牧生产造成巨大的经济损失。

(一)病原形态

隐孢子虫的卵囊呈圆形或椭圆形,卵囊壁光滑,囊壁上有裂缝。无微孔、极粒和孢子囊。每个卵囊内有 4 个裸露的香蕉形的子孢子和 1 个残体,残体由 1 个折光体和一些颗粒组成(图 12-31)。在电子显微镜下观察,隐孢子虫的寄生部位是在宿主上皮细胞刷状缘的带虫空泡内。寄生于家畜和家禽的隐孢子虫主要有以下 4 种。

(1)小鼠隐孢子虫(*C. muris*) 寄生于家畜的胃黏膜上皮细胞上。卵囊大小为(6.6～7.9) μm×(5.3～6.5) μm,平均为 7.4 μm×5.6 μm,卵囊指数为 1.1～1.5,平均为 1.3。

(2)微小隐孢子虫(*C. parvum*) 寄生于家畜的小肠黏膜上皮细胞上。卵囊大小为(4.5～5.4) μm×(4.2～5.0) μm,平均为 5.0 μm×4.5 μm,卵囊指数为 1.0 ～1.3,平均为 1.1。

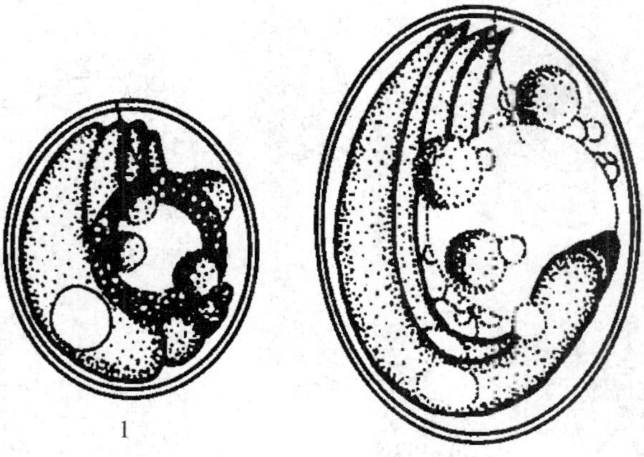

图 12-31　隐孢子虫卵囊(引自李国清)

1. 微小隐孢子虫　2. 小鼠隐孢子虫

(3)贝氏隐孢子虫(*C. baileyi*)　寄生于禽类的法氏囊、泄殖腔和呼吸道。卵囊大小为(5.6～6.3) μm×(4.5～4.8) μm,平均为 6.2 μm×4.6 μm,卵囊指数为 1.2 ～1.4,平均为 1.4。

(4)火鸡隐孢子虫(*C. meleagridis*)　寄生于禽类的肠道。卵囊大小为(4.5～6.0) μm×(4.2～5.3) μm,平均为 5.2 μm×4.6 μm,卵囊指数为 1.0 ～ 1.3,平均为 1.1。

(二)生活史

与球虫的相似,隐孢子虫的发育过程也包括裂殖生殖、配子生殖和孢子生殖 3 个发育阶段,但隐孢子虫所有发育阶段均在同一宿主上皮细胞膜与胞质之间的带虫空泡中进行。

成熟卵囊是本虫的唯一感染阶段,卵囊被排到外界后即具有感染性。以微小隐孢子虫为例(图 12-32),卵囊被易感动物摄入后,在消化液的作用下,囊内的 4 个子孢子逸出,附着并侵入肠上皮细胞,在带虫空泡中发育为球形的滋养体。滋养体经过 3 次核分裂发育为Ⅰ型裂殖体。成熟的Ⅰ型裂殖体含 8 个裂殖子,裂殖子释出后,侵入其他上皮细胞,发育为第 2 代滋养体。第 2 代滋养体经过 2 次核分裂发育为Ⅱ型裂殖体。成熟的Ⅱ型裂殖体含有 4 个裂殖子,释放出的裂殖子发育为雌、雄配子体,进一步发育为雌、雄配子。两者结合成为合子,再经孢子生殖形成卵囊。孢子化卵囊有薄壁和厚壁两种类型:薄壁型卵囊约占 20%,子孢子在宿主体内可自行脱囊后直接侵入上皮细胞,依然进行裂体生殖,形成宿主的自身循环感染,所以一次吞食少量的卵囊,就可引起严重的或持续性感染;厚壁型卵囊约占 80%,在肠上皮细胞或肠腔内经孢子化在囊内形成 4 个子孢子后,随宿主粪便排到外界即可感染新的宿主。完成整个生活史需 5～11 d。

(三)流行病学

(1)传染源　患病动物或向外界排卵囊的动物为隐孢子虫的传染源。卵囊对外界环境有很强的抵抗力。微小隐孢子虫在 20℃放置 6 个月后,多数卵囊仍对哺乳小鼠有感染性,卵囊在 25℃和 30℃放置 3 个月保持感染,在－5℃保持活力达 2 个月。高温可使其活性迅速丧失,卵囊置于 59.7℃,5 min 后,感染性已非常低,71.7℃仅几秒钟就可杀死卵囊。速冻和逐渐降温到－70℃即使在多种冷冻剂存在的情况下仍可导致卵囊快速失活。卵囊对干燥敏感,而对

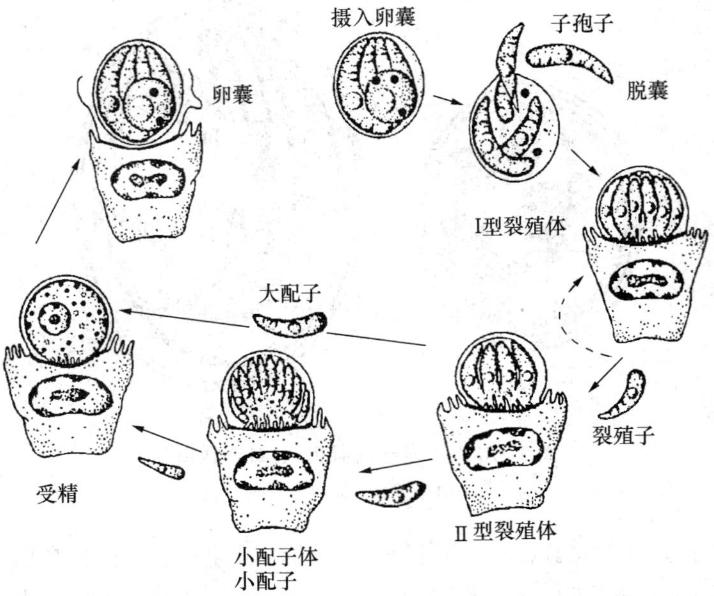

图 12-32 微小隐孢子虫生活史图解(仿 Gardiner *et al*.)

大多数的消毒剂有明显的抵抗力，只有 50%以上的氨水和 30%以上福尔马林作用 30 min 才能杀死隐孢子虫卵囊。

(2)传播途径　主要传播方式是患畜粪便中的卵囊污染食物和饮水，易感动物经口摄入而发生感染。家禽也可经呼吸道感染。用卵囊对仔猪进行气管注射和结膜囊接种均获成功。由于隐孢子虫发育过程中形成的薄壁型卵囊可发生自身感染，因此，动物和人即使摄入少量卵囊也可发生严重感染。

(3)易感宿主　隐孢子虫的宿主范围很广，可寄生于 170 多种哺乳类，包括人，尤其是幼龄儿童和免疫抑制病人，30 多种鸟类和鱼类，57 种爬行动物。家畜中常见报道的有奶牛、黄牛、水牛、猪、绵羊、山羊、马以及宠物犬、猫；禽类常见报道的有鸡、鸭、鹅、火鸡、鹌鹑、鸽、珍珠鸡；野生动物和野生禽类均有较多报道。

隐孢子虫不具有明显的宿主特异性。如鹌鹑源火鸡隐孢子虫可以感染鹌鹑、鸡、鸭和小白鼠；自艾滋病人分离的火鸡隐孢子虫分离株可以感染仔猪、雏鸡、小白鼠、幼火鸡、犊牛、鸽和兔。

(4)流行情况　隐孢子虫呈全球性分布，我国绝大多数省区均已报道人和家畜隐孢子虫感染。北京、河南、广东、安徽、吉林等地先后从奶牛、猪、骆驼、小鼠、北京鸭、鹌鹑、鸽子、鸵鸟，以及鹿、狐狸、蜥蜴分离到隐孢子虫株。各地人的感染率为 1.4%～13.3%，牛为 5.3%～40%，鸡为 9.8%～100%，鸭为 9.8%～100%，鹌鹑为 4%～40%，感染率差别较大。

(四)致病作用

隐孢子虫可作为原发性病原或在动物和人的多种免疫抑制性疾病中作为继发性感染病原。其致病机理据推测是虫体的寄生改变了寄居宿主细胞的活动或从肠管吸收营养物质。隐孢子虫寄生使微绒毛数量减少和体积变小，以及成熟肠细胞因脱落而进一步减少，致双糖酶活性降低，从而使乳糖和其他糖进入大肠降解。这些糖促使细菌过度生长，形成挥发性脂肪酸，改变渗透压，或在肠腔中累积不吸收的高渗营养物质，从而引起腹泻。回肠中的液体和电解质的过度分泌表明隐孢子虫产生了霍乱样毒素（cholera-like toxin）刺激肠细胞的腺苷酸环化酶系统产生 cAMP。

（五）临床症状

家畜隐孢子虫病主要是由微小隐孢子虫引起的，以犊牛、羔羊和仔猪的较为严重。表现为精神沉郁，厌食，腹泻，粪便带有大量的纤维素，有时含有血液。患畜生长发育停滞，极度消瘦，有时体温升高。羊的病程为 1～2 周，死亡率可达 40%，牛的死亡率可达 16%～40%，尤以 4～30 日龄的犊牛和 3～14 日龄的羔羊死亡率高。

家禽隐孢子虫病主要是由贝氏隐孢子虫引起的，以鸡、火鸡和鹌鹑最严重。潜伏期 3～5 d，病程 2～14 d。主要引起呼吸道症状，偶尔引起肠道、肾脏等疾病。呼吸道感染常表现为精神沉郁、嗜睡、厌食、消瘦、咳嗽、打喷嚏、啰音、呼吸困难和结膜炎等症状。消化道感染症状以嗜睡、体重下降、色素沉着减少和腹泻最为常见。

（六）病理变化

微小隐孢子虫病的病变主要表现为空肠绒毛层萎缩和损伤，肠黏膜固有层中的淋巴细胞、浆细胞、嗜酸性白细胞和巨噬细胞增多，肠黏膜的酶活性较正常黏膜的低，呈现出典型的肠炎病变。在病变部位可发现大量的隐孢子虫各期虫体。

家禽隐孢子虫病的病理解剖特征为鼻腔、鼻窦、气管黏液分泌过多，眼球结膜水肿、充血，鼻窦肿大，肺有灰白色斑，气囊浑浊，法氏囊萎缩等。肠道剖检可见黏液性内容物和气体引起的肠扩张，肠绒毛萎缩，化脓性肠炎和坏死等。

（七）诊断

隐孢子虫感染临床上多呈隐性经过，不出现任何症状，或即使有明显的症状，也常常属于非特异性的，而且动物发病时还常常伴有许多条件性病原体的感染。因此要确诊必须在实验室诊断中查出病原体或采用免疫学技术检测抗原或抗体。

（1）粪便集卵法　用饱和蔗糖漂浮法收集取粪便中的卵囊，再用显微镜检查。因隐孢子虫卵囊很小，往往容易被忽略，因此，需要放大至 1 000 倍的油镜下进行观察。

（2）染色法　将待检粪样制成涂片或病变组织的黏膜触片，自然干燥，甲醇固定 5 min 后染色。常用的方法有改良抗酸染色法、金胺酚染色法、金胺酚-改良抗酸染色法等。以改良抗酸染色法染色后，镜检时在绿色背景上可观察到呈圆形或椭圆形，直径为 2～5 μm 红色的虫体。

（3）免疫学诊断　用酶联免疫吸附试验（ELISA）检测宿主血清中的特异性抗体，或用单克隆抗体检测隐孢子虫的卵囊壁抗原，国外已有一些商品化的隐孢子虫诊断试剂盒销售，两者均有高度的特异性和敏感性。免疫印迹技术是将聚丙烯酰胺凝胶电泳和免疫转印技术结合的一种方法，可用于隐孢子虫病的临床诊断和特异性抗原和抗体分析。

（4）分子生物学诊断　用聚合酶链式反应（PCR 技术）能成功的检测隐孢子虫，特异性强，敏感性高，已成为研究性实验室常规检测技术。

（八）防治

（1）治疗　隐孢子虫病的治疗是一个世界性的难题，几乎所有的抗生素都用过，但是没有一种安全有效的治疗药物。有些药物只产生部分疗效，可靠性差，难以重复。可能具有改善临床症状和缩短病程作用的抗生素有巴龙霉素、螺旋霉素、阿奇霉素等。由于该病是一种自限性疾病，所以采用支持疗法更为重要。

(2)预防　主要是阻断传播途径，加强卫生管理，防止饮水和饲料被卵囊污染，提高动物机体的免疫力。隐孢子虫的卵囊对环境和消毒剂的抵抗力很强，常用消毒药物中只有少数几种对卵囊有杀灭作用。采用50%氨水5 min、30%过氧化氢30 min、10%福尔马林120 min、蒸汽消毒和福尔马林或氨气熏蒸等方法对所有物体及其表面进行消毒，结合严格的卫生管理措施和药物预防在一定程度上可以预防隐孢子虫病的发生，但这些措施仅适用于小型牧场或养禽场。

四、环孢子虫病

环孢子虫病是由环孢子属(*Cyclospora*)的病原寄生于宿主的小肠上皮细胞所引起的疾病，主要引起宿主的胃肠炎和慢性腹泻。该虫首先由Elimer在1870年从鼹鼠的肠道中分离到。到目前为止，已经分别从蛇、食虫动物和啮齿动物、牛和人中陆续分离到。近年来，因环孢子虫感染引起患者严重腹泻病例不断增加而引起医学界的高度重视。

(一)病原形态

从患者腹泻物中分离到的环孢子虫卵囊为圆形，直径8～10 μm，绝大多数没有孢子化。内含成团的可反光的包在膜内的小体，卵囊囊壁由内外两层组成，厚约113 nm。孢子化的卵囊有两个孢子囊，且每个孢子囊有两个子孢子，孢子囊大小平均为4.0 μm×6.3 μm，而每个子孢子新月形，平均为1.2 μm×9.0 μm。环孢子虫的细胞中含有细胞核、微线体和棒状体，同时也可见到有粗面内质网。与顶复门的其他孢子虫一样，环孢子虫的顶端复合体也包含有极环、类锥体和小管状细胞器。国内从牛粪便中看到的环孢子虫卵囊如图12-33所示。

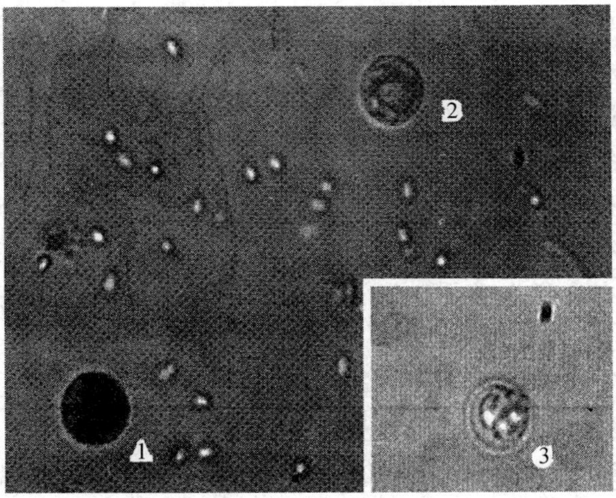

图12-33　牛源环孢子虫的形态特征(仿李国清，2007)

1. 着色卵囊(改良抗酸染色)　2. 未着色卵囊(改良抗酸染色)　3. 孢子化卵囊

(二)生活史

从已描述的环孢子虫的生活史看，依宿主不同而各异。例如寄生于鼹鼠的*C. carydytica*是在宿主肠细胞核内完成无性和有性生殖的。卵囊在体外完成孢子化过程需4～5 d。然而，寄生在同一宿主鼹鼠的 *C. talpae*，无性生殖发生在肝脏的单核细胞核中，而有性生殖在胆管的上皮细胞内完成（图 12-34）。卵囊在体外完成孢子化过程需 12～14 d。有关人环孢子虫（*C. cayetanensis*）生活史至今尚未完全清楚，其基本过程如图所示。据 Ortega 等（1994）报道，人环孢子虫完成孢子化过程需时与 *C. talpae* 相似。在人的空肠活检组织上皮细胞中发现有两种大小不同的裂殖子，提示人环孢子虫存在两种不同的裂殖体。由于无性和有性生殖发生在同一宿主，因此，很可能人是 *C. cayetanensis* 唯一的宿主。环孢子虫的传播发生和其他球虫相似，与饮用或吞入受卵囊污染的水或水果蔬菜等有关。

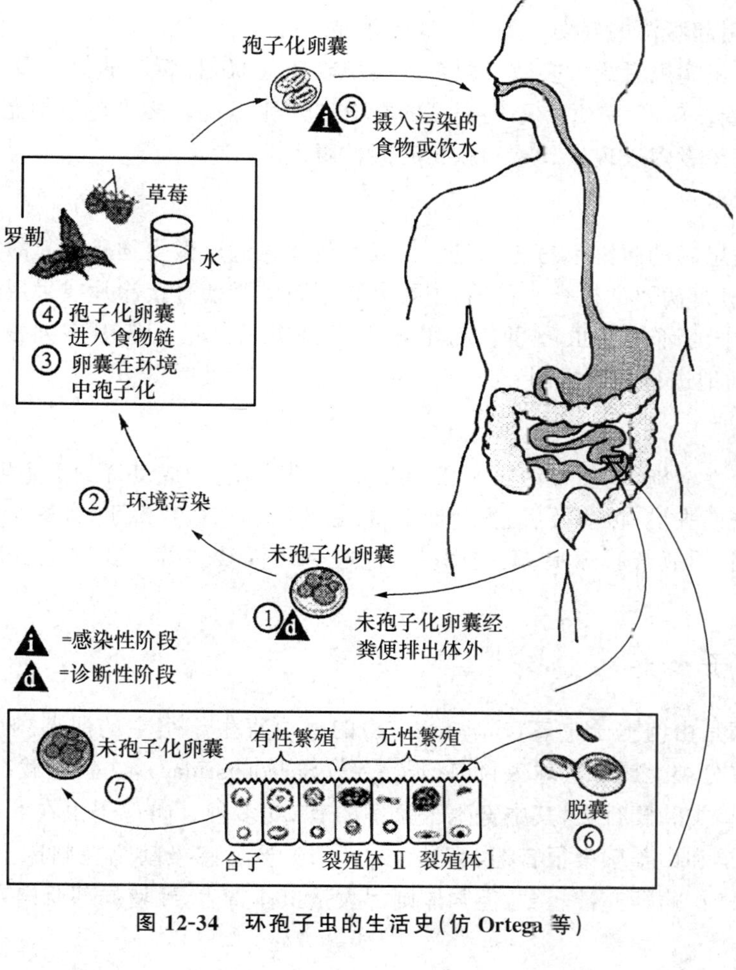

图 12-34　环孢子虫的生活史（仿 Ortega 等）

（三）流行病学

（1）流行地区　1996 年以前报道的环孢子虫病患者大多来自发展中国家或到过这些国家的旅游者。在海地、尼泊尔和秘鲁等国家，环孢子虫病似乎已成为一种地方性流行病。其中，很多患者来自 HIV 阳性和其他免疫缺陷人群。但 2000 年德国西南部暴发了一起食源性环孢子虫病与食用色拉有关。我国云南、安徽、浙江等地也曾有个别环孢子虫感染病例报道，但缺乏特征性检验对之确证。

（2）流行季节　环孢子虫病多发生于温暖多雨季节，在尼泊尔，仅在夏季收集的粪便样品中查到环孢子虫。在秘鲁，经过 5 年的调查表明，环孢子虫病发生于 1—7 月份，而其发病高峰集中在4—6月份。1996年，在北美暴发的环孢子虫病也多集中在晚春和初夏季节。

(3)传播途径　一般认为环孢子虫的传播途径是经水源或水果、蔬菜等食物传播。美国在1990年首次人的环孢子虫病与饮用水有关。在尼泊尔，感染环孢子虫的腹泻患者比无腹泻者更习惯饮用未经处理的水和本地牛奶，而本地牛奶多用未经处理的水稀释。目前已知与环孢子虫暴发有关的食物有木霉、草莓、莴苣、罗勒等。

(四)致病作用与症状

可以认为，与其他球虫一样，环孢子虫是通过不断侵入宿主的小肠上皮细胞而使宿主产生临床症状的，但引起腹泻的确切机制目前尚不清楚。

人的环孢子虫病患者绝大多数有腹泻的典型临床症状，且腹泻的轻重及病情长短与其体质有关，禁食不能缓解腹泻，并有不同程度的贫血和营养不良。接受免疫抑制剂治疗、HIV血清阳性或艾滋病患者多表现较严重和较长时间的腹泻。

(五)诊断

环孢子虫病患者的腹泻不易与隐孢子虫或其他肠道病原微生物所引起的腹泻相区别。因此，要确诊需要进行病原学检查。目前，主要是采用新鲜粪便直接涂片或采用改良抗酸染色法镜检，检查粪便中的环孢子虫卵囊。利用环孢子虫18S rDNA基因序列设计引物，建立的PCR方法能成功地进行病原检测。

(六)防治

应采取综合性措施，包括查治病人和带虫者，管理粪便，养成良好的卫生习惯。蔬菜、水果吃前应彻底清洗或去皮；饭前便后、食品加工、接触宠物和家畜要洗手，以减少感染机会。治疗可用复方新诺明、甲氧苄胺嘧啶、磺胺甲基异噁唑和环丙沙星等。我国也有用大蒜素治疗的报道。

五、肉孢子虫病

肉孢子虫病是由肉孢子虫属(*Sarcocystis*)的病原寄生于宿主的肌肉内引起的一种原虫病。肉孢子虫在分类上属于真球虫目肉孢子虫科(Sarcocystidae)，文献记载有130多种，广泛寄生于哺乳类、鸟类和爬行类，其中寄生于家畜的有20多种。肉孢子虫在我国南方的水牛和黄牛、北方的绵羊和山羊感染很普遍，高达70%～100%。感染动物在临床上通常不显症状，即使在严重感染时，病情亦甚轻微，但胴体则因大量虫体寄生，致使局部肌肉变性、变色而不能食用。

(一)病原形态

肉孢子虫寄生于宿主的肌肉(骨骼肌、心肌)中形成包囊，又称米氏囊。包囊多呈纺锤形、圆柱形或卵圆形，色灰白或乳白。因种类不同，大小差异很大。小的只有几毫米，甚至不足1 mm，肉眼难以看到，大的可达数厘米。囊壁由两层组成，内壁向囊内延伸，构成很多中隔，将囊腔分成若干小室。发育成熟的包囊，小室中充满大量新月形的缓殖子，又称为南雷氏小体(Rainey's corpuscle)，其长为10～12 μm，宽4～9 μm(图12-35)。囊壁的厚度、突起的形状和构造因种而异，成为虫种鉴定的重要依据。家畜肉孢子虫的种类及其生物学特征见表12-1。

表 12-1　家畜肉孢子虫的种类及其生物学特征

μm

中间宿主	中文名	学名	终末宿主	致病力	包囊	包囊壁	孢子囊
黄牛	枯氏肉孢子虫（牛犬肉孢子虫）	*S. cruzi* (*S. bovicanis*)	犬、狼、郊狼赤狐	强	小	薄	16×11
	毛形肉孢子虫（牛猫肉孢子虫）	*S. hirsuta* (*S. bovifelis*)	猫	弱	小	厚	12×8
	人肉孢子虫（牛人肉孢子虫）	*S. hominis* (*S. bovihominis*)	人、狒狒、罗猴、黑猩猩		小	厚	15×9
水牛	利文肉孢子虫	*S. levinei*	犬、郊狼、狐	弱	小	薄	15×10
	梭形肉孢子虫	*S. fusiformis*	猫	强	大	厚	13×8
绵羊	柔嫩肉孢子虫（绵羊犬肉孢子虫）	*S. tenella* (*S. ovicanis*)	犬、狼、赤狐	强	小	厚	15×10
	巨型肉孢子虫（绵羊猫肉孢子虫）	*S. gigantea* (*S. ovifelis*)	猫	无	大	薄	12×8
	水母形肉孢子虫	*S. medusiformis*	猫		大	薄	12×8
	羚犬肉孢子虫	*S. arieticanis*	犬	强			
山羊	山羊犬肉孢子虫	*S. capracanis*	犬、郊狼、狐	强	小	厚	15×10
	山羊猫肉孢子虫	*S. caprifelis*	猫				
	牟氏肉孢子虫	*S. moulei*	犬				
猪	米氏肉孢子虫	*S. miescheriana*	犬、狐	弱	小	厚	10×13
	猪人肉孢子虫	*S. suicanis*	人、黑猩猩、罗猴	强	小	厚	15×11
	野猪肉孢子虫	*S. porcifelis*	猫	强			13×8

(二)生活史

肉孢子虫具有严格的宿主特异性，发育需在两个宿主体内完成。中间宿主是草食动物和杂食动物、禽类、啮齿类和爬行类等，在其体内进行裂殖生殖；终末宿主是肉食动物犬、狼、狐及猫和人等，在其肠道进行球虫样的配子生殖和孢子生殖。

终末宿主吞食了中间宿主肌肉中的成熟包囊而感染，包囊在胃肠道内被消化，释放出缓殖子，缓殖子进入小肠绒毛的上皮细胞固有层，直接发育为大配子体和小配子体。小配子体又分裂形成许多小配子，然后大、小配子结合为合子，最后形成卵囊。卵囊在肠壁上完成孢子化。孢子化的卵囊内含有 2 个椭圆形的孢子囊，每个孢子囊内有 4 个香蕉形的子孢子。由于卵囊囊壁很薄，紧贴孢子囊壁，常在肠内就自行破裂，因此，在粪便中见到的常为孢子囊。中间宿主

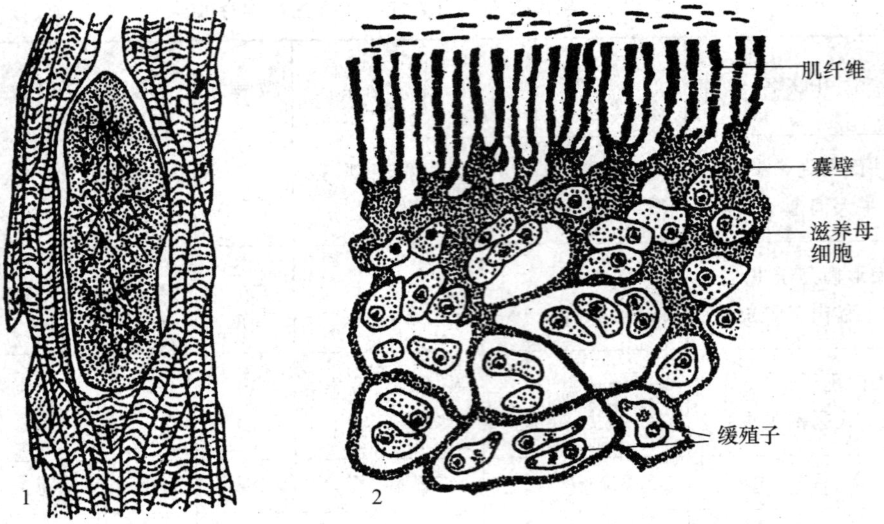

图 12-35 寄生牛体内的肉孢子虫详细结构(仿张西臣)

1. 整体结构(纵切面) 2. 详细结构

吞食终末宿主粪便中的孢子囊或卵囊而遭受感染。在肠道内,孢子囊的囊壁被破坏,子孢子逸出,子孢子经血液循环到达各脏器,在血管内皮细胞中进行 2~3 代裂殖生殖,产生大量的裂殖子,然后裂殖子进入肌细胞发育为包囊,再经 1 个月或数个月发育成熟(图 12-36)。

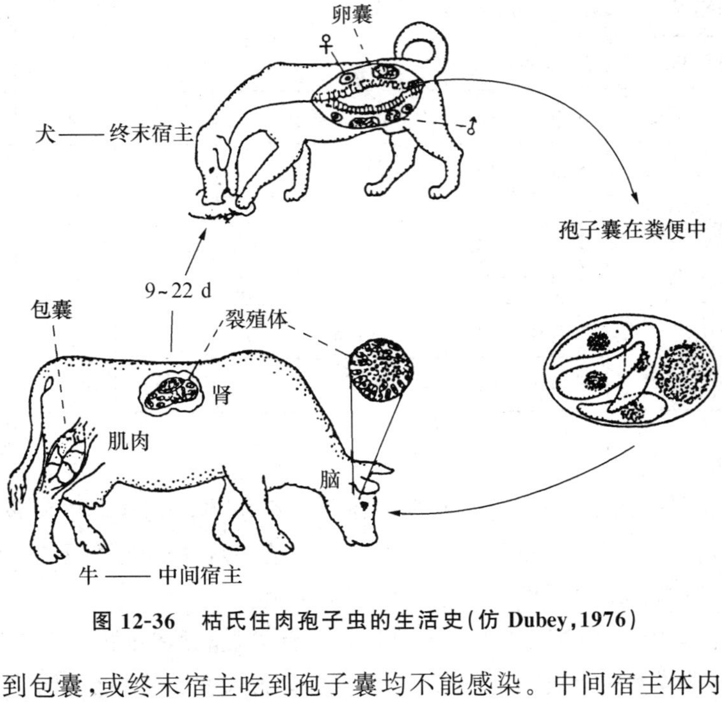

图 12-36 枯氏住肉孢子虫的生活史(仿 Dubey,1976)

中间宿主吃到包囊,或终末宿主吃到孢子囊均不能感染。中间宿主体内的裂殖子可经血液实验性感染受体动物,也可经胎盘自然传染给幼畜。

(三)流行病学

(1)感染状况　肉孢子虫病流行于世界各地,各种年龄和品种的家畜均可感染,感染率随着年龄的增长而最高,与家畜的饲养管理方式密切相关。猪的肉孢子虫的感染率在0.2%～95%,规模化养猪场的猪的感染率明显低于散养猪。国内调查显示,绵羊的感染率为60%～90%,青海牦牛的感染率为92.66%,延边黄牛的感染率为55.9%～94%。

(2)感染来源　终末宿主粪便中的卵囊和孢子囊是造成家畜肉孢子虫病的感染来源,粪便中的孢子囊还可以通过鸟类、蝇和食粪甲虫而散播。孢子囊对外界环境的抵抗力强,米氏肉孢子虫和猪人肉孢子虫的孢子囊在−18℃经8周还可存活;在4℃水中,至少活14～30个月。包囊内缓殖子在适宜温度下可存活1个月以上,但对高温与冷冻较敏感,60～70℃ 10 min、冰箱内冷冻1周或−20℃存放3 d均可灭活。

(四)致病作用与症状

肉孢子虫在中间宿主的内皮细胞内进行裂殖生殖时,其致病作用除机械性损伤与吸收营养外,和弓形虫、锥虫等寄生原虫一样,在发育的各阶段可产生致病性很强的毒素。用肉孢子虫的包囊毒素(浸出物)注射小白鼠和家兔,会引起发病死亡。

多数肉孢子虫无明显致病性。但有些种类的肉孢子虫有较强的致病性。如用枯氏肉孢子虫的孢子囊感染犊牛,会引起厌食、贫血、发热、消瘦、水肿、淋巴结肿大、尾端脱毛坏死等症状。少数牛还表现出角弓反张,四肢伸直,肌肉僵硬;妊娠母牛发生流产、死产和死亡等。绵羊肉孢子虫病可发生呼吸困难,甚至死亡;羔羊在严重感染时,可出现厌食、虚弱以致死亡;孕羊可出现高热、共济失调和流产等症状。猪吃了数量不明的猫粪中的孢子囊后,可引起腹泻、跛行、生长受阻和心肌炎。在慢性肉孢子虫病时,病畜主要表现为采食下降,消瘦,贫血,被毛枯干,生产性能下降。在心肌和骨骼肌发现大量包囊寄生和炎性反应,造成肉品污染和废弃。

(五)诊断

1. 生前诊断

比较困难,主要借助于免疫学方法。以包囊或缓殖子作抗原,诊断血清抗体IgG和IgM。IgM应答出现在感染早期,适用于急性病的诊断;IgG产生较迟,但持续时间长,其检测可用于急性或慢性肉孢子虫病的诊断。常用的血清学方法有间接血凝、酶联免疫吸附试验、间接荧光抗体、琼脂扩散试验等。

2. 死后诊断

主要是检查食道、心肌、膈肌和骨骼肌等肌肉组织有无包囊存在,包囊常用的检查方法如下:

(1)肉眼检查法　适用于长度大于1 mm的包囊检查。

(2)压片镜检法　操作方法同旋毛虫的检验,检出率为80%以上。

(3)蛋白酶消化法　取20 g肉绞碎,加50 mL消化液(消化液的配方为:胃蛋白酶1.3 g,盐酸3.5 mL,氯化钠2.5 g,蒸馏水500 mL配成),在40°C下1.5～2.5 h,滤过,静置30 min,吸沉渣约0.3 mL,置高倍镜下镜检。检出率可达90%以上。

(六)防治

对肉孢子虫病的治疗,目前尚无特效药物。通常使用抗球虫药,如用常山酮、盐霉素、莫能霉素预防羊肉孢子虫病；以莫能霉素、氨丙啉预防牛肉孢子虫病，能收到一定的效果。预防本病应做到：

①严禁犬、猫等终末宿主接近家畜，避免其粪便污染家畜的饲料、饮水和饲养场地，以切断传染途径。

②作好肉品管理和处理，对感染肉孢子虫的动物肌肉、内脏和组织应按照肉品检验的规定处理，禁止用生的未煮熟的肉喂犬、猫或其他动物。

③加强肉品卫生检验，防止人类食入患有肉孢子虫的动物肉品。

六、鸡住白细胞虫病

鸡住白细胞虫病是由住白细胞虫科、住白细胞虫属的卡氏住白细胞虫（*Leucocytozoon caulleryi*）和沙氏住白细胞虫（*L. sabrazesi*）寄生于鸡的白细胞和红细胞内所引起的一种血液原虫病，是危害我国养鸡业的主要疾病之一。

（一）病原形态

1. 卡氏住白细胞虫

卡氏住白细胞虫在鸡体内的发育阶段不同，其形态也不同。从进入红、白细胞的裂殖子发育至成熟的配子体可分为5期，现将姬氏液染色观察的虫体形态特征描述如下：

(1)第1期　是从成熟的裂殖体释放出的裂殖子，单个或3～7个散布在鸡的血浆中，虫体呈圆点状，紫红色，直径为0.5～1 μm。

(2)第2期　为进入红、白细胞中胞浆中的裂殖子，一个细胞内一般有1～2个，圆点状，大小为0.89～1.45 μm的裂殖子，宿主细胞核不移位。

(3)第3期　为早期配子体，裂殖子在宿主细胞内开始增大，形成大小为(10.87～11.87) μm×(9.2～9.43) μm的配子体雏形，宿主细胞核被挤压于一侧，虫体有一较大的细胞核，核周围出现蓝染的原生质。

(4)第4期　是未成熟配子体，见于宿主细胞和血浆中，根据着色度及胞浆多少，已大致能区分出大、小配子体。大配子体呈圆形或椭圆形，大小为13.05 μm×13.6 μm，胞浆丰富呈深蓝色；核小居中，透明，大小为5.8 μm×2.9 μm ，有一圆点状核仁。小配子体呈不规则的圆形，大小为10.09 μm×9.24 μm，胞浆少，呈浅蓝色，核占绝大部分，核仁红色。

(5)第5期　成熟配子体，呈近圆形，被寄生的宿主细胞的胞核被挤于一侧，呈一狭带状围绕虫体1/3或细胞核全部消失。大配子体大小为15.08 μm×13.43 μm，核小，呈紫红色，直径为3～4 μm；小配子体大小为14.9 μm×13.59 μm，核较大，整个细胞几乎全为核所占有(图12-37)。

卡氏住白细胞虫在各种脏器内被巨噬细胞吞噬后形成巨型裂殖体。巨型裂殖体为近圆形，直径为116.7～443.46 μm。成熟的裂殖体囊壁完整、均质、壁厚3.43～4.62 μm，囊内全为被染成淡蓝色的裂殖子，呈颗粒状或逗点状。

2. 沙氏住白细胞虫

沙氏住白细胞虫的成熟配子体呈长椭圆形，较大，被寄生的白细胞膨大呈梭形，宿主细胞的胞核被虫体挤向一侧或挤向虫体的两旁而呈半月状，宿主的细胞质向两端伸展形如棱角。姬氏液染色时，雌配子体细胞质着色深蓝，胞核着色鲜红，虫体大小为23.8 μm×6.4 μm，胞核为 4.4 μm×3.4 μm；雄配子体胞质着色浅蓝，胞核着色淡红，虫体大小为 22.4 μm×5.6 μm，胞核为 6.4 μm×6.1 μm(图 12-38)。

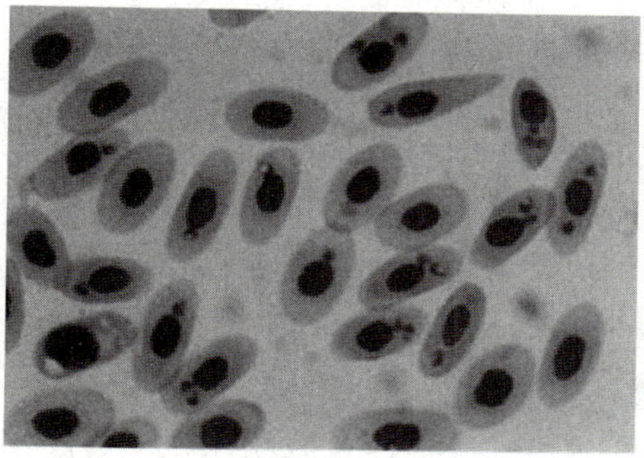

图 12-37　卡氏住白细胞虫配子体

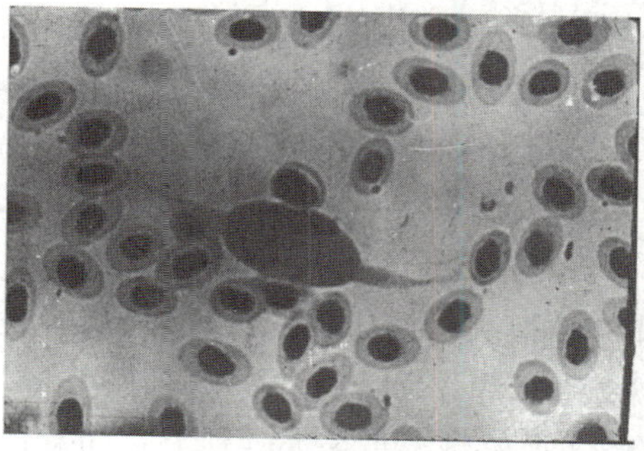

图 12-38　沙氏住白细胞虫配子体

(二)生活史

住白细胞虫的生活史与鸡球虫的生活史相似，都有裂体生殖、配子生殖和孢子生殖阶段。所不同的是，裂体生殖和配子生殖的一部分在鸡体内进行，配子生殖的后阶段和孢子生殖阶段在媒介昆虫体内进行。卡氏住白细胞虫的传播媒介为库蠓，沙氏住白细胞虫的传播媒介为蚋。以卡氏住白细胞虫为例叙述其生活史。

1. 裂殖生殖

感染有卡氏住白细胞虫的库蠓在叮咬吸血时，将唾液腺中已发育成熟的子孢子(sporozoite)注入鸡体内，子孢子随血流到全身各器官的血管内皮细胞内进行裂殖生殖，经裂殖生殖后，每个子孢子能形成十几个裂殖体(schizont)，于感染后 8～12 d，宿主细胞被破坏，裂殖体随血液转移到其他寄生部位，主要是肺、肝、肾，其次是心、脾、胰、胸腺、肌肉、腺胃、肌胃、肠道、气管、卵巢、睾丸及脑等组织器官内继续发育成熟，到第 14～15 天，成熟的裂殖体破裂，释放出球形的裂殖子(merozoite)。这些裂殖子可以有三种去向：一是随血液再次进入肝实质细胞发育形成肝裂殖体(hepatica schizont)；二是被巨噬细胞吞食从而发育为巨型裂殖体(megaloschizont)；三是进入红细胞或白细胞开始配子生殖。肝裂殖体及巨型裂殖体还可重复繁殖 2～3 代。

2. 配子生殖

成熟的裂殖子进入血液后，即开始配子生殖阶段。这一阶段的大部分，即成熟的裂殖子进入血液至大、小配子体发育成熟，是在鸡的末梢血液和组织中完成的，宿主细胞是红细胞或成红细胞以及白细胞。当库蠓吸血时，在末梢血液中的大、小配子体，进入库蠓的胃内，在库蠓的胃壁里迅速发育成大、小配子，大、小配子结合成合子(zygote)，约经数小时后即形成可动性的动合子(ookinete)，动合子进入胃壁的上皮细胞内形成卵囊。

3. 孢子生殖

一般在库蠓感染后 36～76 h 卵囊发育成熟，内含数十至数千个具有感染能力的子孢子，这种卵囊由胃壁移行至唾液腺内聚集，当库蠓再次叮咬易感鸡时又引发新的感染。

卡氏住白细胞虫子孢子进入鸡体内在血管内皮细胞内进行裂殖生殖需 14～15 d，裂殖子进入血液形成大、小配子体需 8～12 d，在鸡体内的整个发育过程需 22～27 d，平均为 23 d。从大、小配子体进入库蠓体内到形成具有感染力的卵囊需时为 2～7 d。形成子孢子的最适温度为 25℃，这种温度下 2 d 即可形成。

（三）流行病学

(1)传播媒介 住白细胞虫的传播媒介为库蠓和蚋。卡氏住白细胞虫的传播媒介有荒川库蠓(*Culicoides arakawae*)尖喙库蠓(*C. oxystoma*)、环斑库蠓、恶敌库蠓等。

(2)发病季节 本病的发生具有一定的季节性，这与库蠓和蚋的活动季节相一致。库蠓在一年中因生活条件的不同可繁殖 2～5 代。在 20℃以上时，库蠓和蚋繁殖快，活力强，而分别由它们传播的卡氏住白细胞虫病和沙氏住白细胞虫病的发生和流行也就严重。热带和亚热带地区全年均可以发病。在山东，本病多发生于 6—11 月份，其中 7、8、9 月份和 10 月中旬前发病率最高。福建和广州地区多发于 4—10 月份，严重发病见于 4—6 月份，最高峰为 5 月份。

(3)发病特点 鸡的年龄与鸡住白细胞虫的感染率成正比，而和发病率成反比。2～3 月龄的童鸡和 5～7 月龄的中鸡感染率和发病率都较严重，而 8～12 月龄的成鸡或 1 年以上的种鸡虽感染率高，但发病率不高，血液中虫体数较少，大多数呈无病的带虫者。

（四）致病作用和症状

自然潜伏期为 6～10 d，由于虫体的寄生破坏了各器官组织微血管内皮细胞，引起机体广泛性出血。雏鸡和仔鸡临床症状明显，死亡率高。感染 12～14 d 后，突然因咯血、呼吸困难而死亡，有的鸡呈现鸡冠苍白，食欲不振，羽毛松乱，伏地不动，1～2 d 后因出血而死亡。轻症病鸡发热、卧地不动，食欲下降，下痢，精神沉郁 1～2 d 后死亡或康复。本病的特征性症状是死前口流鲜血，贫血，鸡冠和肉垂苍白，常因呼吸困难而死亡。

中鸡和大鸡感染后一般死亡率不高。主要由于虫体在红细胞内寄生，引起暂时性贫血，表现为鸡冠苍白、消瘦、拉水样的白色或绿色稀粪。中鸡和成年鸡病情较轻，死亡率较低，主要表现为中鸡发育受阻，成年鸡产蛋率下降或停止。

（五）病变

肉眼病变特征是：全身性出血，肝脾肿大，血液稀薄，尸体消瘦，白冠；全身皮下出血，肌肉尤其是胸肌、腿肌、心肌有大小不等的出血点；各内脏器官肿大出血，尤其是肾、肺出血最严重；胸肌、腿肌、心肌及肝脾等器官上有灰白色或稍带黄色的、针尖至粟粒大与周围组织有显现分界的小结节，将此结节挑出涂片染色，可见许多裂殖体散出。

（六）诊断

根据发病季节、临床症状及病理剖检变化可作出初步诊断。如将病鸡的血液及脏器(肺、肾、脾等)做涂抹片或对病鸡肌肉中的白色小结节做压片进行姬氏液染色，发现裂殖体或配子体即可确诊。取有病变的脏器作组织切片，在显微镜下见到巨型裂殖体也可确诊。

免疫学诊断如酶联免疫吸附试验、间接荧光抗体、琼脂扩散试验等方法都用于卡氏白细胞虫病的诊断。琼脂扩散试验被认为是常规的诊断方法。

本病易与鸡新城疫、禽霍乱、曲霉菌病、磺胺类药物中毒等的临床症状和剖检病变相混淆，应注意鉴别诊断。内脏表面有灰白色或黄白色针头大至粟粒大的小结节为卡氏住白细胞虫病的特征性病变。

(七)防治

1. 药物防治

早期使用药物防治,效果较佳,当内脏器官已发生损害时,效果一般不好。因此,根据当地以往的流行病学资料,在本病即将发生或流行初期,进行药物预防,是目前最有效的预防方法。临床上常用的防治药物有:

(1)复方泰灭净(磺胺-6-甲氧嘧啶 SMM)　是目前普遍认为治疗该病的特效药,预防量用 25～75 mg/kg 拌料,连用 5 d 停 2 d 为一个疗程。治疗时可按 100 mg/kg 拌料,连用 2 周或 0.5%连用 3 d,再 0.05%连用 2 周,视病情选用。

(2)磺胺-2-甲氧嘧啶(SDM)　又名制菌磺,预防用 25～75 mg/kg,混于饲料或饮水。治疗 0.05%饮水 2 d,然后再用 0.03%饮水 2 d。

(3)磺胺喹噁啉(SQ)　预防按 50 mg/kg,混于饲料或饮水。

(4)氯羟吡啶　预防用 125 mg/kg 混于饲料。治疗用 250 mg/kg 混饲,连用 7 d。

(5)氯苯胍　预防按 33 mg/kg 混料。治疗按 66 mg/kg 混料,连续 3～5 d。

2. 免疫预防

虽然目前还没有预防虫苗问世,但国外有人研究发现,卡氏住白细胞虫感染后 7～13 d,取脾脏匀浆给鸡接种,再采用一定数量的住白细胞虫子孢子攻虫,结果发现有部分鸡只可不受感染。说明病鸡的脾脏匀浆有一定的免疫原性,可激发机体产生特异性免疫保护。

3. 杀灭传播媒介——库蠓和蚋

该病的传播媒介库蠓和蚋主要生活于鸡舍及其周围环境,可采用多种措施杀灭媒介昆虫。在流行季节,对鸡舍环境用 0.1%的敌杀死、0.05%辛硫磷或 0.01%的速灭杀丁定期喷雾,可每 3～5 d 一次;或在每日库蠓出现的时间(早晨 6—7 时,黄昏 18—20 时),对鸡舍内部墙壁、门窗及用具等敌杀死喷雾消毒。同时,净化鸡舍周围环境,清除垃圾、杂草,填平废水沟,以铲除库蠓滋生和繁殖的场所。

4. 控制和消灭传染源

库蠓主要以幼虫越冬,第二年只存在少量头年带虫的成蠓,耐过的病鸡,体内仍有虫体存在,常成为下一年传播本病的疫源。故可在冬季对当年患病鸡群予以彻底淘汰,以免来年再次发病,扩散病原。同时,还应避免从外地输入病鸡。

七、卡氏肺孢子虫病

卡氏肺孢子虫病是由卡氏肺孢子虫(*Pneumocystis carinii*)寄生于肺脏引起的一种人兽共患原虫病。病原体首次于 1909 年由 Chagas 等在豚鼠肺组织中发现,1912 年 Delanoe 夫妇确认其为一单独的新属种,并命名为卡氏肺孢子虫。虫体寄生于人和大鼠、小鼠、兔、马、羊、猪、猫、犬和灵长类等多种动物的肺脏,偶在心脏、骨髓、肝脏、脾脏、结肠、胃和淋巴结等处。免疫功能缺陷或受损的病人感染后可引起肺间质性浆细胞性肺炎,尤其是艾滋病(AIDS)人感染后不经治疗,死亡率可高达 100%。动物常呈隐性感染,没有明显的症状和病变,常用作研究人类卡氏肺孢子虫病的动物模型。

由于卡氏肺孢子虫具有原虫的典型形态特征,缺乏真菌表型,对抗真菌药无效而对抗原虫的药物有效,故一直被认为是原虫。直到 1988 年经 DNA 分析才证实它不是原虫而是一种真菌。尽管对其分类地位发生变化，但仍然有必要在寄生虫病中介绍。

(一)病原形态

肺孢子虫的生活史中有滋养体、包囊前期和包囊 3 种形态。

(1)滋养体　大小为 1～4 μm，形态不定，成簇分布，数量较多。经姬姆萨染色后可见一个淡红色的胞核和蓝色胞浆。电镜下可见滋养体表面有许多丝状伪足，胞浆中可见 1～2 个线粒体、游离的核糖体、空泡、颗粒和糖原等细胞器。

(2)包囊前期　为滋养体和包囊之间的中间阶段。大小为 4～6 μm，形态多变，早期胞膜较薄，后期胞膜逐渐增厚，过渡为包囊。

(3)包囊　大小为 5～8 μm，椭圆形或圆形，囊壁较厚，成熟的包囊中含有 8 个囊内小体，或称为子孢子，每个囊内小体中含 1 个小核。

(二)生活史

卡氏肺孢子虫包囊经空气传播而进入肺内，在肺泡内的发育阶段有滋养体、囊前期和包囊期三个阶段。滋养体从包囊逸出以二分裂、内出芽或接合生殖等方式进行繁殖(有研究者提出滋养体有外出芽生殖的可能)。滋养体包膜逐渐增厚形成囊壁，进入囊前期。随后囊内核开始分裂，每个核围以一团胞质形成囊内小体。发育成熟的包囊含 8 个囊内小体，脱囊后形成滋养体(图 12-39)。肺孢子虫在体外的发育尚未完全明了。

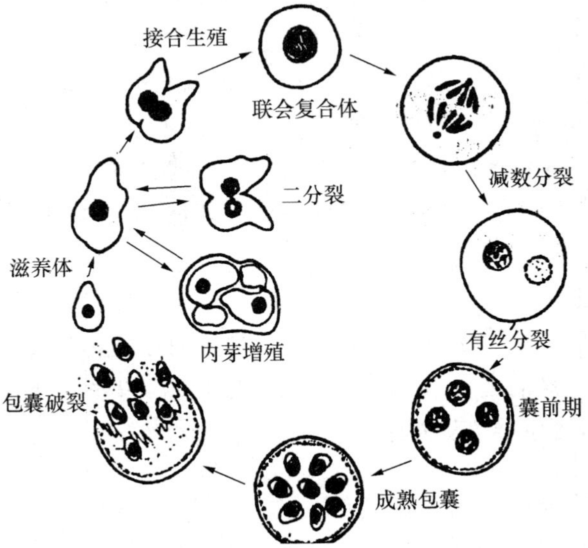

图 12-39　卡氏肺孢子虫生活史示意图(仿詹希美，2001)

(三)流行病学

卡氏肺孢子虫是一种存在于自然中的病原，是低毒力的腐生物，它原本就寄居于哺乳动物呼吸道内，估计有 1%～10%的人群感染。大鼠、小鼠、豚鼠、兔、猫、绵羊和各种野生动物常见隐性感染。犬、猪、马、山羊、猿、猴及人都有自然感染出现肺炎的报道。卡氏肺孢子虫病通过带虫动物传播给易感动物，传播途径可能是经空气，一般在同种动物内传播。也有通过胎盘传播的报道。该病呈散发，当隐性感染者处于应激、拥挤或者应用免疫抑制药物时常常引起发病。

(四)致病作用及症状

从外界环境中吸入的肺孢子虫,寄生于哺乳动物的下呼吸道中,并不引起临床症状,在免疫功能正常的健康动物体内,肺孢子虫一般不会大量增殖。但是当宿主抵抗力下降或者患肺脏疾病时,虫体就会大量增殖。由于卡氏肺孢子虫的大量增殖,阻塞肺泡腔、肺泡管,使肺的气体交换功能受到影响,从而引起严重的临床症状。

动物感染症状不明显,但实验大鼠和小鼠注射可的松(免疫抑制剂)后出现精神委顿、厌食及呼吸困难等症状,甚至发生死亡。死后剖检可见肺体积增大,质地稍硬,表面和切面有散在分布的针尖大小灰白色实性病灶,挤压切面有少量粉红色泡沫样渗出物。

人感染本病多见于早产儿、婴儿及免疫功能受损者,出现高热、干咳、呼吸困难和发绀,偶有咳痰、咯血和胸痛等症状。

(五)诊断

(1)病原学诊断　通过对肺组织的涂片或切片进行染色检查,当发现肺脏中有包囊和滋养体时即可确诊。在医学上,可用针头做肺穿刺进行活组织检查。常用的染色方法有姬氏、六甲基四胺银染色法和哥氏银染色法。

(2)免疫学诊断　由于多数人或动物曾有过肺孢子虫隐性感染,血清中多有特异性抗体存在,一般不采用检测血清抗体的方法诊断本病。

(3)分子生物学技术　DNA 探针、rDNA 探针和 PCR 无创性标本检测,有较高的敏感性和特异性。对轻度感染和隐性者更有价值。

(六)防治

临床上一旦发现该病,要尽量早期治疗,以取得最佳的疗效。常用治疗卡氏肺孢子虫病的药物有复方磺胺异噁唑、乙胺嘧啶、氨苯砜、阿托喹酮及戊烷脒等。蒿甲醚及双氢青蒿素治疗大鼠卡氏肺孢子虫的疗效接近戊烷脒。对于动物的肺孢子虫病,建议使用磺胺嘧啶(100～200 mg /100 g 饲料)和乙胺嘧啶(30 mg/100 g 饲料),效果很好。

由于该病主要发生于免疫力低下的人或动物,因此,对接受免疫抑制剂治疗或免疫受损的人和动物,应警惕诱发本病,发现的病人或病畜应立即隔离治疗。避免与患者密切接触,严密防护和提高免疫力是预防人体感染的重要措施。

八、新孢子虫病

新孢子虫病是由住肉孢子虫科新孢子虫属(*Neospora*)的犬新孢子虫(*N. caninum*)引起多种家畜的一种原虫病。它可引起孕畜流产或死胎,以及新生儿的运动障碍和神经系统疾病。新孢子虫最早发现于 1988 年,现已广泛分布北美、欧洲、澳大利亚、新西兰等国家,认为是当地引起母牛流产、产死胎的最主要原因,造成巨大的经济损失。国内近几年对北京、河北地区的牛进行了新孢子虫病血清学调查,显示阳性率较高并分离到新孢子虫。

(一)病原形态

犬新孢子虫与粪地弓形虫有着相似的形态特点。在终末宿主犬的肠道上皮细胞内进行球虫发育时,形成与球虫各阶段虫体类似的形态和结构,以卵囊形式随粪便排出体外。在中间宿主体内以速殖子和包囊的形式存在。

(1)速殖子(tachyzoite)　呈卵圆形、圆形或新月形,大小依分裂阶段的不同而不同,为

(3～7) μm×(1～5) μm。通过内出芽生殖的方式繁殖。在感染动物的神经细胞、巨噬细胞、成纤维细胞、血管内皮细胞、肌细胞、肾小管上皮细胞、肝细胞和其他体细胞也可发现速殖子。宿主细胞内最多可见到100多个速殖子。速殖子寄生于宿主细胞浆中，在带虫空泡有或没有。犬新孢子虫速殖子典型的细胞器与弓形虫相同，速殖子体表有3层质膜，22根膜下微管，2个顶环，1个类锥体，1个极环，1～3个线粒体，多达150个微线，8～12个前棒状体和4～6个后棒状体，1个高尔基复合体，粗面和滑面内质网以及核和核仁。

(2)包囊（cyst） 也称组织囊(tissue cyst)，呈圆形或卵圆形，大小不等，一般为(15～35) μm×(10～27) μm，最长可达107 μm。包囊外壁平滑，壁厚1～3 μm。包囊中有大量细长形的缓殖子，大小为(3.4～4.3) μm×(0.9～1.3) μm。缓殖子内的细胞器与速殖子相似，但缓殖子的棒状体数目比速殖子少，含PAS阳性颗粒多，细胞核位于虫体的一端，微线常与质膜呈直角排列。用过碘酸雪夫氏染色时包囊壁颜色变化很大，通常呈嗜银染色。包囊内的缓殖子之间常呈分支的管状结构，无间隔膜。

(3)卵囊(oocyst) 发现于犬的粪便中，椭圆形，其直径为10～11 μm。卵囊的孢子化时间为24 h，孢子化卵囊内含2个孢子囊，每个孢子囊内含4个子孢子(图12-40)。

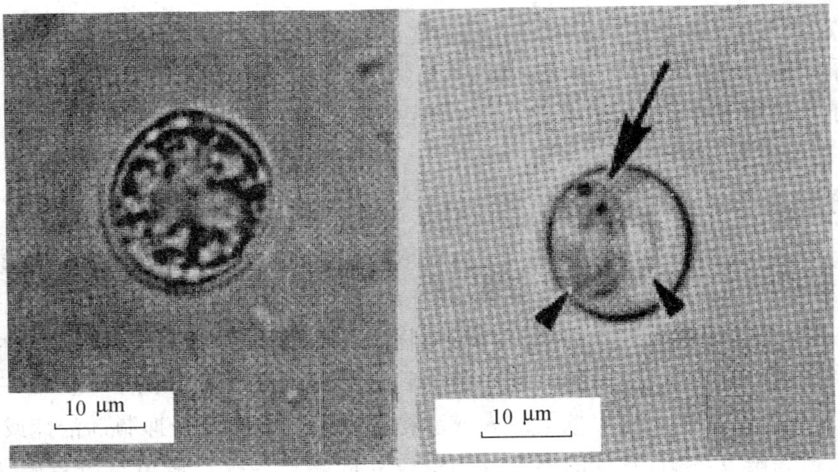

图12-40 犬新孢子虫卵囊(引自 McAllister,1998)

(二)生活史

犬新孢子虫的生活史尚未完全阐明，据推测与粪地弓形虫的生活史类似。其发育过程需要两个宿主，在终末宿主(目前仅发现为犬)体内进行球虫型发育，在中间宿主(牛、羊、兔、马、猪、小鼠和大鼠等)体内进行肠外期发育(图12-41)。经胎盘途径发生垂直传播是该虫的重要传播途径。

感染犬随粪便排出新孢子虫卵囊，新鲜的卵囊没有感染性，卵囊在外界环境中经过24 h完成孢子化过程，发育为孢子化卵囊，才具有感染性。当作为中间宿主的哺乳动物吞食了外界的孢子化卵囊时遭受感染。孢子化卵囊进入中间宿主体内，子孢子在消化道释放出来，随血液到达全身的神经细胞、巨噬细胞、成纤维细胞、血管内皮细胞、肌细胞、肾小管上皮细胞和肝细胞等多种有核细胞内寄生，发育成速殖子。速殖子可在宿主细胞的带虫空泡中反复进行分裂增殖。经过一段时间后，由于宿主产生免疫力，或其他因素的作用，一部分速殖子被消灭，一部

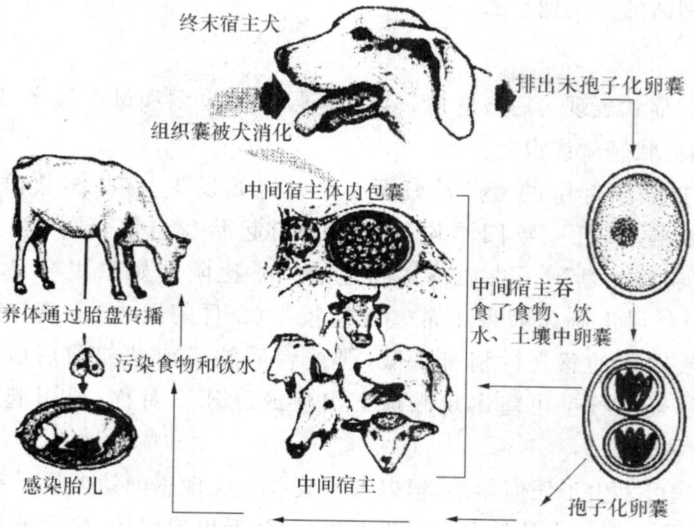

图 12-41　新孢子虫生活史(仿朱兴全,2006)

分繁殖变慢,在脑、脊椎、神经和视网膜等组织中形成包囊(内为缓殖子)。在动物妊娠期新孢子虫可经胎盘传给胎儿,且在同一个体可反复发生胎盘感染。

犬吞食了含有犬新孢子虫包囊的牛胎盘、胎衣或死胎儿组织等,在胃蛋白酶消化下,包囊游离出来,进入犬的小肠,在小肠内缓殖子从包囊中释放出来,进行球虫型发育,最后以卵囊形式随粪便排出体外。

(三)流行病学

犬新孢子虫已经在世界范围内流行,可感染牛、绵羊、山羊、马、鹿、猪以及犬等多种动物,主要寄生于动物的中枢神经系统、肌肉细胞、肝、脑及多种有核细胞内。另外,新孢子虫还可人工感染小鼠、大鼠、猫、狐狸、山狗、小沙鼠和家兔等动物,具有较广泛的宿主群。

目前认为,垂直传播是犬新孢子虫在动物群中的主要传播方式。新孢子虫的水平传播发生在中间宿主与终末宿主之间,目前还没有确切的证据证实牛群间水平传播的存在。但是水平传播被认为是造成新一轮感染的主要原因。

迄今为止已有 70 多个国家和地区报道奶牛发生新孢子虫病。英国的调查证实 12.5%的牛流产是由新孢子虫感染引起;荷兰认为这一数据在 15%～20%;在新西兰的一个奶牛场的 158 头母牛中,有 33%的母牛发生流产,从送检的病料中检查出新孢子虫,且在 5 个月后仍有 50%的牛检测有抗犬新孢子虫抗体。Anderson 等(1995)发现加州 42.5%的流产母牛是由新孢子虫感染所引起的,该州的某些奶牛场中犊牛先天性感染率高达 78%～88%。母牛流产主要发生在妊娠 3～9 月龄,特别是在 5～7 月龄。在美国、英国部分地区犬的新孢子虫的血清阳性率达 16.6%。刘群等(2001,2004)分别对北京和河北的部分牛场检测结果表明,奶牛的血清抗体阳性率分别为 18.1%和 23.6%。

(四)致病作用

有犬新孢子虫抗体(血清学阳性)的奶牛比血清学阴性奶牛更容易流产。在分娩之前 4～5 个月抗体滴度升高,这个结果有力地支持了潜伏感染的激活。激活机制知之甚少。怀孕期间可能有虫血症导致胎儿感染。然而,成年牛组织切片中未查到犬新孢子虫,仅报道从一例成年牛大脑中分离到活的犬新孢子虫。

(五)症状

新孢子虫病的症状表现为后肢麻痹,运动障碍,共济失调和母畜流产,以牛和犬的症状最为严重,其他动物症状轻微或没有症状。

牛的新孢子虫病引起牛的流产从妊娠 3 个月开始发生,绝大多数出现在妊娠 5～6 个月,表现为散发或群发,且一年四季均可发生。引起胎盘自溶,流产胎儿变软,产出木乃伊化胎儿或产下弱犊。新孢子虫血清学阳性的奶牛比阴性奶牛更容易流产。然而,先天性感染的犊牛 95%以上临床表现正常。发病犊牛(2 月龄以内)表现出共济失调,髌骨反射降低,两后肢或四肢的感受性稍有降低,严重者后肢或前肢或前后肢出现弯曲或过伸,不能站立,体重过轻。犊牛可能出现眼球突出症或眼球不对称,或引起犊牛出生缺陷,包括脑积水和脊髓狭窄。

犬新孢子虫病可发生于任何年龄,但以青年犬和先天性感染幼犬最严重,主要出现后肢麻痹、运动障碍和共济失调。有的幼犬在出生 3～6 周龄后出现症状,病犬跛行或四肢运动降低,同窝犬可出现相同的症状,但严重程度不同。有的幼犬出生时就发病,3 d 内死亡,但无典型症状。感染母犬妊娠后发生死胎或产出衰弱的胎儿。成年犬感染常不见瘫痪症状,但有脑炎、肌炎、肝炎、皮炎和全身性疾病。

(六)诊断

诊断犬新孢子虫病引起的流产有以下几个标准:首先,胎儿有病变,绝大多数有脑炎;其次,病变中发现新孢子虫;此外,实验性感染牛曾诱发流产。因此,仅单独检测流产胎儿中的犬新孢子虫 DNA 不足以确定病因和发病之间的关系。具体诊断方法包括:

(1)病理组织学检查　取死亡胎儿的脑、心、肝等组织进行检查,可见局灶性、非化脓性脑炎、心肌炎、骨骼肌炎、肝炎和新孢子虫的速殖子及包囊。

(2)免疫组织化学法检查　利用抗犬新孢子虫血清可检测免疫组织化学染色的切片中的新孢子虫。新孢子虫血清可使虫体特异性着染,而弓形虫及其他原虫血清则不能使虫体着染。Lindsay(1990)使用亲和素-生物素-过氧化物酶染色法,用兔抗犬新孢子虫血清对福尔马林固定、石蜡包埋的组织切片进行染色,可检测各种动物的新孢子虫感染。速殖子和缓殖子均能被检出来,与其他原虫无交叉反应。

(3)血清学方法　用基因工程重组方法生产的新孢子虫抗原做 ELISA 检测抗体,还有间接荧光抗体试验(IFAT)、凝集试验(AT 等)。亲和 ELISA(avidity-ELISA)对区别牛的近期或慢性感染有帮助。

(4)聚合酶链反应(PCR)　1996 年开始有报道应用 PCR 检测新孢子虫的特异性基因,进行新孢子虫病的诊断。已有研究证明,PCR 法可用于检测动物脑、肺、肝、体液或用福尔马林固定的组织中的新孢子虫。

鉴别诊断中应着重考虑弓形虫和枯氏住肉孢子虫,免疫组织化学法和 PCR 检测技术可以鉴别新孢子虫与上述两种虫体。枯氏住肉孢子虫在血管内皮细胞形成裂殖体,很少见于流产胎儿脑内,而犬新孢子虫通常定位于血管外组织。与弓形虫病比较,新孢子虫病的特点为病畜瘫痪,尤其是后肢瘫痪,其组织包囊壁厚为 1～4 μm,在免疫组化试验中不与抗弓形虫的抗体反应;而弓形虫病畜不出现瘫痪症状,组织包囊壁厚小于 0.5 μm。

(七)治疗

尚未发现治疗新孢子虫病的特效药物，疾病早期可试用磺胺类药物治疗，其疗效常因病情程度及用药时间而有所差异。如甲氧苄氨嘧啶(每千克体重 14 mg)＋磺胺-6-甲氧嘧啶(或磺胺嘧啶，每千克体重 70 mg)，每日给药 2 次，连用 3～4 d，首次剂量加倍。或采用磺胺嘧啶＋乙胺嘧啶(每千克体重 6 mg)合用。或用其他磺胺类药物如复方新诺明、长效磺胺等。其他的抗弓形虫药，如螺旋霉素、氯林可霉素等也可试用。

(八)预防

犬新孢子虫在牛体内垂直传播，可能传播好几代。目前尚无有效的药物预防虫体从母体传给胎儿，也没有可以预防犬新孢子虫的疫苗。因此，淘汰阳性牛是目前唯一的预防由母牛传播给小牛的措施，可以达到净化畜群的目的。犬的预防应考虑不让犬吃到流产的胎儿、胎膜和死犊牛。另外，由于欧美等国家新孢子虫感染率较高，在牛只引进户应加强检疫，防止引进带有本病牛只。

九、蜂孢子虫病

微孢子虫病是成年蜂流行较广的消化道寄生性原虫病，该病在欧洲和美洲许多国家普遍流行，在我国东北地区发生较为普遍、严重。患病蜂寿命缩短，采集力下降，可造成严重的经济损失。

(一)病原形态

本病由蜜蜂微粒子虫(又称蜜蜂微孢子虫)(*Nosema apis*)寄生在蜜蜂中肠的上皮细胞内引起。蜜蜂微孢子虫属原生动物门、微孢子虫纲、微孢子虫目、微孢子虫科的微孢子虫属。在蜜蜂体外以孢子形态存活，孢子长 4～6 μm，宽 2～3 μm。长椭圆形，外被孢子膜，膜厚度均匀，表面光滑，具有高度折光性。孢子内部具有两个细胞核，细胞质内有两个明显的空泡，位于孢子的两端，还有一条旋转的细长极丝，长 230～240 μm，孢子膜前端有一个胚孔(图 12-42)。

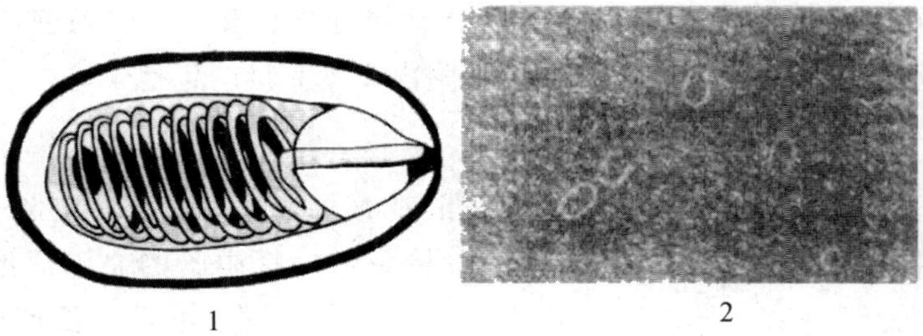

图 12-42　蜜蜂微孢子虫

1. 孢子虫孢子的内部解剖(示极丝和种质)　2. 游离的孢子虫孢子

(二)生活史

蜜蜂微孢子虫的孢子被蜜蜂吞食后，通过前胃很快地进入中肠，孢子以极丝穿入上皮细胞。在蜂体内保持 30℃时约 5 d 形成孢子，在细胞质内发育和繁殖，经过裂殖生殖和孢子生殖，形成的许多孢子又可能重新感染另外的上皮细胞。有些孢子随粪便排出体外，继续传播蔓延。蜜蜂微孢子虫具有两种生殖方式：一种为裂殖生殖，即孢子放出极丝形成游走体→单核裂殖体→双核裂殖体→多核裂殖体→双核裂殖子→初生孢子→成熟孢子；另一种为孢子生殖，即寄生于上皮细胞内的孢子直接横分裂成两个孢子。

(三)流行病学

蜜蜂微孢子虫在自然界如水、土壤、植物上都有它的存在，故感染机会较多。而且繁殖快，数量多，一只感染严重的蜜蜂肠道可含有 3 000 万～6 000 万个孢子。孢子随着病蜂的排泄物排至体外，造成对巢房、蜂箱以及水源的污染，便成为感染的主要来源。青年工蜂进行清扫或采集工作时，就有可能吞进孢子而被感染。其发病情况随季节而变化，在春季气温逐渐上升，由于蜜蜂清扫巢房扩大育儿面积，容易受到感染，此时为发病高峰。夏季蜜蜂能自由飞翔，巢房里的排泄物被清除，蜜蜂已死亡，感染率下降。秋季和冬季感染率下降至最低。

孢子对外界环境有很强的抵抗力。在蜜蜂尸体内可存活 5 年，在干燥的蜂粪中能存活 2 年，在蜂蜜中可存活 10～11 个月，在水中可存活 100 多天，在巢房里可存活 2 年。孢子对化学药剂的抵抗力也很强，在 4%福尔马林溶液中能存活约 1 h，在 10%的漂白粉溶液里存活 10～12 h，在 1%的石炭酸溶液中能活 1 min。高温的水蒸气只要 1 min 就能杀死孢子；直射阳光需 15～32 h 才能杀死孢子。

(四)致病作用与症状

微孢子虫在蜜蜂肠上皮细胞内繁殖，使细胞丧失消化吸收的机能，最后坏死，从肠壁上脱落。患病蜂群最初无明显的症状，到后期蜜蜂表现不安和虚弱，个体缩小，头尾发黑，失去飞翔能力。多数病蜂腹部膨大，下痢较重，污染隔板、巢脾和箱壁，呈褐色粪迹斑点或条纹。巢门前有病蜂缓缓爬行，掉在地上不久死去。不仅工蜂和雄蜂得病，蜂王也能被感染。蜂王患病后，终止产卵，并在几周内死亡；有的在越冬后死亡；即使不死，因工蜂能识别蜂王是否患病，会咬死有病蜂王。

(五)病变

剖检中肠呈灰白色，环纹模糊，失去弹性。后肠内积有较多稀的绿褐色粪便。病蜂体内白细胞显著下降，通常比健康蜂减少 50%左右。将病蜂中肠和健康蜂中肠进行组织切片并经姬氏染色，镜检可见病蜂中肠围食膜消失，上皮细胞内充满大量新生孢子。

(六)诊断

根据蜂尾变黑、下痢等症状，结合剖检仔细观察中肠病变(病蜂中肠呈乳白色或灰白色，环纹不明显并失去弹性)得出初诊印象。确诊是将病蜂中肠的捣碎液涂于载玻片上，置 450～600 倍显微镜下观察，若看到很多色淡而折光性强的，外形呈长椭圆形的孢子即可认定。

还可以取患病蜜蜂中肠进行石蜡切片，肠组织用肖丁氏液固定，苏木素、伊红染色，置显微镜下观察，可以看到上皮细胞内寄生的孢子和对细胞造成的损伤。

诊断母蜂是否患病，可以作活体检查。用直径 3 cm 的玻璃杯，把母蜂罩在玻片上，直到排出粪便为止，将母蜂放回原群，加少量水于排泄物中置高倍镜下检查，也能发现孢子。

(七)防治

与变形虫病相同。

十、蚕微粒子病

微粒子病是由微孢子虫属的蚕微孢子虫(*Nosema bombycis*)寄生于蚕所引起的一种古老的、分布很广的蚕病,世界各养蚕国都有发生,对养蚕业危害极大,被国家列为检疫病种。

(一)病原形态

成熟孢子呈卵圆形,大小为(3.6～3.8) μm×(2.0～2.3) μm,比较整齐。常有少数梨形孢子及大型孢子。孢子表面光滑,淡绿色,有明显折光,比重1.30～1.35,无运动细胞器,在水浸标本中有特殊的晃动和翻滚。以上特征是鉴定微孢子虫的主要依据。

在电镜下观察:蚕微孢子虫为单细胞体,外被厚壁,由三层膜组成,称孢子壁。内含细胞质,具二核,有极锚、极丝、极质、后极泡、内质等细胞器,不具线粒体,极丝为管状细丝,平均长约124 μm左右,前端连接于前极孢壁下方的极锚,上有微孔称极孔。后部绕核12～13圈,呈螺旋形,位于后极腔内。极质与后极泡在孢子发芽时,可吸水膨大,使极丝向孢子外伸出,也是芽体送出装置。芽体圆形,大小0.5～1.5 μm,具单核,有折光性,含丰富的DNA。

(二)生活史

蚕微孢子虫的发育周期有孢子、芽体、裂殖子、孢子芽母细胞等不同发育阶段。当活孢子进入桑蚕消化道,受碱性消化液作用,迅速吸收水分而膨胀,依靠压力将极丝弹出,同时孢子原生质迅速地通过中空的极丝而释放出来。当孢子原生质的核结合为一时称芽体。侵入中肠上皮细胞的芽体即在其中定位,并分裂成裂殖子。侵入体腔的芽体可直接寄生于血细胞,并在其中形成"感染细胞",成为二次感染的来源。裂殖子以多种酶分解寄主细胞中的养分并加以吸收利用,以二分裂法增殖形成孢子芽母细胞。孢子芽母细胞形成肥厚被膜,进一步演化成多层的孢子壁,出现极囊及极丝等内部结构,最后单个的形成单个的孢子(图12-43)。在组织培养的微粒子虫,可以仔细观察到它的发育周期及再感染的过程。

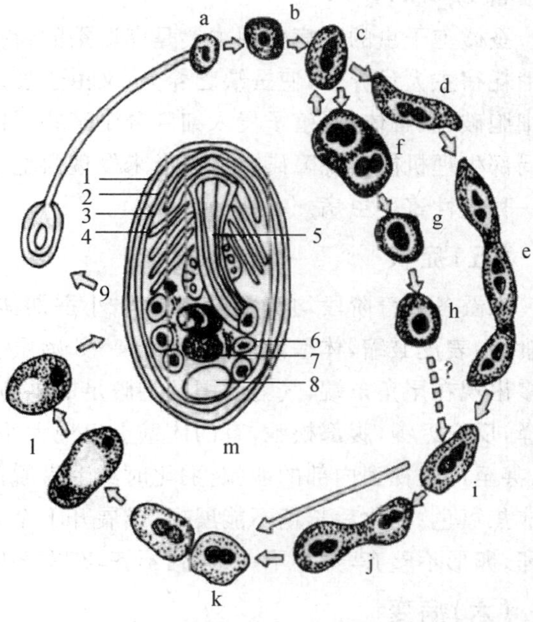

图12-43　蚕微孢子虫形态与生活史

a. 芽体　b. 泫养体　c～g. 裂殖体　h. 自身繁殖　i. 孢子芽母细胞　j. 孢子芽母细胞分裂　k. 孢子芽　l. 孢子形成　m. 成熟孢子横切面　1. 外膜　2. 内壁　3. 原生质膜　4. 核膜层　5. 极丝竖行部　6. 极丝回旋部断面　7. 核　8. 后极层　9. 核糖体

(三)流行病学

1. 传染源

除蚕种可能带"毒"外,病原体的直接来源是养蚕环境、饲料污染。微孢子虫一般宿主范围较窄,但蚕微孢子虫实验宿主较多,可感染许多野外昆虫。我国华南地区,桑基鱼塘,习惯用蚕沙喂鱼,塘泥肥桑,冬刈桑到春季发芽后,由于植株低矮,天气多雨，桑叶易受泥水污染，比其他蚕区感染的机会增多。

2. 感染途径

主要是经口感染和经卵感染。病原孢子污染桑叶或卵壳，随食桑或蚁蚕孵化时吞入消化道而感染。另外，患病雌蚕体内的病原，可侵入卵巢，并寄生于蚕卵内胚子，带入下代蚕体造成发病。

3. 发病规律

本病的发病期因感染的方式不同而异。经卵传染的蚁蚕，一般孵化迟，发育缓慢，如严重感染时则急性死亡，较轻感染的最长不能发育到 4 龄。经口感染的蚁蚕或 1、2 龄蚕食下被孢子污染的桑叶，则因感染的程度而异。据调查，一次食下 10^5 粒孢子时，可在当龄死亡；仅食下少量孢子，则可发育到 4 龄。

由经卵传染的蚁蚕排出的孢子，可传染给 1～2 龄健蚕，称为第一期感染。第一期感染的蚕能正常发育到 3～4 龄，从 4 龄前开始排出孢子，又被其他健蚕食下而感染，称为第二期感染。第二期感染的病蚕能正常上蔟，营茧以至化蛾，但产下的卵成为经卵传染的来源。

本病发病率的高低与蚕的品种、发育时期及饲养环境有关。多化性品种抗病力较强，一化性品种较弱，二化品种介于其中。小蚕、起蚕及饥饿蚕易感染，发病率高。环境湿度大，蚕座潮湿，蚕容易食下被污染的残桑而增加感染的机会。此外，高温对本病有一定的抑制作用。

(四)致病作用

蚕微孢子虫的致病作用主要是夺取蚕的营养，由于微孢子虫在宿主细胞内大量增殖，吸收和消耗宿主大量养分，使蚕缺乏养分；又由于裂殖子的大量增殖，对宿主细胞造成机械性破坏，使细胞破裂、解体；裂殖子侵入细胞分泌某些蛋白酶，使细胞内容物溶解、液化、形成空洞，引起蚕局部生理机能出现障碍。目前尚未发现微孢子虫产生特异性的毒素，因此致病过程较缓和，是一种慢性寄生虫病。

(五)症状

家蚕各发育阶段均有不同的症状，小蚕期体色深暗，体躯瘦小，发育缓慢。大蚕期在各龄响食后，表皮皱缩，体呈锈色，多见于 4～5 龄蚕。病蚕体壁上有微细不规则的黑褐色病斑，病斑多出现在尾角末端、气门周围及胸腹足的外侧。熟蚕期重病蚕多不能结茧。病蛹的表皮无光泽，反应迟钝，腹部松弛，有的体壁上出现大小不等的黑斑。病蛾腹部膨大，伸长，节间膜松弛，甚至可透视到内部的卵粒，羽化时鳞毛易脱落，胸、腹部光秃无鳞毛，有时腹部鳞毛成片地变成焦黄色；羽化后长期不能展翅，或展开不全，有时翅脉上出现水泡或若干黑斑。重病蛾产的卵，卵形不整齐，大小不一，排列不齐，有重叠卵，产附也差。

(六)病变

微孢子虫感染后，能侵入蚕体各组织器官寄生。如消化道、血细胞、肌肉、脂肪、马氏管、气管、丝腺、生殖腺及体壁等组织，引起相应的病变。丝腺的病变肉眼即可分辨，其他组织需用显微镜才能看出。

丝腺各部的腺细胞均可被寄生，寄生后形成乳白色脓包状的斑块，并丧失分泌绢丝的能力，可作为确诊的依据之一。消化管随着病程的不同出现黑褐色胡椒斑点或黑斑，感染细胞内充满孢子，最后细胞破裂，孢子逸散，随粪排出。微孢子虫主要侵染颗粒细胞，原血细胞及浆细胞，被寄生的血细胞表现为着色性减退，体积增大。直径可达 33～54 μm。在肌肉组织的裂殖子是沿着肌纤维的方向寄生的。组织内的肌质大部分被融化成空洞，最后仅有一些离散的肌核和肌鞘。肌肉附近的结缔组织同样被破坏。被寄生的马氏管壁细胞呈乳白色或淡黄色，形成许多点状的小突起。被寄生的脂肪组织膨大变形，组织间联络松弛甚至崩溃。体壁及真皮细胞形成空洞，膨胀而破裂，在这过程中受到血液中颗粒细胞的包围，形成褐斑，这些褐斑常被新生的真皮细胞填补覆盖，形成一个囊状物。这种病斑可因蜕皮而消失。

(七)诊断

主要是肉眼观察，结合显微镜检查，一般不难识别。近年来研制出血清学技术及基因诊断技术可用于早期快速诊断。

(1)肉眼观察　主要根据病蚕、蛹、蛾、卵所出现的症状和病变。

(2)显微镜观察　将可疑材料——蚕卵及蚕蛹、蛾的内部组织一小块，分别置载玻片上加压磨碎，作成涂片，然后镜检。另外，也可将群体材料置研钵中加入 1%氢氧化钠研磨，制成临时标本镜检。发现蚕微孢子虫即可确诊。镜检时若混入与微孢子虫相类似的花粉、真菌孢子等，可用药物及染色加以区别。如加入碘液，可使花粉染成紫色；加入 3%盐酸或硝酸，在 27℃放置 10 min，则微孢子虫的孢子变形消失，真菌孢子形状不变。

(3)血清学诊断　这是近年来开展的一种微孢子虫鉴别诊断方法。我国已有荧光抗体法、玻片凝集法、酶标抗体法、SPA 协同凝集法、胶乳结合试验等研究报道。

另外，目前正在研究利用基因探针和 PCR 技术诊断蚕微孢子虫病的先进诊断方法。

(八)防治

防治关键在于杜绝胚种传染，严防经口感染。

1. 杜绝胚种传染

严格贯彻执行蚕种生产监管条例，做好母蛾镜检工作，坚持三级制种，加强场站管理，把好原种关。

(1)母蛾检查　根据蚕种批号，将产卵后的母蛾，按号装入蛾盒，待自然死亡后进行镜检。如某些批次中，母蛾的患病率超过监管条例允许的范围时，必须将整批蚕种淘汰。

(2)补正检查　经母蛾检查后可能出现差错，为了慎重起见，可取原种卵检查。每蛾区挖取 10～20 粒，对号贴在纸上，注明品种、批次后，提早用较高温度(28～30℃)，80%相对湿度催青，促进早日孵化。将孵化后的蚁蚕分区镜检，如发现微孢子虫孢子，按监管条例处理，若不进行补正检查，可在收蚁后镜检卵壳，发现微孢子虫孢子区应立即淘汰。

(3)预知检查　主要是对眠蚕检查和促进化蛾检查。原种饲育过程中，为了确切掌握有无微孢子虫病情况，将各龄各区的迟眠蚕、发育不正常蚕、半蜕皮蚕和不蜕皮蚕以及病蚕等装入纸袋里，填明区号，保护在 25～30℃、80%～90%湿度的环境中，待死亡后镜检。若发现微孢子虫孢子的区号，就应立即淘汰，并将用具等彻底消毒，严防蔓延传染。

为确定种蚕能否制种，在早熟、迟熟蚕中取 100 头左右，放在小簇中营茧，温度保持在 27～29℃，相对湿度为 80%～85%，促进其早日化蛾，化蛾后每批逐蛾检查，如发现有毒批次，根据毒率规定决定制种与否。

2. 严格消毒，防止经口感染

对饲养环境、蚕室、蚕具等必须全面消毒，消毒用药目前仍以漂白粉、次氯酸钠、福尔马林、优氯净、消特灵等为宜。毒消散、蚕病净熏烟剂宜作二次消毒用。

试行蚕种热处理：试验证明携带微粒子病原的蚕卵，在卵龄 12～14 h，有效积温 205～226℃时，对其进行 46～47℃热空气处理 60 min；或卵龄以盛产后 16～18 h 为中心，有效积温 243～271℃时，将蚕卵置于 47℃、密度 1.04～1.05 的盐酸中浸酸处理 10 min，病蚕卵的治愈率平均可达 97%～100%。

3. 治疗

将防微灵喷施在桑园桑树叶片上让其内吸，在 7 d 有效期间内采桑养蚕，蚕因不断地食进含有防微灵的桑叶而使蚕体内经常维持药物的治疗浓度，故能有效地治疗蚕期食下病原孢子引起的微粒子病。

十一、鱼碘泡虫病

(一)病原形态

碘泡虫隶属碘泡科(Myxobolidae)，国内报道有约 290 种。危害严重的主要有鲢碘泡虫(*Myxobolus drjagini*)、饼形碘泡虫(*M. artus*)野鲤碘泡虫(*M. koi*)。

(1)鲢碘泡虫 鲢碘泡虫的孢子壳面观呈椭圆形或倒卵形，有 2 块壳片，壳面光滑或有 4～5 个“V”形褶皱；囊间小块“V”形，明显；孢子大小为(10.8～13.2) μm×(7.5～9.6) μm；前端有 2 个大小不等的梨形极囊，极丝 6～7 圈，极囊核明显；有嗜碘泡。

(2)饼形碘泡虫 其孢子壳面观为椭圆形，横轴大于纵轴，大小为(4.8～6.0) μm×(6.6～8.4) μm；前端有 2 个大小相同的卵形极囊；有一个嗜碘泡。

(3)野鲤碘泡虫 其孢子壳面观为长卵形，前尖后钝圆，光滑或有“V”形褶皱，缝面观为茄子形；大小为(12.6～14.4) μm×(6.0～7.8) μm；前端有 2 个大小大致相等的瓶形极囊，占孢子的 2/3；嗜碘泡显著。

(二)流行情况

鲢碘泡虫病在全国各地的江、河、湖泊、水库、池塘中都有发生。尤以江浙地区较为严重。饼形碘泡虫病全国各养鱼地区都有发现，但以福建、广东、广西等为严重。野鲤碘泡虫全国各地均有发现。

(三)症状及病变

鲢碘泡虫寄生在白鲢的中枢神经系统和感觉器官、体表、鳃、心脏、血液等处。患病鱼有狂游乱窜，或侧向游泳打转，或钻入水中复又跳出水面的现象，因此也称为疯狂病。病鱼极度消瘦、头大尾小、尾上翘、肝脾萎缩、腹腔积水、肠内无食物、小脑局部显著充血；严重贫血，红细胞数、血红蛋白量、红细胞压积、血浆总蛋白、无机磷、糖等均比健康鱼有显著的差异。由于寄生虫破坏神经系统与感觉器官的外膜，神经纤维也遭破坏，鱼体机能紊乱，失去正常的捕食能力而死。主要危害一足龄鲢。

饼形碘泡虫寄生在草鱼鱼种肠道，尤其是前肠。严重的病鱼前肠粗大，肠壁呈白色糜烂状。病鱼体色发黑，腹部稍膨大，不摄食，鱼体消瘦而死。组织病理观察，包囊侵袭肠道各层组织，其中固有的黏膜下层间，肠黏膜组织占 86.2%；感染严重的肠切片，包囊充塞于固有膜的黏膜下层间，肠黏膜组织受到严重破坏。死亡率高达 90%以上，主要危害全长 5 cm 以下的草鱼。

野鲤碘泡虫侵袭鲤、鲫、鲮等多种淡水鱼的体表、鳍、鳃等组织，形成灰白色瘤状大包囊，包囊有宿主形成的结缔组织膜包围。该病能引起鲤、鲮鱼种的死亡。

十二、鱼小瓜虫病

小瓜虫寄生于淡水鱼的鳃、皮肤、鳍、口腔、鼻、眼角膜等处，引发小瓜虫病，该病对鱼的种类及年龄无严格选择性。

(一)病原形态

小瓜虫(*Ichthyophthirius* spp.)属膜口目的凹口科(Ophryoglenidae)。主要的病原为多子小瓜虫(*Ichthyophthirius multifiliis*)。它寄生在淡水鱼体表。其成虫卵圆形，大小为(350～800) μm×(300～500) μm，肉眼可见；虫体柔软，可任意变形，全身密布短而均匀的纤毛，在腹面的近前端有一“6”字形的胞口，螺旋形的口缘由5～8行纤毛组成，作反时针方向转动，一直到胞咽；大核呈马蹄形或香肠形；小核圆形，紧贴在大核上；胞质外层有很多细小的伸缩泡，内质有大量食物粒。刚从包囊内钻出来的幼虫呈圆筒形，不久就变成扁鞋底形，全身除密布短而均匀纤毛外，在虫体后端还有一根粗长的尾毛，一个大的伸缩泡在虫体前半部。大核近圆形，多数在虫体的后方；小核球形，在虫体前半部；“6”字形原始胞口与内部相通，且在“6”字形的缺口处有一个卵形的反光体，可能与将来形成胞咽有关。

(二)生活史

多子小瓜虫寄生在鱼体上时，可进行分裂生殖，多数为不等分，且一般分裂3～4次后就不再分裂。多子小瓜虫的主要生殖方法是成虫离开宿主后在水中游动一段时间，停下来在原位转动，分泌一层无色透明的膜，形成包囊，沉到水底或其他固体物上，进行9～10次分裂，一般形成300～500个幼虫，如成虫较大，则可形成1 000个以上幼虫。在水温15～20℃时，从包囊开始形成幼虫至破囊而出，一般需23～25 h；水温3～7.5℃时，则需160 h。

(三)流行情况

分布很广，几乎遍及全国。尤以不流动的小水体、高密度养殖的幼鱼及观赏鱼类为严重，常引起大量死亡，是一种危害性较大的原虫病。小瓜虫的繁殖适温为15～25℃，流行于春秋两季。小瓜虫的生活史中不需中间宿主，靠包囊及其幼虫传播。

(四)症状及病变

小瓜虫寄生处形成1 mm以下的小白点，故又称白点病，当病情严重时，躯干、头、鳍、鳃、口腔等处都布满小点，有时眼角膜上也有小白点，伴有大量黏液，表皮糜烂、脱落甚至蛀鳍、瞎眼。病鱼体色发黑，消瘦，游动异常，将身体与固体物摩擦，最后病鱼呼吸困难而死。

小瓜虫在鳃片任何部位都可寄生，在上皮细胞寄生，并不断转动，引起上皮细胞轻度增生，形成一个个小白点，并可引起鳃小片变形，毛细血管充血、渗出，或局部缺血，呼吸上皮细胞肿胀、坏死；黏液细胞增生，分泌亢进；嗜酸粒细胞和淋巴细胞大量浸润。小瓜虫的体内吞食了大量细胞(包括上皮细胞、血细胞等)，这些细胞最初仍保留胞质和胞核，以后被消化成均匀红染的物质，最后被完全消化。随着虫体长大，小瓜虫填满相邻二鳃小片的间隙，并将两侧的上皮细胞吞食掉，只是虫的两端尚有上皮细胞包围。在鳃上可看到一部分小瓜虫中途夭折，先变成颗粒状紫蓝色，以后变为均匀无结构的红染物，最后被宿主吸收。

(五)诊断

鱼体表形成小白点的疾病，除小瓜虫病外，还有黏孢子虫病、打粉病等多种病。所以，不能仅凭肉眼看到鱼体表有很多小白点就诊断为小瓜虫病。最好是用显微镜进行检查。

(六)防治

①2 mg/kg 的醋酸亚汞水溶液药浴 1.5～2 h。

②全池遍洒醋酸亚汞或硝酸亚汞，水温 20℃以上时，0.10～0.15 mg/kg 浓度；水温 10～20℃时，0.20～0.25 mg/kg 浓度；水温在 10℃以下，0.3 mg/kg 浓度。

③全池遍洒孔雀石绿及福尔马林，使池水成 0.05～0.10 mg/kg 浓度(孔雀石绿)及 15～25 mg/ kg 浓度(福尔马林)，隔天遍洒一次。共泼 2～3 次(此法不宜用于食用鱼)。

第五节 结肠小袋纤毛虫病

结肠小袋纤毛虫病是由纤毛虫纲(Ciliata)小袋虫科(Balantidiidae)的结肠小袋纤毛虫(*Balantidium coli*)寄生于猪和人的大肠(主要是结肠)所引起的一种寄生虫病，轻度感染时，猪无异常表现，严重感染时有肠炎等症状，甚至可导致死亡。

(一)病原形态

结肠小袋纤毛虫在发育过程中有滋养体和包囊两个时期(图 12-44)。

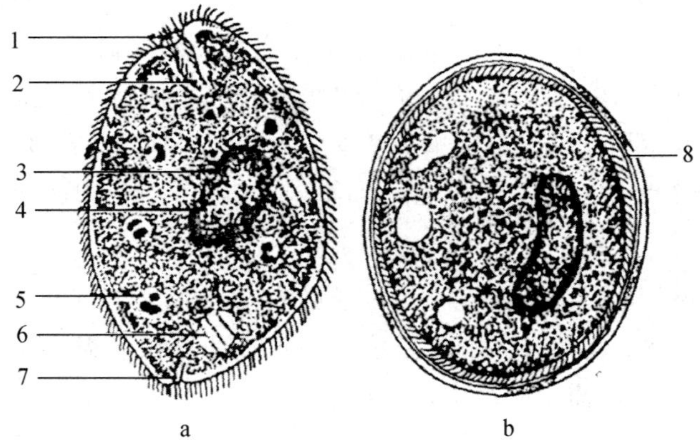

图 12-44 结肠小袋纤毛虫

a. 滋养体 b. 包囊

1. 胞口 2. 胞咽 3. 小核 4. 大核

5. 食物泡 6. 伸缩泡 7. 胞肛 8. 囊壁

1. 滋养体

呈椭圆形，大小变异很大，一般长 50～200 μm，宽 30～100 μm。虫体最外层有表膜，其下即为透明的外质。从外质伸出许多纤毛到体表，纤毛排列成略带斜形的纵行。纤毛作规律性的运动，使虫体以较快速度旋转向前运动。虫体前端有一胞口，与漏斗状的胞咽相连，胞口与胞咽处亦有许多纤毛。胞口附近的纤毛运动时可将食物驱入胞口和胞咽，并在胞咽的底部积累成食物泡。食物泡装满后即脱离胞咽而随内质的运动而流动，消化作用在食物泡中进行，不能消化的残渣由虫体后端的胞肛排出。伸缩泡有两个,一个在虫体中部,一个在后部,后部的伸缩泡似有一小管通向胞肛。有大、小核各一,大核大多在虫体中央,呈肾形,小核甚小,球形,常位于大核的凹陷处。

2. 包囊

呈圆形或椭圆形,新鲜时有绿色和黄色。直径 40～60 μm。囊壁较厚而透明。在新形成的包囊内,可清晰的见到滋养体在囊内活动,但不久即变成一团颗粒状的细胞质。包囊内有核、伸缩泡,有时可见食物泡。

(二)生活史

当猪吞食了被包囊污染的饮水和饲料后,囊壁在肠内被消化,包囊内虫体逸出变为滋养体,进入大肠寄生,以淀粉、肠壁细胞、红细胞、白细胞、细菌等为食料。然后以横二分裂法繁殖,即小核首先分裂,继而大核分裂,最后胞质分开,形成两个新个体。经过一定时期的无性繁殖后,虫体进行有性的接合生殖,然后又进行二分裂法繁殖。部分新生的滋养体在不良环境或其他因素的刺激下变圆,分泌坚韧的囊壁包围虫体成为包囊,随宿主粪便排出体外。本虫的包囊期没有包囊内生殖,一个包囊将来只能变为一个滋养体。滋养体若随粪便排出,也可在外界环境中形成包囊(图 12-45)。

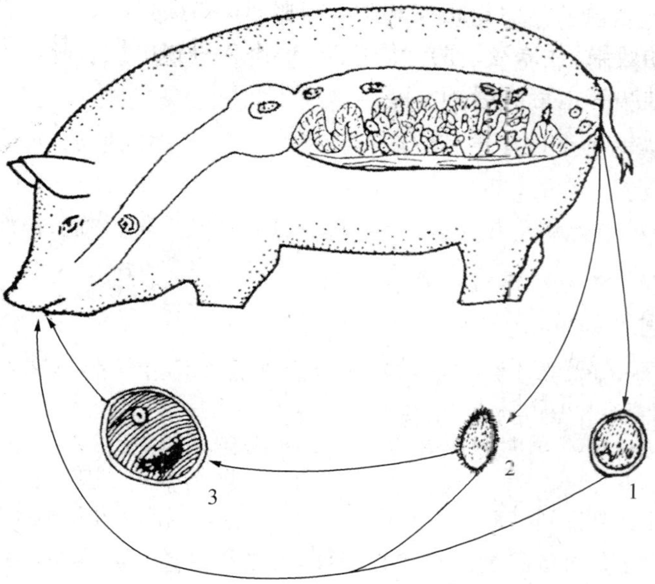

图 12-45　结肠小袋纤毛虫生活史(仿蒋金书等)

1. 猪粪中的包囊　2. 猪粪中的滋养体　3. 包囊

(三)流行病学

本病呈世界性分布,尤其多发于热带和亚热带地区,以菲律宾、新几内亚、中美洲地区为多见。我国猪的感染较高,如福建莆田地区猪的感染率为 33.8%,辽宁省猪的感染率达 61.02%,吉林地区猪的感染率达 80%。国内人群的感染率普遍较低,平均为 0.04%,但部分地区可达 3.9%～8.1%。一般认为人体的大肠环境对结肠小袋纤毛虫不甚适合,因此人的感染较少见。

滋养体对外界环境有一定的抵抗力，如在厌氧环境和室温下能生活至10 d，但在胃酸中很快被杀死，因此，滋养体不是主要的传播时期。包囊的抵抗力较强，在室温下可活2周至2个月，在潮湿环境中能生活2个月，在干燥而阴暗的环境里能活1～2周，在直射阳光下经3 h才死亡，对化学药品也有较强的抵抗力，在10%福尔马林中能活4 h。该病主要是通过吃进感染性包囊而在猪群中传播。

本病多发于冬春季节，各龄猪均易感，且感染率都较高，大猪多为隐性感染而成为带虫者。结肠小袋纤毛虫对仔猪致病力强，往往可导致严重的疾病，甚至死亡。据詹扬桃等(1994)报道，该病多见于1～3月龄的仔猪，3月龄以上的猪一般无明显症状。

(四)致病作用

猪结肠内的小袋纤毛虫，一般情况下为共生者，以肠内容物为食，对肠黏膜并无损害，但如宿主的消化功能紊乱或因种种原因致肠黏膜有损伤时，虫体就趁机侵入，破坏肠组织，造成严重疾病，并可引起死亡。滋养体在寄生部位的大量繁殖，引起宿主消化机能紊乱，同时虫体分泌透明质酸酶并借助机械运动侵害结肠黏膜甚至黏膜下层，引起溃疡。严重病例可出现大面积结肠黏膜的破坏和脱落。

(五)症状

猪结肠小袋纤毛虫病的临床症状有下列3种类型。

(1)潜在型 感染动物无症状，但成为带虫传播者。主要发现在成年猪。

(2)急性型 多发生在幼猪，特别是断奶后的小猪。主要表现为水样腹泻，混有血液。粪便中有滋养体和包囊两种虫体存在。病猪表现为食欲不振，渴欲增加，喜欢饮水，消瘦，粪稀如水，恶臭，被毛粗乱无光，严重者病程2～3 d死亡。

(3)慢性型 常由急性病猪转为慢性，表现出消化机能障碍、贫血、消瘦、脱水等症状，发育障碍，陷于恶病质，常常死亡。

(六)病理变化

病变部位主要为结肠，其次是直肠和盲肠。表现为溃疡性结肠炎和直肠炎，肠黏膜充血、水肿、糜烂和溃疡，溃疡呈火山口状，边缘呈锯齿状。

(七)诊断

粪便检查，在粪便中找到结肠小袋纤毛虫的滋养体或包囊，结合临床症状，即可确诊。在急性型病例，粪便中常有大量的能运动的滋养体；慢性型病例，粪中以包囊为主。

检查方法是用温热的生理盐水稀释粪便(5∶1或10∶1)，过滤，吸取少量液体涂片镜检，也可滴加1∶1 000的稀碘液，使虫体着色，便于观察。尸体剖检时可刮取肠黏膜作涂片检查。

(八)防治

预防主要在于改善饲养管理，管好粪便，保持饲料、饮水的清洁卫生。对发病猪要及时地进行隔离治疗。治疗可试用呋喃唑酮，以0.02%～0.04%的浓度混入猪的饲料中喂服；甲硝哒唑(灭滴灵)每头按0.25 g口服，每天2次，连用3 d有效。0.1%福尔马林灌肠可收到暂时的效果，虫体在一两天内消失，但不久再次出现。其他如土霉素、金霉素、四环素、黄连素、乙酰胂胺等也可应用。

本章小结

(1)原虫是单细胞动物，整个虫体由一个细胞构成。原虫虫体微小，形态因种而异，在生活史的不同阶段，形态也可完全不同，呈柳叶状、长圆、椭圆或梨形等，有的原虫无固定形状，经常变形，具有多形性。

(2)原虫的基本结构主要包括表膜、胞质及胞核3部分。表膜可以使虫体保持一定的形状，并参与虫体的摄食、排泄、感觉、运动等生理活动。表膜可不断更新并有很强的抗原性。胞质由基质和细胞器组成。原虫的运动器官有鞭毛、纤毛、伪足和波动嵴四种。

(3)原虫的繁殖方式有无性繁殖和有性繁殖两种。无性繁殖方式包括二分裂、裂殖生殖、孢子生殖、出芽生殖、内出芽生殖；有性繁殖有接合生殖、配子生殖两种方式。

(4)原虫在畜禽中引起的疾病并不是很多，但原虫引起的疾病往往能像传染病那样广泛流行，造成大批畜禽死亡。鸡的原虫病中，球虫病、组织滴虫病、卡氏住白细胞虫病是目前危害鸡比较严重的寄生虫病。

(5)梨形虫病是由巴贝斯科和泰勒科原虫所引起的一类血液原虫病，为蜱传性疾病，一般呈急性经过，通常表现为贫血，也会出现血红蛋白尿和黄疸。本病在我国各地也常有发生，且死亡率高。

(6)球虫病以鸡、火鸡、兔、牛和猪的球虫病危害最大，尤其是幼龄动物，可引起大批死亡，目前对球虫病的防治主要以药物预防为主。

(7)弓形虫病是重要的人兽共患病，它的防治不仅在畜牧业上有重要意义，而且在公共卫生上也具有重要意义。

(8)结肠小袋虫病近十年来已逐渐成为许多猪场的主要寄生虫病之一，并且往往是许多疾病，尤其是肠道疾病的诱因，应引起大家的高度重视。

复习思考题

1. 简述原虫的形态构造及繁殖方式。
2. 伊氏锥虫的传播方式有哪些？对动物有什么危害？如何诊断与防治？
3. 简述组织滴虫的生活史、传播方式及引起禽的器官病理变化特点，如何防治？
4. 简述牛毛滴虫病症状、预防的关键措施。
5. 梨形虫在形态和发育上有何特征？各种梨形虫的区别特点是什么？
6. 简述双芽巴贝斯虫病和环形泰勒虫病的鉴别诊断。
7. 简述各种动物梨形虫的传播媒介及传播方式。
8. 简述各种梨形虫病的防治。
9. 孢子虫和梨形虫在形态和生活史上有何异同点？
10. 简述弓形虫和球虫的生活史。
11. 简述弓形虫病的诊断方法和预防措施。
12. 简述鸡、兔球虫病的主要病状和病理变化，如何治疗和预防？
13. 常用的抗球虫药有哪些？药物防治时应注意哪些问题？

14. 如何诊断鸡住白细胞虫病?

15. 举例说明掌握生活史和流行病学规律在防制寄生虫病上的意义。

16. 纤毛虫与鞭毛虫在形态和发育上有何区别?

17. 猪结肠小袋纤毛虫病如何诊断?

18. 描述下列卵囊和虫体的形态结构特点:艾美耳属球虫孢子化卵囊、等孢属球虫孢子化卵囊、弓形虫孢子化卵囊、弓形虫滋养体、弓形虫包囊、弓形虫假包囊。

19. 名词解释:感染性卵囊(孢子化卵囊)　裂体生殖　配子生殖　孢子生殖　潜在期。

第三篇

常用药物

第十三章
常用抗寄生虫药物

第一节 概 论

抗寄生虫药(antiparasitics)是用来驱除或杀灭动物体内及体表寄生虫的一类药物。早期抗寄生虫药多数是植物性制剂,如绵马、土荆芥油、山道年、槟榔等。但是这些药物来源少、成本高、毒性大、效果又不好。目前应用在动物寄生虫病防治上已很少见,目前取而代之的是以化学合成的有机化合物。随着科学技术的不断进步,防治寄生虫的药物也相继被生产出来并应用于实践。使用有效的抗寄生虫药物进行定期驱(杀)虫,在防治动物寄生虫病的实践中具有重要的意义。为了保证抗寄生虫药物使用过程中安全有效,应注意以下几点:

第一,安全。抗寄生虫药不仅对寄生虫有强大毒性,对宿主也有不同程度的副作用和损害。所以在选药时应选择对虫体毒性大,对宿主毒性小的药物。一般说安全指数(中毒量/有效量)要大于3才有临床应用意义。

第二,高效。高效的抗寄生虫药物,应当是对成虫、幼虫、甚至虫卵都有较高驱杀效果。高效驱虫药,应在使用单剂一次投服时,其驱净率在60%~70%。驱净率=(完全驱虫动物数/试验动物总数)×100%。

第三,广谱。动物寄生虫病大多都是混合感染,特别是不同类别的混合感染。如吸虫、绦虫、线虫同时寄生。所以,只对单一种或少数几种寄生虫有效的药物,已经远远不能适应生产实践的需要,要求代之能驱杀多种不同类别虫体的药物,这样可免除使用多种药物,多次给药。

第四,剂量小。驱虫药剂量小,使用方便,便于大规模驱虫使用。一般大动物用量在每千克体重10 mg以内,中、小动物在每千克体重20 mg以内,若应用剂量太大,给使用带来麻烦。

第五,适口性好。驱虫药以无特殊异味,溶于水为理想,使用时将药物溶于水或混入饲料,让动物饮入或食入,防止拒食。这样可以避免捕捉动物,节约人力而提高工作效率。

第六,价格低廉。在防治寄生虫病时,必须要考虑经济核算问题。特别是大规模饲养地区,应该有一个适宜的价格,在畜牧业生产实践中才能有可行性。

一、抗寄生虫药物的种类及作用机理

1. 抗寄生虫药物的种类

抗寄生虫药物是用来预防和治疗寄生虫病的化学物质,根据其药理作用和寄生虫的种类不同,可分为:

(1)抗蠕虫药(驱虫药) 根据蠕虫的种类又可分为驱线虫药、驱吸虫药和驱绦虫药。

(2)抗原虫药 根据原虫的种类可分为抗锥虫药、抗梨形虫药和抗球虫药。

(3)杀虫药 用于杀灭昆虫和蜱螨。

2. 抗寄生虫药物的作用机理

目前使用的抗寄生虫药物的作用机理可归纳为两类:一类是药物刺激和麻痹虫体的神经肌肉装置,使虫体麻痹或痉挛而失去吸附能力。另一类是抑制虫体内某些酶类物质的活性或是阻断虫体内生化反应,使物质代谢障碍,从而使虫体活动和吸附能力显著下降,随之而被宿主排出体外。

二、抗寄生虫药物的应用方法

1. 抗寄生虫药物应用方法

虽然抗寄生虫药物种类不断增加。但仍不能满足生产实践的需要。尤其是许多药物使用方法不够方便,在实际使用过程中受到一定限制。科学家们一方面在继续广泛地寻求、研制新的抗寄生虫药物,另一方面对现有抗寄生虫药的应用方法进行不断改进。

(1)联合用药 根据蠕虫病混合感染的特点,打破单一用药的常规,采用两种或两种以上的驱虫药进行联合应用,既能扩大驱虫范围,又节省时间、节省人力,有利于提高工作效率。

(2)饮水给药 如噻咪唑等药物溶于水,给大群动物投服,通过饮水给药,安全、可靠、方便。

(3)拌料给药 如硫双二氯酚等,可以混于饲料中进行集体驱虫。

(4)气雾方法 如噻咪唑以气雾方法集中治疗羊的肺线虫病。

(5)熏蒸方法 对羊鼻蝇蛆病可用熏蒸方法进行治疗。

(6)药浴 对动物体外寄生虫病常采用此法,能达到完全彻底消灭体外寄生虫,把药浴后的液体喷洒于厩舍内,还可以杀死许多寄生虫的虫卵。

(7)肌肉注射 某些药物可以制成针剂,对个别患寄生虫病的动物进行肌注驱虫。

2. 应用寄生虫药物注意事项

(1)合理使用抗寄生虫药物 这是防治寄生虫病的重要环节,在用药过程中应正确认识处理好药物、寄生虫和宿主三者之间的关系。熟悉药物理化性质,采用合理剂型剂量和疗程。

(2)注意耐药性 小剂量反复或长期使用某些抗寄生虫药物,虫体会产生耐药性,也可能会出现同一类药物的交叉耐药现象。应经常更换使用不同类型的抗寄生虫药物。避免或减少耐药性的产生。

(3)减少公害 某些抗寄生虫的药物,在动物体内残留时间长,对公共卫生关系非常重要。含有某种残留量的肉、蛋、乳等对人体有害。所以某些动物在使用抗寄生虫药物后,在一定时期内不允许食用。如注射咪唑苯脲后,动物体内有蓄积作用,用药后 2～3 个月内不得屠宰供食用,以免对人体造成不利影响。

第二节 抗蠕虫药

抗蠕虫药是指杀灭或驱除动物体内寄生虫的药物,也称驱虫药。根据主要作用对象的不同分为驱线虫药、驱吸虫药和驱绦虫药。但这种分类也是相对的。有些抗蠕虫药兼有驱吸虫和驱绦虫的作用。

一、驱线虫药

敌百虫(Metrifonate,Dlpterex,Neguvon,Trichlorhon,Chlorophos)

兽用敌百虫为精制品。为白色结晶或结晶性粉末,在空气中易吸湿结块或潮解。易溶于水、乙醇、醚、酮及苯,在汽油、煤油中微溶。在25℃时,水中的溶解度是15.4%。水溶液显酸性反应,性质不稳定,宜现配现用。遇碱不稳定,生成毒性更强的敌敌畏。

[作用与用途]

本品为广谱驱虫药,对多数消化道线虫和部分吸虫(姜片吸虫、血吸虫)有效,亦可杀灭外寄生虫,如杀灭蝇蛆、螨、蜱、蚤、虱等。敌百虫的驱虫机理是能与虫体内胆碱酯酶结合导致乙酰胆碱蓄积,而使虫体肌肉先兴奋、痉挛,后麻痹直至死亡。

马:对马副蛔虫、尖尾线虫、胃蝇蛆有良好驱除效果,对圆形线虫效果不稳定。

牛:对血矛属线虫、辐射食道口线虫、仰口线虫、古柏线虫、艾氏毛圆线虫及奥斯特线虫有效;对水牛血吸虫(每天15 mg/kg,极量4.5 g,连用5 d)亦有较好的效果,但对黄牛效果不佳。

羊:对血矛线虫、仰口线虫、毛尾线虫、细颈线虫、夏伯特线虫及羊鼻蝇第一期幼虫效果较好;对奥斯特线虫、食道口线虫需用高剂量方有效,但可致个别羊只中毒,应慎用。

猪:对蛔虫、毛尾线虫、食道口线虫和姜片吸虫,均有显著驱除作用;对猪肾虫效果较好。

犬:对弓首蛔虫、钩虫和蛲虫等效果良好。

[应用注意]

①家禽对本品最敏感,易中毒,不宜应用;黄牛、羊较敏感,水牛更敏感,慎用,马、犬、猪比较安全。不要随意加大剂量。

②推荐给药途径是内服,其他途径不用为宜。本品的水溶液应现配现用,且禁止与碱性药物或碱性水质配合应用。

③动物用药前后,禁用胆碱酯酶抑制药(如新斯的明、毒扁豆碱)、有机磷杀虫剂及肌松药(如琥珀胆碱),否则毒性大大增强。孕畜及胃肠炎的患畜禁用。

④产奶牛、羊不得用本品驱虫,动物的休药期不得少于7 d。

[用法与用量]

常用量:内服,一次量,马30~50 mg/kg体重;牛20~40 mg/kg体重;绵羊50~100 mg/kg体重;山羊50~70 mg/kg体重;猪80~100 mg/kg体重。极量:内服,一次量,马20 g/kg体重;牛15 g/kg体重。

制剂:精制敌百虫片:0.5 g。

附:敌百虫属低毒的有机磷化合物(小鼠内服 $LD_{50}=450$ mg/kg),但其安全范围窄,容易引起中毒。中毒剂量为:马100~200 mg/kg体重;牛100 mg/kg体重;羊90 mg/kg体重;家禽对敌百虫最敏感,鸡、鸭内服 LD_{50} 分别为46.4 mg/kg体重和44.8 mg/kg体重,此外,注射给药较内服反应大,粗制品较精制品毒性大,雌性较雄性动物敏感。因此在大群驱虫时应特别注意。

解毒可应用阿托品或胆碱酯酶复活剂。一般轻度和中度中毒时单用阿托品(0.5~1 mg/kg体重)即可,严重时与解磷定(15 mg/kg体重)合用,并反复使用,效果较好。

左旋咪唑(Levamisole、左咪唑、左噻咪唑)

本品为噻咪唑的左旋异构体,常用其盐酸盐或磷酸盐。均为白色结晶,易溶于水。

[作用与用途]

左旋咪唑为广谱、高效、低毒驱线虫药。

牛:左旋咪唑对牛主要的真胃寄生虫(捻转胃虫、奥斯特线虫)、小肠寄生虫(古柏线虫、毛圆线虫、钩虫)、大肠寄生虫(结节虫);胎生肺虫有极佳的驱虫效果;虽对多数寄生虫幼虫的作用效果稍差,但对鞭虫、胎生肺虫、古柏线虫幼虫仍有良好驱除作用;0.5%～1%溶液点眼,能治牛眼虫病。

羊:对羊的驱虫谱与牛相似。

猪:对猪蛔虫、兰氏类圆线虫、猪肺虫有极佳驱虫效果,对结节虫、红色猪圆虫、螺咽胃虫、环咽胃虫效果良好,对猪肾虫、猪鞭虫效果不定。

鸡:对鸡蛔虫、鸡盲肠虫、毛细线虫的成虫、幼虫及未成熟虫体均有良好驱除效果。内服或10%溶液点眼能杀灭孟氏眼虫。

犬、猫:对犬蛔虫、狮蛔虫、犬钩虫、狭头钩虫效果较好,严重感染犬,需重复用药。

[应用注意]

给牛注射 2 倍治疗量的磷酸左旋咪唑,可引起 2/3 的牛出现轻度沉郁,流涎和舐唇等反应,在治疗后 1 h 内这些症状消失;猪服用 3 倍治疗量的左旋咪唑,有时引起呕吐。寄生有猪肺虫成虫的猪,用治疗量时,出现呕吐与咳嗽,这是排虫反应,可在数小时内消失。鸡对左旋咪唑耐受性极好,LD_{50} 为 2.75 g/kg 体重,应用治疗剂量,对产蛋量、受精率、孵化率均无不良影响。左旋咪唑对马较敏感,且对马大型或小型圆虫驱虫效果较差,故慎用。左旋咪唑不适于给骆驼应用,因其治疗量与中毒量很接近。由于乳汁中不容许残留,繁殖期乳畜以不用为宜;肉用动物屠宰前 7 d 停药。

[用法与用量]

盐酸左旋咪唑片(或磷酸左旋咪唑片)每片 25 mg、50 mg。内服、混饲或混入饮水投给。牛、羊、猪 8 mg/(kg 体重·次);犬猫 10 mg/(kg 体重·次);禽类 25 mg/(kg 体重·次)。禽类混饮时,应溶于半量的饮水中在 12 h 内饮完;水溶液保存 12 d 药效不失。

盐酸左旋咪唑注射液(或磷酸左旋咪唑注射液)每支 2 mL∶0.1 g;5 mL∶0.25 g。肌肉、皮下注射量:牛、羊、猪 8 mg/(kg 体重·次)。

左旋咪唑涂擦剂 10 mL∶1 g。猪耳根部皮肤涂擦,1～1.2 mL/(10 kg 体重·次)。

丙硫苯咪唑(Albendazole、阿苯唑、抗蠕敏)

本品为苯并咪唑类药物之一,为白色或类白色粉末,不溶于水。

[作用与用途]

是国内兽医使用最广泛的广谱、高效、低毒的驱虫药,对动物线虫、吸虫、绦虫均有驱除作用。

牛:对牛大多数胃肠道线虫成虫及幼虫均有良好效果。如对毛圆线虫、古柏线虫、钩虫、类圆线虫、捻转胃虫的成虫及幼虫均有极佳的驱虫效果。高限剂量对结节虫、细颈线虫、胎生肺虫、肝片吸虫、莫尼茨绦虫亦有良效。通常对小肠、真胃未成熟虫体效果优良,但对盲肠及大肠未成熟虫体效果较差。丙硫苯咪唑对肝片吸虫童虫效果不稳定。

羊:低剂量对捻转胃虫、毛圆线虫、奥斯特线虫、细颈线虫、古柏线虫、结节虫、圆虫、丝状肺虫、莫尼茨绦虫成虫均有良好效果,高限剂量对多数胃肠线虫幼虫、丝状肺虫未成熟虫体及肝片吸虫成虫亦有明显驱除效果。

马:对马的大型圆虫、小型圆虫的成虫及幼虫、马尖尾线虫均有高效。猪:对猪蛔虫、结节虫、环咽胃虫、有良好效果;高限剂量对螺咽胃虫、刚棘颚口线虫、猪肺虫有效。无论是口服(20 mg/kg 体重,3 次给药)还是肌肉注射(60 mg/kg 体重,1 次给药)对猪囊虫的杀虫率可达 100%或接近 100%。

犬、猫:每天 20 mg/kg 体重连用 3 d,对犬蛔虫、犬钩虫及犬绦虫均有高效。对卫氏肺吸虫的猫每天 50~100 mg/kg 体重,连服 14~21 d 效果良好。

家禽:对鸡蛔虫成虫及未成熟虫体有良好效果,对瑞利绦虫成虫亦有较好效果。但对鸡盲肠虫、扭状胃虫、毛细线虫作用很弱。25 mg/kg 体重对剑带绦虫、棘口吸虫疗效为 100%,50 mg/kg 体重对鹅裂口线虫有高效。

[应用注意]

马较敏感,切忌连续应用大剂量。牛用本品的致死量为 300 mg/kg 体重,羊为 200 mg/kg 体重。牛、羊妊娠 45 d 内禁用。牛、羊屠宰前,应停药 14 d。

[用法与用量]

丙硫咪唑内服牛 10~20 mg/(kg 体重・次);羊、犬 20 mg/(kg 体重・次);禽 10~25 mg/(kg 体重・次)。本品适口性差,混饲给药时应少添多喂。丙硫咪唑片 25 mg、50 mg、200 mg、500 mg。

磺苯咪唑(Oxfendazoe、砜苯咪唑、奥吩哒唑、苯亚砜苯咪唑)

本品为新型苯并咪唑类驱虫药,为白色粉末,不溶于水。本品无致畸作用。

[作用与用途]

牛、羊:对反刍兽消化道线虫的成虫和幼虫有显著疗效,尤其对肺线虫的作用更强,对鞭虫及线虫亦有良好的效果。对吸虫无效。

猪:对猪蛔虫、结节虫、类圆线虫、猪肺虫等均有较强的驱除作用。对囊尾蚴无效。

马:对马的大型圆虫、小型圆虫、尖尾线虫、蛔虫均有较好的效果。

犬:以 15 mg/kg 体重剂量给犬一次口服,可以驱净泡状带绦虫和复孔绦虫,且无任何临床副反应出现。

[应用注意]

本品可用于有病和疲倦的动物。绵羊可耐受 20 倍治疗剂量。马用 10 倍治疗剂量也不会引起明显中毒反应。禁用于妊娠早期母羊。动物屠宰前应停止喂药 14 d,奶废弃时间为 3~5 d。

[用法与用量]

磺苯咪唑内服马 10 mg/(kg 体重・次);牛、羊 5 mg/(kg 体重・次);猪 3 mg/(kg 体重・次);骆驼 4.5 mg/(kg 体重・次);犬 15 mg/(kg 体重・次)。

丙氧苯咪唑(Oxibendazole)

本品为新型苯并咪唑类驱虫药,为白色结晶粉末,不溶于水。本品优点为无致畸作用,但驱虫谱不及丙硫苯咪唑广,仅对多数胃肠线虫有效。

[作用与用途]

牛、羊:可驱除捻转胃虫、奥氏属、毛圆属、细颈属、古柏属、钩虫、结节虫等多种胃肠道线虫的成虫和幼虫(结节虫幼虫除外)。

猪:对猪蛔虫、结节虫有极佳驱虫效果,对鞭虫效果不稳定。

鸡:对鸡蛔虫成虫、幼虫及鸡盲肠虫有效。

马:对马大多数胃肠道线虫成虫及幼虫均有疗效,如大型圆虫、小型圆虫、蛔虫、蛲虫、类圆线虫等。

[应用注意]

该药毒性极低,治疗量不引起任何不良反应。配种种公牛,一般禁用本品。羊肉和羊奶上市前停药时间,分别为 4 d 和 3 d。

[用法与用量]

丙氧咪唑内服马、牛 10～20 mg/(kg 体重・次);羊 5～15 mg/(kg 体重・次);猪 10 mg/(kg 体重・次);禽 40 mg/(kg 体重・次);野生动物 10～20 mg/(kg 体重・次)。

硫苯咪唑(Fenbendazole、苯硫苯咪唑)

本品为苯并咪唑类驱虫药,为白色粉末,不溶于水。

本品不仅对多种动物的大多数线虫及其幼虫有较强的驱除作用,并具有杀虫卵作用,高限剂量对绦虫、吸虫亦有效。

本品最大的优点是适口性好,加药饲料也易被厌食动物摄取。本品毒性低,可用于有病和疲倦的动物。对牛最小致死量为 750 mg/kg 体重,大于治疗量 100 倍,犬可耐受 250 mg/(kg 体重・d)连用 30 d。牛、羊屠宰上市前,停药 14 d,乳品废弃时间为 3 d。

[用法与用量]

硫苯咪唑内服羊 5～8 mg/(kg 体重・次),15 mg/kg 体重连用 6 d 对肝片吸虫,100 mg/(kg 体重・次),对矛形吸虫有良好驱除效果;牛 7～9 mg/(kg 体重・次);猪 3～6 mg/(kg 体重・次)连用 3 d;犬 20 mg/(kg 体重・次)连用 3 d(各种线虫),50 mg/(kg 体重・次)连用 3 d(带科绦虫); 马体 5 mg/(kg 体重・次)。

阿维菌素(Avermectin,虫克星)

本品由阿佛曼链霉菌经液体发酵产生,是新型大环内酯抗生素类驱虫药,主含阿维菌素 Bla(约占 80%)和 Blb(约占 2 0%)两种成分。本品为低毒、高效、广谱的驱线虫药,对节肢动物螨、蜱、虱及蝇幼虫等亦有杀灭作用。本品无驱除吸虫、绦虫作用。本品特点为不易使寄生虫产生抗药性;对抗性寄生虫同样有效。

[应用注意]

通常用药一次即可,必要时每隔 7～9 d,可用药 2～3 次。驱虫作用较缓慢,对某些虫种,甚至需数天到数周才能彻底杀灭。用药后 28 d 内所产牛、羊乳不得供人饮用;宰前 28 d 停药。

[用法与用量]

阿维菌素注射液皮下注射马、牛、羊、禽 0.2 mg/(kg 体重・次),猪 0.3 mg/(kg 体重・次),犬 0.2～0.4 mg/(kg 体重・次)。

阿维菌素内服马、牛、羊、猪 0.3 mg/(kg 体重・次)。

伊维菌素(Ivermectin、害获灭、伊福丁、灭虫丁)

本品为阿维菌素 Bla、Blb 混合物加氢后的还原产物。月途、用量、用法同阿维菌素。

二、驱吸虫药

碘硝酚(Disophenol、二碘硝基酚)

商品制剂为黄色黏稠的 20%含量的注射液,本品优点为对严重感染寄生虫的动物给药时不需要禁食,不会引起应激反应,并可用于极年幼的犬和猫。

本品主要用于驱除犬、猫的各种吸虫,对犬的螨病也有良好的治疗效果。对羊胃肠道线虫及蜱、螨、羊鼻蝇幼虫等体内外寄生虫均有良好的驱杀效果。对火鸡的气管比翼线虫也有显著的驱除作用,还可用于豹、狮等野生猫科动物的板口线虫和颚口线虫的驱杀。

[应用注意]

如同其他驱吸虫药一样,对亲组织的幼虫无效,因此,应间隔 1~2 周后重复治疗。超过治疗量时,成犬和幼犬可发生程度不等的晶体浑浊。一般不严重,在 7 d 内可以恢复。给药 3 个月后的羊方可屠宰,给药 3 个月内的羊奶不得供人食用。

[用法与用量]

20%注射液(溶媒为水—聚乙烯二醇)皮下注射量:犬、猫 10 mg/(kg 体重・次),羊 10~20 mg/(kg 体重・次)内服,火鸡 7.7 mg/(kg 体重・次),以胶囊剂一次内服或混饲给药连用 5 d;豹、狮 6.6 mg/(kg 体重・次)。

氯氰碘柳胺钠(Closantel sodium、佳灵三特、富基华)

本品为微黄色粉末,不溶于水

本品对肝片吸虫、胃肠道线虫、节肢动物及其幼虫阶段有驱杀活性。主要用于防治牛、羊肝片吸虫、胃肠道线虫、羊鼻蝇幼虫、痒螨和疥螨;防治猪蛔虫、结节虫、肺虫、肾虫、鞭虫、类圆线虫、疥螨及血虱;防治犬蠕形螨、犬虱和蛔虫。

[应用注意]

屠宰前 28 d 停药;用药后 28 d 内产的奶不得供饮用。

[用法与用量]

5%氯氰碘柳胺钠注射液皮下(肌肉)注射,牛 2.5~5 mg/(kg 体重・次)、羊 5~10 mg/(kg 体重・次)。5%氰碘柳胺钠悬浮液口服,牛 5 mg/(kg 体重・次),羊 10 mg/(kg 体重・次),氰碘柳胺钠片(0.5 g)口服剂量同悬浮液。

碘醚柳胺(Rafoxanide、重碘柳胺)

本品为白色结晶性粉末,不溶于水。

[作用与用途]

据报道本药的规定剂量可以杀灭 99%以上的肝片形吸虫成虫和 98%的 6 周龄童虫,还可以杀灭 50%以上的 4 周龄童虫。此药还可驱除 90%以上的捻转胃虫的成虫和 6 日龄以上的幼虫，可以杀灭98%以上的羊鼻蝇各期幼虫，对矛形歧腔吸虫也有一定效果。

[应用注意]

泌乳期和28 d内屠宰的牲畜不能用。

[用法与用量]

内服牛、羊7～12 mg/(kg体重・次)，皮下注射，羊3 mg/(kg体重・次)。

硝氯酚(Niclofohn、Bayer 9015)

本品为黄色结晶性粉末，不溶于水。

[作用与用途]

本品对牛、羊肝片吸虫的成虫有很强的杀灭作用，具有高效、低毒、用量小等特点。对肝片吸虫未成熟虫体虽然也有效，但需用较大剂量，且不安全。例如羊用2.7 mg/kg体重剂量对肝片吸虫成虫已有效，而驱杀6周龄的童虫需用6 mg/kg体重剂量，驱杀4周龄的童虫需用8 mg/kg体重剂量，然而给羊应用6 mg/kg体重时，即可出现不良反应，如发热、呼吸促迫、出汗等，个别羊可导致死亡。牛应用3 mg/kg体重剂量可有效地驱除肝片吸虫的成虫，并能为幼牛、孕牛或病牛所耐受，但驱除童虫则需16～20 mg/kg体重剂量，此时，出现类似羊的不良反应。牛经口给药效果不如注射给药好，因为瘤胃内容物能使本品降解减效。注射剂有刺激性，应深层肌肉注射。

[应用注意]

治疗量一般不出现不良反应，过量引起中毒症状时(发热、精神沉郁、肌肉震颤、呼吸困难、窒息、转氨酶值升高)可用安钠咖、毒毛旋花子苷、维生素C等治疗。用药后9 d内的牛乳及15 d内的肉食品不宜供人食用。

[用法与用量]

硝氯酚内服黄牛3～5 mg/(kg体重・次)，水牛1～3 mg/(kg体重・次)，鹿3～7 mg/(kg体重・次)，羊3～4 mg/(kg体重・次)，猪3～6 mg/(kg体重・次)。

硝氯酚注射液10 mL:0.4 g,2 mL:0.08 g。肌肉注射牛、羊0.5～1 mg/(kg体重・次)。

双酰胺氧醚(Diamphenethide、Coriban)

本品为白色结晶性粉末，不溶于水。

[作用与用途]

本品特点为对肝片吸虫童虫有高效，而对成虫只有70%以下的杀灭作用。是一种预防羊肝片吸虫病的有效药物。一次内服治疗量对1～4、5～8、9～12周龄童虫的灭虫率分别为100%>88%和68%。由于本品对10周龄以上虫体作用极差，可间隔8周再用药一次；或与碘醚柳胺等其他杀片形吸虫成虫药并用。

[应用注意]

供食用家畜屠宰前应停药7 d。本品毒性很低，对受精率、妊娠率均无影响。

[用法与用量]

双酰胺氧醚内服：羊100 mg/(kg体重・次)。

双酰胺氧醚混悬剂10 mg:1 g，内服：羊1 mg/(kg体重・次)。

三氯苯唑(Triclabendazole、Fasinex、肝蛭净)

本品为白色粉末,不溶于水。

本品为新型苯并咪唑类驱虫药,对各种日龄的肝片吸虫均有明显杀灭效果。

[作用与用途]

本品低剂量(5 mg/kg 体重)仅对成虫有高效。10 mg/kg 体重对绵羊 1～12 周龄肝片吸虫均有 99%杀灭效果。剂量增至 15 mg/kg 体重,对 1 日龄虫体有效率为 98%。

[应用注意]

牛、羊宰前 28 d 应停药。

[用法与用量]

内服牛 12 mg/(kg 体重・次),羊、鹿 10 mg/(kg 体重・次)。

溴酚磷(Bromophenophos、Acedist、蛭得净)

本品为类白色结晶性粉末。

[作用与用途]

本品不仅对牛、羊肝片吸虫成虫有良好驱虫效果,而且对肝实质内移行期的童虫亦有效。

[应用注意]

药物过量引起的中毒病畜,可用阿托品解救。牛、羊宰前 21 d 应停药。月药 5 d 内,牛奶不能供人食用。

[用法与用量]

溴酚磷散剂每克含溴酚磷 240 mg,内服牛 12 mg/(kg 体重・次),羊 12～16 mg/(kg 体重・次)(指溴酚磷含量)。

溴酚磷片每片含溴酚磷 240 mg,用量同散剂。

六氯对二甲苯(Hexachloroparaxylene、Hetol、海涛尔血防-846)

本品为白色或微黄色有光泽结晶性粉末,不溶于水。

[作用与用途]

本品在我国广泛用于耕牛血吸虫病的治疗;对童虫抑制发育,对成虫引起性腺退化,对童虫作用优于成虫,对雌虫作用优于雄虫。此外,对肝片吸虫、矛形歧腔吸虫、前后盘吸虫、胰阔盘吸虫、盲肠吸虫和猪姜片吸虫等都有驱杀作用。

[应用注意]

本品不良反应较轻,牛可耐受 390 mg/kg 体重,此量为治疗量 3～4 倍,绵羊可耐受 10 倍治疗量。中毒时发生肝、肾细胞变性坏死,消化道黏膜损伤,可视黏膜黄染,血尿和腹泻等。

[用法与用量]

血防片 0.25 g 新血防片 0.25 g 血防乳干粉 100 g:21g。

治疗血吸虫病内服牛 0.1～0.12 g/(kg 体重・次),1 d 1 次,连用 10 d。每日剂量:黄牛 28 g,水牛 36 g。

治疗其他吸虫病内服牛 0.13 g/(kg 体重・次),羊 0.15 g/(kg 体重・次)。

治疗羊胰阔盘吸虫病 0.4 g/(kg 体重・次),间隔 2 d,连用 3 次。治疗猪姜片虫病内服

0.2 g/(kg 体重·次)。

硝硫氰胺(Nithiocysnamine、7505)

本品为黄色结晶性粉末。

[作用与用途]

抗血吸虫药,具有直接杀虫作用,对日本血吸虫、东毕血吸虫等都有效,此外对姜片吸虫、蛔虫、钩虫、丝虫等也有一定的驱虫作用。

[应用注意]

本品内服给药较安全,但需要剂量太大,以 40～60 mg/kg 体重剂量始能奏效,因而影响大面积推广应用。用其微粒型粉(1～5 μm)加适量吐温-80 制成 2%乳剂静脉注射,剂量仅为 1～3 mg/kg 体重,但 80%牛注射后 1 h 左右,出现四肢无力、不愿行走、步态不稳、身体向一侧倾斜、共济失调等神经系统副反应,经 6～20 h 未经任何处理可自然恢复正常,个别牛可引起死亡。肌肉注射给药可避免静脉注射给药的不良反应,具有疗程短、安全、费用低等优点。

[用法与用量]

内服牛 60 mg/(kg 体重·次)。

静脉注射黄牛 2 mg/(kg 体重·次)(极量 0.6 g),水牛 1.5 mg/(kg 体重·次)(极量 0.6 g)。临用时以吐温-80 助溶,制成 1%～2%灭菌水混悬液,用前应振摇。

肌肉注射黄牛 20～25 mg/(kg 体重·次),水牛 15～20 mg/(kg 体重·次),制成 10%水混悬液多点注射。

三、驱绦虫药

吡喹酮(Praziquentel)

本品为白色或类白色结晶性粉末,微溶于水。

[作用与用途]

本品为高效、低毒、广谱的驱绦虫、驱吸虫药。对日本血吸虫、东毕血吸虫等均有较高的驱杀作用,对牛羊肝片吸虫、歧腔吸虫、胰阔盘吸虫、猪姜片吸虫、犬华支睾吸虫及肺吸虫也有较高的疗效。对牛羊的莫尼茨绦虫、曲子宫绦虫、无卵黄腺绦虫,犬的复孔绦虫、中线绦虫、细粒棘球绦虫、泡状绦虫、羊带绦虫、阔节裂头绦虫,猫的肥颈绦虫,家禽的赖利绦虫、节片戴文绦虫、漏斗状绦虫、剑带绦虫、皱褶绦虫,鼠的膜壳绦虫等都有很高的治疗作用。对各种绦虫蚴,如猪囊尾蚴、牛囊尾蚴、细颈囊尾蚴、豆状囊尾蚴、多头蚴及棘球蚴的早期阶段均有效。

[用法与用量]

吡喹酮片 0.1 g、0.2 g、0.5 g。

治血吸虫病内服牛 25～30 mg/(kg 体重·次),羊 60 mg/(kg 体重·次)。

治绦虫病内服牛、羊 10～20 mg/(kg 体重·次),猪 10～35 mg/(kg 体重·次),犬、猫 5～10 mg/(kg 体重·次),家禽 10～20 mg/(kg 体重·次)。

氯硝柳胺(Yomesan、灭绦灵)

本品为淡黄色或灰白色粉末,不溶于水。

［作用与用途］

本品对多种绦虫均有高效，对马裸头绦虫，牛、羊的莫尼茨绦虫、曲子宫绦虫、无卵黄腺绦虫，犬带科绦虫、复孔绦虫，鸡赖利绦虫，小白鼠膜壳绦虫等均有驱杀作用。此外对牛、羊的前后盘吸虫及其童虫亦有良好驱虫效果。

［用法与用量］

内服马 200～300 mg/(kg 体重・次)，牛 40～60 mg/(kg 体重・次)，羊 60～70 mg/(kg 体重・次)，犬、猫 100～200 mg/(kg 体重・次)，鸡 50～60 mg/(kg 体重・次)，火鸡、鸽 200 mg/(kg 体重・次)。

氢溴酸槟榔碱(Arecolin hydrobromide)

为白色或淡黄色结晶性粉末，无臭，味苦。溶于水和乙醇，微溶于乙醚和氯仿。

［作用与用途］

本品为传统驱除犬细粒棘球绦虫和带绦虫，家禽绦虫的药物。对犬细粒棘球绦虫、豆状带绦虫、泡状带绦虫及多头绦虫均有良好的效果；对鸡瑞利绦虫，鸭、鹅剑带绦虫亦有效。

［应用注意］

马属动物及猫对本品敏感，不用为宜；鸡耐受性较大，鸭、鹅较小。遇有严重中毒病例，可用阿托品解救。

犬用药前应隔夜禁食。用药后 2 h，若仍不见排便，宜用盐水灌肠，以加速麻痹虫体排出。

［用法与用量］

内服：一次量，犬 2 mg/kg；鸡 3 mg/kg；鸭、鹅 1～2 mg/kg。

制剂。氢溴酸槟榔碱片：5 mg，10 mg。

第三节　抗原虫药

抗原虫药是对动物锥虫病、梨形虫病、球虫病和一些其他原虫病，如弓形虫病、住白细胞虫病、滴虫病等具有防治作用的药物。本类药物主要可分为抗锥虫药、抗梨形虫药、抗球虫药等。

一、抗球虫药

莫能菌素(Monensin)

本品钠盐为淡黄色粗粉，不溶于水，一般制成 20％预混剂供用。

［作用与用途］

本品为聚醚类抗生素类抗球虫代表药，已广泛用于世界各地，为广谱抗球虫药，对鸡毒害、柔嫩、堆型、布氏、巨型、变位艾美耳球虫均有高效。本品的抗球虫作用峰期为周期第 2 天，即滋养体阶段。本品与其他聚醚类抗生素抗球虫药一样，高剂量(120 mg/kg 以上)对宿主的抗球虫免疫力有抑制作用，但停药后可迅速恢复，因此肉鸡应连续喂用，但在蛋鸡育雏中应考虑使用较低浓度(100 mg/kg)或采用短期投药法。本品对火鸡、羔羊、犊牛球虫病有明显效果，对兔肠型球虫病也有良好的预防效果。过去一直认为球虫对本品一般不产生耐药性，但近年已有人从用药现场分离到耐莫能菌素虫株，因此仅是产生速率较慢而已。

[应用注意]

对马属动物毒性大,应禁用;成年火鸡、珍珠鸡及鸟类亦较敏感,不宜喂用。禁止与二甲硝咪唑、泰乐菌素、竹桃霉素并用,否则有中毒危险。搅拌配料时防止与皮肤、眼睛接触。产蛋期禁用;肉鸡屠宰上市前,应停喂 3 d;牛为 2 d。本品预混剂规格众多,用药时应以莫能菌素含量计量。

[用法与用量]

混饲给药,禽 100～120 mg/kg,羔羊、犊牛 20～30 mg/kg,兔 40 mg/kg(莫能菌素实际含量)。

盐霉素(Salinomycin)

本品钠盐为白色结晶性粉末,性质稳定,不溶于水,多制成 6%或 10%预混剂供用。

[作用与用途]

本品为聚醚类抗生素抗球虫药。其抗球虫效应与莫能菌素相等。60 mg/kg 饲料浓度对病变程度、死亡率及增重率、饲料报酬等,大致与莫能菌素(100 mg/kg)、常山酮(3 mg/kg)相等。

盐霉素对多种革兰氏阳性厌氧菌具有明显的抑制作用,从而对动物有一定的促生长效应。

[应用注意]

与莫能菌素相同。本品安全范围较窄,超过 80 mg/kg 饲料浓度,可使肉鸡摄食减少,而影响增重,肉鸡屠宰上市前 5 d 应停药。

[用法与用量]

混饲给药,禽 50～70 mg/kg、犊牛 10～30 mg/kg、羔羊 10～25 mg/kg、兔 50 mg/kg、猪 25～75 mg/kg(盐霉素实际含量)。

马杜霉素(Maduramiein)

本品铵盐为白色结晶性粉末,不溶于水,多制成 1%预混剂供用。

[作用与用途]

为目前抗球虫作用最强、用药浓度最低的聚醚类抗球虫药,它对早期(0～48 h 内)孢子、滋养体及第一代裂殖体均有抑杀作用,它对巨型、毒害、柔嫩、堆型、马氏、布氏等艾美耳球虫均有良好的抑杀效应。5 mg/kg 饲料浓度的抗球虫效应优于莫能菌素、盐霉素、那拉霉素、尼卡巴嗪和氯羟吡啶。

[应用注意]

本品安全范围较窄,6 mg/kg 饲料浓度能抑制健康雏的生长率,8 mg/kg 饲料浓度可使部分雏羽毛脱落,10 mg/kg 饲料浓度可引起中毒,甚至死亡。马杜霉素只能用于肉鸡,对其他动物及产蛋鸡均不适用;喂马杜霉素的鸡粪便,均勿作牛、羊等动物饲料,否则会引起中毒致死。肉鸡屠宰上市前,应停喂药料 5 d。

[用法与用量]

混饲料给药肉鸡 5 mg/kg。

拉沙洛菌素(Lasalocid)

本品钠盐为白色粉末,不溶于水,其预混剂为淡褐色粉末,有特臭。

[作用与用途]

亦为聚醚类广谱、高效抗球虫药,除对堆型艾美耳球虫作用稍差外,对柔嫩、毒害、巨型、变位艾美耳球虫的抗球虫效应超过莫能菌素和盐霉素,本品对火鸡、羔羊、犊牛球虫亦有明显疗效。本品可与多种促生长剂并用,对鸡增重效果明显优于单独应用促生长剂的效应。

[应用注意]

拉沙洛菌素安全范围较盐霉素、莫能菌素广,并可安全用于水禽和火鸡。但 75 mg/kg 药料浓度就能使宿主对球虫的免疫力产生严重抑制。肉鸡上市前应停喂药料 3 d。

[用法与用量]

混饲料给药,禽 75～125 mg/kg、犊牛 32.5 mg/kg、羔羊 100 mg/kg(拉沙洛菌素实际含量)。

常山酮(Halofuginone)

常用为氢溴酸盐,为灰白色结晶性粉末,含 0.6%氢溴酸常山酮的预混剂商品名为速丹。

[作用与用途]

本品对各种鸡球虫子孢子、第一代裂殖体和第二代裂殖体均有明显抑杀作用,用药后能明显控制球虫病临床症状,并完全抑制卵囊排出(堆型球虫例外),从而使环境不再污染而减少再感染的可能性。因常山酮用药浓度低(3 mg/kg)而无组织残留。用药鸡群粪便不污染环境,对农作物生长亦无不良影响。据现场应用资料证实,本品较易引起球虫耐药性,如鸡场连续应用 2～3 年后,其抗球虫指数大幅度下降。

[应用注意]

本品治疗浓度,对鸡、火鸡、兔、猪、犊驹等均安全有效;但珍珠鸡敏感,应禁用;能抑制鹅、鸭生长,应慎用。对鸡最低有效浓度为 2 mg/kg 而 6 mg/kg 浓度即影响适口性,使部分鸡采食减少,9 mg/kg 则大部分鸡拒食,因此药料必须充分拌匀,否则影响药效。产蛋鸡禁用;屠宰前应停药 4 d。

[用法与用量]

混饲料给药,鸡 3 mg/kg(常山酮实际含量)。

杀球灵(Diclazuril)

本品为微黄色粉末,不溶于水,可与其他生长促进剂和化学药并用。

[作用与用途]

是目前用药浓度最低的一种广谱、高效、低毒的新型抗球虫药。本品抗球虫作用峰期可能在子孢子和第一代裂殖体早期阶段。1 mg/kg 饲料浓度能完全有效地控制鸡盲肠球虫、鸭球虫、兔肠球虫和肝球虫的发生和死亡。本品对鸡、火鸡、鸭、珍珠鸡、鹌鹑、牛、羊、马、猪、兔都很安全,治疗浓度均未发生不良反应。

[应用注意]

本品药效期较短,停药 1 d 抗球虫作用明显减弱,2 d 后作用基本消失,因此,必须连续用药,以防球虫病再度暴发。由于用药浓度极低,药料必须充分拌匀。

[用法与用量]

混饲,鸡、鸭、兔 1 mg/kg(杀球灵实际含量)。

氯羟吡啶(Clopidolum、氯吡醇、克球粉、可爱丹)

[作用与用途]

本品对9种鸡艾美耳球虫均有良效,特别对柔嫩艾美耳球虫作用最强。对球虫的活性高峰期是子孢子期(即感染后第1天),因此,必须在感染前或感染时用药,才能充分发挥抗球虫作用。本品对机体抗球虫免疫力有明显抑制作用,育雏期间应连续喂药,一旦终止给药往往导致球虫病暴发,球虫对本品易产生耐药性,连续应用2~3年,其抗球虫指数明显下降。本品对兔球虫亦有一定的防治效果。

[应用注意]

该药安全范围广,长期应用无不良反应,应用250 mg/kg饲料浓度在屠宰前5 d停药,125 mg/kg则无需停药。

[用法与用量]

混饲,鸡125 mg/kg,兔200 mg/kg。

氯苯胍(Robenidini)

本品为白色结晶性粉末,不溶于水。对多种鸡球虫均有效,并且对其他药物已产生耐药的虫株也有效。对球虫的活性峰期为第一代裂殖体(感染第2天)对第二代裂殖体,子孢子也有杀灭效果。本品毒性较小,雏鸡用6倍以上治疗量连续饲喂8周,生长正常。本品对鸡球虫免疫力形成无影响。球虫对本品产生的耐药速率较慢,但长期连续应用,仍可引起耐药性。该药缺点为连续饲喂可使鸡肉、鸡蛋产生异味,故应鸡屠宰前5~7 d停药。剂量为33 mg/kg混入饲料中给药,急性球虫病暴发时可用66 mg/kg,1~2周后改用33 mg/kg。

尼卡巴嗪(Nicarbazin)

本品为淡黄色粉末,极难溶于水。对柔嫩艾美耳球虫等致病性强的球虫均有较好效果,其活性峰期在第二代裂殖体(感染第4天),其杀灭球虫的作用比抑制球虫的作用更为明显。该药优点是不易产生抗药性和不影响球虫产生免疫力。产蛋鸡群禁用,肉鸡宰前4~7 d停药。剂量为125 mg/kg混入饲料中连续饲喂。

硝苯酰胺(Dinitolmide、Zoalene、球痢灵)

本品为淡黄褐色粉末,不溶于水。对多种鸡球虫均有效,尤其对柔嫩艾美耳球虫和毒害艾美耳球虫效果最好,但对堆型文美耳球虫效果稍差。主要作用于第一代裂殖体(第3天)。该药主要优点为不影响机体对球虫产生免疫力,并能迅速排出体外,无需停药。预防剂量125 mg/kg、治疗剂量250 mg/kg混入饲料内给予。

氨丙啉(Amprolium)

本品为白色粉末,易溶于水。本品结构与硫胺(维生素B_1)相似,因而能抑制球虫硫胺代谢而发挥抗球虫作用。对球虫的活性高峰期在第一代裂殖体(第3天)而且对配子发生期和子孢子期也有一定程度抑制作用。

本品对鸡主要致病的柔嫩艾美耳球虫和堆型艾美耳球虫作用最强,而对其他小肠球虫作用较弱。故常采用配合制剂(含 20%盐酸氨丙啉,12%磺胺喹噁啉,1%乙氧酰胺苯甲酯)。预防剂量每吨干饲料添加 500 g 合剂连续饲喂预防;治疗剂量每吨干饲料添 1 000 g 合剂,连喂 2 周,再用半量喂 2 周。产蛋期禁用,宰前 7 d 停止给药。

磺胺类药

主要作用于第二代裂殖体(第 4 天),对第一代裂殖体亦有一定作用,因此当鸡群中开始出现球虫症状时,用磺胺药往往有效,尤其配合应用适量维生素 K 及维生素 A 更有助于鸡群康复,但由于磺胺类长期连续应用具有毒性和产生抗药性,故少用于预防。磺胺二甲氧嘧啶(SDM)500 mg/L 加入饮水或 2 000 mg/kg 混入饲料,连用 6 d;磺胺氯吡嗪(ESB3)300 mg/L,加入饮水连用 3 d;磺胺喹噁啉(SQ)100 mg/kg 混入饲料,喂 2～3 d,停药 3 d 后用 50 mg/kg 混入饲料,喂药 2 d,停药 3 d,再给药 2 d,无休药期;能有效地控制暴发性球虫病。

二、抗滴虫药

甲硝唑(Metronidazole、灭滴灵)

本品为白色结晶性粉末,溶于水(1∶100),主要用于治疗牛毛滴虫病、火鸡组织滴虫病、鸽毛滴虫病,连用 5 d,对犬贾第虫病也有高效。

内服牛 50 mg/(kg 体重・次),1 d 1 次,连用 5 d,犬 25 mg/(kg 体重・次),1 d 2 次,连用 5 d。火鸡组织滴虫病以 250 mg/kg 混入饲料。

二甲硝咪唑(Dimetridazole、达美素)

本品为微黄色粉末,微溶于水,是新型抗组织滴虫药。预防:仔火鸡 125～150 mg/kg、雏鸡 75 mg/kg;治疗:仔火鸡、雏鸡 500 mg/kg 混入饲料,连用 7～14 d 均能迅速达到防治组织滴虫病的效果。

三、抗锥虫药

萘磺苯酰脲(Suramin)

商品名为那加宁(Naganin)、那加诺(Nagarol)、拜耳-205(Bnyer-205)。

性状:其钠盐为白色、微粉红色或带乳酪色粉末。味涩,微苦。易溶于水,微溶于甲醇、乙醇,不溶于氯仿、乙醚。

[作用与用途]

本品对马、牛和骆驼的伊氏锥虫病和马媾疫锥虫病及布氏锥虫病均有效,对牛的泰勒焦虫病亦有防治作用,对灵长类动物的盘尾线虫各期幼虫亦有杀灭作用。其作用机理认为本品能使虫体代谢中的蛋白产物的性质发生改变,致使虫体不能同化其所需要的营养物质,最后使虫体崩解破坏而死亡。机体的网状内皮系统在本品的药理作用方面起着重要作用。兴奋网状内皮系统的药物(如氯化钙等),能提高疗效。

静注给药后,药物与血浆蛋白结合,以后逐渐分离释出。由于排泄缓慢,在体内停留时间长达 1.5～2 个月,故有预防作用。马预防有效期为 1.5～2 个月,骆驼可达 4 个月。

[应用注意]

马属动物对本品较敏感,水牛反应轻微,骆驼则更轻。马静脉注射治疗量 12 h 后可出现荨麻疹。黏膜发绀、胸下和阴门水肿、跛行、体温升高及食欲减退等不良反应。不同个体其表现程度有差异,经 3～5 d 可自然恢复。少数牛用药后可出现肌震颤、眼睑水肿、步态不稳等,经 1～3 d 可自行消失。为减轻不良反应并提高疗效,可同时应用氯化钙、安钠咖等,并在治疗前后数日内停止使役。

治疗时,应间隔 7 d 再用药一次;疫区预防性用药,在发病季节每 2 个月用药一次。

心、肾、肝脏病患畜,慎用本品。体弱患畜 1 次剂量分 2 次注射,间隔 24 h。

[用法与用量]

静注:一次量,马 10～15 mg/kg,牛 15～20 mg/kg,骆驼 20～30 mg/kg。

临用前配成 10%灭菌水溶液。

喹嘧胺(Quinapyramine)

又名喹啉嘧啶胺,商品名为安锥赛(Antrkide)。

本品有硫酸盐和氯化物盐。前者易溶于水,后者微溶于水,略溶于热水。均不溶于有机溶剂。两者均为白色或微黄色结晶性粉末,无臭,味苦。

[作用与用途]

本品对伊氏锥虫、马媾疫锥虫、刚果锥虫(*T. congolese*)和活跃锥虫(*T. vivax*)有效。主要用于防治马、牛、骆驼的伊氏锥虫病及马媾疫。其作用机理一般认为是本品取代锥虫细胞质核蛋白体中的镁离子和多胺类,从而阻断虫体蛋白质的合成而杀虫。当剂量不足时,锥虫易产生耐药性。甲基硫酸喹嘧胺主要用于治疗,氯化喹嘧胺主要用于预防。

[应用注意]

用治疗剂量可见局部反应,在注射部位有暂时肿胀,数天后自行消散。

马属动物对本品较敏感,注射后 0.25～2 h,出现兴奋不安、肌肉震颤、出汗、体温升高、腹痛、频排粪尿、口流白沫、呼吸困难。心跳加快等症状,一般可在 5～6 h 消失。反应严重的病畜可肌注阿托品解救。

[用法与用量]

喹嘧胺硫酸盐。肌内或皮下注射:一次量,马、牛、骆驼 5 mg/kg,2～3 个月注射一次。临用前配成 10%灭菌注射液,宜分 2～3 点注射。

注射用喹嘧胺:每 500 mg 含喹嘧胺氯化物 286 mg 和喹嘧胺硫酸盐 214 mg。皮下注射:一次量,马、牛、骆驼 4～5 mg/kg,2～3 个月注射一次。临用前配成 16.6%灭菌注射液。

四、抗梨形虫药

三氮脒(Berenil、贝尼尔)

本品为黄色结晶性粉末,易溶于水。本药于临用前以注射用水配成 5%～7%溶液,作分点深层肌肉注射或皮下注射。随剂量大小不同肿胀 7～18 d 后逐渐消失。

对家畜巴贝斯虫病一般采用 3.5～3.8 mg/kg 体重剂量,对重症病例或泰勒虫病采用 7 mg/kg

体重的高剂量，每天一次，连用 3～4 d 为一疗程。对马媾疫的剂量为 3.5 mg/kg 体重，每天一次，连用 3 次。重症者可增加剂量和延长疗程。对伊氏锥虫病近期效果较好远期效果不佳。本品安全范围较小，治疗量时有时也会出现一些副作用，如出现腹痛，频排粪尿，轻度肌颤、心跳、呼吸加快，流泪和流涎等，牛剂量增至 25 mg/kg 体重可呈现严重中毒症状，精神沉郁，卧地不起，全身肌颤，口吐白沫，瘤胃鼓气，结膜发绀，体温下降，有的可引起死亡；35 mg/kg 体重可全部致死。水牛对本品较敏感，一般用药一次较安全，连续使用易出现毒性反应。对骆驼伊氏锥虫虽有杀灭作用，但安全范围很小，不适应用，肌注 1.4 mg/kg 体重可引起中毒反应，4～5 mg/kg 体重可致死。

咪唑苯脲(Imidocarb、双脒苯脲)

本品有二盐酸盐和丙二酸盐两种制剂，为无色粉末，均溶于水。

本品对各种巴贝斯虫均有较好的治疗效果，具有疗效高、毒性低、剂量小的优点，而且由于该药能在畜体内较长时间存留，因此还具有极好的预防作用。注射本药后预防期为 2～10 周，对牛体自然免疫并无影响。该药对无定形体病（又名边虫病、微粒孢子虫病）的治疗和清除带虫状态也都有效。

本品配成 10％水溶液，皮下或肌肉注射：牛 1～2 mg/(kg 体重・次)；马、犬 2～4 mg/(kg 体重・次)。每天一次，必要时可连续应用 2～3 d。

牛皮下或肌注 1 mg/kg 体重剂量的本药无反应；2 mg/kg 体重的可出现类似抗胆酯酶作用的副反应，1 h 可恢复；3.5 mg/kg 体重反应增重；10 mg/kg 体重可引起死亡。毒性反应主要是口吐白沫、流泪、腹泻等症状，甚至虚脱而死。马肌注 8 mg/kg 体重出现流涎、呼吸困难、腹痛、腹泻等症状。

屠宰前应停药 28 d。用药期间患畜乳汁不可供食用。

第四节　杀虫药

杀虫药(insecticides)是能杀灭动物体表寄生虫和蜱、螨、虻、虱、蚤、蚊、蝇等一类药物。

上述寄生虫中蚊蝇等对动物危害很大，可引起贫血、生长发育受阻、饲料利用率降低，皮、毛质量受影响，更严重的是传播动物某些血孢子虫病、锥虫病等。杀虫药不但对动物体表寄生虫以及蚊蝇等有杀灭作用，对人或动物亦有一定毒性作用。因此，在选药、使用剂量以及是否污染环境等都应注意，否则可能引起中毒。有些杀虫剂如有机氯，残留明显，会引起人和动物体慢性中毒，造成公害，值得注意。

杀虫药主要呈现局部作用，如剂量、浓度过大，时间过长，会引起动物体吸收中毒。此类药物一般对虫卵无效，间隔一定时间再次用药是必要的。

常用的杀虫剂有：有机氮、有机磷、植物杀虫药（有机氯杀虫药几乎已被淘汰，因此本书不将其列入叙述范围内）。

溴氰菊酯(Deltamethrin)

本品的常用剂型为 5％溴氰菊酯乳油，又称为倍特(Butox)。为黄褐色黏稠液体。本品对虫体有胃毒和触毒作用，但无内吸及熏蒸作用。其杀虫谱广，击倒速度快，但对螨类作用稍差。

通常对蚊、家蝇、厩蝇、羊蜱蝇、牛、羊各种虱、牛皮蝇、猪血虱均有高效。用5～10 mg/L浓度药浴或喷淋即能全部杀死。而且维持药效1～4周。而且对有机磷、有机氯耐药的虫体,用之仍然有效。15～50 mg/L高浓度药液对蜱、痒螨、疥螨亦有良效。禽羽虱需高至100 mg/L药液喷雾才有效。

本品对鱼剧毒。蜜蜂、家蚕亦敏感。此外。对皮肤、呼吸道刺激性较强,用时应注意防护。本品对塑料制品有一定腐蚀性,因此不能用塑料容器盛装,亦不可接近火源。

氯氰菊酯(Cypermethrin)

商品名为外灭宝(Ovipor)。

性状:为棕色至深红褐色黏稠液体,难溶于水,易溶于乙醇,在中性、酸性环境中稳定。顺式氯氰菊酯为本品的高效异构体,为白色或奶油色结晶或粉末,其他性质与本品同。

作用与应用:本品为广谱杀虫药,具有触杀和胃毒作用。主要用于驱杀各种体外寄生虫,尤其对有机磷杀虫药产生抗药性的虫体效果更好。

制剂、用法与用量:10%氯氰菊酯乳油常用于灭虱,用0.006%。10%顺式氯氰菊酯乳油:杀蝇、蚊用20～30 mg/m^2;杀蟑螂用15～30 mg/m^2。含2.5%氯氰菊酯浇注剂,由头顶部开始达颈部上端并沿背部中线浇注至臀部。每头剂量5～15 mL。本品专门防治羊的毛虱和硬蜱,药力可保持12周之久。

二嗪哝(Dimpylate、地亚农)

本品常用剂型为25%(g/L)二嗪哝乳剂,其商品名为螨净。本品为广谱有机磷杀虫剂。具有触杀、胃毒、熏蒸等作用和较弱的内吸作用。对蝇、虱、蜱、螨均有良好杀灭效果,尤其对螨具有很强杀灭效力。螨净对皮肤被毛附着力强,能保持长期的杀虫作用,一次用药防止重复感染的保护期可达10周左右。本品属中等毒杀虫药,除了猫、禽和蜜蜂外,所有家畜都可以应用。对人畜虽较安全,但高浓度接触后亦会引起中毒,中毒后宜用阿托品及解磷定解救。

[用法与用量]

药浴:绵羊初次浸泡用250 mg/L浓度(螨净1 mL加水1 000 mL),补充药液用750 mg/L浓度(螨净1 mL加水330 mL),牛初次浸泡用625 mg/L浓度(螨净1 mL加水400 mL),补充药液用1 500 mg/L浓度(螨净6 mL加水1 000 mL)。喷淋:牛、羊625 mg/L浓度,猪250 mg/L浓度。对严重感染应重复用药,间隔时间疥螨为7～10 d,虱为17 d。动物屠宰上市前应停药14 d;乳汁废弃时间为3 d。

巴胺磷(Ptopetamphos)

本品为棕黄色液体,常用剂型为40%巴胺磷乳油,其商品名为赛福丁或舒利宝。本品为广谱有机磷杀虫剂。主要用于杀灭绵羊体外寄生虫螨、虱、蜱等。药浴或喷啉,羊用1 000 L水加40%乳油500 mL,池浴。宰前14 d停止用药。

双甲脒(Amitraz)

本品的常用剂型为12.5%双甲脒乳油其商品名为特敌克(Taktic),系微黄色澄明液。双甲脒为广谱杀螨剂,具有触杀、胃毒、内吸、熏蒸作用,它对牛、羊、猪、兔的体外寄生虫,如疥螨、痒螨、蜱、虱等各阶段虫体均有极佳杀灭效果。但产生作用较慢，用药后 24 h 才使虱、蜱等体外寄生虫解体，48 h 使患螨部皮肤自行松动脱落，一次用药能维持药效 6～8 周。

本品对人及多数动物毒性极小，甚至对妊娠、哺乳动物用之亦安全。马属动物较敏感，家禽用高浓度会出现中毒反应，用时慎重；它对鱼有剧毒，应注意防止药液渗入鱼池。本品对蜜蜂安全无毒，但灭蜂螨时，由于蜂蜜等产品中残留药物严重超标，而应禁用。使用方法为药浴、喷淋或涂擦。每升双甲脒乳油加水 250～333 L(即 375～500 mg/L 浓度)。为增强双甲脒的稳定性，最好在药浴液中添加生石灰(含 80%以上氢氧化钙)至 0.5%浓度。牛、羊、猪等动物停药 1 d，其肉品即可上市，乳品无休药期规定。

附表　养殖动物的主要寄生虫病简表

附表 1　猪的主要寄生虫病简表

病　名	病　原	寄生部位
一、皮肤寄生虫病		
1. 疥螨病	猪疥螨	皮肤内
2. 血虱病	猪血虱	体表
3. 蠕形螨病	猪蠕形螨	毛囊、皮脂腺
4. 三色依蝇蛆病	三色依蝇的幼虫	体表
二、心血管系统寄生虫病		
浆膜丝虫病	猪浆膜丝虫	心外膜等处的淋巴管
三、呼吸系统寄生虫病		
后圆线虫病(肺丝虫病)	后圆属线虫	支气管与细支气管
四、消化系统寄生虫病		
(一)肝脏寄生虫病		
华支睾吸虫病	华支睾吸虫	肝脏
(二)胃线虫病		
1. 似蛔线虫病	似蛔属线虫	胃
2. 六翼泡首线虫病	六翼泡首线虫	胃
3. 奇异西蒙线虫病	奇异西蒙线虫	胃
4. 颚口线虫病	颚口属线虫	胃
(三)肠道寄生虫病		
1. 布氏姜片吸虫病	布氏姜片吸虫	小肠
2. 克氏伪裸头绦虫病	克氏伪裸头绦虫	小肠
3. 蛔虫病	猪蛔虫	小肠
4. 毛尾线虫病	猪毛尾线虫	大肠(主要是盲肠)
5. 食道口线虫病(结节虫病)	食道口属线虫	结肠
6. 双管鲍氏线虫病	双管鲍氏线虫	盲肠、结肠
7. 球首线虫(钩虫病)	球首属线虫	小肠
8. 兰氏类圆线虫病	兰氏类圆线虫	小肠
9. 蛭形巨吻棘头虫病	蛭形巨吻棘头虫	小肠
10. 球虫病	猪等孢球虫及艾美耳属球虫	肠道
11. 结肠小袋纤毛虫病	结肠小袋纤毛虫	大肠
12. 隐孢子虫病	隐孢子虫	小肠
五、泌尿系统寄生虫病		
有齿冠尾线虫(肾虫病)	有齿冠尾线虫	肾盂、肾周围脂肪和输尿管等处
六、肌肉及其他组织器官寄生虫病		
1. 弓形虫病	刚地弓形虫	各组织器官
2. 猪囊虫病	猪囊尾蚴	肌肉及其他器官
3. 旋毛虫病	旋毛虫	横纹肌
4. 细颈囊尾蚴病	细颈囊尾蚴	肝脏、大网膜、肠系膜等处
5. 孟氏裂头蚴病	孟氏裂头蚴	皮下及肌肉等处
6. 肉孢子虫病	肉孢子虫	肌肉及内脏等处

附表 2　牛的主要寄生虫病简表

病　名	病　原	寄生部位
一、皮肤寄生虫病		
1. 疥螨病	牛疥螨	皮肤内
2. 痒螨病	牛痒螨和水牛痒螨	皮肤表面
3. 足螨病	牛足螨	皮肤表面
4. 蠕形螨病	牛蠕形螨	毛囊和皮脂腺
5. 皮蝇蛆病	牛皮蝇和纹皮蝇的幼虫	背部皮下组织等处
6. 蜱病	硬蜱科蜱	体表
7. 虱病		
(1)吸血虱	牛血虱	牛体表
	牛颚虱	牛体表
	牛管虱	牛体表
(2)食毛虱	牛毛虱	牛体表
8. 蚤病	花蠕形蚤和尤氏羚蚤	体表
二、心血管系统寄生虫病		
1. 巴贝斯虫病	双芽巴贝斯虫和牛巴贝斯虫	牛红细胞
2. 泰勒虫病	环形泰勒虫和瑟氏泰勒虫	牛红细胞
3. 伊氏锥虫病	伊氏锥虫	血浆
4. 日本血吸虫病	日本分体吸虫	肝门静脉和肠系膜静脉
5. 东毕吸虫病	东毕属吸虫	肝门静脉和肠系膜静脉
三、呼吸系统寄生虫病		
1. 网尾线虫病(大型肺线虫病)	胎生网尾线虫	支气管与细支气管
四、消化系统寄生虫病		
(一)胃寄生虫病		
1. 前后盘吸虫病	前后盘类各科、属虫体	瘤胃
2. 血矛线虫病	捻转血矛线虫和似血矛线虫	真胃
3. 指形长刺线虫病	指形长刺线虫	真胃
4. 毛圆科线虫病	毛圆科中奥斯特属和马歇尔属线虫等	真胃、小肠
(二)肠寄生虫病		
1. 莫尼茨绦虫病	莫尼茨属绦虫	小肠
2. 盖氏曲子宫绦虫病	盖氏曲子宫绦虫	小肠
3. 中点无卵黄腺绦虫病	中点无卵黄腺绦虫	小肠
4. 仰口线虫病	牛仰口线虫	小肠
5. 食道口线虫病	食道口属线虫	大肠

续附表 2

病　名	病　原	寄生部位
6. 夏伯特线虫病	夏伯特属线虫	大肠
7. 毛尾线虫病(鞭虫病)	毛尾属线虫	盲肠
8. 犊新蛔虫病	犊新蛔虫	犊牛小肠
9. 乳突类圆线虫病	乳突类圆线虫	犊牛小肠
10. 球虫病	艾美耳属球虫	肠道
11. 隐孢子虫病	小鼠隐孢子虫和小隐孢子虫	胃、小肠
(三)肝脏寄生虫病		
1. 片形吸虫病	肝片形吸虫和大片形吸虫	肝脏胆管
2. 歧腔吸虫病	矛形歧腔吸虫和中华歧腔吸虫	肝胆管
3. 棘球蚴病(包虫病)	细粒棘球蚴、	肝脏及肺脏
	多房棘球蚴	肝脏
(四)胰脏寄生虫病		
1. 阔盘吸虫病	阔盘属吸虫	胰管
五、肌肉及其他组织器官寄生虫病		
1. 肉孢子虫病	肉孢子虫属	横纹肌、心肌
2. 犬新孢子虫病	犬新孢子虫	脑脊髓等
3. 弓形虫病	刚地弓形虫	各组织器官
4. 牛囊尾蚴病(牛囊虫病)	牛囊尾蚴	肌肉
5. 脑多头蚴病(脑包虫病)	脑多头蚴	脑和脊髓内
6. 丝状线虫病	丝状属线虫	腹腔
7. 吸吮线虫病	吸吮属线虫	眼部

附表 3　羊的主要寄生虫病简表

病　名	病　原	寄生部位
一、皮肤寄生虫病		
1. 疥螨病	山羊疥螨	山羊皮肤内
	绵羊疥螨	绵羊皮肤内
2. 痒螨病	山羊痒螨	山羊皮肤表面
	绵羊痒螨	绵羊皮肤表面
3. 足螨病	绵羊足螨	绵羊皮肤表面
	山羊足螨	山羊皮肤表面
4. 蠕形螨病	山羊蠕形螨	山羊毛囊和皮脂腺
	绵羊蠕形螨	绵羊毛囊和皮脂腺

续附表 3

病名	病原	寄生部位
5. 蜱病	硬蜱(*Lxodidae*)	体表
6. 虱病		
(1)吸血虱	绵羊颚虱	绵羊体表
	绵羊足颚虱	绵羊体表
	山羊颚虱	山羊体表
(2)毛虱	绵羊毛虱	绵羊体表
	山羊毛虱	山羊体表
7. 蚤病	花蠕形蚤	体表
	尤氏羚蚤	体表
二、心血管系统寄生虫病		
1. 泰勒虫病	山羊泰勒虫	红细胞
2. 日本血吸虫病	日本分体吸虫	肝门静脉和肠系膜静脉
3. 东毕吸虫病	东毕属吸虫	肝门静脉和肠系膜静脉
三、呼吸系统寄生虫病		
1. 网尾线虫病(大型肺线虫病)	网尾属线虫	支气管和细支气管
2. 原圆线虫病(小型肺线虫病)	原圆属线虫、缪勒属线虫和变圆属线虫	细支气管、肺泡
3. 羊鼻蝇蛆病	羊狂蝇的幼虫	鼻腔及附近的腔窦
四、消化系统寄生虫病		
(一)胃寄生虫病		
1. 前后盘类吸虫病	前后盘类各科、属吸虫	瘤胃
2. 捻转血矛线虫病	捻转血矛线虫	真胃
3. 奥斯特线虫病	奥斯特属线虫	真胃
4. 马歇尔线虫病	马歇尔属线虫	真胃
(二)肠寄生虫病		
1. 莫尼茨绦虫病	莫尼茨属绦虫	小肠
2. 盖氏曲子宫绦虫病	盖氏曲子宫绦虫	小肠
3. 中点无卵黄腺绦虫病	中点无卵黄腺绦虫	小肠
4. 乳突类圆线虫病	乳突类圆线虫	小肠
5. 仰口线虫病	羊仰口线虫	小肠
6. 食道口线虫病	食道口属线虫	结肠
7. 夏伯特线虫病	夏伯特属线虫	大肠
8. 毛尾线虫病(鞭虫病)	毛尾属线虫	大肠、主要是盲肠
9. 球虫病	艾美耳属球虫	小肠

续附表 3

病　名	病　原	寄生部位
10. 隐孢虫病	小鼠隐孢子虫	胃
	小隐孢子虫	小肠
(三)肝脏寄生虫病		
1. 片形吸虫病	肝片形吸虫和大片形吸虫	肝脏胆管
2. 歧腔吸虫病	矛形歧腔吸虫和中华歧腔吸虫	肝脏胆管
3. 棘球蚴病	细粒棘球蚴	肝脏及肺脏
	多房棘球蚴	肝脏
(四)胰脏寄生虫病		
阔盘吸虫病	阔盘属吸虫	胰管
五、肌肉及其他组织器官寄生虫病		
1. 肉孢子虫病	肉孢子虫属	横纹肌
2. 犬新孢子虫病	犬新孢子虫	脑、脊髓等
3. 弓形虫病	刚地弓形虫	各组织器官
4. 脑多头蚴病(脑包虫病)	脑多头蚴	大脑和脊髓内
5. 脑脊髓丝虫病	丝状属线虫的幼虫	脑脊髓内

附表 4　鸡的主要寄生虫病简表

病　名	病　原	寄生部位
一、皮肤寄生虫病		
1. 螨病	鸡皮刺螨	体表
	林禽刺螨	体表
	突变膝螨	足胫、趾部
	鸡膝螨	体表
2. 羽虱病	鸡羽虱	体表
二、心血管系统寄生虫病		
鸡住白细胞虫病	卡氏住白细胞虫	血细胞
	沙氏住白细胞虫	血细胞
三、呼吸系统寄生虫病		
禽比翼线虫病	斯氏比翼线虫和气管比翼线虫	气管与支气管
四、消化系统寄生虫病		
1. 棘口吸虫病	棘口科吸虫	肠道
2. 后睾吸虫病	台湾次睾吸虫、东方次睾吸虫和鸭对体吸虫	胆囊、胆管
3. 鸡后口吸虫病	鸡后口吸虫	盲肠

续附表 5

病　名	病　原	寄生部位
4. 戴文绦虫病	四角瑞利绦虫、棘沟瑞利虫、有轮瑞利绦虫、节片戴文绦虫和楔形变带绦虫	小肠
5. 鸡蛔虫病	鸡蛔虫	小肠
6. 异刺线虫病	异刺属线虫	盲肠
7. 禽毛细线虫病	毛细属线虫	食道、嗉囊、肠道
8. 胃线虫病	小钩锐形线虫	肌胃
	旋形华首线虫	腺胃
9. 鸡球虫病	艾美耳属球虫	肠道
10. 隐孢子虫病	贝氏隐孢子虫	法氏囊、肠道、泄殖腔、呼吸道
	火鸡隐孢子虫	
11. 组织滴虫病	火鸡组织滴虫	盲肠、肝脏
五、其他寄生虫病		
前殖吸虫病	前殖属吸虫	输卵管、法氏囊

附表 5　水禽的主要寄生虫病简表

病　名	病　原	寄生部位
一、皮肤寄生虫病		
羽虱病	食毛目的种类	体表
二、心血管系统寄生虫病		
鸭毛毕吸虫病	毛毕属吸虫	鸭门静脉和肠系膜静脉内
三、呼吸系统寄生虫病		
气管吸虫病	舟形嗜气管吸虫等	鸭气管、支气管
四、消化系统寄生虫病		
1. 棘口吸虫病	棘口科吸虫	肠道
2. 后睾吸虫病	鸭后睾吸虫	胆管
	台湾次睾吸虫	胆囊
	东方次睾吸虫	胆囊
	鸭对体吸虫	胆管
3. 膜壳绦虫病	矛形剑带绦虫	小肠
	片形皱褶绦虫	小肠
	膜壳属绦虫	小肠
4. 胃线虫病	四棱线虫	腺胃
	鹅裂口线虫	鹅肌胃
	厚尾束首线虫和瓣口线虫	肌胃

续附表 5

病　名	病　原	寄生部位
5. 鸭棘头虫病	大多形棘头虫、小多形棘头虫、腊肠形棘头虫及鸭细颈棘头虫	小肠
6. 鸭球虫病	毁灭泰泽球虫	小肠
	菲莱氏温扬球虫	小肠
7. 鹅球虫病	艾美耳属球虫	肾及肠道
8. 隐孢子虫病	贝氏隐孢子虫	法氏囊、泄殖腔、呼吸道
	火鸡隐孢子虫	肠道
五、其他寄生虫病		
1. 前殖吸虫病	前殖属吸虫	输卵管、发生囊
2. 鸟蛇线虫病	台湾鸟蛇线虫和四川鸟蛇线虫	鸭皮下组织

附表 6　犬的主要寄生虫病简表

病　名	病　原	寄生部位
一、皮肤寄生虫病		
1. 螨病	犬疥螨	皮肤内
	犬蠕形螨	毛囊和皮脂腺
	犬耳痒螨	外耳道
2. 虱病	犬啮毛虱	体表
3. 蚤病	犬栉首蚤	体表
二、心血管系统寄生虫病		
1. 犬心丝虫病	犬恶丝虫	右心室及肺动脉
2. 巴贝斯虫病	吉氏巴贝斯虫	血液
三、呼吸系统寄生虫病		
并殖吸虫病	卫氏并殖吸虫	肺脏
四、泌尿系统寄生虫病		
犬肾膨结线虫病	肾膨结线虫	肾脏或腹腔
五、消化系统寄生虫病		
1. 肝吸虫病	华支睾吸虫	肝胆管和胆囊
2. 绦虫病	犬复孔绦虫	小肠
	泡状带绦虫	小肠
	豆状带绦虫	小肠
	多头绦虫	小肠
	细粒棘球绦虫	小肠
	线中绦虫	小肠

续附表 6

病　名	病　原	寄生部位
	孟氏迭宫绦虫	小肠
	宽节双叶槽绦虫	小肠
3. 蛔虫病	犬弓首蛔虫	小肠
	狮弓首蛔虫	小肠
4. 钩虫病	犬钩口线虫	小肠
	锡兰钩口线虫	小肠
	狭首弯口线虫	小肠
5. 犬尾旋线虫病	狼尾旋线虫	食道及胃
6. 鞭虫病	狐毛尾线虫	盲肠和结肠
7. 等孢球虫病	等孢属球虫	肠道

附表 7　猫的主要寄生虫病简表

病　名	病　原	寄生部位
一、皮肤寄生虫病		
1. 螨病	猫背肛螨	头、颈部
	猫耳痒螨	外耳道
	猫蠕形螨	猫毛囊和皮脂腺
2. 蚤病	猫栉首蚤	体表
3. 虱病	近状猫毛虱	体表
二、呼吸系统寄生虫病		
并殖吸虫病	卫氏并殖吸虫	肺脏
三、消化系统寄生虫病		
1. 肝吸虫病	华支睾吸虫	肝胆管和胆囊
2. 绦虫病	带状泡尾绦虫	小肠
	犬复孔绦虫	小肠
	泡状带绦虫	小肠
	细粒棘球绦虫	小肠
	线中绦虫	小肠
	孟氏迭宫绦虫	小肠
	宽节双叶槽绦虫	小肠
3. 蛔虫病	猫弓首蛔虫	小肠
	狮弓首蛔虫	小肠
4. 钩虫病	锡兰钩口线虫	小肠
	管形钩口线虫	小肠
	狭首弯口线虫	小肠
5. 等孢球虫病	等孢属球虫	肠道

附表8 兔的主要寄生虫病简表

病 名	病 原	寄生部位
一、皮肤寄生虫病		
螨病	兔疥螨	皮肤内
	兔背肛螨	头、颈部皮肤内
	兔痒螨	外耳道
	兔足螨	外耳道
二、消化系统寄生虫病		
1. 球虫病	艾美耳属球虫	肝脏及肠道
2. 豆状囊尾蚴病	豆状囊尾蚴	寄生于肝脏及肠系膜等处
3. 钉尾线虫病(蛲虫病)	疑似钉尾线虫	盲肠
4. 肝脏肝居线虫病	肝脏肝居线虫	肝脏
三、呼吸系统寄生虫病		
1. 卡氏肺孢子虫病	卡氏肺孢子虫	肺脏
四、肌肉及其他器官寄生虫病		
1. 兔脑原虫病	兔脑原虫	脑、肾脏等处

附表9 马属动物的主要寄生虫病简表

病 名	病 原	寄生部位
一、皮肤寄生虫病		
1. 螨病	马疥螨	皮肤内
	马痒螨	体表
	马足螨	后脚系部
	马蠕形螨	毛囊和皮脂腺
2. 血虱与毛虱	马毛虱	体表
	驴血虱	体表
3. 马媾疫	马媾疫锥虫	皮肤、生殖器黏膜
4. 蠓咬性皮炎	蠓	体表
二、心血管系统寄生虫病		
1. 伊氏锥虫病	伊氏锥虫	血浆
2. 梨形虫病	驽巴贝斯虫	红细胞
	马巴贝斯虫	红细胞
三、呼吸系统寄生虫病		
网尾线虫病(肺丝虫病)	安氏网尾线虫	支气管
四、消化系统寄生虫病		

续附表 9

病　名	病　原	寄生部位
(一)胃寄生虫病		
1. 胃线虫病	大口德拉西线虫(大口胃虫)、小口德拉西线虫(小口胃虫)及蝇柔线虫(蝇胃虫)	胃
2. 胃蝇蛆病	肠胃蝇、鼻胃蝇、红尾胃蝇及兽胃蝇	幼虫寄生于胃
(二)肠道寄生虫病		
1. 裸头绦虫病	大裸头绦虫、叶状裸头绦虫	小肠
	侏儒副裸头绦虫	盲肠和结肠
2. 副蛔虫病	马副蛔虫	小肠
3. 尖尾线虫病(蛲虫病)	马尖尾线虫	肠道
4. 类圆线虫病	韦氏类圆线虫	肠道
5. 圆线虫病	普通圆线虫	肠道
	无齿圆线虫	肠道
	马圆线虫	肠道
6. 球虫病	艾美耳属球虫	肠道
五、肌肉及其他组织器官寄生虫病		
1. 脑脊髓丝虫病	指形丝状线虫的童虫	脑脊髓
2. 盘尾丝虫病	颈盘尾丝虫及网状盘尾丝虫	肌腱、韧带
3. 副丝虫病(血汗症)	多乳突副丝虫	皮下、肌肉结缔组织
4. 混睛虫病	指形丝状线虫、马丝状线虫及鹿丝状线虫的童虫	眼部
5. 腹腔丝虫病	马丝状线虫	腹腔

附表 10　蜜蜂的主要寄生虫病简表

病　名	病　原	寄生部位
一、皮肤寄生虫病		
1. 大蜂螨病	雅氏瓦满	蜜蜂体外
2. 小蜂螨病	亮热厉螨	蜜蜂幼虫和蛹体上
3. 虱病	蜂虱	蜂王、工蜂的头部、胸部背面绒毛处
二、呼吸系统寄生虫病		
1. 蜂气管螨病	伍氏跗线螨	成年蜂胸部气管中
三、消化系统寄生虫病		
1. 孢子虫病	蜜蜂微孢子虫	中肠上皮细胞
四、排泄系统寄生虫病		
1. 变形虫病	马氏管变形虫	马氏管
五、其他器官系统及部位		
1. 肉蝇病	宽额诺蝇(肉蝇或麻蝇)	蜜蜂体内
2. 驼背蝇病	驼背蝇幼虫	蜜蜂幼虫体内
3. 芫菁病	复色短翅芫菁和曲角短翅芫菁的幼虫	巢房、采食蜂卵及贮藏的食物

附表 11　蚕的主要寄生虫病简表

病　名	病　原	寄生部位
一、皮肤寄生虫病		
1. 蝇蛆病	多化性蚕蝇蛆	蚕体表、真皮、体腔
2. 虱螨病	赫氏蒲螨	家蚕体表
二、消化系统寄生虫病		
1. 微粒子病	蚕孢子虫	桑蚕消化道

附表 12　鱼的主要寄生虫病简表

病　名	病　原	寄生部位
一、皮肤寄生虫病		
1. 嗜子宫线虫病	嗜子宫线虫	鲤、鲫等皮肤、鳞片下及体腔
2. 隐鞭虫病	鳃隐鞭虫、颤动隐鞭虫	青鱼、草鱼、鲢、鳙、鲫、鳜、乌鳢、鲶的鳃、皮肤
3. 波豆虫病	漂游波豆虫	鲤、鲮及多种温水性、冷水性鱼类的鳃、皮肤
4. 小瓜虫病	多子小瓜虫	淡水鱼体表，鳃、皮肤、鳍、口腔、鼻、眼角膜
5. 中华鱼蚤病	中华鱼蚤	草鱼、青鱼、鲶、淡水鲑、鲢、鳙的鳃部
6. 锚头蚤病	草鱼锚头蚤	草鱼体表
	多态锚头蚤	鲢、鳙的体表及口腔
	鲤锚头蚤	鲤、鲫、乌鳢、青鱼等的体表、鳍、眼上
7. 鲺病	日本鲺	草鱼、青鱼、鲢、鳙、鲤、鳊的体表和鳃上
二、心血管系统寄生虫病		
1. 血居吸虫病	血居吸虫	鲢、鳙、鲫的心脏及动脉球
三、多器官系统寄生虫病		
1. 碘泡虫病	鲢碘泡虫	白鲢中枢神经系统和感觉器官、体表、鳃、心脏、血液
	饼形碘泡虫	草鱼肠道
	野鲤碘泡虫	鲤、鲫、鲮体表、鳍、鳃
2. 球虫病	艾美耳球虫	青鱼、鳙等肠、肝、肾、精巢、胆囊、镖
四、消化系统寄生虫病		
1. 头槽绦虫病	九江头槽绦虫	草鱼、鲢、鳙的消化道

续附表 12

病　名	病　原	寄生部位
2. 异尖线虫病	异尖线虫、伪地新线虫、对盲囊线虫、宫脂线虫	成虫寄生海洋哺乳动物如鲸、海豚等胃内，幼虫寄生海生浮游的甲壳类体内
3. 毛细线虫病	毛细线虫	多种鲤科鱼类肠中
4. 似棘头吻虫病	乌苏里似棘头虫	草鱼、鳙、鲤、鲢肠道
五、呼吸系统寄生虫病		
1. 鳗居线虫病	鳗居线虫	鳗鱼鳔内
六、其他器官系统及部位		
1. 双穴吸虫病	双穴吸虫	鲢、鳙、团头鲂等眼球

参考文献

[1] 张西臣,张同新,赵权. 动物寄生虫病学. 2 版. 长春:吉林人民出版社,2005.
[2] 汪明. 兽医寄生虫学. 3 版. 北京:中国农业出版社,2003.
[3] 赵辉元. 畜禽寄生虫与防制学. 长春:吉林科学技术出版社,1996.
[4] 孔繁瑶. 家畜寄生虫学. 2 版. 北京:中国农业出版社,1997.
[5] 曾宪芳. 寄生虫学与寄生虫学检验. 北京:人民卫生出版社,1997.
[6] 陈淑玉,汪溥钦. 禽类寄生虫病. 广州:广东科学技术出版社,1994.
[7] 李国清. 兽医寄生虫学(双语版). 北京:中国农业出版社,2006.
[8] 杨光友. 动物寄生虫病学. 成都:四川科学技术出版社,2005.
[9] 北京农业大学. 家畜寄生虫学. 北京:农业出版社,1981.
[10] 赵慰先. 人体寄生虫学. 北京:人民卫生出版社,1979.
[11] 詹希美. 人体寄生虫学. 5 版,北京:人民卫生出版社,2001.
[12] 林孟初. 卫检用畜禽寄生虫学. 长沙:湖南科学技术出版社,1986.
[13] [美]彼得·L·朗. 球虫生物学. 蒋金书、刘钟灵、陆信武,等译. 南宁:广西科学技术出版社,1990.
[14] 索勋,李国清. 鸡球虫病学. 北京:中国农业大学出版社,1997.
[15] 左仰贤. 人畜共患寄生虫学. 北京:科学技术出版社,1997.
[16] 蒋金书. 动物原虫病学. 北京:中国农业大学出版社,2000.
[17] 谢明权,李国清. 现代寄生虫学. 广州:广东科学技术出版社,2003.
[18] 张宏伟,杨廷贵. 动物寄生虫病. 北京:中国农业出版社,2006.
[19] 辛朝安. 禽病学. 2 版. 北京:中国农业大学出版社,2003.
[20] 张如宽. 家畜传染病与寄生虫学. 南京:东南大学出版社,2000.
[21] 张振兴. 特禽饲养与疾病防治. 北京:中国农业出版社,2001.
[22] 王永坤,刘秀梵,符敖齐. 兔病防治. 2 版. 上海:上海科学技术出版社,1990.
[23] 翁亚彪. 集约化猪场实用驱虫技术手册. 广州:广东科学技术出版社,2003.
[24] 唐仲璋,唐崇惕. 人畜线虫学. 北京:科学出版社,1987.
[25] 陈天铎. 实用兽医昆虫学. 北京:中国农业出版社,1996.
[26] 陈心陶. 中国动物志扁形动物门吸虫纲复殖目(一). 北京:科学出版社,1985.
[27] 李云章. 实用猪病手册. 呼和浩特:内蒙古人民出版社,1997.
[28] 林德贵. 犬猫病诊断与防治手册. 北京:中国农业大学出版社,1999.
[29] 汪溥钦. 猪寄生虫病. 福州:福建科学技术出版社,1980.
[30] 卢俊杰,靳家声. 人和动物寄生虫图谱. 北京:中国农业科学技术出版社,2002.
[31] 沈一平,章涛. 实用肠线虫病学. 北京:人民卫生出版社,2002.
[32] 甘孟侯. 中国禽病学. 北京:中国农业出版社,2000.
[33] 于恩庶,徐秉锡. 中国人兽共患病学. 福州:福建科学技术出版社,1988.

[34] 沈杰，郑韧坚. 家畜锥虫和锥虫病. 北京：中国农业科学技术出版社，1993.
[35] 吴淑卿等. 中国动物志　线虫纲　杆形目　圆线亚目(一). 北京：科学出版社，2001.
[36] 潘炯华，张剑英，黎振昌. 鱼类寄生虫学. 北京：科学出版社，1990.
[37] 汪天平. 人兽共患寄生虫病. 北京：人民卫生出版社，2009.
[38] 李国清，谢明权. 高级寄生虫学. 北京：高等教育出版社，2007.
[39] 上海水产学院，等. 鱼病学. 上海：上海科学技术出版社，1983.
[40] 黄琪琰. 淡水鱼病防治实用技术大全. 北京：中国农业出版社，2005.
[41] 李登来. 水产动物疾病学. 北京：中国农业出版社，2004.
[42] 夏春. 水生动物疾病学. 北京：中国农业大学出版社，2005.
[43] Bowman D D Georgis. Parasitology for Veterinarians. 7th ed, Philadelphia, W. B. Saunders Company, 1999.
[44] Schmidt G D, Roberts L S. Foundations of Parasitology. 3rd ed, St. Louis, Times Mirror/Mosby College Publishing, 1985.
[45] Urquhart G M, Armour J, Duncan J L, et al. Veterinary Parasitology. 2nd ed. Blackwell science, 1996.
[46] Levine N D. Veterinary Protozoology. Ames lowa State University Press, 1985.
[47] Soulsby E J H. Helminths, Arthropods and Protozoa of Domesticated Animals. 7th ed, London: Published by Bailliere TindAll, 1982.
[48] William M Samuel, Margo J Pybus, A Alan Kocan. Parasitic Diseases of wild Mammals. 2nd ed. Manson: The veterinary Press, 2001.
[49] Willians R B. A compartmentalized model for the estimation of the cost of coccidiosis to the world's chicken production industry. Int J Parasitol, 1999, 29: 1209.
[50] Duhey J P, Barr B C, Barta J R, et al. Redescription of Neospora caninum and its differentitation from related coccidian. Int J Parasitol, 2001, 32: 929-946.